AF411192

DICTIONNAIRE

DES

SCIENCES NATURELLES.

TOME XLIV.

PTA = RAZ.

DICTIONNAIRE

DES

SCIENCES NATURELLES,

DANS LEQUEL

ON TRAITE MÉTHODIQUEMENT DES DIFFÉRENS ÊTRES DE LA NATURE, CONSIDÉRÉS SOIT EN EUX-MÊMES, D'APRÈS L'ÉTAT ACTUEL DE NOS CONNOISSANCES, SOIT RELATIVEMENT A L'UTILITÉ QU'EN PEUVENT RETIRER LA MÉDECINE, L'AGRICULTURE, LE COMMERCE ET LES ARTS.

SUIVI D'UNE BIOGRAPHIE DES PLUS CÉLÈBRES NATURALISTES.

Ouvrage destiné aux médecins, aux agriculteurs, aux commerçans, aux artistes, aux manufacturiers, et à tous ceux qui ont intérêt à connoître les productions de la nature, leurs caractères génériques et spécifiques, leur lieu natal, leurs propriétés et leurs usages.

PAR

Plusieurs Professeurs du Jardin du Roi, et des principales Écoles de Paris.

TOME QUARANTE-QUATRIÈME.

F. G. LEVRAULT, Éditeur, à STRASBOURG, et rue de la Harpe, N.º 81, à PARIS.

LE NORMANT, rue de Seine, N.º 8, à PARIS.

1826.

Liste des Auteurs par ordre de Matières.

Physique générale.

M. LACROIX, membre de l'Académie des Sciences et professeur au Collége de France. (L.)

Chimie.

M. CHEVREUL, professeur au Collége royal de Charlemagne. (Cr.)

Minéralogie et Géologie.

M. BRONGNIART, membre de l'Académie des Sciences, professeur à la Faculté des Sciences. (B.)

M. BROCHANT DE VILLIERS, membre de l'Académie des Sciences. (B. de V.)

M. DEFRANCE, membre de plusieurs Sociétés savantes. (D. F.)

Botanique.

M. DESFONTAINES, membre de l'Académie des Sciences. (Desf.)

M. DE JUSSIEU, membre de l'Académie des Sciences, prof. au Jardin du Roi. (J.)

M. MIRBEL, membre de l'Académie des Sciences, professeur à la Faculté des Sciences. (B. M.)

M. HENRI CASSINI, membre de la Société philomatique de Paris. (H. Cass.)

M. LEMAN, membre de la Société philomatique de Paris. (Lem.)

M. LOISELEUR DESLONGCHAMPS, Docteur en médecine, membre de plusieurs Sociétés savantes. (L. D.)

M. MASSEY. (Mass.)

M. POIRET, membre de plusieurs Sociétés savantes et littéraires, continuateur de l'Encyclopédie botanique. (Poir.)

M. DE TUSSAC, membre de plusieurs Sociétés savantes, auteur de la Flore des Antilles, (De T.)

Zoologie générale, Anatomie et Physiologie.

M. G. CUVIER, membre et secrétaire perpétuel de l'Académie des Sciences, prof. au Jardin du Roi, etc. (C. C. ou CV. ou C.)

M. FLOURENS. (F.)

Mammifères.

M. GEOFFROY SAINT-HILAIRE, membre de l'Académie des Sciences, prof. au Jardin du Roi. (G.)

Oiseaux.

M. DUMONT de S.te CROIX, membre de plusieurs Sociétés savantes. (C. D.)

Reptiles et Poissons.

M. DE LACÉPÈDE, membre de l'Académie des Sciences, prof. au Jardin du Roi. (L. L.)

M. DUMERIL, membre de l'Académie des Sciences, professeur à l'École de médecine. (C. D.)

M. CLOQUET, Docteur en médecine. (H. C.)

Insectes.

M. DUMERIL, membre de l'Académie des Sciences, professeur à l'École de médecine. (C. D.)

Crustacés.

M. W. E. LEACH, membre de la Société roy. de Londres, Correspond. du Muséum d'histoire naturelle de France. (W. E. L.)

M. A. G. DESMAREST, membre titulaire de l'Académie royale de médecine, professeur à l'école royale vétérinaire d'Alfort, etc.

Mollusques, Vers et Zoophytes.

M. DE BLAINVILLE, professeur à la Faculté des Sciences. (De B.)

M. TURPIN, naturaliste, est chargé de l'exécution des dessins et de la direction de la gravure.

MM. DE HUMBOLDT et RAMOND donneront quelques articles sur les objets nouveaux qu'ils ont observés dans leurs voyages, ou sur les sujets dont ils se sont plus particulièrement occupés. M. DE CANDOLLE nous a fait la même promesse.

M. PRÉVOT a donné l'article *Océan;* M. VALENCIENNES plusieurs articles d'Ornithologie; M. DESPORTES l'article *Pigeon domestique,* et M. LESSON l'article *Pluvier.*

M. F. CUVIER est chargé de la direction générale de l'ouvrage, et il coopérera aux articles généraux de zoologie et à l'histoire des mammifères. (F. C.)

DICTIONNAIRE

DES

SCIENCES NATURELLES.

PTA

PTAK - BITNY. (*Ornith.*) Nom polonois du combattant, *tringa pugnax*, Linn. Le pluvier doré, *charadrius pluvialis*, est appelé dans la même langue *ptak-dessezowy*. (Ch. D.)

PTARMICA. (*Bot.*) Ce nom latin, donné à l'herbe à éternuer ou ptarmique par Matthiole et d'autres anciens, lui avoit été conservé par Tournefort, qui distinguoit ce genre de la mille-feuille par ses feuilles entières et non multifides. Linnæus les a réunis tous deux sous le nom d'*Achillea*. Necker vouloit en détacher, sous celui de *Ptarmica*, les espèces dont les graines avoient les bords membraneux. On trouve dans Daléchamps, sous le nom de *Ptarmica montana*, l'*Arnica montana* de Linnæus, et dans Lobel, sous celui de *Ptarmica austriaca*, le *Xeranthemum annuum*. (J.)

PTARMIGAN. (*Ornith.*) Nom du tétras lagopède, *tetrao lagopus*, Linn. (Ch. D.)

PTELEA. (*Bot.*) Genre de plantes dicotylédones, à fleurs complètes, polypétalées, de la famille des *térébintacées*, de la *tétrandrie monogynie* de Linnæus, offrant pour caractère essentiel: Un calice fort petit, caduc, à quatre divisions; quatre pétales; quatre étamines libres; un ovaire supérieur; un style court; deux stigmates obtus, connivens. Le fruit est une capsule comprimée, bordée par une large membrane en forme d'aile, à deux loges monospermes; les semences oblongues, amincies à leur partie supérieure.

44.   1

Ptelea a trois feuilles : *Ptelea trifoliata*, Linn., *Spec.;* Lamk., *Ill. gen.*, tab. 84; Trew., *Rar.*, 12, tab. 9; Dill., *Elth.*, tab. 122, fig. 148, vulgairement Orme a trois feuilles. Arbre d'un port élégant, d'une médiocre grandeur, dont les rameaux sont glabres, ridés, un peu rougeàtres, garnis de feuilles alternes, pétiolées, ternées, à trois folioles glabres, ovales, entières, aiguës à leurs deux extrémités, parsemées de points transparens ; la foliole terminale est plus grande, un peu pédicellée; les deux latérales sont sessiles; les pétioles cylindriques, longs de deux ou trois pouces. Les fleurs sont disposées en un corymbe assez ample, latéral ou terminal, plus court que les pétioles. Le calice est fort petit; la corolle d'un blanc verdàtre, avec les pétales étroits, lancéolés, obtus. Le fruit est muni à son contour d'une large membrane, semblable à celle des fruits de l'orme, agréablement veinée, entière, orbiculaire; quelquefois cette aile est triple: les folioles varient de trois à cinq, ainsi que le nombre des pétales et des étamines.

Cet arbre est originaire de la Virginie; toutes ses parties, froissées entre les doigts, répandent une odeur forte et résineuse. Il s'est très-bien acclimaté en Europe; il ne craint le froid que dans sa première jeunesse : on le place dans les massifs des jardins paysagers. Quoique presque tous les terrains lui soient propres, cependant une terre fraîche et légère lui convient davantage. On le propage de boutures et de drageons, ou de graines semées au printemps dans du terreau bien divisé, ayant soin de les recouvrir très-légèrement. L'année suivante, le plant se repique à vingt-quatre pouces de distance; et dès la troisième année il peut être mis en place. Son bois est blanc, mou et léger; il n'est d'aucun usage. MM. Baumann, pépiniéristes à Bollviller, près Colmar, ont découvert que ses fruits pouvoient être substitués au houblon dans la fabrication de la bière.

Ptelea a feuilles ailées : *Ptelea pinnata*, Linn. fils, *Suppl.*, 126; *Blackburnia pinnata*, Forst., *Caract. gen.*, tab. 6. Quelques caractères particuliers, tels qu'un calice à quatre dents, un stigmate simple, avoient déterminé Forster à faire de cette plante un genre particulier. Ses grands rapports avec le *ptelea* ne permettent pas de l'en écarter, jusqu'à ce que ses fruits soient mieux connus. Les feuilles sont alternes, ailées, sans impaire, composées de quatre ou six folioles opposées, glabres, obliques, ovales, très-entières. Les fleurs sont disposées en panicules axillaires fort petites. Leur calice est inférieur, à quatre dents; la corolle composée de quatre pétales. Le fruit est à peine connu; on le soupçonne être une baie monosperme. Cette plante croît dans l'île déserte de Norfolk, où elle a été découverte par Forster. (Poir.)

PTELEA. (*Bot.*) Dioscoride, liv. 1, chap. 11, mentionne sous ce nom grec l'orme, dont il se contente d'indiquer les propriétés médicales. Son fruit membraneux et aplati étoit nommé *sanara*, suivant Mentzel. Linnæus a transporté le nom du *ptelea* à un de ses genres, caractérisé par un fruit ayant une forme presque pareille. Voyez ci-dessus PTELEA. (J.)

PTÉLIDIE : *Ptelidium; Seringia*, Spreng. (*Bot.*) Genre de plantes dicotylédones, à fleurs complètes, polypétalées, de la famille des *rhamnées*, de la *tétrandrie monogynie* de Linnæus, offrant pour caractère essentiel : Un calice urcéolé, à quatre lobes; quatre pétales insérés sur le calice; un disque à quatre lobes; quatre étamines alternes avec les pétales; un ovaire supérieur fort petit; un stigmate presque sessile; une capsule ailée, comprimée, indéhiscente, à deux loges monospermes.

« Ce genre, au premier aspect, dit M. du Petit-Thouars, se « rapproche beaucoup des *Ptelea*, principalement par ses « fleurs et la forme de ses fruits; mais il en diffère par l'in-« sertion des étamines sur un disque particulier, par l'em-« bryon droit et non renversé, par la radicule inférieure et « non supérieure, comme dans le *ptelea*; enfin, par les feuilles « simples et opposées, caractères qui placent ce genre dans « la famille des rhamnées, tandis que celle du *ptelea* est en-« core incertaine, M. de Jussieu ne la rapportant qu'avec « doute aux térébinthacées. »

PTÉLIDIE OVALE : *Ptelidium ovatum*, Pet.-Th., *Nov. gen. Madag.*, n.° 83, et Végét. des îles austr. de l'Afr., fasc. 1, tab. 4; Poir., *Ill. gen.*, *Suppl.*, tab. 916. Arbrisseau d'environ douze pieds de haut, dont la tige se divise en rameaux diffus, opposés, garnis de feuilles simples, pétiolées, opposées, fermes et sèches, d'un vert jaunâtre, ovales, entières, quelquefois réfléchies à leurs bords, longues de deux ou trois pouces, larges d'environ un pouce et demi; les pétioles sont longs de cinq à six lignes; les fleurs fort petites, peu apparentes, disposées en panicules lâches, axillaires, plus courtes que les feuilles. Leur calice est fort petit, à quatre lobes courts, ovales, un peu aigus; la corolle, plus longue que le calice, a les pétales élargis à leur base, insérés sur le calice; les étamines sont placées sur un disque central, à quatre lobes, alternes avec les pétales; les filamens presque nuls; les anthères adhérentes au filament, s'ouvrant en dehors; l'ovaire, fort petit, comprimé, a un style presque nul, et un stigmate simple, fort petit. Le fruit est une capsule coriace, comprimée, indéhiscente, longue de deux pouces, à deux loges monospermes, bordée d'une grande aile membraneuse, un peu acuminée; les semences sont oblongues, recouvertes d'un test membraneux; les cotylédons plans, verts, alongés, renfermés dans un périsperme corné. Cette plante croit à l'île de Madagascar. (Poir.)

PTÉRACLIDE, *Pteraclis*. (*Ichthyol.*) Gronow avoit créé sous cette dénomination un genre de poissons qu'il avoit démembré des coryphènes de Linnæus, et qui répond au genre Oligopode de Lacépède. Voyez ce dernier mot. (H. C.)

PTÉRANTHE, *Pteranthus*. (*Bot.*) Genre de plantes dicotylédones, à fleurs incomplètes, de la famille des *urticées*, de la *tétrandrie monogynie* de Linnæus, offrant pour caractère essentiel: Un calice à quatre divisions; deux plus grandes en crête au sommet; point de corolle; quatre étamines; les filamens réunis à leur base; un ovaire supérieur; un style; deux stigmates; une capsule monosperme, membraneuse, enveloppée par le calice; les fleurs quelquefois monoïques par avortement.

Ptéranthe hérissé: *Pteranthus echinatus*, Desf., *Fl. atlan.*, 1, pag. 145; Lamk., *Ill. gen.*, tab. 764; Gærtn., *Fl. Carp.*, tab. 213: *Camphorosma Pteranthus*, Linn., *Mant.*, 41; *Louichea cervina*, l'Hérit., *Stirp.*, tab. 65. La ressemblance que cette plante offre dans son port avec le *camphorosma*, l'a fait d'abord placer dans ce genre; mais elle en diffère essentiellement par sa fructification. Sa racine est rameuse, blanchâtre, divisée en filamens capillaires; elle produit des tiges nombreuses, couchées à leur base, rameuses, géniculées, presque quadrangulaires, très-glabres, bifurquées au sommet, longues de buit à dix pouces. Les feuilles sont verticillées (deux opposées plus grandes), linéaires, molles, glabres, très-entières, obtuses, longues d'environ six lignes ; munies à leur base de fort petites stipules aiguës, membraneuses. Les fleurs sont verdâtres, terminales, agglomérées, fort petites, supportées par un pédoncule commun, plan, très-court, élargi, presque ovale. Le calice est court, à quatre divisions profondes, dont deux plus grandes, en crête, et deux plus petites, subulées, courbées en crochet; les filamens sont opposés aux divisions du calice, élargis, plus courts que lui; les anthères arrondies, fort petites, à deux loges. Le fruit est une capsule indéhiscente, un peu globuleuse, recouverte par le calice, à une seule loge monosperme. Cette plante croît dans l'Égypte. M. Desfontaines l'a observée en Barbarie, dans des plaines sablonneuses et argileuses, entre Casfa et Mascar. Elle fleurit tout l'hiver et au commencement du printemps. (Poir.)

PTERIADION. (*Bot.*) Cordus et Thallius donnent ce nom à une fougère de nos montagnes qu'il est difficile de déterminer; c'est le *filicula alpina crispa* de C. Bauhin, et une espèce d'*aspidium* ou *polystichum*. (Lem.)

PTÉRIDE. (*Bot.*) Voyez Pteris. (Lem.)

PTERIDION. (*Ichthyol.*) Scopoli a donné ce nom à un genre, formé par lui avec le *coryphæna velifera* de Linnæus, et qui correspond aux genres Oligopode de Lacépède, et Pteraclis de Gronow. Voyez ces mots. (H. C.)

PTERIDION. (*Bot.*) Cordus nomme ainsi, et figure sous le nom de pteridion mâle, le *polypodium dryopteris*. Nous avons décrit cette jolie fougère à l'article Polypodium. (Lem.)

PTERIGIUM. (*Bot.*) M. Corréa a décrit sous ce nom, dans les Annales du Muséum d'hist. nat. de Paris, deux fruits qu'il présente comme deux espèces qui doivent appartenir au même genre, et qu'il soupçonne être monoïques ou dioïques, et avoir de l'affinité avec le hêtre ou le châtaignier. M. de Jussieu pense qu'il faut rapporter à ce genre le *Pterocarpus* de Gærtner, fils. (Voyez Pterocarpus.)

Pterigium globuleux; *Pterigium costatum*, Corr., Ann. du Mus., 8, p. 397, tab. 65. Le calice est inférieur, globuleux, persistant, un peu ligneux, d'une seule pièce, en forme de cupule. Son limbe est divisé en cinq découpures foliacées, roides, persistantes, inégales, recourbées, auriculées à leur base, dont trois beaucou,, plus petites, ovales et deux autres opposées, plus larges, beaucoup plus longues, en forme d'aile, et toutes à trois nervures longitudinales, veinées, réticulées. Cinq stries en saillie sont sur la cupule et alternent avec les découpures. Le fruit est une noix coriace, sans valves, uniloculaire, fortement adhérente au fond du calice, turbinée, elliptique, mucronée au sommet, ayant cinq ou six sinuosités à la base, alternes avec les saillies extérieures du calice. La semence est arrondie, légèrement striée, avec enveloppe membraneuse, spongieuse; les cotylédons sont charnus, roulés autour de la radicule. qui est courte, épaisse, supérieure et cylindrique. On prétend que cette plante fournit le camphre de Sumatra.

PTERIGIUM CYLINDRIQUE; *Pterigium teres*, Corr., Ann. du Mus., 10, pag. 159, tab. 8, fig. 1. Ce fruit a tant de rapports avec le précédent, qu'il paroît appartenir au même genre. Le calice est persistant, et se convertit à sa partie inférieure en une enveloppe capsulaire, arrondie, relevée en bosse; le limbe forme cinq ailes longues, roides, foliacées, alongées, lancéolées, rayées dans leur longueur. Cette enveloppe renferme une noix coriace, glabre, dure, un peu conique, à une seule loge, à trois valves, adhérente au fond du calice; elle s'ouvre par la suture des valves, et renferme une semence légèrement striée; les cotylédons sont charnus, inégaux; l'extérieur est plus grand, à deux lobes à sa base, roulés autour de la radicule; l'intérieur beaucoup plus petit, crêpu, tortillé; la radicule alongée, supérieure, cylindrique, ascendante. (POIR.)

PTÉRIGODIE, *Pterigodium.* (*Bot.*) Genre de plantes monocotylédones, à fleurs incomplètes, irrégulières, de la famille des *orchidées*, dont le caractère essentiel consiste dans une corolle à cinq pétales presque en masque; les pétales latéraux extérieurs ouverts horizontalement et concaves; le sixième pétale, ou la lèvre, situé vers le milieu du style, entre les deux loges distantes de l'anthère; le stigmate placé en arrière.

Ce genre, établi par Swartz, est un démembrement des *ophrys* de Linnée, et auquel il faut rapporter les espèces suivantes:

PTÉRIGODIE CATHOLIQUE : *Pterigodium catholicum*, Swartz, *Act. Holm.*, 1800, pag. 218; Willd., *Spec.*; *Ophrys catholica* et *alaris*, Linn.; Buxb., *Cent.* 3, pag. 12, tab. 21. Cette plante a des racines composées de fibres charnues, d'où s'élève une tige de six à huit pouces et plus, garnie ordinairement de trois feuilles alternes, embrassantes, mais la supérieure est en forme de spathe, et la seconde ovale-lancéolée; les feuilles radicales sont plus courtes. Les fleurs sont terminales, disposées en un épi composé de quatre à cinq fleurs, munies de bractées de la longueur de la corolle. Le pétale supérieur est en casque, grand, ventru, entier; les deux pétales latéraux sont très-larges, un peu arrondis, de la longueur du casque; les quatrième et cinquième à demi en cœur, acuminés, de même longueur; la lèvre est petite, ovale-lancéolée, ondulée. Cette plante croît dans les environs du cap de Bonne-Espérance.

Ptérigodie oiseau : *Pterigodium volucris*, Willd., *Spec.*; Swartz, *Act. Holm.*, *loc. cit.*; *Ophrys volucris*, Linn., *Suppl.*, 403; *Ophrys triphylla*, Thunb., *Prodr.* La racine de cette plante est composée de plusieurs bulbes arrondies; elle produit une tige haute d'environ un pied, garnie de quelques feuilles embrassantes, ovales, oblongues, nerveuses, acuminées. Les fleurs sont assez nombreuses, distantes, réunies en un épi alongé; le pétale supérieur est dressé, lancéolé; les deux latéraux supérieurs et extérieurs sont presque ovales, redressés; les deux autres ovales, concaves, réfléchis, un peu plus courts que les premiers; la lèvre est pendante, triangulaire, sagittée. Cette plante croît au cap de Bonne-Espérance.

Ptérigodie ailée : *Pterigodium alatum*, Willd., *Spec.*; Swartz, *Act. Holm.*, *loc. cit.*; *Ophrys alata*, Linn., *Suppl.* Cette espèce est fort petite : ses bulbes sont arrondies; il s'en élève une tige courte et feuillée. Les feuilles sont alternes, lancéolées; les fleurs terminales; le pétale inférieur ou la lèvre, pendant, est divisé en trois lobes; le lobe du milieu très-court. Nous devons à Thunberg la découverte de cette plante, observée au cap de Bonne-Espérance.

Ptérigodie de Cafrérie : *Pterigodium caffrum*, Willd., *Spec.*; Swartz, *Act. Holm.*, *loc. cit.*; *Ophrys caffra*, Linn., *Spec.* Cette espèce a une tige très-lisse et feuillée : elle s'élève à douze ou quinze pouces de haut; ses feuilles sont au nombre de trois ou quatre, alternes, lancéolées. Les fleurs, au nombre de trois ou quatre, sont jaunes, disposées en un épi terminal;

les trois pétales supérieurs lancéolés; l'inférieur très-large, échancré en forme de rein. Cette plante croît au cap de Bonne-Espérance.

PTÉRIGODIE NOIRATRE : *Pterigodium atratum*, Willd., *Spec.*; Swartz, *Act. Holm., loc. cit.*; *Ophrys atrata*, Linn., *Mant.*, 121, Thunb., *Prodr.*, 2. La tige de cette espèce est très-simple, haute d'environ huit à dix pouces, garnie de feuilles éparses, à demi embrassantes, nombreuses, linéaires, alongées, élargies à leur partie supérieure, puis subulées à leur sommet. L'épi est terminal, composé de fleurs sessiles, distantes, munies chacune à leur base d'une bractée sétacée, de la longueur de la fleur. Les pétales sont ovales-lancéolés, obtus; l'espèce de casque où sont placées les étamines est terminé par deux cornes droites, linéaires, parallèles. Cette plante croît au cap de Bonne-Espérance. (Poir.)

PTERIGONIUM. (*Bot.*) Synonyme de pterogonium dans quelques ouvrages. (Lem.)

PTERIGOPHYLLUM, *Pennule*. (*Bot.*) Bridel a donné ce nom au genre de mousse que Smith avoit nommé *Hookeria*, parce qu'il existoit déjà dans la famille des mousses un genre *Hookeria*, dû à Schleicher, antérieur à celui de Smith. Nous avons déjà fait connoître les deux HOOKERIA (voyez ce mot). M. Hooker, embarrassé dans le choix qu'il devoit faire entre ces deux genres, que ses talens et ses connoissances profondes en cryptogamie lui ont fait dédier, a préféré adopter l'*hookeria* de son compatriote Smith, quoique, dans la bonne règle, il eût dû adopter celui de Schleicher et de Schwægrichen ; ajoutons qu'il a changé en *Tayloria* le *Hookeria* de Schleicher ; mais les botanistes persistent, avec raison, à ne point reconnoître ce changement.

Le *pterigophyllum* est caractérisé ainsi par Bridel : Péristome double ; l'extérieur à seize dents lancéolées, linéaires ; l'intérieur membraneux, terminé par seize lanières uniformes ou difformes ; coiffe en forme de mitre, entière et glabre. Ce genre diffère peu du *Leskea*, avec lequel il avoit été même confondu. Bridel y ramène quinze espèces ; dans leur nombre toutes celles de Smith n'y sont pas rapportées, au moins quatre manquent. Hooker, qui a beaucoup réduit ce genre, y a ajouté sept espèces, dont six exotiques.

Ce genre demande donc à être étudié de nouveau. Presque toutes ces mousses sont exotiques, propres à l'Amérique méridionale, aux terres Australes, et quelques-unes aux îles situées à l'orient de l'Afrique méridionale; deux seules ont été observées en Europe. Leurs feuilles sont disposées sur deux rangées en manière de plumes, sur des tiges presque simples ou rameuses.

§. 1.er *Feuilles nues, c'est-à-dire privées d'écailles en dessous.*

1. Le Ptérigophyllum luisant : *Pterigophyllum lucens*, Brid., *Musc.*; *Hookeria lucens*, Smith, *Engl. bot.*, pl. 1902; Hook., *Mus. brit.*, p. 89, pl. 27; *Hypnum lucens*, Linn., Hedw., *Fund.*, 1, pl. 1, fig. 4-6; *Leskea lucens*, Mœnch, Schwægr., Suppl., 1, pl. 84; Dill., *Musc.*, pl. 34, fig. 10. Tige couchée, irrégulièrement rameuse, presque simple; feuilles rangées sur quatre rangs, mais planes et disposées sur deux directions opposées, imbriquées, ovales, entières, sans nervures, réticulées, luisantes; pédicelles latéraux, également distiques, longs d'un pouce environ, courbés à l'extrémité ; capsule ovale, horizontale, réticulée; opercule conique, terminé par un bec. Cette belle mousse croît dans les bois, presque partout en Europe, et surtout dans les pays de montagnes.

§. 2. *Feuilles accompagnées en dessous d'écailles ou appendices.*

2. Le Ptérigophyllum en plume : *Pterigophyllum pennatum*, Brid.; *Hookeria pennata*, Smith ; *Leskia pennata*, Labill., *Nov. Holl.*, 2, pl. 253, fig. 1 ; *Anictangium bulbosum*, Hedw., *Sp. musc.*, pl. 6, fig. 1-5 ; *Cyathophorum pteridioides*, Pal. Beauv., *Prod.*, p. 52 ; *Cyathophorum heterophyllum*, Pal. Beauv., *Mem. soc. linn. Par.*, 1, pl. 8, fig. 6. Souche rampante, filiforme, velue; rameaux simples, droits, nus à la base, garnis dans le reste de feuilles alternes, distiques, obliquement ovales, planes, dentées sur les bords, accompagnées d'écailles foliacées très-petites, arrondies, imbriquées et fortement appliquées sur la tige, et disposées en une seule rangée longitudinale ; pédicelles plus courts que les feuilles, axillaires, solitaires, sous la fronde, sortant d'une petite gaîne ovale, entourée d'un

périchéze composé de quelques folioles subulées; capsule ovale, d'un brun pâle, pendante (Pal. Beauv., *Mem. soc. linn. Par.*, 1, pl. 8, fig. 6, *a*) ou droite (Hedw., Pal. Beauv., *loc. cit.*, fig. *b*); opercule conique, pointu, droit; coiffe conique, acuminée, dilatée à la base, mais entière. Cette jolie mousse, dont les rameaux imitent des petites plumes, de trois pouces de longueur, n'a encore été observée qu'à la Terre de Van-Diémen, à la Nouvelle-Hollande. D'après la figure qu'en donne M. Beauvois, les capsules sont portées sur des pédicelles arqués, alternes, distiques, insérés sous les feuilles et à la partie inférieure de l'espèce de fronde ailée qu'elles forment. (Lem.)

PTERIGOSPERMUM. (*Bot.*) Donati, dans son Histoire naturelle de la mer Adriatique, fait sous ce nom un genre d'une production marine, qui offre des séminules placées dans des cannelures qui régnent en cercle sur le dos de la plante : cette plante est, dit-il, le *fucus maritimus, gallopavonis pennas referens*, C. B.; or, cette plante est l'*ulva pavonia*, Linn., dont Adanson a fait son genre *Padina*, que Lamouroux rapporte à son *Dictyola*, et Agardh à son *Zonaria*, etc. (Lem.)

PTERIGYNANDRUM (*Bot.*), Hedw., Brid. : *Pterogonium*, Swartz, Schwægr., Smith; *Axillaire*, Brid.; *Pterogone*, Dec. Genre de la famille des mousses, caractérisé par son péristome simple, à seize dents également écartées, pointues, droites; sa coiffe cuculliforme, glabre. Ces mousses, dont on connoît une trentaine d'espèces, ont les fleurs dioïques et latérales, leurs tiges rampantes, rameuses, le plus souvent cylindriques, rarement comprimées, à rameaux simples ou peu divisés, assez souvent fastigiés, garnis de feuilles communément imbriquées; les capsules sont pédicellées, et les pédicelles axillaires; les rameaux imitent dans leur ensemble de petits panaches ou des plumes. Elles croissent dans les bois et rampent à la surface des écorces des arbres; elles se rencontrent les unes en Europe, les autres en Amérique et quelques-unes aux terres australes.

Ce genre a éprouvé quelques modifications; il renfermoit des espèces à coiffes velues qui forment le genre *Leptodon*, Mohr, ou *Lasia*, Pal. Beauvois, M. Schwægrichen (*Musc.*, Suppl., t. 1, part. 1, p. 107) s'est refusé à cette séparation, et

Bridel, après avoir été de cet avis, l'admet actuellement. Des espèces de *pterigynandrum*, mieux connues, sont renvoyées maintenant aux nouveaux genres *Leucodon*, *Macromitrium*, *Campylopus*, Brid.; *Cleistostoma*, Brid. (voyez Syrrhopodon). Quelques autres espèces, difficiles à caractériser, ont été placées ou retirées des genres *Trichostomum*, *Grimmia*, *Leskea*, *Neckera*, *Encalypta*, *Pilotrichum* et *Hypnum*. Les espèces connues de Linnæus, étoient comprises dans ce dernier genre; elles sont les types du *Pterigynandrum*.

§. 1.ᵉʳ *Tige et rameaux cylindriques.*

Le plus grand nombre des espèces appartient à ce groupe.

1. Le Ptérigynandrum délié : *Pterigynandrum gracile*, Hedw., *Musc.*, 4, pl. 6; *Pterogonium gracile*, Smith, *Engl. Bot.*, pl. 1085; Hook., *Musc. brit.*, pl. 14; *Encalypta gracilis*, Roth; *Hypnum gracile*, Linn.; *Grimmia ornithopodioides*, Web. et Mohr; Schkuhr, *Deut. Moose*, pl. 27; Dill., *Musc.*, pl. 41, fig. 35. Mousse vert - jaunâtre, luisante; rameaux fasciculés, arqués, pointus, étalés; feuilles imbriquées, denses, unilatérales, ovales, lancéolées, concaves, dentelées à l'extrémité; capsules droites, oblongues, appliquées; opercule conique. Cette mousse croît sur le tronc des arbres et sur les rochers, presque partout en Europe, particulièrement dans les contrées subalpines. On la trouve en France, en Italie, dans le Nord, en Angleterre, etc. Hooker fait remarquer que les feuilles ont à leur base deux nervures très-foibles : ce naturaliste indique une variété d'une couleur vert-noire; il a observé aussi quelquefois un péristome interne, c'est-à-dire une membrane très-étroite, semblable à celle qu'on observe à la base des cils du *Neckera*, et tellement conformée, qu'on ne sauroit placer convenablement la plante dans les mousses à péristome double.

2. Le Ptérigynandrum filiforme : *Pterigynandrum filiforme*, Hedw., *Musc.*, 4, pl. 7 ; *Pterogonium filiforme* et *cœspitolium*, *Engl. Bot.*, 2297 et 2526; *Pt. filiforme*, Hook., *Musc. brit.*, pl. 14; *Grimmia filiformis*, Schkuhr, *Deut. Moose*, pl. 27; *Maschalanthus filiformis*, Schultz. Tige irrégulièrement rameuse, rameaux arqués, presque simples, filiformes, courts; feuilles imbriquées, ovales, acuminées, concaves, recourbées sur les bords, dentelées à une nervure simple ou fourchue; capsule

droite, cylindrique; opercule conique, terminé par un crochet oblique. Cette espèce est encore plus répandue que la précédente; elle se plaît beaucoup sur les écorces du hêtre et des vieux chênes, particulièrement dans les pays de montagnes.

A cette division appartiennent encore les *Pt. Smithii*, Sw., et *catennlatum*, Brid., qui, comme les deux précédens, croissent en France, dans les Alpes, les Vosges, les Pyrénées. La première de ces deux espèces est placée par Beauvois dans son *Pilotrichum*.

§. 2. *Tige et rameaux planes.*

3. Le PTÉRIGYNANDRUM ÉCLATANT; *Plerigynandrum fulgens*, Brid., Hedw., *Musc.*, 4, p. 101, pl. 39. Tige aplatie, irrégulièrement rameuse; feuilles distiques, ovales-oblongues, carénées, luisantes; pédicelles et périchèze presque égaux; capsule droite, ovale; opercule terminé par une pointe oblique. Cette espèce, remarquable par la belle couleur dorée éclatante de ses feuilles, croît sur les rochers et les arbres de la Jamaïque, et aussi dans l'île de Bourbon, où elle a été recueillie par M. Bory de Saint-Vincent, dans la plaine des Chicots, à huit cents toises de hauteur. (Lem.)

PTERINEON (*Bot.*) de Dioscoride, est une fougère rapportée par Adanson à son genre *Filix*, caractérisé par les fructifications disposées en paquets ronds, placés sur deux rangs sur chaque division des frondes et munis d'une enveloppe univalve, ce qui annonce le genre *Polystichum*. (Lem.)

PTERION. (*Bot.*) D'après Adanson, le *pterion* de Dioscoride et des auteurs anciens, est notre fougère Céterach; on le donnoit aussi au *pteris*. (Lem.)

PTERIPTERIS. (*Bot.*) Genre de fougères indiqué par Rafinesque-Schmaltz, et qu'il place entre le *scolopendrium* et le *diplazium*; mais il n'en a pas encore donné l'histoire. (Lem.)

PTERIS et PTERION des anciens. (*Bot.*) Les Grecs donnoient ces noms à plusieurs fougères, à cause de leur frondes ou feuillage plane, formé de petites feuilles opposées et disposées comme les ailes des oiseaux : πτερις signifie *aile* en grec. Il y avoit deux espèces de *pteris* : l'une, le *pteris* proprement dit ou *pteris mâle*, ou *blechnon* et *polyrrhyzon*, est, selon le sentiment le plus général, notre fougère mâle, le *polypodium filix mas*, Linn.; le *polystichum* ou *aspidium filix mas* des botanistes modernes (voyez Polystichum). La seconde, le *pteris femelle*, ou *thelipteris* et *nymphaia pteris*, est sans nul doute notre fougère femelle, notre fougère commune, le *pteris aquilina*, Linn., décrite à l'article Pteris ci - après. (Lev.)

PTERIS (*Bot.*): *Pteris*, Linn.; *Thelypteris*, Adans.; Péride. Très-beau genre de la famille des fougères, nombreux en espèces extrêmement variées, toutes caractérisées par leur fructification disposée en une ligne continue le long du bord ou de la marge de la fronde, recouverte d'une membrane ou indusium qui s'ouvre de dedans en dehors. Les capsules sont munies d'anneaux élastiques. Plus de cent quarante espèces composent maintenant ce genre, et, à l'exception de quelques-unes, elles sont étrangères à l'Europe. On en compteroit une plus grande quantité, si les botanistes n'en avoient retiré une bonne partie pour les placer dans les genres *Vittaria*, *Cheilanthes*, *Tænitis*, *Grammitis*, *Notholæna*, *Octosis* (Rafin.), *Lomaria*, *Monogramma*, *Gymnogramma*, *Belvisia*, *Cryptogramma*, *Ceratopteris* (ou *Cryptogynia* ou *Teleozoma*), *Stegania*, etc. Le *Pteris* s'est augmenté d'espèces de fougères que leurs caractères ne permettoient pas de laisser dans les genres où elles furent mises primitivement, savoir : *Onoclea*, *Aspidium* ou *Polypodium*, *Nephrodium*, *Adiantum*, *Osmunda*, *Acrostichum*, *Struthiopteris*, etc. Nous ferons remarquer, comme une chose curieuse, que Linnæus avoit placé d'abord son *marsilea quadrifolia* avec le *pteris*, d'où il s'empressa de le retirer, ayant connu que sa fructification est totalement différente de celle des *pteris*.

Il est probable qu'un examen attentif des espèces qui composent ce genre, la plupart très-peu connues, pourra donner lieu encore à la création de nouveaux genres, ou prêter à des divisions qui en faciliteront l'étude; probablement même que les espèces à fronde simple rentreront dans le genre *Tænitis*, comme le soupçonne R. Brown : peut-être encore que les *pteris crispa* et *pteris auriculata*, Thunb., formeront un jour deux genres nouveaux.

Les frondes des *pteris*, quelquefois très-petites, sont souvent d'une ampleur et d'une étendue remarquable; elles sont très-rarement simples, ou palmées, ou ternées et quinées ; mais communément ailées une ou plusieurs fois. Palisot-Beauvois en a fait connoître une espèce (*pteris cornuta*, Fl. d'Ow., pl. 38) dont la fronde ailée offre des frondules dichotomes qui se divisent à l'infini.

C'est en Amérique qu'on trouve le plus d'espèces de ce genre, mais aucune n'égale pour la célébrité et pour l'usage le *pteris aquilina*, si commun en Europe et mentionné plus bas.

§. 1.ᵉʳ *Fronde simple.*

1. Le Pteris scolopendre : *P. scolopendrina*, Swartz, Willd., *Sp. pl.*, 5, p. 357. Fronde linéaire, lancéolée, très-simple, ensiforme, pointue, très-entière et veinée, droite, fructifère dans sa moitié supérieure. Cette jolie espèce a été observée sur les arbres pourris, à l'île de Bourbon, par M. Bory de Saint-Vincent.

§. 2. *Fronde palmée.*

2. Le Pteris pédiaire : *P. pedata*, Linn., Schkuhr, *Crypt.*, pl. 100 ; *Hemionitis*, Plum., *Amer.*, pl. 34 ; *Fil.*, pl. 152 ; *Filix*, Petiv., *Fil.*, pl. 8, fig. 12 ; Pluk., *Alm.*, pl. 286, fig. 5. Stipe de cinq à six pouces, brunâtre, terminé par des frondes glabres, profondément découpées, à trois ou quatre pouces de profondeur, en cinq lobes pinnatifides, à découpures linéaires-lancéolées, pointues, marquées en-dessous de nervures d'un noir pourpre ; lobe intermédiaire à découpures du bas pinnatifides ; sinus, formés par les lobes et leurs découpures, aigus. Cette espèce, qui est remarquable par la manière dont sa fronde est découpée, croît à la Jamaïque, à Haïti, en Virginie, à la Nouvelle-Hollande, etc. On la voit assez fréquemment dans nos herbiers.

§. 3. *Fronde ternée.*

3. Le Pteris argentin : *P. argentea*, Gmel., *in Nov. act. comm. petrop.*, 12, pl. 12, fig. 1. Frondes couvertes en dessous d'un duvet blanc argentin, comme farineux, les stériles trilobées, crénelées, à lobes intermédiaires trilobés ; les latéraux à deux lobes, dont le supérieur lui-même presque trilobé ; frondes

fertiles ternées, crénelées, frondules pinnatifides; découpure inférieure du lobe du milieu, pinnatifide, sinuée. Cette fougère, d'un bel aspect et de moyenne grandeur, croît en Russsie, sur les rochers autour du lac Baical.

On trouve à Zimapan, dans la Nouvelle-Espagne, une autre fougère de cette division, le *pteris sulfurea*, Cav., dont la surface inférieure est couverte d'une poussière d'un beau jaune soufre ou doré.

§. 4. *Fronde quinée.*

4. Le Pteris pentaphylle; *P. pentaphylla*, Willd. Fronde quinée; folioles presque sessiles, lancéolées, acuminées, dentées, à dents aiguës; stipe long de six pouces. Cette fougère a été découverte sur les rochers de l'île de Bourbon par M. Bory de Saint-Vincent.

§. 5. *Fronde pinnatifide.*

5. Le Pteris poilu; *P. pilosa*, Swartz. Frondes presque ailées, coriaces, à découpures entières ou obtusement lobées, pointillées de blanc; nervures inférieures et stipe poilus. Cette fougère croît dans l'île Maurice.

§. 6. *Fronde ailée.*

6. Le Pteris trichomanoïde: *P. trichomanoides*, Linn., Schk., *Crypt.*, pl. 99; *Trichomane*, Sloan., *Jam. hist.*, 1, pl. 35, fig. 1. Frondes ailées, à découpures oblongues, obtuses, obscurément sinuées; les inférieures auriculées à leur base, velues et noirâtres sur le bord, d'un blanc farineux en dessous; rachis velu; indusium très-court, presque nul. Cette espèce croît à la Jamaïque; ses stipes sont d'un brun noirâtre, long d'un pouce; les frondes ont trois à quatre pouces.

7. Le Pteris ensiforme: *P. ensifolia*, Desf., *Atlant.*, 2, pag. 401; *Polypodium*, Barrel., *Ic.*, 1111; Bocc., *Mus.*, pl. 46. Souche ou tige rampante; frondes ailées, à frondules linéaires-lancéolées, acuminées, sessiles, munies à la partie supérieure de leur base d'un prolongement en façon presque d'oreillette. Cette espèce, assez grande, a été observée aux environs de Cordoue en Espagne, par Barrelier; en Sicile, par Boccone; à Alger, par M. Desfontaines, etc.

§. 7. *Frondes presque ailées ou ailées, à frondules inférieures composées.*

8. Le Pteris de Crète : *P. cretica*, Linn., Schkuhr, *Crypt.*, pl. 90; *Lingua cervina*, Tourn., *Inst.*, pl. 321. Frondes ailées, à frondules très-longues, lancéolées, acuminées, courtement pétiolées, resserrées à la base et dentées en scie; les plus inférieures divisées en deux ou trois lanières. Cette fougère, haute de six à dix pouces, a un feuillage délicat et flottant; sa racine est fibreuse, brunâtre, vivace; ses stipes ou pétioles sont glabres, anguleux et lisses. Elle croît en Suisse, en Piémont près de Nice, en Italie, en Corse, en Crète, en Afrique, en Arabie, etc., sur les rochers et les murs. On la cultive fréquemment dans nos serres, où elle se multiplie quelquefois d'elle-même.

§. 8. *Frondes presque deux fois ailées.*

9. Le Ptéris des marais : *P. palustris*, Lamk., Encycl., 5, p. 722; *Filix*, Tourn., *Inst.*, pl. 313. Frondes ailées, à frondules pétiolées, oblongues-lancéolées, pinnatifides, à découpures lancéolées, pointues, obscurément crénelées à leur extrémité. Cette petite fougère croît dans les marais du Portugal.

10. Le Pteris géant; *P. gigantea*, Willd. Fronde ailée, à frondules pétiolées, alternes, profondément pinnatifides, à découpures écartées, lancéolées, acuminées. ayant leur extrémité dentée en scie et très-aiguë. Cette espèce est remarquable par la grandeur de ses frondes, qui ont cinq à six pieds et plus de longueur. Elle croît à Caracas.

Le *pteris altissima* de Lamarck, qui croît à Porto-Ricco, s'en rapproche beaucoup.

§. 9. *Frondes bipinnatifides, deux ou trois fois de suite ailées, à frondule inférieure bipartite.*

11. Le Pteris des forêts; *P. nemoralis*. Willd.; Petiv. *Gazoph.*, pl. 80, fig. 3. Frondes ailées; frondule opposée pinnatifide, à découpures linéaires-lancéolées, obtuses, très-entières; frondule du bas bipartite; stipe lisse. Cette fougère croît aux îles

dé Bourbon et Maurice, à Tranquebar et en Cochinchine. Son stipe a quatre à cinq pouces de longueur, et ses frondes autant.

§. 10. *Frondes deux ou trois fois ailées.*

12. Le Pteris crispé : *P. crispa*, Swartz; Schkuhr, *Crypt.*, pl. 97; *Engl. bot.*, pl. 1160; *Osmunda crispa*, Linn.; Bolt., *Filic.*, pl. 7; *Fl. Dan.*, 496; *P. Stelleri*, Amm., *Nov. comm. petrop.*, 12, pl. 12, fig. 1; *Adiantum*, Plucken., *Alm.*, 9, pl. 3, fig. 2; *Filix*, Moris., Hist., 3, sect. 14. pl. 4, fig. 4. Frondes stériles deux fois ailées, à frondules pinnatifides et découpures obovales, obtuses, incisées, dentées à l'extrémité; frondes fertiles deux fois ailées, inférieurement trois fois ailées, à frondules linéaires-oblongues, un peu obtuses, très-entières, resserrées à la base. Cette fougère es' commune dans les montagnes alpines et subalpines de toute l'Europe et de l'Angleterre. Elle forme, dans les lieux découverts et pierreux, des touffes de cinq à sept pouces de hauteur. Sa fructification fait une ligne continue sur le bord des frondules, en laissant un vide au milieu : caractère qui n'existe point dans le genre *Osmunda*, où Linnæus avoit placé cette plante; mais il faut avouer qu'il n'est pas non plus exactement celui des *Pteris*, ce qui explique l'embarras des auteurs pour son placement. Hoffmann en fait un *onoclea;* Villars un *acrostichum;* Allioni, le premier, un *pteris*. Rob. Brown l'a mieux placé dans le genre *Stegania;* Bernardi en a fait son genre *Allosurus*, etc. : cependant la majorité des botanistes la place dans le genre *Pteris*.

Cette plante seroit avantageuse, selon Villars, dans le commencement des rhumes de poitrine, en l'administrant en décoction.

13. Le Pteris épineux : *P. aculeata*, Swartz; *Polypodium spinosum*, Linn.; *Filix*, Sloan., *Hist. Jam.*, 1, pl. 56; Plum., *Fil.*, pl. 9; Petiv., *Fil.*, pl. 4, fig. 1 et 2. Frondes deux fois ailées, frondules oblongues, acuminées, pinnatifides, à découpures lancéolées, pointues, dentées en scie; stipe arborescent, et pétioles très-épineux.

Cette espèce, qui s'élève comme un petit arbre, et dont le feuillage est très-ample et très-divisé, est remarquable par les nombreux aiguillons qui revêtent son tronc, et les pétioles ou rachis de ses frondes. Elle croît dans les Antilles, à Saint-Domingue, etc.

§. 11. *Frondes tripartites ou pédiaires; rameaux deux fois ailés.*

14. Le Pteris comestible : *P. esculenta*, Forst., *Pl. escul.*, 74; Billard.. *Nov. Holl.*. 2, pl. 244; Schkukr, *Crypt.*, pl. 97. Pétiole partagé en trois rameaux frondifères, deux fois ailés, à frondules linéaires, obtuses, crénelées, roides, velues en dessous sur la côte, décurrentes : celles du bas presque ailées. Cette belle fougère, d'un feuillage très-ample, croît dans les bois, aux îles de la Société, à la Nouvelle-Hollande, et à la Nouvelle-Zélande. Les habitans de ces îles sont réduits quelquefois à se nourrir de cette fougère; ils mangent sa racine en guise de pain, après l'avoir fait rôtir sous la cendre. Cette racine est filandreuse, insipide et peu nourrissante : c'est le *narre* d'Otaïti, le *roï* des Zélandais, le *dingaoni* des naturels de Van-Diémen. Cette fougère a beaucoup de rapports avec notre *pteris aquilina*.

15. Le Pteris aquilin : *P. aquilina*, Linn., Schkuhr, *Crypt.*, pl. 95; Bolt., *Fil.*, pl. 10; Bull., Herb., pl. 207 (voyez le cahier n.° 6, des planches de ce Dictionnaire), vulgairement Fougère, Fougère femelle. Frondes radicales, droites, longuement pétiolées, trois à quatre fois ailées; rameaux ou frondules principales opposées, lancéolées, deux fois ailées, à frondules alternes, lancéolées, linéaires, composées de lobes ou découpures glabres en dessus, velues en dessous, oblongues, obtuses ou peu aiguës; la dernière découpure entière, souvent plus longue, lancéolée, et même très-longue dans une variéte; fructification en une ligne blanchâtre le long du bord de la fronde et en dessous.

Cette plante est commune dans les bois secs, les landes et les bruyères : elle se rencontre partout en Europe, dans les parties boréales de l'Asie et de l'Amérique. C'est chez nous une des fougères les plus répandues, et même c'est elle que l'on désigne particulièrement par ce nom; c'est aussi la fougère la plus élevée de nos climats; sa racine, rameuse, rampante, profonde, pousse des frondes de deux à six pieds et même de huit à dix de longueur, dont le stipe ou tige, droit, nu, forme à peu près le tiers; sur le reste sont étagées, par paires, des frondes insensiblement plus petites et moins écartées à mesure qu'elles sont plus près du sommet; elles-mêmes composées de frondules linéaires, alternes, rapprochées. Cette fougère est communément d'un vert grisâtre: les pieds stériles ont plus de développement.

Cette fougère mérite notre attention sous plusieurs rapports; on lui a donné le nom de *fougère aquiline*, *fougère impériale*, parce que, lorsqu'on coupe sa racine ou la partie la plus inférieure de son pétiole en bec de flûte, on croit y voir dessiné en lignes brunes les armes de l'empire d'Autriche, l'aigle impériale éployée.

La racine de la fougère aquiline est amère, astringente, et, par cela même on l'a recommandée contre le tænia et le rachitisme. Les tanneurs l'emploient quelquefois en guise de tan. Selon Thunberg, les Japonois cueillent les jeunes frondes non développées, pour les manger, et on en voit exposées en vente dans toutes les boutiques pendant les mois d'Avril et de Mai; les racines même, quoique ligneuses, servent de nourriture aux pauvres: on les pile d'abord, puis on les fait bouillir à une première eau, et on les assaisonne ensuite : la cuisson les noircit. Cette plante est nommée au Japon *ketz*, d'après Thunberg; *waralis*, suivant Kæmpfer. Mais une utilité de cette plante, qui n'est pas à négliger, c'est l'avantage d'en retirer de la potasse par l'incinération, c'est même une des plantes qui fournit le plus de cet alkali végétal.

M. Bosc fait observer à ce sujet qu'il résulte d'expériences faites il y a déjà long-temps et par des calculs établis sur des bases solides, que par son moyen la France pourroit se passer de toute la potasse que l'on tire de Dantzig ou de l'Amérique septentrionale: c'est sur la nécessité d'obtenir ce produit qu'insiste l'habile agronome que nous venons de nommer. En conséquence il recommande aux cultivateurs de ne point laisser perdre la fougère de leur canton, lorsqu'ils ne la consommeront pas pour leurs usages domestiques : ils la feront couper au milieu de l'été, la laisseront sécher à moitié sur place, puis ils la placeront dans une fosse creusée dans de l'argile.

plus profonde que large. On placera d'abord au fond de la fosse un feu de bois sec, et après que la terre sera échauffée, on y empilera la fougère, disposée préalablement en petites bottes. La combustion doit être conduite avec beaucoup de lenteur; on a remarqué qu'alors on obtenoit plus d'alkali. Après la consommation de toute la fougère, on couvre la fosse, pour n'enlever les cendres qu'après leur refroidissement; ensuite on peut les vendre telles quelles aux salpêtriers, ou bien en retirer soi-même la potasse par lixiviation : opération qui exige des vaisseaux d'une certaine grandeur.

L'utilité de la fougère est surtout sentie à la ferme : elle remplace le bois de chauffage pour le four, elle sert de litière aux bestiaux, les vaches ne dédaignent point d'en manger ; elle produit un excellent fumier. La fougère fraîche est employée à l'emballage des fruits et de beaucoup d'autres objets qu'on porte dans nos marchés; ses feuilles solides conservent long-temps une fraîcheur agréable qui les rend très-propre à cet emploi ; enfin, dans le pays où elle abonde, elle peut remplacer la paille et on en fait des liens.

L'élégance de cette plante, son feuillage élevé, la fraîcheur que l'on éprouve au déclin du jour dans les lieux où elle croit, la rendent l'ornement de nos bois. Souvent, assis sous son ombrage, les poëtes y ont puisé leurs plus douces et leurs plus riantes idées; le nom seul de la fougère réveille le souvenir des plaisirs de la campagne.

Depuis long-temps le *pteris aquilina* jouit d'une grande célébrité; c'est un des *pteris* ou *pterion* des anciens, mentionné dans Dioscoride, Pline, etc., et l'espèce qu'ils nommoient particulièrement *thelypteris*, est le *filix fœmina* des Latins; c'est du moins là l'opinion de Matthiole, Fuchsius, Dodonée, C. Bauhin, Adanson et de beaucoup d'auteurs modernes. En effet, le peu de lignes que Dioscoride consacre à la description de son *pteris thelypteris*, ne peut convenir qu'à notre fougère; il paroît que dès son temps on mangeoit les frondes vertes en potage, pour lâcher le ventre. On administroit les racines en électuaire pour chasser la vermine, et en boisson, à petite dose, pour expulser les vers : sa poudre, appliquée sur les ulcères difficiles à cicatriser, contribuoit à les faire clore : enfin, on s'en servoit dans l'art vétérinaire pour guérir les maladies du cou des bêtes chevalines. Elle occasionoit l'avortement chez les femmes enceintes qui en avoient fait usage.

Nous terminerons cet article en faisant remarquer que le pteris aquilin a beaucoup de ressemblance avec certaines espèces d'impressions de plantes de la même famille, si communes dans les schistes argileux et les couches arénacées qui recouvrent la houille ou charbon de terre, d'où l'on peut penser que parmi les restes de ces végétaux de l'ancien monde, plusieurs ont appartenu à des espèces de ce genre. (Lem.)

PTERIUM. (*Bot.*) Genre de plantes monocotylédones, de la famille des *graminées*, de la *triandrie digynie* de Linnæus, proposé par M. Desvaux. Ce genre ne diffère des *Cynosurus*, que parce que ses fleurs sont solitaires; il s'y rapporte d'ailleurs par tous ses autres caractères, principalement par son involucre pectiné: mais comme on voit dans les *Cynosurus* (voyez Crételle) le nombre des fleurs varier de deux à trois, de trois à quatre, ne peut-on pas également y rapporter une espèce dont les valves calicinales ne renferment qu'une seule fleur? Au reste, ce genre ne renferme qu'une seule espèce, le *Pterium elegans*, Desv., Journ. bot., 3, page 75. Cette plante est originaire du Levant. Sa racine est annuelle, fibreuse; les feuilles glabres; les fleurs presque unilatérales, disposées en épis presque globuleux, barbus et violets. (Poir.)

PTEROCALLIS. (*Bot.*) Selon M. Bosc, ce nom a été donné au genre Petrocallis. Voyez ce mot. (Lem.)

PTÉROCARPE, *Pterocarpus.* (*Bot.*) Genre de plantes dicotylédones, à fleurs papilionacées, de la famille des *légumineuses*, de la *diadelphie décandrie* de Linnæus, offrant pour caractère essentiel: Un calice campanulé, à cinq dents; une corolle papilionacée; dix étamines; les filamens réunis à leur partie inférieure; un ovaire pédicellé; un style. Le fruit est une gousse pédicellée, presque en faucille, comprimée, membraneuse, indéhiscente, amincie en aile sur ses bords, renfermant une, deux ou trois semences.

On est peu d'accord sur les limites de ce genre, d'où vient que plusieurs auteurs y ont introduit des plantes que d'autres ont placées dans des genres particuliers. On en a séparé les *Amerimnum* et les *Ecastaphyllum* de Brown. Dans les premiers, les gousses s'ouvrent en deux valves; dans les seconds, les étamines sont parfaitement diadelphes. (Voyez AMERIMNUM et ECASTAPHYLLUM.)

Les espèces renfermées dans ce genre sont des arbres ou des arbrisseaux à feuilles simples ou ailées: dans ces dernières les folioles sont alternes, pédicellées, si écartées les unes des autres, qu'on prendroit le pétiole commun pour un rameau, et les folioles pour des feuilles simples; elles sont entières, la plupart acuminées ou mucronées, épaisses, coriaces. Plusieurs de ces plantes distillent, à travers leur écorce, une résine rougeâtre, du nombre de celles connues dans le commerce sous le nom de *Sang de dragon*; d'autres fournissent une teinture rouge; une d'elles, le *bois* de *Santal*. Plusieurs genres d'Aublet ont été rapportés à celui-ci: tels sont les APALATOA, etc., les AMERIMNON de Brown, etc. (Voyez ces mots.)

PTÉROCARPE DRAGON : *Pterocarpus Draco*, Linn.; Lamk., *Ill. gen.*, tab. 602, fig. 2; Commel., *Hort.*, 1, tab. 109, var. β *Lingoum*, Rumph., *Amb.*, 2, tab. 70. Cet arbre a son tronc chargé de branches et de rameaux glabres, revêtus d'une écorce lisse, rougeâtre, garnis de feuilles alternes, ailées, composées de folioles alternes, pédicellées, glabres, ovales, entières, acuminées, longues de trois pouces, larges de deux. Les fleurs sont axillaires, portées sur de très-longs pédoncules rameux, disposées en grappes. Ces fleurs sont blanchâtres, rameuses, mais un grand nombre avorte; à chacune succède une gousse grande, comprimée, orbiculaire, à grosses nervures, saillante dans son milieu, où se trouve une loge contenant deux ou trois semences rougeâtres, ovales, oblongues. Cette gousse est environnée à son contour d'une large membrane mince, ferme, courbée en faucille, avec une pointe particulière, formée par une échancrure médiocre et latérale. Cet arbre croit dans les Indes. Il distille de son tronc, naturellement et par incision, une résine qui se condense en larmes rougeâtres; c'est une de celles auxquelles on a donné, dans le commerce, le nom de *Sang de dragon*.

PTÉROCARPE A FEUILLES VELOUTÉES: *Pterocarpus Ecastaphyllum*, Linn.; Berg., *Act. Stockh.*, 1769, tab. 4; Brown, *Jam.*, tab. 52, fig. 1. Grand arbrisseau, dont les rameaux sont très-diffus,

grimpans, garnis de feuilles simples, alternes, grandes, coriaces, pétiolées, ovales, entières, acuminées, vertes et glabres en dessus, chargées en dessous d'un duvet court, cendré, velouté ; les pétioles très - courts, un peu pubescens.
Les fleurs forment, le long des tiges, vers leur sommet, des
petites grappes courtes, latérales, à fleurs blanchâtres. Le
calice est court, renflé, un peu velu, à trois petites dents
aiguës. Le fruit est une gousse aplatie, ovale, médiocre,
presque orbiculaire, un peu en rein, roussâtre, velue dans
sa jeunesse, amincie sur ses bords, à peine échancrée, avec
une petite pointe à son extrémité. Cette plante croît à la
Martinique, à la Jamaïque, etc.

PTÉROCARPE SANTAL: *Pterocarpus santalinus*, Linn. fils, *Suppl.*
Arbre très-élevé, à rameaux alternes; la plupart des feuilles
ternées, quelquefois ailées; les folioles ovales, entières, orbiculaires ou oblongues, pubescentes en dessous. Les fleurs
sont disposées en grappes simples, axillaires, quelquefois rameuses. Le calice est de couleur brune, la corolle jaune. Le
fruit est une gousse arrondie, glabre, un peu courbée en
faucille, comprimée, environnée d'une aile membraneuse,
un peu ondulée. Cette plante croît à l'île de Ceilan, sur le
sommet des montagnes.

Linné fils, d'après l'autorité et les observations de Kœnig,
ne doute pas que cette plante ne soit celle qui fournit le véritable bois de Santal, ce bois étant traversé d'un grand
nombre de veines d'un rouge vif, d'autres d'un rouge plus
foncé, produisant d'ailleurs, par son infusion dans l'eau,
une belle couleur rouge. Ce bois est lourd, compacte, serré,
susceptible d'un beau poli; il découle de son écorce un suc,
qui est encore une espèce de *sang de dragon,* semblable à
ceux qui sont connus dans le commerce.

PTÉROCARPE MOUTOUCHI : *Pterocarpus moutouchi*, Poir., Encycl.; Lamk., *Ill. gen.*, tab. 602, fig. 1 ; *Moutouchi suberosa*,
Aubl., Guian., 2, tab. 200. Grand arbre, dont les rameaux
sont étalés, garnis de feuilles alternes, pétiolées, ailées avec
une impaire; les folioles opposées ou alternes, ovales, lancéolées, acuminées, au nombre de sept à neuf. glabres, pédicellées. Les fleurs sont axillaires, disposées en panicules médiocrement rameuses, supportant des fleurs alternes, un peu

pédicellées. Leur calice est court, campanulé, à cinq dents aiguës; l'étendard de la corolle concave; les filamens réunis à leur base. Le fruit est une gousse comprimée, irrégulièrement arrondie (avec une large échancrure vers la base, et un appendice recourbé), membraneuse à ses bords, à une seule semence. Cette plante croit a la Guiane.

PTÉROCARPE EN CROISSANT: *Pterocarpus lunatus*, Willd., *Spec.*; Plum., *Icon.*, tab. 201. Grand arbrisseau épineux, dont la tige est divisée en rameaux roides, cylindriques, glabres, munis, à la base des pétioles, de deux fortes épines recourbées, en forme de stipules. Les feuilles sont alternes, ailées avec une impaire, à cinq ou sept folioles opposées ou alternes, pédicellées, ovales - oblongues, obtuses, longues d'environ un pouce et demi, glabres en dessus, légèrement pubescentes et cendrées en dessous. Les fleurs sont disposées en une sorte de panicule, composée de petits épis un peu pendans. Le calice est campanulé, presque tronqué, à cinq dents fort petites; deux petites écailles à la base; la corolle blanche, mélangée de violet; la gousse orbiculaire, fortement courbée en demi-lune, de sorte que le sommet vient presque se joindre à la base, point membraneuse à son contour, à cosses dures, coriaces, veinées. Cette plante croit à la Martinique et dans l'Amérique méridionale.

PTÉROCARPE HÉMIPTÈRE: *Pterocarpus hemiptera*, Poir., Encyc.; Lamk., *Ill. gen.*, tab. 602, fig. 3; Gærtn., *De fruct.*, tab. 156. Cette plante, qui n'est guère connue que par son fruit, paroît se rapprocher, d'après lui, des fruits du *pterocarpus Draco*; mais ces derniers sont plus fortement courbés en faucille, et renferment deux ou trois semences; tandis que dans la première espèce le fruit est presque un drupe à une seule loge, occupée par une grande semence solitaire, réniforme; avec le sommet courbé en bec, et l'épiderme élargi en une aile membraneuse, fortement arquée.

PTÉROCARPE DU COROMANDEL; *Pterocarpus Masupium*, Roxb., *Corom.*, 2, tab. 116. Arbre très-élevé, dont le bois est dur, de couleur orangée: il se divise en branches et en rameaux garnis de feuilles ailées, composées de folioles elliptiques, alternes, échancrées au sommet, médiocrement pédicellées, dépourvues de stipules. Les fleurs sont blanches, disposées en

une panicule ample, terminale; les filamens, au nombre de
dix, sont réunis par leur base en un cylindre, et divisés en
deux paquets égaux. Le fruit est une gousse courbée en faucille, aiguë, environnée d'une aile membraneuse, renfermant
une ou deux semences. Cette plante croit au Coromandel, sur
les montagnes. (Poir.)

PTEROCARPUS. (*Bot.*) L'espèce que Murray nomme *pterocarpus buxifolius*, est la même plante que l'*aspalathus Ebenus*
de Linnæus, suivant Swartz, qui la reporte au genre *Amerimnon*. C'est la même dont P. Browne et Adanson faisoient
un genre distinct, le premier sous le nom de *Brya*, le second
sous celui d'*Aldina*. Voyez Ptérocarpe. (J.)

PTEROCEPHALUS. (*Bot.*) Un des quatre genres établis par
Vaillant, en subdivisant le genre de la scabieuse d'après la
structure différente de son double calice. Cette division avoit
été adoptée par Adanson, ainsi que par Necker, qui nommoit ce genre *Pteropogon*. (J.)

PTÉROCÈRE, *Pterocera*. (*Conchyl.*) Subdivision conchy-
liologique, établie par M. de Lamarck pour la première
section des strombes de Linné, dont le bord droit se dilate
beaucoup avec l'âge, en même temps qu'il se digite d'une
manière variable, et dont le tube est plus long et plus cau-
diforme. Ce sont, du reste, tous les autres caractères des
Strombes (voyez ce mot). La plupart des coquilles de ce
genre deviennent fort grandes : elles vivent toutes dans la mer
des Indes orientales. Quand elles sont bien complètes, la
grandeur des digitations de leur bord droit et leur forme
leur a fait donner les noms vulgaires d'araignées et de scor-
pions. Dans le jeune âge le bord droit n'offre aucune dilata-
tion, aucune digitation. Le tube est court, et alors la coquille ressemble assez bien à un cône dont la spire seroit
plus élevée. M. de Lamarck (tome 7, page 195, de la nouvelle édition de ses Animaux sans vertèbres), caractérise sept
espèces de ptérocères.

Le P. tronqué : *P. truncata; Strombus bryonia*, Linn.,
Gmel., page 3520, n.° 33 ; Chemn., *Conch.*, 10, t. 159,
fig. 1512 — 1515, vulgairement la Racine de Bryone. Coquille ovale, oblongue, ventrue, à spire aplatie, tout-à-fait
tronquée, tuberculeuse ; ouverture très-lisse, rose, avec

six digitations, sans comprendre le canal au bord droit. Couleur blanchâtre.

Cette espèce, dont on ignore au juste la patrie, est le plus souvent représentée dans son jeune âge, et alors elle manque de digitation.

Le Ptérocère lambis : *P. lambis*, Linn., Gmel., page 3508, n.º 5 ; Martini, *Conch.*, 3 , t. 86, fig. 855 , t. 87, fig. 858, 859 ; t. 90, fig. 884 ; t. 91 , fig. 888 , 889 ; et t. 92, fig. 902, 903. Coquille ovale-oblongue, à spire conique, aiguë, avec quelques tubercules dorsaux, dont un plus grand et comprimé ; sept digitations au bord droit, sans compter le canal. Couleur variée de blanc-roux et de brun en dessus, rose en dedans.

Des mers de l'Inde. C'est une coquille très-commune dans les collections.

Le P. millepieds : *P. millepeda* ; *Strombus millepeda*, Linn., Gmel., page 3509, n.º 6 ; Enc. méth., pl. 410, fig. *a*, *b*. Coquille ovale-oblongue, à spire conique, aiguë, garnie de plusieurs rangs de tubercules sur le dos ; le canal assez court, contourné ; le bord droit divisé en dix digitations, dont les médianes et les antérieures sont les plus courtes et droites.

De l'océan Indien.

Le nombre et la forme des digitations paroissent varier beaucoup dans cette espèce.

Le P. faux-scorpion : *P. pseudo-scorpio*, de Lamk., *l. c.*, n.º 4 ; Bonnani, Récr., 3 , fig. 312, vulgairement le Grand scorpion. Coquille plus grande que le véritable scorpion. Ovale-oblongue ; sept digitations plus épaisses et beaucoup moins gibbeuses. Couleur variée de blanc et de brun en dehors, et d'un roux violet en dedans.

Patrie inconnue.

Ne seroit-ce pas une simple variété de sexe de la suivante ?

Le P. scorpion : *P. scorpio* ; *Strombus scorpius*, Linn., Gmel., page 3508, n.º 4 ; *P. nodosa*, Enc. méth., pl. 410, fig. 2, vulgairement le Scorpion goutteux. Coquille ovale-oblongue, gibbeuse et noueuse en dessus ; sept digitations grêles et noueuses dans leur longueur ; les antérieures et le canal très-long ; ouverture d'un rouge violet et rugueuse.

Des grandes Indes.

Le Ptérocère orangé : *P. aurantia*, de Lamk., *loc. cit.*, n.° 6 ; Chemn., *Conch.*, 10, t. 158, fig. 1508, 1509, vulgairement le Scorpion orangé. Coquille ovale, rugueuse et tuberculeuse en travers ; sept digitations grêles, pointues, très-peu noueuses ; canal très-long, très-grêle, lisse, courbé ; ouverture très-lisse, orangée. Couleur variée de blanc et de jaune.

De la mer des Indes.

Le P. araignée : *P. chiragra ; Strombus chiragra*, Linn., Gmel., page 3507, n.° 3 ; Martini, *Conch.*, 3, t. 85, fig. 851 et 852 ; t. 86, fig. 853 et 854 ; t. 87, fig. 855 — 857, et t. 92, fig. 895, 896, 898, 900, 901. Coquille ovale-oblongue. épaisse ; à spire courte et conique ; ouverture rose, striée de blanc, garnie sur ses deux bords de six digitations étroites, assez longues, recourbées en dessus. Couleur blanche, tachée de roux.

Des grandes Indes. (De B.)

PTÉROCÈRE. (*Foss.*) M. Maraschini a trouvé au Monte-Guerni, près de Castel-Gomberto en Italie, une coquille fossile, qu'on a cru pouvoir rapporter au genre Ptérocère. Dans son Mémoire sur les terrains du Vicentin, M. Al. Brongniart lui a donné le nom de *Pterocera radix*. Elle est décrite dans ce Mémoire, page 74, et elle est figurée dans la planche 4, fig. 9. Cette coquille est conique, et porte sur le haut de chaque tour des tubercules arrondis ; son sommet est tronqué, ainsi qu'on l'observe sur l'espèce nommée vulgairement la *racine de Bryone*. Elle est couverte de sillons qui suivent les tours ; son aile n'est pas connue ; mais le sinus de la base du bord externe semble indiqué par les plis arrondis qu'on observe sur le dos du dernier tour et vers la base : longueur, près de deux pouces et demi ; diamètre du dernier tour vers le haut, quinze lignes. Nous ignorons dans quelle couche elle a été trouvée.

Dans une Notice insérée dans les Annales des sciences naturelles, Juin 1825, M. Dorbigny, fils, annonce que dans le calcaire jurassique du département de la Charente inférieure, il a trouvé plusieurs espèces du genre Ptérocère, et il signale les deux espèces qui lui ont paru les plus distinctes et les mieux caractérisées. Ces espèces se rencontrent rarement avec leurs coquilles, et le plus souvent on ne trouve que les noyaux moulés dans leur intérieur, ou les empreintes de leur surface extérieure, et ce n'est qu'après avoir réuni un grand nombre d'échantillons, que ce zélé naturaliste annonce qu'il est parvenu à en étudier toutes les parties, à les dessiner avec l'aspect qu'elles avaient à l'état frais, et à les bien décrire. Comme il n'a pu se procurer aucun individu dont l'intérieur de la bouche soit bien prononcé, il s'est borné à faire les dessins des parties extérieures, dont plusieurs empreintes se trouvent déposées à La Rochelle, dans le cabinet de son père et dans celui de M. Fleuriau de Bellevue.

Pterocera Ponti, Brongn., Mém., pl. 5, fig. 1. Coquille légèrement déprimée, bord droit, très-élargi, en forme d'aile et interrompu par des digitations dont le nombre varie de neuf à dix, et qui sont le prolongement d'autant de côtes qu'on voit sur le dernier tour. La dernière digitation, la plus élevée, s'appuie sur toute la spire, et la dépasse de presque toute sa longueur; le bord gauche, également élargi en aile, est interrompu par une digitation, se prolonge jusqu'à l'avant-dernier tour de spire, et est terminé inférieurement par un canal très-long et courbe; entre ce canal et la digitation qui le suit, on voit un sinus légèrement relevé et épaissi; la spire est composée de six tours, dont les supérieurs sont couverts de fines stries qui les suivent. L'intervalle entre les côtes forme un sillon profond, marqué par des stries prononcées, qui sont coupées transversalement par de légères lignes d'accroissement, et rendent cette coquille comme treillissée. Quelques individus ont jusqu'à cinq pouces de diamètre. On trouve cette espèce aux environs de La Rochelle.

M. Dorbigny rapporte à cette espèce le *strombites denticulatus* de Schlotheim, pl. 22, fig. 9, de son *Petrefactenkunde*, qui a été trouvé près de Frankenhausen dans le calcaire ancien. On trouve aussi cette espèce à Balemberg, canton de Soleure.

Pterocera tetracera; Dorb., *loc. cit.*, même pl., fig. 2. Coquille légèrement déprimée ; bord droit ailé, terminé inférieurement par un long canal, ouvert seulement dans une partie et séparé par trois digitations très-longues, aiguës, arquées en différens sens : elles sont le prolongement des côtes qui se trouvent sur le dernier tour. Les deux postérieures se réunissent vers le haut de ce dernier pour n'en former qu'une seule, divisée, à quelque distance de leur réunion, comme en deux lobes. La digitation la plus rapprochée de la spire ne s'appuie pas sur elle, et se déjette en arrière du même côté que le canal; il y a une légère expansion au bord gauche de ce dernier, qui ne se prolonge pas au-delà de la base. La spire est alongée et composée de six tours très-serrés à leur point de réunion. Ces derniers sont couverts de sillons longitudinaux et de stries transverses : de chaque intervalle des côtes partent des stries qui vont, en se bifurquant, jusque près du bord, où sont quelques lignes d'accroissement; le sinus est relevé, épais et non contigu au canal. Le côté de la bouche est uni; l'on y remarque seulement des gouttières correspondantes aux côtes du côté opposé : diamètre, quatre pouces. On trouve cette espèce dans les couches supérieures du calcaire jurassique compacte aux environs de La Rochelle, avec des térébratules et des ammonites. (D. F.)

PTÉROCHEILES. (*Entom.*) Nom donné par M. Klügg à quelques espèces de guêpe, dont les mâchoires élargies lui ont fait imaginer cette dénomination pour indiquer un genre auquel on rapporteroit la *vespa phalerata*, la guêpe barrée de Panzer. (C. D.)

PTEROCLADIA. (*Bot.*) Genre de mousse établi par Necker aux dépens des *hypnum*, et qui n'a pas été adopté. (Lem.)

PTEROCLÈS. (*Ornith.*) Nom, en latin de convention, donné par M. Temminck au ganga. (Ch. D.)

PTEROCLIA. (*Ornith.*) Un des noms du jaseur, *ampelis garrulus*, Linn. (Ch. D.)

PTEROCOCCUS. (*Bot.*) Pallas avoit fait sous ce nom un genre que Linnæus a nommé ensuite Pallasia. Voyez ce mot et Calligon. (J.)

PTÉRODACTYLE. (*Foss.*) Il étoit réservé à l'étude des fossiles de nous montrer des formes plus variées et plus singulières que celles que la nature vivante nous présente aujourd'hui. Les dragons volent par le moyen de leurs côtes, les oiseaux avec des ailes sans doigts distincts, et les chauve-souris avec des ailes où le pouce seul est libre; mais il a existé un reptile qui nous présente des ailes soutenues principalement sur un doigt très-prolongé, tandis que les autres avoient conservé leur brièveté ordinaire et leurs ongles.

On a trouvé à Eichstedt, dans la vallée de l'Altmühl, un peu au-dessous de Solenhofen, village du comté de Pappenheim, dans des schistes calcaires, avec des crustacés, des poissons que M. Cuvier regarde comme appartenant, au moins en partie, à des genres marins, des squelettes de reptiles, auxquels on a donné le nom de ptérodactyles, et dont il paroit qu'il existe plusieurs espèces.

PTÉRODACTYLE A MUSEAU ALONGÉ; *Pterodactylus longirostris,* Cuv., Oss. foss., tom. 5, pag. 559, pl. 23, fig. 1. Cet animal avoit une très-grande tête, pourvue d'une énorme gueule, armée de petites dents pointues au nombre de soixante environ, et propres seulement à saisir des insectes et d'autres petits animaux. Son cou étoit long, et son corps petit comme celui des oiseaux; un doigt extrêmement prolongé en tige grêle, paroit avoir dû soutenir une aile bien plus puissante que celle du dragon, et au moins en force égale à celle de la chauve-souris. Il paroit qu'il pouvoit se servir de ses doigts armés d'ongles crochus pour se suspendre aux arbres, ou pour ramper. Enfin, il semble qu'il pouvoit se tenir debout sur ses pieds de derrière seulement.

PTÉRODACTYLE A MUSEAU COURT; *Pterodactylus brevirostris,* Cuv., *loc. cit.,* même pl., fig. 7. Il a été trouvé dans les carrières de Windischhof à une demi-lieue d'Eichstedt. La pierre qui le porte, offre les restes d'un très-petit poisson et quelques petites astéries. L'individu est plus petit d'un tiers pour le tronc que le précédent, et sa tête et son cou sont beaucoup moins alongés à proportion. M. Sœmmering, qui en a fait une description, insérée avec une gravure dans le volume de l'Académie bavaroise pour 1816 et 1817, dit qu'aux deux mâchoires on voit de petites dents, et M. Oeken, qui, en 1819, en a donné une nouvelle description et une figure dans l'Isis, n'en parle pas du tout. Ce fossile est déposé dans la collection de M. Grassegger, conseiller municipal à Neubourg sur le Danube.

On a trouvé dans les mêmes couches des os qui pourroient

avoir appartenu à quelque grande espèce de ce genre ; deux
d'entre eux paroissent être les deuxième et troisième pha-
langes du grand doigt du ptérodactyle ; la deuxième, qui n'a
que dix-huit lignes de longueur dans l'espèce précédente, a
plus de sept pouces dans celle-ci. (**D. F.**)

PTÉRODIBRANCHES , *Pterodibranchiata.* (*Malacoz.*) C'est-
à-dire malacozoaires pourvus d'une paire de branchies servant
d'ailes ou d'organes principaux de locomotion ; dénomination
employée quelque temps par M. de Blainville pour désigner
le groupe de mollusques que M. Cuvier a formé sous le nom
de ptérobranches, en en retirant une partie de ceux que
Péron et Lesueur y avoient introduits, et qui nagent bien
au moyen d'une nageoire comprimée, mais unique et sous-
abdominale. M. de Blainville, depuis, a abandonné cette dénomination , parce qu'il croit s'être assuré que les branchies
ne sont pas, comme l'indique ce mot, à la surface des organes natatoires. (**De B.**)

PTÉRODICÈRES. (*Entom.*) Ce nom, proposé par M. Latreille, est composé de trois mots grecs signifiant ailés, à deux
antennes ; il avoit été appliqué à la classe presque entière des
insectes, au moins à tous ceux qui subissent une métamorphose. Il a été ensuite délaissé par l'auteur. (**C. D.**)

PTÉRODIPLES ou DUPLIPENNES. (*Entom.*) Famille d'insectes hyménoptères, caractérisée par la disposition des ailes
supérieures qui, dans l'état de repos, sont pliées en long ou
comme doublées dans leur longueur, et n'ont alors que la
moitié en apparence de leur largeur réelle. D'autres caractères
se joignent à celui-ci, entre autres, la forme de leur abdomen,
qui est conique, tronqué à sa base et supporté par un pédicule ;
puis les antennes brisées ou coudées, enfin une lèvre inférieure et des machoires qui atteignent au plus la pointe ou
l'extrémité libre des mandibules.

Ce nom de diploptères est emprunté du grec ; les mots
διπλοῶ, signifiant *je double,* et celui de πῖερα , *les ailes.*
Nous avons fait figurer les genres de cette famille sur la planche
5i de l'atlas de ce Dictionnaire : voici les observations successives qui aident à reconnoître et à distinguer les genres de ce
groupe d'avec tous ceux qui appartiennent aux autres familles
de l'ordre des hyménoptères. D'abord l'abdomen pédiculé les

éloigne des mouches à scie ou uropristes; la lèvre inférieure
et les mâchoires, qui ne sont pas prolongées en une sorte de
langue comme dans les abeilles, les sépare ainsi des mellites;
leur abdomen qui est conique et non concave, se roulant en
boule, les distingue des chrysides ou systrogastres; enfin, les
ailes doublées les sépare de toutes les autres familles, car dans
les fourmis ou myrmèges, il est vrai, les antennes sont brisées
ou en fil, et dans toutes les autres elles sont en soie et jamais
coudées. Tels sont les anthophiles, les néottocryptes, les oryctères et les entomotilles.

Les mœurs des ptérodiples sont à peu près les mêmes que
celles des mellites ou apiaires. Ils vivent en société plus ou
moins nombreuses, parmi lesquelles il se rencontre quelquefois
des femelles neutres ou ouvrières, des mâles et des femelles.
Ils comprennent en particulier les genres des guêpes et des
masares, qui ont les antennes en masse ou en fuseau. M. Latreille a désigné cette famille sous le nom de guêpaires. On
ne connoît guère les mœurs que celles des Guêpes, mot auquel nous renvoyons le lecteur.

M. Latreille a subdivisé, d'après la conformation des parties de la bouche, le genre des guêpes en plusieurs sous-
genres, telles sont les *Synagres* d'Afrique, chez lesquelles les
mâles ont les mandibules prolongées en forme de cornes, les
Eumènes, les *Zètes* et les *Discœlies*, dont le premier anneau
de l'abdomen est étroit, alongé en forme de poire, les *Ptérocheiles*, les *Odynères* et les *Rygchies* dont les parties de la
bouche diffèrent un peu de celles des guêpes, parmi lesquelles
on distingue aussi, d'après ces considérations, les genres *Po-
liste* et *Épipone*. (C. D.)

PTÉROGLOSSUS. (*Ornith.*) Nom générique donné par Illiger au toucan, *ramphastos*, Linn. (Ch. D.)

PTEROGONIUM. (*Bot.*) Swartz et Schwægrichen ont désigné ainsi le genre de mousse établi et nommé par Hedwig
Pterigynandrum (voyez ce mot). Ils ont voulu seulement
adopter un nom moins rude à prononcer et plus court. Voyez
Pterigynandrum et Syrrhopodon. (Lem.)

PTEROGYNANDRUM. (*Bot.*) Voyez Pterigynandrum. (Lem.)

PTÉROÏS, *Pterois*. (*Ichthyol.*) M. Cuvier a donné ce nom
à un genre de poissons, qu'il a isolé de celui des Scorpènes

d'Artédi et de Linnæus. Ce genre, qui rentre dans la famille des Céphalotes, parmi les poissons osseux thoraciques holobranches de la Zoologie analytique, est reconnoissable aux caractères suivans :

Catopes implantés sous les nageoires pectorales ; corps épais, comprimé ; tête très-volumineuse, hérissée au-devant des yeux, au vertex, au préopercule, à l'opercule et au sous-orbitaire, d'épines fortes, et garnie en outre de diverses appendices charnues ; gueule largement fendue ; dents en velours ; nageoires pectorales larges, embrassant une partie de la gorge, et, de même que la dorsale, qui est fort longue, soutenues par des rayons qui dépassent de beaucoup les membranes ; écailles petites ou nulles.

A l'aide de ces caractères, il devient facile de distinguer les Ptéroïs des Aspidophores et des Aspidophoroïdes, qui ont les écailles grandes ; des Gobiésoces qui ont la nageoire dorsale courte ; des Cottes, qui l'ont double ; des Scorpènes, qui ont la tête hérissée d'épines seulement, et des Synancées, où cette même partie n'offre que des tubercules plus ou moins saillans. (Voyez ces divers mots et Céphalotes.)

Les ptéroïs vivent aux Moluques, dans les eaux douces, et ont des couleurs vives et des formes élégantes en même temps que singulières.

Parmi eux nous citerons :

Le Ptéroïs volant : *Pterois volitans ; Scorpæna volitans,* Gmelin, Bloch, 184 ; *Gasterosteus volitans,* Linnæus ; *Perca amboinensis,* Rai. Nageoires pectorales plus longues que le corps, et propres à une sorte de vol ; des bandes transversales alternativement orangées et blanches, et dont les unes sont larges et les autres étroites ; nageoires pectorales et catopes violets et tachetés de blanc ; des points blancs le long de la ligne latérale ; iris marqué de rayons bleus et de rayons noirs ; tête très-large par devant ; dents petites et aiguës aux deux machoires ; lèvres extensibles.

Ce poisson, des eaux douces du Japon et d'Amboine, est fort recherché des pêcheurs de ces contrées, à cause de l'excellence de sa chair, qu'on a comparée à celle de la perche de nos rivières. Il parcourt quelquefois, en s'élançant de l'eau, un espace de plusieurs toises dans l'atmosphère, où il se soutient à l'aide de ses espèces d'ailes.

Bloch, qui a examiné ses viscères intérieurs, lui a trouvé une vésicule aérienne, organe qui manque aux scorpènes proprement dites.

Le Ptéroïs antenné : *Pterois antennatus; Scorpæna antennata*, Gmel., Bloch, 185. Des appendices articulés, placés auprès des yeux, cylindriques, renflés dans quatre points de leur longueur; rayons des nageoires pectorales de la longueur du corps et de la queue; globe de l'œil traversé obliquement par une raie foncée; des taches grandes et irrégulières sur la tête; de petites taches sur les rayons des nageoires et des bandes transversales sur le corps, ainsi que sur la queue.

Ce poisson, dont la chair a une saveur exquise, habite les eaux douces d'Amboine. (H. C.)

PTÉROLOPHE, *Pterolophus*. (*Bot.*) Ce genre de plantes appartient à l'ordre des Synanthérées, à la tribu naturelle des Centauriées, à la section des Centauriées-prototypes, et au groupe des Jacéinées, dans lequel nous le plaçons entre les deux genres *Jacea* et *Platylophus*. Voici ses caractères :

Calathide plus ou moins radiée: disque multiflore, obringentiflore, androgyniflore; couronne unisériée, biliguliflore, neutriflore. Péricline ovoïde, inférieur aux fleurs du disque; formé de squames régulièrement imbriquées, appliquées, coriaces, plurinervées, comme striées; les intermédiaires ovales, surmontées d'un grand appendice point ou presque point décurrent, à partie inférieure large, concave, scarieuse, ayant les bords minces, membraneux, diaphanes, irrégulièrement dentés-lacérés, très-glabres, à partie supérieure étroite, roide, opaque, pennée, régulièrement et profondément divisée en quelques lanières distantes, subulées, presque filiformes, courtement ciliées ou barbellulées. Clinanthe planiuscule, garni de fimbrilles subfiliformes. *Fleurs du disque :* Ovaire pubescent, tantôt aigretté, tantôt inaigretté. Corolle obringente. Étamines à filets poilus; appendices apicilaires des anthères, aigus. Style à deux stigmatophores longs et entregreffés. *Fleurs de la couronne:* Faux ovaire grêle, inaigretté. Corolles à deux languettes, l'extérieure plus longue et plus large, profondément trifide, l'intérieure bipartie jusqu'à sa base.

Le caractère essentiellement distinctif de ce genre consiste en ce que l'appendice des squames intermédiaires du péricline offre deux parties fort différentes, dont l'inférieure est analogue à l'appendice du *Jacea*, tandis que la supérieure est analogue à l'appendice du *Platylophus*.

Nous avons observé ce caractère sur trois ou quatre espèces, qui sont probablement les *Centaurea alba*, *splendens*, *nitens*, etc.

Le nom de *Pterolophus*, composé de deux mots grecs, qui signifient *crête ailée*, fait allusion aux appendices du péricline, dont la partie supérieure forme une sorte de crête, et dont la partie inférieure semble former deux ailes membraneuses.

Nous allons profiter de l'occasion qui se présente, pour offrir ici à nós lecteurs une ébauche très-succincte du tableau méthodique des genres de la tribu des Centauriées.

Première section. CENTAURIÉES-PROTOTYPES. (Aigrette double; l'extérieure composée de squamellules filiformes-laminées, étrécies de bas en haut, barbellées.)

I. Jacéinées. (Appendices du péricline scarieux.) = A. Jacéinées vraies. (Appendices non décurrens sur les bords des squames.) 1. *Chartolepis*; 2. *Jacea*; 3. *Pterolophus*; 4. *Platylophus*; 5. *Stenolophus*; 6. *Stizolophus*; 7. *Zoegea*; 8. *Psephellus*. = B. Cyanées. (Appendices décurrens sur les bords des squames.) 9. *Melanoloma*; 10. *Cyanus*; 11. *Lopholoma*; 12. *Acrocentron*; 13. *Microlophus*; 14. *Hymenocentron*; 15. *Crocodilium*.

II. Calcitrapées. (Appendices du péricline cornés, piquans.) = A. Calcitrapées vraies. (Appendices pennés.) 16. *Cnicus*; 17. *Mesocentron*; 18. *Verutina*; 19. *Triplocentron*; 20. *Calcitrapa*. = B. Séridiées. (Appendices palmés.) 21. *Philostizus*; 22. *Seridia*; 23. *Pectinastrum*.

III. Centauriées-Prototypes vraies. (Appendices du péricline ordinairement nuls, quelquefois extrêmement petits et parfaitement simples.) 24. *Mantisalca* ou *Microlonchus*; 25. *Centaurium*; 26. *Crupina*.

Seconde section. CENTAURIÉES-CHRYSÉIDÉES. (Aigrette ordinairement simple, composée de squamellules paléiformes, élargies de bas en haut, inappendiculées.)

I. Chryséidées vraies. (Aigrette simple. Appendices du péricline tantôt nuls, tantôt scarieux, tantôt spiniformes.) 27.

Goniocaulon; 28. *Volutarella;* 29. *Cyanopsis* ou *Cyanastrum ;* 3o. *Chryseis.*

II. Fausses Chryséidées. (Aigrette double. Appendices du péricline foliacés.) 31. *Kentrophyllum;* 32.? *Hohenwartha.*

Notre genre *Chartolepis,* fondé sur la *Centaurea glastifolia,* est caractérisé par l'appendice des squames intermédiaires du péricline, lequel est non décurrent, orbiculaire, concave, scarieux, diaphane, parcheminé, presque entier sur ses bords, échancré ou fendu au sommet, avec une très-petite languette subulée à la base de l'échancrure. Le genre *Jacea,* ayant pour type la *C. jacea,* est réduit par nous aux espèces dont l'appendice des squames intermédiaires du péricline est grand, non décurrent, orbiculaire, concave, scarieux, à bords membraneux, minces, diaphanes, inégalement et irrégulièrement dentés ou comme lacérés. Notre genre *Pterolophus* a l'appendice composé de deux parties, l'inférieure analogue à l'appendice du *Jacea,* la supérieure analogue à l'appendice du genre suivant. Notre genre *Platylophus,* ayant pour type la *C. nigra,* est caractérisé par l'appendice des squames intermédiaires, qui est non décurrent, large et concave à sa base, ovale, scarieux, prolongé au sommet et sur les deux côtés en lanières bien distinctes, égales, uniformes, régulièrement disposées, très-longues, subulées, filiformes supérieurement, roides, opaques, ciliées sur les bords. Le genre *Stenolophus,* qui a pour type la *C. phrygia,* ne diffère du *Platylophus* que parce que l'appendice, au lieu d'avoir la base large, ovale et concave, est étroit dès sa base, non concave, linéaire-subulé d'un bout à l'autre. Dans notre genre *Stizolophus,* qui a pour type la *C. balsamita,* l'appendice des squames intermédiaires est grand, point ou presque point décurrent, lancéolé, plan, roide, coriace, scarieux, parcheminé, demi - transparent, blanchâtre, bordé de longues lanières distantes, subulées, planes, courtement ciliées ou barbellulées, la terminale plus roide, subspinescente. Le genre *Zoegea* se distingue principalement par les corolles de sa couronne, qui sont obligulées.

Notre genre *Psephellus,* fondé sur la *C. dealbata,* est caractérisé par les corolles de sa couronne, qui sont analogues à celles du *Cyanus,* par l'appendice apicilaire des anthères, qui est arrondi au sommet, et surtout par l'aigrette, qui est parsemée de globules.

Dans notre genre *Melanoloma*, fondé sur la *C. pullata*, les squames intermédiaires du péricline sont munies sur chaque côté d'une bordure linéaire, frangée, scarieuse, noire, et elles sont en outre surmontées d'un grand appendice étalé, penné, coriace, à pinnules distancées, filiformes, roides, barbellulées. Le genre *Cyanus*, ayant pour type la *Cent. cyanus*, est réduit par nous aux espèces dont les squames intermédiaires du péricline sont munies d'une bordure appendiciforme scarieuse, profondément découpée en lanières subulées, ciliées, et dont le style porte deux stigmatophores courts, libres jusqu'à la base, divergens, arqués en dehors. Notre genre *Lopholoma*, qui a pour type la *C. scabiosa*, se distingue du *Cyanus* principalement par ses stigmatophores, qui, au lieu d'être libres, sont entregreffés; l'appendice des squames intermédiaires est marginiforme, c'est-à-dire très-décurrent, scarieux, opaque, divisé profondément sur les deux côtés en lanières distantes, longues, subulées, roides, ciliées ou barbellulées. Notre genre *Acrocentron*, ayant pour type la *C. collina*, ne diffère du *Lopholoma* que par le sommet de l'appendice, qui forme une épine bien manifeste. Notre genre *Microlophus*, fondé sur la *C. alata*, diffère de l'*Acrocentron* seulement en ce que l'appendice des squames intermédiaires du péricline est très-petit, comme avorté ou demi-avorté. Dans notre genre *Hymenocentron*, qui a pour type la *C. diluta*, l'appendice des squames intermédiaires est décurrent, arrondi, scarieux, semi-diaphane, ayant les deux côtés minces, membraneux, irrégulièrement lacérés, et le sommet échancré, produisant du fond de l'échancrure un filet court, épais, roide, spiniforme. Dans le genre *Crocodilium*, composé des *C. crocodilium* et *pumila*, l'appendice est grand, dressé, inappliqué, à partie inférieure décurrente, large, arrondie, concave, entière, épaisse et opaque dans le milieu, mince et diaphane sur les bords, à partie supérieure longue, étroite, subulée, spiniforme, subcornée, un peu piquante.

Le genre *Cnicus*, fondé sur la *C. benedicta*, se distingue des suivans par les caractères de l'ovaire et de l'aigrette; ajoutons que son appendice est cilié ou barbellulé, comme dans la plupart des Jacéinées. Notre genre *Mesocentron*, fondé sur la *C. eriophora*, se rapproche du précédent par son appendice muni de plusieurs épines latérales sur les deux côtés de sa moitié inférieure, à l'exception de la base, qui en est absolument dépourvue; en sorte que les épines latérales occupent une partie moyenne entre la base et le sommet. Notre genre *Verutina*, fondé sur la *C. verutum*, a les squames intermédiaires du péricline surmontées, derrière le sommet, par un appendice extrêmement long, très-étalé, très-droit, très-roide, spiniforme, subcorné, demi-cylindrique inférieurement, cylindrique supérieurement, parfaitement simple à sa base, muni de deux (rarement quatre) petites épines latérales, ordinairement alternes, mais rapprochées, situées vers le milieu de sa longueur. Notre genre *Triplocentron*, fondé sur la *C. melitensis*, se distingue des genres voisins, en ce que l'appendice est muni à sa base de plusieurs épines, et qu'il porte en outre deux autres épines latérales, situées à une distance notable de sa base; en sorte que cet appendice est piquant à sa base, à son sommet, et sur un point intermédiaire. Le genre *Calcitrapa*, ayant pour type la *C. calcitrapa*, diffère du précédent en ce que l'appendice des squames intermédiaires du péricline ne porte d'épines latérales qu'à sa base ou tout près de sa base.

Notre genre *Philostizus*, fondé sur la *C. ferox*, ne diffère du suivant que par un groupe d'épines situé sur la face supérieure de la base de l'appendice. Dans le genre *Seridia*, comprenant les *C. aspera, seridis, sonchifolia*, etc., l'appendice est divisé presque jusqu'à sa base en plusieurs épines longues, rayonnantes, dont l'une, occupant le milieu, est notablement plus grande. Notre genre *Pectinastrum* est fondé sur la *C. napifolia:* l'appendice des squames intermédiaires de son péricline est large, concave, épais, scarieux, découpé jusqu'à moitié en plusieurs lanières courtes, subulées, roides, spinescentes, presque spiniformes, régulièrement disposées en peigne, celle du milieu n'étant pas notablement plus longue et plus forte que les autres.

Notre genre *Mantisalca* (ou *Microlonchus*), fondé sur la *C. salmantica*, se distingue des deux suivans par les squames intermédiaires de son péricline, qui, au lieu d'être absolument inappendiculées, sont pourvues d'un appendice bien distinct, mais extrêmement petit et parfaitement simple, imitant par sa forme un petit fer de lance : ce genre est très-remarquable par ses rapports avec les *Klasea*, *Serratula*, *Mastrucium*, de la tribu des Carduinées. Le genre *Centaurium* comprend les *C. centaurium*, *ruthenica*, *africana*, etc. Le genre *Crupina*, fondé sur la *C. crupina*, s'éloigne beaucoup du précédent, comme de toutes les autres Centauriées, par des caractères fort extraordinaires : les corolles du disque ont le tube garni de longs poils fugaces, hérissés eux-mêmes de poils plus petits; le fruit est velouté, non comprimé, pourvu d'un bourrelet apiciaire cartilagineux, très-entier; son aréole basilaire n'est point oblique; les squamellules intérieures de l'aigrette extérieure sont filiformes et irrégulièrement barbellullées; après la fleuraison, il se forme sur l'aréole apiciaire du fruit, entre l'aigrette et la corolle, un bourrelet circulaire très-élevé, très-épais, cartilagineux, analogue à la cupule des *Jurinea*, mais ne se détachant point du fruit; en même temps la corolle produit, au-dessus de sa base, une énorme expansion en forme de calotte hémisphérique, épaisse, charnue, verte, membraneuse et diaphane sur ses bords, laquelle emboîte et recouvre entièrement le bourrelet circulaire qui s'est élevé autour de sa base.

Notre genre *Goniocaulon* a des rapports avec le *Crupina* par sa calathide pauciflore et par son péricline : mais il s'en éloigne beaucoup par ses ovaires glabres, par la structure de leur aigrette, par les corolles, par les stigmatophores libres. Notre genre *Volutarella*, fondé sur la *C. Lippii*, a la corolle régulière, hérissée de longs poils simples, à divisions glabres, roulées en dedans du haut en bas en forme de volute; l'ovaire est velu; les squames intermédiaires du péricline ont un appendice demi-lancéolé, scarieux, décurrent. Notre genre *Cyanopsis* (ou *Cyanastrum*) se distingue du *Volutarella* par l'appendice des squames, qui est subulé, spiniforme; par la corolle obringente; par l'ovaire glabriuscule, muni de dix à douze côtes régulières, séparées par des sillons ridés transversalement. Notre genre *Chryseis*, composé des *C. suaveolens*, *moschata*, *glauca*, ressemble au genre *Centaurium* par le péricline; mais il s'en éloigne beaucoup par la structure de l'aigrette. Remarquez que les *C. moschata* et *glauca*, ayant l'aigrette nulle par avortement complet, ne peuvent être attribuées à la section des Centauriées-Chryséidées, au groupe des Chryséidées vraies, et au genre *Chryseis*, que par induction tirée des analogies, mais que cette attribution n'en est pas moins certaine.

Le genre *Kentrophyllum*, comprenant les *Carthamus lanatus, creticus*, etc., s'éloigne beaucoup de toutes les autres Centauriées; et comme il a des rapports très-intimes avec le genre *Carduncellus*, il confine fort exactement à la tribu des Carduinées. Le genre *Hohenwartha*, que nous ne connoissons que par la description insuffisante de son auteur, est placé par nous, avec doute, à la suite du *Kentrophyllum*, parce que nous soupçonnons qu'il existe quelque affinité entre ces deux genres. (H. Cass)

PTÉROMYS, *Pteromys*. (*Mamm.*) J'ai formé ce genre du grand écureuil volant, nommé Taguan, à cause du caractère très-particulier de ses màchelières, qui ne ressemblent point à celles des écureuils volans ou sciuroptères, avec lesquels cette espèce avoit toujours été confondue.

Ses dents sont au nombre de vingt-deux; douze supérieures (deux incisives et dix màchelières), et dix inférieures (deux incisives et huit màchelières). Les màchelières semblent participer de la nature des dents simples et des dents composées; cependant elles ne contiennent point de matière corticale. (Des dents considérées comme caractères zoologiques, p. 163, pl. 57.)

Les organes des sens ne paroissent point différer de ceux des écureuils, et il en est de même des organes de la génération ; quant à ceux du mouvement, la différence consiste en ce que les ptéromys ont la peau des flancs prolongée entre les membres antérieurs et postérieurs, auxquels elle s'attache, et forme ainsi une sorte de parachute qui facilite et prolonge le saut; un os particulier s'articule au tarse pour soutenir cette membrane. La queue est ronde. Leur physionomie est celle des écureuils, et ce sont des animaux nocturnes. On en distingue deux espèces, qui toutes deux viennent des Moluques, et que l'on connoit très-peu.

Le TAGUAN : *Pteromys petaurista*, Pallas, *Misc.*, p. 54, pl.

6, fig. 1 et 2; Buffon, Suppl. 3, pl. 21 et 21 *bis*, et Suppl. 7, pl. 67; Vosmaer, Description d'un écureuil. Sa longueur, du bout du museau à l'origine de la queue, est d'environ dix-huit pouces, et la queue en a vingt. Sa couleur est d'un brun grisâtre. Les parties supérieures sont pointillées de blanc, et les inférieures sont grises, excepté le dessous du cou, qui a du brun. Les cuisses ont une teinte roussâtre, et la queue est presque noire; la membrane des flancs se prolonge en une petite pointe près du poignet.

Le Préromys éclatant, *Pteromys nitidus.* M. Geoffroy Saint-Hilaire a établi cette espèce d'après un individu du cabinet du Muséum d'histoire naturelle. Elle a la taille de la précédente, dont elle ne diffère que par les couleurs. Son pelage est en dessus d'un beau brun-marron foncé, et d'un roux brillant en dessous. La queue est presque noire, et le dessous de la gorge est brun. (F. C.)

PTÉRONE, *Pteronus.* (*Entom.*) M. Jurine a établi sous ce nom, un genre d'insectes hyménoptères parmi les mouches à scie ou nos uropristes, d'après la dispositition des nervures qui forment les cellules des ailes supérieures. La plupart des espèces de ce genre correspondent à des Hylotomes de Fabricius. Voyez ce mot. (C. D.)

PTERONEURUM. (*Bot.*) Genre de plantes dicotylédones, à fleurs complètes, polypétalées, de la famille des *crucifères*, de la *tétradynamie siliqueuse* de Linnæus, établi par M. De Candolle pour quelques espèces du genre *Cardamine*, Linn., qui en diffère essentiellement par la forme des siliques lancéolées, et non linéaires. Il a le calice étalé, presque droit, égal à sa base; la corolle composée de quatre pétales entiers, onguiculés; six étamines tétradynames; les filamens sans dents; une silique sessile; les valves planes, plus étroites que la cloison, s'ouvrant avec élasticité; les placentas ailés extérieurement par une nervure aiguë, prolongée le long d'un style à deux angles; les cordons ombilicaux dilatés en aile.

Ptéroneurum charnu: *Pteroneurum carnosum*, Dec., Syst. nat., 2, pag. 270; *Cardamine carnosa*, Waldst. et Kit., *Pl. rar. Hung.*, 2, pag. 137, tab. 129. Cette plante est pourvue d'une racine charnue, blanchâtre, simple, longue d'un pied; elle produit plusieurs tiges grêles, diffuses, ascendantes, flexueuses et rameuses, glabres, purpurines à leur partie inférieure, pubescentes et d'un vert pâle vers leur sommet. Les feuilles sont alternes, pétiolées, à deux ou quatre segmens avec un impaire, entiers, arrondis, presque ovales, charnus. Les fleurs, disposées en corymbe dans leur jeunesse, ont la corolle une fois plus longue que le calice, de couleur blanche ; les pétales, en ovale renversé, jaunâtres sur leur onglet, produisent des siliques droites, longues d'un pouce et demi, linéaires-lancéolées, pubescentes, à semences brunes, ovales. Cette plante croît dans la Croatie et la Dalmatie, entre les pierres, sur les montagnes calcaires.

PTÉRONEURUM DE LA GRÈCE : *Pteroneurum græcum*, Dec., *loc. cit.*; Bocc., *Sic.*, tab. 44, fig. N, et 45, fig. 2 ; Lamk., *Ill. gen.*, tab. 562, fig. 2. Sa racine est grêle, fibreuse à son sommet. Toute la plante est glabre, herbacée, d'un vert pâle, un peu glauque, offrant le port d'une fumeterre. Sa tige est haute de quatre à six pouces, droite, simple ou à peine rameuse ; les feuilles sont pétiolées, presque ailées, à segmens pédicellés, un peu orbiculaires, dentés, lobés, et à lobes ovales, obtus; les fleurs disposées en grappes terminales, de couleur blanche; les siliques droites, longues d'un pouce et demi, larges de deux lignes, un peu épaisses. Cette plante croît dans les îles de la Grèce, la Sicile, l'île de Corse, etc. (POIR.)

PTERONIA. (*Bot.*) Voyez PTÉROPHORE. (H. CASS.)

PTÉROPE, *Pteropus.* (*Mamm.*) Voyez l'article ROUSSETTE. (DESM.)

PTÉROPHÉNICIEN DES INDES. (*Ornith.*) Nom donné par Jonston et Willughby à un troupiale à ailes rouges, qui est l'*acolchichi* de Fernandez. (CH. D.)

. PTÉROPHORE, *Pterophorus.* (*Entom.*) Geoffroy a ainsi nommé un genre d'insectes lépidoptères que nous avons rangé dans la famille des séticornes ou chétocères, et qui peut être caractérisé ainsi que le nom l'indique, par la disposition des ailes qui sont toujours étalées ou étendues dans l'état de repos, et fendues ou divisées en plumes ou en tiges barbues. Le mot πτερον, signifiant quelquefois *plume*, et φορος, qui *porte.*

Ces insectes forment un genre très-remarquable par leur port, qui ressemble jusqu'à un certain point à celui des tipules. Aussi Degéer avoit - il nommé phalène - tipules les espèces de ce genre. Linnæus les avoit placé parmi les alucites. Leur corps est grêle, très-alongé, leurs pattes sont grêles, épineuses. La plupart des espèces proviennent de chenilles qui, à l'époque de leur transformation, s'accrochent par la queue avec une ligature ou cordon de soie placé en travers de leur corps, et se transforment aussi en chrysalides à l'air libre. L'une d'elles, qui produit une espèce de lépidoptère, à la vérité un peu différente, se file une coque. M. Latreille en a fait, à cause de cela, le genre ORNÉODE. Ces insectes volent peu et à petites distances ; ils paroissent craindre de s'élever dans l'atmosphère ; on les trouve dans les lieux sombres et humides. On en connoît beaucoup d'espèces qui ont tiré, pour la plupart, leur nom trivial du nombre des divisions de leurs ailes ou de la couleur des écailles qui les recouvrent.

Nous avons fait figurer l'une des espèces de ce genre sur la planche 43 de l'atlas de ce Dictionnaire, c'est justement celle dont on a fait le genre Ornéode. M. Latreille a établi une tribu de ces insectes parmi les lépidoptères nocturnes, sous le nom de fissipennes ou ptérophorites.

Nous allons décrire ici les espèces les plus communes aux environs de Paris.

1.º PTÉROPHORE MONODACTYLE, *Pterophorus monodactylus*.

Car. Ailes supérieures et inférieures d'un brun fauve, formées d'une seule tige ou barbe frangée et découpée ; elles sont écartées du corps à angle droit.

2.º PTÉROPHORE DIDACTYLE, *P. didactylus*.

Geoffroy l'a figuré tome 2, planche 11, n.º 6, et décrit page 81, n.º 1.

Car. Ailes brunâtres avec des tiges blanches ; les supérieures sont divisées en deux parties, les inférieures en trois.

3.º PTÉROPHORE PENTADACTYLE, *P. pentadactylus*.

Car. Semblable au précédent, mais a ailes blanches.

4.º PTÉROPHORE EN ÉVENTAIL, *P. hexadactylus*.

C'est l'espèce que nous avons fait figurer sous le n.º 8 de la planche 43, dont M. Latreille a fait, comme nous l'avons dit, le genre Ornéode.

Car. Cendré, à taches perdrisées sur les ailes qui sont divisées en douze plumes; huit pour les supérieures, quatre pour les inférieures.

Cette espèce provient d'une petite chenille qui se nourrit des fleurs du chèvre-feuille; elle se file un cocon à claire voie pour se métamorphoser et prendre la forme de chrysalide. (C. D.)

PTÉROPHORE, *Pterophorus*. (*Bot.*) Ce genre de plantes, établi en 1719 par Vaillant, appartient à l'ordre des Synanthérées, à notre tribu naturelle des Astérées, à la section des Astérées - Baccharidées , et au groupe des Chrysocomées. (Voyez notre tableau des Astérées, tom. XXXVII, pag. 460 et 474.) Le *Pterophorus camphoratus*, qui est le vrai type de ce genre, nous a offert les caractères génériques suivans :

Calathide incouronnée, équaliflore, multiflore, régulariflore, androgyniflore. Péricline subhémisphérique ou campanulé, inférieur aux fleurs, formé de squames paucisériées, imbriquées, appliquées, lancéolées, coriaces, presque scarieuses sur les bords, qui sont finement denticulés ou frangés; la partie supérieure inappliquée, appendiciforme, munie d'une grosse glande oblongue, nerviforme. Clinanthe large , plan, hérissé de fimbrilles nombreuses, longues, inégales, filiformes-laminées, entregreffées inférieurement. Ovaires comprimés bilatéralement, obovoïdes-oblongs, glabres, pourvus d'un très-grand bourrelet apicilaire cartilagineux ou corné, annulaire ou cupuliforme, presque plan, horizontal, articulé sur le corps de l'ovaire, dont il se détache à la maturité; aigrette solidement fixée par sa base sur les bords et la face supérieure du bourrelet apicilaire, composée de squamellules nombreuses, inégales, plurisériées, parfaitement libres jusqu'à la base, filiformes ou filiformes-laminées, hérissées de barbellules nombreuses, rapprochées, longues, fortes, étalées. Corolles régulières ou subrégulières, à tube court, cannelé, à limbe peu distinct du tube, et divisé par des incisions égales ou presque égales, en cinq ou six (rarement sept) lanières oblongues, aiguës, surmontées d'une corne conique , calleuse. Cinq ou six étamines à filet glabre, blanchâtre; article anthérifère long, conforme au filet, jaune-orangé (analogue à celui du *Grammarthron*); appendice apicilaire demi-lancéolé, aigu ; appendices basilaires nuls ou presque nuls.

Style (d'Astérée) à deux stigmatophores libres, longs, un peu arqués l'un vers l'autre, ayant leur partie inférieure plus courte, laminée, bordée de deux petits bourrelets stigmatiques, et la partie supérieure plus longue, demi-cylindrique, hispide extérieurement.

Le nombre insolite de six étamines et de six divisions à la corolle est probablement accidentel ; cependant, comme il existait dans presque toutes les fleurs de la calathide que nous avons analysée, nous avons cru devoir en faire mention dans nos caractères génériques. L'anneau qui est à la base de l'aigrette, et qui se détache avec elle du fruit, nous avait d'abord paru faire partie intégrante de cette aigrette, c'est-à-dire qu'il nous sembloit formé par les bases entregreffées des squamellules. Aujourdhui nous sommes bien convaincu que cet anneau n'appartient point à l'aigrette, mais à l'ovaire, et que c'est un bourrelet apicilaire très-développé, dilaté horizontalement, articulé sur le fruit, analogue en un mot sous beaucoup de rapports à celui du *Psiadia*. Il faut bien se garder de confondre cet anneau avec celui qui porte l'aigrette de beaucoup de Carduinées : l'anneau du *Pterophorus* étant le bourrelet apicilaire, porte l'aigrette sur sa face intérieure ; tandis que l'anneau des Carduinées, étant l'écorce du plateau, porte l'aigrette sur sa face extérieure. Le *Pterophorus* est la seule Synanthérée qui nous ait offert un bourrelet apicilaire *caduc* : c'est un caractère très-singulier, et qui mérite l'attention des botanistes.

Ptérophore camphré : *Pterophorus camphoratus*, H. Cass.; *Pteronia camphorata*, Linn., *Sp. pl.*, pag. 1176; Gærtn., *De fruct. et sem. pl.*, vol. 2. pag. 408, tab. 167, fig. 2. La tige est ligneuse, rameuse ; les derniers rameaux sont grêles, striés, plus ou moins garnis de poils ; les feuilles sont alternes, sessiles, longues de six à sept lignes, très-étroites, linéaires, aiguës, très-entières, glabres, un peu charnues, uninervées, parsemées intérieurement de grosses glandes transparentes, et bordées de gros poils ou cils épars, subulés ; les calathides, composées de fleurs jaunes, sont grandes et solitaires au sommet des rameaux ; leur péricline est glabre. Cette plante, qui habite le cap de Bonne-Espérance, a une odeur résineuse, analogue à celle du camphre.

Nous avons fait cette description spécifique et celle des caractères génériques, sur un échantillon sec de l'herbier de
M. Desfontaines.

Vaillant, auteur du genre *Pterophorus*, le caractérisoit
ainsi: Fleur en disque, de fleurons hermaphrodites; ovaires
couronnés de plumes, nichés entre les poils du placenta; calice écailleux. Ce botaniste n'attribuoit à son *Pterophorus*
qu'une seule espèce, qui est le *camphoratus* décrit ci-dessus.
La caractère générique tracé par Vaillant n'est pas à l'abri de
tout reproche, en ce que l'aigrette n'est pas réellement plumeuse, c'est-à-dire garnie de longues barbes, mais seulement
très-hérissée de barbellules, qui à la vérité sont assez longues
pour ressembler, non à des barbes, mais à des barbelles. Il
en résulte que le nom générique de *Pterophorus*, qui signifie
porte-plumes, est impropre, si on l'interprète avec une exactitude rigoureuse. Cependant nous croyons qu'on peut le conserver sans inconvénient, et surtout qu'il n'y a aucun avantage à changer ses deux dernières syllabes, comme l'ont fait
Printz et Linné; car le nom de *Pteronia* dérivant, comme
celui de *Pterophorus*, d'un mot grec qui signifie *aile* ou *plume*,
est tout aussi inexact et aussi impropre que lui. Il nous semble donc juste de rétablir, à l'exemple d'Adanson et de Necker, le nom primitif de *Pterophorus*, quoique ce nom ait été
appliqué par Geoffroy à un genre d'insectes. Mais, outre que
le genre de Vaillant est bien plus ancien que celui de Geoffroy, nous avons déjà fait remarquer (tom. XLI, pag. 326)
que l'identité des noms génériques est très-tolérable, quand
les deux genres qui portent le même nom n'appartiennent
pas au même règne de la nature, et nous avons cité plusieurs
exemples de ces noms identiques admis par les naturalistes.
Au reste, ce n'est pas le motif d'identité, mais un caprice
purement arbitraire, qui a conseillé le changement opéré par
Printz et Linné; car, à l'époque de ce changement, le nom de
Pterophorus n'avoit pas encore été imposé par Geoffroy à un
genre d'insectes.

Vaillant n'avait rapporté qu'une seule espèce à son genre
Pterophorus. On en admet aujourd'hui une trentaine. Mais
quelques-unes seulement nous semblent devoir être congé-
nères de l'espèce primitive et typique. La plupart appartien-

nent sans doute au genre *Scepinia* de Necker, négligé par tous les botanistes, et que nous avons adopté en le caractérisant d'après nos propres observations (tom. XXXVII, pag. 475). La *Pteronia porophyllum* de Cavanilles est une Tagétinée, très-voisine de notre *Lebetina* (tom. XXV, pag. 398); et c'est ici le lieu de remarquer que les feuilles du *Pterophorus camphoratus* sont pourvues de glandes tout-à-fait analogues à celles des Tagétinées. Quoique nous n'ayons point vu la *Pteronia tomentosa* de Loureiro, nous pouvons affirmer, sans crainte de nous tromper, que ce n'est ni un *Pterophorus*, ni une *Scepinia*. La Géographie végétale est assurément bien loin d'être un guide infaillible pour la classification méthodique: cependant elle peut souvent être fort utilement consultée. Ainsi, les considérations géographiques nous font exclure du genre *Porophyllum* la *Kleinia angulata*, Willd., et des genres *Pterophorus* et *Scepinia* les deux plantes de Cavanilles et de Loureiro.

Vaillant classoit avec raison le *Pterophorus* dans sa famille des Corymbifères. M. de Jussieu l'a rapporté aux Cinarocéphales, en le plaçant entre le *Serratula* et le *Stœhelina*. Gærtner trouvoit que ce genre avoit de l'affinité avec l'une et l'autre familles. Enfin M. De Candolle a très-bien fixé la véritable place du *Pterophorus*, en indiquant ses rapports avec le *Chrysocoma*. (Voyez la Flore françoise, tom. 4, pag. 141, et le premier Mémoire du même auteur sur les Composées, pag. 14.) Nos observations sur les organes floraux ont pleinement confirmé le rapprochement indiqué par M. De Candolle. C'est pourquoi, dans notre tableau des Astérées (tom. XXXVII, pag. 460), nous avons rangé les *Pterophorus* et *Scepinia* dans le groupe des Chrysocomées, composé de six genres disposés ainsi : *Pterophorus, Scepinia, Crinitaria, Linosyris, Chrysocoma, Nolletia*. Mais, lorsque nous avons reproduit ce tableau dans nos *Opuscules phytologiques* (t. I, p. lxj), nous avons un peu changé la disposition des genres dont il s'agit, en les coordonnant de la manière suivante : *Scepinia, Crinitaria, Linosyris, Pterophorus, Chrysocoma, Nolletia*. Il résulte de ce nouvel arrangement que le *Scepinia* se trouve entre le *Lepidophyllum* et le *Crinitaria*, et que le *Pterophorus* est entre le *Linosyris* et le *Chrysocoma*. Nous ne pensons pas

que ces affinités, maintenant bien éti blies, puissent être sé-
rieusement contestées désormais. Cependant nous devons faire
observer que le *Pterophorus camphoratus* présente quelques
rapports assez notables avec les Tagétinées. (H. Cass.)

PTEROPHORUS. (*Bot.*) Ce genre de Vaillant, adopté par
Adanson, nommé *Pterophora* par Necker, est le *Pteronia* de
Linnæus. Voyez Ptérophore. (J.)

PTÉROPHYLLUM. (*Bot.*) C'est le nom que Bridel se propose de donner au genre de mousse que Raddi a publié
sous le nom de Fabronia (voyez ce mot). Pour ajouter quelques lignes à ce que nous avons dit à cet article, nous ferons
remarquer que ce genre a été augmenté depuis de deux espèces
nouvelles, les *Fab. polycarpa* et *australis* de Hooker, *Musc.
exot.* : la première croît à Quindiu, au Pérou, sur les troncs
d'une espèce de chêne (*quercus granatensis*), et la seconde à
la Nouvelle-Hollande. Voyez Pylaisaea. (Lem.)

PTÉROPHYTE, *Pterophyton.* (*Bot.*) Ce genre de plantes, que
nous avons proposé dans le Bulletin des sciences de Mai 1818
(pag. 76), appartient à l'ordre des Synanthérées, à la tribu
naturelle des Hélianthées, et à notre section des Hélianthées-
Prototypes, dans laquelle il est voisin du genre *Verbesina*,
dont il diffère en ce que sa couronne est neutriflore, au lieu
d'être féminiflore. Voici les caractères du genre *Pterophyton*,
tels que nous les avons décrits dans le Bulletin des sciences,
d'après nos observations sur un échantillon sec de *Pterophyton alatum.*

Calathide radiée : disque multiflore, régulariflore, androgyniflore; couronne unisériée, liguliflore, *neutriflore.* Péricline à peu près égal aux fleurs du disque, irrégulier; formé
de squames bi-trisériées, un peu inégales, sublancéolées, foliacées supérieurement. Clinanthe plan, garni de squamelles
à peu près égales aux fleurs, oblongues-lancéolées, subcoriaces. Ovaires du disque *comprimés bilatéralement,* oblongs, tétragones, à angles saillans, presque aliformes; aigrette composée de deux squamellules opposées (l'une extérieure,
l'autre intérieure), confondues par la base avec l'ovaire,
égales, courtes, très-épaisses, triquètres, à peine barbellulées.
Fleurs de la couronne pourvues d'un faux ovaire, et dépourvues de style.

Depuis la publication de cette description générique, dans le Bulletin des sciences, nous avons observé un individu vivant de *Pterophyton alternifolium*, dont la calathide nous a offert les caractères suivans :

Calathide radiée: disque multiflore, régulariflore, androgyniflore; couronne unisériée, liguliflore, *neutriflore*. Péricline plan, orbiculaire, inférieur aux fleurs du disque; formé de squames bisériées, lâchement appliquées, foliacées, les extérieures oblongues, les intérieures plus courtes, lancéolées. Clinanthe petit, subhémisphérique, garni de squamelles très-inférieures aux fleurs, embrassantes, lancéolées, membraneuses-foliacées. Ovaires du disque *comprimés bilatéralement*, obovales, hispidules, munis d'une petite bordure et d'un bourrelet apicilaire; aigrette composée de deux squamellules opposées (l'une extérieure, l'autre intérieure), très-adhérentes à l'ovaire, égales, épaisses, roides, cylindriques, aiguës, spiniformes, lisses. Fleurs de la couronne pourvues d'un faux-ovaire, et dépourvues de style; à corolle ayant le tube nul, et la languette oblongue, large, tridentée au sommet.

PTÉROPHYTE AILÉ: *Pterophyton alatum*, H. Cass.; *Coreopsis alata*, Cav.; Kunth. C'est une plante mexicaine, herbacée, à racine vivace, dont la tige, haute de trois à six pieds, rameuse, est ailée par les décurrences des feuilles; celles-ci sont alternes, sessiles, ovales, un peu arrondies, cunéiformes à la base, triplinervées, denticulées, scabres; les calathides, composées de fleurs jaunes, sont solitaires au sommet de pédoncules ailés; leur couronne offre environ quatorze languettes tridentées au sommet.

PTÉROPHYTE OVALE: *Pterophyton ovatum*, H. Cass.; *Coreopsis ovata*, Cav. C'est, comme le précédent, une plante mexicaine, herbacée, à racine vivace, à tige ailée, et à feuilles alternes; mais les feuilles sont presque sessiles, oblongues, dentées en scie; les calathides sont disposées en corymbe, et les languettes de leur couronne sont elliptiques.

PTÉROPHYTE A FEUILLES ALTERNES: *Pterophyton alternifolium*, H. Cass.; *Coreopsis alternifolia*, Linn.; Gærtn. Celui-ci habite la Virginie et le Canada; sa racine est vivace; ses tiges sont herbacées, hautes de huit à dix pieds, très-droites, simples, fermes, ailées, un peu velues; les feuilles sont alternes, décurrentes, un peu pétiolées, assez longues, lancéolées, acuminées, dentées en scie, un peu ridées et scabres; les calathides, composées de fleurs jaunes, sont disposées en corymbe terminal; les languettes de leur couronne sont lancéolées.

Ptérophyte élevé: *Pterophyton procerum*, H. Cass.; *Coreopsis procera*, Ait. Il habite, comme le précédent, l'Amérique septentrionale, et a comme lui la racine vivace, et la tige herbacée, très-élevée, ailée; ses feuilles sont décurrentes, pétiolées, elliptiques, acuminées, dentées en scie, veinées; les inférieures verticillées, les supérieures alternes.

Notre genre *Pterophyton*, confondu par les botanistes avec le *Coreopsis*, s'en distingue très-essentiellement en ce que ses fruits sont comprimés bilatéralement, au lieu d'être obcomprimés, en sorte que les deux genres ne sont point de la même section naturelle, le *Pterophyton* appartenant aux Hélianthées-Prototypes, et le *Coreopsis* aux Hélianthées-Coréopsidées. Ortega est le seul botaniste qui, à cet égard, ait respecté les affinités, en attribuant le *Pterophyton alatum* au genre *Helianthus*. Il est surprenant que des observateurs exacts, tels que Gærtner et M. Kunth, n'aient fait aucune attention au très-important caractère qui distingue le *Pterophyton* du *Coreopsis*. Depuis long-temps nous ne cessons d'insister sur la nécessité de distinguer avec soin, dans l'ordre des Synanthérées, et surtout dans la tribu des Hélianthées, les fruits comprimés bilatéralement, c'est-à-dire aplatis sur deux faces latérales, et les fruits obcomprimés (*obcompressi, obpressi, oppressi*), c'est-à-dire aplatis sur deux faces, l'une extérieure, l'autre intérieure.

Le nom de *Pterophyton*, composé de deux mots grecs, qui signifient *plante ailée*, fait allusion aux ailes ou décurrences dont la tige est garnie dans toutes les espèces connues de ce genre.

Les espèces à tige ailée ne sont pas les seules qui doivent être exclues du genre *Coreopsis*. Nous citerons pour exemple la *Coreopsis ferulæfolia* de Jacquin, placée par M. Persoon à la tête du genre *Coreopsis*, et qui appartient bien à la section des Coréopsidées, mais non au genre *Coreopsis*, puisque son aigrette est armée de quelques fortes barbelles dirigées de haut en bas comme dans les *Bidens*. On doit attribuer cette plante au genre *Kerneria*, décrit dans ce Dictionnaire (tom. XXIV, pag. 597), et qui diffère des vrais *Bidens* par la calathide radiée. Cependant on pourroit considérer la plante en question comme le type d'un genre ou sous-genre particulier, distingué du *Kerneria* par le péricline extérieur, qui est formé de pièces nombreuses (environ vingt), irrégulièrement bi-trisériées, tandis que dans les vraies *Kerneria* le péricline extérieur n'a qu'un petit nombre de pièces régulièrement disposées sur un seul rang. (H. Cass.)

PTÉROPODES , *Pteropoda*. (*Malacoz.*) Dénomination employée par M. Cuvier pour désigner d'abord une famille de mollusques céphalés, dont il a fait depuis, dans son ouvrage intitulé Règne animal, tom. 2, pag. 578, une classe pour un certain nombre de mollusques, dont le caractère principal est de se mouvoir à l'aide d'une paire d'appendices aliformes et latéraux. Les genres qu'il place dans cette classe, sont les suivans : Clio, Cléodore, Cymbulie, Limacine (Spiratelle, de Blainv.), Pneumoderme, dans un premier ordre, pourvu de tête, et Hyale, dans un second, sans tête distincte.

MM. Péron et Lesueur, dans une Dissertation insérée dans les Annales du muséum, tom. 15, crurent devoir placer dans ce groupe des animaux qui nagent bien au moyen d'espèces de nageoires; mais non de nageoires paires et latérales, comme les genres Glaucus, Carinaire, Firole, et même une espèce de Béroë, sous le nom de Callianire.

M. Meckel, dans une Dissertation publiée en forme de thèse, soutenue par M. Kosse (Halle, 1813), ajouta aux genres placés dans cette division des ptéropodes, un genre nouveau, qu'il a nommé Gastroptère, et qui est une espèce de mono-pleurobranche.

M. de Lamarck a aussi adopté ce nom de ptéropodes pour le premier ordre de sa classe des mollusques, et il y place les mêmes genres que M. Cuvier.

Enfin, M. de Blainville, dans son Système de malacologie, emploie aussi cette dénomination; mais il l'applique à la seconde famille de son ordre des Nucléobranches, dans laquelle il range les genres Atlante, Spiratelle (Limacine, Cuv.) et Argonaute. Les autres genres de Ptéropodes de MM. Cu-

vier et de Lamarck constituent l'ordre des A̶poro̶bra̶nches.
Voyez ces différens noms et le mot Mollusques. (De B.)

PTEROPOGON. (*Bot.*) Voyez Pterocephalus. (J.)

PTÉROPTÈRES. (*Ichthyol.*) C'est par suite de quelque erreur typographique, sans doute, que ce mot est employé pour Péroptères, dans la dernière édition du Nouveau Dictionnaire d'histoire naturelle. Voyez Péroptères. (H. C.)

PTEROPUS. (*Mamm.*) Ce nom a été donné par Brisson aux chéiroptères du genre Roussette. (Desm.)

PTEROSPERMADENDRUM. (*Bot.*) Ce genre d'Amman, devenu en diminutif le *Pterospermum* de Schreber et Willdenow, est réuni au *Pentapetes* de Linnæus. Adanson le nomme *Velaga*. On doit en séparer le *Pentapetes phœnicea* de Linnæus, qui fait maintenant partie du genre *Brotera* de Cavanilles. Voyez ci-après Ptérosperme. (J.)

PTÉROSPERME, *Pterospermum.* (*Bot.*) Genre de plantes dicotylédones, à fleurs complètes, polypétalées, de la famille des *malvacées*, de la *monadelphie dodécandrie* de Linnæus, offrant pour caractère essentiel : Un calice simple, à cinq découpures ; cinq pétales ; une vingtaine d'étamines, dont cinq stériles ; un ovaire supérieur ; un style cylindrique ; le stigmate épais. Le fruit est une capsule ligneuse, à cinq loges, et à semences ailées.

Ptérosperme a feuilles de liége : *Pterospermum suberifolium*, Willd., *Spec.* ; Lamk., *Ill. gen.*, tab. 576, fig. 1 ; *Pentapetes suberifolia*, Cavan., *Diss. bot.*, 3, pag. 130, tab. 576, fig. 1. Cette plante a une tige ligneuse, chargée de rameaux couverts d'un duvet ferrugineux. Les feuilles sont alternes, pétiolées, oblongues, acuminées, coriaces, dentées, anguleuses vers leur sommet, vertes et glabres en dessus, tomenteuses en dessous, longues de trois à quatre pouces. Les fleurs sont solitaires, axillaires ; réunies presque en grappes. Leur calice est tomenteux et luisant, à cinq découpures linéaires, aiguës, glabres à leur bord intérieur ; la corolle un peu plus longue que le calice, à pétales blancs, en ovale renversé, un peu acuminés. Cette plante croît dans les Indes orientales.

Ptérosperme a feuilles d'érable : *Pterospermum acerifolium*, Willd., *Spec.* ; Lamk., *Ill. gen.*, tab. 576, fig. 2 ; *Pentapetes acerifolia*, Linn., *Spec.* ; Cavan., *Diss.*, 3, tab. 44 ; *Botan. Ma-*

gaz., tab. 620; *Velaya xylocarpa*, Gærtn., *De fruct.*, tab. 133. Plante des Indes orientales, dont la tige est ligneuse; les feuilles alternes, médiocrement pétiolées, en cœur, sinuées à leur contour, très-obtuses et arrondies à leur sommet, ainsi que les deux lobes de l'échancrure, longues de six pouces, glabres à leurs deux faces. Les fleurs sont très-grandes et les fruits gros. (Poir.)

PTÉROSPORE ANDROMÉDÉE (*Bot.*): *Pterospora andromedea*, Nuttal, *Gen. of North-Amer.*, pl. 1, pag. 269. Genre de plantes dicotylédones, à fleurs complètes, monopétalées, dont la famille naturelle n'est point connue, appartenant à la *décandrie monogynie* de Linnæus, ayant pour caractère essentiel : Un calice à cinq divisions; une corolle monopétale, ovale, à cinq dents réfléchies; dix étamines; les anthères peltées, attachées aux filamens par leur bord, à deux loges, à deux soies; un style; une capsule à cinq loges, à cinq valves imparfaites, séparées par des cloisons, réunies, ainsi que les valves, à leur base, attachées à l'axe d'un réceptacle à cinq lobes; les semences nombreuses, fort petites, munies chacune d'une aile terminale.

Cette plante est pâle, de peu de durée, et offre le port d'un *monotropa* : elle est couverte de poils courts, bruns et visqueux, entièrement privée de feuilles. Ses tiges sont simples, hautes d'environ un pied, pourpres ou d'un brun rougeâtre, un peu cylindriques, rétrécies vers leur sommet; les fleurs nombreuses, réunies en une grappe élégante, pédonculées, étalées, presque fasciculées, longues d'environ un pouce, inclinées et accompagnées d'une bractée linéaire en forme de paillette; le calice est un peu cilié et pubescent; la corolle blanche, à dentelures rougeâtres; les étamines sont renfermées dans la corolle, insérées sur le réceptacle; le style est court, à stigmate en tête, à cinq lobes peu marqués; la capsule presque globuleuse, à cinq loges. Cette plante croît dans le Canada, proche le saut du Niagara. (Poir.)

PTÉROSTICHES. (*Entom.*) C'est le nom donné par M. Bonelli, à une race et à un genre d'insectes coléoptères de la famille des créophages, et auquel on pourroit assigner le *carabus oblongo-punctatus* de Fabricius. (C. D.)

PTÉROSTYLIS. (*Bot.*) Genre de plantes monocotylédones,

à fleurs incomplètes, irrégulières, de la famille des *orchidées*, offrant pour caractère essentiel: Quatre pétales supérieurs; l'inférieur bifide; la lèvre onguiculée; son limbe appendiculé, ou en bosse à sa base; l'appendice cilié ou couvert de poils en pinceau: la colonne des organes sexuels connivente par sa base avec les pétales supérieurs, étalée en aile à son sommet; le stigmate adhérent au milieu de la colonne.

Ce genre, établi par M. Rob. Brown, est composé d'espèces jusqu'alors peu connues. Elles sont pourvues de racines bulbeuses. Les tiges sont tantôt munies de feuilles alternes, tantôt nues, n'ayant que des feuilles radicales, membraneuses, étalées en rosette. Les fleurs sont solitaires, assez grandes, d'un jaune pâle, quelquefois disposées en grappes. Des sous-divisions établies pour ces espèces en facilitent la reconnoissance.

** Appendice barbu, divisé au sommet. Feuilles radicales en rosette; hampe nue, munie de bractées.*

PTÉROSTYLE OPHIOGLOSSE; *Pterostylis ophioglossa*, Rob. Brown, *Nov. Holl.*, 1, pag. 526. Cette plante émet d'une racine bulbeuse plusieurs feuilles étalées en étoile, toutes radicales. De leur centre s'élève une hampe pourvue, dans son milieu, d'une seule bractée; le pétale inférieur ou la lèvre est échancrée, renfermée, de la longueur de la corolle. Cette plante croît à la Nouvelle-Hollande, ainsi que les suivantes. Dans le *Pterostylis ceuta*, Rob. Brown, *loc. cit.*, la hampe est pourvue de deux ou trois bractées, outre celle qui accompagne une fleur redressée; le pétale inférieur est court; le casque un peu aigu; la lèvre entière au sommet.

PTÉROSTYLE ACUMINÉ; *Pterostylis acuminata*, Rob. Brown, *loc. cit.* Il a ses feuilles radicales étalées en étoile; sa hampe munie d'une seule bractée, outre la florale; la fleur est redressée; le pétale inférieur un peu alongé; le casque acuminé; la lèvre entière rétrécie au sommet, saillante, plus longue que la corolle. Dans le *Pterostylis cucullata*, Rob. Brown, *loc. cit.*, les feuilles radicales sont presque sessiles, aiguës, étalées en étoile; la bractée de la hampe et la florale, sont lâches, foliacées, réticulées, en capuchon; la fleur est un peu pubescente et redressée; le pétale inférieur à peine plus long; le casque légèrement aigu; la lèvre entière, un peu obtuse. Le *Pterostylis nana*, Rob. Brown, *loc. cit.*, a ses feuilles ovales, aiguës, un peu plus longues que le pétiole : la hampe légèrement pubescente; la fleur dressée; le pétale inférieur plus long; le casque un peu aigu; la lèvre entière, lancéolée.

** *Appendice souvent barbu, divisé à son sommet; point de feuilles radicales dans les plantes en fleurs. Tige feuillée.*

PTÉROSTYLE RÉFLÉCHI : *Pterostylis reflexa*, Rob. Brown, *loc. cit.; Disperis alata*, Labill., *Nov. Holl.*, 2, tab. 210; *Arethusa alata*, Poir., Encycl. suppl. Cette plante a des racines filiformes, accompagnées de deux bulbes inégales : elles produisent une tige droite, simple, haute de six à sept pouces, garnie de feuilles alternes; les inférieures plus courtes. La fleur est solitaire, terminale, pédonculée, à pétales supérieurs panachés de vert et de blanc, et les deux latéraux intérieurs un peu plus courts, portant un peu au-dessous de leur base un renflement en forme d'éperon court; l'un des pétales extérieurs est dilaté, prolongé par deux pointes en corne; l'autre concave, subulé; la lèvre pédicellée, ovale, lancéolée, très-courte, munie d'un pédicelle et d'un appendice barbu : l'ovaire est strié, en massue; le style à demi cylindrique; l'anthère oblongue, à deux loges; la capsule uniloculaire, à six stries, à trois valves. Cette plante a été découverte au cap Van-Diémen par M. de Labillardière. (POIR.)

PTEROTA. (*Bot.*) P. Browne et Adanson désignoient sous ce nom le *Fagara* de Linnæus. (J.)

PTÉROTE, *Pterotum*. (*Bot.*) Genre de plantes dicotylédones, à fleurs imcomplètes, dont la famille naturelle n'est pas encore déterminée, de la *polyandrie monogynie* de Linnæus, offrant pour caractère essentiel : Un calice persistant, à cinq folioles; point de corolle; quinze étamines; un ovaire supérieur; un stigmate sessile; une coque univalve, monosperme.

PTÉROTE TOMBANTE; *Pterotum procumbens*, Lour., *Fl. Coch.*, 1, pag. 358. Grand arbrisseau, souvent renversé, à rameaux courts et nombreux. Les feuilles sont petites, glabres, alternes, ovales-lancéolées, très-entières; les fleurs disposées en petites grappes axillaires. Le calice est composé de cinq folioles ovales, concaves, coriaces, étalées, persistantes. Les filamens des étamines sont aplatis, subulés, plus longs que le calice ; les anthères arrondies, à deux loges ; l'ovaire est ovale, et le fruit une coque coriace, alongée, aiguë, à une seule valve, s'ouvrant latéralement, contenant une semence ovale, oblongue, munie d'une aile à plusieurs découpures. Cette plante croît dans les forêts à la Cochinchine. (Poir.)

PTÉROTHÈQUE, *Pterotheca*. (*Bot.*) Ce genre de plantes, que nous avons d'abord proposé dans le Bulletin des sciences de Décembre 1816 (pag. 200). et que nous avons ensuite plus amplement décrit dans le Bulletin de 1821 (pag. 125), appartient à l'ordre des Synanthérées, à la tribu naturelle des Lactucées, et à notre section des Lactucées-Crépidées, dans laquelle nous l'avons placé entre les deux genres *Intybellia* et *Ixeris*. (Voyez notre Tableau des Lactucées, tome XXV, page 62.) Le genre *Pterotheca* nous a offert les caractères suivans :

Calathide incouronnée, radiatiforme, multiflore, fissiflore, androgyniflore. Péricline campanulé, inférieur aux fleurs marginales ; formé de squames égales, subunisériées, appliquées, oblongues, obtuses, membraneuses sur les bords ; la base du péricline entourée de squamules surnuméraires inégales, irrégulièrement uni-bisériées, appliquées, ovales, membraneuses sur les bords. Clinanthe plan, garni de fimbrilles très-longues, filiformes. Fruits dissemblables : les marginaux ordinairement inaigrettés, oblongs, striés sur la face externe, munis sur la face interne de trois à cinq ailes, d'abord non apparentes, puis très-saillantes, ondulées, charnues, devenant enfin fongueuses ou subéreuses ; les autres fruits aigrettés, longs, grêles, cylindracés, striés, âpres, amincis au sommet en un col ; aigrette blanche, composée de squamellules nombreuses, filiformes, capillaires, à peine barbellulées. Corolles pourvues de poils longs, fins, frisés, épars sur le haut du tube et le bas du limbe.

Nous ne connoissons qu'une seule espèce de ce genre.

PTÉROTHÈQUE DE NISMES : *Pterotheca nemausensis*, H. Cass., Bull. de la soc. phil., 1821, p. 125 ; *Crepis nemausensis*, Gouan ; *Andryala nemausensis*, Villars. C'est une plante herbacée, annuelle, à tige nue, haute d'environ dix pouces, garnie de poils simples, écartés, un peu glanduleux au sommet ; elle se divise supérieurement en quatre ou cinq rameaux ordinairement simples, velus, nés chacun dans l'aisselle d'une petite feuille linéaire ; les vraies feuilles sont radicales, oblongues, vertes, parsemées de poils courts, à partie inférieure étrécie, dentée, sinuée, comme lyrée, à partie supérieure élargie en spatule et un peu anguleuse ; les calathides, composées de fleurs jaunes, sont solitaires au sommet des rameaux, qui sont pédonculiformes. On trouve cette plante dans les lieux secs de la France méridionale, où elle fleurit en Juin.

Pour éviter d'inutiles répétitions, nous renvoyons nos lecteurs aux articles INTYBELLIE (tom. XXIII, pag. 547) et LAGOSERIS (tom. XXV, pag. 124), où ils trouveront le complément de ce qui manque à celui-ci. Ils pourront aussi consulter l'article IXÉRIDE (tom. XXIV, pag. 49), pour se convaincre de l'analogie qui existe entre le *Pterotheca* et l'*Ixeris*, en comparant leurs descriptions.

Le nom de *Pterotheca*, composé de deux mots grecs, qui signifient *étui ailé*, fait allusion aux péricarpes marginaux, qui sont munis de trois à cinq ailes. (H. CASS.)

PTÉROTRACHÉE. (*Malacoz.*) Nom françois du genre *Pterotrachœa* de Forskal, mais plus souvent remplacé par celui de FIROLE. Voyez ce mot. (DE B.)

PTEROTUM. (*Bot.*) Voyez PTÉROTE. (LEM.)

PTERULA. (*Bot.*) Genre de la famille des champignons, voisin des clavaires et des géoglossum, établi par Fries, pour y placer des espèces de ce genre qui sont simples ou rameuses, dont le stipe se confond avec leur partie supérieure, laquelle est divisée en façon de pinceau. L'espèce qui sert de type est le *clavaria plumosa*, Schwein., *Car.*, n.° 1089.

Le *clavaria penicillata*, Dec., Bull., Champ., pl. 448, fig. 3; Vaill., *Bot.*, pl. 8, fig. 3, est une seconde espèce de ce genre. (LEM.)

PTÉRYGIBRANCHES. (*Crust.*) Nom d'une division de crustacés de l'ordre des isopodes, établie par M. Latreille, et renfermant principalement les cymothoés, les sphéromes, les idotées, les aselles et tous les genres qui se rapprochent de ceux-ci ; leurs caractères communs consistent dans la forme de leurs branchies, qui sont semblables à des bourses vésiculeuses ou à des lames imitant des écailles, et dans le nombre de leurs pieds, qui est de sept paires, tous articulés. (Desm.)

PTERYGODION. (*Bot.*) Voyez Ptérigodie. (Lem.)

PTHORA. (*Bot.*) Lobel et Clusius nommoient ainsi le *Thora* de Camerarius, *Ranunculus thora* de Linnæus. (J.)

PTILIN, *Ptilinus*. (*Entom.*) Nom latin donné par Geoffroy, à un genre d'insectes qu'il appeloit panache en françois, mais qui n'a pas été appliqué ensuite aux mêmes espèces qu'il avoit inscrites dans ce genre. L'une d'elles appartient aujourd'hui au genre Drile, insecte pentaméré, de la famille des apalytres, près des lampyres, et l'autre a été rangée parmi les dermestes; cependant Fabricius les a conservé réunies. Nous avons fait figurer cette seconde espèce sous le nom de Panache, planche 8 de l'atlas de ce Dictionnaire, deuxième série, n.° 2. C'est la panache pectinée de la famille des térédyles ou perce-bois. (C. D.)

PTILIUM. (*Bot.*) Voyez Petilium. (Lem.)

PTILODACTYLE, *Ptilodactylus*. (*Entom.*) Genre, formé par Illiger, pour placer le *pyrochroa nitida* de Degéer, insecte qui paroît à M. Latreille se rapprocher du *cistela ceramboides* de Fabricius. (Desm.)

PTILODERE. (*Ornith.*) Traduction grecque du mot *nudicolles*. (Ch. D.)

PTILONORHYNCHUS. (*Ornith.*) Nom donné par Kuhl au genre *Piroll*. (Ch. D.)

PTILOPTERE. (*Ornith.*) Nom donné par M. Vieillot à une tribu de l'ordre des oiseaux nageurs, à laquelle il assigne pour caractères : Des pieds courts, situés à l'arrière du corps; des tarses nus, comprimés latéralement; quatre doigts dirigés en avant, dont trois palmés, et le postérieur libre et court; des ailes en forme de nageoires, sans rémiges. (Ch. D.)

PTILOSTÈME, *Ptilostemon*. (*Bot.*) Ce genre de plantes, que nous avons proposé dans le Bulletin des sciences de Décembre 1816 (pag. 200), appartient à l'ordre des Synanthérées, à notre tribu naturelle des Carduinées, à la section des Carduinées-Prototypes, et au groupe des Lamyrées, dans lequel nous l'avons placé entre les deux genres *Lamyra* et *Notobasis*. (Voyez notre Tableau des Carduinées, tom. XLI, pag. 312 et 350.) Le genre *Ptilostemon* nous a offert les caractères suivans :

Calathide incouronnée, équaliflore, multiflore, obringentiflore, androgyniflore. Péricline ovoïde, très-inférieur aux fleurs ; formé de squames régulièrement imbriquées, appliquées, coriaces ; les intermédiaires ovales, surmontées d'un appendice court, inappliqué, roide, épais, subcylindracé, conique au sommet, qui est un peu piquant, mais non prolongé en une épine proprement dite. Clinanthe épais, charnu, planiuscule, garni de fimbrilles nombreuses, libres, longues, inégales, linéaires-subulées, laminées, membraneuses. Fruits épais, non comprimés, ovoïdes-subglobuleux, glabres, lisses, luisans, colorés, sans côtes ni angles, dépourvus de plateau, ayant l'aréole basilaire large, orbiculaire, non oblique, et contenant une graine épaisse, cylindracée, arrondie aux deux bouts, colorée ; aigrette longue, blanche, composée de squamellules nombreuses, inégales, plurisériées, filiformes-laminées, barbées et barbellulées. Corolles obringentes. Étamines à filets élégamment plumeux, c'est-à-dire garnis de longs poils doubles, régulièrement disposés ; appendices apicilaires des anthères longs, aigus au sommet, uninervés ; appendices basilaires très-longs, laciniés inférieurement.

PᴛɪʟᴏsᴛÈᴍᴇ ᴍᴜᴛɪǫᴜᴇ : *Ptilostemon muticum*, H. Cass.; *Cnicus chamæpeuce*, Desf., Hist. des arbr., tom. 1, pag. 280; *Stæhelina chamæpeuce*, Linn., *Syst. veg.*; *Serratula chamæpeuce*, Linn., *Sp. pl.* C'est un arbrisseau de l'île de Crète, dont la tige, haute de quatre à six pieds, est droite, peu rameuse, couverte d'un coton blanc sur les parties jeunes ; les feuilles sont persistantes, très-nombreuses, rapprochées, alternes, sessiles, très-longues, très-étroites, linéaires-subulées, roulées en dessous par les bords, très-entières, vertes en dessus, cotonneuses et blanches en dessous ; les calathides, composées de fleurs purpurines, sont solitaires au sommet des rameaux ; les appendices de leur péricline sont très-petits.

PᴛɪʟᴏsᴛÈᴍᴇ ᴀᴘᴘᴇɴᴅɪᴄᴜʟÉ : *Ptilostemon appendiculatum*, H. Cass.; *Cnicus fruticosus*, Desf., Hist. des arbr., tom. 1, pag. 280. Celui-ci n'est peut-être qu'une variété du précédent, dont il diffère pourtant par ses calathides plus grandes, par son péricline moins cotonneux, et surtout par les appendices de ce péricline, qui sont notablement plus longs, plus étalés, plus piquans au sommet; les feuilles sont linéaires-lancéolées, entières ou dentées, roulées par les bords, tomenteuses en dessous.

Le *Chamæpeuce* de Prosper Alpin, successivement rapporté par Tournefort au genre *Jacea*, par Linné au *Centaurea*, puis au *Serratula*, enfin au *Stæhelina*, par MM. De Candolle et Desfontaines au *Cirsium* ou *Cnicus*, méritoit bien de constituer un genre particulier, à raison de son port très-remarquable et fort différent de celui des autres Carduinées. Ce genre, que nous aurions pu nommer *Chamæpeuce*, mais auquel le nom de *Ptilostemon* convient encore mieux, à cause de ses *étamines plumeuses*, appartient indubitablement au groupe des Lamyrées, principalement caractérisé par les fruits subglobuleux; et il se distingue bien des trois autres genres de ce groupe, savoir, du *Platyraphium* et du *Lamyra* par les appendices du péricline, du *Notobasis* par le fruit.

La partie libre du filet de l'étamine a sa portion moyenne hérissée, sur la face extérieure et les deux bords, de poils droits, dressés obliquement, régulièrement et parallèlement; chacun de ces poils est simple en sa moitié inférieure, comme partagé en deux par un sillon longitudinal en sa moitié supérieure, bilobé au sommet. Les fleurs extérieures de la calathide ont souvent l'aigrette non plumeuse ou à peine plumeuse. (H. Cass.)

PTILOSTÈPHE, *Ptilostephium*. (*Bot.*) Ce genre de plantes, établi en 1820 par M. Kunth, dans le quatrième volume des *Nova genera et species plantarum*, appartient à l'ordre des Synanthérées, à la tribu naturelle des Hélianthées, et à notre section des Hélianthées-Héléniées, dans laquelle il doit être placé entre nos deux genres *Carphostephium* et *Sogalgina*.

Quoique nous n'ayons point vu le *Ptilostephium*, nous croyons pouvoir nous écarter un peu de la description donnée par l'auteur, et présenter les caractères génériques de la manière suivante.

Calathide courtement radiée: disque multiflore, régulariflore, androgyniflore; couronne unisériée, *biliguliflore*, *féminiflore*. Péricline campanulé, presque égal aux fleurs du disque; formé d'environ douze squames bisériées, à peu près égales, appliquées, foliacées, membraneuses sur les bords, les extérieures ovales-lancéolées, aiguës, les intérieures oblongues, arrondies et échancrées au sommet. Clinanthe garni de squamelles lancéolées, aiguës, membraneuses, diaphanes, uninervées, glabres. Ovaires du disque et de la couronne obovoïdes, velus, portant une *aigrette longue, persistante, composée de squamellules nombreuses, inégales, filiformes, barbées.* Corolles du disque glabres, à tube court, à limbe cylindracé, quinquélobé au sommet. Corolles de la couronne glabres, à tube court, à limbe cylindracé inférieurement, divisé supérieurement en deux languettes : l'extérieure étalée, très-profondément partagée en trois lanières oblongues, obtuses ; l'intérieure beaucoup plus petite, partagée jusqu'à sa base en deux lanières lancéolées, aiguës. *Cinq fausses étamines dans les fleurs de la couronne.*

Nous n'admettons qu'une seule espèce dans ce genre.

Ptilostèphe a feuilles de coronope : *Ptilostephium coronopifolium*, Kunth, *Nov. gen. et sp. pl.*, tom. 4, pag. 255, tab. 387. C'est une plante du Mexique, herbacée, annuelle, dont la tige, haute d'environ un demi-pied, est dressée ou ascendante, rameuse, tétragone, un peu poilue ; les feuilles sont opposées, presque sessiles, pinnatifides, un peu poilues, à lanières linéaires, très-entières ; les calathides, composées de fleurs jaunes, sont solitaires au sommet de très-longs pédoncules terminaux, glabres.

M. Kunth attribue au *Ptilostephium* une calathide radiée, dont la couronne seroit labiatiflore et androgyniflore. Quoique nous n'ayons pas vu la plante dont il s'agit, nous sommes bien convaincu que c'est une erreur semblable à celle que le même auteur a commise à l'égard du *Mutisia*. Si la calathide du *Ptilostephium* est couronnée, comme le dit M. Kunth, et comme cela paroît évident par sa description et par les figures qui s'y rapportent, les anthères de la couronne sont indubitablement imparfaites, et par conséquent cette couronne est biliguliflore et féminiflore, comme celle de notre genre *Sogalgina*, dont le *Ptilostephium* ne nous semble différer essentiellement que par la présence de fausses étamines dans les fleurs de la couronne. Nous soutenons que les fleurs dont se compose la couronne d'une calathide ne sont jamais vraiment hermaphrodites, et que par conséquent leur corolle ne peut pas être labiée, cette sorte de corolle, définie comme elle doit l'être, n'appartenant qu'à des fleurs pourvues d'étamines.

M. Kunth rapporte au genre *Ptilostephium* une seconde espèce, qu'il nomme *P. trifidum*, et qui en effet seroit exactement congénère de la première, si les botanistes convenoient de fonder les genres sur le port des plantes, et de distinguer les espèces par les caractères de la fleur. Mais comme le système inverse est établi depuis long-temps et paroît devoir subsister long-temps encore, il nous est impossible d'admettre que la grande aigrette plumeuse du *P. coronopifolium* et la petite aigrette paléacée du *P. trifidum* soient convenablement réunies dans le même genre. En conséquence nous proposons de fonder sur la seconde espèce (que nous n'avons point vue) un nouveau genre, qui seroit nommé et caractérisé comme il suit :

Carphostephium. Calathide courtement radiée : disque multiflore, régulariflore, androgyniflore; couronne unisériée, *biliguliflore, féminiflore.* Péricline hémisphérique, formé de squames peu nombreuses, subtrisériées, un peu inégales, imbriquées, appliquées, foliacées, membraneuses sur les bords, uniformes, toutes obovales, échancrées au sommet. Clinanthe convexe, garni de squamelles presque égales aux fleurs, plus ou moins conformes aux squames du péricline, diaphanes, glabres. Ovaires du disque et de la couronne obovoïdes, poilus, portant une *aigrette courte, persistante, composée de squamellules nombreuses, égales, petites, paléiformes, oblongues ou rhomboïdales, membraneuses ou scarieuses, uninervées, longuement ciliées ou frangées sur les bords de leur partie supérieure.* Corolles du disque et de la couronne, et *fausses étamines de la couronne,* comme dans le genre *Ptilostephium.*

Ces caractères génériques, que nous n'avons pas pu vérifier, sont empruntés à la description de M. Kunth et aux figures de M. Turpin, quoique sur certains points les figures ne s'accordent pas exactement avec la description.

Le *Carphostephium trifidum* (*Ptilostephium trifidum,* Kunth) est une plante mexicaine, annuelle, un peu poilue, à tige haute d'un pied, dressée, rameuse, à feuilles opposées, pétiolées, divisées en trois lanières linéaires, à calathides solitaires au sommet de très-longs pédoncules terminaux et axillaires, pubescens, à corolles jaunes.

Le vrai genre *Ptilostephium* est exactement intermédiaire entre le *Carphostephium*, auquel il ressemble par les fleurs de sa couronne pourvues de fausses étamines, mais dont il diffère par ses longues aigrettes plumeuses, et le *Sogalgina*, auquel il ressemble par ses longues aigrettes plumeuses, mais dont il diffère par les fleurs de sa couronne pourvues de fausses étamines.

Le *Carphostephium* est intermédiaire entre le vrai *Galinsoga*, auquel il ressemble par l'aigrette paléacée, et le *Ptilostephium*, auquel il ressemble par les fleurs de la couronne biligulées et pourvues de fausses étamines; en sorte que les quatre genres dont nous parlons doivent être disposés ainsi: *Galinsoga*, *Carphostephium*, *Ptilostephium*, *Sogalgina*.

M. Kunth objectera sans doute contre notre distinction générique de ses deux espèces de *Ptilostephium*, 1.° qu'à l'exception de l'aigrette, ces deux plantes sont presque semblables sur tous les autres points; 2.° que même la différence de leurs aigrettes, considérée anatomiquement, se réduit à des modifications en plus ou en moins; 3.° que sa *Wiborgia urticæfolia*, quoique privée d'aigrettes, est évidemment congénère de sa *Wiborgia parviflora* (*Galinsoga parviflora*, Cav.), ce qui semble prouver que les caractères de l'aigrette ont peu d'importance dans les plantes dont il s'agit.

Nous répondons, 1.° que dans l'ordre des Synanthérées il existe un grand nombre de genres uniquement fondés sur les caractères de l'aigrette, et qu'aucun botaniste ne s'avise de contester; 2.° que presque toutes les distinctions génériques, dans un même ordre naturel, peuvent être réduites par l'analyse anatomique à de simples modifications produites par des différences en plus ou en moins; 3.° qu'une espèce privée d'aigrettes peut très-bien être congénère d'une espèce aigrettée, lorsqu'il y a lieu de présumer que l'absence de l'aigrette ne résulte que d'un avortement, et de supposer que, si cette aigrette existoit, elle seroit analogue à celle de l'espèce aigrettée : c'est ainsi que nous n'hésitons pas à rapporter au genre *Chryseis*, principalement caractérisé par la structure de l'aigrette, deux espèces inaigrettées: mais lorsque l'aigrette existe et qu'elle est très-différente dans les espèces que l'on compare, nous ne pensons pas qu'il soit permis de les réunir dans le même genre. Ainsi, en caractérisant le genre *Galinsoga*, on peut très-bien dire *pappus paleaceus aut abortu nullus;* mais on ne doit pas dire, pour caractériser le genre *Ptilostephium*, *pappus plumosus aut paleaceus.* (H. Cass.)

PTILOSTICHUM. (*Bot.*) Le *Chamæpeuce* de Prosper Alpin, rapporté par Linnæus au *Serratula*, et par Willdenow au *Stœhelina*, a été réuni plus récemment par M. De Candolle au *Cirsium*, à cause de son périanthe épineux et de son aigrette plumeuse : c'est le *Ptilostemon* de M. Cassini, qui n'est pas encore admis. Voyez PTILOSTÈME. (J.)

PTILOTA. (*Bot.*) Genre de plantes cryptogames, de la famille des algues, de l'ordre des fucacées, établi par Agardh; il a pour type le *fucus plumosus*, Linn., ou *plocamium plumosum* de Lamouroux : son caractère essentiel est fourni par les séminules groupées en un globule contenu dans un involucre. Les espèces sont des plantes marines à frondes d'un rouge pourpre, ailées, dont les découpures sont très-multipliées, denses, pectinées, d'une consistance cartilagino-membraneuse. Les globules fructifères sont placés sur le bord des frondes, ou sur les côtés et les embranchemens des frondules. Les involucres fructifères sont composés de petites feuilles infléchies.

Ce genre ne comprend qu'un petit nombre d'espèces, dont une est connue depuis long-temps; deux autres ont été introduites par Turner, et une quatrième par Agardh.

1. Le PTILOTA PLUMEUX : *Ptilota plumosa*, Agardh, *Sp. Alg.*, 385; Lyngb., *Hydropt.*, pag. 58; *Fucus plumosus*, Linn., *Fl. Dan.*, pl. 350; Esp., *Fuc.*, pl. 45; *Engl. Bot.*, pl. 1308; Stroëm, *in Act. Hafn.*, 10, pl. 9, fig. 7; *Ceramium plumosum*, Roth; *Plocamium plumosum*, Lamx. Plante très-rameuse, capillacée, à rameaux filiformes, disposés sur un même plan, comprimés; leurs divisions sont opposées, filiformes, découpées en façon de dents de peigne. Cette très-jolie et élégante plante marine est d'une belle couleur purpurine; ses ramifications imitent des plumes. Elle se trouve dans l'Océan, sur toutes les côtes de l'Europe boréale et d'Angleterre, jusqu'au Groënland. Sa fronde acquiert six à sept pouces de longueur.

Les *Fucus ptilotus* et *pectinatus*, Gunn., *Fl. Norw.*, 2, pl. 2, fig. 8 et 15; Esp., *Fuc.*, pl. 46, sont une seule variété beaucoup plus capillacée.

M. Bonnemaison a découvert sur les côtes de France une autre variété, retrouvée en Angleterre et en Norwége, dont les frondes sont tellement capillacées, qu'on prendroit la plante pour une conferve.

2. Le Ptilota asplenoïde : *Pt. asplenoides*, Agardh; *Fucus*, Turn., *Hist.*, pl. 62; Esper., pl. 47, ressemble à l'espèce précédente; mais les dernières découpures de la fronde sont plus écartées, entières, lancéolées et alternes. Il se trouve au Groënland, au Kamtschatka, dans les Mers australes à la Nouvelle-Hollande.

3. Le Pt. flasque : *Pt. flaccida*, Ag.; *Fucus flaccidus*, Turn., *Hist.*, pl. 61, a une racine scutelliforme, d'où naît un bouquet de frondes hautes de cinq à six pouces, planes, trois fois de suite pennées à frondules ou découpures planes, linéaires, entières; celles du bas filiformes. Ces frondes offrent de très-petites pointillures pourpres, éparses; elles sont elles-mêmes purpurines et cartilaginéo-membraneuses. Cette espèce croît sur le *laminaria buccinalis*, au cap de Bonne-Espérance.

Lamouroux et Agardh ont placé ces plantes dans la division des *floridées*; M. Bonnemaison pense que cette place ne leur convient point, et chez lui ce genre fait partie de ses hydrophytes loculées, c'est-à-dire algues marines articulées. Il définit ainsi le genre : Fronde surcomposée, épidermidée, légèrement comprimée; rameaux obscurément uniloculés; fructification double; élytres obscures, homogènes, urcéolées, entourées d'un involucre, et des élytres uniloculées. (Lem.)

PTILOTE, *Ptilotus.* (*Bot.*) Genre de plantes dicotylédones, à fleurs incomplètes, de la famille des *amaranthacées*, de la *pentandrie monogynie* de Linnæus, offrant pour caractère essentiel : Un calice persistant, à cinq découpures plus ou moins profondes, linéaires ou lancéolées; point de corolle; cinq étamines; les filamens connivens à leur base, point dentés; les anthères à deux loges; un ovaire supérieur; un style simple; le stigmate en tête; une capsule univalve, monosperme, renfermée dans le fond du calice, ou entre les trois folioles intérieures.

J'ai cru devoir réunir au *Ptilotus* de M. Rob. Brown sou genre *Trichinium*, qui, de l'aveu de M. Brown lui-même, en est très-peu séparé. En voici les différences : Dans le *Ptilotus* le calice est divisé, jusqu'à sa base, en cinq folioles lancéolées; la capsule est renfermée entre les trois folioles intérieures, rapprochées et fermées par des poils lanugineux à leur moitié inférieure; la supérieure nue, étalée. Le *Trichinium* a les divisions du calice linéaires, moins profondes; la capsule renfermée dans la base entière du calice, ses divisions étalées et munies de poils plumeux.

Les espèces contenues dans ces deux genres sont des herbes annuelles ou vivaces, ordinairement glabres, à feuilles alternes, étroites, linéaires ou lancéolées. Les fleurs sont terminales, disposées en tête ou en épi court, munies de trois bractées scarieuses, luisantes, souvent persistantes après la chute du calice. Ces plantes ont toutes été découvertes à la Nouvelle-Hollande par M. Rob. Brown.

Ptilotus.

Ptilote conique; *Ptilotus conicus*, Rob. Brown, *Nov. Holl.*, 1, pag. 415. Cette plante a des feuilles glabres, alternes, linéaires; les fleurs réunies, à l'extrémité des tiges, en une petite tête solitaire, conique, un peu arrondie; les filamens des étamines en cœur renversé à leur sommet, resserrés dans leur milieu. Dans le *Ptylotus corymbosus*, Rob. Brown, *loc. cit.*, les feuilles inférieures sont lancéolées, les supérieures linéaires; les fleurs disposées en petites têtes, formant par leur réunion une sorte de corymbe. Les filamens des étamines sont filiformes.

Trichinium.

Ptilote fusiforme; *Trichinium fusiforme*, R. Brown, *loc. cit.* Cette plante a une racine en forme de fuseau. Elle produit plusieurs tiges glabres, ramifiées, garnies de feuilles alternes, linéaires, très-étroites. Les fleurs sont réunies en petites têtes presque ovales, situées à l'extrémité des tiges et des rameaux. Les bractées sont aiguës, à une seule nervure. Dans le *Trichinium gracile*, R. Brown, *l. c.*, la tige est presque simple; les feuilles sont glabres, très-étroites, linéaires; les fleurs réunies en petites têtes globuleuses ; les bractées obtuses, sans nervures ; les filamens inégaux. Le *Trichinium distans*, Rob. Brown, *loc. cit.*, a ses tiges glabres et ramifiées ; les feuilles étroites, linéaires ; les fleurs distinctes, disposées en un épi cylindrique.

PTILOTE SPATULÉ ; *Trichinium spathulatum*, Rob. Brown, *loc. cit.* Dans cette espèce les feuilles radicales sont alternes, planes, glabres, spatulées, en ovale renversé. Les fleurs sont réunies en un épi cylindrique. Dans le *Trichinium macrocephalum*, Rob. Brown, *loc. cit.*, la tige se divise en rameaux glabres, anguleux ; les feuilles de la tige sont ondulées, lancéolées ; les fleurs disposées en épi sur un rachis alongé, lanugineux. Le *Trichinium incanum*, Rob. Brown, *loc. cit.*, a ses rameaux cylindriques, chargés d'un duvet tomenteux et blanchâtre, ainsi que les feuilles : celles-ci sont alternes, lancéolées ; les épis presque ovales, latéraux et terminaux. (POIR.)

PTINE, *Ptinus*. (*Entom.*) Genre d'insectes coléoptères à cinq articles à tous les tarses, à corps arrondi, alongé, convexe, à élytres durs, à antennes en fil, et par conséquent de la famille des térédyles ou perce-bois.

Ce nom a été employé d'abord par Linnæus, et adopté par Fabricius. Geoffroy avoit préféré celui de *bruche ;* mais comme ce nom de *Bruchus* avoit été employé par Linnæus pour indiquer un genre de Rhinocères, dont Geoffroy avoit fait des mylabres, tandis que Linnæus avoit donné le nom de méloé aux insectes que Fabricius a cru devoir appeler *mylabris*. Nous avons dû, pour tirer les lecteurs de toute confusion, adopter le nom de ptine, dont l'étymologie paroît pouvoir être dérivée du mot grec πἰισσῶ, *je tonds ; j'enlève l'écorce.*

Ce genre peut être ainsi caractérisé : Corps cylindrique ; corselet un peu bossu, en forme de capuchon plus étroit en arrière ; antennes simples, plus longues que la tête et le corselet pris ensemble, insérées entre les yeux.

Les espèces de ce genre s'observent fréquemment dans nos demeures, où elles marchent le soir et volent très-peu. Plusieurs même sont privées d'ailes. Elles se nourrissent sous leurs deux états, de débris de plantes et d'animaux sechés ; elles font, à cause de cela, beaucoup de tort aux collections d'histoire naturelle. Dans le danger, elles simulent la mort, se laissent cheoir en contractant leurs membres, en repliant leurs longues antennes sous le corps et en se blotissant.

Nous avons fait figurer une espèce de ce genre sous le n.° 3 *bis* de la planche 8 de l'atlas de ce Dictionnaire, c'est

1.° Le Ptine élégant, *Ptinus elegans.*

Car. Il est brun-châtain ; le corselet est ridé, à quatre tubercules ; les élytres ont deux bandes et un point à l'extrémité, blancs de couleur.

2.° Le Ptine voleur, *Ptinus fur.*

Car. D'un brun-châtain testacé ; élytres à deux bandes blanches.

Geoffroy l'a figuré sous le nom de bruche à bandes ; tome 1, pl. 2, fig. 6.

3.° Le Ptine larron, *Ptinus latro.*

Car. Testacé, sans taches ; corselet à deux dents.

Illiger regarde cet insecte comme le mâle de l'espèce précédente. Cependant la couleur générale, et la forme du corselet sont différens ; car cette dernière espèce a quatre dents sur cette partie.

4.° Le Ptine impérial, *Ptinus imperialis.*

Car. Brun, corselet caréné, une tache blanche lobée en forme d'aigle impériale à deux têtes, sur les élytres.

Scopoli a fait un genre à part sous le nom de *Gibbium* de l'espèce que Fabricius a décrite sous le nom de *Scotias.* C'est la bruche sans ailes, n.° 2, de Geoffroy. Voyez Gibbie. (C. D.)

PTINIORES. (*Entom.*) M. Latreille emploie cette dénomination pour indiquer une tribu dans la troisième famille des coléoptères pentamérés, qu'il nomme serricornes. Il y comprend les genres Ptine, Ptilin, Gibbie, Dorcatome et Vrillette. Cette tribu correspond, par conséquent, en partie à la famille des térédyles, dans notre Méthode de classification. (C. D.)

PTOMAPHAGUS. (*Entom.*) Ce genre d'Illiger correspond à celui que M. Latreille a nommé Cholève, *Choleva.* Voyez ce mot et Catops. (Desm.)

PTYCHODES. (*Bot.*) Ce genre de mousse, proposé par Weber et Mohr, a été réuni à l'orthotrichum. (Lem.)

PTYCHONOCARPA. (*Bot.*) Voyez Grévillée. (Poir.)

PTYCHOPTÈRE. (*Entom.*) Nom donné par M. Meigen à

un petit genre d'insectes diptères, établi pour y ranger plusieurs de nos tipules. Ce genre a été adopté par Fabricius et par la plupart des auteurs. Voyez Tipule. (C. D.)

PTYCHOSPERME, *Ptychosperma*. (*Bot.*) Genre de plantes monocotylédones, à fleurs incomplètes, hermaphrodites, de la famille des *palmiers*, de la *polyandrie monogynie* de Linnæus, offrant pour caractère essentiel: Une spathe de plusieurs pièces caduques; un calice à six folioles inégales; des étamines nombreuses, insérées sur le réceptacle; un ovaire supérieur; un style; un stigmate trifide; une baie couverte d'une enveloppe fibreuse; une amande striée.

Ptychosperme a tige grêle; *Ptychosperma gracilis*, Labill., Mém. de l'Inst. de Paris, 1808, p. 251. Arbre de la Nouvelle-Hollande, qui s'élève à la hauteur d'environ soixante pieds sur une tige grêle, roide, très-dure, épaisse de deux ou trois pouces, composée de fibres noirâtres, marquée dans sa longueur d'élévations presque circulaires, couronnée par environ huit à dix feuilles ailées, longues de trois pieds, à folioles alternes, disposées sur deux rangs, douze à quinze sur chaque rang, les deux dernières réunies à leur base, toutes irrégulièrement dentées vers leur extrémité, tronquées obliquement au sommet; les pétioles sont élargis à leur base; le spadice ou régime est axillaire, très-rameux, d'environ trois pieds de long, sortant d'une spathe à plusieurs pièces caduques; ses rameaux sont simples, alongés, soutenant, dans toute leur longueur, des fleurs sessiles, hermaphrodites.

Le calice est composé de six folioles dont trois extérieures courtes, arrondies, avec une protubérance à leur base; trois intérieures ovales, alternes avec les premières, beaucoup plus grandes; vingt à trente étamines, les filamens subulés sont attachés sur le réceptacle; les anthères vacillantes, à deux loges, de la longueur des filamens; l'ovaire est ovale, surmonté d'un style presque filiforme, et d'un stigmate légèrement bifide, de la longueur des étamines. Le fruit est une baie rouge, ovale, oblongue, mucronée au sommet par le style, munie à sa base des folioles du calice, couverte d'un parenchyme fibreux, peu épais: elle renferme une amande ovale, à cinq stries profondes, l'embryon placé à la base dans une cavité. Cette plante a été découverte par Mr. de Labillardière. (Poir.)

PTYCHOSTOMUM; Plicatule. (*Bot.*) Genre de la famille des mousses. établi par Hornschuh, caractérisé par son péristome double, l'extérieur à seize dents droites, hyalines à leur extrémité; l'intérieur membraneux, transparent. plissé, adhérent aux dents et formant un cône qui se déchire pour laisser échapper la poussière contenue dans l'urne; par la coiffe cuculliforme et l'urne régulière, obovale, avec ou sans anneau.

Les espèces de ce genre ont le port des bryums; leur tige, peu rameuse, est garnie de feuilles larges, ayant une nervure; les pédicelles sont terminaux, très-longs; la capsule est pendante et munie d'un opercule semblable à celui des bryums. Ces mousses se plaisent dans les régions froides des Alpes et des contrées arctiques; elles forment des gazons vivaces, sur la terre et dans les fentes des rochers. On en connoît quatre espèces, selon Bridel.

Le Ptychostomum penché : *Ptychostomum*, Hornsch., Brid., Musc. univ., 1, p. 600; *Cynonthodium cernuum*, Hedw., *Musc.*, pl. 9: *Didymodon cernuum*, Swartz. Musc. suéd., pl. 1, fig. 9. Tige droite, rameuse; feuilles lâches, oblongues, ou ovales, ou lancéolées, terminées en pointe; capsules alongées, en forme de poire penchée; opercule conoïde, un peu obtus. Cette mousse croît à l'ombre, sur les parois des roches calcaires, dans les montagnes, en Suède; sur les pierres, en Zéelande et dans le Valais : elle fructifie en été et en automne.

Les autres espèces sont : 1.° le *Ptychostomum compactum*, Hornsch., qui croît sur les hautes Alpes de l'Allemagne, de la Carinthie et du Tyrol; 2.° le *Ptychostomum pendulum*, Hornsch., qui croît aussi en Carinthie; 3.° le *Ptychostomum pulchellum*, R. Brown, découvert dans l'île Melville, près le pôle arctique.

M. Hooker a fait connoître, dans sa Muscologie exotique, un genre *Brachymenium*, adopté par Bridel, et qui se distingue essentiellement par son péristome interne, membraneux, plissé, très-court, déchiqueté au sommet en plusieurs cils (16?) irréguliers et fendus. Ce genre comprend deux espèces, les *Br. nepalense* et *bryoides* (Hook., Musc. exot.; Schwægr., Suppl., 2, pl. 35), qui croissent dans le Nepaul, dans l'Inde, sur la terre, dans les bois, et y forment des gazons.

Bridel trouve une si grande affinité entre ce genre et le

précédent, qu'il pense qu'on peut les réunir en un seul, qu'on établiroit ainsi :

Ptychostomum, Brid. : Péristome double ; l'extérieur à seize dents lancéolées-linéaires ; l'intérieur membraneux, plissé, adhérant aux dents, soit entièrement et fortement, soit par sa partie supérieure et lâchement à ces mêmes dents, droites ou enroulées, et divisées à son sommet en plusieurs découpures irrégulières, dentiformes ; coiffe cucculiforme ; urne égale, ovale ou obovale ; séminules globuleuses, petites. Les espèces formeroient deux divisions : l'une, le *Ptychostomum*, contiendroit celles à urne pendante ; l'autre, le *brachymenium*, renfermeroit celles à urne droite. Ce nouveau genre se trouve placé près du genre *Hemisynapsium*. Voyez Synapsium et Pohlia. (Lem.)

PTYNX. (*Ornith.*) Nom générique donné par Mœhring à l'anhinga, *plotus anhinga*, Linn.

Camus, dans sa traduction d'Aristote, écrit aussi *ptonx*. (Ch. D.)

PTYOCERUS. (*Entom.*) Thunberg a donné ce nom à un genre d'insectes coléoptères, dans lequel il fait entrer le *melasis mystacina* de Fabricius : genre de la famille des térédyles. (Desm.)

PUA-SCHETTI. (*Bot.*) C'est au Malabar le même arbrisseau que le *nedum-schetti*, espèce d'*ixora*, *puula-padacali* des Brames. (J.)

PUAM-CURUNDALA. (*Bot.*) Nom malabare, cité par Rhéede, d'une plante composée, qui paroit avoir de l'affinité avec un *ageratum*. (J.)

PUAN-BONGA. (*Bot.*) Nom du *volkameria alternifolia* de Burmann à Java. (J.)

PUANT. (*Ornith.*) Un des noms vulgaires donnés à la huppe ou puput, *upupa epops*, et au martin-pêcheur commun, *alcedo ispida*, Linn. (Ch. D.)

PUANT. (*Mamm.*) Ce nom a été donné à beaucoup d'animaux qui ont la faculté de répandre une très-mauvaise odeur lorsqu'ils ont peur, et comme pour éloigner d'eux les dangers. Mais il a plus particulièrement été appliqué aux moufettes. (F. C.)

PUBERTÉ. (*Anat. et Phys.*) Voyez Vie. (F.)

PUBESCENCE, *Pubescentia*. (*Entom.*) M. Fabricius désigne sous cette dénomination, dans la Philosophie entomologique, l'une des particularités notables de quelques espèces d'insectes, et qui indique la manière dont elles sont protégées à leur surface par des poils plus ou moins longs, qui portent le nom de duvet, de laine, de coton, de velours, de satin, d'écailles, d'épines, d'aiguillon, et il cite comme exemples d'insectes poilus, les asiles, les échinomyies; pour espèces laineuses, quelques hannetons ou mélolonthes, quelques bombyces: comme cotonneux, il désigne quelques leptures, quelques syrphes; pour exemple des insectes soyeux, il indique quelques capricornes, tels que les élytres de l'espèce dite suturale, le corselet de quelques xylocopes ou abeilles menuisières. Il nomme parmi les espèces à épines en faisceaux, quelques buprestes, cétoines, capricornes; enfin, il cite quelques hispes, lamies et charansons, parmi les espèces épineuses. C'est à tort, selon nous, qu'il parle, sous le même titre de pubescence, de quelques insectes dont le corps paroît comme verni, *vernicosa*, tels que quelques attélabes, gryllons, réduves, etc. (C. D.)

PUBESCENT (*Bot.*), garni de poils mous, courts et distincts; exemples: *althæa officinalis*; tige de l'*orobanche major*; feuilles de la cynoglosse; anthères du *digitalis purpuræa*; stigmate de l'érable sicomore; fruit du pêcher, etc. (Mass.)

PUBIS. (*Anat. et Phys.*) Voyez Squelette. (F.)

PUBULA. (*Ornith.*) Ce nom et ceux de *pupulla* et *puppula* sont donnés, en Italie, à la huppe commune, *upupa epops*, Linn. (Ch. D.)

PUCCINIA. (*Bot.*) Genre de plantes cryptogames, de la famille des champignons, de l'ordre des champignons entophytes et de la cohorte des *coniomycetes*, dans la nouvelle méthode de Fries, de l'ordre des *gymnomycetes* de Link, et de celui des *urédinées* d'autres auteurs. Les *puccinia* sont des plantes très-petites, qui naissent en forme de taches sous l'épiderme des végétaux vivans qu'elles déchirent pour se mettre à jour; alors elles ressemblent à des tubercules ou amas en partie compactes ou en partie gélatineux, qui contiennent des sporidies ou petits péricarpes pédicellés, divisés en deux loges ou plusieurs, par une ou deux cloisons transversales.

Le genre *Puccinia* a des rapports extrêmement voisins avec les *uredo*, les *œcidium* et les genres qu'on en a distrait.

Il est au reste peu de genres qui aient subi autant de changemens et de modifications que celui-ci, comme on pourra en juger par ce qui suit. Michéli, le premier, créa un genre *Puccinia* en l'honneur de Thomas Puccini, professeur de philosophie à Florence, et son contemporain : la figure et les caractères qu'il a exposé dans son *Genera* des deux espèces qu'il mentionne, font connoître dans l'une d'elles (pl. 92, fig. 1) le *puccinia juniperi*, Pers., dont, depuis, Hedwig fils et M. De Candolle ont fait une espèce de leur genre *gymnosporangium*, d'où Link l'a retirée encore pour l'établir sous le nom de *podisoma*. Ces deux genres ne sont pas définitivement distingués, puisque la plupart des botanistes les laissent encore réunis. La seconde espèce de Michéli (pl. 92, fig. 2) est très-différente de la première, par son port rameux et par sa structure; elle est le *ceratium hydnoides*, Albertini et Schweinitz; le *puccinia byssoides*, Gmel.; le *clavaria byssoides*, Bull., Decand.; le *clavaria puccinia* de Batsch; l'*isaria mucida*, Pers.; le *puccinia* de Haller, n.° 2208.

Ce genre *Puccinia* est le *puccinia* d'Adanson, et puisque, en le modifiant, on a voulu le conserver sous le nom de *podisoma*, autant auroit-il valu lui laisser son ancien nom. Mais, le même motif qui a fait donner à la vraie bruyère le nom de *calluna*, au lieu de celui de *erica*, qui devroit lui rester, a prévalu ici : il valoit mieux commettre cette faute que d'embrouiller la synonymie des autres espèces, en changeant leur nom générique. M. Persoon, créateur du genre *Puccinia* des modernes, y a ramené aussi les *Puccinia* de Michéli, au moins l'espèce principale, le *puccinia juniperi*. Or les botanistes, s'apercevant bientôt de la nécessité de retirer cette plante de ce genre, ont préféré en faire un nouveau, le *Podisoma*.

Le *Puccinia*, Pers., est devenu, par les nombreuses découvertes modernes, un genre extrêmement nombreux, qui a été le sujet de l'attention particulière de MM. De Candolle, Fries, Ehrenberg, Nées, Link; ses rapports marqués avec l'*uredo* y ont fait placer un grand nombre de ses espèces et même le genre entier, par M. Strauss, d'Aschaffenbourg. De nou-

velles observations ont donné lieu à quelques autres changemens ; ainsi ,

1.° Le *Puccinia ulmariæ*, Decand., est à présent le genre
Triphragmium, Link.

2.° Plusieurs autres espèces composent l'*aregma* de Fries,
maintenant reconnu et nommé *phragmidium* avec Link.

3.° On a renvoyé aux genres *Uredo*, Pers., et *Dicæoma*, Link,
les espèces dont les sporidies sont uniloculaires.

4.° D'une autre part, on a réuni au *Puccinia*, 1.° le genre
Bullaria, Decand.; mais, peut-être à tort, d'abord à cause
de ses caractères (voyez Bullaria), et ensuite parce que l'espèce commune vit sur des plantes mortes et non sur des végétaux vivans ; 2.° le *Dicæoma*, Nées, qui comprenoit des espèces
à sporidies cloisonnées libres, étalées sans ordre sous l'épiderme des plantes qu'elles déchirent pour sortir. Ce *dicæoma*
a pour type le *puccinia betonice*, Decand., Link, et fait le passage à l'*œcidium*, dont il diffère uniquement par les sporidies
biloculaires. Fries, dans son *Syst. orbis veget.*, maintient ce
genre.

Link est l'auteur qui a donné la monographie la plus ré-
cente des espèces de ce genre ; il en porte le nombre à qua-
rante-sept, qui toutes ne se reconnoissent guère que par la
plante sur laquelle chaque espèce est parasite et dont elle
reçoit le nom ; elles y forment des pointillures ou des petites
lignes, quelquefois très-nombreuses, particulièrement sur
les jeunes pousses, qu'elles ne tardent point à faire languir,
puis périr. Elles sont des fléaux, dont on ne peut garantir les plantes ; elles varient dans leur couleur : il en est de
noires, de brunes, de grises, de rougeâtres, de jaunes, etc.;
elles attaquent non-seulement les plantes phanérogames,
mais encore des champignons, des lichens, etc. Elles forment une série tellement naturelle, que Link n'a pas osé les
partager en plusieurs sections. Toutes les espèces ont été observées en Europe, et plusieurs d'entre elles également à
l'étranger.

Nous ferons remarquer :

1.° Le Puccinia des graminées : *Puccinia graminis*, Pers.,
Disp. fung., pl. 3 , fig. 3 ; *Uredo frumenti*, Sow., *Fung.*. pl. 140,
qui forme des taches diffuses, composées de petites lignes pa-

rallèles, convexes, confluentes, d'un jaune brun dans la jeunesse, puis contenant des sporidies noires, longuement pédicellées. Cette plante infeste, en automne et en hiver, les feuilles et les tiges des graminées et particulièrement des céréales ; elle est connue des agriculteurs et confondue avec d'autres cryptogames sous les noms de *brouillard*, *rouille* et *nielle*.

2.° Le PUCCINIA DES PERSICAIRES ; *Puccinia polygonorum*, Link *in* Willd., *Sp. pl.*, vol. 6, part. 2, pag. 69, qui forme des taches composées de points arrondis, jaunâtres, puis roux, bruns ou noirs, épars ou rapprochés, se touchant par un côté, planes et hypophylles. On le trouve sous les feuilles de diverses espèces de *polygonum* ou persicaires, entre autres sur les *polygonum bistorta*, *amphibium*, *convolvulus* et *pensylvanicum*. Les petits points sont quelquefois, sur le *polygonum amphibium*, disposés circulairement, ce que Link attribue au hazard.

3.° Le PUCCINIA DES VÉRONIQUES ; *Puccinia veronicarum*, Dec. En petites taches globuleuses ou en anneaux à centre libre, hypophylles bruns, composés de sporidies agglomérées en petits amas et à peine pédicellées. On trouve cette plante sous les feuilles des véroniques alpines, du *veronica montana*, etc.

4.° Le PUCCINIA DU LIERRE TERRESTRE : *Puccinia glechomatis*, Dec., Link ; *Dicæoma verrucosum*, Nées, *Fung.*, p. 16, pl. 1, fig. 12. En taches oblitérées, d'un jaune roussâtre, hypophylles, composées de petits points ou amas arrondis, épars, de grandeur différente, un peu plane, portant des sporidies noirâtres, à pédicelles courts. Cette espèce ressemble à un *æcidium*, et se trouve sous les feuilles du *glechoma hederacea*, Linn., plante appelée vulgairement *lierre terrestre*.

5.° Le PUCCINIA DES COMPOSÉES : *Puccinia compositarum*, Schl., Ber., 2, p. 133 ; Link, *loc. cit.*, p. 73 ; *Dicæoma caulincola*, Nées, *Fung.*, pl. 1, fig. 13 ; *Puccini podospermiæ*, *centaureæ*, *calcitrapæ*, *echinopsis*, Decand. En taches blanchâtres, composées de petits points presque ronds, entourés par les lambeaux de l'épiderme, un peu convexes, le plus souvent hypophylles ; sporidies brunes, à pédicelles courts. Cette espèce se rencontre sous les feuilles, sur les tiges et plus rarement sur d'autres parties de diverses plantes synanthérées, comme les centaurées, les épervières, etc., partout en Europe et en Égypte (Ehr.). Il ne faut pas confondre cette espèce, 1.° avec le *puccinia discoidearum*, Link, ou *tanaceti*, Decand., qui se rencontre sur les armoises, sur la balsamite et sur la tanaisie : les feuilles de ces dernières plantes, élégamment découpées, ont quelquefois leur surface inférieure tellement chargée des puccinia ci-dessus décrits, qu'on les prendroit pour des frondes de fougères couvertes d'une fructification brune; 2.° avec le *puccinia syngenesarum*, si commun sous les feuilles du *tussilago alpina* et de quelques centaurées des Alpes, qu'il couvre d'une poussière couleur de rouille.

6.° Le Puccinia des caryophyllées; *Puccinia lychnidearum*, Link, Decand. Il forme sous les feuilles et sur les tiges des macules jaunâtres, composées de points arrondis ou oblongs, convexes, inégalement épars ou disposés circulairement; à sporidies d'abord blanches, puis brunes. Cette espèce croît sous les feuilles et plus rarement sur les tiges du *lychnis dioica*, des œillets, des spargoutes, du *stellaria holostea*, des *sagina*, des *Frankenia*, etc.

7.° Le Puccinia du groseiller; *Puccinia ribis*, Decand., Link. Il forme, sur la surface supérieure du groseiller cultivé rouge, des points bruns arrondis, plans, épars, entourés des lambeaux de l'épiderme, contenant des spories brunes, à pédicelles très-courts. Cette espèce est remarquable en ce qu'elle croit à la surface supérieure des feuilles, contre l'habitude des autres espèces du genre.

8.° Le Puccinia des pruniers: *Puccinia prunorum*, Link; *Puccinia pruni-spinosa*, Pers., Decand. En forme de petits points hypophylles bruns, arrondis, convexes, distincts, quelquefois réunis en taches irrégulières; sporidies brunes, courtement pédicellées, comme formées de deux globules sphériques, reculées. Cette espèce croit sous les feuilles du prunier cultivé et du prunelier (*prunus domestica* et *prunus spinosa*), dont il couvre quelquefois si bien la surface, qu'il ne reste plus rien de l'épiderme, ce qui le rend très-remarquable. (Lem.)

PUCE, *Pulex*. (*Entom.*) Genre d'insectes sans ailes ou de l'ordre des aptères, dont la tête et le corselet sont distincts et la bouche formée par un bec ou suçoir, par conséquent de la famille des parasites ou Rhinaptères.

Le caractère des insectes de ce genre (dont nous avons fait figurer deux espèces dans l'atlas de ce Dictionnaire, pl. 53, fig. 3, 4, 5) peut être exprimé comme il suit : Corps ovale, comprimé; tête petite, à antennes de quatre articles; six pattes, les postérieures beaucoup plus longues que les autres et propres au saut.

A l'aide de ces caractères il est facile, par la comparaison, de distinguer les puces de tous les autres insectes aptères. D'abord dans toutes les autres familles la bouche est garnie de mâchoires; ensuite les pattes, au nombre de six seulement, les éloignent des tiques ou ixodes, des smaridies et des sarcoptes, qui en ont huit; de plus, le développement des pattes postérieures, comparées à celles de devant, les sépare des poux et des leptes.

Quant à l'étymologie françoise, on peut reconnoître aisément qu'elle vient du mot latin *pulicis*, génitif de *pulex*; mais, faut-il répéter, après Saint-Isidore, d'après Moufet, et peut-être d'après Pline, que ce dernier nom est lui-même une contraction des mots *pulvere extractus*, né de la poussière? Cette étymologie paroîtroit aussi bizarre ou aussi ridicule que celle qu'on attribue au mot *cadaver*, formé des initiales des trois mots *caro data vermibus*. Il paroît que les Grecs désignoient cet insecte sous le nom de ψυλλος; c'est même de là que vient le nom de psyllion, pour indiquer tantôt des plantes que l'on employoit pour chasser les puces, et tantôt celles dont les semences lisses, noires et petites, ressembloient à des puces. En espagnol le nom est *pulga*, en italien *pulce* ou *pulice*, en anglois *flea*, en allemand *floh*.

Les puces, considérées sous le point de vue de la classification ou de l'ordre naturel dans lequel on doit les faire entrer, présentent une sorte d'anomalie intéressante pour la science. Quoique privées d'ailes, elles s'éloignent de tous les aptères par les métamorphoses qu'elles subissent, ainsi que nous le verrons dans le courant de cet article, et sous ce rapport elles n'ont d'analogie qu'avec les larves de quelques tipules; mais celles-ci, et les hydromyies en général, ont une bouche tout autrement organisée. Les puces, sous l'état parfait, ont une sorte de bec ou de rostre conformé à peu près comme celui des hémiptères; mais, dans les insectes qui appartiennent bien réellement à cet ordre des hémiptères, abstraction faite de la non-valeur du nom sous lequel on le désigne, puisque les ailes varient pour la consistance et même la présence, il n'y a qu'une métamorphose incomplète, l'insecte sortant de l'œuf avec la forme qu'il doit à peu près conserver pendant le reste de son existence, à l'exception du genre Aleyrode.

L'histoire de la puce commune est maintenant bien connue; en 1682, Ant. de Leuwenhœck fit des observations sur le développement des puces, qu'il adressa, dix ans après, à la Société royale de Londres, et qui font le sujet de sa soixante-seizième épître, et Vallisnieri, en 1711, dans une lettre adressée à Jean-Baptiste Andriani, a décrit aussi les métamorphoses de ces insectes.

C'est d'après ces auteurs et d'après des observations que j'ai eu occasion de répéter moi-même, avec mon ami, M. Defrance, qui en a consigné le résultat dans le cahier du mois d'Avril 1824, des Annales d'histoire naturelle de Paris, que je vais en retracer rapidement l'histoire.

Je ne décrirai pas les formes de la puce commune, l'inspection de la planche de l'atlas de ce Dictionnaire, n.° 53, en donnera une idée très-exacte; mais il est des détails que la figure ne peut pas présenter et qui sont importans à indiquer. Ainsi, la tête, vue de profil, ressemble un peu à celle d'un cheval : en devant elle est arrondie, déprimée de droite à gauche, munie de deux yeux arrondis et saillans; les antennes, dirigées en avant, semblent partir du même point en dessus et presque à l'origine du bec, elles sont courtes, de quatre articles; le bec est en tube articulé, contenant trois soies, et protégé latéralement par deux écailles mobiles et en triangle. Cette bouche peut se cacher entre les hanches des pattes antérieures, qui sont dirigées dans le sens de la tête. Tous les anneaux du corps sont garnis d'épines mobiles, disposées en verticilles. Comme les hanches de toutes les pattes sont très-développées, celles-ci semblent formées de quatre parties; les jambes et les tarses, qui ont tous cinq articles, sont très-épineux; les pattes postérieures sont d'un tiers plus longues que celles de devant (pl. 55, fig. 3, *b*).

Les mâles sont souvent quatre fois plus petits que les femelles ; leur réunion se fait par une application réciproque de la partie inférieure de leur abdomen, et le mâle se trouve ainsi renversé entre les pattes de la femelle, qui le supporte et le transporte dans les sauts qu'elle est obligée de faire pour se soustraire aux dangers qui peuvent la menacer.

Les femelles, d'après les observations de Roësel, pondent une douzaine d'œufs : on en trouve en effet à peu près ce nombre dans le corps des grosses femelles ; mais pondent-elles à plusieurs époques? c'est ce qui n'a pas été dit encore. Ces œufs sont arrondis, un peu alongés et de même grosseur aux deux extrémités. A peine sont-ils sortis du corps de leur mère, qu'ils sont lisses, polis, et non visqueux comme on l'a dit. Ils roulent alors, et ils tombent de manière à glisser dans les plus petites cavités et dans tous les intervalles des places où les animaux mammifères ont l'habitude d'aller se coucher, et c'est là en effet que ces œufs éclosent et qu'il faut les aller chercher. En secouant ainsi les coussins sur lesquels les chats et les chiens vont dormir ordinairement, on est à peu près assuré, au moins pendant l'été, d'en faire tomber des œufs et des larves de puces.

Ces larves sont des petits vers apodes, arrondis, très-alongés et excessivement agiles ou remuans. Leur corps est formé de treize segmens, dont les anneaux sont assez distincts; à l'une des extrémités est la tête, que l'on distingue parce qu'elle est cornée et qu'elle est munie de deux rudimens d'antennes à deux articulations. On y voit aussi deux autres appendices, qui sont probablement des palpes ou les organes destinés à filer; à l'autre bout le corps de la larve se termine par deux crochets aplatis qui servent de points d'appui dans l'espèce de marche que l'insecte exécute quelquefois d'une manière régulière : quoique doué d'une grande vivacité, il se contourne et rampe, se tortille à la manière des anguilles. Quand ces larves sont à jeun, ou qu'il y a quelques heures qu'elles n'ont pris aucune nourriture, leur corps est blanchâtre et transparent; mais, comme la matière dont elles se nourrissent, et qui paroît être du sang desséché, devient apparente à cause de la diaphanéité de leur corps, alors l'insecte est lui-même beaucoup plus facile à suivre dans ses mouvemens.

C'est à l'adroit et patient observateur, M. Defrance, que l'on doit la connoissance du genre de nourriture des larves de puce. On croyoit auparavant que, sous ce premier état, les puces suçoient le sang des pigeons et les crêtes des gallinacés; voici comme il a fait connoître cette particularité. « Avec « les œufs des puces on trouve des grains noirs, lisses et pres- « que aussi roulans qu'eux. Cette matière provient du qua- « drupède qui servoit à nourrir l'insecte mère. On regardoit « ces petits grains comme les excrémens, les *chiures*, des « puces; mais il y a bien des raisons de douter qu'ils aient « cette origine : c'est du sang desséché et qui reprend tous « ses caractères si on lui restitue ceux qu'il a perdus: si c'étoit « des excrémens ou des matières digérées, ils auroient une « forme régulière, ils seroient calibrés; au contraire, leur « grosseur est telle qu'ils n'auroient pu sortir par un conduit « aussi grêle qu'on doit supposer l'être l'extrémité du tube « digestif d'un aussi petit insecte. Ces grains affectent diffé- « rentes formes : les uns sont irrégulièrement arrondis ; mais « le plus souvent ils sont cylindriques et luisans. Quelques- « uns sont contournés sur eux-mêmes et discoïdes...... Il « reste à découvrir et à expliquer comment ce sang desséché « peut se présenter pour la nourriture des larves, sans pro- « venir du corps des puces. Je hazarderai une conjecture, c'est « que dans certains cas les puces, et peut-être les femelles « exclusivement, auroient la faculté d'ouvrir la peau pour se « nourrir du sang qu'elles y peuvent pomper; mais encore, « d'y faire, comme les sangsues, une blessure qui le laisseroit « s'écouler pendant quelque temps. Ce sang fluide, en sortant « de la peau, se dessécheroit promptement à cause de la cha- « leur de l'animal, et ce seroit la cause de la forme de ces « grains, qui sont contournés sur eux-mêmes. »

A l'époque des grandes chaleurs, les larves des puces ne conservent cette forme, lorsque la nourriture ne leur manque pas, que pendant une quinzaine de jours. Lorsqu'elles ont acquis tout leur développement, elles se filent une coque, qu'elles fixent à quelque corps solide et qu'elles masquent, en y faisant adhérer des particules des corps ou des poussières environnantes: mais elles ont soin de jeûner avant de se livrer à cette opération, et elles évacuent de leur corps toutes les matières qui restoient dans leurs intestins : elles sont alors transparentes. La soie qu'elles filent est d'une ténuité extrême, d'un tissu serré ; mais qui laisse cependant apercevoir, comme à travers une gaze, la métamorphose de l'insecte. La nymphe est semblable, pour la forme, à celle des hyménoptères, des névroptères et des coléoptères, c'est-à-dire que les membres et la configuration générale sont ceux de l'insecte parfait ; mais dans une sorte de contracture, non semblable à celle des diptères ou des lépidoptères. Cette larve est immobile ou non motile, ce en quoi elle se distingue de celle des orthoptères et des hémiptères. En été la puce ne conserve cette forme de nymphe que pendant une quinzaine de jours ; mais il paroît qu'en hiver beaucoup d'individus restent avec cette apparence jusqu'au printemps.

Les puces attaquent un grand nombre d'animaux, mais principalement les quadrupèdes carnassiers et les rongeurs. Nous en avons trouvé sur les hérissons, sur la taupe, sur les musaraignes ; elles sont surtout très-communes sur les diverses espèces de chiens et de chats. Vivroient-elles sur les chevaux ? Je serois porté à le croire, car il m'est très-souvent arrivé, en Espagne, où l'on ne donne pas d'autre litière à ces animaux que de la paille hachée, de sortir des écuries avec les bas couverts d'une innombrable quantité de puces. Il paroîtroit d'ailleurs que ces puces diffèrent les unes des autres, et qu'elles ne sucent pas indifféremment le sang de telle ou telle espèce.

Parmi les hommes il est des individus que ces insectes semblent fuir, tandis qu'ils paroissent en attaquer d'autres. Quelques-uns en éprouvent des ampoules et des irritations extrêmes, tandis que d'autres semblent être insensibles à ces piqûres, qu'ils ne découvrent que par la petite ecchymose que produit le plus ordinairement cette succion.

On n'a décrit exactement que deux espèces de ce genre ; mais, nous le répétons, il est à peu près prouvé qu'on a confondu, sous le nom de l'espèce la plus commune, un grand nombre d'autres.

1.° PUCE COMMUNE OU IRRITANTE, *Pulex irritans.*

Car. Elle se distingue par la brièveté de son bec, dont la pointe n'atteint pas en longueur les deux tiers des hanches antérieures.

Voyez pl. 53 de l'atlas de ce Dictionnaire, n.º 3, *a*.

C'est celle dont nous avons fait connoître l'histoire; l'espèce suivante est moins connue : c'est la Chique, Nigua, Nigue, Ninguas, Nigaus, ou

2.º La Puce pénétrante, *Pulex penetrans.*

Elle est figurée sur la planche citée de l'atlas de ce Dictionnaire, n.º 53 : le mâle, n.º 4 ; la femelle, dont le ventre est grossi par les œufs, n.º 5 ; la tête vue de face grossie, n.º 5 *a*, et un œuf grossi, n.º 5 *b*.

Car. Le bec est d'un tiers plus long que les hanches antérieures. Cette espèce, décrite par Sloane à la Jamaïque, par Marcgrave au Brésil, par Catesby à la Caroline, se trouve principalement dans l'Amérique méridionale : la femelle s'introduit sous la chair, principalement sous les ongles des orteils et vers le talon. Elle paroît attaquer spécialement les Nègres qui marchent pieds nus. Quand cette femelle est imprégnée, les œufs grossissent dans son abdomen et lui font acquérir un volume considérable, dont la présence détermine bientôt une grave inflammation et par suite des ulcères dangereux. On fait périr ces insectes avec des décoctions narcotiques, telles que celle du tabac et d'autres infusions de plantes âcres; on les extrait aussi mécaniquement à l'aide d'une petite opération. L'histoire de ces insectes est incomplétement connue; nous devons à la générosité de M. Turpin les individus mâle et femelle, qu'il a bien voulu faire dessiner sur la planche indiquée. (C. D.)

PUCE AQUATIQUE. (*Crust.*) Voyez les articles Daphnie, et Malacostracés, tome XXVIII, page 599. Ce nom a aussi été donné aux gyrins ou tourniquets. (Desm.)

PUCE DES FLEURS DE LA SCABIEUSE. (*Entom.*) Il est difficile de déterminer quel est l'insecte que désigne sous ce nom J. de Muralto, *Miscell. medico-physic.*, déc. 11, an. 1, pag. 138, obs. LV : il paroîtroit que ce seroit un puceron. (C. D.)

PUCE DE NEIGE. (*Entom.*) Ce sont probablement des Podures. (C. D.)

PUCE DE TERRE. (*Entom.*) Les jardiniers nomment ainsi les *altises*, dont plusieurs espèces attaquent les semis des plantes potagères et autres. (C. D.)

PUCELAGE. (*Bot.*) Ancien nom vulgaire de la petite pervenche. (L. D.)

PUCELAGE. (*Conchyl.*) Nom françois du genre *Cyprœa*, employé par Adanson et la plupart des conchyliologistes du dernier siècle, et qui a été remplacé par celui de porcelaine, qu'Adanson donnoit aux marginelles. (DE B.)

PUCELLE. (*Ichthyol.*) Dans les marchés de Paris, on donne ce nom à la feinte. sorte d'alose assez peu estimée. Voyez CLUPANODON et CLUPÉE. (H. C.)

PUCERON, *Aphis.* (*Entom.*) Genre d'insectes hémiptères, de la famille des plantisuges ou phytadelges, laquelle est caractérisée par la consistance semblable des ailes, qui sont toutes membraneuses, étendues, transparentes, non croisées; par le nombre des articles du tarse, qui n'est formé que de deux pièces, et par le bec qui paroît naître du cou. Les particularités qui désignent ensuite ce genre, sont les antennes, qui sont en fil, et les deux mamelons ou tuyaux excrétoires, qui dépassent l'abdomen.

A l'aide de ces caractères, ainsi qu'on peut s'en assurer par le tableau analytique que nous avons fait insérer à l'article PHYTADELGES, il est facile de distinguer les pucerons de tous les insectes de la même famille. Ainsi, les seules aleyrodes ont les ailes farineuses ou écailleuses, comme les lépidoptères; les chermès ont les antennes grosses et qui semblent faire partie, ou le prolongement, d'un crâne fourchu, et dans les psyles et les cochenilles l'abdomen se termine par deux longues soies, et non par des tuyaux courts en mamelons.

Le nom de puceron est évidemment tiré de celui de puce; nous présumons qu'il a été donné à ces insectes à cause de leur exiguité comparée et comme synonyme de petit insecte.

Réaumur critique ce nom, qui n'auroit dû être donné, ce lui semble, qu'à des insectes vifs, sautant avec agilité, comme les puces; tandis que nos pucerons sont des insectes très-tranquilles, qui ne marchent que rarement et dont la démarche, pour l'ordinaire, est lente et pesante. Les plus anciens auteurs les désignoient sous le nom de poux des arbres, *pediculi arborei*, ou sous celui de punaises à ailes transparentes. C'est probablement comme synonyme de *cimex* que Linnæus a emprunté du grec le mot *aphis*, ἀφίς, qui depuis a été adopté par tous les naturalistes. Ce nom leur convient d'ailleurs très-bien par son étymologie, qui indique un insecte suceur, le verbe αφυσμαι signifiant *je bois en suçant*, *haurio*. On avoit aussi désigné quelques espèces sous le nom de *ventriones*, parce qu'elles ont un gros ventre et qu'elles sucent constamment, et d'autres sous le nom de *mellomyce*, parce qu'elles fournissent une sorte de miel ou la MIELLÉE (voyez ce mot); c'est en particulier sous ce nom que les désignoit Jungius, en 1691.

L'histoire des insectes du genre Puceron offre un très-grand intérêt aux naturalistes sous le triple rapport de la conformation de leurs ailes, qui diffèrent de celles de la plupart des hémiptères; du mode de leur génération, qui offre un exemple presque unique d'une longue suite de générations de femelles sans accouplement; et, enfin de la sorte d'esclavage dans lequel beaucoup d'espèces sont tenues par les fourmis, qui en font leur possession, comme d'une sorte de bétail qui leur fournit leur nourriture principale (voyez l'article FOURMI dans ce Dictionnaire, tom. XVII, pag. 507 à 510); c'est d'ailleurs ce que nous aurons occasion de développer par la suite.

Leuwenhœck est le premier auteur qui a fait connoître, dès 1695, la structure des pucerons : cet observateur célèbre a d'abord reconnu qu'il devoit exister très-peu de mâles; que les femelles étoient vivipares, et que les petits pucerons sortoient de leur corps la tête la dernière, circonstance presque unique parmi les vivipares. Ces recherches curieuses, accompagnées de dessins fort exacts pour le temps, sont consignées dans sa quatre-vingt-dixième lettre insérée dans le premier volume des *Arcana naturæ*.

D'après une indication du grand Réaumur, Charles Bonnet, en 1740, fit une expérience sur un puceron isolé, sorti du corps de sa mère, pour décider si ce puceron se multiplieroit sans accouplement. Il le vit changer de peau ou muer quatre fois en onze jours; dans les vingt-un jours qui suivirent, il lui vit engendrer quatre-vingt-quinze petits pucerons, de chacun desquels il constata l'acte de naissance par heure, au moins pour le grand nombre; mais l'insecte observé d'abord ne put être suivi plus long-temps, l'auteur ayant fait une absence pendant laquelle ce puceron disparut. Beaucoup d'autres expériences du même genre sont consignées dans la première partie ou le premier volume de son Traité d'insectologie, publié en 1746 : pendant ce temps Degéer faisoit en Suède des observations analogues, et tous ces faits avoient été vérifiés et répétés par Lyonnet et Réaumur. Ce dernier auteur a calculé qu'un puceron pouvant produire 90 petits, si chacun donne à son tour 90, la seconde génération sera de 8,100 ; la troisième, multipliée par 90, sera de 729,000, la quatrième de 65,610,000, la cinquième de 5,904,900,000 : heureusement que ces insectes servent de pâture à un grand nombre d'autres espèces d'animaux. En 1825, M. Duvau, dans un mémoire lu à l'Académie des sciences et inséré dans le tome XIII des Mémoires du Muséum, a aussi rapporté les mêmes faits; mais il a pu observer quelques individus pendant sept mois consécutifs, et obtenir onze générations successives, et suivre un individu provenant de la neuvième génération pendant quatre-vingt-un jours, depuis le 29 Septembre jusqu'au 19 Décembre. C'est donc un fait très-avéré que la propagation sans accouplement et que cet emboîtement des germes fécondés jusqu'à ce que les derniers individus viennent à pondre des œufs, après un accouplement préalable, comme l'a observé Lyonnet en 1742.

Les pucerons sont des petits insectes très-lents dans leurs mouvemens, et que l'on trouve le plus souvent réunis en grand nombre sur les tiges et les feuilles des végétaux, dont ils sucent la séve. Beaucoup sont et restent constamment privés d'ailes; d'autres en ont des rudimens ou des moignons qui semblent indiquer une sorte d'état de larves. Quelques autres sont ailés, mais leurs ailes sont transparentes et à nervures excessivement déliées. Les pucerons sans ailes ressemblent tout-à-fait à ceux qui en portent. On peut prendre une idée exacte de la configuration des pucerons, en jetant un coup d'œil sur la planche 39 de l'atlas joint à ce Dictionnaire, où nous avons fait représenter l'espèce qui vit sur le rosier, tant sous la forme de larve que sous celle d'insecte parfait, et celui-ci est un mâle observé dans les derniers jours de l'automne. La tête de ces insectes n'est pas toujours fort distincte des parties qui correspondent au corselet : elle est arrondie et porte deux yeux lisses; on y distingue le suçoir ou le bec, qui souvent, quand l'insecte marche, est couché sous le ventre, et qui, dans plusieurs espèces, égale et quelquefois dépasse la longueur du corps. Cette sorte de trompe peut se dresser et se porter en avant : c'est par ce canal que l'insecte pompe sa nourriture ; car il est armé d'une pointe acérée, qu'il peut enfoncer sous l'épiderme des végétaux. Tous les pucerons ont la tête munie de deux longues antennes de six à sept articles, qui sont le plus souvent dirigées en arrière.

L'une des particularités les plus curieuses des espèces de ce genre sont les cornes ou mamelons, que tous les individus présentent dans un état d'alongement, qui varie pour chaque espèce. Ce sont des canaux excrétoires, que Leuwenhœck a bien observés, et dont il a vu sortir une gouttelette arrondie d'une liqueur transparente, qui fut pour lui l'effet d'une lentille de microscope, comme nous allons le rappeler par ce passage de sa lettre : « *Magnam mihi voluptatem præ-* « *buit guttula hujus liquoris spectaculum, quia ubi hæc guttula in* « *aliquà a microscopio distantià erat locata, ex alterius microsce-* « *pii explebat vices, etenim objecta ut domus, turris, etc.; per* « *eam inversa, eaque adeo exigua et nitida apparebant, ut multis* « *certa incredibile sit futurum.* » Cette liqueur miellée est une sécrétion de l'insecte, dont les fourmis sont fort avides et qui devient un des motifs qui appellent constamment ces derniers insectes sur les plantes où les pucerons se trouvent toujours en familles ou en colonies ; car alors ce sont pour les fourmis un véritable troupeau, et, comme le dit Linnæus, *aphides formicarum vaccæ.*

Les pucerons varient considérablement pour la couleur : beaucoup sont de couleur verte ou transparens, mais colorés par la matière verte des végétaux que MM. Pelletier et Caventou ont nommée chlorophylle ; tels sont ceux de l'érable, du rosier ; ceux du sureau, de la féve des marais, sont noirs ; ceux de l'absinthe, de la tanaisie, de la laitue, sont bronzés ; il y en a de bigarrés de vert et de noir : tels sont ceux du saule, du bouleau.

La présence des pucerons sur les feuilles, sur leur pétiole, sur les pédoncules des fleurs, y détermine souvent des sortes de monstruosités. L'extrémité des branches des groseillers et même des saules se termine souvent par des bouquets de feuilles recoquillées, au-dessous desquelles on trouve des pucerons. Les pétioles et les jeunes pousses du tilleul se roulent en spirale, parce que des lignes de pucerons se sont rangées d'un même côté, et que toutes les petites plaies ont forcé la tige à se courber de manière que la partie concave reçoit les pucerons, ce qui les garantit de l'action trop vive de la lumière, de la chaleur atmosphérique, de la pluie, du vent et des autres circonstances qui leur seroient nuisibles. Les altérations les plus remarquables que produisent certaines espèces de pucerons sur les feuilles et sur les pétioles, sont celles qui se voient sur les feuilles des ormes et qui prennent l'apparence de vessies de diverses grosseurs, dont quelques-unes atteignent jusqu'à celle des noix, comme nous l'indiquerons ci-après; il s'en forme de semblables sur les pistachiers, les térébinthes, les lentisques; d'autres vivent dans des tubérosités, dont ils déterminent la formation sur les bords des feuilles ou sur les pétioles de diverses espèces de peuplier, d'aune, de saule. Il en est dont le corps, couvert d'une sorte de duvet cotonneux, se trouve ainsi abrité et garnit le dessous des feuilles du hêtre ou qui se rencontre sur les tiges et les pétioles de quelques renoncules; d'autres se développent et se nourrissent uniquement sur les racines de diverses plantes. On ne connoît pas encore toutes les ressources que la nature a employées pour la conservation des nombreuses espèces qui constituent ce genre.

Les pucerons ont beaucoup d'ennemis : certaines espèces d'insectes et de larves s'en nourrissent uniquement, parce qu'ils peuvent les sucer, les dévorer, sans éprouver la moindre résistance; telles sont en particulier les larves de la plupart des espèces d'HÉMÉROBES, de quelques SYRPHES, tels que ceux du groseiller, du poirier sauvage; telles sont aussi les nombreuses espèces du genre des COCCINELLES. Nous ne ferons pas connoître les manéges de ces différens ennemis, ayant déjà exposé leur histoire dans chacun des articles qui concernent ces trois genres.

Le genre des Pucerons comprend un très-grand nombre d'espèces, comme nous l'avons dit; les principales sont les suivantes :

1.° Le PUCERON DU GROSEILLER, *Aphis ribis.*

Il a été décrit par Réaumur, tome III de ses Mémoires, et figuré planche 22, fig. 7 jusqu'à 10.

Car. Petit, d'un vert brun, côtés de l'abdomen à points noirs; pattes vertes; angles des genoux noirâtres, plus élevés que l'abdomen dans le repos; ailes transparentes, à veines noires.

Cette espèce produit à l'extrémité des tiges des groseillers rouges une sorte de monstruosité qui arrête la séve et rend les feuilles monstrueuses, concaves; l'insecte vit à l'abri sous cette sorte de toit : les fourmis les recherchent beaucoup.

2. Le Puceron de l'orme, *Aphis ulmi.*

Geoffroy en a donné une figure médiocre, tome 1, pl. 10, fig. 3.

Car. Petit, brunâtre, couvert d'une sorte de poussière glauque; ailes transparentes, deux fois plus longues que le corps.

Il se trouve dans les galles vésiculeuses de l'orme champêtre.

Réaumur a très-bien fait connoître cette sorte de monstruosité végétale, produite par la piqûre de l'insecte, et qui tient à la feuille, quelquefois tout-à-fait dégénérée, au moyen d'un pédicule très-mince. Un premier puceron femelle a donné lieu à cette vésicule, mais il y produit beaucoup d'autres pucerons, et tous sont ainsi à l'abri. L'eau miellée qui sort de leurs mamelons, forme des gouttelettes enveloppées de la même poussière glauque qui préserve le corps des insectes de la macération dans l'humidité. Les bourses de ces sortes de poches à insectes ne s'ouvrent que lorsque les pucerons doivent en sortir.

3. Le Puceron du sureau, *A. sambuci.*

Car. D'un noir mat bleuâtre.

Il se trouve en familles nombreuses, couvrant entièrement les jeunes tiges du sureau noir et du sureau à grappes. Réaumur en a suivi le développement, tome 3, et a figuré la disposition, pl. 21, depuis le n.° 5 jusqu'à 15. Bonnet a aussi donné une figure de l'insecte et a décrit ses mœurs dans sa troisième observation.

4. Le Puceron du rosier, *A. rosæ.*

C'est celui qui a été figuré dans l'atlas de ce Dictionnaire.

Car. Vert, antennes noirâtres, de la longueur du corps, mamelons verts, alongés.

Réaumur l'a aussi figuré, tome 3, pl. 21 à 24.

5. Le Puceron a bourses, *A. bursaria.*

C'est le puceron du peuplier noir de Geoffroy, n.° 11.

Car. Dans les excroissances qui se développent sur les feuilles ou sur les pétioles du peuplier noir. Il y est couvert d'un duvet cotonneux. Réaumur a figuré et décrit ces sortes de galles, pl. 26 à 28 du tome 3 de ses Mémoires.

6. Le Puceron du hêtre, *A. fagi.*

Les principales espèces se trouvent sur les arbres dont ils ont reçu le nom, telles sont celles du bouleau, du chêne, du pin, du saule, du tremble, de l'érable, du pommier, de la viorne, du frêne, de la vigne, du fusain, du cornouiller, etc.

D'autres se trouvent sur des plantes herbacées, vivaces ou annuelles; telles sont celles du pavot, du lychnis, du chou, du panais, de la livèche, de la laitue, du laiteron, du chardon, de la tanaisie, de la mille-feuille, de l'ortie, du roseau, de l'avoine, du plantain, de la tubéreuse, etc. (C. D.)

PUCERON AQUATIQUE, PUCERON BRANCHU. (*Crust.*) Les entomostracés du genre Daphnie ont été ainsi appelés. (Desm.)

PUCERON FAUX. (*Entom.*) Voyez Psylle. (C. D.)

PUCHAMCAS. (*Bot.*) Suivant Bomare, on nomme ainsi, dans la Virginie, un néflier, qui est le *mespilus crus galli.* (J.)

PUCHICANGO. (*Bot.*) Nom d'un roseau, *arundo nitida*, de la Flore équinoxiale, dans la province de *Los Pastos* en Amérique. (J.)

PUCHO. (*Bot.*) Nom malais, cité dans le Recueil des voyages par Théodore de Bry, d'une plante nommée aussi *costus indicus*, et dont C. Bauhin fait mention à la suite du *costus* de Dioscoride, *costus arabicus* de Linnæus. Le cachou est aussi nommé *pucho* dans la province de Malacca, suivant Garcias, cité par Clusius. (J.)

PUCIÈRE. (*Bot.*) Nom vulgaire d'un plantain, *plantago psillium.* (L. D.)

PUCKI-ANDJING. (*Bot.*) Nom malais, suivant Rumph, du *cynometra cauliflora*, genre de plante légumineuse. (J.)

PUDDIGHINA DE MALTA. (*Ornith.*) Ce nom est donné, en Sardaigne, au rale d'eau, *rallus aquaticus*, Linn. (Ch. D.)

PUDENDUM MARIS. (*Échinod.*) Nom que les naturalistes

du seizième siècle, qui ont écrit en latin, ont presque constamment employé pour désigner les holothuries. (De B.)

PUDIANO VERDE. (*Ichthyol.*) Au Brésil, les colons donnent ce nom à un poisson de mer, bon à manger et remarquable par sa couleur. Il est difficile de le classer en raison
du peu de renseignemens que l'on a sur son compte. (H. C.)

PUDIANO VERMELHO. (*Ichthyol.*) Un des noms portugais du *bodian* de Bloch. (H. C.)

PUDIS. (*Bot.*) Nom languedocien, selon Gouan, du térébinthe, *pistacia terebinthus*. Selon Daléchamps il est donné,
dans les environs d'Arles, à l'*anagyris*, et dans la Franche-
Comté au putier, *cerasus padus*. (J.)

PUDU. (*Mamm.*) Molina dit que c'est un ruminant du
Chili, de la taille d'un chevreau de six mois, dont la couleur est obscure, qui n'a pas de barbe au menton, et dont les
cornes sont rondes et lisses. Il vit dans les montagnes et descend dans les vallées à l'époque de la chute des neiges. Il
est facile à prendre et à apprivoiser.

M. de Blainville a rapporté ce quadrupède au genre des
Antilopes, à cause de la forme de ses cornes, dépourvues
des rides et des bourrelets, qu'on trouve constamment sur
celles des moutons et des chèvres, qui sont anguleuses.
(Desm.)

PUERARIA. (*Bot.*) Genre de plantes dicotylédones, à
fleurs complètes, papilionacées, de la famille des *légumineuses*, de la *diadelphie décandrie* de Linnæus, offrant pour
caractère essentiel : Un calice campanulé, presque à deux
lèvres ; la supérieure entière ou à peine bidentée ; l'inférieure
trifide ; une corolle papilionacée ; la carène droite, obtuse ;
l'étendard en ovale renversé ; les étamines diadelphes ; une
gousse plane, comprimée, rétrécie en pédicelle à sa base,
mucronée par le style, à deux valves non interrompues, à
plusieurs semences.

Ce genre, plus rapproché des *Phaseolus* que des *Hedysarum*,
renferme des arbrisseaux grimpans, originaires des Indes,
garnis de feuilles à trois folioles amples, pédicellées, ovales,
aiguës, nerveuses, réticulées, accompagnées à leur base de
petites stipules ; d'autres caduques à la base du pédoncule
commun. Les fleurs sont jaunâtres, pédicellées, disposées en

grappes ramifiées. M. De Candolle, auteur de ce genre, qu'il dédie au botaniste Puerari, y rapporte le *Pueraria Wallichii*, dont les feuilles sont glabres en dessus, pubescentes en dessous, ainsi que sur les pédicelles et les calices. Les fleurs sont disposées en grappes longues de trois ou quatre pouces. Cette espèce a été communiquée par Wallich, recueillie dans les Indes. Il faut y ajouter l'espèce suivante.

Pueraria tubéreuse : *Pueraria tuberosa*, Decand., Ann. des sc. nat., vol. 4, pag. 97 ; *Hedysarum tuberosum*, Roxb., et Encycl., n.° 86. Arbrisseau dont la tige est divisée en rameaux souples, ligneux, grimpans, garnis de feuilles alternes, portées sur de longs pétioles, composées de trois folioles ovales, longues d'environ trois pouces, assez larges, aiguës au sommet, soyeuses à leurs deux faces dans leur jeunesse, luisantes en dessous. Dans leur entier développement elles sont roides, presque glabres en dessus, un peu soyeuses à leur face inférieure. Les fleurs sont disposées en grappes terminales, très-simples, longues d'un pied et demi ou deux pieds. Les pédoncules partiels sont presque réunis deux à deux, velus et soyeux, ainsi que le pédoncule commun. Les calices sont velus, chargés de poils soyeux ; les corolles inclinées ; les gousses sinuées et velues dans leur jeunesse. Cette plante croît dans les Indes orientales. (Poir.)

PUERCO et PUERCA. (*Mamm.*) Noms espagnols du porc et de la truie. (Desm.)

PUERCO-EPINO. (*Mamm.*) Nom italien du porc-épic. (F. C.)

PUETTE. (*Bot.*) Dans quelques cantons on donne vulgairement ce nom à la passerage. (L. D.)

PUFFIN. (*Ornith.*) Brisson, et d'après lui plusieurs ornithologistes, ont séparé des pétrels proprement dits, *procellaria*, les puffins, *puffinus*, dont les deux mandibules se recourbent vers le bas, et dont les narines s'ouvrent par deux trous distincts. Le mot *puffin* est aussi le nom anglois du macareux, *alca artica*, Linn. (Ch. D.)

PUGILINE. (*Conchyl.*) M. Schumacher, dans son Nouveau système de conchyliologie, établit sous ce nom une coupe générique avec le *Murex morio* de Linné, dont M. de Lamarck fait une espèce de fuseau. Voyez Fuseau. (De B.)

PUGIO. (*Bot.*) Ce nom latin, qui signifie poignard, est

cité par Adanson comme un ancien synonyme latin du glayeul, *gladiolus*. Césalpin le cite également. (J.)

PUGIONIUM. (*Bot.*) Genre de plantes dicotylédones polypétales, de la famille des crucifères, de la tétradynamie siliculeuse, voisin du *bunias*, dont il faisoit même partie, et caractérisé par : Son calice court ; sa corolle à quatre pétales étroits, entiers, acuminés ; ses six étamines, dont deux plus courtes ; son ovaire supérieur biloculaire, couronné d'un style à stigmate simple, et sa silicule uniloculaire, membraneuse, comprimée transversalement, ovale, ayant à chacun de ses extrémités un long appendice ensiforme, muni de pointes latérales, divergentes. Cette silicule uniloculaire, à la maturité, renferme une graine recouverte d'un arille.

Le *Pugionium cornutum*, Gærtn. (Dec., Syst. vég.), seule espèce de ce genre, est le *bunias cornuta*, Linn. C'est une herbe remarquable par ses silicules semblables à des poignards ; ses feuilles sont linguiformes, à bord entier, et embrassent à moitié la tige. Les fleurs, blanches et petites, forment de petites grappes lâches et terminales. Cette plante croit en Orient, en Perse, en Sibérie, etc. (Lem.)

PUHACZ. (*Ornith.*) Nom polonois du grand-duc, *strix bubo*, Linn., qui est appelé *puhuy* en Silésie. (Ch. D.)

PUITAGA. (*Ornith.*) M. Vieillot dit, que les naturels du Paraguay donnent ce nom à son tyran Bentaveo. (Desm.)

PUKOON. (*Bot.*) Il est question dans le petit Recueil des voyages, d'une racine de ce nom, que les naturels de la Virginie employoient pour se peindre en rouge. (J.)

PUKSARNA. (*Bot.*) Nom du balisier, *canna*, à Ceilan. (J.)

PUKSHISK. (*Ornith.*) Nom que les naturels de la baie d'Hudson donnent à une bergeronette. (Ch. D.)

PUKTERALIK. (*Ornith.*) Un des noms groënlandois du goéland cendré ou bourgmestre de Martens, *larus glaucus*, Linn. (Ch. D.)

PUL. (*Bot.*) Voyez Parisatico. (J.)

PUL-COLLI. (*Bot.*) Nom malabare du *justicia nasuta* de Linnæus. (J.)

PULCHELLA. (*Ichthyol.*) Belon appelle ainsi le poisson, que dans les marchés on appelle Pucelle. Voyez ce mot. (H. C.)

PULCINO. (*Ornith.*) Nom du jeune coq en Italie. (Ch. D.)

PULE. (*Bot.*) Voyez Pala. (J.)

PULEGIUM. (*Bot.*) Ce nom latin, qui appartient spécialement au pouliot, espèce de menthe, avoit été aussi donné à un calament, *melissa nepeta*, et par Sloane à un *spermacoce*, genre d'une famille éloignée. (J.)

PULEX. (*Entom.*) Nom latin de la puce. (Desm.)

PULGERA. (*Bot.*) Voyez Potinçora. (J.)

PULI. (*Bot.*) Nom malabare du tamarin, suivant Garcias, cité par Clusius. (J.)

PULICAIRE, *Pulicaria*. (*Bot.*) Ce genre de plantes, établi en 1791 par Gærtner, appartient à l'ordre des synanthérées, à notre tribu naturelle des Inulées, et à la section des Inulées-Prototypes, dans laquelle nous l'avons placé entre le genre *Duchesnia*, maintenant nommé *Francœuria*, et le genre *Tubilium*. (Voyez notre Tableau des Inulées, tom. XXIII, p. 565.)

Les *Pulicaria dysenterica*, *arabica* et *vulgaris*, que nous avons observées, présentent les caractères génériques suivans :

Calathide radiée : disque multiflore, régulariflore, androgyniflore ; couronne continue, subunisériée, multiflore, liguliflore, féminiflore. Péricline subhémisphérique, un peu supérieur aux fleurs du disque ; formé de squames nombreuses, inégales, paucisériées, irrégulièrement imbriquées, appliquées, linéaires, subcoriaces, surmontées d'un appendice peu distinct, inappliqué, linéaire-subulé, foliacé ; les squames intérieures un peu membraneuses et presque inappendiculées. Clinanthe planiuscule, fovéolé, nu. Ovaires du disque et de la couronne oblongs, cylindriques, hispidules, portant une aigrette double : l'extérieure courte, stéphanoïde, continue, cupuliforme, membraneuse, dentée supérieurement ; l'intérieure longue, composée de squamellules peu nombreuses, unisériées, filiformes, un peu laminées, garnies sur les deux bords latéraux de barbellules très-petites et très-rapprochées. Corolles du disque à cinq divisions. Anthères pourvues de très-longs appendices basilaires. Corolles de la couronne à languette courte ou longue, tridentée au sommet.

Pulicaire dyssentérique : *Pulicaria dysenterica*, H. Cass. ; *Inula dysenterica*, Linn., *Sp. pl.*, pag. 1237. C'est une plante herbacée, à racine vivace et rampante, dont la tige, haute d'environ un pied et demi, est dressée, dure, cylindrique, velue, ramifiée supérieurement; ses feuilles inférieures sont oblongues-lancéolées; les autres sont embrassantes, cordiformes-oblongues, à peine denticulées, mais très-ondulées sur les bords, un peu velues et d'un vert pâle en dessus, blanchâtres et cotonneuses en dessous; les calathides, composées de fleurs jaunes, sont grandes, longuement radiées, solitaires au sommet de la tige et des rameaux, mais formant ensemble un corymbe. Cette plante, vulgairement nommée *herbe de Saint-Roch*, et qui a été employée contre la dyssenterie, est commune aux environs de Paris, dans les lieux humides, où elle fleurit en Juillet et Août; elle est un peu visqueuse et douée d'une forte odeur aromatique, acidule, que Smith compare à celle de la pêche.

PULICAIRE ARABIQUE : *Pulicaria arabica*, H. Cass.; *Inula arabica*, Linn., *Mant.*, 115. Plante odorante, à tiges longues d'un pied et demi, plus ou moins dressées ou étalées, très-rameuses, à rameaux très-longs, étalés, divergens, pubescens; les feuilles sont alternes, sessiles, semi-amplexicaules, oblongues, molles, très-pubescentes sur les deux faces, d'un vert pâle, recourbées, pliées en gouttière, point crépues ni ondulées, à base élargie et échancrée en cœur, à bords très-entiers; les calathides sont terminales, paniculées, larges d'environ quatre à cinq lignes, hautes de trois à quatre lignes, courtement radiées, composées de fleurs jaunes; au-dessous de chaque calathide terminale naissent un ou plusieurs rameaux latéraux, qui se terminent par des calathides plus tardives, et se ramifient ensuite de la même manière; l'ensemble de tout cela forme la panicule; le péricline, hérissé de longs poils blancs, est campanulé, un peu supérieur aux fleurs du disque, formé de squames nombreuses, inégales, plurisériées, imbriquées, linéaires-subulées, à partie inférieure appliquée, linéaire, subcoriace, à partie supérieure appendiciforme, inappliquée, mais dressée, subulée, foliacée; les corolles de la couronne ont le tube long, et la languette plus courte que le tube, oblongue, tridentée au sommet; les anthères ont de longs appendices basilaires membraneux, laciniés ou divisés en longs filets piliformes; l'aigrette extérieure est cupuliforme, dentée supérieurement; l'intérieure est composée de squamellules peu nombreuses, unisériées, distancées, filiformes, qui paroissent nues, c'est-à-dire non barbellulées, parce que les barbellules qui garnissent les bords sont réduites à des crénelures si peu saillantes, qu'elles ne sont visibles qu'à l'aide d'une très-forte loupe.

Nous avons fait cette description sur un individu vivant, cultivé au Jardin du Roi, où il fleurissoit en Août. Cette espèce, vivace par sa racine, et qui habite l'Arabie, nous semble exactement intermédiaire entre la *P. dysenterica* et la *P. vulgaris.*

Pulicaire commune : *Pulicaria vulgaris*, Gærtn., *De fruct. et sem. pl.*, vol. 2, pag. 461, tab. 173, fig. 7; *Inula pulicaria*, Linn., *Sp. pl.*, pag. 1238. La racine est annuelle, fusiforme, tortue, rameuse; la tige est très-ramifiée, un peu flexueuse, anguleuse, poilue, ordinairement dressée, quelquefois étalée; les feuilles sont éparses, presque amplexicaules, lancéolées-oblongues, ondulées, recourbées, poilues sur les deux faces, rarement denticulées; les calathides, composées de fleurs jaunes, sont hémisphériques, très-courtement radiées, solitaires, d'abord terminales, puis latérales par le progrès de la végétation; la couronne, ordinairement multiflore, est quelquefois (selon Smith) pauciflore ou même absolument nulle. Cette plante se trouve aux environs de Paris, dans les lieux où l'eau a séjourné durant l'hiver; elle fleurit en été.

Les pulicaires étoient confondues avec les Inules, dont elles se distinguent pourtant fort bien par la petite aigrette extérieure cupuliforme, qui n'existe point dans les vraies Inules. Gærtner, auteur du genre *Pulicaria*, l'a fort bien caractérisé, si ce n'est qu'il a dit les languettes de la couronne *très-entières*, ce qui est une erreur peu importante. Il rapportoit à ce genre quatre espèces, savoir, les *Inula pulicaria, dysenterica, oculus-christi*, et l'*Aster annuus*. Cette dernière attribution est une grave erreur, qui résulte de ce que le savant carpologiste avoit fort peu d'égards pour les affinités naturelles, comme le témoigne sa distribution extrêmement artificielle des Synanthérées, où l'on voit, par exemple, le genre *Pulicaria* placé fort loin de l'*Inula*, entre le *Bellium* et l'*Ursinia*. Elle résulte aussi de ce qu'il n'a donné aucune attention au très-important caractère fourni par les appendices basilaires des anthères, caractère qu'il croyoit ne pas même exister dans la plupart des vraies *Inula*. L'*Aster annuus* de Linné n'appartient point à la même tribu naturelle que les *Pulicaria*: c'est une Astérée voisine des *Stenactis*, et que nous avons nommée *Phalacroloma acutifolia*. (Voyez notre article PHALACROLOME, tom. XXXIX, pag. 404.)

L'*Inula arabica*, que Gærtner ne paroît pas avoir examinée, doit, d'après nos observations, être associée aux *Inula pulicaria* et *dysenterica*. Il en seroit de même de l'*Inula britanica*, s'il faut en croire M. Mérat, qui désigne l'aigrette extérieure par le nom d'appendice; mais cette plante, que nous avons soigneusement observée, ne nous a jamais offert l'aigrette extérieure des *Pulicaria*. (Voyez tom. XXIII, pag. 551.)

Quant à l'*Inula oculus-christi*, indiquée par Gærtner, il faut remarquer que ce nom a été appliqué à trois espèces différentes, qui sont la véritable *Inula oculus-christi* de Linné, l'*Inula helenioides* de M. De Candolle (Fl. fr., tom. 5, p. 470), et l'*Inula suaveolens* d'Aiton. Cette dernière, nommée *oculus-christi* par M. de Lamarck, dans l'Encyclopédie, est la seule que nous ayons vue, et elle n'appartient certainement pas au *Pulicaria*, car elle n'a point la petite aigrette extérieure propre à ce genre. C'est une véritable *Inula*, tellement analogue à la *Conyza squarrosa*, que nous serions presque tenté de croire qu'elle n'en est qu'une variété, distinguée seulement par sa calathide radiée, au lieu d'être discoïde, ce qui résulte de ce que les fleurs femelles de la couronne se sont alongées en languettes. L'odeur de notre plante est à peu près la même que celle de la *Conyza squarrosa*. La calathide est radiée, composée d'un disque multiflore, régulariflore, androgyniflore, et d'une couronne subunisériée, liguliflore, féminiflore. Le péricline, égal aux fleurs du disque et subcampanulé, est formé de squames régulièrement imbriquées, appliquées, oblongues, coriaces, surmontées d'un appendice bien distinct, étalé, ovale, presque acuminé, foliacé. Le clinanthe est planiuscule et nu. Les ovaires du disque et de la couronne sont oblongs, cylindriques, hispides, et portent une longue aigrette (point double), composée de squamellules filiformes, barbellulées. Les anthères ont de longs appendices basilaires, laciniés à peu près comme ceux de la *Pulicaria arabica*. Les corolles de la couronne ont le tube long , et la languette oblongue , tridentée au sommet. La calathide que nous avons analysée avoit le clinanthe comme squamellé sur les bords . parce que quelques squames intérieures du péricline se trouvoient en dedans des fleurs de la couronne ou entremêlés avec elles; mais ce n'est sans doute qu'une anomalie accidentelle.

Nous venons d'exposer les caractères génériques de l'*Inula suaveolens*, afin que nos lecteurs puissent les comparer avec les caractères du genre *Conyza* et avec ceux du genre *Inula*. tels que nous les avons décrits dans ce Dictionnaire (tom. X , pag. 3o5 ; tom. XXIII , pag. 55o). Cette comparaison les convaincra de l'extrême affinité qui existe entre le vrai genre *Conyza* et le genre *Inula*; affinité importante à établir, que nous avons indiquée depuis long-temps, que M. Brown a reconnue après nous, et qui est surtout bien manifeste dans l'*Inula candida* (tom. XXIII, pag. 554 et 558), qui peut se rapporter également bien à l'un ou à l'autre genre.

Le genre *Pulicaria* diffère du *Francœuria* (tom. XXXVIII , p. 375) par la structure de l'aigrette, et du *Tubilium* par les corolles de la couronne. Il se distingue du *Jasonia* (t. XXIV, pag. 200; tom. XXXIX, pag. 407) principalement par l'aigrette extérieure, formée d'une seule pièce dentée supérieurement, mais non divisée jusqu'à sa base en plusieurs squamellules distinctes. (H. Cass.)

PULICAIRE. (*Bot.*) Nom vulgaire d'un plantain. (L. D.)

PULICARIA. (*Bot.*) C. Bauhin citoit ce nom comme synonyme d'une de ses conyzes, qui est l'*inula pulicaria*. Voyez Pulicaire, p. 95. (J.)

PULICARIS. (*Bot.*) Nom latin, donné par Daléchamps à l'herbe aux puces, *psyllium* de Dioscoride et de Tournefort, réunie par Linnæus au *plantago*, séparée de nouveau par nous et par Gærtner, et désignée maintenant sous le nom françois *pulicaire*. (J.)

PULIGA. (*Ornith.*) Nom que la foulque, *fulica atra, aterrima, œthiops*, Linn., porte en Sardaigne. (Ch. D.)

PULINA. (*Bot.*) Adanson, auteur de ce genre de plantes cryptogames, de la famille des *byssus*, y place une partie des byssus *pulverulens* de Linnæus, qui depuis sont rentrés dans le genre *Lepraria* d'Acharius, ou *Lecidea* du même auteur.

44.

parce que, mieux étudiés, ils ont offert la structure des lichens. Adanson caractérise ainsi son genre : Poussière mucide ou aqueuse, se desséchant promptement à l'air en une substance spongieuse, composée de lamelles ou de globules fendus en deux ou quatre, distincts, mais ramassés en lames ou grumeaux. Il donne pour exemple les lichens de Michéli, *Gen.*, pl. 55, fig. 3 et 4, dont la première est la base crustacée non scutellifère du *lecidea alba*, Ach., *Syn.*, et la seconde le *lepra farinosa*, Ach. Adanson cite encore Dill., *Hist. musc.*, pl. 1, fig. 5-5, c'est-à-dire le *lecidea alba* et les *lepraria incana, botryoides*, Ach., *Prod.*, etc. (Lem.)

PULLIPUTU. (*Bot.*) Voyez Homero. (J.)

PULLI-SCHOVADI. (*Bot.*) Nom malabare de l'*ipomœa pes tigridis* de Linnæus. (J.)

PULLON. (*Ornith.*) Nom qu'on donne à la foulque sur le lac Majeur. (Ch. D.)

PULMOBRANCHES, *Pulmobranchiata*. (*Malacoz.*) Dénomination qui veut dire des animaux pourvus de branchies disposées en poumons, c'est-à-dire tapissant l'intérieur d'une cavité dans toute son étendue, et employé par M. de Blainville, dans son Système de malacologie, pour désigner le même groupe que M. Cuvier nomme pulmonés. Il y établit trois familles : les Limnacés, comprenant les genres Limnée, Physe et Planorbe; les Auriculacés, pour les genres Piétin, Tornatelle, Conovule, Scarabe, Carychium, Auricule et Pyramidelle; les Limacinés, pour les genres Ambrette, Bulime, Agathine, Clausilie, Maillot, Tomogère, Hélice, Vitrine, Testacelle, Parmacelle, Limacelle, Limace et Onchidie. Voyez chacun de ces mots et Mollusques. (De B.)

PULMONAIRE. (*Anat. et Phys.*) Voyez Respiration. (F.)

PULMONAIRE; *Pulmonaria*, Linn. (*Bot.*) Genre de plantes dicotylédones monopétales, de la famille des *borraginées*, Juss., et de la *pentandrie monogynie*, Linn., dont les principaux caractères sont d'avoir : Un calice monophylle, campanulé, à cinq angles et à cinq dents; une corolle monopétale, infundibuliforme, ayant l'entrée de son tube nue, et son limbe découpé en cinq lobes réguliers, peu évasés; cinq étamines à filamens courts, insérés au-dessous de l'orifice du tube; un ovaire supère, à quatre lobes, surmonté d'un seul style à stigmate obtus et échancré ; quatre graines lisses, placées au fond du calice persistant.

Les pulmonaires sont des plantes herbacées ou plus rarement des arbustes, dont les feuilles sont alternes, entières, et dont les fleurs sont disposées au sommet des tiges en grappes unilatérales et quelquefois en corymbe. On en connoît une douzaine d'espèces.

Le nom françois pulmonaire vient du latin *pulmonaria*, qui lui-même dérive de *pulmo*, poumon, et il a été donné aux plantes de ce genre, parce qu'on leur a attribué pour propriétés essentielles la vertu de remédier aux maladies du poumon.

Pulmonaire officinale : *Pulmonaria officinalis*, Linn., *Sp.*, 194 ; *Fl. Dan.*, t. 482. Sa racine est fibreuse, vivace ; elle produit une ou plusieurs tiges herbacées, simples, redressées, hautes de six pouces à un pied. Ses feuilles radicales sont ovales, aiguës, un peu en cœur à leur base, hérissées de poils, portées sur d'assez longs pétioles ; les caulinaires sont ovales-lancéolées, et les unes et les autres d'un vert foncé, ordinairement parsemées de taches blanchâtres. Ses fleurs sont bleues ou rougeâtres, quelquefois blanches, pédonculées, disposées au sommet des *tiges* en une sorte de corymbe, qui, à mesure que la floraison avance, s'alonge en une grappe bifurquée et même un peu rameuse. Cette plante croît en France et dans le Nord de l'Europe, dans les bois, où elle fleurit au commencement du printemps.

Pulmonaire a feuilles étroites : *Pulmonaria angustifolia*, Linn., *Sp.*, 194 ; *Fl. Dan.*, 483. Cette espèce diffère de la précédente par ses feuilles radicales, lancéolées et jamais ovales-cordiformes ; celles de la tige sont aussi sensiblement plus étroites. Elle fleurit en Avril et Mai, et souvent dès le mois de Mars. Elle est très-commune dans les bois.

Les feuilles de ces deux plantes, qu'on a souvent confondues et prises l'une pour l'autre, passoient autrefois pour pectorales et adoucissantes ; on les employoit dans le crachement de sang, dans les maladies de la poitrine, et principalement dans la phthisie. On les prescrivoit en décoction dans les tisanes et dans les bouillons dits pectoraux. Aujourd'hui ces plantes sont tombées en désuétude. En Angleterre on les mange cuites, selon Ray, comme herbes potagères.

Pulmonaire molle; *Pulmonaria mollis*, Schrad. *in Lit.* Cette pulmonaire diffère des deux précédentes par ses tiges plus élevées, par ses feuilles ovales-lancéolées ou lancéolées, plus grandes, plus larges, et par ses fleurs plus grandes, disposées en grappes plus lâches; ces fleurs varient, de même que dans la pulmonaire officinale et la pulmonaire à feuilles étroites, du rouge au bleu, et elles paroissent en Avril et Mai. Cette espèce croît dans les haies et les lieux ombragés des montagnes en France, en Italie, en Belgique, etc.

Pulmonaire de Virginie; *Pulmonaria virginica*, Linn., *Sp.*, 194. Ses tiges sont presque simples, glabres, garnies de feuilles ovales, rétrécies à leur base, pétiolées, excepté les supérieures, qui sont presque sessiles. Les fleurs sont assez grandes, d'un bleu peu foncé, disposées en grappes rapprochées en bouquet terminal au commencement de la floraison. Cette espèce croît dans les terrains sablonneux des bords des rivières dans la Caroline et la Virginie.

Pulmonaire souligneuse; *Pulmonaria suffruticosa*, Linn., *Sp.*, 1667. Cette plante forme des touffes épaisses, d'où naissent plusieurs tiges souligneuses, grêles, étalées et couchées à leur base, redressées dans leur partie supérieure, garnies de feuilles linéaires, vertes en dessus, blanchâtres en dessous, chargées, ainsi que les tiges, de poils couchés. Ses fleurs sont bleues, disposées au sommet des tiges sur des épis courts, unilatéraux, rameux et formant une sorte de corymbe. Cette pulmonaire croît dans les lieux pierreux des montagnes, en Italie et en Sicile. (L. D.)

PULMONAIRE DE CHÊNE. (*Bot.*) Voyez Lobaria. (Lem.)

PULMONAIRE DES FRANÇOIS. (*Bot.*) Un des noms vulgaires de l'épervière, *hieracium murorum*. (J.)

PULMONAIRE DE MONTAGNE. (*Bot.*) Daléchamps cite sous ce nom la plante connue et employée maintenant sous celui de *arnica montana*. (J.)

PULMONAIRE ROMAINE. (*Bot.*) Césalpin donne ce nom au Melinet, *Cerinthe*, genre de la famille des borraginées. (J.)

PULMONAIRE DE TERRE et PULMONAIRE DE CHIEN. (*Bot.*) C'est le *peltigera canina*, Hoffm., et l'ancien *lichen caninus*, Linn. Voyez Peltigera. (Lem.)

PULMONARIA. (*Bot.*) Genre de la famille des lichens, établi par Hoffmann, qu'il a réuni ensuite à son *Lobaria*, et dont Acharius a rapporté presque toutes les espèces à son genre *Sticta*, et quelques autres à son *Parmelia*. Nous en avons fait connoître quelques-unes à l'article Lobaria; nous y avons fait connoître l'espèce la plus commune, le *lobaria pulmonaria*. On lui a conservé le nom de *pulmonaria* dans les ouvrages de Matthiole et d'autres auteurs du temps, parce que beaucoup d'entre eux, et notamment Fuchsius, le premier, ont cru y voir l'un des *pulmonaria* ou lichens de Pline, la seconde espèce, celle qui croissoit attachée aux pierres, comme la mousse, etc. Voyez Lobaria. (Lem.)

PULMONELLE, *Pulmonella*. (*Malacoz.*) M. de Lamarck, Syst. des anim. sans vert., tome 3, page 94, donne ce nom en françois au genre établi par M. Savigny sous la dénomination d'*Aplidium*, pour l'*Alcyonium ficus* de Linné, figuré par Ellis, *Corall.*, t. 17, fig. 6, *b*, *d*. Voyez le mot Synoïque, où nous réunissons tous les Ascidiens agrégés, dont les deux ouvertures sont cachées plus ou moins profondément au fond d'une espèce de tube terminal. (De B.)

PULMONÉS. (*Malacoz.*) Ordre établi par M. Cuvier, dans sa classe des gastéropodes, pour toutes les espèces qui respirent par une sorte de poumon, et qui, en effet, sont terrestres ou semi-aquatiques. Il subdivise les espèces en deux sections, d'après cette considération du séjour. Les Pulmonés terrestres sont les Limaces, Parmacelles et Testacelles, Hélices, Vitrines, Bulimes, Maillots, Scarabes, Grenailles, Ambrettes, Clausilies et les Agathines. Les Pulmonés aquatiques sont les Onchidies, en y comprenant les espèces marines qui constituent le genre Péronie de M. de Blainville, les Planorbes, les Limnées, les Physes, les Auricules, les Conovules, les Tornatelles et les Pyramidelles. (De B.)

PULMONÉS A OPERCULE. (*Conchyl.*) M. de Férussac, dans son Système de malacologie, établit sous ce nom un ordre particulier pour placer les cyclostomes terrestres et les hélicines. Voyez à l'article Mollusques, tome XXXII, chap. 5, Histoire de la malacologie, où ce système a été analysé. (De B.)

PULMONÉS SANS OPERCULE. (*Malacoz.*) C'est la dénomination qu'emploie M. de Férussac, dans son Système de malacologie, pour désigner l'ordre des pulmobranches. (De B.)

PULPEUX (*Bot.*). d'un tissu cellulaire très-délicat et gonflé de suc; ex. : prune, cerise et beaucoup de drupes; lorique des graines du grenadier, de l'*ixia chinensis*, du *magnolia*; arille du *bocconia frutescens*, etc. (Mass.)

PULPUT. (*Ornith.*) Un des noms vulgaires de la huppe, *upupa epops*, Linn. (Ch. D.)

PULROSZ. (*Ornith.*) Ce nom et ceux du *pulver* et *pulvier*, sont donnés, en Allemagne, au pluvier doré, *charadrius pluvialis*, Linn. (Ch. D.)

PULSATILLA. (*Bot.*) Ce genre, distingué de l'anémone par beaucoup d'anciens, confondu avec elle par plusieurs, conservé par Tournefort et Adanson, a été définitivement supprimé par Linnæus, comme différant de l'anémone seulement par ses graines chargées de duvet et terminées par une arête plumeuse. (J.)

PULTÉNÉE. *Pultenæa.* (*Bot.*) Genre de plantes dicotylédones, à fleurs papilionacées, de la famille des *légumineuses*, de la *décandrie monogynie* de Linnæus, offrant pour caractère essentiel : Un calice à cinq divisions égales, persistant; deux appendices en forme de bractées, placés sur le tube du calice; une corolle papilionacée; dix étamines libres, inégales; un ovaire supérieur. court, ovale; un style; un stigmate simple. Le fruit est une gousse courte, renflée, à une seule loge, contenant deux semences ovales ou en rein.

Pulténée stipulaire: *Pultenæa stipularis*, Smith, *Nov. Holl.*, 1, pag. 35, tab. 12; Curtis, *Bot. Magaz.*, tab. 475; Willd., *Spec.*, 2, pag. 5o6. Arbrisseau garni de rameaux glabres, la plupart opposés ou presque fasciculés. Les feuilles sont simples, sessiles, linéaires, éparses, presque imbriquées; un peu ciliées, mucronées à leur sommet; munies à leur base de deux stipules appliquées contre la tige, lancéolées, très-aiguës, fendues longitudinalement presque jusqu'à leur base. Les fleurs sont axillaires, réunies en touffe à l'extrémité des rameaux. Le calice est presque campanulé, de couleur rouge, verdâtre, et un peu cilié à ses bords; ses divisions sont inégales, aiguës; les appendices opposés, lancéolés. La corolle est d'un jaune pâle; l'étendard ovale, plus grand que les ailes; celles-ci sont garnies d'une dent très-obtuse à leur base. Le fruit est une gousse courte, renflée, un peu plus longue que le calice, couronnée par le style. Cette plante croît à la Nouvelle-Hollande.

PULTÉNÉE A FEUILLES DE LIN : *Pultenæa linophylla*, Willd., *Spec.;* Wendl., *Sert. hannov.*, tab. 18. Arbrisseau de cinq à six pieds, dont la tige est d'un brun cendré, divisée en rameaux alternes. Les feuilles sont éparses, un peu pétiolées, linéaires, un peu grasses; roides, verdâtres, en carène, terminées par une pointe mousse, réfléchie, munies à leur base de deux stipules droites, opposées, aiguës, d'un brun noirâtre. Les fleurs sont réunies en tête à l'extrémité des rameaux, au nombre de cinq à six, droites, sessiles, environnées de bractées imbriquées, ovales, bifides, scarieuses, d'un brun noirâtre. Entre chaque lèvre du calice est un appendice linéaire, lancéolé, aigu ; l'étendard de la corolle est rétréci en onglet, d'un jaune orangé, marqué dans son milieu d'une tache purpurine en croissant; les ailes sont concaves, lancéolées. La gousse est renflée, un peu soyeuse. Cette plante croît à la Nouvelle-Hollande.

PULTÉNÉE A FEUILLES DE DAPHNÉ : *Pultenæa daphnoides*, Willd., *Spec.;* Andr., *Bot. repos.*, tab. 98; *Bot. Magaz.*, tab. 1594; Wendl.. *Hort. herenh.*, fasc., 3, t. 17. Arbrisseau de trois pieds, à tige anguleuse, divisée en rameaux un peu soyeux, garnis de feuilles alternes, ovales, oblongues, médiocrement pétiolées, soyeuses en dessous, longues d'un pouce, d'un vert obscur en dessus, et munies de deux stipules brunes, aiguës. Les fleurs sont terminales, réunies en tête, environnées d'écailles brunes, ovales, soyeuses; les pédoncules courts, garnis de bractées vertes et soyeuses; le calice est petit, à divisions aiguës, ciliées. La corolle est d'un jaune orangé, teinte de pourpre, et un peu velue sur sa carène; l'ovaire oblong, pileux; la gousse renferme deux semences réniformes, d'un brun noir. Cette plante croît à la Nouvelle-Hollande.

PULTÉNÉE A FEUILLES DE GENÉVRIER ; *Pultenæa juniperina*, Labill., *Nov. Holl.*, 1, pag. 102, tab. 150. Arbrisseau d'environ six pieds, chargé de rameaux très-nombreux, tuberculés, un peu pileux. Les feuilles sont nombreuses, à peine pétiolées, glabres, fermes, alternes, linéaires, très-étroites; les stipules subulées, réunies par une membrane: les fleurs axillaires ou terminales, solitaires ou quaternées; les pédoncules courts, pileux, accompagnés de bractées ovales, aiguës, scarieuses, un peu ciliées; le calice est pileux avec ses deux appendices. Le fruit est une gousse ovale, acuminée, velue, un peu comprimée; les semences sont réniformes, brunes, ponctuées de noir. Cette plante a été découverte dans la Nouvelle-Hollande par M. de Labillardière.

Pulténée en cœur renversé; *Pultenœa obcordata*, Andr., *Bot. rep.*, tab. 574. Cet arbrisseau a une tige droite, glabre, cylindrique; des rameaux alternes; des feuilles éparses, médiocrement pétiolées, ovales, ou en cœur renversé, larges de six lignes, longues d'un pouce, luisantes, entières, glabres à leurs deux faces, échancrées et munies, dans le milieu de cette échancrure, d'une pointe piquante, subulée, un peu recourbée. Les fleurs sont presque sessiles, réunies en une tête terminale, entourée par les dernières feuilles; le calice est accompagné de deux appendices; la corolle jaune, mélangée de rouge. Cette plante croit sur les côtes de la Nouvelle-Hollande.

Pulténée dentée: *Pultenœa dentata*, Labill., *Nov. Holl.*, 1, pag. 103, tab. 131; Poir., *Ill. gen.*, *Suppl.*, tab. 950. Petit arbrisseau haut d'un pied et plus, dont la tige se divise en rameaux alternes, grêles, cylindriques, un peu pileux. Les feuilles sont nombreuses, presque sessiles, alternes, linéaires, un peu aiguës; très-étroites, rétrécies à leur base, chargées de points tuberculés; les stipules courtes, subulées. Les fleurs sont ordinairement terminales, réunies en tête, accompagnées de bractées presque orbiculaires, coriaces, en forme d'écailles: leur calice est pileux; les deux appendices, de la longueur du calice, sont surmontés de deux ou quatre dents subulées. La corolle est petite; l'étendard échancré. Le fruit est une gousse ovale, acuminée, pileuse, à une seule loge, à deux valves; les semences sont brunes, ovales, munies d'une caroncule blanche. M. de Labillardière a recueilli cette espèce au cap Van-Diémen, à la Nouvelle-Hollande.

Pulténée a tige roide: *Pultenœa stricta*, *Bot. Magaz.*, tab. 588; Poir., Encycl., Suppl. Cette espèce a une tige grêle, droite, très-roide, chargée de rameaux alternes. Les feuilles sont simples, alternes, quelquefois opposées, presque sessiles, petites, en ovale renversé, inégales, glabres à leurs deux faces, entières, obtuses à leur sommet ; quelquefois un peu mucronées, longues de deux à quatre lignes. Les fleurs sont réunies en tête, ou en une sorte d'ombelle terminale, au nombre de trois à six, à peine pédonculées, munies de bractées subulées. Leur calice est pileux, à deux lèvres ; la supérieure à deux dents, l'inférieure à trois dents aiguës. La corolle est jaune, tachetée de violet ; l'étendard orbiculaire, échancré ; les gousses sont velues. Cette plante croît dans la Nouvelle-Hollande, au cap Van-Diémen. (Poir.)

PULUTAN. (*Bot.*) Nom du *triumfetta bartramia* à Java, suivant Burmann. (J.)

PULVERARIA. (*Bot.*) Acharius, auteur de ce genre de la famille des lichens, l'a réuni depuis au *Lepraria* (voyez Lepra). Il contenoit quelques espèces pulvérulentes, placées autrefois dans la famille des champignons. Ehrenberg, *Sylv. mycol.*, qui borne le genre à ces espèces, et qui le place dans la famille des champignons, fait observer que les *pulveraria latebrarum*, Ach., et *chlorina*, Ach., ont été reconnus par Link, appartenir au genre *Sporotrichum* : leur fructification étant connue à présent, Ehrenberg pense que d'autres espèces, mieux observées, pourront fort bien être des champignons du genre *Monilia* ou d'une autre famille. C'est au *pulveraria* que Persoon avoit d'abord rapporté le *coniocarpum cinabarinum*, Dec., que depuis il a reconnu pour une espèce de *Spiloma*, genre qui est le même que le *coniocarpon*, sous un nom différent. Fries, dans son Système lichénographique, rétablit les genres *Lepraria* et *Pulveraria* d'Acharius, et, en les groupant avec ses genres *Pityrea* et *Isidium*, il se demande s'ils ne doivent pas faire un seul genre? Mais, dans son *Syst. veget.*, on voit en appendice, à la fin de sa tribu des *Byssus*, p. 312, un groupe, le *lepraria*, qui comprend des plantes à contexture lichénoïde, croissant dans les endroits obscurs, et qui se décomposent en poussière ou en flocons. Il ajoute que rien n'est plus commun, et qu'on les trouve dans les fentes des rochers, sur les parois des troncs d'arbres ; il donne pour types du genre les *byssus lactea*, *incana* et *candelaris*, Linn. Leur contexture est tantôt presque cellulaire ou presque pulvérulente, tantôt filamenteuse, à la manière du *zeora lanuginosa*, Fries, et du *byssus æruginosa*, *Engl. Bot.*, 2182, ou *conferva pulveraria* de Dill.

Il fait encore remarquer qu'on ne doit pas les confondre avec les croûtes lichénoïdes et lépreuses des *biatora*, *zeora*, etc.; et qu'il ne faut appeler *lepraria*, que l'espèce seule qui offre une simple poussière portée par aucune croûte ou base qui lui seroit propre, ainsi que cela est dans les lichens, etc. Il termine en faisant observer qu'il ramène à son genre le *pulveraria* d'Acharius, excepté le *pulveraria chlorina*, qu'il ne sait où placer, et qui peut-être est une espèce de son genre *Trichosporus*. (LEM.)

PULVÉRATEUR. (*Ornith.*) On appelle ainsi l'oiseau qui gratte du bec et des ongles la surface de la terre, et aime à se couvrir de poussière. (CH. **D.**)

PULVÉRISATION. (*Chim.*) Opération mécanique, par laquelle on réduit une matière en poudre plus ou moins fine.

La pulvérisation s'opère dans des mortiers, au moyen de pilons ou sur des plans de glace, de porcelaine, de marbre, de porphyre, au moyen d'une mollette. (CH.)

PULVÉRULENT. (*Ichthyol.*) Nom spécifique d'un poisson du genre CHARACIN. Voyez ce mot. (H. C.)

PULVÉRULENTE [PLANTE], (*Bot.*), couverte de grains fins comme de la poussière, sensibles à la vue et se détachant facilement; exemples : *primula farinosa*, *chlora perfoliata*, etc. (MASS.)

PULVINARIA. (*Bot.*) Ehrenberg avoit proposé d'établir sous ce nom un genre qui auroit compris toutes les espèces de *sphæria*, arrondies ou difformes, qui recouvrent les bois morts comme une poussière noire ; mais ce genre n'a point été adopté. Ehrenberg lui-même n'a pas persisté, comme on peut le voir dans les *Horæ physicæ berolinenses*, lorsqu'il décrit son *Sphæria Eschscholzii* (p. 89, pl. 18, fig. 8). Ces plantes forment un groupe remarquable dans les *sphæria*, celui des *sphæriæ pulvinatæ*. Fries les avoit admis dans ce genre; mais à présent qu'il le divise en plusieurs autres, il met les *pulvinaria* dans son genre *Hypoxylon*, qui, d'après ses propres réflexions, sera probablement un jour divisé dans beaucoup de genres; alors peut-être verra-t-on rétablir le *Pulvinaria?* La science doit-elle gagner à voir multiplier des genres dont les caractères deviennent tellement minutieux, qu'il est presque impossible de les reconnoître? Cette critique se rapporte en entier à la nouvelle création des genres aux dépens du *sphœria*; ces genres même sont placés à la suite les uns des autres, et montrent ainsi évidemment qu'ils ne sont que les coupes d'un seul très-naturel. Doit-on faire consister l'avancement de la science dans leur établissement et dans celle de cette foule de noms nouveaux qui hérissent et embarrassent la synonymie, fatiguent la mémoire, et contribuent, on ne peut plus, à éloigner de l'étude des cryptogames? (Lem.)

PULVINITE. (*Foss.*) On trouve à Fréville, département de la Manche, dans une couche craieuse qui a été pêtrifiée, les débris d'empreintes ou de moules de coquilles bivalves, dont la charnière diffère de celle de tous les autres genres connus. Les coquilles qui ont laissé ces empreintes étoient peu bombées, leur têt paroît avoir été mince et feuilleté; leur forme étoit subtrigone? A l'angle le plus aigu se trouve l'empreinte d'une charnière sublinéaire, composée de huit à neuf côtes courtes et serrées, qui se sont moulées dans autant de vides où a dû être inséré le ligament. Je n'ai vu de ces coquilles que des débris de moules de valves, qui paroissent avoir été un peu bombées; mais M. de Gerville annonce qu'il en possède une qui est plate, en sorte qu'il paroît que cette espèce auroit eu du rapport avec les pernes, à cause de sa charnière, et avec les pandores pour la forme de ses valves.

J'ai donné provisoirement à ce genre le nom de *Pulvinite*, et à l'espèce dont on a trouvé les débris, celui de *Pulvinites Adansoni*. On voit une figure de la charnière de cette singulière coquille dans les planches de l'atlas de ce Dictionnaire. (D. F.)

PULVINULES. (*Bot.*) Filets quelquefois simples, quelquefois rameux et semblables alors à de petites arborisations, qui se montrent à la surface supérieure de la thalle de certains lichens; exemple, *Lecidea*. (Mass.)

PULZONZINO. (*Ornith.*) Nom italien de la mésange à longue queue, *parus caudatus*, Linn. (Ch. D.)

PUMA. (*Mamm.*) Un des noms que les Péruviens donnent, dit-on, au couguar. (F. C.)

PUMACHILLCA. (*Bot.*) Ce nom péruvien, qui signifie chillca du lion, est donné au *stereoxylum pendulum*, arbre cité dans la Flore du Pérou, qui, par ses caractères, se confond avec l'*escallonia* et se rapproche du *vaccinium*. (J.)

PUMACUCHU. (*Bot.*) Ce nom, qui signifie dans le Pérou coiffe du lion, est donné au *krameria triandra* de la Flore de ce pays, qui est plus connu à Huanuco sous celui de Ratanhia. Voyez ce mot. (J.)

PUMICITE. (*Min.*) M. Fischer donne ce nom à la ponce, *pumex*, en confondant cette pierre volcanique, base de roche et sensiblement homogène, avec la roche hétérogène dont elle est la base. Voyez Ponce et Pumite. (B.)

PUMILEA. (*Bot.*) Les plantes que P. Browne nomme ainsi, appartiennent au genre *Turnera*. (J.)

PUMITE. (*Min.*) C'est, comme on l'a dit à l'article Lave, une roche composée, à base de ponce, ayant par conséquent tous les caractères de ce minéral homogène, c'est-à-dre son éclat vitreux dans sa cassure, sa texture fibreuse et boursouflée, sa rudesse au toucher, sa fusibilité facile en un verre blanc et renfermant disséminés des cristaux de felspath vitreux et quelques autres minéraux, qui y sont plutôt comme partie accidentelle que comme partie constituante essentielle.

M. Cordier, qui a établi ce type ou espèce, y distingue trois variétés :

La *Pumite granuleuse*, qui a l'aspect lithoïde et par conséquent un caractère un peu en opposition avec celui de l'éclat vitreux ;

La *Pumite pesante*, qui a été nommée ainsi par Spallanzani et Dolomieu ;

Et la *Pumite légère*, qu'il dit être la lave vitreuse pumicée d'Haüy ou la ponce ordinaire.

Nous ne pouvons, d'après nos principes de classification, adopter cette dernière variété ; car, si c'est la ponce ordinaire, sensiblement homogène, il faut lui laisser son nom de *ponce*, et on ne voit pas ce qu'il y auroit à gagner à le changer en celui de *pumite;* mais, en suivant notre règle, les deux noms sont nécessaires, parce qu'ils indiquent deux choses différentes : l'un, *ponce*, est le nom de la base de la roche, et l'autre, *pumite*, est la roche hétérogène à base de ponce.

C'est d'après ces principes que nous établirons dans cette espèce les variétés suivantes :

1. Pumite porphyroïde. La pâte de ponce n'enveloppant que

des cristaux de felspath vitreux comme partie constituante et dominante.

Exemples. Du Mont-d'or : elle est blanche et ne renferme que çà et là quelques petites paillettes noires d'amphibole, etc. — De Pouzzole : elle est grise et peu poreuse. — Une autre, venant des environs du Vésuve, est presque compacte et passe au trachyte.

2. PUMITE GRANITOÏDE. Pâte grisâtre et jaunâtre, ou même rosâtre, enveloppant des cristaux en fragmens de felspath vitreux et du mica à peu près également disséminés.

Exemples. Des Egroulets au Mont-d'or : elle est grise et ressemble à un granite qui commenceroit à s'altérer par l'action du feu ; il est cependant difficile d'y distinguer le quarz. — De l'île Ponce : elle est jaune ou d'un gris rosâtre ; à texture fibreuse, avec un grand nombre de petits grains blancs et noirs de felspath vitreux et de mica. — De la vallée de Glashütte en Hongrie : elle est grise, marbrée de gris foncé, presque sans cavité, remplie de petits points noirs, dus à du mica et à des petits cristaux de pyroxène assez difficiles à distinguer l'un de l'autre. — Des montagnes de los Remedios, près de Mexico (Amérique septentrionale) : blanc grisâtre, des grains nombreux de felspath vitreux et d'amphibole, un peu de mica. — De la Guadeloupe, quartier des Trois rivières : gris blanchâtre et absolument composée comme celle du Mont-d'or, des îles Ponces, etc.

Nous bornons à ces exemples l'histoire naturelle des pumites. Elle est complétée par ce que nous en avons dit aux articles LAVE et PONCE, et par ce que nous dirons, à l'article du TRACHYTE, de ses nombreux rapports avec les pumites. (B.)

PUMOS. (*Bot.*) Nom d'un palmier, *corypha pumex*, de la Flore équinoxiale, qui croît au pied du volcan Jorullo dans le Mexique. (J.)

PUNAISE, *Cimex*. (*Entom.*) Genre d'insectes de l'ordre des hémiptères, de la famille des sanguisuges ou zoadelges, c'est-à-dire dont le bec paroît naître du front, dont les antennes longues sont terminées par un article plus grêle et dont les pattes sont propres à marcher.

Le caractère particulier de ce genre consiste dans l'absence constante des ailes, dans l'aplatissement extrême du corps, et dans le nombre des articles des antennes, qui est de quatre seulement, dont le dernier a la forme d'une soie ou est plus grêle à son extrémité libre.

Tous les insectes qui composent les genres de la même famille, ont en général le corps en bateau ou à ligne saillante en dessous, le plus souvent trois ou quatre fois plus long que large et non absolument déprimé. De plus, dans les *mirides*, les antennes sont ordinairement variables, mais plus grosses dans les articles intermédiaires qu'à la base et à l'extrémité. Dans les *réduves*, la tête est comme portée sur un col ou sur un rétrécissement de l'occiput; enfin dans les *ploières* et dans les *hydromètres*, le corps très-grêle, alongé, est supporté par des pattes très-longues et très-menues, comme on peut le voir en comparant les cinq premières figures de la planche 37 de l'atlas de ce Dictionnaire.

Le nom de punaise en françois provient probablement des mots latins, *putere naso*, puer au nez.

Quant à l'expression latine, on la trouve dans les plus anciens auteurs pour indiquer le même insecte, ainsi qu'on le voit par ce vers de Martial :

Neo toga, nec focus est, nec tutus cimice lectus.

Linnæus avoit compris sous le nom de *cimex*, les genres nombreux placés par nous dans les trois familles des rhinostomes, des zoadelges et des hydrocorés. On a cru devoir les séparer successivement en divers genres faciles à caractériser. Or, la PUNAISE DES LITS, *Cimex lectularius*, s'est trouvée former seule un genre tout-à-fait distinct. Peut-être, à la vérité, n'a-t-on pas encore distingué les espèces; car il en est qui vivent dans les nids des perdrix, dans ceux des hirondelles, dans les poulaillers, et il ne nous paroît pas démontré que ce soit la même race d'insectes.

Cet insecte, qui vit en parasite dans nos demeures, n'est que trop connu ; nous en avons donné une figure grosse sous le numéro 2 de la planche 37, déjà citée, de l'atlas de ce Dictionnaire. Il fuit la lumière : l'excessif aplatissement de son corps, qui a passé en proverbe, lui permet de se retirer dans les plus petites fentes et enfoncemens de nos

boiseries et de nos ameublemens, où il vit en famille et propage sa race. Il suce le sang de l'homme pendant la nuit, en
troublant son sommeil : il est surtout connu par l'odeur in-
fecte qu'il répand dans le danger ou lorsqu'on l'écrase. Cette
odeur est fugace ; mais elle s'attache à tous les corps : elle
provient d'une humeur très-volatile. L'insecte s'engourdit
par le froid et devient très-actif pendant la saison la plus
chaude de l'année. Il est la proie des *réduves* (punaises-mouches), et des *ploières*, qui le sucent et le détruisent.

L'instinct de ces insectes est remarquable, soit pour parvenir
vers l'homme endormi, en montant verticalement sur les
murs, pour se précipiter ensuite sur les lits, soit pour conserver leur race en déposant leurs œufs dans les lieux les plus
retirés, où les femelles les agglutinent ; car nous en avons
trouvé souvent sous la voûte que forment les ongles à leur
extrémité libre sur le gros orteil.

Linnæus a écrit que les punaises étoient à peine connues en
Angleterre avant l'année 1670. La plupart des prétendus remèdes cimicifuges sont des poisons ou des liquides, qui doivent
être portés sur l'insecte même, ce qui est fort difficile à éxé-
cuter. Une recherche exacte et des claies d'osier, entre les
brins desquels l'insecte se retire pendant la nuit et que l'on
secoue dans le jour, paroissent être le meilleur moyen de
s'en débarrasser. (C. D.)

PUNAISE. (*Conchyl.*) Les marchands de coquilles entendent
sous ce nom, à cause de sa dépression et même quelquefois
de sa couleur, l'auricule aveline de M. de Lamarck, type
du genre Scarabe de Denys de Montfort.

Il paroît que quelques auteurs ont aussi employé cette dénomination en y ajoutant l'épithète de marine, traduction
de *cimex marinus*, pour désigner les oscabrions. (DE B.)

PUNAISE-AIGUILLE. (*Entom.*) Nom donné par Geoffroy
à une espéce du genre HYDROMÈTRE. (C. D.)

PUNAISE A AVIRONS. (*Entom.*) Geoffroy a nommé ainsi
les insectes du genre NOTONECTE. (C. D.)

PUNAISE CUIRASSÉE. (*Entom.*) Espéce du genre SCUTEL-
LAIRE. (C. D.)

PUNAISE CULICIFORME. (*Entom.*) Voyez PODICÈRE.
(C. D.)

PUNAISE A FRAISE ANTIQUE. (*Entom.*) Espèce du genre ACANTHIE. (C. D.)

PUNAISE **DES JARDINS**. (*Entom.*) Ce nom est particulièrement donné au lygée aptère. (DESM.)

PUNAISE-LÉVIATHAN. (*Entom.*) Espèce du genre CORÉE. (C. D.)

PUNAISE DES LITS. (*Entom.*) C'est le genre PUNAISE proprement dit. (C. D.)

· PUNAISE-NAYADE. (*Entom.*) Voyez PLOIÈRE. (C. D.)

PUNAISE D'ORANGER. (*Entom.*) Voyez CHERMÈS. (C. D.)

PUNAISE-SCORPION. (*Entom.*) Voyez NÉPE et RANATRE. (C. D.)

PUNAISE SIAMOISE. (*Entom.*) Voyez à l'article SCUTELLAIRE. (C. D.)

PUNAISE-TORTUE. (*Entom.*) Voyez à l'article SCUTELLAIRE. (C. D.)

PUNAISES AQUATIQUES ou HYDROCORISES. (*Entom.*) M. Latreille réunit sous ce nom les insectes hémiptères, de la famille des rémitarses ou hydrocorées. (C. D.)

PUNAISES D'EAU. (*Entom.*) Voyez HYDROCORÉES. (C. D.)

PUNAISES-MOUCHES. (*Entom.*) Voyez RÉDUVE. (C. D.)

PUNAISES TERRESTRES ou GÉOCORISES. (*Entom.*) M. Latreille nommoit ainsi les punaises non aquatiques. (C. D.)

PUNAISOT. (*Mamm.*) L'un des noms vulgaires de la marte putois. (DESM.)

PUNARU. (*Ichthyol.*) Marcgrave de Liebstædt et, d'après lui, Rai et Ruysch ont donné ce nom à deux espèces de poissons du Brésil, encore mal connues des naturalistes. (H. C.)

PUNDTERKRAEE. (*Ornith.*) Nom donné, suivant Brisson, par les Bas-Allemands à la corneille mantelée, *corvus cornix*, Linn. (CH. D.)

PUNGAMI. (*Bot.*) Voyez GALEDUPA. (POIR.)

PUNGITOPUM. (*Bot.*) Césalpin dit que dans la Toscane quelques personnes nomment ainsi le fragon, *ruscus.* (J.)

PUNGJER, SMEL-PUNGER. (*Bot.*) Gunner, évêque de Nidrosie, dans la Norwége, auteur du *Flora norwegica*, dit qu'aux environs de sa ville on nomme ainsi le behen blanc, *cucubalus behen.* (J.)

PUNICA. (*Bot.*) Nom latin du genre Grenadier. (L. D.)

PUNTAZZO. (*Ichthyol.*) On a donné ce nom à une espèce du genre Spare. Voyez ce mot et Sargue. (H. C.)

PUNTERI. (*Ornith.*) Cetti, p. 222, et Azuni, tome 2, p. 183, disent que les Sardes appellent ainsi l'espèce de bec-fin que Buffon désigne sous le nom assez vague de bec-figue. (Ch. D.)

PUNU-KERE. (*Bot.*) Voyez Dodda-Mare. (J.)

PUORC. (*Ichthyol.*) A Nice, on appelle ainsi, suivant M. Risso, le *balistes capriscus.* Voyez, tom. III, pag. 476, l'article Baliste. (H. C.)

PUORC MARINO. (*Ichthyol.*) Dans le même pays et suivant le même observateur, on donne ce nom à l'humantin. Voyez Humantin et Squale. (H. C.)

PUORC PEI. (*Ichthyol.*) Nom nicéen du lépadogastère de Gouan. Voyez Lépadogastère. (H. C.)

PUPAL-VALLI. (*Bot.*) La plante citée sous ce nom malabare par Rhéede, et par Adanson sous celui de *pupal,* est congénère, suivant Adanson, du *wellia-codiveli* du même auteur, qui est l'*achyranthes lappacea* de Linnæus. Nous avons réuni l'une et l'autre sous le nom de *pupalia,* auquel M. De Candolle a substitué celui de *desmocheta.* Ce genre renferme encore quelques autres *achyranthes.* (J.)

PUPE. (*Ornith.*) Nom vulgaire de la huppe. (Desm.)

PUPE, *Pupa.* (*Entom.*) On nomme ainsi les nymphes ou chrysalides immobiles, ou plutôt qui ne peuvent pas changer de lieu facilement, parce que leurs membres se trouvent contenus dans une enveloppe serrée et solide, tantôt distincte, comme chez les lépidoptères ; tantôt ne laissant apparoître au dehors aucune indication de l'insecte qu'elle renferme, comme dans les mouches et chez la plupart des diptères. (Voyez l'article Nymphe, et surtout celui de Métamorphose, tome XXX, page 301 de ce Dictionnaire.) Nous avons déjà dit à l'article Chrysalide que le nom de *pupa* exprimoit chez les Latins ces sortes d'images ou de représentations de petites figures humaines en bois, en carton ou en cire, que nous nommons des *poupées.* Les petites filles en faisoient dès ce temps-là leurs amusemens, et à l'époque où elles avoient l'âge de puberté, elles alloient consacrer ces petites images à Vénus, comme on le voit par ce passage de la seconde satyre de Perse :

Dicite, pontifices, in sacris quid facit aurum ?
Nempè hoc quod Veneri donatæ à virgine pupæ.

(C. D.)

PUPERRI. (*Bot.*) Voyez Sejo. (J.)

PUPIPARES. (*Entom.*) M. Latreille a désigné sous ce nom, comme Réaumur les avoit fait connoître sous celui de nymphipares, la famille des hippobosques, qu'il a séparée en quatre genres : les *Hippobosques* proprement dits, les *Ornithomyies*, les *Mélobosques* et les *Nyctéribies*, qui paroissent tous en effet produire des nymphes plutôt que des œufs. Voyez Hippobosque, t. XXI, p. 175 de ce Dictionnaire. (C. D.)

PUPIVORES. (*Entom.*) M. Latreille a donné ce nom à une famille nombreuse d'hyménoptères, dont les larves vivent des larves ou des chrysalides d'autres insectes. De ce nombre sont les Évanies, les Ichneumons, les Cynips, les Crysis, genres anciens qui, accompagnés de nouveaux qu'on a formé à leurs dépens, composent, dans la méthode de ce naturaliste, autant de petites tribus correspondantes aux quatre familles qui, dans ce Dictionnaire, portent les noms d'entomotilles, de systrogonastres, de néottocryptes et d'oryctères. (Desm.)

PUPPA. (*Conchyl.*) Nom latin du genre Maillot. Voyez ce mot. (De B.)

PUPULA. (*Bot.*) Nom de l'*eupatorium zeylanicum* dans l'île de Ceilan. (J.)

PUPULA. (*Ornith.*) Nom italien de la huppe ou puput, *upupa epops*, Linn. (Ch. D.)

PUPUT. (*Ornith.*) Nom donné à la huppe, *upupa epops*, Linn. (Ch. D.)

PURA-AU, PURATARURU. (*Bot.*) Noms cités par Forster de son *crateva religiosa*, dans l'île d'Otaïti, où l'on mange son fruit, quoique n'ayant pas une grande saveur. (J.)

PURAHEÏTI. (*Bot.*) Suivant Forster, on nomme ainsi dans l'île d'Otaïti le *solanum viride* de Solander. (J.)

PURAQUE. (*Ichthyol.*) Poisson du Brésil, peu connu des naturalistes, mais remarquable par une propriété électrique analogue à celle de la torpille. C'est aussi un des noms du gymnonote électrique. Voyez Gymnonote. (H. C.)

PURETTE. (*Min.*) C'est le nom qu'on donne, dans quelques cantons, à ce sable noir qui se trouve quelquefois au bord de la mer (dans le golfe de Naples, sur les côtes de Bretagne). et qui est principalement composé de fer oxydulé titanifère. (B.)

PURINSJI. (*Bot.*) Voyez Poerinsji. (J.)

PURPURA. (*Conchyl.*) Nom latin du genre Pourpre. (Desm.)

PURPURITES. (*Foss.*) C'est le nom qu'on a donné autrefois aux rochers fossiles. C'est aussi le nom des pourpres fossiles. (D. F.)

PURSE ou PUSA. (*Mamm.*) Nom que porte, dit-on, au Groënland, le phoque commun. (Desm.)

PURSHIA. (*Bot.*) Ce nom , qui rappelle l'auteur estimé d'une Flore de l'Amérique septentrionale, est donné par M. De Candolle à un nouveau genre de la famille des rosacées. M. Sprengel l'a aussi appliqué à l'*onosmodium* de Michaux, que l'on a réuni à l'*onosma*, duquel il ne diffère que par la corolle, dont le tube est plus court et le limbe plus alongé. (J.)

PURUEWÆL. (*Bot.*) Le *ruellia ringens* de Linnæus est ainsi nommé à Ceilan. (J.)

PURUMPINA. (*Bot.*) Nom péruvien du *costus argenteus* de la Flore du Pérou. (J.)

PURUPURU. (*Bot.*) Le *tacsonia tripartita*, de la famille des passiflorées, est ainsi nommé dans le royaume de Quito, où il croît au pied du volcan de Tunguraga. (J.)

PUSA. (*Mamm.*) Nom que les Groënlandois donnent à un phoque, que l'on dit être le phoque commun. (F. C.)

PUSÆTHA , PUSWÆL. (*Bot.*) Noms de l'*acacia scandens* ou cœur de Saint-Thomas dans l'île de Ceilan , suivant Linnæus. (J.)

PUSCHKINIE, *Puschkinia*. (*Bot.*) Genre de plantes monocotylédones, à fleurs incomplètes, monopétalées, de la famille des *narcissées*, de l'*hexandrie monogynie* de Linnæus, offrant pour caractère essentiel: Une corolle monopétale, à six divisions ; un appendice très-court, à six dents, situées à l'orifice du tube ; point de calice ; six étamines renfermées dans le tube ; un ovaire supérieur ; un style ; un stigmate épais, alongé.

PUSCHKINIE A FEUILLES DE SCILLE; *Puschkinia scilloides*, Marsch., *Flor. taur. cauc.*, 1, pag. 277. Cette plante ressemble beaucoup par son port au *scilla amœna*, ainsi que par ses racines pourvues d'une bulbe qui ne produit que deux feuilles radicales, alongées. Les hampes se terminent par une grappe de deux à dix fleurs, de la grandeur de celles du *scilla amœna*. Les pédicelles sont à peu près de la longueur des fleurs, puis plus longs après la chute de celles-ci : il n'y a point de spathe, mais seulement quelques rudimens de bractées. La corolle est monopétale, d'un bleu améthyste clair; le tube est court; le limbe trois fois plus long, à six divisions étalées, égales, lancéolées, un peu obtuses ; l'appendice très-court, placé à l'orifice du tube, terminé par six dents droites, échancrées, renfermant les étamines. Les filamens sont très-courts; les anthères alongées, aiguës; l'ovaire est ovale, supérieur; le style en colonne, de la longueur des étamines; le stigmate simple, alongé, un peu épais. Cette plante croit dans les contrées orientales de la Géorgie. (Poir.)

PUSCHKLINIA. (*Bot.*) M. Adams avoit fait sous ce nom un genre de plantes, auquel Willdenow a substitué celui de *Adamsia*, maintenant reçu. Ce genre paroît appartenir à la première section de la famille des narcissées, très-voisine des asphodelées. (J.)

PUSILLE. (*Mamm.*) Vicq-d'Azyr a transformé cet adjectif latin en substantif françois, pour désigner une petite espèce de musaraigne, *sorex pusillus*. (Desm.)

PUSILLINA. (*Bot.*) M. Bory de Saint-Vincent, en établissant ce genre dans sa famille des *confervées*, n'en donne point les caractères, seulement il annonce y ramener des confervées d'infusion, douteuses, et voisines des ectospermes. (Lem.)

PUSOLO ou PUZOLO. (*Mamm.*) Noms italiens du putois. (F. C.)

PUSPAJANO, SIDA-POU. (*Bot.*) Noms malabares, cités par Rhéede, d'un arbre de la famille des malpighiacées, qui est le *hyptage madablota* de Gærtner. (J.)

PUSSCA. (*Bot.*) Nom péruvien du *dianthera secundiflora* de la Flore du Pérou. (J.)

PUSSCZYK. (*Ornith.*) Ce nom, qui s'écrit aussi *puszzik*, est donné, en Pologne, à la hulotte, *strix ulula*, Linn. (Ch. D.)

PUSTECH. (*Bot.*) Nom arabe du pistachier, cité par Daléchamps. (J.)

PUSTOLKA. (*Ornith.*) L'oiseau que les Polonois nomment
ainsi, est la cresserelle, *falco tinnunculus*, Linn. (Cʜ. D.)

PUSTULAGO. (*Bot.*) Voyez Pʜᴀʀᴘʜᴀʀɪᴀ. (J.)

PUSTULE. (*Foss.*) C'est un des noms qu'on a donnés aux
balanes fossiles. (D. F.)

PUSTULEUX. (*Erpét.*) Nom spécifique d'un Cʀᴀᴘᴀᴜᴅ. Voyez
ce mot. (H. C.)

PUSTULLARIA. (*Bot.*) Espèce de lichen du genre *Umbilicaria*, dont on a proposé de faire un genre distinct. C'est le
Lasallia de M. Mérat et l'un des types de l'*umbilicaria* de M. Fée,
qui divise l'*umbilicaria* ou *gyrophora* des auteurs en deux
(voyez Uᴍʙɪʟɪᴄᴀʀɪᴀ). Roussel (Fl. du Calv.), faisoit sous le nom
de *pustullaria*, un genre des espèces de *sphæria*, qui n'ont
pas de base, et qui forment dans ce genre, selon Persoon,
une division distincte sous le même nom. (Lᴇᴍ.)

PUSU. (*Bot.*) Plante chinoise de la province de Huquang-
pusu, qui jouit d'une grande réputation dans ce pays. On
y est persuadé que ceux qui mangent cette herbe sont ra-
jeunis. Kircher, qui en parle dans la Chine illustrée, ne donne
aucune indication qui puisse la faire connoître. On révoque
en doute cette propriété merveilleuse. Il ne paroît pas que
ce soit le Gɪɴsᴇɴɢ (voyez ce mot), dont cet auteur parle ensuite avec éloge, lequel est le *panax quinquefolium* des botanistes. (J.)

PUSWÆL. (*Bot.*) Voyez Pᴜsᴀᴛʜᴀ. (J.)

PU-TAO. (*Bot.*) Nom de la vigne en Cochinchine. (Lᴇᴍ.)

PUTAD. (*Bot.*) Voyez Bᴀʟɪɴɢᴀsᴀɴ. (J.)

PUTER. (*Ornith.*) Nom allemand du dindon, *meleagris
gallopavo*, Linn. (Cʜ. D.)

PUTIER. (*Bot.*) Nom vulgaire du Cᴇʀɪsɪᴇʀ ᴀ ɢʀᴀᴘᴘᴇs. Voyez
ce mot. (J.)

PUTILLAS. (*Ornith.*) Nom donné par les Espagnols, suivant La Condamine, au gobe-mouche rouge huppé de la
rivière des Amazones, ou platyrhynque rubin, *muscicapa co-
ronata*, Lath., et *platyrhynchos coronatus*, Vieill. (Cʜ. D.)

PUTINE. (*Bot.*) Césalpin dit qu'aux environs de Piombino,
dans la Toscane, on donne ce nom et celui de *legno-pezzo*

au philyra mâle de Théophraste, lequel, selon lui, est un petit arbre semblable au laurier, mais à feuilles plus courtes, toujours vertes et dentées, portant des fleurs autour des jeunes rameaux et des petites baies rondes, remplies d'un osselet. Il ajoute que quelques-uns croient que c'est le *phyllirea* de Dioscoride, et en effet cette description s'applique assez bien à notre *phyllirea*. Mais, de son aveu, Pline regarde le *philyra* comme la même plante que le tilleul, ainsi nommé, parce qu'entre le bois et l'écorce il existe une membrane ou couche intérieure très-mince, qu'il nomme *philyra*, dont on peut faire des rubans. Le même nom est cité par Martial, suivant Calepin, pour les écorces tirées d'un *papyrus*, sur lesquelles les anciens traçoient des caractères. (J.)

PUTOIS. (*Mamm.*) Nom d'une espèce de MARTE. Voyez ce mot. (F. C.)

PUTOIS D'AMÉRIQUE ou CONEPATL de Buffon. (*Mamm.*) Voyez l'article MOUFFETTE. (DESM.)

PUTOIS RAYÉ. (*Mamm.*) Ce nom est donné par Brisson à une mouffette qui paroît être le conepatl de Buffon. (DESM.)

PUTOIS RAYÉ DE L'INDE, de Buffon. (*Mamm.*) C'est une espèce de marte. (DESM.)

PUTORIA. (*Bot.*) M. Persoon, dans son *Synopsis*, vol. 1, pag. 524, propose ce genre pour l'*Asperula calabrica* (*Sherardia fœtidissima*, Cyril.), qui s'écarte des aspérules par quelques-uns des caractères suivans; savoir: Un calice persistant, à quatre dents, qui se convertit en une baie un peu comprimée, renfermant deux semences alongées; une corolle tubulée, presque en forme d'entonnoir; le limbe divisé en quatre lobes; le style à deux divisions aiguës. Voyez ASPÉRULE. (POIR.)

PUTORIUS. (*Mamm.*) Nom latin du putois. (F. C.)

PUTPUT. (*Ornith.*) Voyez PUPUT. (CH. D.)

PUTRÉFACTION. (*Chim.*) Voyez FERMENTATION PUTRIDE, tome XVI, page 448. (CH.)

PUTSJA-PAERU. (*Bot.*) Nom malabare d'un haricot, dont l'espèce n'est pas déterminée. (J.)

PUTTOK. (*Ornith.*) Nom donné dans Albin à la buse commune, *falco buteo*, Linn. (CH. D.)

PUTUGUE. (*Ornith.*) Nom provençal de la huppe, *upupa epops*, Linn. (CH. D.)

PU-TUMBA. (*Bot.*) Nom malabare du *verbesina lavenia.* (J.)

PUULA-PADACALI. (*Bot.*) Voyez PUA-SCHETTI. (J.)

PU-VALLI. (*Bot.*) Voyez PALLAY. (J.)

PUWAKGHAHA. (*Bot.*) Voyez LEMATÆSI. (J.)

PUYA. (*Bot.*) Genre de Molina qui doit être rapporté au PITCAIRNIA. Voyez ce mot. (POIR.)

PUZOLO. (*Mamm.*) Voyez PUSOLO. (DESM.)

PUZZOLENTE. (*Mamm.*) Nom italien de la marte putois. (DESM.)

PYCIETL. (*Bot.*) Nom mexicain d'une espéce de tabac à feuilles en cœur, figuré et décrit incomplétement par Hernandez. Il se rapproche du *nicotiana glutinosa.* (J.)

PYCNANTHÈME, *Pycnanthemum.* (*Bot.*) Genre de plantes dicotylédones, à fleurs complètes, monopétalées, irrégulières, de la famille des *labiées*, de la *didynamie gymnospermie* de Linnæus, offrant pour caractère essentiel : Un calice persistant, tubulé, strié, à cinq dents ; une corolle labiée ; le tube de la longueur du calice ; le limbe à deux lèvres, la supérieure arrondie, l'inférieure à trois lobes ; quatre étamines didynames, écartées les unes des autres ; un ovaire supérieur à quatre lobes ; un style ; un stigmate bifide ; quatre semences au fond du calice.

Ce genre a été établi par Michaux, pour plusieurs plantes de l'Amérique septentrionale : il y a fait entrer d'autres espèces éparses dans différens genres de Linné. Je réunis ici le genre *Brachystemum* du même auteur, comme l'a fait M. Persoon : ce genre n'offrant d'autre différence que la lèvre inférieure de la corolle plus courte, échancrée, et les étamines non saillantes hors de la corolle.

PYCNANTHEMUM.

PYCNANTHÈME DES MONTAGNES ; *Pycnanthemum montanum,* Mich., *Fl. bor. amer.*, vol. 2, pag 8. Cette plante a une tige quadrangulaire, de couleur purpurine, ainsi que la plupart des autres parties de cette espèce. Ses feuilles sont opposées, presque sessiles, ovales, lancéolées, dentées en scie à leurs bords. Les fleurs sont disposées en têtes sessiles, touffues. Les calices sont droits, rapprochés, pourvus de dents courtes.

Cette plante a été découverte par Michaux sur les hautes montagnes de la Caroline.

Pycnanthème monardelle ; *Pycnanthemum monardella*, Mich., *loc. cit.*, tab. 34. Cette espèce a le port du *Monarda fistulosa*. Sa tige est droite, médiocrement velue, garnie de feuilles pétiolées, opposées, ovales, un peu pubescentes, élargies et presque en cœur à leur base, dentées en scie à leur contour, acuminées au sommet; les supérieures presque sessiles. Les fleurs sont réunies, à l'extrémité des tiges, par des verticilles en tête, garnis en dessous de folioles en forme d'involucre, colorées, inégales, lancéolées, acuminées ; des bractées étroites et ciliées. Les calices sont barbus au sommet. Les stigmates ont une de leurs divisions plus courte que l'autre, caractère qui existe également dans l'espèce précédente.

Pycnanthème blanchatre : *Pycnanthemum incanum*, Mich., *loc. cit.*; *Clinopodium incanum*, Linn.; *Origanum incanum*, Walth., *Fl. carol.*; Dill., *Elth.*, 87, tab. 74, fig. 85; Moris., Hist., 3, §. 11, tab. 8, fig. 4; Pluk., *Mant.*, tab. 344, fig. 7. Belle espèce, haute de deux ou trois pieds. Sa tige est droite, un peu quadrangulaire, rameuse vers le sommet, couverte d'un duvet court et blanchâtre. Les feuilles sont ovales, aiguës; dentées, vertes en dessus; blanchâtres en dessous; les supérieures tout-à-fait blanches. Les fleurs sont petites, d'un blanc rougeâtre, parsemées de points pourpres, réunies en deux ou trois verticilles, accompagnées de feuilles florales lancéolées, et de folioles sétacées. Cette plante croît à la Caroline et dans la Virginie.

Pycnanthème aristé : *Pycnanthemum aristatum*, Mich., *loc. cit.*, tab. 33; *Nepeta virginica*, Linn.; Pluk., *Alm.*, tab. 85, fig. 2. Cette plante a des tiges roides, droites et glabres, rameuses, quadrangulaires. Les feuilles sont sessiles, lancéolées, un peu étroites, glabres et entières; les fleurs blanches, petites, avec la lèvre inférieure de la corolle dentée et non concave. Les verticilles sont placés dans les aisselles des feuilles supérieures, en têtes terminales; les bractées linéaires, acuminées, terminées par une arête. Cette plante croît dans la Virginie.

Brachystemum.

Pycnanthème de Virginie : *Brachystemum virginicum*, Mich.,

Fl. bor. amer., 2, pag. 6; *Thymus virginicus*, Linn., *Syst. veg.*; *Satureia virginiana*, Linn., *Spec.*; Herm., *Parad.*, tab. 218; Moris., Hist., 3, §. 11, tab. 7, fig. 8; Pluk., *Alm.*, tab. 54, fig. 2; Bocc., *Mus.*, 2, tab. 115. Ses tiges sont droites, roides, hautes d'un à deux pieds, glabres, d'un brun rougeàtre ; les rameaux étalés, opposés, chargés d'un duvet court; les ramifications nombreuses. Les feuilles sont sessiles, opposées, lancéolées, aiguës, glabres, ponctuées, longues d'un pouce et plus. Les fleurs sont réunies en têtes globuleuses ou hémisphériques ; l'ensemble des dernières ramifications forme une sorte de cime terminale; les bractées sont situées à la base des têtes de fleurs, représentent autant d'involucres assez semblables aux feuilles, mais plus petites, un peu pubescentes ; toutes les fleurs sessiles; le calice est court et pubescent; la corolle petite, blanchâtre, un peu plus longue que le calice. Cette plante croît dans l'Amérique septentrionale.

Pycnanthème verticillé ; *Brachystemum verticillatum*, Mich., *loc. cit.*, tab. 31. Les tiges sont glabres et cylindriques; les feuilles sessiles, opposées, ovales-lancéolées, longues d'environ deux pouces, entières, un peu acuminées, presque en cœur à leur base. Les fleurs sont réunies en verticilles très-épais, axillaires et terminaux; les bractées, étroites, lancéolées; le calice tubulé, à cinq petites dents presque égales; la corolle à peine plus longue que le calice. Cette plante croît dans la Caroline et sur les hautes montagnes de la Pensylvanie.

Pycnanthème mutique; *Brachystemum muticum*, Mich., *loc. cit.*, tab. 32. Cette plante a des tiges droites, glabres; des feuilles sessiles, ovales-lancéolées, glabres ou légèrement pubescentes, aiguës, ponctuées, un peu dentées en scie, longues d'un à deux pouces, larges de six lignes; les feuilles supérieures entières, plus étroites. Les fleurs sont disposées en têtes verticillées; les bractées ciliées; le calice est court, à cinq dents égales; la corolle petite; sa lèvre supérieure un peu échancrée; l'inférieure à trois lobes, dont celui du milieu plus long, en languette. Cette plante croît dans la Caroline supérieure. (Poir.)

PYCNITE. (*Min.*) C'est un minéral blanchâtre, en petites masses bacillaires serrées, engagées dans une roche qui paroît être un gneiss ou un micaschiste, qu'on n'a encore trouvé qu'à

Altenberg, et qui a été reconnu pour appartenir comme variété à l'espèce de la topaze; mais c'est une variété très-distincte, et dans laquelle on pense que les principes sont bien les mêmes, mais dans une proportion un peu différente. Voyez TOPAZE. (B.)

PYCNOGONIDES. (*Entom.*) M. Latreille a désigné sous ce nom une famille, qu'il a établie parmi ses arachnides trachéennes, pour y placer les genres *Nymphon*, *Ammothée*, *Phoxichile* et *Pycnogonon*. (Voyez les articles NYMPHON et NYMPHONIDES.) Voici ce qu'en dit M. Latreille (Cuvier, Règne animal, tome 3, page 110) : « Les pycnogonides sont des « animaux marins, ayant de l'analogie, soit avec les cyames « et les chevrolles, soit avec les arachnides du genre *Phalan*- « *gium* ou les Faucheurs, auxquels Linnæus les a réunis. « Leur corps est ordinairement linéaire, avec les pieds « très-longs, de huit à neuf articles et terminés par deux « crochets inégaux, paroissant n'en former qu'un seul, dont « le plus petit est fendu. Le premier article du corps, qui « tient lieu de tête et de bouche, forme un tube avancé, « presque cylindrique ou en cône tronqué, ayant à son ex- « trémité une ouverture triangulaire ou en trèfle. Il porte à « sa base les mandibules et les palpes. Les mandibules sont « cylindriques ou en forme de fils, simplement prenantes, « composées de deux pièces. dont la dernière en pince avec « le doigt inférieur ou celui qui est immobile, quelquefois « plus court. Les palpes sont en forme de fil, de cinq ar- « ticles, avec un crochet au bout. Chaque segment suivant, « à l'exception du dernier, sert d'attache à une paire de « pieds; mais le premier, avec lequel s'articule la bouche, « a sur le dos un tubercule, portant de chaque côté deux « yeux lisses, et en dessous, dans les femelles seulement, « deux autres petits pieds, repliés sur eux-mêmes, et portant « les œufs, qui sont rassemblés tout autour d'eux en une ou « deux pelotes. Le dernier segment est petit, cylindrique « et percé d'un trou à son extrémité. On ne découvre aucun « vestige de stigmates; peut-être respirent-ils par l'extré- « mité postérieure du corps. »

Nous ne connoissons pas du tout en particulier l'organisation de ces animaux, que nous n'avons pas eu occasion d'étudier, parce que nous les regardions plutôt comme des crustacés ; voilà pourquoi nous venons de transcrire le passage qui précède. (C. D.)

PYCNOGONONS. (*Entom.*) Ce sont des animaux marins que l'on désigne vulgairement sous le nom de poux de la baleine. Le mot πυκνογονον signifie *qui a beaucoup d'articulations*, de πυκνος, *creber, fréquent*, et de γονον, *genou*. Voyez l'article qui précède. (C. D.)

PYCNOMON, PYCNOCOMOS. (*Bot.*) Voyez Picnocomon. (J.)

PYCNOTHELIA. (*Bot.*) Acharius, dans sa Lichénographie universelle, donne ce nom à la quatrième division de son genre *Cenomyce*, caractérisé par son expansion crustacée, uniforme, et par les supports de la fructification ou podetium, très-courts, presque simples ou peu rameux : son ancien *bœmyces papillaria* ou *cenomyce papillaria* en fait seul partie. Mais, dans son *Synopsis lichenum*, p. 248, le *pycnothelia* devient la première section du *cenomyce*, augmentée d'une seconde espèce, le *bœmyces retiporus*, Labill., *Pl. Nov. Holl.*, 2, pl. 254, fig. 2. De plus, le caractère est modifié ainsi : *Thallus ou expansion presque crustacée, uniforme; podetium creux.* M. Léon Dufour a établi le *pycnothelia* comme un genre distinct, et est suivi en cela par M. Fée, excepté cependant qu'il y réunissoit le *Dufourea* d'Acharius. Les caractères de ce genre sont les suivans, en partie déjà énoncés par Acharius; savoir : *Thallus presque crustacé, uniforme; podetium creux; apothecium ou céphalode terminale, orbiculé, sans rebord, capituliforme, épaissi, enflé en dessous ; lame proligère, réfléchie sur le contour, homogène intérieurement.* Meyer, dans son Histoire des lichens, et Fries, *Syst. veget.*, n'adoptent point le genre *Pycnothelia*; ce dernier auteur le laisse dans son *cladonia*, qui comprend le *cenomyce* d'Acharius.

M. Léon Dufour ramène à ce genre, indépendamment du *cenomyce papillaria* et du *dufourea madreporiformis*, les *cenomyce vermicularis* et *taurica*, Achar. (Lem.)

PYCRA. (*Bot.*) On lit dans Belon que la chicorée est ainsi nommée dans l'île de Crète. C'est peut-être l'origine du nom Picris (voyez ce mot.), cité dans Daléchamps pour le *leontodon autumnale.* (J.)

PYCREUS. (*Bot.*) Genre établi par Beauvois dans sa Flore des royaumes d'Oware et de Benin, vol. 2, pag. 48, tab. 86, pour le *Cyperus esculentus*, que nous avons découvert, M. Desfontaines et moi, sur les côtes de Barbarie, que Beauvois a retrouvé à Chama, dans les royaumes d'Oware et de Benin, dans le sable, sur le bord des eaux. Il attribue à ce genre, pour caractère essentiel : Des épillets terminaux, disposés en fausses ombelles, ou en corymbes simples ou composés; les écailles sont disposées sur deux rangs opposés, très-nombreuses, presque toutes fertiles ; des bractées en forme d'écailles ; trois étamines ; un ovaire ; un style simple , surmonté de deux stigmates; une semence à deux angles. (Poir.)

PYCROMYCES. (*Bot.*) Battara désigne ainsi un groupe de champignons du genre *Agaricus*, dont il distingue cinq espèces, dont une, le *picrom. tunicatus*, paroît être l'*agaricus squarrosus*, Fries. La qualité d'être amer a suggéré le nom de *pycromyces*, champignon amer, en grec, donné à ces plantes. (Lem.)

PYGARGUE. (*Ornith.*) On a déjà donné, sous le mot Aigle, dans le tome Ier de ce Dictionnaire, et dans son supplément, une description de la plupart des aigles connus; mais, comme l'histoire de ces grands oiseaux, qui vivent presque tous dans des contrées éloignées, a encore besoin d'éclaircissement, soit pour les mœurs, soit pour la distinction des espèces, sujettes à beaucoup de variations dans le plumage, aux divers âges de leur vie, on croit ne devoir point passer sous silence les observations particulières de l'auteur des articles d'ornithologie dans le nouveau Dictionnaire d'histoire naturelle , où il a divisé cette grande famille en plusieurs genres particuliers.

L'un de ces genres est le Pygargue, *Haliætus*, Savigny. Les caractères que M. Vieillot a assignés à ce genre sont : un bec grand , presque droit, convexe en dessus, comprimé latéralement, dilaté sur les bords de sa partie supérieure, acuminé à sa pointe; des narines grandes, lunulées, transverses; une langue charnue, épaisse, entière; la bouche fendue jusque sous les yeux; des ailes longues, dont la première et la septième rémiges sont presque égales, et les troisième, quatrième et cinquième les plus longues; des tarses courts, à demi-velus; des doigts totalement séparés et l'externe versatile, ce qui rapproche les pygargues des balbuzards, et les éloigne des aigles proprement dits, dont les tarses sont couverts de duvet jusqu'aux doigts, et qui ont les deux extérieurs réunis à leur base par une membrane; des ongles arqués et aigus; l'intérieur et le postérieur les plus longs; l'externe le plus court; l'intermédiaire présentant une rainure profonde, et un bord finement dentelé sur son côté intérieur, aplati en dessous, et creusé en gouttière.

Il n'est pas inutile de rappeler ici que les ornithologistes ont fait leur *falco ossifragus* du pygargue, à l'époque où son plumage est varié de brun, de ferrugineux et de blanchâtre, et où les pennes caudales sont brunes et tachetées confusément de blanc; le *falco albicilla*, quand sa tête et son cou sont gris, la queue ayant plus de blanc que de brun; le *falco albicaudus*, lorsque la couleur grise prend une teinte marron, que le corps est d'un ferrugineux obscur, et la queue blanche; et le *falco leucocephalus*, quand la tête, le cou et la queue sont blancs, ce qui n'arrive que dans un âge avancé. Il faut même ajouter à ces dénominations d'autres, qui ont été données dans des états intermédiaires, telles que *melanaetos* et *glaucopis*.

Cette grande espèce d'accipitre ne quitte point les pays septentrionaux des deux continens : elle descend en Amérique jusque dans la Caroline, et les Groënlandois, pour lesquels elle est l'objet d'une chasse particulière, se nourrissent de sa chair, se vêtissent de sa peau, font des coussins avec ses plumes, et des amulettes avec son bec et ses griffes. Elle se trouve aussi en Russie, où on la nomme *loun*, en Norwége et dans les îles de Loffoden.

Latham, dans le second supplément de son *Synopsis*, donne comme une variété du *falco albicilla*, un oiseau de proie de la Nouvelle-Hollande, qui est d'une grande taille, dont le bec et les pieds sont noirs, dont le plumage est généralement brun, mais plus pâle en dessous qu'en dessus, plus sombre sur les ailes, et qui a le croupion et la queue d'une couleur cendrée presque blanche.

M. Vieillot range à la suite du pygargue, l'aigle *vocifer*

de Levaillant; l'aigle *nonette* dont parle Gaby dans sa Relation de la Nigritie; un autre oiseau de proie qui se trouve dans le Cabinet de M. de Riocourt, et que l'auteur appelle *pygargue tricolore;* l'aigle de la Chine, *falco sinensis*, Lath.; l'aigle féroce ou d'Astracan, *falco ferox*, Lath.; l'aigle de Gœttingue, *falco glaucopis;* l'aigle des grandes Indes, *falco ponticerianus;* l'aigle à ventre blanc, *falco leucogaster;* le bateleur, *falco ecaudatus;* le cafre, *falco vulturinus;* le chééla, *falco cheela;* le getiegerte, *falco tigrinus;* le pygargue à ventre fauve, *haliœtus flaviventer*, rapporté par Labillardière de son voyage à la recherche de Lapérouse. (Ch. D.)

PYGARGUE. (*Mamm.*) Nom spécifique d'une espèce de cerf. Il lui a été donné à cause de la blancheur de ses fesses. Les anciens l'ont appliqué aussi à un ruminant; mais il est douteux qu'on en ait bien reconnu l'espèce. Ce nom est formé de deux mots grecs, qui signifient *derrière blanc.* Voyez Cerf. (F. C.)

PYGARGUS ACCIPITER. (*Ornith.*) Willughby désigne sous cette dénomination la soubuse, *falco pygargus*, Linn. (Ch. D.)

PYGARRICHI. (*Ornith.*) Illiger désigne par ce terme une famille d'oiseaux dont le bec est médiocre, grêle, comprimé, arqué; dont les ailes, de médiocre grandeur, ont leurs premières pennes les plus courtes, dont les rectrices sont roides et pointues, et dont les pieds ont les trois doigts de devant séparés et un doigt postérieur. (Ch. D.)

PYGATRICHE. (*Mamm.*) M. Geoffroy, sur un caractère mal observé (celui de l'absence de callosités aux fesses), avoit formé un genre démembré de celui des Guenons et dont le Douc étoit le type.

Depuis, M. Frédéric Cuvier a établi le genre Semnopithèque, qui comprend le douc; et il l'a fondé sur des différences assez nombreuses, que le système de la manducation des singes, qu'il y place, présente dans sa comparaison avec celui des guenons proprement dites. Voyez Semnopithèque. (Desm.)

PYGEUM. (*Bot.*) Gærtner (*De fruct. et sem.*) a établi ce genre sur un fruit de Ceilan qui est un drupe sec, contenant des semences en forme de baies attachées alternativement sur ses côtés. (Lem.)

PYGMÆA. (*Bot.*) Fronde coriace, roide, très-courte, dilatée à ses extrémités, palmée; fructifications semblables à de petits godets ou à de petites soucoupes. Stackhouse, auteur de ce genre, y ramène le *fucus lichenoides*, dont Agardh a fait depuis son genre *Lichina*, et qui étoit une espèce du *chondrus* de Lamouroux. (Lem.)

PYGMÉE. (*Mamm.*) Nom donné par Tyson à l'orang-chimpensé. Les Grecs ont parlé sous ce nom, dérivé de *Pugmeio*, qui dans leur langue signifie d'une coudée de hauteur, d'un peuple de Lybie qui auroit eu cette taille, dont la vie n'alloit pas au-delà de huit années, chez lequel les femmes accouchoient à cinq ans, etc. Si ces fables avoient quelques fondemens, on ne peut guère les chercher que dans l'espéce de singe d'Afrique qui se rapproche le plus de l'homme, et c'est le chimpensé. (F. C.)

PYGOLAMPE. (*Entom.*) On trouve ce nom dans Aristote, Histoire des animaux, livre 4 (πυϱολαμπὲς), pour indiquer une sorte d'insecte luisant, que quelques auteurs ont traduit par le mot de cicindèle, et d'autres, mot à mot, sous le nom de *cul luisant*: ce qui semble se rapporter au lampyre ou ver luisant. (C. D.)

PYGOPODES. (*Ornith.*) Famille d'oiseaux de la méthode d'Illiger, dont les caractères consistent dans un bec médiocre plus ou moins comprimé, aigu, avec les bords entiers; des narines simples; des ailes médiocres et propres au vol, des pieds à l'arrière du corps; des doigts entièrement palmés ou garnis seulement d'une membrane fendue. (Ch. D.)

PYGOS. (*Bot.*) C. Bauhin soupçonne que l'arbrisseau désigné sous ce nom grec par Théophraste, est l'espéce de sureau à grappes rouges. (J.)

PYGOSCELIS. (*Ornith.*) C'est dans Gesner le grêbe cornu, *colymbus cornutus*, *obscurus* et *caspicus*, Linn., Gmel. (Ch. D.)

PYLAIELLA; *Pilayella*, Bory. (*Bot.*) Ce genre, établi par M. Bory de Saint-Vincent, comprend des plantes aquatiques de la famille des algues, de la division des confervées, et voisin du *scytonema* et du *sphacellaria*. Il est caractérisé par ses filamens cylindriques généralement articulés par sections transverses, fort visibles, dépourvus de toute macule de matière colorante; par sa fructification composée de globules qui se développent, à la suite les uns des autres, vers l'extrémité des rameaux. M. Bory ne fait pas connoître les espèces de son genre *Pilayella*, que l'orthographe du nom du botaniste et muscologue distingué auquel il est dédié, M. Bachelot de la Pylaie, nous oblige à changer en celui de *pylaiella*. (Lem.)

PYLAISÆA. (*Bot.*) Genre de la famille des mousses, voisin du *Pterogonium* ; ses caractères sont ceux-ci : Péristome simple, à seize dents opaques, membraneuses, transparentes et dentelées en leur bord ; capsules ovales, obliques ; opercule campaniforme, mucronulé ; point de périchèze ; une gaîne nue, ovale, presque cylindrique.

Ce genre a été établi par M. Desvaux, qui le nomme *Pilaisea* et qu'il auroit fallu nommer *Pylaiea* ; il est dédié à M. Bachelot de la Pylaie, bryologue habile, auquel la science doit de bonnes monographies de plusieurs genres de mousses et d'autres travaux botaniques importans.

M. de la Pylaie fait remarquer que ce genre a infiniment de rapports avec le *Pterogonium*, et qu'il en diffère par les dents de son péristome dépourvues de stries transverses, mais ayant un léger sillon dorsal, longitudinal ; par la membrane transparente qui forme seule leur dentelure ; par la forme de l'urne, qui lui est tout-à-fait particulière. et par l'absence du périchèze. Ce genre est très-voisin du *Fabronia* de Raddi, avec lequel il faudroit peut-être le réunir. On n'en connoît qu'une espèce, le *pylaisæa radicans*, Bach. de la Pyl., Journ. bot., Desv., 1814, vol. 4, pag. 76, pl. 55, fig. 2 : c'est une très-petite mousse, qui a tout le port des *pterigynandrum* ; elle a sa tige filiforme, rampante, rameuse ; ses rameaux simples ou rarement divisés, courts et droits, garnis de feuilles sans nervures, lancéolées, pointues, presque distiques ; la capsule penchée, portée sur un pédicelle souvent beaucoup plus long que les rameaux adjacens. Cette plante, d'un vert agréable, croit sur les écorces des arbres, à Fontainebleau, près Paris ; elle forme des gazons d'un pouce de long environ et qui adhèrent fortement aux écorces. (Lem.)

PYLORE. (*Anat. et Phys.*) Voyez Système digestif. (F.)

PYLORIDÉS, *Pyloridata*. (*Malacoz.*) Dénomination inventée par Klein pour les coquilles bivalves, qui présentent constamment un bâillement plus ou moins considérable à l'une ou à

deux de leurs extrémités, et que M. de Blainville a adoptée
pour désigner, outre ce caractère tiré de la coquille, l'existence d'ouvertures produites aux deux extrémités du manteau par la soudure dans une plus ou moins grande étendue
de ses bords. Il l'applique à l'avant-dernière famille de sa
classe des lamellibranches, qui renferme les genres Mye et
Solen de Linné, avec les subdivisions nombreuses qu'on a
cru devoir y établir, et quelques genres entièrement nouveaux. Voyez ces mots et l'article MOLLUSQUES. (DE B.)

PYLSTAART. (*Ornith.*) Ce nom, qui s'écrit aussi *pylstert*,
et qui signifie en hollandois *flèche en queue*, a été mal à propos
rapporté au harle étoilé; il est appliqué, dans la Relation de
Tasman, au paille-en-queue ou phaéton : *phaeton œthereus*,
Linn. (CH. D.)

PYLSTAART. (*Ichthyol.*) Nom hollandois de la pastenague
commune. Voyez PASTENAGUE. (H. C.)

PYRACANTHA. (*Bot.*) Lobel et Clusius désignoient sous
ce nom l'arbrisseau nommé vulgairement buisson ardent, qui
est le *mespilus pyracantha*. (J.)

PYRALE, *Pyralis.* (*Entom.*) C'est le nom d'un genre d'insectes lépidoptères, établi par Fabricius et qui a été rangé
par nous dans la famille des séticornes ou chétocères, parce
que les espèces ont toutes les antennes en soie. Ce genre est
en outre caractérisé par la brièveté des antennes, et surtout
par la forme des ailes et par leur port; car, dans l'état de
repos, elles forment un toit écrasé, très-large et arrondi à
la base, ce qui les a fait appeler autrefois *phalènes à larges
épaules*, et même, en un seul mot, *chape* ou *porte-chape*.

Le nom de pyrale, quoiqu'évidemment tiré du grec πυραλὶς,
étoit celui d'un oiseau, comme on peut le voir dans un passage d'Aristote; mais Pline le naturaliste (*lib.* XII, *cap.* 36)
désigne sous ce nom un insecte qui provient du feu, *undè et
nomen accepit*, dit-il. C'est probablement pour faire allusion à
ce nom que Fabricius l'a adopté; car les pyrales viennent
souvent le soir, attirées par l'éclat de la lumière, se jeter
sur nos flambeaux, où elles se brûlent ordinairement et trouvent la mort.

Il est facile de distinguer le genre des pyrales de tous ceux
que réunit la même famille des lépidoptères séticornes, d'après

44.   9

les considérations suivantes. D'abord, les *phalènes*, les *crambes* et les *ptérophores* portent les ailes étendues ou écartées du corps dans l'état de repos; ensuite, les *teignes* et les *lithosies* en ont le corps enveloppé comme dans un fourreau; enfin, dans les *alucites* et les *noctuelles*, les antennes sont longues et les ailes, disposées en toit, se réunissent au corselet sous un angle aigu, où elles sont là très-rétrécies, au lieu que dans les *pyrales*, comme nous l'avons déjà dit, les antennes sont courtes, et les ailes, en toit, sont élargies et arrondies vers le point de leur insertion sur le corselet. On peut se faire une idée précise de ces sortes de dispositions des parties, en jetant un coup d'œil sur les planches 42 et 43 de l'atlas de ce Dictionnaire, qui représentent les six genres de la famille des chétocères, et spécialement le genre Pyrale, sous les n.ᵒˢ 5 et 5 a, figures où les ailes sont supposées dans l'état de repos.

Linnæus avoit désigné les pyrales sous le nom de phalènes tordeuses, *phalenæ tortrices alis conniventibus*, parce que la plupart des chenilles qui les produisent se cachent dans un fourreau, qu'elles se construisent à l'aide d'une feuille qu'elles ont tordue ou roulée, et qu'elles maintiennent dans cet état au moyen de fils ou de couches de soie; d'autres réunissent de la même manière les fleurs et les jeunes fruits ou les baies; enfin, il en est qui, se nourrissant dans les fruits à noyaux et à pepins, sont les vers qui rongent nos fruits, tels que les abricots, les prunes, les pommes, les poires, et qui ne sont que trop connues par le dommage qu'elles font dans nos vergers. Réaumur nous a laissé, dans ses Mémoires, l'histoire très-détaillée de quelques-unes; Degéer et Roësel s'en sont également occupés.

M. Latreille a rapporté le genre auquel cet article est consacré, à la cinquième tribu des lépidoptères nocturnes, qu'il nomme les tordeuses, et il y réunit plusieurs genres, ainsi qu'il suit: Pyrale; Volucre (*Pyralis heracleana*); Xylopode (*Pyralis dentata*); Herminie, dont les chenilles ont quatorze pattes.

La plupart des espèces de son sous-genre *tortrix* avoient reçu de Linnæus un nom spécifique terminé en *ana*, ce qui rendoit la nomenclature fort commode, les teignes étant désignées par des noms en *ella*, les ptérophores en *dactyla*, et les crambes en *alis*; mais, depuis, cette différence n'a pas été scrupuleusement adoptée par les auteurs, et cela est fâcheux.

Nous allons faire connoître quelques-unes des espèces de ce genre très-nombreux.

1. PYRALE PRASINANE, *P. prasinana.*

Réaumur a décrit la chenille et fait connoître ses mœurs, tome 1.er de ses Mémoires; il l'a figuré, ainsi que l'insecte parfait, pl. 39, n.os 10 à 14.

Car. Ses ailes supérieures sont d'un beau vert, avec deux bandes obliques jaunâtres; les ailes inférieures sont blanches.

Cet insecte provient de la chenille qui vit sur le chêne; Réaumur l'appelle chenille à forme de poisson : elle a seize pattes; sa couleur est verte, avec des raies obliques plus jaunes. Elle se construit une coque en bateau, formée de deux coquilles de soie.

2. PYRALE DU HÊTRE, *P. fagana.*

Car. Ailes vertes, avec deux lignes obliques jaunes; le bord postérieur de l'aile supérieure, les antennes et les pattes jaunes ou rosées.

Elle ressemble beaucoup à la précédente; mais la chenille est différente, ainsi que son cocon.

3. PYRALE VIRIDANE, *P. viridana.*

C'est l'espèce que nous avons fait représenter sous le n.º 5 de la planche 43 de l'atlas joint à ce Dictionnaire, ou la *chappe verte* de Geoffroy.

Car. Ses ailes sont d'un beau vert clair, sans taches.

Sa chenille se nourrit de feuilles de chêne : elle est verte, avec des points noirs; sa chrysalide est brune, avec la partie postérieure terminée en pointe fourchue.

4. PYRALE HÉRACLÉANE, *P. heracleana.*

Car. Ailes grises en dessus, les supérieures brunes en dessous.

Réaumur a fait connoître ses habitudes et l'a figurée dans ses Mémoires, tom. 2, pl. 16, fig. 1 à 4.

Elle se nourrit sur la berce ou *heracleum* et sur d'autres ombellifères, dont elle détruit les jeunes ombelles et se retire dans les tiges creuses, où elle se met à l'abri pendant le jour; c'est le genre *Volucre* d'après M. Latreille.

5. PYRALE CYNOSBANE, *P. cynosbana.*

C'est l'insecte qui provient de la chenille qui fait tant de torts aux rosiers, et qui, après avoir dévoré les boutons de fleurs, ronge les tiges herbacées et pénètre dans le centre séveux des jeunes pousses. Degéer l'a fait connoître et figurer t. 1.ᵉʳ, pl. 34, fig. 4 et 5.

Car. Ailes supérieures brunes, avec l'extrémité blanchâtre, terminée par des points noirs.

Réaumur l'a décrite et figurée tom. 2, pl. 40, n.ᵒˢ 9 et 10.

6. Pyrale des pommes, *P. pomona.*

Car. Ailes d'un gris brun, avec une tache plus foncée et lavée de points dorés, brillans, vers l'extrémité des supérieures.

Sa chenille est le ver qui ronge les fruits des pommiers; lorsqu'elle y a pris tout son accroissement, en y laissant les résidus de sa nourriture, elle fait un trou à l'épiderme et va se filer une coque sous l'écorce des pommiers. Il paroît que les petites chenilles pénètrent dans les jeunes fruits dès le moment où ils commencent à se nouer.

7. Pyrale de la vigne, *P. vitana.*

M. Bosc l'a fait connoître dans les Mémoires de la Société royale d'agriculture pour 1786; elle est aussi figurée dans les Illustrations de M. Coquebert, 1.ʳᵉ décade, pl. 7, fig. 9.

Car. Ailes supérieures verdâtres, avec trois lignes obliques brunes, dont la troisième est terminale.

Elle ronge et détruit les grappes de raisin dans certains cantons de la France. (C. D.)

PYRALIS. (*Ornith.*) Nom grec d'un oiseau inconnu. (Cʜ. D.)

PYRALLOLITHE. (*Min.*) M. Nordenskiold a regardé ce minéral comme une espèce particulière, distinguée par des caractères minéralogiques et chimiques.

C'est un minéral pierreux, opaque ou à peine translucide, tendre, se laissant aisément rayer par le fer; à texture feuilletée; à cassure terreuse, d'aspect mat, avec un foible éclat gras; blanc, tirant au verdâtre; quelquefois cristallisé, offrant une forme qui conduit au prisme rhomboïdal oblique, dans lequel l'incidence de M sur T est de $54\frac{1}{2}^\mathrm{d}$; celle de M sur T' de $85\frac{1}{2}$, et celle de P sur M d'environ $140^\mathrm{d},45'$.

Sa pesanteur spécifique est de 2.5; sa poussière, exposée à la chaleur rouge, donne une lueur phosphorescente bleuâtre. Il change au feu du chalumeau du noir au blanc.

Il est composé, d'après M. Nordenskiold,

de magnésie   23,38
de silice   56,62
de chaux   5,58
d'alumine   3,38
d'eau   3,58
de fer et de manganèse . . . . .   1.

M. Berzelius croit que l'alumine et la chaux sont étrangères à sa composition, et regarde ce minéral comme un bisilicate de magnésie : il donne donc pour la formule M^1S^2, au lieu de $AS^2 + CS^4 + 6MS^2 + 2Aq$, qu'avoit donné M. Nordenskiold. On lui trouve, tant par ses caractères que par sa composition, beaucoup de ressemblance avec la stéatite cristallisée de Baireuth : les cristaux colorés deviennent blancs dans toute leur masse, par l'action des rayons solaires.

On le rencontre associé avec du calcaire spathique, du felspath, de l'augite, de la wernerite, de l'apatite et du titanite, dans la carrière de pierre à chaux près de Storgard, dans la paroisse de Pargas en Finlande.

On ne peut dire encore si ce minéral est réellement une espèce particulière, ou s'il doit être rapporté soit à la stéatite de Baireuth, soit à l'amphibole, soit même à la diallage. (B.)

PYRAME. (*Mamm.*) Petite race de chiens, qui appartient à la division des épagneuls par les formes de sa tête, et dont la couleur est noire avec des taches de feu. On la dit originaire d'Angleterre. (F. C.)

PYRAMIDAL (*Bot.*), se rétrécissant de la base au sommet en forme de gyrandole; ex. : panicule de l'*agave*, des *yucca;* ramification du sapin, etc. (Mass.)

PYRAMIDALE. (*Bot.*) C'est une campanule cultivée dans les jardins à cause de son port élevé et de son long épi de fleurs, ayant la forme de pyramide, d'où lui étoit venu le nom de *pyramidalis*, cité par Daléchamps, et celui de *campanula pyramidalis*, donné par Linnæus. (J.)

PYRAMIDE. (*Conchyl.*) Les anciens conchyliologistes ont ainsi appelé les coquilles du genre Cône. (Desm.)

PYRAMIDELLE, *Pyramidella.* (*Conchyl.*) Genre établi par M. de Lamarck dans la première édition de ses Animaux sans vertèbres et adopté par presque tous les conchyliologistes subséquens pour quelques petites coquilles, qui ont un aspect tout particulier, dont Linné faisoit des hélices et Bruguière des bulimes. Malheureusement on n'en connoit pas encore l'animal. Voici comment l'on peut caractériser ce genre, que l'on place dans la famille des auriculacés, mais sans être certain que cela doive être : Coquille lisse, non épidermée, conique, alongée ou subturriculée ; ouverture ovale d'arrière en avant ; bord externe tranchant ; l'interne entièrement formé par la columelle droite, saillante en avant, plissée, élargie sur l'ombilic, qu'elle laisse plus ou moins à découvert. Les cinq espèces de pyramidelles, que M. de Lamarck caractérise dans la nouvelle édition de son Syst. des Anim. sans vert., t. 6, 2.ᵉ part., page 271, paroissent provenir des pays chauds et très-probablement être marines ; mais ce qui n'est pas encore certain. M. de Lamarck le conclut de la forme de leur bord externe.

La Pyramidelle foret : *P. terebellum ; Helix terebella*, Mull., *Verm.*, p. 123, n.° 319 ; *Bulimus terebellum*, Brug., Dict., n.° 98 ; Bonnan., *Recr.*, 3, pag. 379. Coquille conique, turriculée, lisse, ombiliquée, avec la columelle courbe et le bord droit lisse. Couleur blanche, avec une ligne brune décurrente.

De la mer des Antilles.

La P. dentée : *P. dolabrata ; Trochus dolabratus*, Linn., Gmel., page 3585, n.° 113 ; *Pyramid. terebellum*, Enc. méth., pl. 452, fig. 2, *a*, *b*. Coquille conique, turriculée, lisse, ombiliquée, ayant la columelle courbe et le bord droit denté et sillonné en dedans. Couleur blanche, avec des lignes brunes, décurrentes.

De l'Amérique méridionale ?

La P. plissée : *P. plicata*, de Lamk., *loc. cit.*, n.° 3 ; Enc. méth., pl. 452, fig. 3, *a*, *b*. Coquille ovale-oblongue, solide, couverte de plis longitudinaux et lisses, striée dans leurs intervalles ; ouverture petite ; columelle imperforée. Couleur blanche, avec des séries décurrentes de points roux.

Des mers de l'Isle-de-France.

La P. froncée : *P. corrugata*, de Lamk., *loc. cit.*, n.° 4. Coquille alongée, turriculée, grêle, plissée dans sa longueur et ayant le dernier tour beaucoup plus court que le reste de la spire. Couleur blanche, avec une série de points jaunes et rares, décurrentes près la suture. Patrie inconnue.

La P. tachetée : *P. maculosa*, de Lamk., n.° 5 ; Enc. méth., pl. 452, fig. 1, *a*, *b*. Coquille turriculée, subulée, striée dans sa longueur, à tours de spire très-nombreux, dont le dernier beaucoup plus court que la spire. Couleur blanche, peinte de taches et de points roux épars.

Patrie inconnue. (De B.)

PYRAMIDELLE. (*Foss.*) S'il est jugé que les coquilles que j'ai rangées dans le genre Nériné, et qu'on ne trouve que dans des couches plus anciennes que la craie, ne devront pas entrer dans le genre Pyramidelle, dont elles paroissent très-voisines, les espèces de ce dernier genre ne se rencontrent que dans celles qui sont plus nouvelles que cette substance.

Pyramidella mitrula, Féruss., Tab. syst., page 107; *Pyramidella mitrula*, de Bast., Mém. géolog. sur les environs de Bordeaux, pag. 26, pl. 1, fig. 5. Coquille un peu ventrue, à tours garnis d'une rampe près de la suture. La columelle porte un pli, et le bord intérieur est garni de crénelures placées profondément dans l'ouverture : longueur, six à sept lignes. On trouve cette espèce à Léognan et à Mérignac, près de Bordeaux.

Pyramidelle en tarrière : *Pyramidella terebellata*, Féruss., *loc. cit.*; *P. terebellata*, de Bast., *loc. cit.*; Auricule en tarrière, *Auricula terebellata*, Lamk., Ann. du Mus., tom. 4, pag. 436, n.° 7, et tom. 8, pl. 60, fig. 10; *Turbo terebellatus*, Brocc., *Conch. subapp.*, tom. 2, pag. 383. Coquille turriculée, lisse, à ouverture courte, et portant trois plis très-marqués sur la columelle : longueur, six lignes. On trouve cette espèce à Grignon, département de Seine-et-Oise ; à Fontenai-Saint-Père, près de Mantes ; à Hauteville, département de la Manche ; à Léognan, près de Bordeaux ; près de Dax, et à Voltera, en Italie. Cette espèce est une de celles qui paroissent n'avoir point été modifiées par les localités où elles ont vécu.

D'après M. de Lamarck, nous avions regardé cette espèce comme dépendant du genre Auricule, et nous l'avions présentée comme telle dans le tome III de ce Dictionnaire, Supplément, page 134; mais elle auroit dû être placée dans le genre Pyramidelle.

Pyramidella gracilis, Féruss., *loc. cit.*; *Turbo gracilis*, Brocc., *loc. cit.*, tab. 6, fig. 6. Coquille subulée, cylindrique, à **tours** aplatis, couverte de stries perpendiculaires, et dont la columelle porte un pli : longueur, quatre lignes. On trouve cette espèce à Saint-Just, près Voltera.

PYRAMIDELLE ? AIGUILLETTE : *Pyramidella acicula*, Féruss., *loc. cit.*; AURICULE AIGUILLETTE, *A. acicula*, Lamk., *loc. cit.*, n.° 7, et tom. 8, pl. 60, fig. 9. Coquille turriculée-cylindrique, lisse, à ouverture courte, ovale, et portant un pli à la columelle : longueur, cinq lignes. On trouve cette espèce à Grignon. M. de Férussac dit que le genre de cette espèce peut laisser quelque doute.

PYRAMIDELLE ? GRAIN D'ORGE : *Pyramidella hordeola*, **Def.**; *Auricula hordeola*, Lamk., *loc. cit.*; Vélins du Mus., n.° 19, fig. 13. Coquille ovale-conique, lisse, ayant l'intérieur du bord droit strié, et portant un pli à la columelle : longueur, cinq lignes. On trouve cette espèce à Grignon. On peut élever à son sujet, ainsi que pour quelques variétés qu'on trouve avec elle, le même doute que pour celle qui précède. (D. F.)

PYRAMIDETTE. (*Bot.*) Voyez PYRAMIDIUM. (LEM.)

PYRAMIDIUM ; PYRAMIDETTE. (*Bot.*) Genre de la famille des mousses, que Bridel a créé aux dépens du genre *Gymnostomum*, et qu'il avoit d'abord nommé *Pyramidula*. Le caractère essentiel de ce genre est d'offrir une coiffe en pyramide quadrangulaire à sa partie supérieure, et dont les arêtes se prolongent en lignes brunes sur sa partie inférieure. Cette coiffe est en outre persistante, entière sur son bord ou sa base, et se fend par le côté jusqu'au milieu. Comme dans le *gymnostomum*, la capsule est régulière, sans anneaux, et à ouverture nue, sans aucun cil.

PYRAMIDIUM TÉTRAGONE : *Pyram. tetragonum*, Brid., Bryol. univ., 1, pag. 108; *Pyramidula tetragona*, Brid., *Suppl.*, 4, p. 20; Nées et Hornsch, *Bryol. Germ.*, 1, pl. 8, fig. 1; *Gymnostomum tetragonum*, Schw., *Suppl.*, 1, pl. 8; Schkuhr, *Deut. Moose*, pl. 11, fig. *b*. Ses racines, assez longues, fibreuses, presque simples, poussant des tiges à peine d'une ligne, droites, simples, garnies de six à dix feuilles rapprochées, droites, ovales, oblongues, entières, marquées d'une nervure médiane qui se termine en une pointe; pédicelles terminaux jaunepâles, puis purpurins, un peu renflés au sommet, longs de deux à quatre lignes, droits, ayant leur base entourée d'une petite gaîne et d'un périchétium subcylindrique, formé par des feuilles un peu plus grandes; coiffe d'un jaune paille et plus longue que la capsule, terminée par une pointe brunâtre; capsule obovale, presque en forme de poire, droite, lisse, d'un brun roux; opercule petit, de même couleur, conoïde, obtus, adhérant à la coiffe, mais se détachant aisément de l'urne. Les fleurs mâles ou gemmes sont sur le même pied; elles offrent un très-petit nombre d'anthères et de paraphyses. Cette mousse se rencontre en Thuringe, dans les champs, près des villes de Gotha et d'Erfurt; près Ratisbonne, en Franconie. (Lem.)

PYRAMIDULA. (*Bot.*) Voyez Pyramidium. (Lem.)

PYRANGA. (*Ornith.*) M. Desmarest, dans son Histoire des tangaras, a divisé ce grand genre en cinq sections, dont la quatrième, les *Colluriens*, comprend les espèces qui ne lui ont paru différer des pie-grièches, qu'en ce que leur bec est plus conique, plus gros à sa base, et moins crochu à son extrémité. Ces espèces sont : le tangara du Canada, *tanagra rubra*; le tangara du Mississipi, *tanagra æstiva* et *mississipensis*; le grand tangara, *tanagra magna*; l'oiseau silencieux, *tanagra silens*; le tangara à camail ou à cravate, *tanagra atra*; le tangara mordoré, *tanagra atricapilla*; le tangara verderoux, *tanagra guyanensis*.

M. Vieillot, trouvant ces coupures insuffisantes, a distribué les tangaras colluriens en plusieurs genres particuliers. Il a placé les deux premières espèces dans son genre *Pyranga*, et il a fait 1.° du grand tangara son *habia vert-olive*; 2.° du tangara à camail, son *habia à cravate noire*; 3.° de l'oiseau silencieux, son *arrémon à collier*; 4.° du tangara mordoré, son *lanion mordoré*; 5.° du tangara verderoux, une pie-grièche. Il a déjà été question de ces oiseaux dans ce Dictionnaire sous les mots Arrémon, au Supplément du tome III, p. 16; Habia, au tome XX, pag. 194; Lanion, au tome XXV, p. 245, et Pie-grièche.

Outre les deux espèces de tangaras colluriens que M. Vieillot a fait entrer dans son genre *Pyranga*, il en a décrit six autres, parmi lesquelles il n'a pas été à portée d'examiner un assez grand nombre d'individus pour pouvoir se garantir contre de doubles emplois causés par l'âge ou le sexe.

Les caractères assignés par lui aux pyrangas sont : Un bec robuste, épais, un peu déprimé à sa base, conique, convexe dessus et dessous; la mandibule supérieure couvrant une partie de l'inférieure, à bords anguleux, en forme d'une fausse dent vers son milieu, légèrement échancrée et fléchie à sa pointe; l'inférieure droite et entière; des narines arrondies, ouvertes, petites, à demi-couvertes par les plumes du capistrum; une langue cartilagineuse, bifide à sa pointe; les trois premières rémiges à peu près égales et les plus longues; les extérieurs des trois doigts de devant réunis à leur base, l'interne libre.

Ces oiseaux vivent d'insectes qu'ils cherchent sur les arbres, et qu'ils saisissent quelquefois au vol. Ils se nourrissent aussi de diverses baies à l'époque de leur maturité. On les trouve presque toujours seuls ou en familles, mais pas en bandes, dans les vergers ou dans les bois; ils font leur nid sur des arbres de moyenne hauteur. Ceux qui fréquentent les États-Unis et le Canada, y arrivent dans les premiers jours de Mai, y restent jusqu'à l'automne, et après y avoir fait deux pontes, ils se retirent avec leur famille sous la zone torride, pour y passer l'hiver.

Pyranga rouge et noir : *Pyranga erythromelas*, Vieill.; *Tanagra rubra*, Linn. Cet oiseau, dont le mâle est figuré sur la 156.ᵉ pl. enl. de Buff., n.° 1, et dans l'ouvrage de M. Desmarest, est d'une couleur de feu, sans reflets, à l'exception des ailes et de la queue, qui sont noires; le bec est de couleur de plomb. La femelle est d'un vert terne et rembruni; ses ailes et sa queue sont d'un brun noirâtre. Cet oiseau, qui arrive au printemps dans le Nord de l'Amérique, et pénètre jusqu'au Canada, semble exprimer par son chant les syllabes *chip*, *chourr*, répétées par intervalles et d'un ton morne qui le fait supposer plus éloigné qu'il ne l'est en effet. Son nid, placé sur des arbres, est composé extérieurement d'un tissu si lâche d'herbes sèches qu'on peut, étant dessous, voir la couche sur laquelle sont déposés les œufs, qui sont au nombre de trois ou quatre, tachetés de brun ou de pourpre sur un fond d'un bleu terne.

On suppose que le mâle de cette espèce n'a pas le même

plumage dans les différentes saisons, et l'on dit que sa graisse et la moelle de ses os participent de la couleur rouge.

Pyranga du Mississipi : *Pyranga œstiva*, Vieill.; *Tanagra mississipensis*, Linn., pl. enl. de Buff., n.° 741. Cette espèce, figurée aussi dans l'ouvrage de M. Desmarest, a six pouces et quelques lignes de longueur; son plumage, généralement rouge, paroît susceptible de diverses nuances suivant l'àge. Le bec est d'une couleur de corne jaunàtre, et les pieds sont d'un bleu clair inclinant au pourpre. La femelle, dont la taille est un peu inférieure à celle du màle, a le dessus du corps d'un jaune-olive brunàtre; les parties inférieures sont d'un jaune-orangé terne; les rémiges ont la pointe et les barbes intérieures brunes; les pennes caudales sont plus claires en dessous qu'en dessus. Le plumage du jeune est, dans le premier àge, d'un vert-olive sur le corps et presque pareil à celui de la femelle en dessous. Au printemps et pendant l'été, il commence à se distinguer de la femelle par la bigarrure du vêtement, qui ne parvient que graduellement à la couleur rouge, et telle est, sans doute, la cause pour laquelle on trouve dans Latham les *tanagra variegata* et *virginica* présentés comme des espèces distinctes, tandis qu'ils ne sont, ainsi que les *tanagra variegata* et *loxia virginica* de Gmelin, que des espèces nominales.

Cet oiseau se trouve pendant l'été dans les États-Unis, et surtout dans la Caroline, les Florides et la Louisiane; mais plus rarement dans la Pensylvanie et dans l'état de New-York. Il fait son nid sur les branches horizontales d'arbres de moyenne grandeur, en préférant ceux qui sont toujours verts : ce nid, qu'il place à dix ou douze pieds de terre, est composé de tiges de lin sèches, et tapissé d'herbes fines en dedans. La femelle y pond trois ou quatre œufs d'un bleu clair.

Pyranga a tête verte; *Pyranga chlorocephala*, Vieill. Cette espèce se voit au Muséum d'histoire naturelle de Paris, mais l'étiquette n'indique pas la contrée qu'elle habite. Elle est de la taille du pyranga rouge. Sa tête est verdàtre; les parties supérieures du corps sont d'un bleu très-clair chez le màle, dont les parties inférieures sont jaunes, et qui a le bec brun et les pieds d'une couleur de chair rougeàtre. La femelle ou le jeune a la tête d'un gris verdàtre, le dessus du corps d'un vert-olive, et le dessous d'un jaune verdàtre.

PYRANGA AUX PIEDS JAUNES; *Pyranga icteropus*, Vieill. Cet oiseau qui, comme le précédent, se trouve au Muséum d'histoire naturelle, y a été envoyé du Brésil. Sa longueur est de six pouces et demi; la tête, le dessus du cou et le dos sont verts; les deux pennes intermédiaires de la queue, et les bords extérieurs de toutes les latérales et des rémiges, sont bleus; le dessous du corps est jaune; les plumes des jambes sont d'un vert olivàtre; les pieds sont jaunes, et le bec est brun.

PYRANGA NOIR ET JAUNE, *Pyranga icteromelas*. L'Amérique méridionale paroît être la patrie de cet oiseau, dont une dépouille existe au Muséum de Paris, et dont les parties supérieures, les côtés de la tête et du cou sont noirs, ainsi que la gorge, laquelle, dans son milieu, est rayée transversalement de jaune, couleur qui couvre le dessous du corps. Les pieds sont d'un brun rougeàtre, et le bec, noiràtre en dessus, est de couleur de corne en dessous.

PYRANGA A FACE ROUGE; *Pyranga erythropis*, Vieill. Wilson a figuré, dans son Ornithologie américaine, pl. 20, n.º 1, cet oiseau, long de six pouces, qui habite les grandes plaines et les prairies dont le Missouri est bordé, et qui a le dos, la queue et les ailes noirs; les moyennes couvertures des ailes jaunes, et les grandes terminées par la même couleur; le cou, le croupion, et toutes les parties inférieures d'un jaune verdàtre; le devant de la tête jusqu'au-dessous de l'œil et le menton d'un rouge clair; le bec de couleur de corne, et les pieds d'un bleu clair. Cette espèce, qui place son nid dans les buissons ou dans les herbes, se nourrit de différentes sortes de baies.

PYRANGA BLEU ET JAUNE; *Pyranga cyanicterus*, Vieill. M. Temminck a dans sa collection cet oiseau, de sept pouces de longueur, qu'on croit être de l'Amérique méridionale, et qui a le cou, la gorge, le croupion, les couvertures des ailes, l'extérieur des pennes primaires, les plumes du dessus de la queue, ses deux pennes intermédiaires et le bord des autres d'un beau bleu d'azur; des reflets verdàtres se font remarquer sur le dos, dont le fond est de la même couleur, qui est pure sur les autres parties, et brillante sur le devant du cou et le haut de la poitrine. Il y a sur les côtés de l'estomac une tache blanche, qui, s'avançant un peu sur le devant, y forme un demi-cercle; le reste des parties inférieures est d'un jaune citron; les rémiges sont noires à l'extérieur. Le bec est noir, et les pieds sont d'un jaune d'ocre clair.

Pyranga cendré; *Pyranga cinerea*, Vieill. Tout le plumage de cet oiseau de l'Amérique méridionale est d'un cendré foncé avec quelques marques blanches sur les couvertures des ailes, et des taches blanchâtres aux plumes anales. La queue, assez longue, est carrée et terminée de blanc. M. Vieillot soupçonne que cet individu, qu'il a vu au Muséum de Paris, est un jeune oiseau d'une espèce à lui inconnue. (Ch. D.)

PYRAPHROLITHE. (*Min.*) M. Haussmann réunit sous ce nom les pierres d'éclat et de cassure résineuse et vitreuse qu'on nomme Résinite (*pechstein*) et Obsidienne. Voyez ces mots. (B.)

PYRASTER. (*Bot.*) Nom donné par les anciens au poirier sauvage. (J.)

PYRAUSTE. (*Entom.*) Nom grec, donné par Aristote, πυραυσ7ης, à un insecte, que les traducteurs ont traduit par le mot de clairon. Ce nom vient d'un préjugé qui a ensuite été employé en proverbe. Il indiqueroit une sorte de mouche ailée qui naît dans le feu et qui périt aussitôt qu'il en sort. *Pyraustæ interitus*, la mort du pyrauste, πυραυσ7ᾶ μορος : c'étoit la fin de ceux qui s'engageoient dans des affaires dont ils ne pouvoient sortir sans périr. (C. D.)

PYRAZE, *Pyrazus.* (*Conchyl.*) Denys de Montfort a établi sous ce nom (Conchyl. syst., tome 2, page 459) un genre de coquilles avec quelques espèces de cérites, qui n'ont qu'un canal fort court ou une simple échancrure, et dont le bord droit se dilate fortement avec l'âge, comme dans le *cerithium palustre* et surtout le *C. ebeninum* de M. de Lamarck, qu'il nomme le P. Baudin, *P. Baudini*, assez grosse coquille, striée en travers, avec une rangée décurrente de tubercules comprimés, et le bord externe se réunissant en arrière à une épaisse callosité du bord interne, de manière à former un péristome continu.

Cette coquille vient du port Jackson.

Ce genre Pyraze me paroit assez bien concorder avec celui

que M. Brongniart a établi pour des coquilles fossiles, sous le nom de Potamide. Dans les potamides, cependant, le canal est encore plus court ou manque même presque entièrement. (De B.)

PYREIUM. (*Bot.*) Paulet propose de nommer ainsi le champignon qu'il nomme *amadou blanc*, mais il a été prévenu par les mycologues ; car cette plante est le *xylostroma gigantea* de Persoon, l'*hypolepia* de Rafinesque-Schmaltz, etc. (Lem.)

PYREN. (*Min.*) Nom donné par les anciens à une pierre qui avoit de la ressemblance avec le noyau d'une olive ; l'indication d'épine, semblable à des arêtes de poissons, qu'on remarque quelquefois sur cette pierre, fait présumer que ce pouvoit être un corps organisé fossile. (B.)

PYRÉNACÉES. (*Bot.*) Nom sous lequel M. De Candolle désigne la famille des plantes verbénacées. (J.)

PYRENASTRUM. (*Bot.*) Genre de la famille des lichens, qu'on doit à Eschweiler, qui le place entre le *pyrenula* et le *limboria* d'Acharius, et que Fries et Meyer ont adopté. Ces trois auteurs en présentent les caractères en termes différens. On peut les établir ainsi : Expansion ou thallus crustacé, uniforme, adhérent, garni de verrues fructifères. Fructification à demi enfoncée dans chaque verrue, arrondie, composée d'un périchétium aplani, sur lequel sont quatre à sept conceptacles arrondis, circulairement disposés, presque globuleux ou pyriforme, enfoncés dans l'intérieur et se prolongeant alors en une ouverture qui vient aboutir à une bouche commune, centrale et externe ; l'intérieur de chaque conceptacle est une loge contenant de petites spores ou thèques séminulifères.

Ces caractères sont les mêmes que ceux du *Parmentaria* de M. Fée, qui doit lui être réuni. (Voyez Parmentaria.)

Ce genre ne comprend qu'un très-petit nombre d'espèces, qui croissent sur les écorces d'arbres sous les tropiques. On peut citer les *pyrenastrum septicolare* et *plicatum*, Esch., *Syst. lich.*, fig. 15.

Le *pyrenastrum* est très-voisin de l'*astrothelium*, également d'Eschweiler, qui en diffère par son expansion colorée, par ses conceptacles tout-à-fait enfermés dans un périchétium turbiné, prolongé supérieurement, et ayant une ouverture qui vient aboutir à une autre ouverture commune par laquelle s'échappent les thèques ou spores séminulifères. L'expansion est crustacée et un peu cartilagineuse. Les espèces vivent de même sur les écorces et sous les tropiques. L'*astrothelium isabellinum* est figuré par Eschweiler. (*Syst. lichen.*, fig. 25).

Ce genre a été adopté par Fries et placé par lui près du *Porodothion;* par Eschweiler, qui le met près du *Trypethelium.* Meyer le réunit à ce dernier genre. (Lem.)

PYRÉNÉÏTE. (*Min.*) Werner a donné ce nom de lieu au grenat noir engagé dans le calcaire grisâtre et grenu de différentes parties des Pyrénées, et notamment du Pic d'Ereslids. Nous ne voyons pas en quoi ce grenat diffère du grenat mélanite, avec lequel nous l'avons réuni. Voyez Grenat. (B.)

PYRENIUM. (*Bot.*) Genre de la famille des champignons, établi par Tode, qui y ramenoit trois espèces, dont une, le *pyrenium lignorum*, est une espèce de *trichoderma;* une autre, le *pyrenium metallorum*, n'est décrit que par lui, et une troisième, le *pyrenium terrestre*, type du *pyrenium* de Persoon, de Fries, etc.

Ce genre est placé par M. Persoon près du *conoplea* et du *trichoderma*, tandis que Fries le met tantôt près du *pachyma* dans son ordre des sclérotiacées (voyez *Syst. mycol.*, 2, pag. 243), tantôt près du *tremella* et dans son ordre des tremelles (voyez *Syst. veget.*, 1, pag. 94), ce qui ne laisse pas que d'être assez singulier; de plus, les caractères génériques sont présentés de manière à faire croire à deux genres différens.

Le *pyrenium* est globuleux, sans racine, sessile, très-entier; il s'enfle et devient creux par la maturité : il contient une espèce de noyau ou d'amas de séminules plongées dans une pulpe charnue.

Le *pyrenium terrestre*, Tode, *Fung. Meckl.*, 1, p. 35, pl. 6, fig. 50, est de la grosseur d'un très-petit pois; sa pulpe est gélatineuse et son noyau d'une consistance céracée. Il croit en touffe ou réunion de plusieurs individus sur la terre nue et stérile. On le trouve dans le Mecklembourg. Schweinitz l'a recueilli en Caroline sur un lichen terrestre en putréfaction.

Fries annonce une seconde espèce, voisine des *dacrymyces*, Link. Voyez Fries, *Syst. veget.*, 1, pag. 94. (Lem.)

PYRENOMYCETES. (*Bot.*) C'est ainsi que Fries nomme les hypoxylés ou sphériées proprement dites, qu'il considère, d'accord avec presque tous les mycologues, comme une grande classe dans la famille des champignons (voyez Mycologie, tom. XXXIII, pag. 583). On sait que ces mêmes plantes font partie de la famille des *hypoxylées*, établie par M. De Candolle. Fries expose dans son *Systema orbis vegetabilis* la série des genres et les caractères qui leur assigne. Comme un grand nombre de ces genres sont nouveaux ou n'ont pu être mentionnés dans ce Dictionnaire, nous en ferons ici simplement l'énumération.

1.er Ordre. *Les Sphériacées.*

1. *Hypocrea*, Fr.
2. *Hypoxylon*, Fr.
3. *Valsa*, Fr.
4. *Sphœria*, Fr.

Ces quatre genres sont des divisions du genre *Sphœria* du même auteur, tel qu'il l'a présenté dans son *Systema mycol.*, vol. 2. (Voyez Sphæria.)

5. *Dichœna*, Fr. Il a pour type l'*opegrapha macularis*, Ach., et est le même que le *polymorphum*, Chevall. Les conceptacles sont arrondis, inégaux, contenus plusieurs sous une sorte de voile distinct, qu'ils déchirent ensuite pour s'ouvrir irrégulièrement. On trouve les espèces sur les écorces des arbres vivans, dans l'Amérique septentrionale.

6. *Hypospila*, Fries, qui a pour type le *spiloma inustum*, Achar.

7. *Ostropa*, Fr.
8. *Gibbera*, Fr.

Ces deux genres sont faits aux dépens du Sphæria (voyez ce mot).

9. *Corynellia*, Fr.
10. *Strigula*, Fr.
11. *Meliola*, Fr., ou *Amphytrichium*, Spreng. (voyez Strigula).
12. *Vermicularia*, Tode.
13. *Dothidea.*
14. *Ascopora*, Fr., qui a pour type le *Sp. œgopodii*, Pers.

2.ᵉ Ordre. *Les Phacidiacées.*

15. *Stegia*, Fr.

16. *Patellaria*, Fr., qui a pour type le *peziza atrata* et beaucoup d'autres espèces.

17. *Tympanis*, Tode.

18. *Dermea*, Fr., qui se compose des *peziza tiliacea*, *furfuracea*, et de beaucoup d'autres espèces coriaces.

19. *Cenangium*, Fr., qui comprend aussi des espèces de *peziza* des auteurs.

20. *Heterosphæria*, Gréville (voyez Sphæronema).

21. *Glonium.*

22. *Lophium*, Fr.

23. *Actidium*, Fr.

24. *Cliostomum*, Fr. (voyez Rhytisma).

25. *Rhytisma*, Fr.

26. *Phacidium*, Fr.

27. *Hysterium*, Pers.

28. *Excipula*, Fr., qui comprend des petites espèces placées dans le *Peziza* et le Xyloma. (Voyez ce dernier mot).

3.ᵉ Ordre. *Les Cytisporées.*

29. *Zythia*, Fr.

30. *Sphæronema*, Fr.

31. *Cytispora*, Fr., ou *Bostrychia*, ejusd., ou *Cryptosphæria*, Gréville. (Voyez Sphæronema.)

32. *Hercospora*, Fr. (voyez Sphæria).

33. *Septoria*, Fr.

34. *Centhospora*, Fr.

35. *Phoma*, Fr.

4.ᵉ Ordre. *Les Xylomycées.*

36. *Sphinctrina*, Fr.

37. *Schyzoxylon*, Pers.

38. *Prosthemium*, Kunze.

39. *Pilidium*, Kunze.

40. *Leptostroma*, Fr.

41. *Sacidium*, Fr.

44.   10

*Xylomycées douteuses ou mal observées, et qui pour-
ront rentrer un jour dans des genres bien déter-
minés.*

Fries se contente de les distribuer en quatre groupes; savoir:

1. *Xyloma* : où sont les espèces tuberculiformes, sans fructification connue, et qui croissent sur les feuilles et sur les
écorces; exemples : *xyloma rosæ*, **Dec.**; *scandentium* et *Fother-
gilliæ*, Schweinitz, etc.

2. *Ectostroma* : ce sont des taches qu'on observe sur les végétaux, éparses, sans avoir de substance propre et sans végétation. Fries cite, dans son *Syst. mycol.*, 2, pag. 602, beaucoup d'espèces de *xyloma* dans ce cas.

3. *Asteroma* : qui sont des fibrilles innées, stériles, qu'on
voit sur diverses parties des plantes annuelles. On peut citer
le *Capillaria grammica*, Pers., *Mycol. Eur.*, 1, pag. 51, qui
couvre en abondance les feuilles de chênes desséchées, sur
lesquelles il forme de petites lignes. M. Persoon se demande
si l'on ne peut en faire un genre nouveau, le *Venularia*. C'est
encore ici qu'on pourroit placer l'*actinonema* et le *capillaria*,
Pers.

4. *Depazea* : dans cette division se placent ces pointillures
noires, infiniment petites et sans fructification, qui couvrent
les feuilles des plantes. (LEM.)

PYRENOTHEA. (*Bot.*) Genre de la famille des lichens,
établi par Fries et qu'il place près du *Pyrenastrum* d'Eschweiler; il est distingué par le conceptacle corné, percé au sommet, contenant un noyau gélatineux qui se change en une
poussière avec l'âge : le conceptacle devient scutelliforme en
se dilatant.

L'expansion de ces lichens est adhérente, un peu lépreuse.
Les espèces croissent sur la terre, les rochers, les mousses,
le bois et les écorces desséchées.

Fries y ramène quelques espèces de *pyrenula* et de *verrucaria* d'Acharius; entre autres : 1.° le *pyrenula leucocephala*, Ach.,
placé depuis par Acharius dans le *cyphelium*, puis dans le
limboria. Cette espèce est le *sphæria leucocephala*, Erh.; le
variolaria leucocepha, Decand., Fl. fr., Suppl. 2.° Le *cyphe-*

lium incrustans, Achar.; le *cyph. stieticum* ou *limboria stictica*, Ach., autrefois le *verrucaria byssacea*, var. β, Ach. Kuntz a augmenté ce genre du *pyrenothea vermicellifera*.

Meyer et Link n'ayant pas adopté le *Pyrenothea*, il n'est pas mentionné dans leur classification des lichens. Ce genre est en effet extrêmement ambigu. Dans la classification de Fries, rapportée par Meyer, on voit le *Pyrenothea* occuper une place près du *Calycium*, mais depuis il a proposé de le placer près du *Verrucaria* et du *Thelotrema*. (Lem.)

PYRENULA. (*Bot.*) Genre de la famille des lichens, établi par Acharius aux dépens de son *Verrucaria*. Il le caractérise ainsi : Réceptacle universel (*expansion* ou *thallus*) crustacé, étalé, plan, adhérent, uniforme ; réceptacle partiel en forme de verrue, formé par le thallus lui-même, qui renferme ou entoure la base d'un conceptacle solitaire, dont l'écorce ou périchétium est simple, noir, épais, papillé, enveloppant complétement un noyau globuleux et celluleux.

Ce genre n'est pas adopté par tous les botanistes; Eschweiler, Fée, etc., l'admettent ; mais Fries et Meyer ne le conservent point. Fries porte le plus grand nombre des espèces au *Verrucaria*, quelques-unes aux *Pyrenothea*, *Segestria*, *Glyphis*, etc.

Meyer les réunit aussi en grande partie dans le genre *Verrucaria*, et de quelques espèces il forme son *Ocellularia*, où vient se placer l'*Ophthalmidium* de Link, qui a pour type le *pyrenula discolor* d'Acharius. L'*Ocellularia* comprend, en outre du *pyrenula* ci-dessus, les *pyrenula mastoides*, *pupula* et *porinoides*, Ach., ainsi que les *thelotrema obturatum* et *urceolare*, Ach.

Meyer assigne à ce genre les caractères suivans : Sporocarpe ou conceptacle hémisphérique et un peu conique, composé d'un périchétium, ou sporange, ou écorce, charbonneux, corné, enveloppé dans une verrue ; mais sa partie supérieure est proéminente, percée d'un trou ; un noyau intérieur hyalin, gélatineux, formé par un amas de spores ou thèques séminulifères.

Fries fait observer que, d'après la description de l'*ophthalmidium* d'Eschweiler, il n'y voit que le *trypethelium;* il ajoute que l'examen des échantillons qu'il possède du *pyrenula dis-*

color, Ach., rejette cette plante dans les glyphidées. Le *Py-renula* et le *Verrucaria* paroissent si peu distinct à cet auteur, que pour les admettre, dit-il, on ne sauroit mieux faire pour les distinguer, que de mettre dans l'un les espèces qui croissent sur les pierres, et dans l'autre, les espèces qui vivent sur les écorces d'arbres ; ce qui est inadmissible, puisque la même espèce affecte quelquefois les deux stations.

Le genre *Pyrenula* d'Acharius, adopté néanmoins par quelques botanistes, contient près de cinquante espèces, desquelles une trentaine sont étrangères et fréquentes sur les écorces exotiques officinales que nous apporte le commerce, notamment sur le quinquina et quelquefois sur la cascarille. Les espèces européennes, moins nombreuses, croissent sur les rochers et sur les écorces d'arbres, principalement dans le Nord. Le *pyrenula arctina* forme la limite de la végétation au cap Nord sur les bords de la mer glaciale ; il vit sur les rochers et les pierres souvent inondés par la mer. Les *pyrenula* forment des plaques ou croûtes assez étendues, très-adhérentes, grisâtres, brunâtres, jaunâtres ou olivâtres ; les verrues conceptaculifères participent de la couleur de la croûte, ou sont plus pâles ; mais rarement discolores. Les espèces sont difficiles à distinguer, en raison des modifications qu'amènent l'âge, les stations et les caractères des divisions admises par Acharius, par cela même, souvent inapplicables.

Nous renvoyons le lecteur, pour la connoissance des espèces, au *Synopsis lichenum* d'Acharius et à l'ouvrage de M. Fée (Essai sur les cryptogames des écorces exotiques officinales). Cet auteur a fait connoître quatorze espèces nouvelles de ce genre.

Dans ce nombre est le *pyrenula pinguis*, Pers., inéd., qui se rencontre à la fois en Amérique sur l'épiderme de la cascarille et l'écorce du quinquina de la Condamine ; et aux environs de Rouen, sur l'écorce la plus dure des arbres, et notamment du frêne. C'est une croûte d'un gris brun et luisant, couverte de verrues infiniment petites et très-blanches ; les apothéciums sont noirs, clos à leur sommet : après leur chute les conceptacles prennent la forme de petites cupules noires. (LEM.)

PYRÈTHRE, *Pyrethrum*. (*Bot.*) Ce genre de plantes, proposé par Haller en 1768, adopté en 1791 par Gærtner, puis successivement par Mœnch, Smith, Willdenow, MM. De Candolle, Kunth, etc., appartient à l'ordre des Synanthérées, à notre tribu naturelle des Anthémidées, à la section des Anthémidées - Chrysanthémées, et au groupe des Chrysanthémées vraies, dans lequel nous l'avons placé entre les deux genres *Gymnocline* et *Coleostephus*. (Voyez notre Tableau des Anthémidées, tom. XXIX, pag. 178, et notre article PINARDIE, tom. XLI, pag. 45.)

Les botanistes considèrent le *Pyrethrum* comme un genre immédiatement voisin du *Chrysanthemum*, avec lequel il étoit confondu, et dont il diffère seulement en ce que ses fruits portent une aigrette stéphanoïde, qui n'existe point sur ceux des vrais *Chrysanthemum*. Mais, selon nous, on peut distinguer, dans le genre *Pyrethrum* des botanistes, quatre genres ou sous-genres : 1.° le *Gymnocline*, dont les languettes de la couronne sont courtes et larges, comme celles des *Achillea*; 2.° le vrai *Pyrethrum*, qui a les languettes oblongues, l'aigrette courte, et les fruits non ailés; 3.° le *Coleostephus*, dont l'aigrette est fort haute et en forme d'étui; 4.° l'*Ismelia*, dont les fruits sont ailés.

Le vrai genre *Pyrethrum*, étant réduit dans les limites que nous lui avons assignées, conserve un assez grand nombre d'espèces ; mais il suffit ici de décrire celle qui est la plus remarquable et la plus intéressante sous tous les rapports.

PYRÈTHRE INDIEN : *Pyrethrum? indicum*, H. Cass., Opusc. phytolog., tom. 2, pag. 44. Arbuste, dont les parties, froissées, exhalent, quoique sèches, une odeur aromatique analogue à celle de beaucoup d'Anthémidées ; tige ligneuse, rameuse ; branches longues d'environ un pied, presque simples, grêles, flexueuses, cylindriques, légèrement striées, pubescentes, grisâtres ; feuilles alternes, longues (avec le pétiole) d'environ un pouce et demi, larges de neuf lignes, parsemées d'une multitude de petits points transparens, accompagnées à leur base de deux stipules profondément dentées; pétiole long de quatre lignes; limbe ovale, décurrent sur le pétiole, divisé en cinq lobes, dont chacun est profondément et inégalement denté, à dents acuminées ; la face supérieure glabriuscule ; l'inférieure couverte de poils appliqués, fixés par le milieu

et libres par les deux bouts, qui sont aigus; calathides solitaires au sommet de rameaux pédonculiformes, simples,
munis ordinairement d'une ou deux petites bractées linéaires;
disque jaune: couronne purpurine; péricline scarieux, brillant, jaunâtre. = Calathide radiée: disque multiflore, régulariflore, androgyniflore; couronne unisériée, liguliflore, féminiflore. Péricline supérieur aux fleurs du disque, formé de
squames paucisériées, imbriquées: les extérieures oblongues,
presque entièrement coriaces-foliacées; les intermédiaires
ovales-arrondies, membraneuses-scarieuses, sauf une bande
médiaire subfoliacée et garnie de glandes alongées, nervifor-
mes; les intérieures elliptiques, arrondies au sommet, entièrement membraneuses-scarieuses, munies d'une nervure glanduleuse. Clinanthe globuleux et nu. Ovaires obovoïdes,
ayant l'aréole apicilaire. oblique-intérieure, et un très-foible
rudiment d'aigrette coroniforme. Corolles de la couronne à
languette elliptique, nervée, tridentée au sommet.

Nous avons fait cette description sur un échantillon sec,
recueilli en Chine, dans le voyage du lord Macartney, rapporté de Londres par M. De Candolle, et qui se trouve dans
l'herbier de M. Desfontaines, où il n'étoit point nommé. Il
nous a paru évident que c'étoit le vrai *Chrysanthemum indicum*
de Linné, dont tous les caractères génériques et spécifiques
n'étoient pas très-bien connus; ce qui nous a engagé à décrire,
dans nos *Opuscules phytologiques*, ceux qui nous ont été offerts
par l'échantillon dont nous venons de parler.

L'*Anthemis grandiflora* de Ramatuelle n'est probablement
qu'une variété de notre *Pyrethrum? indicum*; ou, si c'est une
espèce suffisamment distincte, elle est au moins parfaitement
congénère; car les squamelles qui existent sur son clinanthe
ne sont évidemment qu'une monstruosité produite par la culture. Cette plante est un des plus beaux ornemens de nos
jardins, qu'elle décore, depuis Octobre jusqu'aux fortes
gelées, par ses grandes calathides. dont toutes les corolles se
sont plus ou moins alongées en languettes ou en tuyaux, d'une
belle couleur pourpre foncée dans la variété la plus oommune,
orangées, jaunes ou blanches, dans d'autres variétés.

Nous rapportons avec doute la plante ci-dessus décrite au
genre *Pyrethrum*, parce que ses ovaires ont un très-foible ru-

diment d'aigrette coroniforme. Il importe ici de remarquer que, dans le groupe des Chrysanthémées vraies, le caractère fourni par la présence ou l'absence de l'aigrette stéphanoïde peut souvent donner lieu à beaucoup de doutes et de difficultés. En effet, nous avons observé, 1.º que l'aigrette est plus ou moins grande, suivant les espèces, et que dans quelques-unes, comme celle en question, elle est si peu manifeste qu'on hésite à classer ces espèces parmi les aigrettées ou parmi les inaigrettées; 2.º que l'aigrette est sujette à des variations accidentelles, en sorte que certaines espèces sont tantôt aigrettées, tantôt inaigrettées; 3.º qu'une même calathide offre quelquefois des fruits aigrettés et des fruits inaigrettés. Les botanistes, ennemis de la multiplicité des genres, concluront que, dans le groupe dont il s'agit, il ne faut point distinguer génériquement les espèces aigrettées des espèces inaigrettées. Nous, qui aimons la multiplicité des genres, parce qu'elle facilite l'étude des espèces, et qu'elle a pour résultat de mieux faire connoître les ressemblances et les différences, nous pensons que le caractère en question peut être admis malgré ses défauts, parce que presque tous les caractères génériques sont plus ou moins sujets, comme celui-ci, à varier accidentellement, et à se confondre les uns avec les autres par des nuances intermédiaires.

Il ne faut pas confondre avec notre *Pyrethrum?* *indicum* la plante qui porte ce même nom dans l'*Hortus kewensis*, et que M. Desfontaines nomme *Chrysanthemum Roxburghii*. Cette plante, qui ne peut pas appartenir au *Pyrethrum*, puisqu'elle est privée d'aigrettes, est devenue le type de notre genre *Glebionis*, décrit dans ce Dictionnaire (tom. XLI, pag. 41).

La distinction établie par Haller et Gærtner entre les *Chrysanthemum* et *Pyrethrum*, d'après l'absence ou la présence de l'aigrette, appartient réellement par droit d'ancienneté à Adanson, qui, dès 1763, admettoit un genre *Leucanthemum*, caractérisé par les fruits privés d'aigrette, et un genre *Matricaria*, caractérisé par les fruits munis d'une aigrette stéphanoïde. (H. Cass.)

PYRETHRUM. (*Bot.*) Ce nom ancien est donné à diverses plantes qui ont une saveur piquante : par Brunfels, Dodoëns et d'autres, à la ptarmique, *achillea ptarmica*; par

Gesner, au *chrysanthemum alpinum ;* par Dioscoride et ses commentateurs, à l'*anthemis pyrethrum* de Linnæus. Maintenant le même est appliqué par Haller, Gærtner et Willdenow à un genre détaché du *chrysanthemum.* (J.)

PYRGITA. (*Ornith.*) Nom grec du moineau domestique, qui a été proposé par M. Cuvier pour nom générique des moineaux proprement dits. Voyez Moineau. (Ch. D.)

PYRGOME. (*Min.*) Nom donné par Werner à une variété particulière de l'espèce sahlite du genre Pyroxène, et qu'on a nommée également fassaïte. Voyez Pyroxène. (B.)

PYRGOME, *Pyrgoma.* (*Malentoz.*) Petite section générique, établie par M. Savigny pour quelques espèces de balanes, qui offrent pour caractère principal : Une partie coronaire épaisse, conique, patelliforme, monotome, rayonnée du sommet à la base, et l'ouverture extrêmement petite, fermée par un opercule composé de deux pièces longues et étroites de chaque côté. Telle est l'espèce que M. le docteur Leach a nommée la P. rayonnante, *P. cancellata,* parce que la base est presque dentée à sa circonférence par de fortes crénelures, qui remontent plus ou moins haut sur le têt, et qu'elles sont coupées à angle droit par des stries transverses d'accroissement. Elle est figurée dans les planches de l'Encyclopédie d'Édimbourg, appliquée sur une peau de baleine ou d'un autre animal : mais il nous semble que c'est probablement par erreur ; car, comme le dit M. de Lamarck, ces balanides sont dans le cas des creusies ; elles vivent sur les madrépores, et alors il faut supposer qu'elles sont pourvues d'un support creux, enfoncé dans la substance de ces polypiers. Je dois, en effet, à MM. Quoy et Gaimard, une espèce de balanides qui diffère des creusies en ce que sa partie coronaire est monotome, comme dans les pyrgomes, et de ceux-ci, en ce que chaque côté de l'opercule est également indivis. Elle est lisse, pourvue d'un support considérable, conique, enfoncé dans le madrépore. En en faisant une espèce de pyrgome, on pourra la nommer P. lisse, *P. lævis.* (De B.)

PYRGUS. (*Bot.*) Genre de Loureiro, qui paroît devoir se rapporter aux *Ardisia.* (Poir.)

PYRGUS. (*Bot.*) Ce genre de plante de la Cochinchine,

indiqué par Loureiro, a été réuni par M. Kunth à l'*ardisia.*
(J.)

PYRIDION : *Pyridium*, Mirb. ; *Pommum*, Linn. ; *Melonida*, Rich. (*Bot.*) Fruit charnu, couronné par le limbe du calice et contenant plusieurs graines dans des loges disposées en verticille autour de l'axe central. La paroi de ces loges est tantôt élastique et mince (poirier, pommier), et tantôt épaisse et ligneuse (néflier). Dans ce dernier cas, chaque loge forme un nucule. Graines tuniquées ordinairement sans périsperme. Cotylédons grands et charnus. Radicule présentant le côté au hile.

Le pyridion prend vulgairement le nom de poire dans le poirier, de pomme dans le pommier, de coin dans le coignassier, de nèfle dans le néflier, d'azérole dans l'azérolier, de corme dans le cormier. On n'a observé de pyridion que dans les seules rosacées.

Aucune famille ne présente plus de variétés dans l'aspect de ses fruits, que les rosacées; et pourtant il est certain que le fond de l'organisation reste, à peu de chose près, le même. Admettons, par hypothèse, que dans la pomme, ou mieux encore dans le coin, le tissu cellulaire et succulent, qui est interposé entre la lame calicinale et les loges, vienne à s'évanouir, et qu'il en soit de même du tissu qui unit les loges les unes aux autres, nous aurons alors un fruit étairionnaire, tout-à-fait semblable au fruit du *spiræa.* Le *spiræa* appartient aux rosacées.

Une nèfle, divisée en cinq segmens perpendiculaires à sa base, représenteroit fort bien, quant aux traits essentiels, cinq cerises ou cinq prunes disposées avec symétrie sur un réceptacle, de façon que le sillon longitudinal de chacune d'elles regardât un axe central imaginaire. La nèfle, la cerise, la prune sont des fruits de rosacées.

Enfin, et pour rassembler sous un même point de vue les principales nuances qui modifient les divers fruits de cette famille, groupons de petites cerises sur un même réceptacle, et supposons que ces drupes s'entregreffent, nous aurons en grand l'image exacte d'un étairion analogue à la framboise, autre fruit de la famille des rosacées.

Ces idées ne doivent pas être considérées comme un simple

jeu d'esprit, puisqu'il est visible que la nature elle-même les réalise dans la série des espèces. Je ne sache rien de plus curieux et qui attache davantage à l'étude des productions naturelles, que ces structures, tout ensemble si simples et si variées. Quand une fois on a saisi les anneaux de cette belle chaine de faits, on marche de découverte en découverte, et l'on s'étonne que l'on ait pu méconnoitre si long-temps l'admirable industrie de la nature. Mirbel, Élém. (Mass.)

PYRISPERMA. (*Bot.*) Genre établi par Rafinesque-Schmaltz, près des truffes, *tuber*. Il n'a pas été adopté.

Le *pyrisperma hypogea*, seule espèce du genre, croit sous terre dans le New-Jersey. (Lem.)

PYRITE. (*Min.*) Ce mot peut être regardé maintenant comme le nom générique de tous les sulfures métalliques particuliers ; cependant il s'applique plus spécialement, surtout quand on l'emploie seul, au Fer sulfuré (voyez ce mot). Les différentes épithètes, jointes au mot pyrite, ne laissent aucun doute sur le métal auquel on doit les rapporter ; mais les désignations suivantes ont besoin d'être expliquées.

Pyrite arsenicale : c'est la combinaison du fer et de l'arsenic sans soufre.

Pyrite blanche : c'est le fer sulfuré jaune pâle.

Pyrite capillaire : c'est un nickel sulfuré.

Pyrite rouge : c'est, dit-on, le nickel arsenical. (B.)

PYRO-CITRIQUE [Acide]. (*Chim.*) Acide particulier, produit par la distillation de l'acide citrique.

Composition.

	Lassaigne.
Oxigène.........	43,5
Carbone.........	47,5
Hydrogène.......	9.

Il a la même capacité de saturation que l'acide citrique.

Propriétés.

Il cristallise presque toujours en une masse formée de petites aiguilles entrelacées.

Il est incolore.

Il n'a pas d'odeur.

Sa saveur est acide et légèrement amère.

Il est très-soluble dans l'eau et l'alcool.

Sa solution aqueuse rougit fortement le tournesol.

Elle ne précipite pas les eaux de chaux et de baryte, au moins sur-le-champ, ni la plupart des solutions métalliques.

Elle précipite l'acétate de plomb et le nitrate de protoxide de mercure.

Jeté sur un corps chaud, l'acide pyro-citrique se fond, se réduit en vapeurs blanches, piquantes, et laisse une trace de charbon.

Distillé dans une cornue, il donne un liquide huileux, jaunâtre, acide, et une portion d'acide non altérée.

Pyro-citrate de baryte.

Lassaigne.

Acide...... 43,9..... 100
Baryte...... 56,1..... 127,272.

L'eau de baryte, saturée d'acide pyro-citrique, laisse précipiter au bout de quelques heures, dans un lieu frais, du pyro-citrate de baryte sous forme de grains cristallins, très-fins.

Il est soluble dans 150 parties d'eau froide et dans 50 parties d'eau bouillante environ.

Pyro-citrate de chaux.

Lassaigne.

Acide .... 34.... 100
Chaux.... 66.... 194,117.

Il cristallise en aiguilles, disposées en feuilles de fougères, qui contiennent 0,50 d'eau de cristallisation.

Il a une saveur âcre.

Il exige 25 parties d'eau à 10^d pour se dissoudre.

Pyro-citrate de plomb.

Acide............. 33,4.... 100
Oxide de plomb.... 66,6.... 203.

On l'obtient en mélant une solution de pyro-citrate de potasse ou de chaux avec une solution d'acétate de plomb. Il se précipite en une matière gélatineuse, qui se dessèche à l'air, à la manière de l'alumine, en gelée.

Pyro - citrate de potasse.

Il cristallise en petites aiguilles blanches, inaltérables à l'air, solubles dans 4 parties d'eau. Cette solution ne précipite pas les nitrates de baryte et d'argent; en cela elle diffère du citrate de baryte.

Préparation.

On distille l'acide citrique dans une cornue de verre. On obtient deux liquides acides, l'un aqueux et l'autre huileux; on décante le premier liquide; on lave le second avec de l'eau, et on réunit le lavage au produit liquide aqueux de la distillation; on neutralise le liquide par l'eau de chaux; on le filtre; on le précipite par l'acétate de plomb. Le pyro-citrate de plomb, lavé et délayé dans l'eau, est en-suite soumis à l'action de l'acide hydrosulfurique. Il se forme du sulfure de plomb, et l'acide pyro-citrique, devenu libre, se dissout dans l'eau; on filtre, et en faisant évaporer la liqueur, on obtient l'acide cristallisé.

Histoire.

Il a été obtenu à l'état de pureté et décrit en 1822 par M. Lassaigne. (Ch.)

PYRO-LIGNEUX [Acide]. (*Chim.*) On avoit cru que le produit liquide de la distillation du bois devoit son acidité à un acide particulier, résultant de l'altération de la matière ligneuse par l'action de la chaleur; en conséquence on avoit donné à cet acide le nom de *pyro-ligneux.* Mais, depuis que MM. Fourcroy et Vauquelin ont démontré son identité avec l'acide acétique, le nom d'acide pyro-ligneux a cessé d'être en usage dans la langue scientifique; cependant, dans les fabriques où l'on fait usage de l'acide acétique, provenant de la distillation du bois, on le désigne souvent par l'ancienne dénomination d'acide pyro-ligneux. (Ch.)

PYRO-MALIQUE ou PYRO-SORBIQUE [Acide]. (*Chim.*) Nom d'un acide particulier, produit par la distillation de l'acide malique cristallisé.

Lorsqu'on distille graduellement de l'acide malique cris-tallisé dans une cornue de verre munie d'un ballon, on obtient 1.° de l'eau pure; 2.° un liquide incolore, très-acide; 3.° un sublimé formé d'aiguilles blanches; 4.° des gaz; 5.° un charbon abondant.

Le produit liquide, évaporé, donne des cristaux acides, qui, suivant M. Braconnot, qui les a observés le premier, sont d'une nature particulière. Nous les décrirons sous le nom d'acide *pyro-malique*.

Le sublimé cristallisé, qui a été observé pour la première fois par M. Vauquelin, et étudié ensuite par M. Lassaigne, est, suivant ce dernier, distinct du précédent. On ne lui a point encore donné de nom particulier.

ACIDE PYRO-MALIQUE.

L'acide pyro-malique cristallise en prismes. Il se fond à 47^d5; et par le refroidissement il se prend en une masse blanche, nacrée, formée d'aiguilles.

Chauffé dans une cornue, il se sublime en aiguilles, excepté une très-petite portion, qui est décomposée.

A 10^d, l'eau en dissout la moitié de son poids.

Cette solution est très-acide au tournesol.

Elle précipite l'acétate de plomb et le nitrate de protoxide de mercure en flocons.

Elle ne précipite pas l'eau de chaux.

Elle précipite l'eau de baryte en flocons. Si on ajoute de l'eau pour les dissoudre, on obtient au bout de quelques temps de petites paillettes argentines de pyro-malate de baryte.

Il est soluble dans l'alcool.

PYRO-MALATE DE BARYTE.

Il est formé de

> Acide..... 100
> Baryte.... 185,142.

PYRO-MALATE DE PLOMB.

Au moment où il est précipité par le mélange de solutions de pyro-malate de potasse et d'acétate de plomb, il est en flocons blancs, qui, peu à peu, se changent en une gelée demi-transparente. Si on délaie cette gelée dans de l'eau et

qu'on jette le tout sur un filtre, peu à peu la gelée se chan-
gera en petites aiguilles nacrées, très-brillantes.

Pyro-malate de potasse.

Il cristallise en feuilles de fougères. Il est légèrement déliquescent.

Sa solution ne précipite pas les sels de fer, de cuivre, de
manganèse, de zinc, de nickel, de cobalt. Elle précipite
les nitrates d'argent, de plomb et de protoxide de mercure.

Cristaux formés par la distillation de l'acide malique.

Suivant M. Lassaigne, ils ont une saveur acide, légèrement âcre.

A 12^d l'eau en dissout $\frac{1}{210}$ de son poids.

Cette solution ne précipite pas les eaux de baryte et de
chaux.

Elle précipite l'acétate de plomb. Le précipité est soluble
dans un excès d'acétate.

Elle précipite le nitrate d'argent en blanc; le sulfate de
peroxide de fer en flocons jaune-chamois.

Ces sels ne sont pas précipités par la solution de l'acide
pyro-malique.

Elle produit avec la potasse un sel cristallisable, déliquescent.

Elle forme avec l'oxide de plomb une poudre blanche,
qui ne cristallise pas. (Ch.)

PYRO-MUCIQUE ou PYRO-SACHOLACTIQUE [Acide].
(*Chim.*) Nom d'un acide particulier, produit par la distillation de l'acide mucique ou sacholactique.

Composition.

	Houton-Labillardière.	
	Poids.	Volume.
Oxigène	45,806	371
Carbone	52,118	120
Hydrogène	2,111	84.

Il neutralise une quantité de base qui contient la ½ partie
de son oxigène.

Propriétés.

Il cristallise en aiguilles très-fines, incolores.

Il se fond à 130^d, se volatilise ; chauffé dans une cornue, à une température peu élevée, il se condense en un liquide qui se congèle en une masse formée d'aiguilles ; il ne reste qu'une trace de résidu dans la cornue.

Il a une saveur acide assez forte.

Il n'est pas déliquescent.

Il est bien plus soluble dans l'eau bouillante que dans l'eau froide. La solution, saturée à chaud, dépose, en refroidissant, des lames alongées. A 15^d l'eau ne dissout que $\frac{1}{26}$ de son poids d'acide. Cette solution ne précipite que le sous-acétate de plomb.

Il est plus soluble dans l'alcool que dans l'eau.

PYRO - MUCATE D'ARGENT.

Il est soluble et cristallise en paillettes blanchâtres.

PYRO - MUCATE D'AMMONIAQUE.

La solution d'acide pyro-mucique neutralisé par l'ammoniaque pure, évaporée, donne des cristaux de surpyro-mucate d'ammoniaque.

PYRO - MUCATE DE BARYTE.

Acide 57,7
Baryte .... 42,3.

Il est soluble dans l'eau, un peu plus à chaud qu'à froid. Il cristallise en petits cristaux inaltérables à l'air et insolubles dans l'alcool.

PYRO - MUCATE DE CHAUX.

Il est analogue au précédent.

PYRO - MUCATE DE CUIVRE.

La solution d'acide pyro-mucique, neutralisée par le deutoxide de cuivre et évaporée, donne des cristaux d'un bleu verdâtre, moins solubles que le pyro-mucate de baryte.

Pyro-mucate de protoxide de fer.

La solution d'acide pyro-mucique dissout le fer.

Pyro-mucate de peroxide de fer.

Il est jaune et insoluble dans l'eau.

Pyro-mucate de potasse.

Il est très-soluble dans l'eau et l'alcool. Il cristallise diffi- cilement en une masse grenue, déliquescente. Cette solution ne précipite guère que les solutions de fer au maximum, le nitrate de protoxide de mercure, le sous-acétate de plomb, le nitrate de protoxide d'étain.

Pyro-mucate de plomb.

La solution d'acide pyro-mucique, digérée avec le sous- carbonate de plomb, se neutralise. La liqueur, filtrée et concentrée, se recouvre de globules liquides, bruns, hui- leux, transparens, qui, en refroidissant, deviennent solides, opaques et blanchâtres.

Le succinate de plomb jouit de propriétés analogues.

Pyro-mucate de soude.

Il cristallise difficilement. Il est très-légèrement déliques- cent, et moins soluble dans l'alcool que le pyro-mucate de potasse.

Pyro-mucate de strontiane.

Il est analogue à celui de baryte.

Préparation.

On distille l'acide mucique ou sacholactique dans une cornue. On obtient :

1.° Un liquide brun, très-acide ;
2.° Des cristaux ;
3.° Du gaz acide carbonique et de l'hydrogène carburé ;
4.° Un charbon léger.

On réunit le liquide brun acide avec les cristaux. On ajoute 4 volumes d'eau à 1 volume de liquide ; on filtre pour séparer une huile empyreumatique ; on fait concentrer ; il se volatilise de l'acide acétique, et l'acide pyro - mucique cristallise par le refroidissement de la liqueur concentrée. On distille les cristaux dans une petite cornue, puis on les redissout dans l'eau et on fait cristalliser la liqueur.

150^g d'acide mucique donnent environ 60^g de liquide, d'où l'on retire de 8 à 10^g d'acide pur.

Histoire.

L'acide pyro-mucique fut aperçu par Schéele. Trommsdorf, ayant ensuite examiné la distillation de l'acide sacholactique, pensa qu'elle donnoit lieu à une production d'acide succinique, d'acide pyro - tartrique, outre celle de l'acide acétique, d'une huile empyreumatique, de l'eau, et des gaz carbonique et hydrogène carburé. M. Houton - Labillardière, en 1818, reconnut qu'il ne se forme point d'acides succinique et pyro-tartrique dans cette distillation, mais bien un acide particulier, que nous avons décrit d'après lui. (Ch.)

PYRO - MUQUEUX [Acide]. (*Chim.*) On donnoit ce nom à l'acide acétique, produit dans la distillation des gommes, du sucre, du miel, lorsqu'on croyoit que cet acide étoit d'une nature particulière. (Ch.)

PYRO - TARTARIQUE ou PYRO - TARTRIQUE. [Acide]. (*Chim.*) Acide particulier, produit par la distillation de l'acide tartrique ou par celle du bitartrate de potasse.

Composition.

Il est formé d'oxigène, de carbone et d'hydrogène, dans de proportions qui n'ont pas été déterminées.

Propriétés.

Il est solide; il est fusible et volatil; sa vapeur se condense en aiguilles blanches.

Il est très-soluble dans l'eau. La solution, évaporée spontanément, cristallise.

Cette solution a une saveur très-acide; elle ne précipite pas le nitrate d'argent; elle précipite le nitrate de protoxide de mercure; elle ne trouble pas la solution d'acétate de plomb; mais, à la longue, les liqueurs déposent des aiguilles disposées en aigrettes, qui sont du pyro-tartrate de plomb.

L'acide pyro-tartrique forme avec la potasse un sel déliquescent, soluble dans l'alcool. Une solution concentrée de ce sel ne forme point, avec un excès de son acide, un sursel peu soluble : en cela elle diffère de la solution de tartrate de potasse. Le pyro-tartrate de potasse précipite sur-le-champ l'acétate de plomb. Elle ne précipite point les sels de baryte et de chaux. Elle précipite en paillettes blanches les nitrates d'argent et de protoxide de mercure.

Préparation.

On prend le produit liquide de la distillation de l'acide tartrique ou de celle du bitartrate de potasse; on l'agite avec de l'eau chaude; on décante l'eau qui a dissous de l'acide pyrotartrique, retenant une huile empyreumatique; on neutralise cette liqueur avec de la potasse; une grande partie de l'huile se sépare; on filtre; on fait évaporer la liqueur à siccité; on reprend par l'eau : par ce moyen on sépare de nouvelle huile; on réitère ces opérations, et on obtient, enfin, un sel assez pur; en le distillant dans une cornue avec de l'acide sulfurique foible, on obtient un sublimé cristallin d'acide pyrotartrique.

Histoire.

MM. Fourcroy et Vauquelin, dans un premier travail sur la distillation de l'acide tartrique et celle du bitartrate de potasse, crurent que l'acide qu'on avoit appelé *pyrotartrique*, étoit identique avec l'acide acétique. M. Rose démontra ensuite, que cette opinion n'étoit pas fondée. Il caractérisa l'acide pyrotartrique comme espèce particuliere. MM. Fourcroy et Vauquelin répétèrent les expériences de Rose et adoptèrent les conclusions que le chimiste de Berlin en avoit tirées. (Cʜ.)

PYRO-URIQUE [Acide]. (*Chim.*) Acide obtenu par la distillation de l'acide urique.

Composition.

Chevallier et Lassaigne.

	Poids.	Volume.
Oxigène	44,32	
Azote	16,84	1
Carbone	28,29	4
Hydrogène	10,00.	

Propriétés.

Il est en petites aiguilles dures, incolores.

Il se fond et se sublime en aiguilles.

1 partie d'acide se dissout dans 40 parties d'eau froide.

Il est soluble dans l'alcool. La solution par le refroidissement dépose de petits cristaux grenus, blancs.

L'acide nitrique concentré le dissout. La dissolution, évaporée à siccité, laisse l'acide non altéré.

La vapeur de cet acide, exposée à la chaleur rouge dans un tube de verre, se réduit en gaz hydrogène carburé, en sous-carbonate d'ammoniaque, en huile et en charbon.

PYRO-URATE DE BARYTE.

Ce sel est blanc, pulvérulent, peu soluble dans l'eau froide.

PYRO-URATE DE CHAUX.

Chev. et Lassaig.

Acide	91,4
Chaux	8,6.

Il est soluble.

Il cristallise en mamelons.

Il est fusible, et par le refroidissement il prend l'aspect et la consistance de la cire jaune.

PYRO-URATE D'AMMONIAQUE, DE POTASSE DE SOUDE.

Ces sels sont solubles. Les deux premiers cristallisent : les acides en précipitent l'acide pyro-urique à l'état d'une matière pulvérulente blanche.

Le pyro-urate de potasse ne précipite parmi les sels métalliques que le sous-acétate de plomb, les sels de peroxide de fer, de deutoxide de cuivre, d'argent, de mercure.

SOUS-PYRO-URATE DE PLOMB.

Acide.... 28,5
Oxide.... 71,5.

On l'obtient en mêlant du sous-acétate de plomb avec du pyro-urate de soude.

Histoire et Préparation.

Schéele mentionna, le premier, l'acide pyro-urique ; il parla de son analogie avec l'acide succinique. Pearson lui trouva des rapports avec l'acide benzoïque. Williams Henry le considéra comme une espèce particulière, et la caractérisa par plusieurs propriétés. Enfin MM. Chevallier et Lassaigne, en 1820, confirmèrent l'opinion de W. Henry. Ils préparèrent l'acide pyro-urique de la manière suivante :

L'acide urique, distillé dans un appareil de verre, donne, 1.° de l'hydrocyanate d'ammoniaque ; 2.° du sous-carbonate d'ammoniaque ; 3.° un sublimé blanc d'acide pyro-urique, mêlé de surpyro-urate d'ammoniaque ; 4.° de l'eau, tenant du sur-pyro-urate d'ammoniaque, qui cristallise en partie par le refroidissement ; 5.° de l'huile empyreumatique ; 6.° des gaz ; 7.° un charbon abondant.

a) On prend le sublimé blanc ; on le dissout dans l'eau bouillante ; on précipite la liqueur par le sous-acétate de plomb ; on lave le précipité de sous-pyro-urate de plomb, puis on le délaie dans l'eau, et on le soumet à un courant d'acide hydrosulfurique ; on filtre, et la liqueur évaporée donne l'acide pyro-urique en petites aiguilles blanches.

b) On traite le produit liquide par l'eau bouillante. Il se volatilise de l'acide hydrocyanique et de l'hydrocyanate d'ammoniaque ; par le refroidissement il se dépose de l'huile. On filtre ; on ajoute de l'ammoniaque à la liqueur ; on la fait cristalliser ; on obtient du sur-pyro-urate coloré ; on le dissout dans l'eau ; on précipite la solution par le sous-acétate de plomb ; on décompose le précipité par l'acide hydrosulfurique ; on fait cristalliser l'acide pyro-urique, et on traite les cristaux par le charbon animal, afin de les décolorer. (CH.)

PYROCHRE, *Pyrochroa*. (*Entom.*) Geoffroy a désigné ainsi en latin, et sous celui de Cardinale, en françois, un genre d'insectes coléoptères hétéromérés, de la famille des ornéphiles ou sylvicoles.

Ce genre est caractérisé essentiellement : par la forme du corselet, qui est arrondi et déprimé ; par la forme de la tête, qui est en cœur et inclinée, et parce que les cuisses postérieures sont simples et non renflées. Toutes ces particularités distinguent en effet ce genre de ceux de la même famille, comme nous l'indiquerons par la suite.

Le nom de pyrochre est tout-à-fait grec, πυρόχρος, et signifie d'un *jaune rouge*, ou de couleur de feu.

Les pyrochres, dont on ne connoît encore que cinq espèces, dont deux sont d'Amérique, ont le corps alongé, déprimé, de couleur brillante, ordinairement rouges et noires, quelquefois jaunes. Leur tête est très-distincte d'un corselet arrondi et aplati ; les antennes, insérées sous les yeux, sont plus longues que la tête et le corselet, le plus souvent dentelées en scie plus ou moins profondément ; leurs élytres, déprimés également, couvrent l'abdomen. Ces insectes semblent mieux voler le soir que dans le jour. On ne connoît pas leur manière de vivre ; cependant on ne les rencontre que dans les lieux où il y a des arbres.

On a vu à l'article Ornéphiles de ce Dictionnaire, et par le tableau analytique que nous y avons inséré, combien il est facile de distinguer les pyrochres des cinq autres genres que nous avons rangés dans la même famille. D'abord, la forme arrondie de leur corselet les distingue des cistèles, qui l'ont plus étroit en devant et large en arrière, et des hélopes et des mélandryes ou serropalpes, qui l'ont à peu près carré. Ensuite, chez les calopes le corselet est convexe ; enfin, les cuisses postérieures sont renflées dans le genre Horie. Ces principales circonstances sont rendues évidentes par l'inspection de la planche 12 de l'atlas de ce Dictionnaire, et qui représente six genres : celui des pyrochres est numéroté 5.

Geoffroy n'avoit connu que la première espèce, qu'il a fait représenter tom. 1.ᵉʳ, pl. 6, n.º 4 : c'est la *Cardinale*, ou

1. Pyrochre cardinale, *Pyrochroa coccinea*.

C'est aussi celle que nous avons fait représenter ; elle se

distingue parce qu'elle est noire, excepté la partie supérieure du corselet et les élytres, qui sont d'un rouge écarlate. Linnæus l'avoit placé parmi les lampyres, dont elle se distingue par le nombre des articles aux tarses.

2.° Pyrochre rouge, *Pyrochroa rubens*.

Elle diffère de la précédente, parce que sa tête est rouge, comme le corselet et les élytres; peut-être est-ce une différence de sexe.

3.° Pyrochre pectinicorne, *Pyrochroa pectinicornis*.

Car. Corselet et élytres jaunâtres; corps noir; les élytres ont quelquefois une tache noire.

Ces trois espèces se trouvent en France. (C. D.)

PYROCHROA. (*Bot.*) Genre de la famille des lichens, voisin des *graphis*, dont il faisoit partie. Institué par Eschweiler, ses caractères sont : Expansion ou thallus crustacé, adhérent, uniforme, coloré; apothécium ou conceptacle oblong ou un peu linéaire, rameux; à lame discoïde, déprimée, plane, concave, voilée de blanc dans sa jeunesse, puis nue, rouge, libre en son pourtour; thèques ou spores étroites, cylindriques, plusieurs annulées. Toutes les espèces sont exotiques, propres aux régions intertropicales et ornées, comme les lichens propres aux tropiques, des couleurs les plus éclatantes. Les *graphis caribœa*, Ach., et *coccinea*, Holld., rentrent dans ce genre, que Meyer réunit en partie à son *Platygramma*.

Fries réclame l'antériorité pour l'établissement de ce genre (voyez *Dian. lich.*, 1817), et le nomme *Ustalia*, parce que le nom de *Pyrochroa* est déjà donné à un genre d'insectes. D'après ce principe, les amateurs de noms nouveaux ont de la latitude pour en créer et nous pourrions en offrir beaucoup d'exemples; mais nous n'en citerons qu'un seul, celui du *Protea*, donné à deux genres en zoologie et à un en botanique, qui depuis s'est déjà prêté à la fabrication d'un grand nombre d'autres. De ces trois *protea* deux devroient donc changer de nom. (Lem.)

PYRODMALITHE. (*Min.*) Il est difficile de prendre un parti sur la place qu'il faut assigner à ce minéral dans un système de minéralogie, quel que soit le principe dont on parte.

En effet, ce minéral, ainsi nommé par M. Haussmann, a donné, à l'analyse du fer et du manganèse en même proportion, de la silice et de l'acide muriatique. On ne sait pas si tous ces corps sont essentiels à l'espèce, ou si quelques-uns ne sont qu'adventifs, par conséquent si, dans la classification par les bases, on doit le placer au fer ou au manganèse ; et dans celle par les acides, s'il doit être considéré comme un muriate plutôt que comme un silicate.

On l'a déjà mentionné dans ce Dictionnaire, en le plaçant dans le genre FER et le considérant comme du fer muriaté (tome XVI, page 418), ainsi que M. Haüy l'avoit fait. M. Berzelius, dans son nouveau système, le place presque indistinctement parmi les silicates de manganèse et de fer, ou parmi les chlorures de ces métaux ; M. Leonhard le met à la suite du minérai de manganèse : M. Beudant le regarde comme un pyroxène à base de fer et de manganèse, dans lequel l'acide muriatique n'est qu'interposé.

Nous le placerons comme espèce isolée à la suite des minérais de manganèse, sous le nom univoque de pyrodmalithe, que lui a donné M. Haussmann, et qui indique qu'il répand une odeur remarquable par l'action du chalumeau : la description qui en a été donnée à l'article du fer étant incomplète, parce qu'alors l'analyse n'en avait pas été faite, nous la reprendrons ici.

Le pyrodmalithe se présente sous forme d'un minérai d'un brun verdâtre, opaque, translucide sur les bords ; à structure laminaire, imparfaite ; à texture compacte ou sans éclat, ou ayant un foible éclat vitreux ou un éclat nacré, qui lui a fait donner les noms de *mica perlé* par M. Mohs, et de *margarite*, par M. Fuchs : il montre des ébauches de cristallisation ou même des cristaux entiers, tel est celui qu'on voit dans la collection de l'Administration des monnaies de Stockholm. Ces cristaux indiquent un prisme hexaèdre, se divisant assez bien parallélement aux bases en lames hexaèdres. Cependant Haüy croit avoir observé dans les cristaux qu'il a examinés un clivage et des incidences qui conduisoient à un prisme rhomboïdal oblique.

Il est demi-dur ; sa pesanteur spécifique est de 3,08.

Essayé au chalumeau, il répand des vapeurs d'acide muriatique très-reconnoissables par leur odeur; il prend une couleur noire, puis un éclat métallique; il s'arrondit en perdant ses arêtes et devient magnétique : il se dissout dans l'acide muriatique en laissant un résidu de silice.

M. Hisinger l'a analysé et y a trouvé:

Manganèse oxidulé	21,14
Fer oxidulé	21,81
Muriate de fer	14,09
Silice	55,85
Eau et perte	5,89.

Ce minéral a d'abord été trouvé par MM. Gahn et Clason au milieu d'un bloc décomposé dans la mine de Bjelke, aux environs de Philippstadt, en Nordmarck en Wermeland, et dans la paroisse de Nya-Kopparberg en Westmanland. Il étoit accompagné de calcaire et d'amphibole noir. On l'a ensuite trouvé à Sterzing en Tyrol, dans un bloc de roche qui paroissoit être venu des hautes Alpes : il y étoit associé avec du mica vert et de l'amphibole noir. Enfin, M. Breithaupt l'a reconnu, mais moins bien caractérisé, dans un minéral venant de l'île d'Elbe.

M. Duménil, qui a analysé celui de Sterzing, lui a trouvé une composition tout-à-fait semblable à celle du pyrodmalithe de Suède. (B.)

PYROLE; *Pyrola*, Linn. (*Bot.*) Genre de plantes dicotylédones polypétales, rapportée par M. de Jussieu à la famille des *éricinées*, mais dont on peut faire le type d'un ordre particulier : dans le Système sexuel il appartient à la *décandrie monogynie*, et ses principaux caractères sont les suivans : Calice très-petit, persistant, à cinq divisions; corolle de cinq pétales arrondis, concaves; dix étamines à anthères à deux loges s'ouvrant à leur sommet par deux pores; un ovaire supère, surmonté d'un style cylindrique, terminé par un stigmate épais, à cinq lobes; une capsule arrondie, à cinq loges, à cinq valves, contenant des graines petites et nombreuses.

Les pyroles sont des plantes herbacées, vivaces par leurs racines, dont les feuilles sont entières, le plus souvent toutes radicales, et dont les fleurs sont terminales, quelquefois solitaires, ordinairement disposées en grappe. On en connoît quinze espèces naturelles à l'Europe, au nord de l'Asie, ou à l'Amérique septentrionale.

PYROLE A FEUILLES RONDES, vulgairement PYROLE, VERDURE D'HIVER : *Pyrola rotundifolia*, Linn., *Sp.*, 567 ; *Fl. Dan.*, t. 110. Ses racines sont grêles, rougeâtres, rampantes; elles produisent une ou plusieurs tiges simples, presque nues, hautes de huit pouces à un pied, munies à leur base de plusieurs feuilles arrondies ou ovales-arrondies, un peu coriaces, glabres, luisantes, portées sur d'assez longs pétioles. Ses fleurs sont blanches, disposées, au nombre de douze à quinze, en une grappe simple et terminale ; les lobes de leur calice sont oblongs, et le pistil est recourbé, une fois plus long que la capsule. Cette plante croît dans les bois à l'ombre, en France, en Allemagne, en Angleterre, dans le Nord de l'Europe et dans l'Amérique septentrionale. Comme vulnéraire et astringente, la pyrole a été autrefois très-employée en médecine. On la donnoit soit en infusion, soit en nature, contre les hémorrhagies, les fleurs blanches, la diarrhée; aujourd'hui elle est presque entièrement tombée en désuétude.

PYROLE MINEURE : *Pyrola minor*, Linn., *Sp.*, 567 ; *Fl. Dan.*, t. 55. Cette espèce ressemble assez à la précédente; mais elle est en général plus petite dans toutes ses parties, ses feuilles sont plus ovales et son pistil est droit, de la longueur de la capsule. Cette pyrole croît dans les bois à l'ombre, en France, en Suisse, dans le Nord de l'Europe, de l'Asie, et dans l'Amérique septentrionale.

PYROLE UNILATÉRALE : *Pyrola secunda*, Linn., *Sp.*, 567 ; *Fl. Dan.*, t. 402. Ses racines sont traçantes, ligneuses, noirâtres; elles produisent plusieurs tiges droites, grêles, simples, munies, seulement à leur base, de feuilles ovales, aiguës, crénelées. Ses fleurs sont blanches, disposées en grappe terminale, tournée d'un seul côté. Cette espèce croît dans les mêmes lieux et à peu près dans les mêmes contrées que la précédente.

PYROLE UNIFLORE: *Pyrola uniflora*, Linn., *Sp.*, 568 ; *Fl. Dan.*, t. 8. Ses feuilles sont arrondies, pétiolées, légèrement crénelées, disposées seulement dans la partie inférieure de la tige, qui est droite, haute de deux à trois pouces, terminée par une seule fleur blanche, assez grande et un peu penchée. Cette espèce croît dans les lieux ombragés des montagnes en France, dans le Nord de l'Europe et dans l'Amérique septentrionale.

PYROLE EN OMBELLE : *Pyrola umbellata*, Linn., *Spec.*, 567 ; *Chimophylla umbellata*, Radius, *Dissert. de Pyr.*, pag. 33. Ses tiges sont presque ligneuses, surtout à leur base, hautes de trois à quatre pouces, garnies de feuilles oblongues, dentées en scie, verticillées quatre à quatre ensemble. Ses fleurs sont rougeâtres, portées sur d'assez longs pédoncules et disposées en une sorte d'ombelle. Cette plante est indiquée dans les Vosges ; elle se trouve dans les forêts du Nord de l'Europe, de l'Asie et de l'Amérique. Dans cette dernière contrée elle est usitée en médecine. Au Canada on l'emploie dans les hydropisies, et dans les États-Unis on l'a essayé avec quelque succès contre les cancers. (L. D.)

PYROMÉRIDE. (*Min.*) M. Monteiro a reconnu que la roche nommée vulgairement porphyre globuleux de Corse, et qui a eu une assez grande célébrité à cause de sa structure remarquable, possédoit des caractères minéralogiques propres à la faire distinguer essentiellement de toutes les roches mélangées connues, et qu'elle devoit par conséquent constituer dans la grande classe des masses minérales ou roches hétérogènes, une espèce ou sorte particulière, qu'il a établie sous le nom de pyroméride et caractérisée par les propriétés suivantes.

Le PYROMÉRIDE est une roche empâtée, formée par voie de dissolution et de cristallisation, et *essentiellement composée* de felspath compacte et de quarz.

Les *parties accidentelles* sont le fer oxidé en petits cristaux dodécaèdres, dérivant de l'altération des pyrites de même forme, comme M. Léman l'a fort bien fait remarquer : le felspath est *dominant ;* il est souvent à l'état compacte ou de pétrosilex.

La *structure* de cette roche est remarquable : non-seulement il y a une pâte felspathique qui enveloppe des grains de quarz ; mais ces deux substances sont souvent disposées en masse globuleuse, composée de rayons divergens et de couches concentriques, auxquelles la dernière forme comme une espèce d'écorce. Ces sphéroïdes, presque parfaits, sont disséminés dans une pâte de même nature à texture, partie compacte, partie grenue ; ils varient beaucoup en volume et en quantité.

Leur grosseur s'étend depuis 1 jusqu'à 8 à 9 centimètres de diamètre ; ils sont tantôt isolés et tantôt agglomérés en groupes et confluens. Les différentes nuances, taches et zones que présentent les sphéroïdes et la pâte, sont dues à la disposition réciproque du felspath et du quarz hyalin.

La formation de la pâte et des sphéroïdes engagés est simultanée ; c'est une cristallisation confuse où des parties de la matière dissoute par fusion ou par un liquide se sont réunies par place en sphéroïdes, comme cela s'observe dans certaines masses de verre ou d'émail. Néanmoins ces sphéroïdes sont quelquefois assez nettement séparés de la masse pour s'en détacher avec facilité.

La masse de la roche a cependant assez de *cohésion* pour être sciée et taillée en plaques ou en objets d'ornement.

La *cassure* est raboteuse, quelquefois un peu grenue.

La *dureté* de cette roche est presque égale à celle du porphyre ; mais, comme ses parties sont d'une dureté inégale et souvent séparées par des joints parallèles à la périphérie des sphéroïdes, le poli n'est jamais bien brillant, et il est toujours inégal.

La *couleur* générale du pyroméride est le brun rougeâtre, marqué de petites taches brunes grisâtres, dues aux quarz. La pâte est d'une teinte souvent plus homogène et plus foncée que celle des sphéroïdes.

Le pyroméride est inégalement *infusible* ; la pâte felspathique fond en un émail brun ; la partie quarzeuse résiste à l'action du chalumeau : en sorte qu'un fragment de cette roche, exposé au feu de fusion, présente une carcasse de quarz criblé d'une multitude de cavités, d'où a découlé un vert brunâtre.

Ses parties sont souvent *altérées*; la felspathique en matière terreuse et plus ou moins profondément, suivant qu'elle est plus dense ou plus fissurée, et la partie quarzeuse se désagrège aussi plus facilement qu'on ne le remarque ordinairement, ce qui est dû à l'influence des grains de fer ocreux disséminés. Cette double altération est portée quelquefois jusqu'à réduire une partie de la roche en une matière terreuse et ferrugineuse.

Le pyroméride est assez bien limité ; il *passe* cependant au porphyre proprement dit, lorsque la structure globulaire disparoît; mais il ne se confond jamais avec la pegmatite, qui est cependant composée, comme lui, de felspath et de quarz: la différence est due à la structure, qui est compacte, empâtée, globulaire dans le pyroméride et lamellaire granitoïde dans la pegmatite.

Il n'y a qu'une variété bien déterminée de pyroméride, nommée par M. Monteiro:

PYROMÉRIDE GLOBAIRE[1], vulgairement PORPHYRE ORBICULAIRE DE CORSE.

Cette roche remarquable a été signalée pour la première fois par M. Rampasse, en 1806; elle se trouve en Corse dans le canton de Montepertusato à Girolata, entre Santa Maria la Stella et le Niolo, dans une montagne de porphyre, bornée au midi par Busaggia et au nord par le Marzolino.

Elle ne s'est encore rencontrée que dans cette île, et sans sa composition et sa structure particulière, il n'y auroit pas eu lieu d'en faire une espèce. (B.)

PYROMORPHITE. (*Min.*) Nom donné au plomb phosphaté pur par M. Haussmann; c'est une des deux espèces du genre Polychrome de ce minéralogiste. (B.)

PYRONTES. (*Ichthyol.*) Sous la dénomination de πύρονʃοɩ, Athénée a parlé de poissons qui se pêchent dans les fleuves les plus rapides. Plusieurs commentateurs, et Gesner est de cet avis, pensent qu'il a voulu désigner ainsi les TRUITES. Voyez ce mot. (H. C.)

PYROPÆCILON. (*Min.*) C'est le nom que portoit la roche granitoïde qui a été nommée depuis lors syénite, du nom de la ville de Syène en Thébaïde, où on l'exploitoit pour en faire des obélisques: c'est ce que nous apprend Pline. Voyez SYÉNITE. (B.)

PYROPE. (*Min.*) Variété de grenat ou plutôt espéce particulière du genre minéralogique des GRENATS. Voyez ce mot. (B.)

PYROPHANE. (*Min.*) Nom que prend une pierre à laquelle on a communiqué artificiellement la propriété de de-

---

[1] *Amygdaloïde porphyroïde*, Al. Br., Essai d'une classific. min. des roches mél.; Journ. des mines, vol. 34, p. 42. J'avois considéré les parties noires comme de l'amphibole; M. Monteiro a prouvé, par des observations aussi précises que délicates, que c'étoit du quarz.

venir transparente par la chaleur. Ce sont des hydrophanes ou des silex résinites poreux qu'on a imbibés de cire : ils sont opaques tant que la cire est froide et solide, et deviennent translucides quand, exposés à la chaleur, la cire se fond. (B.)

PYROPHORE. (*Chim.*) Matière qui prend feu quand elle a le contact de l'air. On l'obtient en calcinant convenablement de l'alun, à base de potasse, avec une matière organique. Voyez SULFATE D'ALUMINE ET DE POTASSE. (CH.)

PYROPHYSALITE. (*Min.*) M. Berzelius, qui nous a fait connoître cette pierre, la regarde comme une variété particulière de la topaze, parce que les principes qui les composent l'un et l'autre, ne s'y montrent pas précisément dans la même proportion ; mais ces différences sont si légères et la circonstance de donner quelques bulles par l'action du chalumeau paroît si peu importante, qu'on peut regarder ce minéral comme une simple variété de la TOPAZE. Voyez ce mot. (B.)

PYRORTHITE. (*Min.*) C'est une variété du genre Cérium, qui ne diffère de l'espèce de ce genre, nommée Orthite, que par la présence d'un peu de charbon, qui lui donne la propriété de brûler par l'action du chalumeau. Voyez CÉRIUM et ORTHITE. (B.)

PYROS. (*Bot.*) Nom grec sous lequel Hippocrate et Théophraste désignoient le froment. (J.)

PYROSIDÉRITE. (*Min.*) C'est dans la série des minéraux, rangés par ordre alphabétique par Blöde, à la suite du Tableau du système de minéralogie de Werner, dans l'*Auswahl*, etc., 1.ᵉʳ vol., page 209, la même chose que le *göthite*, qui paroît être lui-même une variété de minérai de manganèse. (B.)

PYROSMALITE. (*Min.*) Voyez PYRODMALITE. (B.)

PYROSOME, *Pyrosoma*. (*Malacoz.*) Genre de mollusques de la famille des salpiens agrégés, établi d'abord d'une manière incomplète par Péron dans les Annales du Muséum, tom. 4, pag. 440, et ensuite confirmé et rectifié dans le Nouveau bulletin par la Société philomatique, vol. 3, page 283, par M. Lesueur, qui, le premier, nous a fait connoître de véritables mollusques agrégés. Ce nom de pyrosome, qui veut dire corps en feu, a été donné à ces animaux à cause de la vivacité remarquable de leur phosphorescence. Voici comment M. de Blainville a caractérisé ce genre dans son Manuel de malacologie : Corps alongé, fusiforme, terminé en pointe d'un côté, obtus de l'autre, percé de deux ouvertures, l'une externe supérieure, non terminale, l'autre interne et terminale, réuni dans la circonférence de sa partie moyenne et par la greffe de l'enveloppe extérieure avec celui d'autres individus en anneaux plus ou moins nombreux, plus ou moins réguliers, de manière à former un long cylindre libre, hérissé de pointes à l'extérieur, creux et mamelonné à l'intérieur, ouvert à l'une de ses extrémités seulement; et bordé d'une lèvre circulaire contractile. L'organisation de chaque petit animal composant du pyrosome, a la plus grande analogie avec celle des biphores, surtout des espèces monocuspidées, et elle n'en diffère que parce que chaque biphore reste constamment soudé par sa circonférence, sans jamais se détacher, au lieu que dans les biphores simples cette agrégation, qui provient probablement de la disposition des œufs dans l'ovaire, n'a lieu que par un moins grand nombre de points, et surtout seulement pendant un temps peu long de la vie. Au reste, il ne faudroit pas encore assurer d'une manière positive que les pyrosomes ne seroient pas de jeunes sujets de biphores non adultes et qui se désagrégeroient plus tard. Dans l'état actuel de nos connoissances, les pyrosomes forment des masses cylindroïdes plus ou moins alongées, molles, gélatineuses, hérissées à leur superficie d'un très-grand nombre d'espèces d'épines ou de tubercules pointus, un peu plus durs et plus cartilagineux que le reste. Ces masses, qui flottent horizontalement dans l'intérieur de la mer, sont sans doute abandonnées à ses mouvemens et ne peuvent y résister en se dirigeant elles-mêmes : aussi ne se rencontrent-t-elles en général qu'en pleine mer et souvent par troupes composées d'un très-grand nombre de ces masses. D'après les observations de MM. Péron et Lesueur, rien n'est aussi brillant, aussi éclatant, aussi vif, que la lumière phosphorescente que ces animaux produisent. Ils forment souvent de longues traînées de feu, par la manière dont les masses se disposent en cordons; mais ce qui est encore plus singulier, c'est que cette phosphorescence offre quelque chose de ce qui a lieu dans les cils des béroës, c'est-à-dire que les couleurs varient instantanément, en passant rapidement du rouge le plus vif aux principales teintes du spectre solaire, à l'aurore, à l'orangé, au verdâtre et au bleu d'azur.

Des trois espèces que M. Lesueur a décrites dans ce genre, deux sont de la Méditerranée et l'autre est de l'océan Atlantique équatorial.

Le Pyrosome atlantique : *P. atlanticum*, Pér. et Les., Voyage aux Terres aust., page 458, t. 30, fig. 1, et Ann. du Mus., vol. 4, page 440. Masse assez alongée, de cinq à six pouces de long, cylindrique, formée d'un grand nombre de biphores mutiques à l'extrémité extérieure et disposés d'une manière serrée et irrégulière. Couleur d'un rouge de fer fondu, passant au rouge, à l'aurore, à l'orangé, au verdâtre, au bleu d'azur, et enfin au jaune opalin dans son état d'affaissement ou de repos absolu.

C'est sur cette espèce que Péron a fait ses premières observations; mais malheureusement c'étoit pendant la nuit, à la lueur même de l'animal, en sorte qu'il ne put l'examiner d'une manière suffisante que sous le rapport de sa phosphorescence. La figure s'est probablement aussi ressentie de cette position difficile pour l'observation, et, en effet, elle présente une particularité remarquable, en ce qu'il semble n'y avoir pas de pointes de biphores en dessous, ce qui produit une espèce de pied de mollusque gastéropode. D'après cela il est difficile d'assurer que cette espèce n'est pas la même que le P. géant.

Le P. élégant : *P. elegans*, Lesueur, Nouv. bull. par la Société phil., vol. 3, page 283. Masse subconique, de deux à trois pouces de long, formée par un assez grand nombre de biphores, disposés par anneaux ou verticilles réguliers. Couleur bleue.

De la mer Méditerranée.

Le P. géant ; *P. giganteum*, Les., Nouv. bull. par la Soc. phil., Mai 1815, avec une excellente figure. Masse très-grande, subcylindrique, formée d'un très-grand nombre de biphores inégaux, disposés d'une manière irrégulière et terminés par un appendice lancéolé et denticulé.

De la mer Méditerranée.

C'est sur cette espèce que M. Lesueur a fait ses observations anatomiques et zoologiques curieuses. (Voyez Biphores, et Salpa, où nous en donnerons l'extrait, en les comparant avec ce qu'on sait du singulier groupe d'animaux qui constitue la famille des salpiens.)

Le Pyrosome roux ; *P. rufum*, Quoy et Gaimard, Atlas zool. du voyage de l'Uranie, pl. 75, fig. 1, 2 et 3. Masse grande, cylindrique, de couleur rousse, hérissée de tubercules inégaux, disposés sans ordre, distans, lancéolés, subobtus et non denticulés.

Cette espèce, peu distincte peut-être de la précédente, a été trouvée près le cap de Bonne-Espérance. L'individu observé avoit un pied de long. Il est figuré dans l'atlas de ce Dictionnaire. (De B.)

PYROSTRE, *Pyrostria*. (*Bot.*) Genre de plantes dicotylédones, à fleurs complètes, monopétalées, de la famille des *rubiacées*, de la *tétrandrie monogynie* de Linnæus, offrant pour caractère essentiel : Un calice fort petit, à quatre dents; une corolle presque campanulée, à demi divisée en cinq lobes, tomenteuse à son orifice; quatre étamines; un ovaire inférieur; un style; un stigmate en tête. Le fruit est une baie sèche, striée, non couronnée, à huit loges monospermes.

Pyrostre a feuilles d'olivier: *Pyrostria oleoides*, Lamk., *Ill. gen.*, 1, n.° 1484, tab. 68; *Pyrostria salicifolia*, Willd., *Spec.*; Juss., *Gen.*, 206. Arbrisseau dont la tige se divise en rameaux glabres, garnis de feuilles opposées, sessiles, lancéolées, glabres à leurs deux faces, un peu obtuses au sommet, rétrécies en pétiole à leur base, entières, marquées de nervures simples, très-fines; les stipules sont caduques. Les fleurs sont disposées en petites grappes courtes, opposées, peu garnies, de moitié moins longues que les feuilles; le calice est glabre; les lobes de la corolle sont lancéolés, aigus, glabres en dehors, velus en dedans. Le fruit est une baie sèche, qui ressemble à une petite poire striée, divisée intérieurement en huit loges, contenant chacune une semence. Cette plante a été découverte à l'île de Bourbon par Commerson. (Poir.)

PYROTE. (*Bot.*) Il est dit dans le Dictionnaire économique que ce nom est quelquefois donné au nénuphar. (J.)

PYROXÈNE. (*Min.*) L'examen approfondi qu'on a fait dans ces derniers temps de la composition des minéraux et de la valeur des angles des cristaux, a conduit à reconnoître que ces deux considérations. très-importantes, n'offroient pas le degré de simplicité et les limites absolues qu'on avoit cru pouvoir leur attribuer, et qu'elles étoient, loin de donner, pour distinguer les espèces, des moyens simples et précis, tirés des propriétés fondamentales.

Les travaux et les observations nombreuses et rigoureuses de MM. Berzelius, Mitcherlich, Rose, etc., ont prouvé que plusieurs minéraux, doués de propriétés communes, fondamentales, telles que la pesanteur spécifique, les propriétés optiques, la dureté, une forme particulière sensiblement toujours la même, pouvoient tellement varier dans leur composition, sous certains rapports, que les uns renfermoient des corps qui ne se trouvoient point du tout dans les autres ; mais ils ont prouvé aussi que cet échange de corps n'étoit point tout-à-fait indéfini ; qu'il étoit, au contraire, soumis à certaines lois, et que les corps qui pouvoient ainsi se suppléer, étoient des oxides, toujours composés d'une base unie au même nombre d'atomes d'oxigène.

La définition simple de l'espèce étant devenue alors presque impossible, sous le rapport chimique, on a cru devoir recourir à la forme pour lier par un autre caractère commun et fondamental tous ces composés différens. Si cette circonstance eût été constante et précise, elle rendoit une grande prépondérance à la considération de la forme pour la distinction des espèces. Mais la forme est elle-même susceptible de varier dans des limites assez resserrées, il est vrai, cependant encore trop étendues pour qu'on puisse l'employer comme un moyen simple et précis.

Les minéraux nombreux, si différens par des propriétés extérieures, que Haüy a réunis sous le nom de pyroxène, et que des minéralogistes qui n'avoient aucun principe fixe de spécification, ont désignés sous plus de quinze noms différens, offrent une des applications les plus complètes des réflexions précédentes.

Soit qu'on croie devoir laisser ensemble tous ces minéraux et les regarder comme les variétés d'une même espèce, ainsi que l'a fait Haüy, soit qu'on veuille les séparer en deux, quatre ou cinq groupes, comme l'ont fait MM. Berzelius, Beudant, etc., on ne trouve aucun caractère scientifique à donner à ces groupes. Il suffit, pour s'en convaincre, de lire la définition qu'en ont donnée les savans que je viens de citer, et on verra combien cette définition est incertaine et vacillante.

Or, on doit remarquer que cette définition est faite pour le pyroxène, classé dans le système de groupement par les acides ou élémens positifs. Il seroit difficile d'en donner une dans le système de classification par les bases, lors même qu'on voudroit faire autant d'espèces de pyroxènes qu'il y a de bases qui peuvent se suppléer dans cette pierre.

Il faut alors, comme dans toutes les méthodes naturelles, baser la définition caractéristique, non pas sur deux ou trois propriétés saillantes, mais sur l'ensemble des points de ressemblance les plus importans et les plus nombreux. On ne peut donc pas échapper à l'inconvénient signalé au commencement de cet article, qui est de présenter des définitions qui n'ont ni simplicité, ni précision rigoureuse.

Néanmoins, pour restreindre, autant qu'il est possible, le vague de ces définitions, nous partagerons le pyroxène en quatre sous-espèces, si nous considérons, avec Haüy, ce minéral comme une espèce ; ou en quatre espèces, si nous le considérons comme un genre, ce qui est jusqu'à présent assez indifférent. Nous les désignerons sous les noms de Diopside, de Sahlite, d'Augite et d'Hédenbergite.

Les caractères génériques des pyroxènes seront :

« Une composition de bisilicate de chaux, avec un bisi-
« licate de magnésie ou de fer, séparés ou réunis, et quel-
« quefois accompagnés de manganèse remplaçant en partie
« le fer, ou d'alumine remplaçant en partie la silice [1] :

---

[1] Mais toujours de manière que l'oxigène des bases quelles qu'elles soient et en quelque nombre qu'elles soient, soit à l'oxigène de la silice seule ou de la silice et de l'alumine, jouant le rôle d'acide, :: 1 : 2.

La formule générale seroit $CS^2 + \begin{matrix} M \\ f \\ m\,n \end{matrix} \Big\} \begin{matrix} S^2 \\ A^x \end{matrix}$

« composition dont les cristaux dérivent d'un prisme obli-
« que, à base rhomboïdale, de 87 $\frac{1}{2}^{d}$ environ, l'axe étant
« inclinée sur la base d'environ 106^{d} 20'. »

Avant de passer à l'examen des caractères et propriétés de chaque espèce, nous devons donner l'exposition des propriétés communes à ces espèces, c'est-à-dire présenter l'histoire du pyroxène considéré comme genre.

La première de ces considérations est relative à la forme cristalline et à tout ce qui en dérive, comme variétés de formes, mode habituel de groupement et de pénétration des cristaux. Ces généralités étant exposées, nous n'aurons plus à indiquer à l'article de chaque espèce que les différences cristallographiques qu'elle présente, soit dans la valeur des angles de sa forme fondamentale, soit dans les variétés de formes qu'elle affecte le plus ordinairement.

Ces variétés sont nombreuses. On peut les classer sous différens points de vue. Celui qui nous a paru offrir le plus de clarté, sans exclure la précision, est de réunir en groupes les formes qui présentent entre elles le plus d'analogie.

Nous diviserons donc en quatre groupes les vingt-sept ou trente variétés de formes des pyroxènes.

* Les Prismatiques.

Prismes ayant pour base une face parallèle à P ou une facette n produite par une modification simple sur l'angle A.

1. *Primitif.* [1] — Le prisme fondamental, sans modification (diopside et pyrgome).

2. *Periorthogone.* — Prisme à quatre pans; bases parallèles à P : pan r produit par une modification sur l'arête H, et pans l, par une modification sur l'arête G (diopside).

3. *Perihexaèdre.* [2] — Prisme à six pans; bases parallèles à P, 2 pans r, et pans parallèles à M (augite).

4. *Perioctaèdre.* [3] — Prisme à 8 pans. Association des pé-

---

1 Incidence de M sur M = 87^{d}42' Haüy.. 87^{d}5' Phillips.

             M sur P = 101^{d} 5' Haüy..100^{d}10' à 40' Phill.

2 Incidence de M sur r = 133^{d} 5' Haüy..133^{d}34' Phill.

3 Incidence de M sur l = 136^{d} 9' Haüy..136^{d}10' à 35' Phill.

             r sur n = 90^{d} H.

riorthogone et des périhexaèdres, par conséquent, base P et pans r, M, l (augite).

5. *Ambigu*. — Prisme à 8 pans du périoctaèdre; base n, produite par une modification sur l'angle A.

** *Les culminans.*

Prismes dont les bases sont modifiées par des facettes culminantes, produites par des modifications sur les angles A et E et sur l'arête D, etc.

6. *Bisunitaire*[1]. — Prisme à 6 pans, terminé par deux facettes culminantes s. non interrompues; le périhexaèdre avec une modification simple sur l'angle E (augite.)

7. *Triunitaire*. — Le périoctaèdre avec les facettes culminantes du bisunitaire (augite).

8. *Soustractif*. — Le triunitaire avec la facette n de l'ambigu (augite).

9. *Dioctaèdre*. — Le triunitaire avec deux facettes o, produites par une seconde modification sur l'angle E (augite).

10. *Homonome*[2]. — Le triunitaire avec deux facettes culminantes γ, non interrompues, produites par une modification simple sur l'arête D.

11. *Quadrioctonal*[3]. — Le triunitaire avec deux facettes culminantes, l'une appartenant à la base P et l'autre t à une modification biinclinée sur l'angle A.

*** *Les pyramidés.*

Prismes dont les bases sont recouvertes de facettes convergentes en pyramides obliques, irrégulières, souvent imparfaites et produites par des modifications.

12. *Sénobisunitaire*. Le périhexaèdre avec un pointement trièdre, produit par la face P et deux facettes dues à une modification inclinée et composée sur l'arête B. (Du lac Baïkal.)

13. *Épiméride*. Le périoctaèdre avec un pointement pentaèdre, produit par une facette t due à une modification

---

1 Incidence de s sur s = 120° Haüy....120°38′ Phil.

2 Incidence de V sur V = 156°50′ H.

3 Incidence de P sur t = 147°48′ H.

simple sur l'angle A, et par des facettes x et i dues à des modifications composées sur l'angle E et sur l'arête D. (Diopside blanc d'Amérique.)

14. *Sténonome*. Le périoctaèdre avec un pointement octaèdre, composé d'une face P, des facettes s du bisunitaire, o du dioctaèdre, t de l'épiméride et u, produite par une modification triinclinée sur l'angle A. (Pyrgome de Brozo).

15. *Octovigésimal*. — Le périoctaèdre avec un pointement décaèdre, ne différent de celui du sténonome que par la présence de deux facettes k, dues à une modification oblique sur l'angle A. (Diopside du Piémont.)

**** *Les Octaédriformes*.

Cristaux ayant l'apparence d'octaèdres irréguliers, diversement modifiés.

16. *Sénoquaternaire*. — Deux pointemens à quatre faces, séparés par un prisme court, à quatre pans. Les pyramides composés de deux faces M et de deux facettes v, dues à une modification relevée sur l'arête B. Les pans λ du prisme sont produits par une modification encore plus relevée sur la même arête. (Pyrgome.)

17. *Duovigésimal*. — Deux pointemens doublés et quatre pans prismatiques. Le prisme et le premier pointement appartiennent au sénoquaternaire, plus une facette r, appartenant au périhexaèdre; le second, comme enté sur le précédent, est composé des facettes P et t du sténonome, des deux facettes v du sénoquaternaire et de deux autres facettes z, produites par une modification triinclinée sur l'angle E; ce qu'on doit remarquer, tant dans cette variété que dans le sténonome, c'est que les facettes P et t, quoique dues à des modifications très-différentes, sont également inclinées sur l'axe.

La manière dont nous avons cherché à lier ces variétés par la désignation des facettes homologues, établit l'analogie de forme qu'il y a entre toutes les espèces du genre Pyroxène, et donne lieu d'approuver les motifs qui avoient engagé Haüy à réunir ces minéraux, d'aspects si différens, sous le même nom spécifique. Nous verrons que ces analogies se

soutiennent, malgré les légères différences que présentent
les inclinaisons de ces mêmes facettes les unes sur les autres
dans les pyroxènes de composition différente.

Les cristaux de pyroxène, quelles que soient les espèces
auxquelles ils appartiennent, présentent fréquemment ces
groupemens binaires qu'on nomme hémitrope ou macle,
quoiqu'ils aient lieu souvent sous toutes sortes d'angles. On
remarque cependant que les groupemens, par renversement
complet des axes, ceux-ci restant parallèles, sont les plus
fréquens, et que les groupemens binaires, par croisement des
axes, affectent rarement la simplicité d'incidence qui donne
les angles de 60 à 120 degrés. On a exposé, en traitant
de la cristallisation, les causes de cette sorte de régularité.
Les variétés triunitaires et bisunitaires sont celles qui montrent le plus souvent les renversemens complets et croisés
que nous venons d'indiquer.

Les cristaux de pyroxène sont généralement petits, ne
dépassant que rarement, dans leur plus grande dimension,
cinq centimètres. Leurs faces sont communément nettes,
exemptes de stries, et quelquefois parfaitement planes et
polies ; ce qui permet de prendre avec exactitude la mesure
des angles.

1.re *Espèce.* DIOPSIDE. [1]

Ce minéral est un bisilicate de chaux avec un bisilicate de
magnésie, renfermant quelquefois un peu de fer, mais plus
souvent n'en contenant pas du tout. Son expression chimique est : $CS^2 + MS^2$.

Ses cristaux dérivent d'un prisme oblique, à base rhomboïdale, de $87^d\ 5'$ (PHILLIPS), et dont l'axe est incliné sur
la base de $106^d\ 30'$ (PHILLIPS). L'incidence de M sur P est,
suivant le même auteur, de $100^d\ 25'$.

Ils sont blancs ou d'un vert pâle.

Car. chim. Le diopside fond au chalumeau avec ébullition
en un verre incolore, translucide.

---

1 Nous y rapportons les minéraux nommés *mussite* et *alalite*, du nom
de deux vallées de Piémont où on les a trouvés pour la première fois. —
C'est le *pyroxène blanc* de Berzelius.

Car. phys. Les cristaux de diopside offrent, en général, des prismes plus alongés, plus chargés de facettes que ceux des autres espèces du genre Pyroxène. Ils se font reconnoître par une apparence fort remarquable de défaut de symétrie, et parce que leur arête terminale est toujours inclinée sur l'axe. Ils sont souvent striés longitudinalement, et suivant les variétés auxquelles ils appartiennent, leur clivage est plus ou moins facile et net. Leur dureté est supérieure à celle du fluor et inférieure à celle du felspath.

La pesanteur spécifique du diopside est de 3,31.

L'espèce supposée pure, c'est-à-dire uniquement composée de silicates de chaux et de magnésie sans fer, est sans couleur ou blanche. Elle prend une teinte plus ou moins verte, suivant qu'elle admet une plus ou moins grande quantité de silicate de fer ; ou, ce qui revient au même, qu'elle est mêlée avec les espèces ferrugineuses du genre, c'est-à-dire, avec de l'augite ou de l'hédenbergite. Elle perd en même temps de la transparence.

Lorsque le diopside jouit complétement de cette qualité, ce qui est assez rare, il manifeste avec beaucoup de puissance le phénomène de la réfraction double. Dans tous les cas son éclat est vitreux, mais foible.

Il a aussi quelquefois la texture presque vitreuse, et se casse alors à la manière des minéraux qui offrent cette texture. Il est néanmoins assez solide.

Les minéraux du genre pyroxène, que nous rapportons au diopside, ont donné à l'analyse la composition suivante :

	Chaux.	Magnésie.	Fer.	Silice.	Alum.	Perte	Auteurs.
Diopside blanc de Tamar	24,76	18,55	1	54,83	0,3		Bonsdorf.
Diopside blanc d'Orrijerwi en Finlande......	24,94	18	3	54,64	—		Rose.
Diopside verdâtre de Tiolten...............	23,10	16,74	0,2	57,40	0,4		Wachmeister.
Diopside verdâtre d'Ala.	16,50	18,25	6	—		0,1	Laugier.

Le diopside a présenté des variétés de formes qu'on n'a encore vues que dans cette espèce ; mais il en a aussi présenté qui lui sont communes avec les autres pyroxènes, ou qui, du moins, ont paru être identiques avec elles.

Les variétés, choisies parmi celles que nous avons rapportées comme exemples, sont :

Le primitif.

Le périorthogone.

Le sténonome ?

L'octovigésimal.

L'épiméride.

Ses cristaux sont des plus volumineux.

Les principales variétés de couleurs se rapportent assez constamment à des lieux particuliers.

Le *diopside blanc*, en cristaux comprimés et assez larges, appartenant à la variété épiméride, vient de Kingsbridge, et de Philipstone, comté de Putnam, pays de New-York, États-Unis d'Amérique. On le trouve aussi dans le même lieu en grains blancs ou rosâtres, de la grosseur du millet, qu'on a nommés *coccolite blanche* et *rose*. Il est engagé dans un calcaire saccaroïde blanc. (J. BARRAT.)

Le *diopside verdâtre*, en cristaux prismatiques, alongés, chargés d'un grand nombre de facettes et appartenant souvent aux variétés Octovigésimale et Sténonome. Il est d'un vert pâle et d'un éclat vitreux, quelquefois aussi d'un gris verdâtre, avec un éclat un peu nacré, et alors opaque ou seulement translucide (mussite).

Les minéraux qui ont été découvert dans les vallées d'Ala et de Mussa, affluens de la vallée de Lans en Piémont, sont ceux qui ont été d'abord décrits sous les noms de Mussite et d'Alalite par le docteur Bonvoisin, et ensuite sous celui de Diopside par Haüy.

Gisemens et lieux.

Le diopside blanc ou vert-pâle appartient exclusivement aux terrains de transition cristallisés, et surtout à ceux qui sont principalement composés de calcaire et de serpentine. Il s'y présente, ou en cristaux implantés dans les cavités de ces terrains, ou disséminé dans les roches qui les composent, ou, enfin, en petites masses enveloppées dans ces roches.

Le diopside en cristaux verdâtres, transparens, d'éclat vitreux, de la montagne de Ciarmetta, à l'extrémité de la vallée d'Ala, affluent de la vallée de Lans en Piémont, est dans le premier cas. Il est accompagné de grenats rouge-orangé.

Celui de l'Alpe ou plaine de Mussa, à l'extrémité de la vallée de Lans, est en petites masses composées de longs prismes comprimés, d'un blanc nacré un peu verdâtre, engagés dans une ophiolite noirâtre.

Celui de Malsjoë et de Gullsjoë en Wermeland, en Suède, est en petites masses blanches, laminaires, disséminées dans un lit de calcaire saccaroïde, accompagnées de serpentine, de mica, de wernérite paranthine, de grammatite, de sahlite, etc. Ce lit est interposé dans un terrain de gneiss.

Le résultat de l'analyse nous engage à rapporter au diopside le minéral décrit sous le nom de malacolithe et venant de l'île de Tiolten, près le rivage de Helgoland en Norwége.

Celui des environs de New-York et de Litchfield, dans le Connecticut, États-Unis d'Amérique, est en cristaux blancs, disséminés dans un calcaire saccaroïde, assez friable, accompagnés de quarz et de grammatite.

2.° Espèce. SAHLITE. [1]

Ce minéral est un bisilicate de chaux avec un bisilicate de magnésie, associé à un bisilicate de fer. Son expression chimique est $CS^2 + \left.\begin{matrix} M \\ f \end{matrix}\right\} S^2$.

Ses cristaux dérivent d'un prisme oblique, à base rhomboïdale de $87^d,5'$ (PHILLIPS), dont l'axe est incliné sur la base de $106^d,12'$, et l'incidence de M sur P est $100^d,40'$ (PHILLIPS.)

Ils sont d'un vert plus ou moins foncé.

---

1 Ce nom de lieu (de Sala, mine d'argent en Suède : Hisinger écrit Sala et Sahlit), n'est pas dans les principes d'une bonne nomenclature, et nous ne l'eussions pas fait ; mais il a été donné, il y a long-temps, par M. Dandrada au minéral en question, et adopté par beaucoup de minéralogistes, Werner, Jameson, Phillips. — Nous y rapportons la malaccolite, le pyroxène vert de Berzelius ; quelques mussites, la baykalite, la fassaïte, le pyrgome, la coccolite verte.

Car. chim. La sahlite fond au chalumeau comme le diopside.

Car. phys. Les minéraux que nous rapportons à cette espèce de pyroxène, présentent encore entre eux des différences assez notables pour qu'on en ait fait plusieurs espèces. Ils s'offrent souvent en masses à structure laminaire, parallèle aux pans des prismes, ou composées de longs prismes ou baguettes comprimées. Les cristaux sont quelquefois assez volumineux et nets.

Leur dureté est la même que celle du diopside.

Leur pesanteur spécifique est de 5,25.

Les couleurs de la sahlite sont le vert, qui passe du vert-pâle, presque blanc, au vert très-foncé, tirant un peu sur le brun ou le jaunâtre.

Elle est presque toujours opaque, à peine translucide, en lames minces; son éclat est presque chatoyant. Les minéraux du genre Pyroxène, que nous réunissons sous cette espèce, ont donné à l'analyse les résultats suivans :

	Chaux.	Magné-sie.	Fer et Mang.	Silice.	Alum.	Auteurs.
Sahlite, dite malacolithe....	20	19	4	53	3	Vauquelin.
Sahlite ? vert-bleuâtre de Pargas en Finlande..........	15,7	22,6	2,9	55,4	2,8	Nordenskiöld.
Sahlite, dite coccolite......	24	10	7 et 3	50	1,5	Vauquelin.
Sahlite verdâtre de Sala....	23,57	16,19	4,86	54,86	0,2	Rose.
Sahlite, dite Baïkalite	20	30	6	44	—	Lowitz.
Sahlite verdâtre de Laughanshyttan	22,72	17,81	3,63	54,18	—	Hisinger.
Sahlite jaunâtre du même lieu	23	17	3,75	55,3	—	Rose.
Sahlite vert-gris de Newhaven	23,6	14,5	6,6	53	1	Bowen.
Id. de Wilsborough, lac Champlain. États-Unis d'Amériq..	19	6	20	50	1	Seybert.

L'alumine en petite quantité, et le manganèse associé au fer ou le remplaçant, peuvent être considérés comme des corps accessoires à la composition essentielle.

La sahlite présente dans quelques-unes de ses variétés, ou de localité, ou de position, des modifications de formes qui lui sont assez particulières : ce sont :

Le primitif (dans le pyrgome de Fassa).

Le sous-quaternaire (dans le sahlite de Fassa).

Le sténonome (dans le même).

Le duovigésimal (dans le même).

Le sénobisunitaire (dans la sahlite du lac Baïkal).

Les variétés de couleurs sont très-peu étendues, elles passent du vert jaunâtre (fassaïte) au vert olivâtre (baïkalite), et même au vert obscur, et ne méritent pas une mention particulière.

Les variétés de structure sont plus remarquables et offrent même quelquefois des différences qui semblent appartenir à des considérations plus importantes que celles qui servent à établir de simples variétés.

Tantôt la structure est laminaire, à grandes lames planes, presque chatoyantes. Les variétés auxquelles on a donné le nom de *malacolithe*, présentent plus spécialement ce mode de structure.

Dans les masses cristallines, comme composées de prismes alongés, déprimés, un peu courbes, la structure est encore laminaire; mais les joints sont moins plans, moins nets, moins étendus : ce sont les *sahlites* proprement dites, les *mussite*, *baïkalite* et *fassaïte*.

Enfin, la structure laminaire ou même lamellaire disparoît presque entièrement, la masse semble être composée de petits sphéroïdes, changés en polyèdres, irréguliers par leur compression mutuelle : on a donné le nom de *coccolite* à cette variété, qu'on a observée pour la première fois à Arendal, de couleur vert foncé, vert brunâtre, etc. On la cite aussi en Suède, dans plusieurs carrières de calcaires, dans les mines de fer d'Hellesta en Ostrogothie, etc.

Cette variété, par sa structure, sa couleur d'un vert-brun presque noir, qui dénote une grande quantité de fer, forme le passage de la sahlite à l'augite.

Gisemens et lieux.

La sahlite appartient aux terrains trappéens, aux terrains de transition cristallisés, et peut-être même aux terrains primitifs proprement dits. Elle s'y présente, ou en cristaux implantés dans la fissure des deux premières sortes de terrains, ou en petites masses ou veines dans les roches qui composent ces terrains, ou, enfin, de l'une et de l'autre manière dans quelques-uns des filons qui les traversent (à Sala).

Les roches qui la renferment, sont principalement des ophiolites (Monzoni), des ophicalces, des calcaires lamellaires, des dolomies spathiques (Suède); quelquefois, mais bien rarement, et cela ne s'applique peut-être qu'à la variété coccolite, des trappites et des diabases (Norwége).

Elle est accompagnée principalement de serpentine et de calcaire spathique, de felspath, de grenats, de trémolite, de mica, très-fréquemment de minérai de fer oxidulé et titanifère, quelquefois de galène, de pyrites (Sala).

L'indication des lieux où la sahlite et les variétés de pyroxènes que nous lui associons, se sont trouvées d'une manière remarquable par quelques particularités, complètent son histoire géognostique.

Le pays le plus riche en sahlite de toutes les variétés, est la Scandinavie.

En Norwége, on doit remarquer les belles masses cristallines, d'un vert foncé, de Buoën près d'Arendal, et les masses à texture grenue, auxquelles on a donné le nom de coccolite.

En Suède, dans une multitude de provinces, — en Westmanie, dans la mine d'argent de Sala. Sa couleur est le vert d'asperge. Elle est disséminée en petits amas dans la roche calcaire et serpentineuse, métallifère, et associée avec de la galène, de la dolomie spathique, etc. La serpentine de la couche qui les renferme, les pénètre, altère leur composition et modifie leurs propriétés, en les rendant tendres, infusibles et pénétrées de trois à quatre pour cent d'eau (Rose). A Norberg, dans du quarz blanc ; circonstance rare — à Bastnaës, près Riddarhyttan ; — en Wermeland, dans la mine de fer de Längbanshyttan, en Ostrogothie, près d'Hellesta, dans les masses de minérais de fer de ces lieux, sans contenir, cependant, plus de ce métal que la petite quantité indiquée par les analyses ; circonstance remarquable et assez fréquente — dans la couche de calcaire spathique, accompagnée de serpentine, etc., de Malsjö, près Philippstadt ; — en Finlande, dans la mine de cuivre d'Orrijerwi, dans le Nyland, mêlée de galène et d'autres minérais (Nordenskiöld) et dans d'autres pays septentrionaux, tels que dans plusieurs lieux du Groënland, — en Sibérie, à Odontschelon et sur le bord du lac Baïkal, — dans les îles écossaises d'Unst, de Tirrey, etc.

Elle paroît beaucoup plus rare dans l'Europe moyenne et dans l'Europe méridionale. On ne la connoît guère qu'à Monzoni, dans la vallée de Fassa, en Tyrol, où se trouvent implantées, dans des cavités de diabase ou d'ophiolite, des variétés d'un vert foncé, auxquelles on a donné les noms de pyrgome, de fassaïte. Elles y sont accompagnées de calcaire saccaroïde et d'idocrase brune, — en Saxe, dans quelques parties de l'Erzgebirge.

Elle se rencontre aussi dans quelques lieux de l'Amérique septentrionale. Ainsi on trouve la variété d'une couleur grise près de Newhaven, dans une couche d'ophicalce [1] ; celle d'un beau vert d'émeraude, près de Wilsboroug, sur le lac Champlain ; elle y est accompagnée de wollastonite [2].

On la trouve en grosses masses cristallines, à clivage parfaitement net, d'une couleur vert-sale, d'un éclat un peu perlé, renfermant des lamelles de mica dans l'île d'Akadlek au Groënland.

3.ᵉ *Espèce.* AUGITE. [3]

Ce pyroxène est un bisilicate de chaux, avec des bisilicates de magnésie et de fer, dans lequel on admet de l'alumine en proportion indéfinie, qui remplace en partie la silice. Ce corps se trouve aussi dans les autres espèces en proportion également indéfinie ; mais les chimistes le regardent comme accidentel, la silice y étant en proportion suffisante pour saturer les bases, tandis que dans l'augite l'alumine paroît

---

1 G. Bowen, Journ. améric. de Silliman, t. 5, p. 344.

2 *Ibid.* Seybert, t. 5, p. 115.

3 Ce nom est tiré de Pline, et a été appliqué par Werner. Nous réunissons sous cette désignation le *pyroxène bleuâtre* de Pargas, la *disluite*, la *vulcanite* de La Métherie, la *lherzolithe* ; l'*euchysidérite*, et peut-être la *chlorophéite* de Macculloch, qui ne paroît être qu'un augite altéré, qui auroit perdu sa chaux, comme le kaolin est un felspath qui a perdu sa potasse.

jouer le rôle d'acide et remplacer en partie la silice. Le fer est aussi plus abondant dans ce pyroxène que dans les autres.

Son expression chimique est donc comme celle de la sahlite

$$\mathrm{C\ S^2} + \left.\begin{matrix} \mathrm{M} \\ f \end{matrix}\right\} \cdots \left.\begin{matrix} \mathrm{S}^2 \\ \mathrm{A} \end{matrix}\right\}^2$$

Ses cristaux dérivent d'un prisme oblique, à base rhomboïdale, de 87^d5 (Phillips), dont l'axe est incliné sur la base de 106^d15, et M sur P de $100^d10'$ (Phillips). C'est dans cette dernière mesure que consiste la principale différence cristallographique de l'augite et des autres pyroxènes.

Les augites sont, ou d'un noir pur, ou d'un noir tirant sur le vert.

Ils fondent au chalumeau, mais souvent avec difficulté, en un verre noir.

Leur structure est généralement moins sensiblement laminaire que celle des autres espèces. Le clivage y est quelquefois à peine distinct, et l'augite présente alors une véritable cassure raboteuse.

Ils sont opaques, à peine translucides sur les bords dans les variétés verdâtres. Leur éclat est vitreux, mais foible.

Composition.

	Chaux.	Magné-sie.	Fer et Mangan.	Silice.	Alumine etc.	Auteurs.
De l'Etna.............	13	10	16,6	52	3,3	Vauquelin.
De Frascati ou d'Albano..	24	8,7	13	48	}5 }7	Klaproth. Rose.
En Norwége............	25,5	7	12,7	50,2	3,5	Simon.
Vert de Bjormyresveden en Dalécarlie............	23,47	11,49	10,63	54,08	....	Rose.
Vert dit lherzolithe d. Pyrén.	19,5	16	12	45	1	Vogel.
Noir de Taberg en Vermel[d].	22,19	5	7,4	53,36	...	Rose.
P rouge brunâtre de Gera, en Finlande	20	4,5	21,8	50	....	Berzelius.
Dit disluite? de West-Point, etc., États-Unis d'Amériq.	21	11,5	11,5	51	3,5	Vanhuxem.

L'augite présente un assez grand nombre de variétés de formes, qui lui sont propres ; ce sont :

Le périhexaèdre.

Le périoctaèdre.

L'équivalent, qui se montre aussi dans la sahlite.

L'ambigu.

Le bisunitaire.

Le triunitaire.

Le soustractif.

Le dioctaèdre.

Le sexoctonal.

L'analogique dans l'augite noir grisâtre de la vallée de Fassa.

Ses cristaux sont généralement petits; les plus gros, qui viennent des environs d'Albano, ne dépassent guère quatre centimètres. Ils sont courts, à faces très-planes et unies; et par conséquent, bien formés et presque toujours complets, mais souvent agrégés, groupés et hémitropes.

Ils n'offrent guère que des variétés de formes, ayant tous, de quelques lieux qu'ils viennent, à peu près le même aspect et la même couleur.

Gisemens et lieux.

Les augites sont les plus répandus des pyroxènes. Les terrains dans lesquels ils se trouvent, sont cependant partout à peu près les mêmes. C'est aux terrains pyroïdes, volcaniques et trappéens, qu'ils paroissent appartenir presque exclusivement. Ils sont aussi presque toujours disséminés dans les roches qui composent ces terrains. On peut attribuer à cette disposition les formes nettes et complètes de leurs cristaux, et peut-être aussi leur brièveté. Parmi les pyroxènes que nous sommes conduits à rapporter aux augites, d'après leur composition et leurs couleurs, les uns, et ce sont les moins nombreux, se trouvent dans des terrains qui n'ont aucun caractère de vulcanéité. Nous y rapportons, d'après l'analyse, les pyroxènes augites vert-foncé de Bjormyres-veden en Dalécarlie, et noirs du Taberg en Wermeland; le pyroxène vert-foncé, lamellaire ou massif du port de Lherz[1], vallon de Suc, à l'extrémité de la vallée de Vic-

---

1 C'est le minéral décrit par de La Métherie, etc., sous le nom de lherz-zolithe. Voyez, pour les détails de gisement, DE CHARPENTIER, Journ. des min., vol. 32, n.° 191, p. 321, et Essai géognostique sur les Pyrénées, p. 245.— Ce pyroxène, par sa couleur, sa texture lamellaire, sa

dessos , dans les Pyrénées du département de l'Arriége. Il est en masses souvent très-volumineuses, interposées dans des bancs de calcaire lamellaire , immédiatement superposé au granite. D'autres se trouvent dans les roches des terrains pyroïdes trappéens , dans les cornéennes, base des spilites (vallée de Fassa), dans les diabases et amphibolites (Arendal en Norwége). Les augites de la variété périhexaèdre se présentent quelquefois implantés , ce qui est une circonstance assez rare, dans les basaltes et basanites compactes (à Holmestrand en Norwége, à Limburg en Brisgau). D'autres enfin, et ce sont les plus nombreux, font partie des roches des terrains volcaniques : aussi la plupart des basanites laviques et scoriacés, les téphrines pyroxéniques du Vésuve, les dolérites du Meissner en Hesse, sont comme pétris de cristaux d'augite plus ou moins volumineux et distincts.

Les augites de ces derniers terrains sont, comme on vient de le dire, si répandus sur toute la terre, que ce seroit une tâche aussi longue qu'inutile de vouloir citer tous les lieux où l'on en trouve. On peut dire qu'il n'y a pas de pays volcanique qui n'en présente ; qu'ils se trouvent dans presque tous les pays trappéens , par conséquent en France, aux environs de Montpellier, en Auvergne, dans l'Ardèche, etc.

En Allemagne , dans tous les terrains volcaniques des bords du Rhin, aux environs de Laach, au Vogelsberg ; en Hesse, au Meissner, dans la dolérite, qui se montre sur quelques points du plateau basaltique de cette montagne ; en Bohême, dans toutes les parties volcaniques ou trappéennes de Töplitz , Bilin.

En Tyrol, dans les spilites et les cornéennes de la vallée de Fassa.

Dans les environs de Rome, à Albano, Frascati , disséminés dans une pépérine grisàtre.

Dans la plupart des courans anciens et modernes du Vésuve, de l'Etna, de l'Hécla, etc.

Dans les roches trappéennes et basaltiques des environs d'Édimbourg et des îles d'Écosse.

---

position géognostique dans le calcaire, a les plus grands rapports avec la sahlite ; il n'en diffère que par sa grande proportion de fer qu'il contient ; mais il diffère aussi des augites par la petite quantité d'alumine.

Enfin, dans des contrées volcaniques, très-éloignées les unes des autres, et encore plus écartées des lieux que nous venons de nommer, tels que Ténériffe, la Guadeloupe, la Martinique, les îles de France et de Bourbon, etc. On peut y rapporter aussi un augite lamellaire, qui s'éloigne un peu du précédent, et qui se trouve en effet dans un terrain très-différent, puisqu'il est engagé dans une roche syénitique de Westpoint aux États-Unis d'Amérique et accompagné de quarz hyalin, de mica et de felspath. (KEATING et VANHUXEM.)

Cette énumération, très-incomplète, est néanmoins suffisante pour établir, que dans toutes ces contrées les augites y présentent les mêmes variétés de formes, la même couleur et la même disposition, des ressemblances telles enfin, qu'une fois mêlés ensemble, il est rarement possible de distinguer qu'ils viennent de lieux placés sur tous les points de la terre.

4.ᵉ *Espèce.* HÉDENBERGITE. [1]

C'est, suivant MM. Rose et Berzelius, un pyroxène composé seulement de bisilicate de chaux et de bisilicate de fer $= CS^2 + fS^2$.

Haüy a cru que la forme primitive, déterminée par l'incidence des lames découvertes par le clivage, étoit différente du pyroxène et se rapprochoit de celle de l'amphibole. M. Rose dit s'être assuré que les angles qu'il donne, sont ceux du pyroxène.

L'hédenbergite est d'un vert foncé, tirant sur le brun. Sa poussière est d'un vert-olive.

Composition.

	Chaux.	Fer.	Manganèse, etc.	Silice.	
De Suède..........	20,87	26,08	2, 8	49	Rose.
Dite Jeffersonite...	15,1	10	13,5	56	Keating.

1 Dédié par M. Berzelius à Hedenberg, chimiste suédois. Le minéral, trouvé en Amérique et désigné sous le nom de jeffersonite, étant un pyroxène d'après les nouvelles observations de M. Trost, admises

Il se laisse rayer par le fluor.

Sa pesanteur spécifique est de 3,15.

Il accompagne, comme presque tous les pyroxènes de Suède , les minérais ferrugineux et les minéraux divers qui sont disséminés dans ces lits puissans de roches calcaires et serpentineuses, interposés dans les gneiss de ce pays. Il est associé avec du quarz et du mica. Cette espèce s'est trouvée principalement et peut-être uniquement à Tunaberg en Sudermanie.

L'hédenbergite de l'Amérique septentrionale, qui a été regardée comme une espèce, et décrite sous le nom de Jeffersonite , se trouve au milieu d'un minérai de fer des fourneaux de Francklin, à six milles environ au nord-est de Sparta , dans la province de New-Jersey.

Il présente des masses de plusieurs centimètres d'étendue, offrant un clivage très-net et aussi très-étendu, et des cristaux en prismes hexaèdres irréguliers, à arêtes émoussées ; sa couleur qui est d'un brun-rouge foncé, indique , avec la pesanteur spécifique, la grande quantité de fer qu'il contient.

Gisement général.

La distinction des pyroxènes en plusieurs espèces, principalement fondée sur la composition, se maintient jusque dans leur gisement ou position dans les diverses couches de l'écorce du globe , et en parcourant successivement ces couches, nous les verrons renfermer plus particuliérement telle ou telle espèce de pyroxène. On examinera ces terrains en allant des plus profonds aux plus superficiels.

Dans les terrains primordiaux cristallisés, ou terrains primitifs proprement dits, on ne trouve d'espèces de ce genre que dans les ophiolites, les ophicalces, les stéaschistes et les calcaires. Dans les premières, ce sont les sahlites laminaires et les diopsides verdâtres (Piémont, Suède [1], Norwége,

---

par M. Keating, et confirmées par l'analyse de M. Seybert, qui a trouvé 4 p. % de magnésie, paroit pouvoir être rapporté à l'hédenbergite. Les particularités du clivage, qui, dans ces deux minéraux, ont trompé les premiers observateurs sembleroient établir entre eux une analogie de plus.

[1] On ne pourroit multiplier et préciser davantage les exemples, qu'en

Arendal, etc.); dans les calcaires, ce sont encore des diopsides blancs (Suède; Sainte-Marie dans les Vosges; Amérique septentrionale). Le gneiss, le granite, la syénite, les micachistes, les phyllades, ne nous offrent d'autres exemples de la présence d'une espèce de pyroxène, que celle de l'hédenbergite-jeffersonite de l'Amérique septentrionale. [1]

Les pyroxènes s'y présentent assez souvent implantés, ce qui est une manière d'être assez rare dans ces minéraux, plus souvent encore en petits amas, soit laminaires, engagés dans ces terrains (telle est la sahlite de Suède), soit grenus, comme les coccolites. Ils y sont quelquefois accompagnés de minérai de fer oxidulé (Arendal, le Taberg, le Piémont); enfin, ils se présentent aussi en amas assez considérables, ayant l'apparence d'une roche presque stratifiée dans un terrain de calcaire grenu et de stéaschiste (l'augite-lherzolite des Pyrénées), seul exemple de l'augite dans cette classe de terrains.

Tous les terrains de sédiment paroissent absolument dépourvus de pyroxène, au moins dans leur propre masse; car ce minéral se présente dans les filons de basalte qui les traversent; mais on ne peut le rapporter au terrain dans lequel nous le cherchons : cependant on a cru pouvoir présumer que les grains verts, qui sont si abondans dans la craie inférieure et dans le sable qui l'accompagnent, et qui se rencontrent aussi dans les assises inférieures du calcaire grossier, provenoient de l'augite décomposé. C'est une présomption qui dérive de la ressemblance qu'il y a entre la nature et l'aspect de ces grains verts et la chlorite des spilites, et entre celle-ci et la chlorophéite ou pyroxène décomposé, qui a l'aspect d'un augite vert ou jaunâtre.

C'est dans les *terrains pyroïdes, amphiboliques, entritiques, trappéens* et *laviques* que reparoissent les pyroxènes en grand nombre, tous de l'espèce de l'augite et ne présentant que

---

répétant tout ce qui a été dit et même développé à l'article du gisement et de la position géographique de chaque espèce; ce sont ici des généralités qui résultent de ces détails.

[1] On en cite beaucoup d'autres à Arendal, dans le Piémont, etc.; mais je n'ai pas eu occasion de recevoir des preuves, que les roches citées appartenoient à ces espèces, et que les diopsides étoient évidemment dans ces roches.

très-peu de différences entre eux, quoique placés dans des roches d'aspect et de composition très-différentes.

On les connoît en cristaux implantés, ce qui est une circonstance assez rare pour les pyroxènes, dans la diabase de ces terrains (Arendal en Norwége). Dans presque toutes les autres roches ils sont disséminés en plus ou moins grande quantité. C'est ainsi qu'ils se présentent dans les basanites répandus avec des circonstances si uniformes sur toute l'étendue du globe ; ils y sont associés avec le péridot et le fer titané ; dans les dolérites, où ils sont accompagnés de felspath laminaire (association beaucoup plus rare); dans les téphrines pavimenteuses, scoriacées, etc.

Ils sont rares, au contraire, dans les trachytes, les pumites et les autres roches qu'on pourroit regarder comme de cette même famille et qui composent une série particulière des terrains pyroïdes.

Les roches laviques et scoriacées de ces terrains, qui renferment des augites, les y présentent quelquefois en petits cristaux aciculaires, comme s'ils avoient été implantés par voie de sublimation. Cette disposition est très-importante, parce qu'elle semble résoudre par une observation directe la question de l'origine des augites dans les roches volcaniques. On a supposé pendant long-temps que ces minéraux y étoient étrangers, qu'ils existoient dans des roches qui avoient été fondues par l'action du feu volcanique pour former les laves, et leur nom de pyroxène a été fait sur cette hypothèse par un physicien ordinairement aussi exact dans ses observations que rigoureux dans ses conclusions. Cependant il est généralement reconnu maintenant que les augites ont été formés au milieu des laves, et qu'ils y ont cristallisé au moment où ces masses pierreuses en fusion permettoient le jeu des affinités. Outre l'observation rapportée plus haut, et qui sembleroit suffisante pour l'établir, on a vu se former des pyroxènes dans les scories et laitiers de fourneau où se traite le fer. On en a fait artificiellement dans les laboratoires de chimie (B. Berthier). Enfin on en a reconnu dans les aérolithes.

L'analogie, l'observation et l'expérience ont donc prouvé que les augites des terrains volcaniques s'étoient formés dans les roches laviques qui composent la plus grande masse de ces terrains.

On voit que les pyroxènes augites se rencontrent dans les roches laviques très-anciennes, antérieures même au dépôt du calcaire pénéen, puisque ces roches le traversent en filons, et aussi dans les laves les plus récentes ; celles du Vésuve, de toutes les époques, en contiennent, et on a vu, en 1794, ce volcan lancer une pluie de pyroxène qui a recouvert tous les bords de son cratère. Celles de 1812 et 1813 sont riches en augites, disséminés et mêlés avec de petits cristaux d'amphigène.

Les pyroxènes ne sont constamment associés qu'avec très-peu de minéraux. Le diopside est souvent accompagné de quarz, de calcaire, de grenat et de felspath ; la sahlite, d'épidote, d'amphibole, d'ophiolite, de calcaire et de minérai de fer, même de blende, de galène et de pyrite (en Finlande), de titane oxidé et de graphite (au lac George, Amérique septentrionale) ; l'augite, de péridot, de titane, de sphène, de fer titané et quelquefois d'amphigène ; l'hédenbergite, de minérai de fer. (B.)

PYRRHOCORAX. (*Ornith.*) Nom du Chocard en latin de convention. Voyez ce mot. (Ch. D.)

PYRRHOSIDÉRITE. (*Min.*) Variété de fer oligiste, lamellaire, rougeâtre, et même quelquefois d'un rouge vif et purpurin, qu'Ullmann a élevé au rang d'espèce, en lui donnant ce nom. Il vient des mines d'Eisenzeche, pays de Nassau-Siegen, etc. Voyez Fer oligiste. (B.)

PYRRHOTE. (*Ornith.*) M. Vieillot, dans la première édition de son Analyse d'une ornithologie élémentaire, avoit établi ce genre sur le tangarou de Buffon, et lui avoit donné pour caractères : Un bec médiocre, droit, entier, très-comprimé latéralement, à dos rétréci, fléchi vers le bout, pointu ; les doigts antérieurs soudés à la base ; les troisième, quatrième et cinquième rémiges les plus longues. Il lui a substitué, dans la seconde édition, le genre Synallaxe. (Ch. D.)

PYRRHOXIE. (*Ornith.*) M. Vieillot a, dans ses Oiseaux chanteurs de la zone torride, p. 106, décrit sous le nom de pyrrhoxie verte, *loxia psittacea*, Gmel., le *parrot-billed-grosbeack* de Latham, qui en a donné la figure dans son *General synopsis of birds*, pl. 42. Cet oiseau des îles Sandwich, de la grosseur du moineau commun, a le bec conformé comme celui du perroquet; le mâle a la tête et le dessous du cou jaunes, et le reste du plumage d'un brun-olive verdâtre. (Ch. D.)

PYRRHULA. (*Ornith.*) Brisson a appliqué ce terme comme dénomination générique au bouvreuil proprement dit, *loxia pyrrhula*, Linn., et l'on a donné dans ce Dictionnaire, tome XIX, p. 493 et suivantes, la description des divers bouvreuils à la suite des gros-becs. (Ch. D.)

PYRRIAS. (*Ornith.*) Ce nom et ceux de *pyrrhula* et *pyrroglas* étoient donnés en grec au bouvreuil, *loxia pyrrhula*, Linn. (Ch. D.)

PYRROCHITON. (*Bot.*) Renaulme nommoit ainsi l'*ornithogalum luteum*, dont il faisoit un genre particulier. (J.)

PYRROGLAS. (*Ornith.*) Ce nom grec est un de ceux que Gesner attribue au bouvreuil. (Desm.)

PYRROSIA. (*Bot.*) Genre de la famille des fougères, caractérisé par sa fructification en points nus sous la fronde, formée par cinq à huit capsules sessiles, attachées circulairement sur un petit réceptacle ou disque mince, se détachant de la fronde et restant uni aux capsules : celles-ci ont un anneau élastique.

Le *pyrrosia chinensis*, seule espèce de ce genre, établi par M. Mirbel (Hist. nat. de Buffon, édit. Déterv., Végét., 5, pag. 91), a des frondes simples, pétiolées, oblongues, alongées; la nervure longitudinale très-saillante; les nervures latérales moins marquées, nombreuses, également écartées, droites, parallèles. La surface inférieure est couverte en entier d'un duvet épais et roux, qui, examiné à l'aide d'une forte loupe, présente des filets déliés et des poils étoilés. La fructification est cachée sous un duvet roux, qui a fait donner à ce genre le nom de *Pyrrosia*, qui vient d'un mot grec qui signifie roux.

Le *Pyrrosia*, par sa fructification à points distincts et nus, se rapproche du *Polypodium*, mais s'en éloigne par ses capsules sessiles; il s'avoisine aussi du *Candollea*, Mirb. (*Cyclophorus*, Desv.); mais il s'en éloigne par les mêmes caractères et parce qu'il ne présente pas ces fossettes qui, dans le *Candollea*, recèlent les capsules. (Lem.)

PYRULARIA. (*Bot.*) Voyez Hamiltonia. (Poir.)

PYRULE, *Pyrula.* (*Conchyl.*) Genre de coquilles univalves, siphonostomes, établi par M. de Lamarck pour un assez grand nombre d'espèces, dont la forme rappelle assez bien celle d'une poire, rangées par Linné dans son grand genre *Murex*; par Bruguière, parmi ses fuseaux, et qui peut être caractérisé ainsi : Coquille pyriforme, par l'abaissement de la spire et la disposition du canal fort long ou médiocre; quelquefois un peu échancrée, sans bourrelets extérieurs : ouverture ovale, assez grande; bord columellaire assez excavé, entier et tranchant; un opercule corné. Ce genre, dont on ne connoît pas l'animal, est évidemment artificiel, et diffère des fuseaux parce que la spire est toujours plus aplatie; de certaines espèces de *murex*, parce qu'il n'y a pas de bourrelets extérieurs, et des pleurotomes, par l'absence de l'entaille du bord droit.

M. de Lamarck caractérise vingt-huit espèces vivantes dans ce genre, dont une seule est de nos mers; toutes les autres proviennent des mers des pays chauds.

A. *Espèces à spire assez élevée ou subfusiformes.*

La P. ternatéenne : *P. ternatana; Mur. ternatanus*, Linn., Gmel., page 3554, n.° 107; *Fusus pyrulaceus*, Enc. méth., pl. 429, fig. 6. Coquille étroite, alongée, subfusiforme, striée en travers, plissée dans sa longueur; à spire étagée; tours de spire aplatis en dessus, couronnés ou anguleux et tuberculeux dans leur milieu; canal droit et fort long. Couleur d'un jaune roussâtre.

De la mer des Moluques, près Ternate.

La P. alongée : *P. elongata; Buccin. tuba*, Linn., Gmel., page 3484, n.° 55; Martini, *Conch.*, 3, t. 94, fig. 908. Coquille alongée, étroite, striée en travers à ses extrémités et assez lisse au milieu; tours de spire plissés dans leur longueur; chaque pli terminé en avant par un tubercule; ouverture étroite; canal long. Couleur d'un jaune roussâtre.

De l'océan des grandes Indes.

La P. rampe : *P. cochlidium; Murex cochlidium*, Linn., Gmel., page 3544, n.° 63; *Fusus cochlidium*, Anim. sans vert., 7, pag. 128; Enc. méth., pl. 434, fig. 2. Assez grande coquille, épaisse, subfusiforme, striée en travers ; tours de spire anguleux et subtuberculés dans leur circonférence, fortement aplatis en dessus et formant une rampe, divisée par un sillon qui la parcourt ; columelle lisse. Couleur rousse en dehors, blanche en dedans.

De l'océan des grandes Indes.

En comparant cette coquille avec les précédentes, on est étonné que M. de Lamarck se soit déterminé à en faire un fuseau.

La Pyrule trompette : *P. tuba* ; *Murex tuba*, Linn., Gmel., page 3554, n.° 103 ; *Fusus tuba*, Enc. méth., pl. 436, fig. 2, vulgairement la Trompette - de - dragons. Grande coquille subfusiforme, un peu alongée, sillonnée en travers, à spire un peu élevée ; les tours anguleux et garnis d'une série de tubercules espacés, épineux, plus longs sur le dernier. Couleur d'un fauve pâle.

Des mers de la Chine.

La P. chauve-souris : *P. vespertilio* ; *Murex vespertilio*, Gmel., page 3533, n.° 100 ; *P. carnaria*, Enc. méth., pl. 454, fig. 3, *a*, *b*, vulgairement la Tête-de-veau. Coquille alongée, conique, subpyriforme, épaisse, pesante ; à spire assez saillante et unie par l'aplatissement des tours dans leur moitié postérieure, séparée de l'autre par une couronne de tubercules aplatis ; canal sillonné et subombiliqué. Couleur d'un jaune roussâtre.

De l'océan Indien.

La P. bucéphale : *P. bucephala* ; *Mur. carnarius*, Chemn., Conch., 10, t. 164, fig. 1566 et 1567, vulgairement la Tête-de-taureau. Coquille épaisse, pesante ; spire courte ; à tours anguleux, tuberculeux, et à suture enfoncée ; le dernier armé de deux séries de tubercules, dont les postérieurs bien plus grands ; canal sillonné, subombiliqué. Couleur d'un fauve pâle en dehors, d'un blanc rosé en dedans.

De l'océan Indien.

La P. canaliculée : *P. canaliculata*, *Mur. canaliculatus*, Linn., Gmel., page 3544, n.° 65 ; Enc. méth., pl. 436, fig. 3. Grande coquille mince, assez lisse, subpyriforme, ventrue, à spire assez élevée ; les tours aplatis en dessus, partagés en deux par un angle crénelé et séparés entre eux par une suture fortement canaliculée. Couleur d'un fauve pâle.

Des mers glaciales et du Canada.

B. *Espèces à tube long et droit, à spire courte.*

La Pyrule bombée : *P. carica; Murex carica*, Linn., Gmel., page 3545, n.° 67; Enc. méth., pl. 433, fig. 3. Coquille fort grande, épaisse, pesante, finement striée en travers, ventrue, à spire courte, conique; les tours plats, déclives et garnis d'un rang de tubercules mousses, plus sensibles sur le dernier et desquels partent des sillons d'accroissement très-marqués. Couleur d'un blanc fauve.

Patrie inconnue.

La P. tête plate : *P. spirillus; Mur. spirillus*, Linn., Gmel., page 3544, n.° 64; Enc. méth., pl. 437, fig. 4, *a, b*, vulgairement le Tonton. Coquille assez solide, ventrue en arrière et terminée en avant par un tube fort long et grêle; spire à peine saillante, mamelonnée au sommet; tours plats, déclives, avec une série de tubercules peu marqués, si ce n'est sur le dernier tour assez fortement anguleux. Couleur blanche, tachée de jaune.

De l'océan Indien, sur les côtes de Tranquebar.

La P. candelabre : *P. candelabrum*, de Lamk., Anim. sans vert., t. 7, page 139, n.° 4; Enc. méth., pl. 437, fig. 3, et 438, fig. 3. Assez grande coquille pyriforme, ventrue en arrière, pointue en avant, striée en travers; spire tout-à-fait plate; le dernier tour caréné et armé à sa circonférence de grandes épines en gouttière, très-distantes. Couleur grisbleuâtre en dehors, blanche en dedans; des stries en dedans du bord droit.

Cette belle espèce, dont on ignore la patrie, paroît être si rare, que M. de Lamarck dit qu'aucun auteur avant lui ne l'avoit figurée ni décrite. Elle faisoit partie de sa collection.

C. *Espèce à tube long, à spire courte et gauche, avec l'indice d'un pli à la columelle.* (Genre Carreau, *Fulgur,* de Denys de Montfort.)

La P. sinistrale : *P. perversa; Mur. perversus*, Linn., Gmel., page 3546, n.° 72, Enc. méth., pl. 433, fig. 4, *a, b*, vulgairement l'Unique. Grande coquille sénestre, pyriforme, assez ventrue, glabre, à spire fort courte, conique : les tours de spire plats, déclives, anguleux et garnis dans leur circonférence d'une série de tubercules plus sensibles sur le dernier. Couleur d'un blanc fauve.

De l'océan des Antilles, de la baie de Campèche.

D. *Espèces en général plus ventrues, plus minces, à tube long ; spire très-courte et non couronnée.*

La Pyrule a gouttière : *P. spirata*, de Lamk., *l. c.*, n.° 12 ; Enc. méth., pl. 433, fig. 2, *a*, *b*, vulgairement la Contre-unique. Coquille pyriforme, un peu ficoïde, renflée, ventrue, striée en travers, à spire courte, un peu saillante, mucronée, à canal long et distinct ; suture canaliculée ; le bord externe sillonné extérieurement. Couleur blanche, nuagée de roux et de jaune.

Patrie inconnue.

La P. figue : *P. ficus ; Bulla ficus*, Linn., Gmel., p. 3426, n.° 14 ; Enc. méth., pl. 432, fig. 1, vulgairement la Figue truitée ou violette. Coquille ficoïde, ampullacée, finement treillissée par des stries d'accroissement peu marquées, croisant, à angle droit, des stries décurrentes, plus grandes et très-serrées ; spire courte, convexe, mucronée au centre. Couleur d'un gris bleuâtre, marbrée de taches fauves ou violettes en dehors, toute violette en dedans.

De l'océan des grandes Indes et des Moluques.

La P. ficoïde : *P. ficoides*, de Lamk., *loc. cit.*, n.° 11 ; Lister, *Conch.*, t. 750, fig. 46. Coquille ficoïde, treillissée par des stries transverses, bien plus écartées que dans la précédente, à spire très-courte, tout-à-fait rétuse. Couleur d'un blanc jaunâtre, fasciée par des bandes blanches, maculées de fauve ; ouverture d'un blanc bleuâtre.

On ignore au juste la patrie de cette espèce, qui pourroit bien n'être qu'une variété de la précédente. On suppose cependant qu'elle vient aussi de l'océan des grandes Indes.

La P. réticulée : *P. reticulata*, de Lamk., *loc. cit.*, n.° 10 ; Enc. méth., pl. 432, fig. 2. Coquille ficoïde ou ampullacée, absolument de la même forme que la P. figue, avec laquelle Linné la confondoit ; fortement treillissée par des stries transverses, distantes et profondes ; spire très-courte, convexe , rétuse, mucronée au centre. Couleur blanche, en dehors comme en dedans.

De l'océan Indien.

Cette espèce me semble encore n'être qu'une variété de la P. figue, ou du moins les différences ne portent que sur des caractères de variété , la couleur et le nombre des stries.

La Pyrule papyracée : *P. papyracea ; Bulla rapa*, Linn. , Gm. , page 3426, n.° 15 ; Enc. méth., pl. 436, fig. 1, *a, b, c,* vulgairement le Radis papyracé. Coquille fort mince, pellucide, pyriforme, très-ventrue en arrière, prolongée en avant en un tube plus ou moins long, droit ou recourbé, subombiliqué, striée finement en travers ; spire très-rétuse, mucronée. Couleur d'un blanc jaunàtre ou citrin.

De l'océan Indien.

En rapportant à cette espèce les trois figures citées de l'Encyclopédie, on voit que dans le jeune âge elle n'a qu'un tube très-court, et qu'il n'y a pas de lèvre calleuse sur le bord columellaire, tandis que dans l'âge adulte ce dépôt est considérable et le canal est long, distinct, au point que dans l'explication des planches cette coquille est distinguée sous le nom de *P. caudata.*

E. *Espèces ventrues, plus ou moins hérissées, à tube court ; ouverture fort grande, évasée et sensiblement échancrée.*

La P. écailleuse : *P. squamosa*, de Lamk., *loc. cit.*, n.° 21 ; *P. myristica*, Enc. méth., pl. 432 , fig. 3, *a , b.* Coquille assez épaisse, ovale, pyriforme, ventrue en arrière, sillonnée en travers, à spire un peu saillante, bordée en avant de la suture d'une série de petits tubercules aplatis, squameux, plus saillans sur le dernier tour ; canal court, subéchancré et subombiliqué ; le bord droit, sillonné en dedans. Couleur blanchâtre, fasciée de fauve.

Patrie inconnue.

La P. mélongène : *P. melongena ; Murex melongena*, Linn., Gmel., page 3540, n.° 50 ; Enc. méth., pl. 435, fig. *a, b, c, d, e.* Grande coquille épaisse, ovale, renflée, subpyriforme, à spire courte, aiguë, profondément canaliculée et plissée à la réunion des tours, dont le dernier est souvent hérissé d'une, deux, trois et même quelquefois quatre rangées de tubercules pointus; canal court, large, non distinct et évidemment échancré. Couleur d'un glauque bleuâtre ou brun rougeâtre, fasciée de blanc en dehors, toute blanche en dedans.

Cette espèce, commune dans l'océan des Antilles, paroît offrir beaucoup de variations dans sa couleur, dans la longueur de ses pointes et dans sa grandeur. M. de Lamarck cite un individu de cinq pouces deux lignes de long.

La PYRULE GALÉODE : *P. galeodes*, de Lamk., *l. c.*, n.° 19; *P. hippocastanum*, Enc. méth., pl. 432, fig. 4. Coquille épaisse, ovale, conique, sillonnée en travers; spire courte; la suture hérissée de tubercules squameux, plus prononcés au dernier tour, qui en a de plus deux ou trois autres rangs antérieurs; canal court, un peu recourbé et subombiliqué. Couleur d'un gris fauve en dehors, blanche en dedans.

De l'océan des Moluques.

La P. ANGULEUSE : *P. angulata*, de Lamk., *loc. cit.*, n.° 20; *P. lineata*, Enc. méth., pl. 432, fig. 5. Coquille épaisse, ovale, conique, striée en travers, à spire un peu plus saillante que dans la précédente et hérissée, comme elle, de tubercules peu distincts à la suture, et de deux rangs de plus gros, alongés, comprimés sur l'angle et en avant du dernier tour; le canal court, un peu ascendant et subombiliqué. Couleur blanchâtre.

Cette espèce, qui vient de la mer Rouge, paroît n'être qu'une variété locale de la précédente.

La P. RADIS : *P. rapa*; *Mur. rapa*, Linn., Gmel., page 3426, n.° 68; Enc. méth., pl. 434, fig. 1, *a*, *b*. Coquille assez épaisse, ovale, conique, ventrue, striée en travers, à spire courte; suture imprimée et garnie d'une rangée décurrente de petits tubercules plus gros sur le dernier tour, qui en offre en outre trois ou quatre autres rangées, dont celle de l'angle est plus prononcée; canal court, lamelleux, recourbé et largement ombiliqué. Couleur d'un blanc roussâtre.

De l'océan Indien.

La P. BÉZOARD : *P. bezoar*; *Bucc. bezoar*, Linn., Gmel., page 3491, n.° 91; Martini, *Conch.*, 3, t. 68, fig. 754 et

755. Coquille épaisse, très-ramassée, ovale, très-ventrue, rude, sillonnée largement en travers, tuberculeuse; le dernier tour hérissé de trois rangs de tubercules et lamelleux en avant; canal court, retroussé, échancré. Couleur sale.

Des mers de la Chine.

F. *Espèces encore plus courtes, ventrues, subglobuleuses, à ouverture plus évasée, à canal fort court, peu distinct et échancré.*

La Pyrule citrine : *P. citrina; Buccinum pyrum*, Linn., Gmel., page 3484, n.° 56; Martini, *Conch.*, 3, t. 94, fig. 909 et 910, vulgairement la Poire lisse a bouche orangée. Coquille solide, subpyriforme, ventrue, mutique, lisse au milieu, sillonnée transversalement en avant, à spire courte, aiguë; le dernier tour un peu anguleux et déprimé en arrière; le bord externe épais et sillonné à l'intérieur; canal court et échancré en avant. Couleur citron en dehors, orangée en dedans.

De l'océan Indien et de la mer Rouge.

La P. noduleuse : *P. nodosa*, de Lamk., *loc. cit.*, n.° 32; Chemn., *Conch.*, 10, t. 163, fig. 1564 et 1565. Coquille pyriforme, ventrue, sublisse au milieu. sillonnée en avant; spire courte, aiguë; le dernier tour déprimé et concave dans sa partie postérieure, séparée de l'autre par une couronne de nodosités; canal court, ombiliqué; bord droit, strié intérieurement. Couleur d'un jaune pâle.

De la mer Rouge.

C'est probablement une simple variété de la précédente, dont elle ne diffère que par les nodosités de son angle.

La P. raccourcie : *P. abbreviata; Murex galea*, Chemn., *Conch.*, 10, t. 160, fig. 1518 et 1519; Enc. méth., pl. 436, fig. 2, *a, b.* Coquille épaisse, courte, également atténuée aux deux extrémités, très-renflée au milieu; sillonnée en travers; hérissée de côtes longitudinales sur tous les tours de spire proportionnellement assez élevée; canal court, largement ombiliqué; ouverture grande, denticulée et sillonnée au bord droit, qui est dilaté.

Patrie inconnue.

La P. bouche violette : *P. neritoidea; Murex neritoideus,*

Linn., Gmel., page 3559, n.° 169; *Fusus neritoideus*, Enc. méth., pl. 405, fig. 2, *a, b*. Coquille épaisse, ovale, subglobuleuse, atténuée également aux deux extrémités, ventrue au milieu, rude, striée en travers; spire assez saillante, à tours renflés; canal court. Couleur d'un blanc sale en dehors, violette en dedans.

Patrie inconnue.

La Pyrule difforme; *P. difformis*, de Lamk., *l. c.*, n.° 26. Coquille ventrue, un peu scabre, à tours de spire subcarénés et noduleux sur la carène, le dernier disjoint, pourvu de deux carènes et plissé; canal court et ombiliqué; ouverture arrondie; bord externe mince. Couleur blanchâtre en dehors, violâtre en dedans.

La P. rayée; *P. radiata*, de Lamk., n.° 27. Coquille courte, pyriforme, ventrue, glabre; spire courte: le dernier tour légèrement déprimé en arrière; ouverture évasée; canal un peu relevé, échancré, non ombiliqué. Couleur d'un fauve pâle, avec des lignes longitudinales rousses en dehors; la columelle blanche; l'intérieur du bord droit, d'un blanc bleuâtre.

Patrie inconnue.

La P. plissée; *P. plicata*, *id.*, *ibid.*, n.° 28. Coquille obovale, pyriforme, ventrue, très-finement striée en travers et pourvue de plis longitudinaux, fins et distans; spire courte, aiguë; les tours carénés postérieurement; canal court, non ombiliqué; bord droit lisse. Couleur jaunâtre.

Des mers du Brésil? (De B.)

PYRULE. (*Foss.*) Jusqu'à présent les coquilles de ce genre ne se sont trouvées que dans le calcaire grossier et dans les couches plus nouvelles que cette formation.

Pyrule lisse; *Pyrula lævigata*, Lamk., Ann. du Mus. d'hist. natur.. tom. 2, pag. 585, n.° 1, et tom. 6, pl. 46, fig. 7. Coquille lisse, très-légèrement striée, subfusiforme, à spire courte et pointue, à bord gauche calleux dans sa partie supérieure: longueur un pouce et demi. On trouve cette espèce à Grignon et dans les couches du calcaire coquillier des environs de Paris, on la trouve aussi à la Chapelle et dans d'autres communes environnantes, dans la couche du grès marin supérieur; mais elle y acquiert plus de deux pouces et demi de longueur. Toutes ces coquilles ne diffèrent à peu près du *fusus bulbiformis* que parce que la spire de ce dernier est un peu plus alongée.

PYRULE SUBCARÉNÉE; *Pyrula subcarinata*, Lamk., *loc. cit.* Coquille lisse et qui paroît ne différer de l'espèce qui précède, que parce que le sommet des tours de sa spire est concave: longueur, vingt lignes. On trouve cette espèce près de Houdan et à Betz, département de l'Oise.

PYRULE POIRE : *Pyrula pyrus*, Def.; *Murex pyrus*, Brander, *Foss. Hanton.*, fig. 52 et 53. Cette espèce a les plus grands rapports avec celle qui précède immédiatement et n'est sans doute que la même, modifiée par le lieu où elle a vécu ; elle en diffère par sa spire, qui est plus alongée ; par sa taille, qui s'élève jusqu'à deux pouces et demi (celles représentées par Brander ont près de cinq pouces), et par les stries qu'elle porte dans l'intérieur du bord droit. On la trouve dans le Hampshire en Angleterre.

Pyrula bulbus, Def.; *an Murex bulbus?* Brand., *loc. cit.*, fig. 54. Cette espèce est lisse; elle a la spire courte et le canal de la base très-alongé : longueur, dix-sept lignes. On l'a trouvée à Betz. Cette coquille, ainsi que les quatre autres suivantes, entrent dans la division de celles appelées *figues*.

PYRULE TRICARÉNÉE; *Pyrula tricarinata*, Lamk., *loc. cit.*, n.° 3, et pl. 46, fig. 9. Coquille chargée de stries longitudinales et de stries transverses qui se croisent, mais trois de ces stries transverses étant beaucoup plus élevées que les autres et faisant paroître la coquille tricarénée : longueur, dix-neuf lignes. On la trouve à Parnes, département de l'Oise.

PYRULE ÉLÉGANTE; *Pyrula elegans*, Lamk., *loc. cit.*, n.° 4, même pl., fig. 10. Coquille ovale, un peu ventrue, couverte de stries fines, croisées, dont les transverses sont ondulées : longueur, un pouce. On trouve cette espèce à Grignon et à Mouchy-le-Châtel, département de l'Oise; mais elle est rare.

PYRULE A GRILLE; *Pyrula clathrata*, Lamk., *loc. cit.*, n.° 5, même pl., fig. 8. Coquille en massue, couverte de stries croisées, dont les transverses, c'est-a-dire celles qui suivent les tours, sont plus grandes que les autres : longueur de celle que M. de Lamarck a décrite et dont il n'indique pas l'*habitat*, vingt-une lignes. Il paroit que des coquilles de cette espèce existent dans beaucoup d'endroits, mais avec quelques modifications dans les stries dont elles sont couvertes. Celles de Thorigné, près d'Angers, portent en général une seule strie fine dans l'intervalle qui sépare les grosses. Celles qu'on trouve à Mantelan et dans d'autres lieux de la Touraine, dont la longueur est de près de deux pouces et demi, ont les côtes transverses très-grosses, et portent en général trois côtes fines dans l'intervalle qui les sépare. Celles qu'on trouve dans le Plaisantin ont beaucoup de rapports avec celles de la Touraine, et se rapprochent de la *Pyrula reticulata*, qui vit dans l'océan Indien.

PYRULE TRICOTÉE : *Pyrula nexilis*, Lamk., *loc. cit.*, n.° 6; Vélins du Mus., n.° 7, fig. 4; Sow., *Min. conch.*, pl. 331; *Murex nexilis*, Brand., *loc. cit.*, n.° 55. Coquille en massue, couverte de stries qui se croisent, mais dont les transversales sont plus grosses que les autres, et sans stries plus petites dans l'intervalle qui les sépare : longueur, un pouce. On trouve cette espèce à Grignon et dans le Hampshire. M. Sowerby a donné (*loc. cit.*) la description et la figure (pl. 498) d'une espèce à laquelle il a donné le nom de *Pyrula Greenwoodii* et qu'on a trouvée dans le Hampshire; mais elle ne paroît pas différer essentiellement de la *Pyrula nexilis*, dont elle n'est peut-être qu'une variété.

Pyrula ficoides, *Bulla ficoides*, Brocc., *Conch. foss. subapp.*, tom. 2, p. 280, tab. 1, fig. 5. Coquille en massue, couverte de stries croisées, mais dont les transversales sont élevées en carène; l'intervalle qui les sépare étant concave et portant quatre côtes fines; les stries longitudinales sont peu apparentes; la spire est élevée, quoiqu'elle soit obtuse : longueur, près de deux pouces. On la trouve dans le Plaisantin. M. Brocchi dit qu'elle a quelque rapport avec celle qui a été représentée dans l'ouvrage de Bourguet sur les pétrifications, tab. 37, fig. 247, et qui avoit été ramassée sur la montagne de la Svizzera.

Cet auteur dit que dans la Toscane, dans le Plaisantin et à San-Miniato on trouve la *pyrula ficus* (*bulla ficus*, Linn.); mais je n'ai jamais vu cette espèce à l'état fossile.

PYRULE CACHÉE : *Pyrula condita*, Al. Brong., Mém. sur les terres du Vicentin, pag. 75, pl. 6, fig. 4; de Bast., Mém.

géolog. sur les envir. de Bordeaux, pag. 67. Coquille pyriforme, treillissée. portant deux ou trois stries fines entre les plus grosses transversales et à spire courte : longueur, un pouce. Fossile dans la montagne de Turin, à Léognan et à Saucats près de Bordeaux. M. de Basterot trouve que cette espèce a de très-grands rapports avec la *pyrula nexilis*. La variété qu'on trouve à Saucats est remarquable en ce que les stries longitudinales sont très-nombreuses et élevées.

PYRULE MASSUE : *Pyrula clava*, Def.; de Bast., *loc. cit.*, p. 67, pl. 7, fig. 12. Coquille pyriforme, portant des rangées transverses de tubercules épineux et des stries dans le même sens, très-marquées, qui sont coupées par d'autres, longitudinales, plus fines et irrégulières; la spire n'est pas aussi abaissée que dans les autres espèces de cette division : longueur, deux pouces et demi. On trouve cette espèce à Dax et aux environs de Bordeaux. Quelques-unes de ces coquilles portent quatre ou cinq rangées de tubercules, et d'autres n'en portent que deux à la partie supérieure du tour, et M. de Basterot annonce qu'il en a trouvé à Saucats qui en étoient presque dépourvues.

PYRULE BÉCASSE : *Pyrula rusticula*, Def.; PYRULE GROSSIÈRE, *Pyrula rusticula*, de Bast., *loc. cit.*, pag. 68, même pl., fig. 9. Il y a tant de ressemblance entre ces coquilles et la pyrule tête-plate, *pyrula spirillus*, qui vit dans l'océan Indien, que peut-être on n'eût pas dû leur donner un autre nom : les seules différences essentielles qu'on remarque entre elles, c'est que le sommet des coquilles non fossiles porte un assez gros mamelon, et que les fossiles n'en portent pas, et en outre, que ces dernières n'ont pas le bord gauche appliqué contre la columelle, comme les autres. On trouve cette espèce à Léognan et dans les environs de Bordeaux. M. de Basterot a trouvé à Saucats une variété qui a la spire très-aplatie.

PYRULE LAINÉ; *Pyrula Lainei*, de Bast., *loc. cit.*, même pl., fig. 8. Coquille épaisse, à spire élevée et dont l'extérieur des tours est extrêmement remarquable. A quelque distance de la suture, ainsi qu'à celle de la base, il règne sur chacun de ces endroits une rangée de gros tubercules épineux. Depuis la rangée supérieure jusqu'à la base, la coquille est couverte de stries rugueuses et serrées qui suivent les tours et qui sont croisées par des stries perpendiculaires onduleuses, provenant des accroissemens successifs du bord gauche. Entre la rangée de tubercules la plus élevée et la suture il se trouve quatre cordons rugueux très-saillans; le bord droit est denté et porte quelques stries peu marquées à l'intérieur : longueur, plus de deux pouces et demi. On trouve cette espèce à Léognan, à Saucats, à Mérignac et à Dax.

PYRULE MÉLONGÈNE, *Pyrula melongena.* On trouve aux mêmes endroits des coquilles fossiles qui ont de tels rapports avec cette espèce, qu'on pourroit presque les regarder comme identiques. Elles en diffèrent pourtant constamment en ce que le canal de la suture, au lieu de partir du sommet, comme dans les coquilles à l'état vivant, ne se fait presque sentir que sur le dernier tour. Cette différence est petite, mais elle est tellement constante sur tous les individus que j'ai pu voir, que j'ai cru devoir la signaler. Il semble aussi que dans les coquilles non fossiles on ne voit pas des individus de petite ou de moyenne taille porter constamment deux rangées d'aussi longs tubercules épineux que dans les fossiles. Quelques-unes des coquilles fossiles ont jusqu'à huit pouces de longueur, et en général cette espèce paroît caractéristique du bassin de la Gironde. On a annoncé (d'Argenville) qu'on en avoit trouvé à Courtagnon, près de Reims; mais nous pensons que c'est une erreur. (D. F.)

PYRUS. (*Bot.*) Nom latin du genre Poirier. (L. D.)

PYTHAGOREA. (*Bot.*) Loureiro a, le premier, fait sous ce nom, dans sa Flore de la Cochinchine, un genre de plante dont on n'a pas encore assigné la place dans l'ordre naturel. Plus récemment M. Rafinesque a employé le même nom pour distinguer de la salicaire le *lythrum lineare,* qui n'a que six étamines, de même que le *lythrum hyssopifolia,* nommé anciennement *hyssopifolia* par C. Bauhin; mais ce genre n'a pas été admis. (J.)

PYTHAGORÉE, *Pythagorea.* (*Bot.*) Genre de plantes dicotylédones, à fleurs complètes, polypétalées, régulières, de l'octandrie tétragynie de Linnæus, dont la famille naturelle ne peut être déterminée avec certitude, offrant pour caractere essentiel : Un calice inférieur, à sept ou huit folioles; autant de pétales et d'étamines; un ovaire surmonté de quatre styles; une capsule à quatre loges polyspermes.

PYTHAGORÉE DE LA COCHINCHINE; *Pythagorea cochinchinensis*, Lour., *Fl. Coch.* Arbrisseau d'une grandeur médiocre, très-rameux. Les feuilles sont glabres, presque sessiles, ovales, lancéolées, dentées en scie, à nervures longitudinales rougeâtres vers le sommet. Les fleurs sont blanches, axillaires, disposées en longues grappes presque simples; les pédicelles courts; le calice est campanulé, à sept ou huit folioles linéaires, hérissées, colorées; la corolle à sept ou huit pétales concaves, lancéolés, velus, de la longueur du calice; les huit filamens sont subulés, plus longs que la corolle, les anthères arrondies, à deux loges; l'ovaire presque ovale; pileux, occupe le milieu entre le calice et la corolle: il est surmonté de quatre styles subulés, réfléchis, plus courts que les étamines, à stigmates aigus. Le fruit est une capsule ovale, à quatre loges polyspermes et semences arrondies. Cette plante croît au milieu des champs, à la Cochinchine. (POIR.)

PYTHE, *Pytho*. (*Entom.*) M. Latreille a désigné sous ce nom un petit genre de coléoptères, voisin des hélopes et par conséquent de notre famille des ornéphiles. Ses caractères sont principalement tirés des parties de la bouche (Règne animal de M. Cuvier, tom. 3, pag. 306). Fabricius indique comme espèces de ce genre: le *tenebrio ligniarius* de Degéer, dont le même Fabricius avoit fait une espèce de *cucujus*, sous le nom de *cœruleus*, et deux autres espèces du même genre, qui sont les *castaneus* et *festivus*. (C. **D.**)

PYTHIE, *Pythia*. (*Conchyl.*) M. Oken (Manuel de zool., tome 1, page 321), désigne sous ce nom un genre de coquilles démembré des *helix* de Linné, et qui a pour caractères d'avoir la forme générale et l'ouverture ovale. Il comprend non-seulement les bulimes de M. de Lamarck, mais encore les agathines.

Le même nom a encore été employé dernièrement par M. Schumacher dans son Nouveau système de conchyliologie, pour dénommer le genre établi par Denys de Montfort sous la dénomination de scarabe avec l'*helix scarabœus* de Linné, espèce d'auricule pour M. de Lamarck. (DE B.)

PYTHIUM. (*Bot.*) Hydrophytes capillacés, rameux, muqueux, obscurément cloisonnés, dont les filamens se terminent par un renflement dû sans doute à un noyau composé de séminules.

Ce genre, établi par Nées et adopté par Fries, est placé par eux parmi les algues articulés, à la fin de la chaine des genres près de l'*Achlya* et du *Saprolegnia*, également de Nées. Ces trois genres forment dans la nouvelle classification des algues par Fries, qui les nomme *Hydrophyces*, un appendice, celui des *Leptomites*, placé à la fin de cet ordre. Les espèces de ces genres sont filamenteuses, muqueuses, naissent sur des corps organisés en putréfaction, submergés, et sortent transversalement, pour ainsi dire, d'une couche mielleuse.

Le *Leptomitus* d'Agardh a des rapports avec ces genres, cependant il s'en éloigne sous le rapport de la fructification; mais tous sont encore si peu connus, qu'on ne sauroit rien préciser à leur égard. (Lem.)

PYTHON, *Python*. (*Erpétol.*) Daudin a donné ce nom, qui a été assez généralement adopté depuis lui, à un genre de reptiles ophidiens de la famille des hétérodermes, et reconnoissable aux caractères suivans :

Dos couvert de petites écailles; dessous du ventre et de la queue revêtu de plaques, les abdominales transverses; les caudales disposées sur deux rangs; corps long, cylindrique; queue sans grelots, alongée, conique; anus transversal et armé d'un petit éperon crochu à chaque extrémité; dents aiguës et recourbées en arrière, mais non venimeuses.

Il devient ainsi facile de distinguer les Pythons des Crotales, qui ont la queue terminée par une série de grelots: des Boas et des Hurrias, qui ont les plaques sous-caudales en rang simple; des Trigonocéphales, des Vipères et des Trimérésures, qui ont des crochets à venin; des Platures, des Aipisures et des Disteires, qui ont la queue comprimée en nageoire; des Couleuvres, dont l'anus est dépourvu de crochets. (Voyez ces divers noms de genres, Erpétologie, Hétérodermes et Reptiles.)

Parmi les espèces de ce genre, qui, ainsi que le soupçonne M. le baron Cuvier, paroit devoir renfermer tous les prétendus boas de l'ancien continent, nous citerons d'abord :

L'Ular sawa ou grande Couleuvre des îles de la Sonde : *Python amethystinus*, Daud.; *Coluber Javanicus*, Sh.; *Boa ame-*

thystina, Schneid. Tête large, plate, d'un gris bleu, couverte de plaques polygones; museau épais et jaunâtre; narines oblongues; iris jaunes; pupilles étroites, noires et verticales; bouche ample, très-dilatable; langue noirâtre; cou plus étroit que la tête et cylindrique; trois cent douze plaques abdominales; quatre-vingt treize paires de plaques sous-caudales; un trait d'un bleu foncé derrière l'œil, et se prolongeant de manière à s'unir, avec celui du côté opposé, sur le cou au-delà de l'occiput, où l'on remarque aussi une tache cordiforme jaune variée de bleu; menton, gorge et ventre d'un jaune blanchâtre; dessus du corps bardé de zones d'un bleu d'améthyste foncé, bordées de jaune ou de fauve et disposées de manière à former des taches réticulées ou carrées, d'un gris obscur, à reflets verts, jaunes et bleus; des taches oblongues et blanches sur les flancs aux endroits où les zones se croisent; queue entièrement jaune avec des zones bleues.

Ce serpent, aussi grand qu'aucun boa, et qui parvient à plus de trente pieds de longueur, vit dans l'île de Java, d'où feu Leschenault en a rapporté des peaux et un grand squelette, qui ornent à présent les collections du Jardin royal de Paris. Les habitans le nomment *ular sawa*, c'est-à-dire *serpent des rizières*, parce qu'il vit habituellement dans les champs de riz. Sa morsure n'est point venimeuse : il se nourrit communément de rats et d'oiseaux, ou d'animaux plus gros, à la chasse desquels il va sur les montagnes de l'île.

Wurmb, qui a décrit ce reptile dans les *Acta Societatis Indico-Batavicæ*, et qui en a observé un individu de neuf pieds de longueur, le regarde comme très-voisin des ophidiens représentés dans Séba, à la fig. 1 des pl. 79 et 80 du tom. 2.

M. Cuvier pense qu'il est au moins fort analogue au *peddapoda* du Bengale.

A la planche 7 du Règne animal de M. Cuvier, on trouve une représentation parfaite de l'ostéologie de sa tête.

Le Bora : *Python bora*, Daud.; *Boa orbiculata*, Schneider; *Bora*, Russel, 39. Dernières plaques de la queue simples; plaques céphaliques très-nombreuses; bouche large; yeux orbiculaires; écailles dorsales lisses, ovales, serrées et imbriquées; deux cent soixante-cinq plaques abdominales; trente-six doubles plaques sous-caudales et vingt-huit simples, suivies de trois autres doubles encore ; teinte générale brune ; des taches d'un brun clair au milieu et bordées de jaunâtre dans toute la longueur du dos ; flancs variés de brun et de gris blanchâtre : taille de quatre à cinq pieds.

Ce serpent, dont Patrick Russel a parlé le premier, est connu au Bengale, qu'il habite, sous la dénomination de *Bora.* Il n'est point venimeux, malgré l'assertion des indigènes, qui affirment que les personnes mordues par lui ont une éruption cutanée sur tout le corps au bout de dix ou douze jours.

Le PYTHON TIGRE : *Python tigris,* Daud. ; *Pedda-poda,* Russel, 23 ; *Boa cinerea et Boa castanea,* Schneid. ; *Céraste de Siam,* Séba, 2, 19, 1. Plaques céphaliques moins nombreuses que dans le bora ; bouche large ; lèvres épaisses ; yeux ovales, proéminens ; deux cent cinquante-deux plaques abdominales et soixante-deux paires de plaques sous-caudales ; tête d'un gris clair un peu rosé ; un trait brun derrière chaque œil ; une grande tache brune sur la partie antérieure du cou ; dos cendré, avec trente larges taches brunes irrégulièrement découpées, bordées de noir et sur un seul rang ; flancs marqués de taches irrégulières, petites, maculées de blanc dans leur centre ; dessous de la queue varié de blanc avec de longues raies noires élargies. Taille de deux à trois pieds, et quelquefois de huit à dix.

Ce serpent est très-fort, mais non venimeux. Les *Snakemans* de l'Inde le nourrissent avec des poulets. (H. C.)

PYTHONION. (*Bot.*) Un des noms anciens de la serpentaire, *arum dracunculus,* cité par Apulée et Dodoëns. (J.)

PYTHONISSE. (*Ichthyol.*) Un des noms vulgaires de la *synanceia horrida.* Voyez SYNANCÉE. (H. C.)

PYURE, *Pyura.* (*Malacoz.*) Genre établi par Molina dans son Histoire naturelle du Chili, page 169 de la traduction françoise, pour une espèce d'ascidie de la mer du Sud, qui vit en société et que M. de Blainville a considérée comme intermédiaire aux ascidiens simples et aux ascidiens agrégés, en le caractérisant de la manière suivante : Corps pyriforme, avec deux petites trompes très-courtes, contenues dans une loge particulière, formée par son enveloppe extérieure et constituant, par sa réunion avec dix ou douze autres individus, une espèce de ruche coriacée, diversiforme, sans aucune ouverture extérieure. Cet animal, dit Molina, a la forme d'une poire ou mieux d'une petite bourse d'un pouce de diamètre dans sa partie la plus large. A sa partie supérieure sont deux trompes très-courtes et entre elles deux points brillans noirs, qu'il regarde, on ne sait pourquoi, comme pouvant être des yeux. Sa couleur est rouge et il est entièrement rempli d'eau, qu'il fait jaillir avec force par ses deux orifices, quand on l'irrite. Cet animal vit avec dix ou douze autres individus dans une ruche coriace, divisée en autant de loges par des cloisons épaisses ou de fortes membranes, sans aucune communication visible avec ses compagnons, sans être attaché à sa loge et sans que cette ruche alcyoniforme présente aucune ouverture à l'extérieur, ce qui est plus que douteux. En effet, le traducteur de Molina, Gruvel, dit dans une note ajoutée au texte de cet auteur, qu'ayant ramolli de ces animaux desséchés, rapportés, enfilés comme un chapelet par Dombey, il lui a semblé que c'étoit tout simplement une espèce d'ascidie, qui ne devoit pas même former un genre. Il faut donc en conclure que cette espèce de ruche, qui contient les ascidies, doit être leur enveloppe extérieure soudée, et que, par conséquent, elle doit offrir autant de doubles ouvertures que d'animaux composans, à moins que de penser qu'il n'y en auroit qu'une générale, comme dans le synoïque. Quoi qu'il en soit, nous apprenons de Molina que les Chiliens mangent ces ascidies, bouillies dans l'eau ou rôties dans leur ruche; que, lorsqu'elles sont fraîches, elles ont le goût des langoustes, et que l'on en sèche tous les ans une grande quantité, que l'on envoie au Cujo, où elles sont très-recherchées. (De B.)

PYXACANTHA. (*Bot.*) Dodoëns décrit et figure sous ce nom, d'après Matthiole, un petit arbre ou arbrisseau, originaire de Cappadoce, de la Lycie et d'autres pays voisins. Il le dit très-rameux, à feuilles de buis très-rapprochées, entre lesquelles se trouvent de petites épines. Ses fruits, qui, suivant la figure, paroissent disposés en paquets axillaires, sont noirs, de la grosseur d'un grain de poivre et remplis de suc. C'est des feuilles et des rameaux, ou, selon Dioscoride des rameaux et des racines qu'on extrait le suc nommé *lycium*. On l'obtient en faisant une décoction, que l'on laisse ensuite épaissir en consistance de miel. L'ouvrage de Dodoëns renferme quelques détails sur ce suc. Sa figure présente des rameaux et des feuilles alternes. Daléchamps se contente de copier cette figure et cette description. Tabernæmontanus figure à peu près la même sous le nom de *lycium*, mais à rameaux et feuilles opposées. C. Bauhin cite ces deux auteurs pour son *lycium buxifolio*, qui n'est rappelé comme synonyme par aucun auteur récent. C'est une espèce voisine du *celastrus buxifolius* ou du *rhamnus erythroxylum*; mais, pour déterminer auquel de ces deux genres elle doit se rapporter, il faudroit connoître la situation respective des pétales et des étamines. On penchoit pour le *rhamnus*, dont le fruit, plus petit, donne aussi un suc, qui a probablement de l'affinité avec le suc de *lycium* des anciens. (J.)

PYXIDANTHÈRE, *Pyxidanthera*. (*Bot.*) Genre de plantes dicotylédones, à fleurs complètes, monopétalées, qui paroît avoir quelque affinité avec les *convolvulacées*, de la *pentandrie monogynie* de Linnæus, offrant pour caractère essentiel : Un calice accompagné de bractées, à cinq divisions; une corolle campanulée, à cinq découpures, cinq étamines; les filamens élargis; les anthères à deux loges, s'ouvrant transversalement; un ovaire supérieur, à trois loges; un style simple; trois stigmates. Le fruit n'a point été observé.

PYXIDANTHÈRE BARBU : *Pyxidantera barbulata*, Mich., *Fl. bor. amer.*, 1, pag. 155, tab. 17 : *Diapensia cuneifolia*, Pursh, *Fl. amer.*, 1, pag. 148. Cette plante est un petit arbrisseau rampant, qui a le port de *l'azalea procumbens*, dont les tiges se divisent en un grand nombre de petits rameaux alternes, redressés, garnis de petites feuilles, un peu approchantes de celles des bruyères, fermes, glabres à l'œil nu, sessiles, éparses, lancéolées, très-aiguës, barbues à leur base interne. Les fleurs sont solitaires, terminales : le calice légèrement cilié, à cinq divisions profondes, oblongues, presque droites, membraneuses, environnées de bractées de même forme ; la corolle beaucoup plus courte que le calice; les découpures du limbe à cinq divisions ouvertes, spatulées. L'ovaire est ovale, à trois loges remplies de quelques ovules ovoïdes. Cette plante croît dans la Caroline. (Poir.)

PYXIDARIA. (*Bot.*) Ce nom, donné par Vou Lindern,

auteur de l'*Hortus alsaticus*, à l'un de ses genres, a été changé par Linnæus en celui de *Lindernia*. On lui a conservé en françois celui de pyxidelle. Il existe un autre *Pyxidaria* de M. Bory, qui est congénère du *Cænomyces* dans la famille des lichens. (J.)

PYXIDARIA. (*Bot.*) Nom générique sous lequel M. Bory de Saint-Vincent a fait connoître deux espèces de lichen qu'il a recueillies à l'île Bourbon, et qu'Acharius rapporte toutes les deux à son *cænomyce verticillata*, qui croit en Europe, dans les bois, à terre, sur les pierres, et que Michaux a retrouvé dans l'Amérique septentrionale : c'est son *scyphophorus verticillatus*. (Lem.)

PYXIDE : *Pyxis*, *Pyxidium*, Ehr. ; *Capsula circumcissa*, Linn. (*Bot.*) Fruit capsulaire, bivalve, s'ouvrant en travers comme une boîte à savonette. Sa valve supérieure, qui se détache comme un couvercle, prend le nom d'opercule. La valve inférieure reste fixée au réceptacle, et prend le nom d'amphore. La pyxide est globuleuse dans l'*anagallis arvensis*, ovoïde dans la jusquiame, cylindrique dans le *lecythis*, uniloculaire dans le pourprier, disperme dans le *plantago lanceolata*, polysperme dans le *plantago major*, le *celosia*, etc. Ce fruit ne caractérise aucune famille en particulier. (Mass.)

PYXIDELLE. (*Bot.*) C'est la lindernie. (L. D.)

PYXIDIUM. (*Bot.*) Hill avoit donné ce nom à une partie des lichens de Linnæus, qui depuis ont formé le genre *Scyphophorus*, Ach. : le *lichen pyxidatus*, Linn. en est le type.

Il y a encore un *pyxidium* dans la famille des mousses, c'est celui d'Ehrhard, qui n'est que le genre *Phascum* : il a pour type le *phascum curvicollum*, Hedw. (Lem.)

PYXINE. (*Bot.*) Fries donne ce nom à un nouveau genre qu'il établit dans la famille des lichens, près des *umbillicaria*, avec lequel il fait une tribu, celle des pyxinées.

Son caractère générique est celui-ci : Conceptacles ou périchétium superficiel, se développant librement, orbiculaire, d'abord clos, puis se déchirant circulairement ; contenant un noyau céracé, discoïde, amas de séminules. L'expansion de ce lichen est cartilaginéo-foliacée, imbriquée, laciniée, fixée par des fibrilles sur le bois ou sur l'écorce. (Lem.)

PYXOS. (*Bot.*) Nom grec du buis, cité par Daléchamps et Mentzel. (J.)

PZIZOTA. (*Entom.*) C'est, d'après Moufet, le nom sous lequel les Polonois désignent les abeilles. (C. **D.**)

Q

QAFANDAR. (*Bot.*) M. Delile cite ce nom arabe pour celui d'une espèce de fragon, *ruscus hypophyllum*. (J.)

QAHOUEH, BAN. (*Bot.*) Noms arabes du café. (J.)

QAMH. (*Bot.*) Nom arabe, suivant Forskal, de l'épeautre, *triticum spelta*, que l'on sème souvent, près d'Alexandrie, dans le même champ avec le trèfle. On en distingue plusieurs variétés. M. Delile nomme aussi *qamh* et *hontah* le blé ordinaire, *triticum sativum*. (J.)

QAMLET. (*Bot.*) Voyez Chagaret et Nadel. (Lem.)

QANTARYAN, QANTARYOUN. (*Bot.*) Nom arabe de la petite centaurée, *erythræa*, suivant M. Delile. Elle est écrite *kantarria* par Forskal, et l'on voit que cela dérive du latin *centaurium*. (J.)

QARA. (*Bot.*) Nom arabe du potiron, suivant M. Delile. (J.)

QARA M'DAVER. (*Bot.*) Nom arabe de la courge calebasse, *cucurbita lagenaria*, suivant Forskal. Le *qara tauvil* en est une variété, nommée aussi *kakiræ*. (J.)

QARAD. (*Bot.*) En Égypte, suivant Forskal, on donne ce nom et celui de *sant* à l'*acacia nilotica*. M. Delile distingue l'arbre qui est le Sant, et son fruit que l'on nomme *qarad*. Il ajoute que c'est le Horg ou le Gaouy des Nubiens. (Voyez ces mots.) C'est le *sælam* ou *soul* des Arabes, au rapport de Forskal. (J.)

QARILLEH. (*Bot.*) Nom arabe, suivant M. Delile, du *sinapis Allionii* de Jacquin, commun en Égypte au milieu des champs de lin. (J.)

QASAB. (*Bot.*) Voyez Kasab, Quasab. (J.)

QATAF. (*Bot.*) Voyez Ochi. (J.)

QATISCH. (*Bot.*) Voyez Randjes. (J.)

QATTEH. (*Bot.*) Nom arabe d'une variété de concombre coloré, à fruit jaune, plus grand, citée par M. Delile. (J.)

QEZAZEH. (*Bot.*) Nom arabe de la morgeline, *alsine media*, suivant M. Delile. (J.)

QFONSU. (*Ornith.*) On trouve, sous ce nom et sous celui de *Qfonfoo*, dans d'anciennes relations du royaume de Quoja, au pays des Nègres, et notamment dans la Description de l'Afrique par Dapper, pag. 258, et dans l'Histoire générale des voyages, tom. 3, pag. 588, l'indication d'un oiseau qui a le corps noir, le cou blanc, et dont la grosseur est comparée à celle du corbeau, lequel, ajoute-t-on, fait sur les arbres un nid composé de ronces et d'argile. (Ch. D.)

QIDJADJ. (*Ichthyol.*) Nom arabe du *sargue porte-épine*. Voyez Sargue. (H. C.)

QOIMEAU. (*Ornith.*) Voyez Quoimeau. (Ch. D.)

QOKUAN. (*Bot.*) Voyez Kokuan. (J.)

QOREYS. (*Bot.*) Voyez Kurres. (J.)

QORONFL. (*Bot.*) Nom arabe de l'œillet des jardins, cité par M. Delile. (J.)

QORTOM. (*Bot.*) Nom arabe du carthame ou safran bâtard, selon M. Delile. Les fleurs portent celui de *osfour*. (J.)

QOTT-EL-BARR. (*Mamm.*) Ce nom est, dit-on, celui que la civette zibeth porte en Égypte. (Desm.)

QOTU-EL-CHEGAR. (*Bot.*) Nom arabe d'un cotonnier, *gossypium vitifolium* de Cavanilles, cité par M. Delile. (J.)

QOTYFEH. (*Bot.*) Nom arabe de l'œillet d'Inde, *tagetes*, suivant M. Delile. (J.)

QOUACHI. (*Mamm.*) C'est le coati à la Guiane. (Desm.)

QOUATA. (*Mamm.*) Nom du Coaita, tel que Barrère l'a écrit dans sa *France équinoxiale*. (Desm.)

QOURAYETAH. (*Bot.*) Nom arabe donné au Caire et à Rosette, suivant M. Delile, au *marsilea ægyptiaca*, Willd. (Lem.)

QREYA. (*Ornith.*) Un des noms égyptiens de l'orfraie, improprement balbuzard, *pandion fluvialis*, Savig., Système des oiseaux d'Égypte et de Syrie, pag. 37. (Ch. D.)

QUACAMAYAS. (*Ornith.*) Les Mexicains donnent ce nom aux aras. (Ch. D.)

QUACARA. (*Ornith.*) Selon Frisch on donnoit ce nom à la caille, du temps de Charlemagne. (Ch. D.)

QUACE-CUPATLI. (*Bot.*) Nom mexicain de la sensitive. suivant Clusius. (J.)

QUACHAS. (*Mamm.*) Le nom du couagga. espèce du genre Cheval, a été quelquefois écrit de cette manière. (Desm.)

QUACHI. (*Mamm.*) Voyez Coati. (Desm.)

QUACHICHIL. (*Ornith.*) Voyez Quanhchichil. (Ch. D.)

QUACHILTON. (*Ornith.*) Cet oiseau du Mexique, décrit par Fernandez, chap. 26, pag. 20, est la poule sultane, ou *porphyrio acintli*. (Ch. D.)

QUACK. (*Ornith.*) Nom flamand du bihoreau, *ardea nycticorax*, Linn. (Ch. D.)

QUACKER. (*Ornith.*) C'est, en Allemagne, le pinson d'Ardennes, *fringilla montifringilla*, Linn. Voyez Oiseau Quacker. (Ch. D.)

QUADRANGULAIRE. (*Bot.*) Les feuilles du *trapa natans* sont quadrangulaires: l'épi du *melampyrum cristatum*, le fruit du *bunias erucago* sont tétragones. Les premières ont quatre angles; les seconds ont quatre angles et quatre côtés. (Mass.)

QUADRANGULAIRE. (*Ichthyol.*) Nom spécifique d'un poisson du genre Coffre. Voyez ce mot. (H. C.)

QUADRATORIA. (*Bot.*) Gaza nomme ainsi notre fusain à cause de son fruit à quatre lobes, qu'il donne aussi pour le *tetragonia* de Théophraste. (Lem.)

QUADRATULE. (*Foss.*) Dans quelques vieux ouvrages d'oryctographie, ce nom désigne un moule intérieur de coquille bivalve, qui paroit avoir appartenu au genre Bucarde. (Desm.)

QUADRATURES DE LA LUNE. (*Astr.*) C'est le nom commun que l'on donne au premier et au dernier quartier, parce que, dans chacune de ces phases, la lune paroit éloignée du soleil d'un quart du zodiaque. Voyez Système du Monde. (L. C.)

QUADRETTE, *Rhexia*. (*Bot.*) Genre de plantes dicotylédones, à fleurs complètes, polypétalées, régulières, de la famille des *mélastomées*, de l'*octandrie monogynie* de Linnæus, offrant pour caractère essentiel : Un calice persistant, à quatre divisions; quatre pétales insérés sur le calice; huit étamines; les anthères inclinées et versatiles; un ovaire supérieur; un style. Le fruit est une capsule à quatre loges, à quatre valves, enveloppé par la base ventrue du calice; les semences sont nombreuses, fort petites.

Quoique la plupart des *rhexia* soient très-rapprochés des *mélastomes* par leur port, ils s'en distinguent par le nombre de leurs parties, ordinairement quatre, quelquefois cinq divisions et plus: quatre divisions au calice et à la corolle; huit étamines, rarement dix. Le fruit est une capsule à quatre, cinq loges, et non une baie, entourée par le calice non adhérent. Ce genre se compose d'espèces en général plus petites que les mélastomes. Ce sont des arbrisseaux très-rameux; la plupart presque entièrement couverts de poils, garnis de feuilles nombreuses, quelquefois très-petites, pourvues assez généralement de tubercules qui se terminent chacun par un poil. Les fleurs sont plus riches en couleurs, mais moins nombreuses; les anthères terminées la plupart par un appendice de forme variable. Le nom de *rhexia* avoit été employé par Pline pour une plante borraginée, d'un mot grec qui signifie *je romps*, bonne pour les ruptures.

QUADRETTE DE VIRGINIE : *Rhexia virginica*, Linn. , Lamk., *Ill.*, tab. 283, fig. 2 ; Pluk., *Alm.*, tab. 202, fig. 8. Plante herbacée, dont la tige est haute de deux ou trois pieds, presque glabre, ou munie de quelques poils rares; elle est quadrangulaire, presque simple, un peu membraneuse sur les angles, garnie de feuilles opposées, sessiles, ovales ou lancéolées, distantes, à trois nervures, presque glabres, à dentelures courtes, inégales, sétacées ou en forme de cils. Les fleurs sont presque en cime, axillaires et terminales, portées sur un pédoncule commun, bifurqué vers son sommet, muni a ses divisions de petites bractées opposées; chaque fleur à peine pédicellée ; le calice est hérissé très-souvent de poils ou de cils glanduleux; la corolle légèrement purpurine. Cette plante croit dans la Caroline et la Virginie.

QUADRETTE DE MARYLAND : *Rhexia mariana*, Linn.; Lamk.. *Ill. gen.*, tab. 283, fig. 1 ; Pluken., *Mant.*, tab. 428, fig. 1 ; Mich., *Fl. bor. amer.*, 1, p. 221. Cette plante a des tiges grêles, droites, quadrangulaires, simples, roussâtres, hautes d'un à deux pieds, hérissées de poils roides, droits et nombreux. Les feuilles sont opposées, simples, sessiles ou légèrement pétiolées, variées dans leur forme, ovales ou lancéolées, oblongues ou linéaires, un peu velues à leurs deux faces, ciliées, à trois nervures, conniventes à leurs deux extrémités. Les pédoncules sont presque simples, soutenant deux, quatre ou cinq fleurs. Le calice est alongé, tubulé, presque glabre ; la corolle rougeâtre, à quatre pétales onguiculés, arrondis. Cette plante croit à la Caroline.

QUADRETTE LANCÉOLÉE : *Rhexia lanceolata*, Poir., Encycl. ; Lamk., *Ill. gen.*, tab. 285, fig. 3. Cette espèce a des tiges droites, glabres, médiocrement rameuses, garnies de feuilles sessiles, opposées, glabres, linéaires, lancéolées, très-étroites, un peu aiguës, longues d'environ un pouce, crénelées à leurs bords, vertes, un peu plus pâles en dessous, à trois nervures. Les fleurs sont axillaires et terminales; les pédoncules courts, filiformes. Leur calice est glabre, à cinq dents aiguës ; les pétales sont assez grands, ovales, oblongs, obtus, un peu dépassés par les anthères longues, pendantes, d'un beau jaune. Cette plante croit dans les contrées méridionales de l'Amérique.

QUADRETTE A FEUILLES LINÉAIRES; *Rhexia linearifolia*, Poir., Enc. Plante d'un ou deux pieds, dont la tige est grêle, cylindrique, roide, jaunàtre, un peu pubescente. Les feuilles sont distantes, alternes, sessiles, linéaires, très-étroites, obtuses, longues d'environ deux pouces, larges de deux lignes, entières, un peu fermes, presque glabres. Les fleurs sont ou solitaires ou placées à l'extrémité d'un pédoncule commun à la partie supérieure des rameaux; le calice est presque glabre, un peu tubulé, à quatre divisions ovales, obtuses; la corolle jaune. Cette espèce a été découverte dans la Caroline par M. Bosc.

QUADRETTE ALIFANE : *Rhexia alifana*, Walth., *Fl. car.*, 130 ; vulgairement OSEILLE DE CERF, Poir., Encycl. ; *Rhexia glabella?* Mich., *Fl. bor. amer.*, 1, p. 232, var.? Plante de la Caroline, qui m'a été communiquée par M. Bosc. Sa tige est glabre, presque cylindrique, droite, presque simple, un peu pubescente, garnie de feuilles sessiles, opposées, étroites, lancéolées, lisses, aiguës, entières ou médiocrement denticulées vers le sommet. Les fleurs sont presque terminales, disposées en une sorte de panicule peu garnie ; le pédoncule commun est divisé en deux parties opposées et étalées, chargé de deux ou trois fleurs pé-

dicellées; le calice garni de quelques poils courts, glanduleux et visqueux; la corolle grande, d'un pourpre clair; les
anthères grosses et jaunâtres. *Les feuilles ont une saveur acide
assez agréable, approchant de celle de l'oseille.*

QUADRETTE CILIÉE; *Rhexia ciliosa*, Mich., *Fl. bor. amer.*, 1,
p. 222. Espèce distinguée par la disposition de ses fleurs terminales, peu nombreuses, entourées par les feuilles supérieures. Les tiges sont simples, droites, à peine tétragones,
médiocrement ailées sur leurs angles; les feuilles opposées, à
peine pétiolées, ovales, aiguës, glabres en dessus, parsemées
de quelques poils rares en dessous, ciliées à leur contour. Les
fleurs sont d'un pourpre violet, un peu pédonculées, axillaires, terminales; les anthères très-courtes. Cette plante croît
à la Caroline et dans plusieurs autres contrées de l'Amérique
septentrionale.

QUADRETTE A LARGES FEUILLES : *Rhexia latifolia*, Willd., *Sp.;*
Aubl., Guian., 1, tab. 129, fig. 2. Arbrisseau dont la tige se
divise en rameaux tétragones, grêles, noueux, opposés, velus,
étalés, membraneux à leurs angles, garnis de feuilles pétiolées, larges, presque rondes, velues à leurs deux faces, légèrement dentées. Les fleurs sont terminales, portées sur des pédoncules simples, axillaires, uniflores. Leur calice est velu, à
quatre découpures oblongues, muni à sa base de deux petites
bractées; la corolle violette, avec ses quatre pétales concaves,
arrondis, onguiculés; le stigmate concave, en tête; le fruit
est une capsule à quatre loges, couronnée par les divisions
du calice. Cette plante croît à Cayenne, dans les terrains
inondés et sablonneux.

QUADRETTE A LONGUES FEUILLES; *Rhexia quadrifolia*, Vahl,
Egl., 1, pag. 39, tab. 15. Cette plante a des tiges herbacées,
anguleuses, couvertes de longs poils couchés. Les feuilles sont
opposées, pétiolées, longues de trois ou quatre pouces, sur
un de largeur, lancéolées, aiguës, entières, munies à leurs
deux faces de poils couchés, à trois nervures, les deux latérales bifurquées presque dès leur base. Les pédoncules
sont axillaires, presque terminaux, deux fois dichotomes,
chargés de fleurs pédicellées; les divisions du calice sont
subulées, au nombre de cinq; les pétales oblongs et ciliés;
la capsule est presque globuleuse, à cinq valves, plus courte

que le calice. Cette plante croit dans l'Amérique méridionale.

QUADRETTE MURIQUÉE ; *Rhexia muricata*, Bonpl., *Monogr. melast.*, tab. 1. Arbrisseau remarquable par la grandeur et la beauté de ses fleurs. Sa tige s'élève à une hauteur très-variable, de trois à quinze pieds. rameuse dès sa base ; les rameaux sont opposés en croix, chargés de poils durs et roussâtres. Les feuilles sont ovales, pétiolées. longues d'un pouce et demi, relevées en petites bosses, soyeuses en dessous, à cinq nervures. Les fleurs, solitaires, géminées ou ternées, ont le calice velu ; la corolle d'une belle couleur violette, plus grande que les feuilles, à cinq pétales ; les anthères munies à leur base d'un appendice bifurqué. La capsule a cinq valves. Cette plante croît dans les Andes du Pérou.

QUADRETTE A GRANDES FLEURS ; *Rhexia speciosa*, Bonpl., *Mel.*, *l. c.*, tab. 4. Espèce très-élégante, distinguée par ses grandes fleurs d'une belle couleur rouge. Sa tige est ligneuse, haute de cinq à six pieds ; ses rameaux sont opposés, pileux dans leur jeunesse ; les feuilles membraneuses, glabres, oblongues, ciliées, longues de deux ou trois pouces, à trois nervures ; les fleurs presque sessiles, solitaires, terminales, accompagnées de deux bractées opposées ; le calice est pubescent, à cinq divisions ; les pétales sont ovales. La capsule sphérique a cinq loges. Cette plante croît dans l'Amérique méridionale, aux environs de Popayan.

QUADRETTE A PETITES FEUILLES ; *Rhexia microphylla*, Bonpl., *Melast.*, *loc. cit.*, tab. 2. Petit arbrisseau d'un port élégant, haut d'environ un pied, très-rameux. Les feuilles sont petites, ovales, un peu arrondies, rudes, coriaces, à cinq nervures ; les fleurs axillaires, solitaires, presque sessiles. Leur calice est glabre, sphérique, à quatre découpures ovales, aiguës, couvert de poils rudes et grisâtres ; la corolle est d'un beau jaune, un peu plus grande que le calice, à quatre pétales ovales, terminés chacun par un poil ; la capsule sphérique, à quatre loges ; les semences sont réniformes. Cette plante croît dans l'Amérique méridionale, aux environs de Santa-Fé.

QUADRETTE MYRTOÏDE ; *Rhexia myrtoidea*, Bonpl., *Melast.*, *loc. cit.*, tab. 3. Arbrisseau de deux pieds, divisé en rameaux nombreux, cylindriques, garnis vers leur sommet de feuilles pétiolées, ovales, glabres. longues d'un pouce, à trois nervures. Les fleurs sont solitaires, axillaires, ternées au sommet de jeunes rameaux pédonculées, munies de deux bractées à leur base; leur calice est glabre, membraneux, à quatre divisions lancéolées; la corolle d'une belle couleur violette, un peu plus longue que le calice; une capsule turbinée, velue au sommet, s'ouvrant en quatre valves. Cette plante croit au Mexique.

QUADRETTE BLANCHATRE; *Rhexia canescens*, Bonpl., *Melast.*, *loc. cit.*, tab. 6. Cette plante s'élève à la hauteur de trois pieds sur une tige ligneuse, très-rameuse, garnie de feuilles petites, très-peu pétiolées, ovales, aiguës, longues de six lignes, couvertes de poils courts, à trois nervures. Les fleurs sont d'un beau violet, solitaires, axillaires ou réunies trois par trois; leur calice d'une belle couleur rose, à cinq découpures droites, ovales; les pétales ovales, une fois plus longs que le calice, un peu pileux; une capsule sphérique, ombiliquée, s'ouvrant au sommet en cinq valves. Cette plante croît dans l'Amérique méridionale.

QUADRETTE TORTUEUSE; *Rhexia tortuosa*, Bonpl., *Melast.*, tab. 7. Ce petit arbuste est d'un pied de haut, à rameaux tortueux, opposés, irréguliers. Les feuilles, longues au plus d'un pouce, sont à peine pétiolées, membraneuses, lancéolées, entières, à trois nervures. Les fleurs sont éparses, axillaires, médiocrement pédonculées, solitaires ou deux à deux; leur calice est couvert de poils roides, à cinq divisions linéaires, caduques; la corolle blanche, à pétales ovales; les anthères sont munies à leur base d'un appendice bifide. La capsule est sphérique. Cette plante croît à la Nouvelle-Espagne, près les mines de Tasco.

QUADRETTE RÉTICULÉE; *Rhexia reticulata*, Bonpl., *Melast.*, *loc. cit.*, tab. 9. Arbrisseau élégant, distingué par ses belles fleurs, et qui s'élève à la hauteur de douze ou quinze pieds; ses rameaux sont droits, pubescens et roussâtres; les feuilles oblongues, ovales, aiguës, couvertes de bulles en dessus, réticulées et pileuses en dessous. Les fleurs sont grandes, solitaires, terminales, d'un beau violet; les pédoncules courts; le calice a cinq découpures ovales; les pétales sont ovales, très-rétrécies à leur base, ciliées à leurs bords. La capsule est ovale, ombiliquée par quinze petites dents, s'ouvrant en cinq valves, munies chacune de trois petites dents aiguës. Cette plante croît dans l'Amérique méridionale.

QUADRETTE SARMENTEUSE; *Rhexia sarmentosa*, Bonpl., *Melast.*, *loc. cit.*, tab. 10. Arbrisseau distingué par ses tiges sarmenteuses, par ses rameaux velus, très-étalés, un peu roussâtres. Les feuilles sont ovales, pileuses, un peu dentées, longues d'un pouce et demi, échancrées en cœur à leur base, à sept nervures. Les fleurs sont d'un rose violet, disposées par bouquets terminaux; leur calice est ovale, très-velu, à cinq découpures oblongues, aiguës; les pétales sont ovales, caducs, longs d'un demi-pouce. La capsule est ovale, ombiliquée, à cinq loges. Cette plante croît au Pérou.

QUADRETTE INCLINÉE; *Rhexia cernua*, Bonpl., *Melast.*, *loc. cit.*, tab. 13. Cette plante s'élève à la hauteur de cinq à six pieds, sur une tige ligneuse, divisée, dès sa base, en rameaux tétragones, rudes sur leurs angles; les nœuds sont entourés d'un anneau de poils roussâtres. Les feuilles sont ovales, alongées, un peu dentées, velues et roussâtres en dessous, à peine longues d'un pouce, à cinq nervures. Les fleurs sont inclinées sur leur pédoncule coloré et pubescent, d'un beau violet, disposées trois par trois. Leur calice est rouge, pubescent, à cinq divisions lancéolées; le stigmate violet et en massue; la capsule sphérique et membraneuse, à cinq loges. Cette plante croît dans les Andes du Pérou.

QUADRETTE ÉCAILLEUSE; *Rhexia lepidota*, Bonpl., *Melast.*, tab. 15. Cette plante est couverte sur toutes ses parties de petites écailles imbriquées; sa tige parvient à huit ou dix pieds de haut, chargée de rameaux quadrangulaires. Les feuilles sont coriaces, lancéolées, longues de trois pouces, larges d'un pouce, un peu dentées, aiguës, pliées à leurs bords, à cinq nervures. Les fleurs sont violettes, accompagnées de bractées, presque sessiles, réunies trois à cinq au sommet d'un long pédoncule axillaire. Leur calice est à cinq divisions ovales, obtuses; les cinq pétales sont ovales, de la longueur du calice; les dix étamines plus longues que la corolle; les anthères munies à leur base d'un tubercule charnu. La capsule est ovale, renfermée dans le calice, munie à son sommet de cinq petites dents. Cette plante croît au Pérou.

QUADRETTE A LARGES PÉTALES; *Rhexia ochypetala*, Ruiz et

Pav., *Flor. per.*, 3, tab. 321, fig. *a.* Arbrisseau de quinze à dix-huit pieds, hérissé de poils sur toutes ses parties. Ses rameaux sont nombreux, étalés; ses feuilles lancéolées, aiguës, très-entières, rudes en dessus, velues en dessous, longues de deux pouces, à cinq nervures. Les pédoncules sont axillaires, chargés de trois grandes fleurs purpurines, accompagnées de deux bractées concaves, velues, purpurines, ainsi que le calice. Les divisions du calice sont aiguës, caduques; les pétales élargis, presque en cœur, mucronés; les filamens pourpres; les anthères munies à leur base d'une glande jaunâtre; le style est hérissé à sa base. La capsule presque globuleuse, à cinq loges. Cette plante croît sur les montagnes au Pérou. (Poir.)

QUADRIA. (*Bot.*) Les auteurs de la Flore du Pérou donnent ce nom au gevuin du Chili, déjà désigné par Molina sous celui de *gevuina*, genre de la famille des protéacées. (J.)

QUADRICOLOR. (*Ornith.*) Cette espèce de gobe-mouche, figurée par Levaillant, pl. 141 de son Ornithologie d'Afrique, est le *sylvia zeylonica* de Latham et l'*ægithina quadricolor* de M. Vieillot. Ce nom est aussi donné à l'*emberiza quadricolor*, Lath., qui est représenté dans les planches enlum. de Buffon, n.° 101, fig. 2, sous la dénomination de *gros-bec de Java.* (Ch. D.)

QUADRICORNE. (*Ichthyol.*) Voyez à l'article Quatre-cornes. (H. C.)

QUADRICORNE. (*Mamm.*) M. de Blainville, le premier, a donné ce nom à une antilope à quatre cornes, dont il a vu le crâne à Londres. Depuis lors deux espèces de ce genre, effectivement pourvues de quatre cornes, et particulières aux Indes orientales, ont été décrites et dessinées par les naturalistes anglois. (Desm.)

QUADRICORNES ou TÉTRACÈRES. (*Crust.*) M. Duméril a donné ces noms à une petite famille de crustacés, qui comprend les genres Physode, Cloporte et Armadille. (Desm.)

QUADRIDENTÉ, QUADRIFIDE, QUADRIPARTI. (*Bot.*) Divisé en quatre au sommet seulement, ou jusqu'à moitié, ou jusqu'à la base. (Mass.)

QUADRIDIGITÉE [Feuille]. (*Bot.*) Feuille dont le pétiole porte à son sommet quatre folioles; exemple : *marsilea quadrifolia*, etc. (Mass.)

QUADRIDIGITÉE-PENNÉE [Feuille]. (*Bot.*) Le pétiole porte à son sommet quatre pétioles secondaires, sur le côté desquels des folioles sont attachées; exemple : *mimosa pudica.* (Mass.)

QUADRIÉRÉMÉ [Cénobion]. (*Bot.*) Composé de quatre érèmes; exemples : sauge et autres labiées, bourrache et autres borraginées, etc.; le *gomphia nitida* offre un exemple de cénobion à cinq érèmes. (Mass.)

QUADRIFOLIOLÉE [Feuille]. (*Bot.*) Synonyme de feuille quadridigitée. (Mass.)

QUADRIFOLIUM. (*Bot.*) Ce nom latin est cité par C. Bauhin et ses prédécesseurs pour un trèfle dont les folioles sont souvent au nombre de quatre et quelquefois de cinq à six. Il est regardé comme une simple variété du trèfle rampant, *trifolium repens.* (J.)

QUADRIJUGUÉE [Feuille]. (*Bot.*) Feuille dont le pétiole porte quatre paires de folioles, c'est-à-dire huit folioles opposées : exemple, *cassia longisiliqua*, etc. (Mass.)

QUADRILLE. (*Bot.*) Dans les Antilles on donne ce nom à l'asclépiade couleur de chair. (L. D.)

QUADRILOCULAIRE. (*Bot.*) A quatre loges ; exemples : baie du *paris quadrifolia* ; capsule de l'épilobe, etc. (Mass.)

QUADRISULCES. (*Mamm.*) Ce nom, ainsi que celui de tétradactyles, a été donné aux mammifères, dont tous les pieds sont terminés par quatre doigts à sabots, tels que les cochons et les hippopotames. (Desm.)

QUADRIVALVE [Capsule]. (*Bot.*) A quatre valves; exemple : épilobe, etc. (Mass.)

QUADRUMANES. (*Mamm.*) Ordre de mammifères, comprenant ceux de ces animaux qui ont quatre membres onguiculés, terminés par des mains à pouce opposable aux autres doigts; les trois sortes de dents; les mamelles au nombre de deux, et placées sur la poitrine; les fosses orbitaires séparées des temporales. Les singes et les makis, ou lémuriens, composent les deux familles qui subdivisent l'ordre des quadrumanes. (Desm.)

QUADRUPÈDES. (*Mamm.*) Dans la vue de rendre plus complet ce qui peut être dit de général sur les mammifères, je renvoie, pour en traiter, au mot Zoologie. Alors toutes les particularités sur ces animaux, qui peuvent être connues et ne le sont point encore, auront été exposées. (F. C.)

QUADRUPÈDES OVIPARES. (*Erpét.*) Suivant la méthode de quelques anciens, Daubenton et de Lacépède ont ainsi appelé les reptiles munis de quatre pattes et appartenant aux ordres des Sauriens, des Chéloniens et des Batraciens. Voyez Anoures, Batraciens, Chéloniens, Erpétologie, Sauriens, Reptiles et Urodèles. (H. C.)

QUAGLIA. (*Ornith.*) Nom italien de la caille, *tetrao coturnix*, Linn. (Ch. D.)

QUAI-FA. (*Bot.*) C'est en Chine, selon Osbeck l'olivier odorant, *olea fragrans*, Linn., dont les feuilles sont mêlées avec celles du thé. (Lem.)

QUAIL. (*Ornith.*) Nom anglois de la caille, *tetrao coturnix*. Selon Sounini, édit. de Buff., tom. 56, pag. 236, on appelle, à Sant-Yago, *quail-island* un martin-pêcheur à tête grise. (Ch. D.)

QUAKITE. (*Bot.*) Voyez Bladhie. (Poir.)

QUAL. (*Actinoz.*) Nom donné par les Hollandois au frai des astéries, qu'on croit être la cause de la propriété vénéneuse des moules à certaines époques. (Desm.)

QUALAR-KATCHELÉE. (*Ichthyol.*) Les habitans de la côte de Coromandel, selon Russel, donnent ce nom à un poisson que M. Cuvier regarde comme une espèce d'Ombrine. Voyez ce mot. (H. C.)

QUALIER, *Qualea.* (*Bot.*) Genre de plantes dicotylédonées, à fleurs complètes, polypétalées, de la famille des *vochisiées*, de la *monandrie monogynie* de Linnæus, caractérisé par un calice à quatre divisions ; les deux latérales plus grandes ; deux pétales inégaux ; le supérieur éperonné à sa base ; l'inférieur plus grand et incliné ; une étamine insérée sous l'ovaire qui est supérieur, globuleux ; le style ascendant, de la longueur de l'étamine ; le fruit n'est pas connu.

Qualier à fleurs rouges : *Qualea rosea*, Aubl., Guian., 1, p. 1, tab. 1 ; Lamk., *Ill. gen.*, tab. 4. Grand arbre de soixante pieds et plus, sur deux pieds de diamètre, dont l'écorce est

ridée, le bois rougeâtre et compacte; ses branches sont étalées en tout sens, horizontales; les rameaux opposés, garnis
de feuilles pétiolées, opposées en croix, ovales, lancéolées,
verdâtres, acuminées, fermes, lisses, très-entières, munies à
leur base de deux stipules caduques. Les fleurs sont disposées
en une panicule de médiocre grandeur et terminale; les ramifications opposées, portant à leur base deux petites bractées écailleuses et caduques; les divisions du calice larges, profondes, concaves, inégales, arrondies; le pétale supérieur est
relevé, échancré, muni à sa base d'un petit cornet creux,
en forme d'éperon (une étamine stérile?); le pétale inférieur
entier, assez grand, incliné, de couleur rougeâtre: il devient
blanc vers l'onglet, jaune dans le reste; le filament est courbé
en crosse; l'anthère à deux lobes; l'ovaire velu. Cet arbre
croît dans les forêts de la Guiane, le long des bords de la
rivière de Sinémari: les fleurs paroissent vers l'automne; elles
répandent au loin une odeur très-agréable.

QUALIER A FLEURS BLEUES; *Qualea cærulea*, Aubl., *loc. cit.*,
pag. 7, tab. 2. Cet arbre est plus grand que le précédent; il
parvient à la hauteur de quatre-vingts pieds et plus, sur trois
pieds de diamètre. Son bois est compacte, roussâtre; ses
branches sont étalées, chargées de rameaux opposés; les feuilles
courtes, pétiolées, opposées, ovales, entières, terminées par
une pointe mousse, luisantes, verdâtres; le pétiole est accompagné de deux stipules caduques. Les fleurs sont terminales,
disposées en panicules amples; les rameaux opposés ou alternes;
les bractées caduques. Le calice est de couleur cendrée; la
corolle bleue en dedans, cendrée en dehors sur le pétale supérieur; l'inférieur également bleu, mais jaune et tacheté de
noir vers l'onglet, échancré au sommet; l'ovaire arrondi et
velu; les fleurs très-odorantes. Cet arbre croît dans les grandes
forêts de la Guiane, sur les bords de la rivière de Sinémari.
(POIR.)

QUAMITZLI. (*Mamm.*) Ce nom, inscrit dans l'ouvrage de
Nieremberg, paroît devoir être appliqué au couguar. (DESM.)

QUAMOCLIT. (*Bot.*) Voyez IPOMEA. (POIR.)

QUAN. (*Ornith.*) Ce nom, qui s'écrit aussi *guan*, désigne
dans Edwards l'yacou proprement dit, *penelope cristata*,
Lath. (CH. D.)

QUANAMARI. (*Bot.*) Voyez Sejo. (J.)

QUANLANG. (*Bot.*) Le père Kirker, dans sa Chine illustrée, parle d'un arbre de ce nom, commun dans la province de Quansi, dont le tronc contient une moelle molle et farineuse, très-nutritive et d'un goût agréable. Les Chinois de ce canton en font du pain et l'apprêtent encore de diverses manières. Cet arbre est probablement une espèce de palmier, semblable au sagoutier, dont la moelle, nommée sagou, est employée utilement comme nourriture et comme médicament pour rétablir les forces des malades. (J.)

QUANPECOTLI. (*Mamm.*) Ce nom rapporté dans l'ouvrage de Séba, appartient à l'espèce du raton laveur. (Desm.)

QUANPIAN. (*Ornith.*) Coréal, parlant au tome 1.er de ses Voyages aux Indes occidentales, de divers oiseaux du Brésil, cite en particulier le *panou*, dont la taille est celle du merle, et la couleur noire, excepté sous l'estomac, où il est d'un brun rouge comme du sang de bœuf, et le *quanpian*, dont tout le plumage est d'un rouge écarlate. On retrouve le même passage au tome 14 de l'Histoire générale des voyages, pag. 299, et au tome 13 de l'Abrégé de Laharpe. Mais le nom du second oiseau est écrit *quianpian* dans les deux recueils, et l'on y ajoute que ce dernier n'est pas plus gros que l'autre. Ces oiseaux offrent des rapports avec le gobe-mouche noir à gorge pourpre et le tangara cardinal. Voyez l'article Panou. (Ch. D.)

QUANSO. (*Bot.*) Nom japonois d'une espèce de lis-asphodèle, *hemerocallis fulva*, suivant Kæmpfer et Thunberg. (J.)

QUAPACHCANAUTHLI. (*Ornith.*) D'après Fernandez, chap. 194, pag. 52, ce nom est celui du canard millouin du Mexique. (Ch. D.)

QUAPACHTOTOTL. (*Ornith.*) Cet oiseau du Mexique, qui a été décrit par Fernandez, chap. 179, page 49, et dont la voix ressemble à un éclat de rire, a été rapporté par les ornithologistes au *cuculus ridibundus*, Gmel. Son nom a été restreint, par contraction, à *quapactol*. (Ch. D.)

QUAPALIER, *Sloanea*. (*Bot.*) Genre de plantes dicotylédones, à fleurs incomplètes? de la famille des *tiliacées*, de la *polyandrie monogynie* de Linnæus, offrant pour caractère essentiel : Un calice à cinq, quelquefois à dix divisions; point de corolle (cinq pétales caducs, Linn.); des étamines nombreuses; les anthères attachées latéralement à des filamens courts; un ovaire velu, inséré dans le fond du calice; un style; un stigmate à quatre lobes; une grande capsule coriace, presque ligneuse, hérissée, à cinq valves, à cinq loges, dont une ou deux avortent souvent une à trois semences enveloppées par une substance charnue.

QUAPALIER DENTÉ : *Sloanea dentata*, Linn., *Spec.*; Burm., *Amer.*, tab. 244; *Sloanea Plumerii*, Aubl., Guian. Arbre de quarante à cinquante pieds de haut, sur environ deux pieds de diamètre. Ses branches sont étalées, garnies de feuilles alternes, pétiolées, ovales, quelquefois un peu échancrées en cœur à la base, fort amples, terminées en pointe, denticulées, munies de stipules triangulaires, en cœur et dentées; les pétioles longs. Les fleurs sont disposées en grappes axillaires, supportées par un pédoncule assez long, muni à sa base d'une petite bractée en écaille. Le calice est d'une seule pièce, à cinq ou six dents; les étamines sont insérées dans le fond du calice sur un réceptacle velu; les filamens courts; les anthères longues, verdâtres et velues; l'ovaire est supérieur; le style velu; le stigmate à plusieurs lobes; la capsule sèche, roussâtre, très-grosse, hérissée de piquans, à trois, cinq ou six valves, autant de loges, contenant chacune une semence oblongue, quelquefois deux ou trois, enveloppées d'une substance charnue, succulente, de couleur rouge. Cette plante croît dans les forêts de la Guiane.

QUAPALIER DE SINÉMARI : *Sloanea Sinemariensis*, Aubl., Guian., *loc. cit.*, tab. 212; Lamk., *Ill. gen.*, tab. 469. Arbre de quarante à cinquante pieds, dont le bois est rougeâtre, dur et compacte, l'écorce épaisse et ridée; les branches sont éparses; les rameaux garnis de feuilles alternes, lisses, pétiolées, coriaces, ovales ou arrondies, entières, longues d'un pied, sur environ neuf pouces de large, élégamment veinées; le pétiole est ferme, long, accompagné de deux longues stipules aiguës et caduques. Les fleurs sont disposées en petites grappes courtes, axillaires, soutenues par un pédoncule garni à sa base d'une bractée courte. Le calice est divisé en cinq dents ovales, aiguës; le disque des étamines est velu, ainsi que l'ovaire. Le fruit est une capsule hérissée de longs piquans, divisée en quatre ou cinq valves et autant de loges, renfermant chacune une semence oblongue, enveloppée d'une substance rouge et pulpeuse. Cette plante croît dans les forêts de la Guiane, le long des bords de la rivière Sinémari.

Quapalier de Masson; *Sloanea Massoni*, Swartz, *Flor. Ind. occid.*, 2, p. 958. Cette plante est distinguée du *Sloanea dentata* par ses feuilles arrondies à leur sommet, par ses stipules linéaires et non en cœur, presque deltoïdes; par ses fleurs plus petites, et le calice presque à cinq folioles; par les soies des capsules beaucoup plus longues: c'est d'ailleurs un arbre très-élevé, dont les feuilles sont grandes, longues de plus d'un pied. Cette plante croît dans les contrées méridionales de l'Europe. (Poir.)

QUAPETLAHOAC. (*Ornithol.*) Fernandez dit, page 48, chap. 173, que cet oiseau a le bec rouge, long, pointu, les ailes noires, et presque tout le reste du corps d'un cendré roussâtre. (Ch. D.)

QUAPIZOLT ou QUAUHTLA COYMATL. (*Mamm.*) Noms mexicains du pécari. (Desm.)

QUAPOYER, *Quapoya*. (*Bot.*) Genre de plantes dicotylédones, à fleurs dioïques, de la famille des *guttifères*, de la *dioécie monadelphie* de Linnæus, offrant pour caractère essentiel: Des fleurs dioïques; un calice à cinq divisions profondes, quelquefois six; cinq ou six pétales insérés sur le disque des étamines; cinq étamines à anthères sessiles, placées sur un disque central, rapprochées en forme de bouclier; dans les fleurs femelles, cinq étamines stériles; les anthères droites, larges, oblongues; un ovaire arrondi, à cinq ou six stries, couronné par un stigmate sessile, épais, à cinq divisions, persistant; une capsule à une seule loge, s'ouvrant en cinq valves, couronnée par le stigmate; un réceptacle central à cinq angles, portant plusieurs semences enveloppées d'une substance pulpeuse.

Quapoyer a fruits ronds : *Quapoya scandens*, Aubl., *Guian.*, 2, tab. 545; Lamk., *Ill. gen.*, tab. 851; *Xanthe scandens*, Willd., *Spec.*, 4, p. 877. Arbrisseau à tige grimpante, dont les branches et les rameaux sont glabres, opposés, noueux, cylindriques, garnis de feuilles sessiles, opposées, glabres, épaisses, charnues, vertes à leurs deux faces, ovales, cunéiformes à leur base, terminées par une petite pointe. Les fleurs sont disposées en une panicule lâche, terminale ; les ramifications opposées, portant chacune deux ou trois fleurs ; à chaque division deux petites bractées opposées ; les divisions du calice verdâtres, arrondies, concaves, comme imbriquées, munies à leur base de deux bractées en écailles. La corolle est jaune, à cinq pétales épais, concaves, arrondis, attachés par leur onglet sur un disque charnu. Le fruit est une capsule un peu charnue, arrondie, assez petite, couronnée par le stigmate. Les semences sont rouges. Cette plante croît à la Guiane, dans les forêts de Sinémati ; il en découle un suc blanc, visqueux, transparent.

Quapoyer a fruits longs ; *Quapoya panapanari*, Aubl., Guian., *loc. cit.*, tab. 344. Cet arbrisseau a beaucoup de rapports avec le précédent : il en diffère par ses feuilles plus petites, moins charnues, par ses panicules, dont les fleurs sont plus serrées, plus rapprochées ; enfin, par ses fruits plus gros, plus alongés. Il découle des feuilles et de l'écorce un suc jaune qui ressemble à la gomme-gutte lorsqu'il est desséché, et se dissout dans l'eau. Cet arbrisseau se trouve dans les grandes forêts de la Guiane. (Poir.)

QUAQUARIBÉE. (*Bot.*) Voyez Myrodia. (Poir.)

QUARANTAINE. (*Bot.*) Les jardiniers donnent ce nom à une espèce de giroflée. (L. D.)

QUARANTE LANGUES. (*Ornith.*) Voyez Quatre cents langues. (Ch. D.)

QUARARIBEA. (*Bot.*) Ce genre d'Aublet doit être supprimé et réuni au *myrodia* de Swartz et de Willdenow. (J.)

QUARENNA. (*Bot.*) Nom brame du *vidimaram* des Malabares, qui est le sébestier, *cordia myxa*. (J.)

QUARHMECATL. (*Bot.*) Nom mexicain, cité par Hernandez du *paullinia mexicana* de Linnæus, *seriana mexicana* de Willdenow. Hernandez, qui en donne la figure sans la décrire, la regarde comme une espèce de salsepareille, c'est-à-dire, ayant les mêmes vertus. (J.)

QUARIAU. (*Ichthyol.*) Un des anciens nom du Carrelet. Voyez Carrelet, Pleuronecte, Plie. (H. C.)

QUARRÉ. (*Ichthyol.*) Voyez Marteau, Squale et Zigène. (H. C.)

QUARRELET. (*Ichthyol.*) Voyez l'article Carrelet, t. VII, p. 153. (H. C.)

QUARTATION. (*Chim.*) Opération par laquelle on ajoute à l'or, qu'on veut coupeller, une quantité d'argent qui doit être triple de celle de l'or. Voyez Essai, tom. XV, pag. 361. (Ch.)

QUARZ. (*Min.*) C'est le nom générique qu'on applique à tout minéral qui n'est essentiellement composé que de silice. Il résulte de cette définition qu'on peut et qu'on doit même réunir sous cette dénomination des minéraux qui ont entre eux de grandes différences extérieures; et comme les variétés, qui résultent de ces différences, sont extrêmement nombreuses et d'ordres très-différens, on a dû subdiviser cette espèce en plusieurs sous-espèces et variétés principales, qui ont reçu de tout temps des noms particuliers qu'on a dû conserver toutes les fois qu'ils n'étoient pas en opposition avec un bon système de nomenclature méthodique.

Toutes les variétés de quarz n'ont que deux caractères communs, qui se manifestent d'une manière assez distincte, quel que soit l'état dans lequel elles se présentent.

La *dureté* des masses, ou au moins des parties, est supérieure à celle du verre, de l'acier et même du felspath laminaire. Elle est seulement inférieure à celle de la topaze.

Le second caractère souffre moins d'exception; mais il est moins positif. Le quarz est *infusible* au chalumeau par les moyens ordinaires : il donne avec le borax et la soude un verre limpide.

Les variétés ou sous-espèces offrent pour chacune d'elles une suite de propriétés plus saillantes et plus caractéristiques.

On peut diviser l'espèce du quarz en quatre variétés principales ou sous-espèces, qui peuvent être désignées par des noms particuliers et univoques.

A. Le Quarz hyalin, dont nous allons faire l'histoire.

B. Le Quarz grès. (Voyez Grès.)

C. Le Quarz silex, renfermant les silex agathe, commun, jaspe et meulière. (Voyez Silex et Jaspe.)

D. Le Quarz résinite ou Silex résinite. (Voyez ce mot.)

Le Quarz hyalin est la sous-espéce ou variété principale qui présente la silice, jouissant de l'ensemble et de la perfection de ses propriétés fondamentales, et qui, en raison de cet état, offre la réunion de ses caractéres essentiels.

Ainsi le quarz hyalin est souvent cristallisé très-nettement, et fait voir que sa forme primitive ou fondamentale est un rhomboïde obtus, peu éloigné du cube dans lequel l'incidence de P sur P est de $94^d 24'$ et celle de P sur $P' = 85^d 36'$.

Cette forme s'obtient très-difficilement par le clivage et jamais d'une manière nette. Il n'y a que certains quarz de quelques localités dont on puisse extraire les noyaux mécaniquement, en faisant chauffer les masses et en y excitant des félures par un refroidissement brusque dans l'eau.

Le quarz hyalin est assez fragile; sa cassure est conchoïde avec l'éclat vitreux; les surfaces de cassure sont souvent marquées de stries parallèles, courbes et ondoyantes. Il offre quelquefois une structure laminaire, imparfaite.

L'éclat du quarz est toujours vitreux, assez vif, prenant quelquefois, mais rarement, un éclat foiblement gras. Il a souvent une transparence et une limpidité parfaite.

Il jouit de la réfraction double à un assez haut degré. On ne peut l'observer que sur deux faces inclinées naturellement l'une sur l'autre, comme celle de la pyramide sur le pan opposé du prisme ou sur deux faces obtenues par la taille.

La pesanteur spécifique de cette variété est de 2,58.

Le quarz est phosphorescent par collision et électrisable par frottement. Il acquiert l'électricité vitrée; mais elle est foible et peu durable.

Le quarz hyalin, quelque pur qu'il paroisse, n'est jamais uniquement composé de silice. Il renferme toujours, soit un peu d'alumine, soit un peu de fer; mais la proportion de ces corps étrangers ne va pas quelquefois au-delà de 0,005. M. Bucholz, qui a examiné avec attention la composition de ce minéral, assure qu'il ne renferme pas la plus petite quantité d'eau.

* *Variétés de formes.*

A. Formes régulières.

La cristallisation du quarz et ses nombreuses modifications ont de tout temps attiré l'attention des naturalistes. Le quarz a été un des premiers minéraux dont on ait remarqué et décrit les cristaux. Il a dû probablement cette prérogative à la dureté, à la netteté, et surtout au volume de ses cristaux.

Il ne faut pas confondre parmi ses variétés de cristallisation celles qui appartiennent à des lois ou modifications essentielles et différentes, avec celles qui ne sont dues qu'à une sorte de déformation produite par un accroissement excessif de certaines faces, et celles qui résultent d'une sorte de moulage du quarz dans des cristaux d'une autre espèce.

Parmi les douze ou quinze variétés de formes qu'on reconnoît dans le quarz, nous en choisirons six comme les plus remarquables, ou comme pouvant être prises pour type des autres.

1. QUARZ PRIMITIF.

Quelquefois, mais très-improprement, nommé *quarz cubique.* C'est le rhomboïde primitif: mais il est ordinairement petit et très-rarement parfaitement pur. On voit sur les arêtes qui convergent au sommet, des petites facettes triangulaires, alongées, qui indiquent l'origine de la variété suivante.

Cette variété, bien caractérisée, est rare et presque toujours en petits cristaux. On la trouve, dans les cavités d'un silex corné, en morceaux épars à Chaud-Fontaine près Liège, à Schnéeberg en Saxe, à Wolfsinsel sur le lac Onéga.

Je rapporte à cette variété le quarz bleuâtre en cristaux de 5 à 6 millimètres de côté, qui tapissent les cavités d'une calcédoine également bleu de ciel. On les a généralement désignées comme calcédoine cristallisée; mais cette qualité est pour nous inconciliable avec celle que nous attribuons à la calcédoine, d'être formée par concrétion; car, du moment où elle cristallise régulièrement, elle appartient à la variété du quarz hyalin. On remarquera, en effet, que la partie réellement cristallisée de ces rhomboïdes obtus, a la transparence et l'éclat vitreux du quarz. Ce beau quarz primitif bleuâtre et calcédonieux, c'est-à-dire un peu laiteux, vient de Tresztya au sud de Kapnick en Transylvanie.

2. QUARZ DODÉCAÈDRE.

Ce sont deux pyramides hexaèdres, opposées base à base sans prismes.

Les facettes triangulaires, qui émoussent ordinairement la partie inférieure des arêtes convergeant au sommet du rhomboïde primitif, conduisent à la forme actuelle; car cette modification, qui a lieu sur les angles latéraux, en prenant tout son développement, donne naissance à trois facettes triangulaires, semblables à celles qui restent sur les faces du rhomboïde. Si les modifications se continuoient jusqu'à ce que les trois nouvelles facettes, en se rejoignant, vinssent à recouvrer complétement les faces du rhomboïde primitif, on auroit un rhomboïde secondaire, semblable au primitif et seulement plus gros que lui.

Les diverses dimensions que prennent les facettes de ce dodécaèdre et qui sont telles qu'il y a souvent trois facettes étroites qui alternent avec trois faces larges, semblent indiquer les différens passages du rhomboïde au dodécaèdre.

Le quarz dodécaèdre en petits cristaux nets se trouve presque toujours disséminé dans des roches homogènes d'une nature très-différente les unes des autres et du quarz. On en cite en cristaux noirs ou gris, dans un calcaire de Lecceto, de Prado et de San-Salvadore, dans les environs de Sienne; en cristaux blancs des environs de Valence en Espagne; en cristaux blanc-jaunâtres translucides, dans un porphyre de Ténériffe; en cristaux rouges de sang d'une netteté remarquable, dans une marne rougeâtre mêlée de gypse et d'arragonite, en Arragon en Espagne, etc.

3. QUARZ PRISMÉ.

Les deux pyramides du dodécaèdre sont séparées par un prisme hexaèdre régulier. L'incidence d'une face quelconque de la pyramide sur le pan du prisme qui lui est adjacent, est de $141^{d}40'$. Les pans du prisme sont produits par une modification qui a lieu sur les arêtes horizontales du rhomboïde primitif, parallèlement à l'axe de ce rhomboïde. Ils indiquent cette modification par les stries horizontales, nombreuses et profondes, dont ils sont presque toujours chargés; tandis que les faces des pyramides sont planes et souvent parfaitement unies.

Cette variété de forme, une des plus communes dans le quarz, renfermant depuis les cristaux les plus volumineux jusqu'aux cristaux prismatiques, bipyramidés, les plus petits et les plus nets, présente encore de nombreuses sous-variétés dues à l'accroissement plus ou moins considérable de certaines de ses parties; variations en sous-ordre, qu'on a cependant trop souvent comptées, énumérées et décrites comme les modifications principales. Nous devons nous contenter de celles qu'Haüy a désignées par les noms suivans :

a) *Prismé basoïde.* — Une des faces de la pyramide a pris un accroissement considérable, qui a réduit et presque fait disparoître les autres faces, de manière à faire paroître le prisme comme tronqué obliquement à son extrémité libre.

Cette sous-variété est commune dans les fentes, filons et druses des montagnes primitives du département de l'Isère.

b) *Prismé bisalterne.* — La pyramide présente alternativement trois petites facettes triangulaires et trois grandes faces pentagonales. Lorsque le cristal a ses deux sommets, l'alternance d'un sommet alterne avec celle du sommet opposé : ce qui est une conséquence de la forme primitive rhomboïdale et de la modification qui la fait passer au dodécaèdre.

c) *Prismé comprimé.* — Deux faces opposées des pyramides et du prisme ont pris une grande extension et font paroître le prisme comme comprimé : c'est le quarz en table des anciens minéralogistes.

d) *Prismé atténué.* — Cette variété paroît au premier aspect offrir une pyramide à six faces, très-aiguë et profondément sillonnée en travers; mais, en y regardant avec plus d'attention, on voit qu'elle est due, soit à des stries profondes, qui atténuent le prisme dans une progression assez régulière et réduisent la pyramide à une très-petite dimension, soit à une sorte d'implantation de cristaux prismatiques, toujours de plus petits en plus petits, à la suite l'un de l'autre.

Cette sous-variété pourroit aussi dériver d'une altération de la variété nommée par Haüy *hyperoxide.*

e) *Prismé subtrièdre.* — Trois pans du prisme et trois faces

contiguës de la pyramide ont pris beaucoup plus d'accroissement que les autres, et rendent les prismes presque trièdres.
— De Schemnitz en Hongrie. — (Mus. roy., n.° 2, 689.)

f) *Prismé sphalloïde.* Haüy a décrit cette singulière altération
de forme, et il en a donné une figure (pl. 56, fig. 7), sans
laquelle il est difficile de la comprendre. Elle résulte de l'a-
longement considérable de trois faces contiguës d'une pyramide et des trois faces contiguës opposées de l'autre pyramide, de manière que les pans du prisme sont tout-à-fait
oblitérés; les autres sont réduits à une si petite dimension, et
les pyramides rejetées et déformées de telle manière, qu'on
est tenté d'attribuer au prisme leurs trois faces prolongées.
Si à ces anomalies se joint une courbure dans les pans du
prisme, il devient encore plus difficile de débrouiller les
diverses parties d'un pareil cristal.

Il semble que nous nous sommes beaucoup étendu sur ce
sujet; mais si on compare ce que nous venons d'en dire avec
les descriptions de Scopoli et des anciens minéralogistes, on
verra que nous avons, au contraire, considérablement réduit
ce genre de considérations.

Le quarz prismé est la variété le plus répandue : elle est si
commune qu'on ne doit citer que les cristaux gigantesques,
ayant jusqu'à 5 décimètres de long, mais à prismes ordinairement courts, de Fischbach en Valais, de Madagascar, de Sibérie, etc.

4. QUARZ RHOMBIFÈRE.

Un rhombe produit par une modification sur les angles latéraux E du rhomboïde primitif; d'où il résulte que chaque
pyramide doit présenter alternativement trois angles intacts
et trois angles remplacés par des rhombes.

C'est une variété assez commune.

5. QUARZ PLAGIÈDRE.

Les six angles, produits par la réunion des arêtes de chaque
pyramide avec les arêtes du prisme, sont remplacés par
des facettes trapézoïdales, qui, quoique semblablement situées sur le prisme, ont des positions différentes par rapport
aux parties du noyau, et sont dues à deux sortes de modifications, l'une sur l'angle *E*, et l'autre sur l'angle *e*.

C'est encore une variété assez commune.

6. Quarz pentahexaèdre.

Les arêtes de séparation des pyramides et du prisme remplacées par des facettes, qui donneroient, si elles étoient prolongées, une pyramide très-aiguë.

Lorsque ces facettes sont striées profondément et qu'elles se continuent sur les pans du prisme, elles produisent la sous-variété nommée *fusiforme.*

On se bornera à ces exemples de formes déterminables, régulières et propres au quarz. Mais ce minéral revêt plusieurs autres formes, dont les unes sont empruntées à différentes espèces minérales, tandis que les autres résultent de groupemens particuliers.

B. Formes empruntées ou pseudomorphiques.

Le quarz se présente quelquefois sous des formes régulières qui sont incompatibles avec son système de cristallisation. En les examinant avec un peu d'attention, on ne tarde pas à reconnoître que ce sont des formes qui appartiennent à des cristaux dont le quarz a pris la place. Ces cristaux sont presque opaques, à cassure grenue ; leur surface est raboteuse, et il est aisé de voir que le quarz cubique et le quarz en octaèdre régulier se sont fait dans des moules de fluor, que le quarz rhomboïdal équiaxe, le métastatique, le lenticulaire, ont remplacé du calcaire ; que le lenticulaire groupé, qu'on trouve à Passy, près Paris, doit sa forme au gypse qui se présente si souvent de cette manière, etc.

C. Formes imitatives ou de groupement.

Ce sont des groupemens de cristaux, ou des concrétions particulières de quarz. On peut y distinguer :

Le *quarz concrétionné.* — Cette modification consiste en cylindroïdes, composés de petits cristaux de quarz, agrégés et convergeant vers l'axe de ces cylindroïdes, qui forment par leur réunion ce que l'on appelle des stalactites.

Il paroît être au quarz ce que l'arragonite coralloïde (*flos ferri*) est à l'arragonite.

De la mine de cuivre de Huëlalfred en Cornouailles. (Phillips.)

Le *quarz botryoïde* en petits sphéroïdes jaunâtres, à surface raboteuse, à structure fibreuse radiée, réunis comme les grains d'une grappe de raisin. Les petites sphères offrent des inégalités dans leur point de contact, comme si elles avoient été comprimées, et chacune d'elles a pour centre du quarz hyalin limpide; elles sont pisaires. Dans des fissures du granite, à Blaye, au sud de Nantes. (Dubuisson.)

Le *quarz en roses*. En petites masses blanchâtres, qui ressemblent à des rosaces d'ornement, et qui sont adhérentes à des fragmens de silex pyromaque. — De la forêt de Compiègne.

Dans ces exemples les masses offrent plutôt une cristallisation confuse qu'une réunion de cristaux reconnoissables; mais les cristaux de quarz se montrent aussi très-fréquemment groupés.

Ces groupemens paroissent ne suivre aucune règle. Cependant quelques-uns méritent d'être mentionnés, à cause de leur singularité et des phénomènes relatifs à la cristallisation en général, qu'ils font connoître.

On remarque :

1.º Des cristaux de quarz prismé, qui semblent avoir été faits à deux époques différentes, sans qu'il y ait solution de continuité entre les parties formées dans ces deux momens, qui ne sont indiqués que parce qu'on aperçoit comme la trace ou l'image d'un cristal plus petit dans l'intérieur d'un plus gros.

2.º Cette succession de formation est, au contraire, tellement distincte et nette, dans certains cas, que le cristal plus petit et formé le premier, est blanc, opaque; tandis que sa continuation ou la partie qui l'a enveloppé, en prenant également la forme propre au quarz, est transparente ou au moins translucide, et s'enlève de dessus le cristal opaque intérieur, comme le fait un moule de dessus la partie moulée.

Ces singuliers cristaux, qu'on désigne sous le nom de *quarz en capuchon*, viennent de Becralston en Devonshire, en Angleterre.

Le même groupe renferme souvent un grand nombre de ces cristaux emboîtés et plus ou moins petits.

3.º Des cristaux comme enfilés à la suite l'un de l'autre; tantôt le plus petit est à l'extrémité du plus grand : l'un des deux est toujours plus parfait[1]; tantôt le plus gros est sup-

---

1 Scopoli, *Cristallogr. hungarica*, tab. xii, fig. 8, 9, 10, 11, 13, 14; tab. xiii, fig. 10, 11, 14, et tab. xvi, fig. 2.

porté par le plus petit, qui est grêle et qui semble lui servir de tige. Tels sont les cristaux d'améthyste de Murschink, cités par Patrin.

4.° De gros cristaux à prisme simple, mais qui semblent comme creusés et composés en dedans de plusieurs prismes agrégés. [1]

5.° Des cristaux dont les arêtes des prismes et de la pyramide sont continues et intègres, et les pans et faces comme creusés et garnis de lames transversales[2]. C'est une disposition fort remarquable et qui se présente souvent dans des cristaux salins et artificiels, tels que le nitre.

6.° Des cristaux composés d'un grand nombre de petits cristaux prismatiques, dont le groupement présente encore la forme du prisme. [3]

7.° Enfin, des prismes comme *fusiformes*, c'est-à-dire renflés d'une manière remarquable vers le milieu. A Guanaxuato au Mexique. [4]

** *Variétés de texture.*

Quarz hyalin vitreux. Texture, cassure et éclat vitreux. La cassure est ordinairement conchoïde, à stries fines, ondoyantes, parallèles aux bords. Quelquefois elle offre des stries courbes, croisées très-régulièrement, comme ces ornemens qu'on nomme *guillochés*, ou comme des treillis : de là le nom de *quarz treillissé* que M. Léman lui a donné.

Cette singulière disposition ne s'est encore offerte que dans du quarz verdâtre pâle, jaunâtre ou même légèrement violâtre, du Brésil; mais elle s'est présentée constamment dans les quarz venant de ce lieu.

Quarz laminaire. Il a une véritable structure laminaire, et même à grandes lames sensiblement parallèles, qui ne paroissent pas cependant appartenir au clivage cristallin de ce minéral, parce que la cassure est raboteuse et vitreuse dans l'autre sens.

Il se trouve ou limpide, ou laiteux, ou grisâtre, aux environs de Limoges.

---

1 Scopoli, tab. xiii, fig. 16; tab. xiv, fig. 1, et Mus. roy., n.°ˢ (2, 691).
2 Scopoli, tab. xiv, fig. 8, et Mus. roy., n.°ˢ (7, 11), et (7, 12).
3 Scopoli, tab. xv, fig. 7, 8, 11.
4 Scopoli, tab. xiii, fig. 12, 13; tab. xiv, fig. 12; tab. xv, fig. 9.

Quarz lamellaire. Sa texture est lamellaire, à très-petites lames rarement planes; en sorte qu'on peut lui attribuer également la texture grenue.

Quarz grenu. Sa texture est à petits grains tellement serrés et adhérens, qu'ils se laissent plutôt diviser par la cassure que séparer: cette circonstance semble établir qu'il a été formé par cristallisation confuse, et non par agrégation, et doit servir à le distinguer du grès. Il passe cependant à cette sous-espèce par des nuances si insensibles, qu'il n'est pas possible, dans beaucoup de cas, de l'en distinguer. Cependant cette distinction est importante, car ces deux variétés de quarz appartiennent à des terrains très-différens. Celui-ci fait partie des terrains primordiaux de transition : c'est le *quarzfels* des minéralogistes allemands; et nous désignerons souvent cette variété, lorsqu'elle forme des montagnes entières ou des couches puissantes, par le nom univoque de Quarzite, qui rendra pour nous celui de *quarzfels.*

Les exemples de quarz grenu ou quarzite sont nombreux. Les terrains du département de la Manche en présentent des couches puissantes et étendues. La montagne du Roure, près Cherbourg, est presque entièrement composée de cette roche. Le quarz en banc, dit grès flexible du Brésil, peut y être rapporté.

Quarz bacillaire en masses composées de longs prismes déliés, irrégulièrement polyédriques, serrés les uns contre les autres, et qui semblent devoir leurs pans imparfaits à une sorte de compression.

Tantôt les baguettes sont parallèles, ce qui est un cas assez rare; tantôt elles sont convergentes, ce qui est le cas le plus ordinaire, et qui constitue le *quarz bacillaire* radié.

Quarz fibreux. Les prismes sont encore plus déliés : on ne peut y reconnoître de pans, et ils ressemblent à des fibres serrées les unes contre les autres, soit parallèlement, soit en rayonnant.

La variété bacillaire passe à la variété fibreuse par des nuances insensibles. Cette dernière est non-seulement finement fibreuse, mais elle a encore un éclat soyeux.

Cette variété n'est pas très-répandue. On la cite sur les communes de Chavaignes et de Martigné-Briant, entre Brissac,

Doué et Villiens, dans le département de Maine-et-Loire; aux environs d'Anger, entre le village et l'étang de Beaucouzé; dans la forêt de Verton, sur le côteau Miseri, dans le département de la Loire inférieure; à Saint-Prix et à Argentol, dans le département de Saône-et-Loire; sur la montagne de la Fajole, entre Saint-Flour et Massiac, département du Cantal; à Chavagnac, entre Brioude et le Puy, département de la Haute-Loire. Il se trouve dans ces différens lieux, tantôt en filons ouveines, au milieu de terrains granitiques ou de schistes primitifs, tantôt en morceaux épars. (Mesnard-Lagroye.)

En Angleterre, près Scorrier, en Cornouailles, et dans l'île de Jersey; il est fibreux, radié. — Dans les mines de houille de Wettin, dans le voisinage du calcaire fibreux, qu'il semble avoir remplacé, la structure de celui-ci s'étant conservée comme dans les pétrifications[1]. — Dans les montagnes du cap de Bonne-Espérance, à l'est de Grootriviers-Poort, en filon accompagné de fer magnétique à grains fins; Klaproth en a fait l'analyse. — En Saxe, près de Dresde; il est violet. — En Hongrie, près de Schemnitz.

Les variétés de structure qu'on vient d'énumérer, appartiennent en propre au quarz; mais de même qu'il revêt des formes empruntées à d'autres minérais, de même aussi il reçoit quelquefois de certains minérais étrangers une sorte de structure particulière. On peut attribuer à cette cause :

Le *quarz carié*. Ce n'est pas le silex molaire, mais un quarz hyalin rempli de cavités irrégulières, probablement dues à la destruction par dissolution de corps étrangers; ce sont tantôt des pyrites, tantôt du calcaire qui y étoient engagés.

Le *quarz haché*. C'est un quarz hyalin qui semble avoir été comme haché par un instrument tranchant; ces cavités longues et étroites sont dues généralement à des cristaux tabulaires de baryte sulfatée, sur lesquels le quarz avoit été moulé, et qui ont disparu par l'effet d'un agent inconnu.

*** *Variétés de couleurs, etc.*

A. Couleurs propres.

Le quarz hyalin présente presque toutes les nuances des couleurs principales, et, en outre, beaucoup de variétés, qui

---

[1] Keferstein. Géol. de l'Allem., 1.re part., 1820, p. 376.

sont dues à son action sur la lumière dans différentes circonstances.

Les couleurs y sont en général peu vives et peu intenses; elles sont dissoutes assez également dans la masse, et non pas disposées en taches, en zones ou en veines comme dans les silex.

Elles laissent souvent au quarz toute sa transparence.

Quarz incolore. Limpide, sans aucune couleur : c'est celui auquel on donne principalement le nom de *cristal de roche*, et qui se présente alors dans son plus haut degré de pureté. Un échantillon examiné par Bucholz lui a donné 99,5 pour 100 de silice.

Quarz laiteux. Translucide comme si du lait avoit été délayé dans la masse. Ce nom s'applique plus particulièrement à celui qui est blanc ; mais le quarz laiteux offre aussi différentes nuances de rose, de violâtre, de jaunâtre, etc.

Un des mieux caractérisés parmi les quarz laiteux incolores, est celui qui vient de l'île d'Alliortok dans le Groënland méridional; il est comme gélatineux. On en trouve d'absolument semblable à Bowdoinham, dans le district du Maine, États-Unis d'Amérique.

Quarz enfumé. Il est offusqué par une teinte brune, comme fuligineuse, qui tantôt est très-légère, et tantôt si foncée qu'elle le fait paroître presque noir.

On le nomme quelquefois *topaze enfumée.*

Madagascar, le Brésil, Chanteloube près Limoges, recèlent des masses considérables et quelquefois très-limpides de ce quarz.

Quarz noir. Il diffère du quarz enfumé foncé, parce qu'il est presque opaque.

Les plus beaux cristaux de cette variété viennent du département de l'Isère, où ils sont associés et comme mêlés avec des cristaux volumineux de calcaire jaunâtre.

On le cite aussi à Grauppen en Bohême, et en dodécaèdres isolés, à Casa-Nuova, et à Castel del Piano près de Sienne en Toscane. (De Born.)

Quarz prase. Il est d'un vert sombre et olivâtre ou d'un vert poireau; il a en outre l'éclat un peu gras : la couleur n'est pas toujours également répandue et comme dissoute dans la masse; il y a des parties plus foncées et qui contribuent à faire connoître que sa couleur verte est due, soit à l'épidote, soit à l'amphibole ; sa structure scapiforme semble également l'indiquer. Il paroit qu'il tire sa couleur du fer que ces minéraux contiennent. Bucholz, qui a analysé le quarz prase, l'a trouvé composé de silice 98,5, de fer 1.

Le quarz prase vient principalement de Mummelgrund en Bohème, de Bretenbrunn près de Schwarzenberg en Saxe. On en cite aussi en Finlande près du lac Onéga ; en Sibérie, etc.

Quarz cantalite[1]. C'est le nom que Karsten a donné à une variété vert-jaunâtre de quarz hyalin qui a la texture granulaire, qui devient magnétique par l'action du feu, et qui est composé, d'après l'analyse faite par M. Laugier,

    de silice 85
    de fer oxidé 8
    d'eau .... 7.

Il vient du Cantal, et est accompagné de silex résinite.

Quarz verdâtre. Il a une texture parfaitement vitreuse ; il est transparent : sa couleur est le vert pâle tirant sur le vert brunâtre. C'est par ces légères différences qu'il se distingue des variétés précédentes.

Il se trouve au Brésil, et est un de ceux qui présentent dans la cassure cette disposition de stries qui lui a fait donner le nom de quarz hyalin treillissé.

Quarz jaune (Fausse topaze du Brésil, Topaze de Bohème, Topaze d'Inde, Topaze occidentale, Citrine). Il est transparent ou au moins translucide clair ; sa couleur n'est jamais le jaune pur, mais le jaune tirant au roussâtre.

Ce quarz, d'une couleur assez pure et souvent d'une *belle eau*, ce qui veut dire qu'il est très-limpide, est très-employé comme objet d'ornement : on en voit des pierreries taillées d'un fort gros volume.

Il vient principalement du Brésil.

On en trouve aussi à Huttenberg en Carinthie ; à Cairngorm en Écosse ; en Bohème ; en Sibérie ; à Ceilan ; dans la mine de plomb de Perkiomen en Pensylvanie, il y est en cristaux.

---

1 Je n'ai pas vu cette variété, qui appartient peut-être au quarz hyalite ou silex résinite.

Quarz rubigineux (sidérite, *Eisenkiesel*). Presque opaque, d'un jaune de rouille; il est ordinairement cristallisé en petits cristaux très-nets, de la variété prismée.

Ces cristaux sont tantôt fortement agrégés et forment des masses comme grenues, tantôt ils sont disséminés dans d'autres roches.

Le fer oxidé qui les colore se montre avec évidence et abondance. Il acquiert par la chaleur le magnétisme. Il renferme quelquefois, d'après Bucholz, de 5 à 21 pour 100 de fer oxidé mélangé de manganèse.

Quarz hématoïde (Sinople, Hyacinthe de Compostelle). Il est aussi presque opaque, d'un rouge sanguin assez pur, mais il a la cassure vitreuse et est quelquefois très-nettement cristallisé en prismes hexaèdres, ce qui le distingue du jaspe rouge, dont cependant il se rapproche beaucoup.

Il se trouve en masses amorphes, dans les filons, mêlées avec les substances métalliques qui s'y rencontrent.

Ses cristaux sont ordinairement disséminés dans une marne argileuse rougeâtre ou engagés dans le gypse et l'arragonite que renferme cette marne.

C'est ainsi qu'on le trouve à Saint-Jacques de Compostelle en Galice; à Molina en Arragon; à Bastène et Caupène prés Dax.

On trouve aussi du quarz hématoïde dans les environs de Bristol en Angleterre; dans les roches trappéennes de Dunbar en Écosse; dans l'île de Ratlin en Irlande, et de très-nettement cristallisé dans les environs de Blue-Ridge dans le pays de Washington.

En cristaux implantés dans les filons de quelques mines des environs de Freiberg en Saxe, de Bohème, de Hongrie.

En veines, dans la galène de Poullaouen en Bretagne; dans un filon aurifère de Schemnitz en Hongrie, avec des madrépores fossiles. (De Born.)

Enfin, de diverses manières dans les mines de fer peroxidé ou hydraté de Framont dans les Vosges; d'Eibenstock en Saxe, d'Ilefeld au Harz, du Fichtelgebirge en Franconie.

Il accompagne les différentes variétés d'agathe d'Oberstein.

Quarz rose (Quarz laiteux, Rhodite). Il offre une couleur rose, tantôt pure et très-agréable, et tantôt tirant sur le jaunâtre; il n'est jamais parfaitement transparent, mais il a toujours un aspect calcédonieux.

On attribue sa couleur au manganèse. On remarque que l'action de la lumière l'altère, en lui faisant perdre son intensité ou sa fraîcheur.

C'est une variété assez recherchée comme pierre d'ornement. On en connoît maintenant dans un grand nombre de lieux.

En France, à Châteauneuf en Auvergne ; dans le terrain granitique entre Marnejols et Saint-Chély, département de la Lozère, et particulièrement près de Plane et de Chabanols, en masses assez volumineuses.

En Bavière, à Rabenstein près de Bodenmais, dans des filons de granite qui traversent le gneiss (Boué) : c'est un des plus beaux et des plus connus; et à Hüttschlag en Salzbourg.

En Saxe, dans le Hochwald près de Stolpen.

Dans l'île de Coll, l'une des Hébrides.

En Finlande, dans les environs de Serdobole : il est employé dans la composition de la pâte de porcelaine de Saint-Pétersbourg.

On l'a trouvé dans plusieurs endroits des États-Unis d'Amérique ; à Southbury dans le Connecticut; à Chatam et à Haddam de l'est; à Topsham dans le Maine, et toujours dans des terrains primitifs de granite ou de gneiss.

Dans le commerce on donne à ce quarz des noms de comparaison avec les pierres d'ornement dont il rappelle la couleur : tels sont ceux de prime, de rubis, de rubis de Bohème, de rubis d'Occident, etc.

Lorsqu'il est plus *rougeâtre* que rose, et qu'il paroit devoir sa couleur plutôt au fer qu'au manganèse, il porte le nom de *faux grenat*. On trouve cette sous-variété en cristaux pyramidés aux environs de Bristol, et principalement en petits cristaux très-nets, disséminés dans le gypse d'Eisleben en Thuringe.

Quarz saphirin[1]. Il reste bien peu d'exemples authentiques de cette variété, depuis qu'on a remarqué que la plupart des pierres désignées sous le nom de quarz bleu, étoient des cordiérites. Il est d'ailleurs assez difficile de determiner avec

---

1 *Saphirquarz*. — Sidérite.

certitude les caractères distinctifs de ces deux espèces, quand elles ne sont pas cristallisées et qu'on ne peut les soumettre aux épreuves qui font ressortir leurs différences, la pesanteur spécifique étant la même, la dureté peu différente et la fusibilité de la cordiérite variable et toujours difficile.

Le quarz saphirin est d'un bleu plus ou moins pur, et présente toujours cette couleur, sous quelque direction qu'on le regarde. Il a la pesanteur, la dureté, l'infusibilité du quarz, et en présente la forme lorsqu'il est cristallisé.

On ne peut citer comme exemples de ce quarz que les suivans :

Celui de Gœlling dans le pays de Salzbourg, qui a été nommé *sidérite*, dont la couleur est d'un bleu foncé, mais grisâtre, qui est en veines dans un calcaire mélangé de fer oxidé.[1]

Celui qui se trouve en cristaux dodécaèdres, également bleu-grisâtre, au cap de Gate en Espagne.

Celui que M. Giesecke a observé à Kikertangoak, dans le Groënland méridional, associé avec du fer phosphaté.

Celui qu'on trouve dans une syénite en gros blocs épars, sur les bords du canal de Gotha, non loin de Motala en Suède.

On rapporte encore à cette variété le quarz bleu d'une belle couleur, qu'on trouve en masses amorphes à Plainfield, États-Unis d'Amérique. (Jac. Porter.[2])

Celui qui est d'un bleu d'indigo, en morceaux de la grosseur d'un œuf de pigeon, engagé dans une traumate de Fangsbierg en Norwége. (De Buch.)

Quarz améthyste. Il est d'un violet plus ou moins pur et plus ou moins foncé. Il a d'ailleurs les formes et les autres caractères du quarz hyalin ; il est coloré par une très-petite quantité de manganèse mêlé de fer. Néanmoins cette pierre perd entièrement sa couleur au feu.

L'améthyste est transparente : elle a la cassure vitreuse. Elle est cristallisée ; mais ses masses sont plutôt formées de l'assemblage d'un grand nombre de cristaux prismatoïdes, serrés

---

1 Bernhardi, Journ. de Gehlen, 1806, t. 1.
2 Silliman, Journ., 1825, t. ix, p. 54.

les uns contre les autres, que massives et continues. Quelquefois ces prismes, longs et grêles, sont parallèles, plus souvent ils sont convergens et paroissent faire partie d'une solide sphéroïdale, ce qui donne aux masses l'apparence d'une structure bacillaire ou même fibreuse et radiée.

Les pyramides de ces cristaux sont souvent la seule partie qui en soit dégagée, ce qui avoit fait attribuer à ce quarz la propriété de cristalliser seulement en pyramides; elles sont quelquefois plus colorées au sommet qu'à leur base ou que dans leur partie prismatique; enfin, ces cristaux tapissent ordinairement les parois des fissures de certaines roches, ou remplissent les cavités des agates.

L'améthyste se rencontre dans les terrains primitifs granitoïdes, mais plus rarement que les autres variétés de quarz; cependant on en cite en filons ou en veines dans le gneiss, ou même en petits amas, soit dans le gneiss, soit dans le granite, accompagnés des différens minéraux qui se présentent dans le même gisement. On la cite ainsi à Wiesenbad près d'Annaberg dans l'Erzgebirge, en Silésie, au Mexique, à Guanaxuato, etc. Mais les terrains qui la renferment le plus fréquemment, appartiennent généralement à un mode de formation particulière : c'est principalement et presque uniquement dans les terrains trappéens, les vakites, les porphyres, les basanites et même dans les terrains pyrogènes, que se trouve cette variété de quarz. Elle en tapisse les fissures et remplit les cavités des autres variétés de silex, qu'on rencontre dans ces mêmes terrains. Les lieux où on cite l'améthyste dans ces divers terrains, sont fort nombreux.

En France. On la trouve dans les terrains volcaniques d'Auvergne, près de Brioude, où elle est quelquefois exploitée; et dans le val Louise, dans le département des Hautes-Alpes : elle étoit façonnée à Briançon.

En Espagne. Dans les montagnes de Murcie, près de Carthagène, et de Vicque en Catalogne : on l'y exploite pour le commerce.

Dans le Palatinat. A Oberstein, etc., dans les géodes d'agates, qui sont disséminés au milieu d'un terrain de vakite, de cornéenne et de spilite.

En Angleterre. Dans les mines d'étain de Polgooth et de

Pednandre. En Écosse, dans les trappites de la colline, de Kinnoul, près de Perth en Fifeshire; et en Irlande près de Cork (PHILLIPS). — A Feroë.

En Saxe. A Roclitz, où l'améthyste fait partie d'une brèche quarzeuse. — Au Harz près de Clausthal, etc. — En Silésie, dans le comté de Glatz : elle est un peu verdâtre et se vend quelquefois sous le nom de chrysolithe. — En Bohème, dans les mines de fer des environs de Prestniz : elle y est accompagnée et recouverte de manganèse terne (DE BORN). — En Hongrie, en nids dans le porphyre molaire de la vallée de Glashütte ; à Schemnitz, dans le filon principal de l'hospital (*Spitaler Hauptgang*), à Kapnik, etc. — En Sibérie, dans les monts Ourals, où elle est très-abondante; on la cite à Mursinsk, à vingt-cinq lieues au nord d'Ekaterinebourg : cette pierre s'y présente en cristaux dans une roche qui paroît être une pegmatite altérée (PATRIN). — Dans l'Inde, près de Cambay.

Dans le Mexique, dans le filon del-Vetamadre de Guanaxuato : en cristaux prismatoïdes, mais toujours déformés et appartenant souvent à la sous-variété nommée fusiforme ; elle y est constamment associée, dans la mine de Mellado, avec de la dolomie spathique.

Dans le Brésil, d'où on en a dernièrement rapporté en abondance ; elles sont panachées de différentes nuances, ce qui les a fait nommer *améthystes vertes*.

Dans les États-Unis d'Amérique, à Mount-Hope bay, à deux milles de Bristol, en Massachussets, dans un schiste argileux passant au stéaschiste, en amas et veinules.

L'améthyste est très-recherchée comme pierre d'ornement ; on la classe sous ce rapport parmi les pierres gemmes du second ordre.

Les plus belles venoient de Cambay, dans les Indes orientales ; maintenant on les apporte du Brésil. Nous avons vu qu'on les exploitoit aussi en Espagne, celles-ci sont plus petites et moins colorées, en Auvergne, en Sibérie, en Saxe et en Bohème. Les peuples de l'orient en font grand cas.

Les anciens ont souvent gravé sur cette pierre soit des figures, soit des inscriptions. Elle a eu de tout temps une grande célébrité; elle fait partie, comme bague, des ornemens épiscopaux. On prétend que son nom d'améthyste, qui veut dire, en grec, *qui n'est pas ivre*, lui a été donné parce qu'on a cru qu'elle ôtoit l'ivresse. Les Romains en faisoient des coupes; Pline dit qu'on l'avoit nommée ainsi, parce qu'elle n'est pas tout-à-fait de la couleur du vin. Le rouge de cette liqueur paroissoit comme tempéré par un mélange de violet.

B. Jeux de lumière.

Quarz gras. Ce quarz offre sur ses surfaces de cassure un éclat gras et comme onctueux. Il est ordinairement blanc ou grisâtre, et jamais parfaitement transparent.

Cette variété se fait remarquer dans les filons de mine d'or du Pérou et dans ceux de la Gardette, département de l'Isère.

Quarz irisé. Il est transparent et quelquefois parfaitement limpide. Il fait voir dans son intérieur, sous certains aspects, les couleurs les plus vives du spectre solaire. Ces couleurs sont dues à des fêlures naturelles. On peut en faire naître dans certains quarz par la percussion; elles se perdent par un choc plus violent, qui ouvre davantage les fêlures, ou par l'introduction d'un liquide.

Lorsque cette variété jouit de toutes ses qualités, elle a quelque valeur dans le commerce de la joaillerie.

Quarz aventuriné (Aventurine naturelle). C'est un quarz seulement translucide, de différentes couleurs, laissant voir dans sa masse comme une multitude de petites paillettes brillantes, qui ne sont dues à aucun corps étranger, mais à des lamelles ou parties de quarz plus brillantes que la masse.

Il est souvent brun-rougeâtre ou brun-roussâtre, et c'est à celui-ci qu'on donne plus particulièrement le nom d'aventurine.

On en trouve en France, en cailloux roulés, aux environs de Nantes, de Rennes, de Vasles dans les Deux-Sèvres. — A Glenfernat en Écosse; mais il paroît qu'il doit, comme celui d'Ekatérinebourg en Sibérie, une grande partie de ses paillettes brillantes à du mica. — En Espagne, dans l'Arragon et dans les environs de Madrid. — En Saxe, dans le Riesengebirge. — A Ceilan, où ce quarz se présente avec sa forme.

On connoît aussi des quarz aventurinés blanchâtres ou grisâtres, à reflets argentés, au Brésil; des verdâtres, également au Brésil; d'un beau vert d'émeraude dans l'Inde; des noirâtres, à Facebay en Transylvanie.

Il ne faut pas confondre le quarz hyalin aventuriné avec certains micaschistes à grains de mica très-fins et brillans.

Quarz chatoyant (vulgairement Œil-de-chat[1]). Des reflets blanchâtres, roussâtres et verdâtres pâles et soyeux, sur un fond translucide de l'une de ces couleurs.

Les reflets semblent partir d'une multitude de fibres très-déliées, d'éclat soyeux et parallèles entre elles. On a reconnu quelquefois dans ces fibres des filamens d'amiante; mais des morceaux de quarz ont présenté le même phénomène, sans qu'on ait pu y découvrir la présence de l'amiante.

M. Germar a attribué l'aspect fibreux et la propriété chatoyante dans ceux qui ne renferment pas d'amiante, à ce qu'il appelle la puissance plastique de cette substance, dont la présence n'est jamais très-éloignée. Il est assez difficile de concevoir cette influence d'une autre manière que celle qu'ont les fibres du bois, et tous les tissus organiques, de communiquer leur structure la plus déliée et leur forme aux minéraux qui viennent les remplacer dans ce qu'on appelle le phénomène de la pétrification.

Cette variété, assez recherchée comme objet d'ornement lorsque les morceaux sont volumineux avec un éclat chatoyant, vif et déterminé, a été mise pendant long-temps dans le commerce de la joaillerie dans l'état de petits fragmens informes, sans qu'on sût précisément d'où elle venoit. Mais on croit qu'elle vient des Indes orientales, notamment de Ceilan et de la côte de Malabar. On en trouve aussi d'assez beaux à Treseburg au Harz, et dans les environs de Hof en Bayreuth.

Quelques échantillons présentent le phénomène de l'astérie.

---

1 *Katzenauge.* — *Schillerquarz.* LEACH.

****** *Variétés par corps étrangers ou circonstances accidentelles.***

Quarz fétide. Il n'offre ordinairement d'autres caractères extérieurs qu'une couleur grisâtre et quelquefois des fissures avec un enduit un peu jaunâtre; mais il répand, lorsqu'on le brise, l'odeur fort distincte du gaz hydrogène sulfuré, que l'on présume avoir été engagé dans ses fissures.

Ce quarz s'est trouvé dans des filons de quarz renfermant des pyrites, à Chanteloube près Limoges, en fragmens provenant de ces filons (Alluaud); aux environs de Rennes; dans le plateau de la salle verte près de Nantes (Dubuisson). — A l'île d'Elbe (Lelievre). — A Marmagne près d'Autun (Brard). — En rognons, dans la dolomie du Saint-Gothard.

Quarz phosphorescent. La plupart des quarz sont phosphorescens par le choc; mais il y en a quelques-uns qui manifestent cette propriété d'une manière plus tranchée. On a remarqué qu'ils appartenoient toujours à un terrain granitique, et que le quarz fétide qu'on vient de décrire, offroit cette propriété d'une manière très-tranchée. (Bigot de Morogues.)

Quarz aérohydre. Nous réunissons sous ce nom les quarz qui renferment dans leur intérieur une matière liquide quelconque.

On voit dans certains morceaux de quarz hyalin des bulles comme dans le verre. Mais on remarque, 1.° que ces bulles, au lieu d'être dispersées comme au hasard dans la masse du quarz, sont assez généralement disposées sur un même plan; 2.° que quelquefois ces bulles renferment un liquide qui ne les remplit pas entièrement, mais qui s'y meut librement; 3.° que ce liquide est ordinairement incolore et limpide comme de l'eau, ou quelquefois accompagné ou presque entièrement composé d'une matière noire, qui ressemble à du bitume.

Les bulles aérohydres atteignent rarement la grosseur d'un grain de chenevis. Elles sont rares et toujours en très-petit nombre dans un seul cristal.

Les lieux qui donnent le plus souvent de ces quarz aérohydres sont :

Madagascar, dont les grandes masses de quarz limpide renferment aussi le plus de bulles. — Ceilan. — Les mines de Guanaxuato, au Mexique.—Minas Geraës, au Brésil: dans du quarz
jaunàtre. —Schemnitz, en Hongrie : dans du quarz violàtre ;
néanmoins les bulles aquifères y sont plus rares. — Carrare:
dans les petits cristaux de quarz remarquables par leur parfaite limpidité, qui tapissent quelques-uns des calcaires sac-
caroïdes de ce lieu. — Meylan, près Grenoble: dans des cristaux également petits et également limpides, qui sont implantés dans des sphéroïdes creux de calcaire compacte argileux. — Les montagnes alpines et primordiales dauphinoises
de la Gardette, non loin de Grenoble ; celles de la Suisse ,
etc.

En Amérique , les cristaux de quarz de Québec.

On a cherché à déterminer la nature du gaz et celle des
liquides qui, renfermés dans ce quarz depuis une si longue
suite de siècles, devoient y avoir été enveloppés dans des
circonstances si étrangères à ce que nous voyons.

M. Davy s'est occupé de cette curieuse recherche. Il a ouvert ces cavités avec précaution sous des récipiens : à l'instant où la bulle fut percée, le liquide sous lequel la perfo-
ration fut faite, s'y précipita et réduisit l'espace au dixième
de son volume; ce qui indique que le gaz contenu dans cette
bulle étoit raréfié au moment où il fut renfermé.

Ce fluide fut reconnu par M. Davy pour être de l'azote pur,
et le liquide de l'eau pure.

Ces observations ont été faites sur des quarz de Hongrie ,
et sur ceux des spilites du Vicentin, qui étoient imperméables.

Un quarz hyalin cristallisé de la Gardette en Oysans renfermoit, dans une bulle d'environ huit millimètres de diamètre,
une substance huileuse , qui avoit tous les caractères du
naphte : l'espace vide l'étoit réellement, car l'eau sous laquelle on ouvrit cette bulle, y entra et la remplit entièrement.

Mais, dans un autre cristal, les circonstances parurent être
absolument opposées; car, au moment où l'on ouvrit la bulle,
le fluide élastique qui y étoit renfermé, acquit un volume
dix à douze fois plus considérable. On ne put pas en déterminer la nature.

Dans des cristaux de quarz venus de Québec, M. Brewster reconnut des cristaux de chaux carbonatée dans une cavité remplic d'un fluide transparent. Enfin M. Davy a cru remarquer que l'eau accompagnée de parties noires, qui se trouve dans des cristaux de quarz de Diamondhill, dans les Monts-Cattskill, n'étoit pas susceptible de geler à -5^d; il soupçonne que ce pourroit être du naphte. Ce bitume paroît avoir été reconnu sans incertitude dans un cristal de quarz de la collection de Targioni à Florence, qui fut ouvert par Thompson. On a aussi regardé comme de l'anthracite certains grains noirs engagés dans le quarz. (Breislak.)

Le quarz renferme, dans d'autres circonstances, des substances très-différentes les unes des autres, et dont les principales sont :

L'*asbeste*, qui lui donne une texture fibro-soyeuse et un éclat chatoyant, qui le rapproche du quarz chatoyant. Ce minéral semble avoir sur la cristallisation du quarz une influence singulière, puisque la plupart des cristaux qui renferment une grande quantité de cette matière, sont courbés. On trouve souvent ces variétés dans les Pyrénées des environs de Barège; au Harz, à Tresenburg au Sud et près de Blankenburg.

L'*actinote*, ou amphibole aciculaire vert, en longs filamens déliés, traversant le quarz hyalin; on l'a prise quelquefois pour du titane : dans le département de l'Isère, au Saint-Gothard, à Madagascar.

La *chlorite*, soit comme dissoute dans le quarz et lui donnant alors une couleur verte nébuleuse plus ou moins foncée; soit seulement répandue dans sa masse, sous forme de grains ou de paillettes d'un assez beau vert. Il en est alors de ces cristaux de quarz comme de la plupart des cristaux qui ont enveloppé une matière pulvérulente : ils sont plus réguliers, et leurs faces sont plus planes.

· Les cristaux de quarz du Saint-Gothard, du Dauphiné et du Brésil présentent souvent cette matière.

Le *titane ruthile aciculaire*, en prismes déliés, très-alongés, souvent brillans, tantôt traversant le quarz dans toutes les directions (c'est le cas le plus ordinaire), tantôt implantés dans l'intérieur même du cristal, sur une des faces des prismes, et groupés en petites masses composées de prismes aciculaires très-nets et divergens.

On voit un très-bel exemple de cette disposition dans la collection du Muséum royal d'histoire naturelle de Paris, parmi les diverses espèces et variétés du titane.

Quelquefois les prismes de titane ont disparu, et on ne voit que leur place restée vide ou remplie en partie de grains terreux verdâtres, grisâtres, etc.

Les plus beaux échantillons de quarz renfermant du titane ruthile aciculaire, viennent de Madagascar.

Les aiguilles partent souvent de la base du cristal, comme le fait remarquer M. Léman ; mais elles sont aussi dans bien des cas éparses dans la masse du quarz.

La *baryte sulfatée*, qui s'y présente sous forme de nébulosités, de filamens ou de lames blanches.

Dans les montagnes du Bourg-d'Osyans, département de l'Isère.

Le *zircon hyacinthe* en petits cristaux.

Dans le quarz hyalin de Trenton, dans le New-Jersey, États-Unis d'Amérique.

La *tourmaline* noire et la *tourmaline* verte traversent quelquefois le quarz hyalin en longs prismes, qu'on ne peut distinguer des autres cristaux aciculaires que par leur forme, lorsqu'ils sont assez nettement cristallisés.

En Espagne, au Saint-Gothard, à Ekatherinebourg en Sibérie.

Le *mica* se présente quelquefois en lames cristallines brunes ou jaunâtres, ayant l'éclat métalloïde, tantôt disséminées dans la masse, tantôt comme implantées sur des faces d'un cristal intérieur, qui auroit été enveloppé d'un autre cristal. (Musée royal de Paris.)

Lorsqu'il devient abondant, il donne une autre sorte d'aventurine.

De Zinnwald, en Bohème.

Le *béryl aigue-marine* : dans un grand nombre de lieux, mais notamment en très-beaux cristaux, à Bowdoinham, district du Maine, dans les États-Unis d'Amérique.

La *topaze* : dans le quarz hyalin limpide du Brésil.

Le *fer oligiste écailleux*, qui, répandu dans le quarz, lui donne une couleur rougeâtre avec beaucoup de glaçures. C'est la rubasse naturelle des joailliers. Elle vient du Brésil, et est assez rare.

Le *fer hydroxidé*: en cristaux aciculaires d'un brun doré, souvent réunis en faisceaux divergens.

Aux environs de Bristol en Angleterre, d'Olonez en Russie, à Oberstein, à Framont dans les Vosges, etc.

Le *manganèse métalloïde*: en Dauphiné et au Brésil, dans des noyaux de quarz, en partie calcédonieux, en partie hyalin; en Sardaigne. On l'a souvent pris pour de l'argent.

On trouve encore, mais plus rarement, dans le quarz limpide, le disthène, l'axinite, l'achmite, la calamine, l'étain.

Toutes les substances qu'on vient de nommer se présentent dans le quarz hyalin limpide, non-seulement dans celui qui est amorphe, et qui semble avoir fait partie de roches, de veines ou de filons, mais dans les cristaux de cette variété. On remarque que, malgré que ces substances n'aient aucun rapport connu avec le quarz, leur nombre en est limité, et qu'il y en a beaucoup d'autres dans la nature, plus communes que celles-ci, qu'on ne cite pas dans le quarz hyalin limpide; telles sont les pyrites et les autres sulfures métalliques, à l'exception peut-être de la galène, qui est rare, et du molybdène sulfuré, qui se montre dans des masses de quarz hyalin laiteux des filons. On n'a pas encore observé que le quarz hyalin limpide cristallisé présentât dans son intérieur, ni grenats, ni péridot, ni aucun pyroxène, ni spinelle, ni aucune pierre hydratée de la famille des zéolithes, etc. La chimie nous rendra compte un jour des causes de ces associations et de ces espèces d'exclusions.

On remarquera que ces longs cristaux aciculaires, en raison de leur ténuité et de leur entrelacement, n'auroient pu se tenir ainsi isolés et sans soutien, s'ils eussent été formés dans leur entier avant le quarz. On remarquera encore que le quarz semble avoir eu une sorte d'influence sur l'isolement et la netteté de quelques-unes de ces espèces, comme le titane ruthile. Il n'est donc guère possible d'admettre, ni que ces cristaux aient été formés avant le quarz, ni qu'ils aient été formés dans le quarz, à mesure que les cristaux de celui-ci augmentoient de volume. Il faut supposer une masse siliceuse, comme molle ou gélatineuse, dans laquelle se sont formées en même temps de longues aiguilles d'amphibole actinote, de titane ruthile, et de grands cristaux de quarz. Nous ne pouvons développer ici davantage cette théorie, qui, quoique plus particulière au quarz, est liée cependant avec les phénomènes généraux de la cristallisation.

Gisement du quarz. Le quarz hyalin vitreux ne forme jamais de grandes masses de terrain à lui seul; quand il se présente ainsi, il est associé avec d'autres minéraux et devient base ou partie de roches mélangées. Telle est sa manière d'être dans les pegmatites, les hyalomictes, les micachistes,, etc. Les plus grandes masses de quarz hyalin vitreux se trouvent en filons ou dans les filons, et encore le quarz n'y est-il jamais limpide, mais ordinairement, ou blanc laiteux, ou laiteux rougeâtre. La seconde manière d'être et la plus habituelle du quarz hyalin vitreux, est de se présenter ou en veines, ou en petits amas, ou en cristaux plus ou moins volumineux, implantés soit sur les parois des filons, soit dans les cavités de différentes masses sphéroïdales, ou enfin en grains, ou même en petits cristaux disséminés dans des roches.

Quand le quarz forme réellement des couches ou des masses entières de terrain, il appartient à la variété lamellaire ou grenue; on le considère alors comme roche homogène, à laquelle on peut donner, pour abréger, le nom univoque de *quarzite.*

Nous allons maintenant examiner dans quels terrains le quarz se rencontre spécialement, et sous quelles formes il s'y montre.

Le quarz hyalin limpide et cristallisé se présente dans tous les terrains ou formations, depuis les plus anciens jusqu'aux plus récens ; mais il s'y trouve sous des états différens et accompagné de circonstances géognostiques également différentes.

C'est dans les terrains cristallisés, composés de roches dures et granitoïdes, qu'on regarde comme les plus anciens et qu'on nomme primitifs, que se trouve la principale et la plus abondante formation de quarz hyalin. Il fait partie, sous forme de grains, de petits cristaux ou de lits minces, des roches qui entrent dans la composition de ces terrains, c'est-à-dire des granites, des pegmatites, des hyalomictes, des micachistes, des quarzites, des sidérocristes et de quelques porphyres;

ſhais il s'y rencontre surtout en puissans filons ou même en amas dont les cavités sont tapissées de cristaux quelquefois remarquables par leur volume et leur limpidité.

Ces filons sont assez souvent accompagnés de substances métalliques, mais ils sont encore plus souvent entièrement dépourvus de ces substances. C'est plutôt une erreur qu'une généralité bien fondée, d'admettre que les filons de quarz annoncent la présence des minérais métalliques.

Néanmoins beaucoup de pays de mines renferment de ces filons; on peut citer ceux des environs de Jungehohebirke en Saxe, celui de la Gardette, vallée d'Oysans (département de l'Isère), qui offre de distance en distance des parties d'or natif.

Ces filons, ordinairement plus durables que les roches qu'ils traversent, restent en place après la destruction de ces roches, et présentent des espèces de murs ou des masses considérables, qu'on a prises quelquefois pour des couches de quarz hyalin.

Le quarz hyalin et cristallisé se montre en outre dans les filons ou amas pierreux et métallifères qui se trouvent dans ces terrains, et c'est dans ces deux positions qu'il renferme la plupart des substances minérales dont on a donné plus haut l'énumération, ou qu'il est associé avec elles.

Ces associations semblent avoir été régies par des règles qui sont au moins applicables à des cantons très-étendus, si elles ne le sont pas à tous les gisemens de quarz. Ainsi les pyrites, comme on l'a déjà remarqué, ne se trouvent que très-rarement dans les cristaux de quarz; mais elles en recouvrent souvent une partie, et c'est presque toujours du même côté, sur le même groupe, ce qui indique plutôt sublimation que cristallisation dans un liquide. Cette disposition paroît fréquente dans les mines de Schemnitz en Hongrie.

Dans d'autres lieux et dans d'autres circonstances le quarz a cristallisé dans les filons et cavités qui le renferment, à deux reprises différentes. Ainsi, on voit sur un groupe de gros cristaux de quarz prismés ou simplement pyramidés des petits cristaux de quarz d'un tout autre aspect, qui non-seulement ont recouvert ce quarz, mais en outre des cristaux de galène, de fluor ou de barytine, déposés sur le premier quarz, et souvent ces cristaux de barytine ayant été détruits, il n'est resté que la croûte de petits cristaux de quarz qui les enveloppoient, rappelant, par sa forme et par ses cavités, les cristaux sur lesquels elle s'étoit modelée. Les deux premiers exemples se sont présentés à Allenheads en Northumberland ; le troisième appartient à beaucoup de mines, et notamment à celles des environs de Schemnitz en Hongrie. [1]

Ces exemples, et d'autres qu'on pourroit citer, prouvent, par l'entrelacement complet de cristaux de pyrite, dé galène, de barytine, de fluor et de calcaire spathique, que la cristallisation de ces substances a été contemporaine. On a un exemple bien remarquable de cette pénétration de cristaux dans la pegmatite (granite graphique), où le quarz hyalin est en parties cristallisées, qui le sont comme moulées sur les cristaux de felspath. Dans d'autres cas, le quarz a précédé ou suivi complétement et sans mélange la cristallisation de l'une de ces substances.

Enfin, il se rencontre ou en grains cristallins non déterminables, ou en petits cristaux disséminés dans quelques granites, et notamment dans des porphyres et eurites, qui paroissent appartenir à cette époque géognostique. (Les eurites grisâtres porphyriques et le porphyre rouge-pâle de Saulieu, département de l'Yonne ; celles des environs de Kunersdorf en Saxe.) C'est de cette manière, mais dans des terrains dont la nature et la position ne me sont pas assez connues pour que je me permette de les désigner, que se trouvent ces petits cristaux de quarz, isolés, prismés et bipyramidés souvent si nets, qu'on trouve à Almazeron en Espagne : ils sont blancs; à Castel del Piano en Toscane, où ils sont presque noirs. On le trouve aussi en petits cristaux implantés dans quelques cavités du calcaire saccaroïde de la *Fosse di Angeli* à Carrare, ou dans celles des quarzites ou grès quarzeux de Bingen, de Rudesheim, bords et vallée du Rhin au-dessous de Mayence, de Reichenbach et Aschaffenbourg, etc.

Les cristaux limpides de quarz, implantés dans quelques cavités de calcaire saccaroïde de Carrare, ont beaucoup occupé les géologues. Ils ont cherché à expliquer la cause de

---

[1] Musée royal de Paris.

la présence d'un quarz si pur au milieu d'un calcaire si pur.
Les uns, tels que Spallanzani et M. Ripetti, ont pensé qu'ils
se formoient encore par voie d'infiltration, et ce dernier
naturaliste dit, qu'on a trouvé une fois, dans une de ces
cavités, un liquide qui, exposé à l'air, a laissé déposer une
matière siliceuse et gélatineuse qui s'est durcie à l'air en
calcédoine. M. Mitscherlich regarde ces cristaux comme
contemporains de la formation du calcaire sous l'influence
d'une forte pression ; l'acide carbonique, en se combinant
avec la chaux sous cette pression, en a chassé la silice qui
est venue cristalliser dans les cavités du calcaire.

Les terrains qui paroissent avoir été déposés après ceux-ci,
et qui sont composés de roches en partie sédimenteuses et en
partie cristallisées, et qu'on nomme terrains de transition,
renferment déjà beaucoup moins de quarz hyalin.

On le trouve encore sous forme de quarz hyalin vitreux,
mais jamais limpide, en filons ou plutôt en veines, dans
les phtanites et dans les quarzites, qui se rencontrent également dans ces terrains ; ou en petits cristaux gris et même
noirs, isolés ou groupés, dans un calcaire grisâtre, associé
au calcaire sublamellaire noir de transition de Theux, dans
les environs de Liége, en Flandre ; ou bien en cristaux courts,
limpides, bipyramidés, tapissant les fissures d'un calcaire
gris magnésien, sublamellaire, de Lindorf, au nord de Düs-
seldorf. Il se présente en grains ou petits nodules ellipsoïdes
ou irréguliers, variant en grosseur depuis celle d'un pois
jusqu'à celle de la tête humaine, dans les porphyres et les
stéaschistes noduleux. C'est ainsi qu'on le trouve dans quelques arkoses, mais il est probable qu'il y est plutôt engagé
que formé ; cependant les fissures et les cavités de ces roches
sont quelquefois tapissées de quarz hyalin. (Montjeu près
d'Autun ; Waldshut près Schaffhouse.)

`Le quarz hyalin, formé évidemment sur place par voie de
cristallisation, devient encore plus rare dans les terrains de
sédiment inférieur et moyen ; aussi on a regardé long-temps
les terrains houillers proprement dits comme absolument
dépourvus de quarz hyalin, et en effet l'exemple que
l'on donne de cette substance, remplissant des fissures dans
les failles du terrain houiller de la Plumbterie près Liége,

ne le place pas précisément dans la formation houillère.

Le quarz hyalin ne se présente ordinairement, dans les terrains de sédiment inférieur, que çà et là, et en petits cristaux, soit épars, soit implantés. On le trouve de cette manière dans les gros nodules de calcaire argileux, compacte, qui sont épars eans les schistes et calcaires argileux des terrains de sédiment supérieur. A Meylan près Grenoble. Le quarz des environs de Québec, qui est renfermé dans un calcaire noir bitumineux, paroît appartenir à cette formation.

On le trouve aussi en cristaux limpides au cap des Diamans, non loin de Québec. Dans un calcaire grenu, grisâtre, tellement impur et souillé d'argile, qu'il ressemble à un calcaire argileux, à Arta, route de Manacor dans l'île de Majorque (Cambessèdes). Le quarz y est disséminé en cristaux courts, prismés et bipyramidés, d'une couleur grisâtre. C'est une position assez remarquable de ce minéral, et qui indique une formation contemporaine de la roche calcaire qu'il renferme. Or cette roche me paroît appartenir aux terrains de sédiment inférieur ou tout au plus aux terrains de transition, plutôt qu'aux terrains primitifs, dans l'acception ordinaire de ce mot.

Dans les fissures des lignites, qui sont répandus dans le lias, en petits morceaux ou en petits amas; dans les environs de Boulogne sur mer, il s'y montre en petits cristaux limpides.

A peine en trouve-t-on quelques indices dans la grande formation jurassique, depuis le lias exclusivement jusqu'au calcaire lithographique inclusivement. Ce n'est pas que la silice n'ait paru quelquefois dans ce grand dépôt calcaire ; mais c'est presque toujours à l'état de silex, et très-rarement à l'état de quarz hyalin, qu'elle y a été déposée. A peine en voit-on quelques petits cristaux de quarz dans les coquilles toutes siliceuses d'Amberg en Bavière.

Le quarz hyalin reparoît dans les cavités des silex cornés, des coquilles et des madrépores siliceux de la glauconie crayeuse et siliceuse de l'île d'Aix près la Rochelle, tant dans les coquilles, zoophytes et lignites, que dans les fissures minces des nodules de succinite. Dans les cavités des silex calcédonieux de la magnésite de Vallecas près Madrid, et, presque partout, dans les cavités des silex pyromaques de la craie. Mais on ne voit le quarz hyalin ni en lits, ni en amas, ni en filons dans ces terrains ; il y est seulement en petites veines, sans étendue ni continuité.

Le quarz hyalin semble reparoître plus fréquemment et un peu plus abondamment dans les terrains de sédiment supérieur; néanmoins il ne s'y présente encore qu'en petits cristaux implantés ou seulement en petits amas, de forme et de structure très-différentes. C'est de la première manière qu'a été déposé le quarz hyalin prismé, qui tapisse en petits cristaux les concrétions siliceuses des sables marins inférieurs de Vauxbuin près Soissons, celui qu'on trouve quelquefois dans les lignites, les bois siliceux et quelques coquilles de l'argile plastique et de la glauconie grossière. C'est de la seconde que se présente le quarz blanc disposé en rose, et enveloppant des fragmens de silex pyromaque, des bords de la forêt de Compiègne, et le quarz en amas celluleux, tapissés de cristaux prismatiques et formant comme des lits interrompus dans les assises les plus supérieures du calcaire grossier (à Neuilly près Paris) : celui qui tapisse les fissures du grès coquillier de Beauchamp près Pierrelaie, route de Paris à Pontoise ; celui qui garnit les cavités des coquilles fossiles des assises moyennes et inférieures du calcaire grossier, où se trouve aussi un dépôt interrompu de lignite, à Bagneux près Paris, etc.

Le quarz cristallisé s'élève encore plus haut dans les couches superficielles de la terre ; ainsi on le voit en cristaux courts, mais quelquefois très-nombreux et très-brillans, dans les cavités des silex cornés et des silex résinites du calcaire siliceux, inférieur au gypse : à l'est de Paris, à Champigny et à Mouron, une lieue à l'ouest de Coulommiers ; dans les bois siliceux, qui sont engagés dans le gypse même, à Montmartre, Belleville, Carnetin, etc., près Paris : ce sont des petits prismes grisâtres, terminés par des pyramides à trois faces, beaucoup plus grandes que les trois autres ; ce sont par conséquent des cristaux semblables au quarz hyalin prismé bisalterne du calcaire grossier de Neuilly, et dans les enhydres des terrains qui lui correspondent, près de Vicence. On en découvre des petits cristaux très-nets et très-limpides entre les feuilles des grosses huîtres fossiles des marnes marines supérieures au gypse. (Longjumeau, au sud de Paris.)

Enfin, il s'élève jusque dans les grès marins supérieurs au

gypse, et dans les meulières et silex des terrains d'eau douce qui les recouvre, puisqu'on trouve encore dans ces terrains les cavités ou fissures, soit du grès, soit du silex, soit des coquilles terrestres, tapissées de cristaux très-petits, il est vrai, de quarz hyalin. (Saint-Leu, plateau de Montmorency.)

Si nous passons maintenant à ces terrains qui appartiennent à toutes les époques géognostiques, puisque les uns ont paru à la surface de la terre bien avant les temps historiques, et que les autres s'y épanchent encore, et qui semblent n'avoir de commun entre eux que leur mode de formation par la voie de fusion; nous y retrouvons encore le quarz hyalin, mais il y est rare, ne se montre que dans quelques terrains et dans quelques circonstances, et seulement dans les terrains pyrogènes anciens. Encore, pour le placer dans ceux-ci, faut-il y comprendre la cornéenne, les vakites et les spilites (variolites), qui renferment ces nombreux nodules d'agates, dont les cavités sont tapissées de cristaux, quelquefois assez gros, mais toujours très-courts, de quarz hyalin limpide, d'améthyste, etc. (Oberstein, la Sicile, Feroë, le Vicentin, etc.)

L'intérieur des agates enhydres du Vicentin, tapissé de petits cristaux de quarz, offre aussi un exemple de cette position. Un exemple plus frappant est fourni par le quarz, que l'on connoit à Pont-du-Château en Auvergne, en cristaux très-nets, complétement prismés, réunis souvent en petits amas rayonnans et comme couchés dans les fissures d'une roche qui me paroît appartenir aux vakites ou aux cornéennes et doit être rapportée à l'époque de formation des terrains pyrogènes anciens. Ces cristaux de quarz sont souvent mêlés de bitume et recouverts d'un enduit de calcédoine.

Au Puy de Corent, les fissures d'un calcaire siliceux sont tapissées de petits cristaux de quarz, de barytine et pénétrées de bitume. Ces substances sont mêlées de manière à laisser présumer qu'elles se sont déposées instantanément; mais chaque petit cristal de barytine est recouvert et comme enveloppé de cristaux de quarz, ce qui ne peut laisser douter que la cristallisation du quarz ne soit postérieure à celle de la barytine.

Le quarz est très-rare dans les terrains de trachyte, et je

ne vois aucun exemple de quarz hyalin à citer dans un terrain de cette espèce bien caractérisé. Cependant, si, comme je le présume, on peut y rapporter le singulier terrain d'alunite de la Tolfa près Civita Vecchia, on y trouvera, outre des silex cornés et des silex résinites, des nodules de quarz grenu, dont l'intérieur est hérissé de cristaux pyramidés, et assez gros, de quarz hyalin. On appelle diamans de la Tolfa ceux qu'on trouve en cristaux solitaires.

Les roches des monts Cimini, nommées *laves nécrolites* par Brocchi, et dans lesquelles il cite des cristaux de quarz, paroissoient offrir des exemples de quarz dans du vrai trachyte.

On cite, il est vrai, du quarz dans les téphrines ou laves de Radicofani, sur la route de Sienne à Rome; mais ce quarz, réellement engagé dans les laves, participe autant de la texture des silex résinites hyalites, que du quarz proprement dit.

M. Brocchi cite des grains de quarz hyalin dans une lave pétrosiliceuse, qui ressemble beaucoup à un porphyre dans la carrière de soufre de Saint-Vito près Bracciano, états romains. Il fait remarquer cette position comme une circonstance rare.

Le quarz hyalin se présente aussi dans les terrains de transports; tels sont les cailloux roulés de quarz hyalin limpide du Rhin, de la rivière d'Henarès près Saint-Fernand, à deux lieues de Madrid, des environs de Bristol, etc., et les grains de quarz de tous les terrains de sable; mais cette pierre n'y est plus dans sa place originaire, et sa position, dans ces terrains, ne peut pas appartenir à son histoire géognostique, c'est-à-dire, qu'elle ne fait pas partie d'une des époques de l'apparition du quarz hyalin dans les différentes enveloppes de l'écorce du globe; recherche qu'on a eu pour objet dans l'exposition des faits précédens.

Annotations et Usages. Le nom d'une science toute moderne, qui a conduit déjà à des considérations physiques des plus profondes, et qui promet des résultats encore plus remarquables, d'une science autant géométrique que physique, la cristallographie, vient du nom que les anciens donnoient au quarz cristallisé, en l'appelant *cristal* par excellence, parce qu'ils comparoient sa limpidité et son éclat vitreux à celui de l'eau gelée (*cristallos*), et qu'ils le regardoient même comme une eau durcie par une congélation extraordinaire et long-temps continuée.

Il étoit assez naturel qu'un minéral aussi remarquable par sa dureté et sa limpidité, qui se trouve dans beaucoup de lieux fréquentés par les anciens, et assez fréquemment en morceaux volumineux, ait été connu, remarqué et recherché par eux. Ils avoient des connoissances assez étendues sur le quarz hyalin. Ils savoient qu'on le trouvoit dans les Hautes-Alpes, qu'il y avoit des signes par lesquels on reconnoissoit extérieurement les rochers qui en renfermoient, qu'il se trouvoit dans des lieux tellement inaccessibles, qu'il falloit, pour y arriver, se suspendre à des cordes. Ils avoient remarqué sa forme régulière à six arêtes et six angles solides. Ils savoient qu'il étoit quelquefois altéré par des nébulosités, des taches de rouille, des filamens capillaires, etc. Ils le gravoient, en faisoient des cachets, des objets d'ornemens et des coupes d'une très-grande valeur, en raison de leur dimension et de leur perfection.

Pline assure qu'on l'employoit dans l'art de guérir d'une manière tout-à-fait singulière; on le tailloit en boules, dont on se servoit pour réunir les rayons du soleil sur la peau, et y faire l'office d'un cautère par la brûlure qui en résultoit.

Les Chinois en font encore des solides lenticulaires qu'ils appellent *ho-tchu* (perle de feu), et qui leur servent de verres ardens.

Le quarz étoit principalement employé en objets d'ornement ou de pur luxe. On en faisoit des lustres, des boîtes de poche, différens petits ustensiles et meubles, des coupes, des vases d'ornement et des vases à boire. Malgré la difficulté d'en trouver de grandes pièces sans défaut ni de couleur ni de continuité, malgré la difficulté de le tailler en objets souvent profondément excavés et très-délicats, on en faisoit, dans ce but, un usage aussi considérable que remarquable. Plusieurs manufactures avoient été établies dans le voisinage des montagnes riches en cristal de roche; telle étoit celle de Briançon; mais l'usage en est bien moins répandu, et beaucoup de ces fabriques sont tombées depuis que ce cristal naturel a

été remplacé, à bien meilleur compte, par le cristal artificiel, plus limpide, plus éclatant, et bien plus facile à tra-
vailler, mais aussi beaucoup moins dur que le quarz : c'est
sous le rapport de cette seule qualité qu'il le cède au cristal
naturel, et c'est ce qui lui fait perdre si promptement l'éclat
vif que la taille et le poli lui ont donné.

Les pièces et vases de cristal de roche, qui se font remarquer par leurs dimensions, indiquent des masses volumineuses et limpides de ce minéral ; on cite sous ce rapport
des vases et des coupes, tant au Muséum d'histoire naturelle
qu'au Musée royal des beaux-arts, qui ont plus de 30 centimètres de diamètre sur une hauteur presque égale, et sur
lesquels on a sculpté ou gravé des figures et des ornemens,
souvent avec plus de patience, d'adresse et d'habileté que
de pureté de style sous le rapport des arts du dessin. La
plupart de ces pièces ont été faites avant le 16.ᵉ siècle dans
les fabriques établies alors à Milan. Cet art de tailler le
quarz, de le percer dans tous les sens, n'est pas borné à l'Europe. On apporte de l'Inde, et surtout de la Chine, des pièces
de cette substance, plus admirables par ce genre de travail
qu'aucune de celles qui ont été faites dans les fabriques européennes. Les Chinois ont employé le quarz incolore le
plus limpide, le quarz laiteux, le quarz infumé, l'améthiste.
Ils le tirent principalement des montagnes de Tchang-pou-
hien, dans la province de Fo-kien, et c'est dans les villes
qui avoisinent ces montagnes, qu'on le façonne en cachets,
en boîtes, en figures d'hommes et d'animaux.

Malgré les nombreuses nuances de couleurs que présentent
les diverses variétés du quarz, on a cherché encore à le co-
lorer artificiellement ; on le fait rougir, et on le plonge en cet
état dans des eaux colorées, soit par des dissolutions métalliques, soit par des couleurs végétales. Ce refroidissement
brusque fait naître des fentes où pénètrent ces dissolutions
colorées, en sorte qu'on a des quarz qui, étant traversés
d'une multitude de fissures, soit jaunes, soit bleues, soit
rouges, paroissent avoir ces teintes rehaussées par des glaçures. On donne le nom de *rubasse* à ceux, qui sont colorés
en rouge. Il paroît qu'on a étendu ce nom à tous les quarz
colorés par ce moyen.

Le quarz, en raison de la double réfraction dont il jouit, a été employé par Rochon dans la construction de certaines lunettes[1] marines. On dit que les Chinois en font encore des verres de lunettes ordinaires.

Il entre comme partie essentielle dans la composition des plus beaux verres, et c'est de là que lui est venu le nom de *pierre vitrifiable*, quoiqu'il soit sensiblement infusible, lorsqu'il est seul et pur.

Il est cependant une circonstance naturelle, dans laquelle le quarz hyalin, à l'état de sable pur, semble avoir été fondu. On croit l'avoir reconnue dans ces longs tubes grisâtres, à plusieurs pans, hérissés d'aspérités extérieures, et comme fondus en frittes, qui traversent certaines buttes de sable quarzeux. Ils partent comme de longs tuyaux, presque verticaux, du fond de certaines cavités creusées sur la pente de ces petites buttes ou collines. On en cite particulièrement à Senner-Heide, dans le pays de Munster, à Pillau près Kœnigsberg, à Nietleben près de Halle sur la Saale, à Drigg en Cumberland.

On leur a donné les noms de *Blizsinter*, de *Cerauniasinter*, d'*Astrapyalithe*, de *Fulgurite*[2]. C'est principalement sous ce dernier qu'ils sont le plus connus, et qu'on les a décrits, parce qu'on regarde comme certain que ces tubes vitreux ont été formés par la fusion du sable, sur lequel la foudre est tombée et qu'elle a traversé. (B.)

QUARZ AGATE. (*Min.*) M. Haüy, en réunissant à l'espèce du quarz les pierres siliceuses, désignées par les noms d'agate, de silex, de meulière, de pierre de poix (*pechstein*) et de jaspe, a séparé cette espèce en quatre grandes divisions, savoir : 1.º le *quarz hyalin*, la seule que nous ayons traitée au mot QUARZ; 2.º le *quarz agate*, renfermant les calcédoines, les prases, les silex et même les meulières (voyez SILEX); 3.º le *quarz résinite*, et 4.º le *quarz* contenant les silex aquifères. Voyez SILEX RÉSINITE et JASPE. (B.)

QUARZ CUBIQUE. (*Min.*) C'est le nom qu'on a donné quelquefois, et avant qu'on en connût exactement la ma-

---

1 Voyez les détails de cet usage au §. 4, *Action des minéraux sur la lumière*, pag. 199 de l'article MINÉRALOGIE.

2 LEONHARD, Min., 1821, pag. 123.

tière, à la Magnésie boratée, à cause de sa dureté presque siliceuse et de sa forme cubique. Voyez ce mot. (B.)

QUARZ NECTIQUE. (*Min.*) C'est encore une variété de pierre quarzeuse, qui nous semble appartenir plutôt à la division des silex qu'à celle du quarz hyalin. Voyez Silex. (B.)

QUARZ SAPHIR. (*Min.*) C'est quelquefois le quarz bleu ou saphirin; mais plus ordinairement le minéral décrit par M. Cordier sous le nom de Dichroïte. Voyez ce mot. (B.)

QUARZITE. (*Min.*) C'est le quarz en roche (*quarzfels* des Allemands). C'est une roche homogène, dont la nature est pure et bien connue, et qui, d'après nos principes de nomenclature minéralogique, devroit être simplement désignée comme variété du quarz, sous le nom de quarz grenu; mais pour abréger et pour employer une expression moins spéciale que celle de quarz grenu, nous nous servons quelquefois de celle de quarzite. Voyez Quarz hyalin grenu. (B.)

QUASAB. (*Bot.*) Nom arabe de la canne à sucre, suivant Forskal : c'est le *gasab el sukkar* de M. Delile. Il nomme aussi *gasab*, la canne roseau, *arundo donax.* (J.)

QUASJE. (*Mamm.*) Ce nom est un de ceux que porte en Amérique un animal du genre des mouffettes, dont l'espèce n'est pas bien précisément déterminée. (Desm.)

QUASSI. (*Mamm.*) Erxleben indique ce nom comme étant celui que porte le renard en Guinée. Nous pensons que c'est plutôt le chacal; car le renard n'est pas connu pour se trouver dans cette contrée. (Desm.)

QUASSIER, *Quassia.* (*Bot.*) Genre de plantes dicotylédones, à fleurs complètes, polypétalées, de la famille des *simaroubiées*, de la *décandrie monogynie* de Linnæus, offrant pour caractère essentiel : Un calice persistant, à cinq folioles; cinq pétales; dix étamines; un ovaire supérieur, à cinq lobes, inséré sur un réceptacle charnu, environné de dix écailles; un style; un stigmate; cinq capsules monospermes, à une seule loge.

Ce genre porte le nom du nègre Quassi, qui fit connoître les propriétés du *quassia simaruba* à Dalberg, lequel en donna connoissance à Linné. Ce genre est particulièrement caractérisé par son calice, sa corolle, par la nature et la disposition des fruits, composés de plusieurs capsules, qui sont presque des drupes, ayant la plupart une enveloppe un peu pulpeuse : le nombre de ces capsules varie de trois à cinq, les étamines de cinq à dix. Dans le *simaruba* les fleurs sont monoïques par avortement; elles sont polygames dans le *quassia excelsa*. Le nombre des écailles placées sur le réceptacle est de cinq à dix, selon le nombre des étamines. Ces anomalies ont déterminé à l'établissement du genre *Simaruba*, qui est également devenu le type d'une nouvelle famille séparée de celle des magnoliers.

Quassier simarouba : *Quassia simaruba*, Linn., Suppl., 234; Lamk., *Ill. gen.*, tab. 343, fig. 2; Flor. médic., 6, tab. 327; *Simaruba amara*, Aubl., Guian., 2, tab. 331, 332; *Simaruba officinalis*, Dec., Prodr., p. 733. Arbre d'une médiocre grandeur, dont le tronc, ainsi que la racine, sont revêtus d'une écorce d'un jaune pâle, d'où découle un suc amer, laiteux et jaunâtre. Le bois est blanc; les rameaux d'un brun noirâtre, garnis de feuilles alternes, pétiolées, fort amples, ailées, composées de folioles alternes, sans impaire, presque sessiles, au nombre de douze ou quatorze, glabres, ovales, lancéolées, acuminées, très-entières, longues de quatre ou cinq pouces, sur un pouce et demi de large. Les fleurs sont monoïques, disposées en une panicule ample, axillaire. Les fleurs mâles ne diffèrent des femelles que par la stérilité de leurs ovaires, dépourvus d'ailleurs de style et de stigmates; les étamines manquent dans les fleurs femelles; le calice est court, divisé en cinq dents aiguës: la corolle blanche, à cinq pétales lancéolés, insérés sur le calice; l'ovaire à cinq lobes; le stigmate à cinq rayons ouverts en étoile; le réceptacle épais, charnu, à cinq stries, environné de dix écailles velues. Le fruit consiste en cinq capsules un peu charnues, de la forme et de la grosseur d'une olive. Cette plante croît aux lieux sablonneux de l'Amérique méridionale, dans la Guiane, à la Jamaïque, etc.

Aublet est le premier qui nous a fait connoître, avec les détails convenables, cette écorce intéressante, dont les habitans de la Guiane faisoient usage depuis long-temps dans plusieurs de leurs maladies. Cette écorce se présente, dans le commerce, en longs morceaux roulés sur eux-mêmes; elle

est mince, flexible, de texture fibreuse, comme couverte
de verrues à sa face externe, d'un gris jaunâtre intérieurement. Sa saveur est franche, amère, dépouillée de toute styp-
ticité. On la regarde ordinairement comme l'amer le plus
pur que nous connoissions, placée parmi les toniques et les
stomachiques les plus puissans. Elle augmente l'appétit, mais
son usage trop long-temps continué finit par détruire les
forces digestibles. «Quoique cette écorce, dit M. Chamberet,
« ait été signalée, en quelque sorte, comme le spécifique du
« flux de ventre, que son efficacité ait été préconisée, sur-
« tout contre la diarrhée et la dysenterie, je pense qu'on peut
« raisonnablement douter de son avantage dans des affections
« qui tiennent évidemment à l'irritation ou à l'inflammation de
« la membrane muqueuse de l'intestin ; inflammation ou irri-
« tation que tous les toniques aggravent et exaspèrent. Que
« peut-on conclure en effet de la guérison d'une femme qui,
« long-temps tourmentée par un flux de ventre rebelle, en
« fut délivrée par l'usage du simarouba, continué pendant six
« semaines, quand on réfléchit que ce terme est bien rare-
« ment dépassé par la dysenterie la plus intense, abandonnée
« aux seuls efforts de la nature. On attribua de grands succès
« au simarouba dans une épidémie de dysenterie qui régna
« à Paris en 1723 : toutefois on fut obligé de convenir qu'il
« occasionoit souvent le vomissement, qu'il augmentoit le
« flux de sang et de sérosité, c'est-à-dire qu'il aggravoit con-
« sidérablement la maladie, au point qu'on avoit été souvent
« obligé d'en diminuer la dose; mais l'engouement pour cette
« nouvelle substance, que l'imagination avoit décorée d'avance
« des propriétés les plus héroïques, sur la foi aveugle de
« quelque Africain sauvage et superstitieux, empêchoit de
« réfléchir sur des faits aussi évidens, et lorsque la nature
« triomphoit à la fois de la maladie et du remède, on attri-
« buoit à ce dernier une guérison qui n'avoit pu qu'en être
« retardée et considérablement entravée. » (*Flore médicale*,
Simarouba.)

Quassier amer : *Quassia amara*, Linn., Suppl.; Lamk., *Ill.
gen.*, 343, fig. 1; *Amœn. acad.*, 6, pag. 421, tab. 429. Cette
espèce est, selon les uns, un arbre élevé; selon d'autres,
un simple arbrisseau à feuilles alternes, pétiolées, ailées

avec une impaire, composées de trois ou cinq folioles opposées, sessiles, ovales ou elliptiques, aiguës à leurs deux extrémités, glabres, entières. Les pétioles sont ailés, membraneux, comme dans les citronniers, articulés à l'insertion des folioles; les fleurs disposées en grappes alongées, presque unilatérales : ces fleurs sont écartées les unes des autres, et accompagnées de bractées linéaires. Leur calice est fort petit, à cinq découpures profondes, ovales; la corolle assez grande; les pétales sont dressés, ovales, oblongs, presque obtus; les filamens beaucoup plus longs que la corolle; le réceptacle est charnu, renflé, dépassant le calice, supportant l'ovaire, composé de cinq lobes séparés, rapprochés par leur base, glabres, ovales, obtus. Cette plante croît à Surinam. D'après Willdenow, le bois de cet arbre, assez rare, l'emporte sur les autres espèces de ce genre. Celui que l'on débite dans le commerce sous ce nom, n'en provient pas; c'est celui de l'espèce suivante, qui lui est très-inférieur; aussi a-t-il aujourd'hui beaucoup perdu de son ancienne réputation.

QUASSIER ÉLEVÉ : *Quassia excelsa*, Swartz, *Act. Holm.*, 1788, p. 302, tab. 8; *Flor. Ind. occid.*, 2, p. 742; *Simaruba excelsa*, Dec. Cet arbre est revêtu d'une écorce cendrée en dehors, d'un blanc jaunâtre en dedans; son bois est dur et blanc. Les rameaux sont étalés; les feuilles alternes, éparses, ailées avec une impaire, composées de neuf à treize folioles opposées, glabres, elliptiques, acuminées, très-entières, munies, à la base des pétioles, de petites stipules lancéolées, caduques. Les fleurs sont disposées en grappes axillaires, pétiolées; leurs ramifications dichotomes, diffuses, étalées, chargées de petites fleurs nombreuses, polygames, les unes mâles, ne renfermant que les rudimens d'un ovaire stérile; les autres, hermaphrodites, ont le calice composé de cinq folioles coniques, ovales; cinq pétales blanchâtres, oblongs, obtus; cinq étamines légèrement velues; trois capsules ou drupes globuleux, à une loge, à deux valves, placées sur un réceptacle charnu, muni de cinq écailles ciliées. Cette plante croît aux lieux montueux, dans les forêts, à la Jamaïque. (POIR.)

QUATA et QUATO. (*Mamm.*) Ces noms sont donnés au Brésil à l'atèle coaïta. (DESM.)

QUATELÉ. (*Bot.*) Voyez LECYTHIS. (POIR.)

QUATERNÉES [Feuilles]. (*Bot.*) Au nombre de quatre, disposées en verticille; exemples : *valantia cruciata*, *lysimachia verticillata*, etc., ou bien au nombre de quatre réunies en faisceau. (Mass.)

QUATHLAMAZAME. (*Mamm.*) Ce nom, dont on a fait, en le raccourcissant, celui de mazame, paroît appartenir aux espèces de cerfs américains dont le bois est simple et excessivement court. (Desm.)

QUATOTOMOMI. (*Ornith.*) L'oiseau auquel les Mexicains donnent ce nom, suivant Fernandez, ch. 86, pag. 50, est le pic noir huppé, *picus principalis*, Linn. (Ch. D.)

QUATOTZLI. (*Ornith.*) Cet oiseau du Brésil, indiqué par Séba, a été rapporté aux manakins. (Ch. D.)

QUATRAIN. (*Ornith.*) Les oiseleurs donnent ce nom au chardonneret, lorsqu'il n'a que quatre pennes de la queue terminées de blanc. (Ch. D.)

QUATRE-AILES. (*Ornith.*) La rencontre faite en 1680, dans le Boulonois, de canards qui avoient aux ailes de grosses plumes, écartées du corps et tournées autrement que les autres, a donné lieu à la supposition d'une race particulière : mais on a reconnu que ces quatre ailes n'étoient qu'apparentes. (Ch. D.)

QUATRE-CORNES. (*Ichthyol.*) Nom spécifique d'un chabot. Voyez Cotte. (H. C.)

QUATRE AU COU. (*Ornith.*) Un cri d'amour du coucou a donné lieu, dans quelques cantons de la Normandie, à cette dénomination vulgaire. (Ch. D.)

QUATRE-DENTS. (*Ichthyol.*) Voyez à l'article Tétrodon. (H. C.)

QUATRE CENTS LANGUES. (*Ornith.*) L'oiseau décrit par Fernandez, pag. 20, ch. 30, sous le nom de *Cencontatotli* ou quatre cents langues, est le moqueur, *turdus polyglottus*, Linn. (Ch. D.)

QUATRE A LA LIVRE. (*Bot.*) C'est une variété de cerisier. (L. D.)

QUATRE-ŒIL. (*Mamm.*) Ce nom a été donné au sarigue proprement dit, parce qu'il porte au-dessus de chaque œil une tache de couleur claire, qui semble figurer un second œil. (Desm.)

QUATRE-RAIES. (*Ichthyol.*) Nom spécifique d'un poisson du genre ESCLAVE. Voyez ce mot. (H. C.)

QUATRE-RAIES. (*Erpét.*) Nom spécifique d'une couleuvre que nous avons décrite à la page 177 du tome XI de ce Dictionnaire. (H. C.)

QUATRE-SEMENCES. (*Bot.*) Lorsque la polypharmacie étoit en usage, on donnoit ce nom à la réunion de quatre graines auxquelles on attribuoit la même vertu. On avoit les quatre-semences chaudes et les quatre-semences froides ; les unes et les autres étoient distinguées en majeures et mineures : ainsi, les quatre-semences chaudes majeures étoient les graines d'anis, de carvi, de cumin et de fenouil, tandis que les mineures étoient celles d'ache, d'ammi, de persil et de carotte. Quant aux quatre-semences froides majeures, elles étoient composées des graines de citrouille, de concombre, de courge et de melon, et les mêmes espèces mineures étoient celles de chicorée, d'endive, de laitue et de pourpier. (L. D.)

QUATRE-TACHES. (*Ichthyol.*) Nom spécifique d'un PIMÉLODE. Voyez ce mot. (H. C.)

QUATRE-VINGTS. (*Mamm.*) Ce nom a été donné à la petite race de chiens qui est aussi connue sous la dénomination de chiens d'Artois. (DESM.)

QUATRE-YEUX. (*Mamm.*) Voyez QUATRE-OEIL. (DESM.)

QUATREUI. (*Ornith.*) Un des noms vulgaires du roitelet à Turin. (CH. D.)

QUATTO. (*Mamm.*) Le coaita, espèce de singe du genre Atèle, porte ce nom en Amérique. (DESM.)

QUATTR'OCCHI. (*Ornith.*) Nom donné par les Italiens au canard garrot, *anas clangula*, Linn., à cause des deux taches blanches qu'il a entre le bec et l'œil, et qui, à quelque distance, ressemblent à des yeux. (CH. D.)

QUAU. (*Ornith.*) C'est, en Brie, un des noms vulgaires du mauvis, *turdus iliacus*, Linn. (CH. D.)

QUAUHAYCHUACHILI. (*Bot.*) Voyez MUNDUBI-GUACU. (J.)

QUAUHCHICHIL. (*Ornith.*) Ce petit oiseau du Mexique, dont la taille est un peu supérieure à celle de l'hoitzitzil, a, suivant Fernandez, ch. 17, pag. 18, le dessus du corps d'un vert brun, le dessous blanc, la tête ornée de quelques plumes rouges, les cuisses, le bec et les pieds noirs ; il habite les contrées froides, et chante agréablement en cage. On en retrouve la description en double emploi dans le même ouvrage , pag. 28, ch. 65 , sous le nom de *Quachichil.* (Сн. **D.**)

QUAUHCHOCHOPITLI. (*Ornith.*) Ce nom du pic tricolore est cité par Fernandez, au ch. 94 , pag. 33 , de son Histoire des oiseaux du Mexique. (Сн. **D.**)

QUAUHCILUI. (*Ornith.*) Séba écrit ainsi, vol. 1 , pag. 50 , le nom d'un petit oiseau dont il donne la figure pl. 31 , n.° 10, et Fernandez écrit *quauhcilni*, chap. 97 , pag. 34 , le nom d'un autre oiseau, dont la taille est la même ; mais qui, comme l'observe Buffon, est très-différent dans le reste. Au surplus, le premier est rapporté, dans les ouvrages d'ornithologie, au guépier à tête grise, *merops cinereus* , Lath.; et, selon M. Cuvier, c'est un souïmanga à longue queue. (Сн. **D.**)

QUAUHELOTOTOTL. (*Ornith.*) Fernandez décrit, au ch. 213 , pag. 54, cet oiseau comme étant un peu plus grand qu'un pigeon, et ayant tout le plumage bleu, même la huppe, qui est terminée en pointe. Il habite les pays chauds, mais il n'a pas de voix, et ne fournit pas un aliment agréable. (Сн. **D.**)

QUAUHOCOYAMETL. (*Mamm.*) Nom du pécari, selon Fernandez. (**Desm.**)

QUAUHTECALLOTLQUAPACHTLI ou COZTIOCOTEQUALLIN. (*Mamm.*) Noms méxicains que Buffon a changés en coquallin, et qu'il a appliqués à une espèce d'écureuil américain peu connue, et que M. F. Cuvier réunit à celle de l'écureuil capistrate de M. Bosc. (**Desm.**)

QUAUHTECHALOTL - THLILTIC ou QUAUHTECHALOTL. (*Mamm.*) Ces noms mexicains sont rapportés par Jonston à l'espèce de l'écureuil noir. (**Desm.**)

QUAUHTLA COYMALT. (*Mamm.*) Le pécari étoit ainsi appelé par les Mexicains, suivant Hernandez. (**Desm.**)

QUAUHTOTLI. (*Ornith.*) Brisson attribue à l'espèce du *sacre* l'oiseau de proie décrit sous ce nom par Fernandez, pag. 33, ch. 92. (Сн. **D.**)

QUAUHTOTOPOTLI. (*Ornith.*) Fernandez a décrit sous ce nom, aux chap. 157 et 175 , pag. 46 et 47 , deux oiseaux , dont le second est rapporté à l'épeiche. (Сн. **D.**)

QUAUHTZONÉCOLIN. (*Ornith.*) Espèce de caille du Mexique, dont parle Fernandez au chap. 39, pag. 22. Voyez ZONÉCOLIN. (CH. D.)

QUAUPECOTLI. (*Mamm.*) Ce nom est un de ceux que les anciens auteurs attribuent, comme mexicains, au raton. (DESM.)

QUAXOXOCTOTOTL. (*Ornith.*) Cet oiseau, qui, au rapport de Fernandez, chap. 177, se trouve sur les bords de la mer, est d'une grande beauté et de la taille d'un pigeon. Quoique son bec soit dit être long, large, noir et un peu crochu, Brisson l'a rapporté aux couroucous. Son plumage, bleu sur la tête, est varié de vert, de noir et de blanc sur un fond de la même couleur. (CH. D.)

QUÉBITE DE LA GUIANE (*Bot.*); *Quebitea guianensis*, Aubl., Guian., 2, pag. 839, tab. 327. Plante dont les parties de la fructification ne sont qu'imparfaitement connues, et qu'Aublet soupçonnoit très-rapprochée des *dracontium*, auxquels M. de Jussieu l'a réunie. Sa racine est garnie de longues fibres roussâtres, qui s'enfoncent dans le limon sablonneux du bord des ruisseaux ; elle produit une tige rampante à la surface de la terre ; elle est tortueuse, couverte de poils roussâtres. Les feuilles sont alternes, éparses, ovales, pétiolées, plus ou moins longues, tachetées de rouge, hérissées de poils roux, particulièrement sur les nervures ; les pétioles courts, cylindriques et velus. A l'extrémité des tiges, un peu au-dessus du pétiole, s'élève un petit épi de fleurs cylindriques, fort petites, très-pressées les unes contre les autres. Leur pédoncule est court, accompagné d'une écaille qui paroît avoir servi de spathe aux fleurs avant leur développement. Cette plante croît aux bords des ruisseaux, dans les grandes forêts de la Guiane. Les Galibis la nomment *daque joabite;* lorsqu'on en mâche les racines, elles laissent dans la bouche une impression très-piquante. Les naturels emploient son suc à l'extérieur contre la morsure des serpens. (POIR.)

QUEBITEA. (*Bot.*) Voyez QUÉBITE. (J.)

QUEBOT. (*Ichthyol.*) Selon François de la Roche, à Iviça, on donne ce nom au *boulereau noir.* Voyez GOBIE. (H. C.)

QUEBRANTA HUESSOS. (*Ornith.*) Ce nom, qui signifie

briseur d'os, a été donné à un grand Pétrel. Voyez ce mot. (Ch. D.)

QUEBRANTA PIEDRAS. (*Bot.*) Selon Lagasca, c'est le nom espagnol de son *herniaria annua*, confondu long-temps avec l'*herniaria hirsuta*, Linn. (Lem.)

QUEDEC. (*Bot.*) Voyez Preventa-cavallo. (J.)

QUEDQUED. (*Bot.*) Petit arbrisseau du Chili, mentionné par Feuillée. Il ne s'élève qu'à la hauteur de deux pieds. Ses feuilles, ovales-lancéolées et crénelées, sont tantôt alternes et tantôt opposées. On ne connoît point ses fleurs. Les fruits, de la grosseur d'un pied, d'un rouge brun et surmontés du style subsistant, sont disposés en corymbe aux aisselles des feuilles. Feuillée dit qu'il est dangereux d'en manger, parce qu'il occasionne le délire, d'où lui vient même son nom *quedqued*, qui répond dans notre langue au mot folic. Cette propriété, que l'on retrouve un peu dans le fruit de l'arbousier et dans le miel tiré des fleurs des *rhododendrum*, pourroit faire croire qu'il appartient à la famille des rhodoracées ou à celle des éricinées, dont il se rapproche aussi par son port. (J.)

QUEEN-JA. (*Mamm.*) Selon Barbot, ce nom est celui que porte en Guinée le porc-épic. (Desm.)

QUEEQUEHATCH. (*Mamm.*) Désignation du glouton au Canada. (Desm.)

QUEEST. (*Ornith.*) Nom donné par les Anglois, suivant Rai et Charleton, au pigeon ramier, *columba palumbus*, Linn. (Ch. D.)

QUEI-WHA. (*Bot.*) L'arbre de la Chine qui produit les fleurs ainsi nommées, est commun dans les provinces méridionales de ce vaste empire, et très-rare dans celles du nord, suivant le rédacteur de la Collection abrégée des voyages. Il s'élève à la hauteur du chêne. Ses feuilles ressemblent à celles du laurier, et ses fleurs, petites, jaunes, très-odorantes, pendent en gros bouquets. Il est difficile de déterminer le genre botanique de cet arbre d'après ces indications incomplètes, dont quelques-unes seulement se rapportent à l'*elœagnus multiflora* de M. Thunberg, nommé au Japon *hawa-sirogomi*. Dans un herbier de Chine du père d'Incarville est un autre arbre qui peut avoir quelque rapport avec celui-ci :

c'est le *lagerstromia*, qui fleurit si long-temps, dit d'Incarville, qu'on le nomme en chinois la fleur des cent jours ; mais la couleur rouge et brillante de ses fleurs indique que ce n'est pas le même végétal. (J.)

QUEILLOS. (*Bot.*) C. Bauhin cite sous ce nom un arbrisseau de l'Inde orientale, qu'il dit à feuilles de tamarin et à fruit semblable à celui de la féve romaine, que nous ne connoissons pas. Il paroît le citer comme étant le végétal nommé *cajus*, mentionné dans le Recueil des grands voyages d'Orient, 4.ᵉ part., chap. 8, lequel, d'après sa description incomplète et sa mauvaise figure, est néanmoins très-certainement l'acajou, *cassuvium*, dont le fruit, osseux, conformé en rein, est porté sur un pédoncule renflé, à face charnue et succulent, semblable à une poire, et bon à manger. On peut douter de l'exactitude de cette citation de C. Bauhin. (J.)

QUEIRO. (*Bot.*) Voyez Quirihuela. (J.)

QUELASTRO. (*Bot.*) Voyez Tsjeremaram. (J.)

QUELELE. (*Bot.*) Espèce de saule du Sénégal, dont les Nègres emploient le bois pour se nettoyer les dents. (Lem.)

QUELLI. (*Bot.*) Voyez Palan. (J.)

QUELLY. (*Mamm.*) Le léopard porte ce nom en Guinée, selon le voyageur Barbot. (Desm.)

QUELTIA. (*Bot.*) Nom d'un des genres établis par M. Salisbury en subdivisant le genre Narcisse en plusieurs, d'après les étamines égales ou inégales en longueur, le style court ou plus alongé, le tube du calice égal à son limbe ou plus court. Ces définitions n'ont pas paru suffisantes pour conserver ces genres. (J.)

QUELUSIA. (*Bot.*) Vandelli, dans sa Flore du Brésil, donne ce nom à un de ses genres, qui doit être reporté au *Fuchsia*, dans la famille des onagraires. Voyez Fuchsia. (J.)

QUENIA. (*Mamm.*) Ce nom est indiqué par Erxleben, d'après Dapper, comme désignant le porc-épic dans plusieurs contrées de l'Afrique. (Desm.)

QUENIPIER et QUENIQUIER. (*Bot.*) Voyez Bonduc. (Lem.)

QUENOT. (*Bot.*) C'est, dans l'Anjou, le nom qu'on donne au cerisier Mahaleb. (L. D.)

QUENOTTE SAIGNANTE. (*Conchyl.*) Nom marchand, employé encore quelquefois par les amateurs de coquilles peu instruits, et surtout par les marchands, pour désigner une espèce de nérite, la *N. peloronta* de Linné. (De B.)

QUENOUILLE. (*Bot.*) On donne ce nom, dans les jardins, à des arbres fruitiers, surtout à des poiriers, qu'on laisse se garnir de branches dans toute la longueur de la tige, et auxquels on ne permet guère de croître au-delà de six à huit pieds de hauteur. (L. D.)

QUENOUILLE. (*Conchyl.*) Dénomination vulgaire et marchande d'une espèce de fuseau de M. de Lamarck, le Fuseau quenouille, *F. colus*, *Murex colus*, Linn. (De B.)

QUENOUILLES ou PEAUCIERS QUENOUILLES. (*Bot.*) Paulet désigne ainsi un petit groupe d'agarics, qui se fait remarquer par la tige haute, peu droite, renflée du bas, évasée du haut, double ou triple en longueur, du diamètre du chapeau; par celui-ci, de couleur d'améthyste, ou violet-lilas, ou rousse. Paulet en décrit trois espèces.

La Quenouille montée (Paul., Tr. des champ., 2, pag. 214, pl. 99) est de couleur rousse ou de marron. Son stipe ou tige a trois ou quatre lignes de diamètre; il est renflé du bas, évasé du haut, ayant à peu près la forme d'une quenouille, avec laquelle la ressemblance augmente lorsque le voile aranéeux qui recouvre les feuillets, et que Paulet compare à de la filasse, n'est point tombé. Ce champignon a quatre à cinq pouces de hauteur et le chapeau pas plus d'un et demi de diamètre. La plante a une odeur et une saveur peu agréables; elle n'a pas incommodé les animaux auxquels on en a fait manger. On la trouve à Saint-Germain.

La Quenouille en dôme a fossette (Paul., *loc. cit.*, pl. 100, fig. 1 et 2) a cinq pouces environ de hauteur. Son chapeau est couleur de marron clair ou cannelle; ses feuillets sont lilas ou d'un pourpre clair; il s'élève en forme de dôme, dont le sommet est creusé en manière de fossette; le stipe est de même couleur que le dessus du chapeau. Cette plante, qui n'a pas de pulpe, n'incommode pas les animaux à qui on en fait manger, et n'a rien qui invite à en faire usage.

La Quenouille a nombril ou l'Améthyste (Paul., *loc. cit.*, pag. 215, pl. 100, fig. 3 — 6) est de couleur d'améthyste. Son chapeau est peu épais, d'un pouce et demi de diamètre, creux à son sommet et porté sur un stipe de trois à quatre pouces de haut; creux, renflé à la base. Ce champignon, assez joli, n'est pas agréable au goût ni à l'odorat : il n'incommode pas les animaux qui en ont mangé. Paulet en indique une variété de moitié plus petite, de couleur plus vive, mais d'un ton différent, ayant le dessus du chapeau d'un roux tendre et le dessous purpurin ou violet foncé. Ces deux champignons croissent dans la forêt de Saint-Germain. (Lem.)

QUENOUILLETTE. (*Bot.*) Ce nom est donné aux *atractilis*, espèces de synanthérées. (Lem.)

QUERA-IBA. (*Bot.*) Il paroit que l'arbre de ce nom, vu au Brésil par Marcgrave, est une espèce de bignone, d'après sa description, qui est cependant très-incomplète ; mais ses fleurs monopétales et ses fruits alongés en silique, sont des caractères de ce genre. Pison le décrit à peu près de même. (J.)

QUERCERELLE. (*Ornith.*) Un des noms vulgaires de la cresserelle, *falco tinnunculus*, Linn. (Ch. D.)

QUERCITRON. (*Bot.*) Nom d'une espèce de chêne dont l'écorce et le bois sont employés pour teindre en jaune. (L. D.)

QUERCITRON. (*Chim.*) Le bois de quercitron (*quercus nigra*) est employé pour teindre en jaune; mais la couleur qu'il donne est assez différente des jaunes de gaude, de bois jaune. Elle est beaucoup moins intense, et sa nuance est plutôt un fauve clair et léger que le jaune proprement dit. On ajoute à l'alun, qui sert de mordant pour fixer la couleur de quercitron, ¼ de son poids d'hydrochlorate de protoxide d'étain. (Ch.)

QUERCUS. (*Bot.*) Nom latin du genre Chêne. (L. D.)

QUEREILLETS. (*Bot.*) Nom provençal du stæchas, *lavandula stæchas*, suivant Garidel. (J.)

QUEREIVA. (*Ornith.*) Espèce de Cotinga. Voyez ce mot. (Ch. D.)

QUERÈME DE CALI. (*Bot.*) Suivant M. de Humboldt, près la ville de Cali, dans la province de Choco, au milieu de l'Amérique méridionale, on désigne sous ce nom le *Thibaudia quereme*, plante voisine du *vaccinium* et des campanulacées. (J.)

QUERFAA, QUERFÉ. (*Bot.*) Noms arabes de la cannelle, suivant Garcias et Clusius. (J.)

QUERIA. (*Bot.*) Une espèce de ce genre, *queria canadensis*, appartient maintenant au genre *Anychia* de Michaux, dans la famille des amarantacées. Voyez Quérie. (J.)

QUÉRIE, *Queria*. (*Bot.*) Genre de plantes dicotylédones. à fleurs incomplètes, de la famille des *caryophyllées*, de la *triandrie trigynie* de Linnæus, offrant pour caractère essentiel : Un calice persistant, à cinq folioles; point de corolle; trois étamines; un ovaire supérieur; trois styles; une capsule à une seule loge monosperme, s'ouvrant en trois valves.

Quérie d'Espagne : *Queria hispanica*, Linn., *Spec.*; Lamk., *Ill. gen.*, tab. 52 ; Orteg., *Cent.*, page 112, tab. 15, fig. 1. Petite plante d'un aspect blanchâtre, qui ressemble beaucoup au *minuartia montana*. De ses racines s'élèvent plusieurs tiges, hautes de deux ou trois pouces, ramifiées un peu au-dessus de leur base, à rameaux presque simples, glabres, cylindriques, géniculés, garnis de feuilles sessiles, opposées, très-étroites, linéaires, aiguës, longues de trois à quatre lignes. Les fleurs sont latérales et terminales, réunies en têtes, environnées de bractées, un peu glauques, subulées, sétacées à leur sommet, et recourbées en dehors en forme d'hameçon ; les folioles du calice, au nombre de cinq, droites, oblongues, aiguës, assez semblables aux bractées, mais plus courtes ; les extérieures recourbées. Il n'y a point de corolle ; les filamens des étamines sont courts, capillaires ; les anthères arrondies ; l'ovaire est ovale, surmonté de trois styles aussi longs que les étamines, à stigmates simples. Le fruit est une capsule ovale, un peu arrondie, à trois valves, à une seule loge, qui ne renferme qu'une seule semence. Cette plante croît dans le Portugal.

Quérie trichotome : *Queria trichotoma*, Thunb., *Flor. Jap.*, 357, et *Act. soc. linn. Lond.*, 2, page 529. Cette espèce se présente avec des tiges divisées en rameaux très-étalés, glabres, filiformes, trichotomes, garnis de feuilles opposées, très-médiocrement pétiolées, ovales, aiguës, glabres, entières, très-ouvertes, longues de quatre à cinq lignes. Les fleurs sont disposées en petites grappes axillaires, opposées, terminales, au nombre de trois, composées chacune de trois ou quatre petites fleurs opposées, caduques. Cette plante croît au Japon. (Poir.)

QUERQUEDULA. (*Ornith.*) Nom latin de la sarcelle, *anas querquedula*, Linn. (Сн. **D.**)

QUERTZ-PALCO. (*Erpét.*) Nom de pays d'une espèce de SCINQUE. Voyez ce mot. (H. C.)

QUERULA. (*Ornith.*) Le sizerain cabaret est ainsi désigné dans l'*Aviarium Silesiæ* de Schwenckfeld. (Сн. **D.**)

QUESNE. (*Bot.*) Nom du chêne en Bretagne. (Lem.)

QUETELE. (*Ornith.*) Selon Marcgrave, Pison et Jonston, c'est au Congo le nom de la peintade, *numida meleagris*, Linn. (Сн. **D.**)

QUETHU. (*Ornith.*) Molina indique ce nom, dans son Hist. du Chili, pag. 219, comme étant celui que les naturels donnent à son *diomedea chiloensis*, gorfou de Chiloé de M. Vieillot, *aptenodytes chiloensis*, Lath., lequel a un plumage touffu, très-long, de couleur cendrée, un peu crépu, et si doux que les habitans de l'archipel de Chiloé, où ces oiseaux sont fort communs, le filent et en font des couvertures de lit très-estimées. Sonnini a fait, dans le Nouveau Dictionnaire d'histoire naturelle, deux articles particuliers sur cet oiseau, nommé d'abord *queschu* et ensuite *quethu*. (Сн. **D.**)

QUETPATEO. (*Erpét.*) Séba parle, sous ce nom, d'un lézard du Brésil, mal connu des naturalistes. (H. C.)

QUETSALHOITZITZILIN. (*Ornith.*) On trouve dans Fernandez, p. 520, chap. 11, la figure de sept oiseaux-mouches, dont l'un porte le nom ci-dessus ; et le chapitre intitulé *De hoitzitzil, seu ave varia*, contient l'exposé d'opinions populaires sur la mort et la résurrection de ces oiseaux. (Сн. **D.**)

QUETSCH-FINCKE. (*Ornith.*) Ce nom et celui de *queck* désignent en Allemagne le pinson d'Ardennes, *fringilla montifringilla*, Linn., lequel, suivant Schwenckfeld, est nommé en Silésie *quecker*. (Сн. **D.**)

QUETZALTOTOTL. (*Ornith.*) Fernandez décrit, dans son second chapitre, pag. 13, cet oiseau du Mexique au riche plumage, *avis plumarum divitum*, et il a été copié par Nieremberg, Rai, Ruysch, etc., à l'exception d'un passage relatif à sa taille, où l'on a substitué aux mots *parcæ magnitudinis*, qui se trouvent dans Fernandez, et supposent une faute, les mots *columbæ penè par* (Nieremb., pag. 250), et *picæ columbæve magnitudine* (Rai, *Synops.*, *appendix*, pag. 157). Lachesnaye-des-Bois dit, dans sa traduction françoise du même article, que le quetzaltototl est huppé; que ses plumes égalent en beauté celles du paon; qu'il est de la grandeur d'une pie ou d'un pigeon; que son bec est courbé et de couleur rousse; que sa queue est recouverte de plusieurs plumes longues, d'un vert clair, et semblables, pour la forme, aux feuilles du glaïeul; que la même couleur règne sur les pennes alaires; que le bas du cou et la poitrine sont rouges, etc. La suite de cette longue description porte que ces oiseaux se nourrissent de vermisseaux et de fruits sauvages; qu'ils font des trous aux arbres et y élèvent leurs petits; que leur cri est semblable à celui des perroquets; qu'ils sifflent d'un ton fort vif; qu'ils volent en troupe, etc. (Ch. D.)

QUEUE. (*Bot.*) Plusieurs plantes, auxquelles on a cru trouver quelques rapports avec la queue d'un animal, ont reçu dans divers pays des noms vulgaires, motivés sur cette ressemblance apparente.

L'*andropogon saccharoides* et l'*andropogon scoparium*, communs dans les friches de la Guiane et d'autres lieux de l'Amérique, où elles s'élèvent très-haut et durent long-temps, y ont reçu le nom de queue-de-biche. La queue-de-cheval est la prêle, *equisetum;* la queue-de-lièvre est le *lagurus ovatus*, plante graminée. Les jardiniers donnent le nom de queue-de-lion, *leonurus*, à un arbrisseau d'orangerie, *phlomis leonurus*, dont l'assemblage des fleurs forme un bel épi de couleur jaune-purpurine. Le *peucedanum officinale* est la queue-de-pourceau. Le nom de queue-de-renard est donné au lilas, à l'*amaranthus caudatus* et à une graminée, *alopecurus*, dont le nom latin a la même signification. Celui de queue-de-raya est cité dans l'herbier de Vaillant pour un *achyranthes* des Antilles. La disposition des graines, très-serrées sur un axe alongé et filiforme dans une petite plante renonculacée, lui a fait donner le nom de *myosurus*, queue-de-souris ou ratoncule. La même conformation a lieu dans les épis du *pothos acaulis* de Jacquin, qui est nommé queue-de-rat à la Martinique: on a aussi nommé le *muscari* queue-de-poireau. (J.)

QUEUE (*Bot.*) signifie tantôt support, tantôt appendice terminal, tantôt extrémité inférieure. Ainsi on dit vulgairement queue de la feuille, pour désigner le pétiole, support de la feuille; queue de la fleur, pour désigner le pédoncule, support de la fleur; queue du fruit, pour désigner le style, lorsque, ainsi que dans les clématites, il s'alonge après la floraison, couvert de duvet comme la queue d'un animal; queue de la racine, pour désigner l'extrémité opposée à celle où la racine touche à la tige. (Mass.)

QUEUE, *Cauda*. (*Entom.*) On nomme ainsi chez les insectes la partie postérieure du ventre ou de l'abdomen, quand elle se prolonge dans les larves, les chenilles, les chrysalides et même chez les insectes parfaits. Ainsi, dans les forficules, la queue est en forme de tenailles, *cauda forcipata;* dans le scorpion la queue est articulée, aiguillonnée, *aculeata;* dans les *nèpes*, les *ranâtres*, la queue est en pondoir et un organe respiratoire; dans les larves de *stratiomes* la queue se termine par une sorte d'aigrette; dans les éphémères elle est munie de deux ou trois longues soies; dans de grands ichneumons le pondoir forme un long stilet composé de trois fils, ce qui les avoit fait nommer *musca tripila* par les anciens; chez les sauterelles, les gryllons, le pondoir forme un stilet ou une lame aplatie en sabre ou en coutelas; dans certaines larves, comme chez celles des agrions, la queue est munie de lames qui font l'office de rames, etc.

Suivant les usages auxquels sont destinées les parties qui terminent l'abdomen, on leur donne les noms de crochets, comme dans les mâles des demoiselles; de tarière, comme dans les urocères; de scie, comme dans les tenthrèdes; de vrilles, comme dans les diplolèpes; d'aiguillons, comme dans les abeilles, les guêpes et chez la plupart des hyménoptères; de pinces, de tenailles, comme dans les forficules, les panorpes; de filière, de tuyaux excrétoires, comme dans les araignées, les pucerons; de queue fourchue, comme dans les larves des cassides, dans la chenille du bombyce vinule, etc.

Voyez l'article Abdomen, dans les insectes, tom. I.{}^{er}, p. 6, dernier alinéa; voyez aussi au mot Insectes, tome XXIII, page 437. (C. D.)

QUEUE, *Cauda*. (*Ornith.*) Les pennes dont la queue des oiseaux est composée, sont ordinairement plus longues et plus larges que celles des ailes; leurs barbes sont égales des deux côtés : elles sont profondément insérées dans le croupion, et pénètrent jusqu'au périoste qui revêt le coccyx. Mauduyt pense que l'air qui s'introduit dans les os du bassin par l'acte de la respiration, passe de ces os dans les pennes de la queue, comme il passe des os de l'aile dans les pennes alaires. Les premières, qu'on nomme *rectrices*, et qui sont réunies à leur insertion en un segment de cercle, peuvent, à la volonté de l'oiseau, s'écarter en forme de rayons ou se rapprocher ; et c'est par ce mouvement que les oiseaux, et surtout ceux de haut vol, présentent une surface plus ou moins considérable, et s'élèvent ou descendent avec plus ou moins de facilité, tandis que le mouvement de la queue de droite ou de gauche sert à les diriger comme un gouvernail ; les pennes des ailes, ou *rémiges*, servent de rames. Chez les oiseaux tels que les hérons, les cigognes, qui ont la queue très-courte, les pieds, relevés et portés parallèlement au corps, suppléent aux pennes caudales.

Il ne faut pas confondre la véritable queue d'un oiseau avec ses couvertures supérieures et inférieures. Ce sont les premières qui, se prolongeant et prenant une forme étroite dans le coq, flottent aux deux côtés de l'origine de la queue, et qui, dans le paon, se terminent en un épanouissement arrondi, qui ne permet de voir la queue véritable qu'en regardant cet oiseau par derrière.

Les oiseaux ont les pennes de la queue par paires et semblables : on appelle *latérales*, celles des côtés, et *intermédiaires*, celles du milieu. Celles-là sont en général plus larges et plus arrondies à l'extrémité, et celles-ci plus étroites et plus aiguës ; elles diffèrent dans un grand nombre d'oiseaux par la forme, la longueur et la couleur.

On peut considérer la queue relativement à sa forme, à sa largeur, à sa direction, à sa longueur, au nombre des pennes et à la figure particulière de celles-ci.

Sous le premier rapport la queue est égale ou inégale, c'est-à-dire composée de pennes à peu près de la même longueur ou de longueurs différentes. Les queues inégales sont ou ne sont pas étagées, et ces dernières sont tantôt arrondies ou pointues, et tantôt fourchues. Dans le premier cas les pennes les plus longues sont au centre, et dans le second elles sont sur les côtés ou sur les bords. Les queues inégales non étagées ont un nombre plus ou moins considérable de pennes, qui varient pour la longueur et la forme , et dont l'irrégularité est causée par deux , quatre ou six pennes intermédiaires beaucoup plus longues que les latérales , ou par deux premières pennes latérales plus longues que les autres, tant latérales qu'intermédiaires.

La queue, sous le rapport de sa *largeur*, est très-large et s'ouvre en éventail dans plusieurs coucous et coqs de bruyère, dans l'engoulevent ibijau, la perdrix rouge d'Afrique , le pigeon paon ; moins large dans les aigles, les faucons ; plus étroite à son extrémité qu'à sa base dans les faisans.

Relativement à sa *direction* , la queue est relevée dans le coq ; légèrement inclinée dans les faisans; plus abaissée dans les perdrix , les cailles, la peintade ; horizontale dans un grand nombre d'oiseaux.

En considérant la queue quant à la *longueur* , on voit qu'elle est très-longue dans les faisans; un peu moins dans la pie, les bergeronnettes; courte chez les grues, les cigognes, les hérons, les râles : très-courte chez les plongeons, l'agami, les fourmiliers; nulle dans l'autruche, le casoar, les grèbes ; de la longueur des ailes dans le pluvier à collier; plus longue que les ailes dans les souïmangas à longue queue, les faisans ; à peu près de la longueur totale du corps dans les grives ; plus du tiers de cette longueur dans le merle à longue queue du Sénégal.

Pour le *nombre des pennes* on remarque que la queue en a huit dans le calao des Philippines ; dix dans les pics, les colibris, les toucans, les anis; douze dans les passereaux ; quatorze dans le coq, le lagopède , le cormoran, les fous; seize dans la gelinotte, le macareux, le flammant et dans plusieurs espèces de canards; dix-huit dans les perdrix , le harle ; vingt dans l'outarde, les plongeons, le pélican ; vingt-deux dans le manchot tacheté ; trente-deux dans le pigeon paon.

Enfin, si l'on examine la *forme des pennes* , on remarque qu'elles sont plus ou moins arrondies à leur extrémité dans un grand nombre d'oiseaux; pointues dans plusieurs espèces de canards; dénuées de barbes à leur bout dans les hirondelles acutipennes, la sarcelle à queue épineuse, le picucule, le talapiot; aplaties par les côtés dans les poules; aplaties en dessus et recourbées en dehors à leur extrémité dans le petit tétras à queue fourchue; voûtées dans plusieurs faisans; coupées carrément dans le coq de roche; roides dans les pics; molles dans la sittelle; nues à la base et garnies de barbes à l'extrémité dans le coucou vert huppé de Siam; presque nues et garnies seulement de petites barbes très-courtes dans le paille-en-queue.

La queue, considérée dans ses proportions, se nomme brachyure, *brachyura*, quand elle est plus courte que le tarse; macroure, *macroura*, lorsqu'elle est plus longue; et médiocre, *mediocris*, lorsqu'elle est de la même longueur. On la dit cunéiforme, *cuneata*, si les rectrices sont insensiblement plus courtes; en pince, *forficata*, si elles sont insensiblement plus longues; arrondie, *rotundata*, quand les rectrices étalées forment un arc de cercle; bifurquée, *bifurcata*, quand les pennes latérales sont falciformes en dehors; en faux, *falcata*, si elles sont alongées, recourbées; acuminée, *acuminata*, quand leur pointe est subulée. (Ch. D.)

QUEUE. (*Ichthyol.*) On nomme ainsi, dans les animaux de cette classe, la partie qui s'étend depuis l'anus jusqu'à l'extrémité la plus reculée du corps, et qui a pour base des vertèbres et des muscles.

Considérée à l'extérieur, la queue des poissons varie singulièrement. Elle est, par exemple, prismatique et tétragone dans plusieurs syngnathes; elle n'offre aucune sorte d'angle saillant, aucune espèce de sillon, dans les lépidopes; elle est carénée en dessous dans certains chétodons; relevée, sur chacun de ses côtés, d'une arête saillante, chez les maquereaux, les thons, les bonites, les germons; ou d'une rangée d'écailles imbriquées, comme dans les caranx, les citules; ou de deux crêtes plus ou moins marquées vers l'origine de sa nageoire, comme dans les tetragonurus de Risso; ou d'une forte épine, comme dans les acanthures et les aspisures; ou de plusieurs aiguillons, comme chez les prionures; dépourvue de nageoire terminale, comme dans l'aptérichthe, le notoptère, l'ophisure, le leptocéphale, les carapes, les gymnonotes; terminée par un filament, comme dans le trichiure; ou par une nageoire tronquée, comme celle des syngnathes; arrondie, comme celle des blennies; échancrée, comme celle des harengs, des maquereaux, des sardines; trilobée, comme celle d'une carpe dorée de la Chine; lancéolée, comme celle de l'ophidie; bilobée, comme celle des requins, des renards de mer, etc.

Examinée sous le rapport des parties qui la composent, la queue des poissons offre un nombre très-variable de vertèbres, puisqu'on trouve cinquante de ces os dans l'anarrhique, par exemple; qu'il n'en existe que douze dans la trigle volante, et que chacune des valeurs intermédiaires est offerte par telle ou telle espèce en particulier. Les muscles n'offrent point des différences moins notables, et font de cette partie un organe puissant de natation, un véritable gouvernail, une rame de la plus haute importance, un instrument redoutable d'attaque ou de défense.

C'est à l'aide de leur queue, en effet, que les poissons jouissent de la faculté de se mouvoir pour ainsi dire dans tous les sens; aussi voit-on cette partie s'agiter une des premières dans l'œuf et contribuer énergiquement à la rupture des enveloppes qui retiennent le jeune poisson captif; aussi la voit-on frapper vivement à droite et à gauche le fluide ambiant lorsque l'animal veut s'élancer au sein des flots: tandis que, s'il veut accélérer, retarder son mouvement, changer de direction, se tourner, se retourner, se précipiter, s'élever, s'élancer hors de son élément naturel, franchir même de hautes cataractes, il en varie l'action avec adresse, la porte plus vivement d'un côté que de l'autre, la replie vers la tête, la débande subitement comme un ressort violent, etc. Voyez POISSONS. (H. C.)

QUEUE. (*Erpét.*) Voyez CHÉLONIENS, OPHIDIENS, REPTILES, SAURIENS, URODÈLES. (H. C.)

QUEUE, *Cauda*. (*Conchyl.*) Plusieurs conchyliologistes, et entre autres M. de Lamarck, se servent de cette expression pour indiquer le canal qui termine antérieurement la coquille d'un grand nombre d'espèces de siphonostomes ou de murex de Linnæus. Nous préférons nous servir du terme de canal, quoiqu'il ne soit pas la traduction des mots techniques, *cauda* ou *rostrum*. Voyez l'article CONCHYLIOLOGIE. (DE B.)

QUEUE EN AIGUILLE. (*Ornith.*) D'Azara fait mention

sous ce nom, dans le chapitre de ses Oiseaux *à queues rares*, n.° 227, d'une espèce longue de quatre pouces un quart, dont le bec, plus large qu'épais, est presque droit, avec un petit crochet à sa pointe, et dont les narines sont un peu recouvertes par les plumes du front. Les ailes et la queue de cet oiseau sont d'un brun noirâtre ; la gorge, le cou et le dessous du corps sont d'un blanc doré et roussâtre ; les tarses et le bec sont noirs, et l'iris est brun. (Ch. D.)

QUEUE BLANCHE. (*Ornith.*) Un des noms du pygargue, *falco albicilla*, Gmel. (Ch. D.)

QUEUE DE CRABE ou D'ÉCREVISSE. (*Conchyl.*) Nom vulgaire quelquefois appliqué aux oscabrions. (Desm.)

QUEUE EN ÉVENTAIL. (*Ornith.*) Buffon a donné ce nom à une espèce de gros-bec de Virginie, figurée dans ses planches enluminées, n.° 380, *loxia flabellifera*, Gmel. et Lath. Il est fait mention, sous la même dénomination, dans le tom. 1.er du second Voyage de Cook, édit. in-8.°, pag. 352, et dans le Voyage de Parkinson, tom. 2, pag. 70, de cinq espèces de *queue d'éventail* (oiseaux mouches), dont la plus remarquable n'est guère plus grosse qu'une bonne aveline, et dont la queue, d'un joli plumage, forme, en s'étendant, les trois quarts d'un demi - cercle de quatre ou cinq pouces de rayon au moins. (Ch D.)

QUEUE DU FENOUIL, PAPILLON A QUEUE. (*Ent.*) Noms sous lesquels Geoffroy a désigné le papillon machaon. (C. D.)

QUEUE DE FLECHE. (*Ornith.*) Ce nom et celui de *pyls-taert* sont donnés à l'oiseau du tropique ou paille-en-queue, *phaeton œthereus*, Linn. (Ch. D.)

QUEUE FOURCHUE. (*Entom.*) On nomme ainsi la chenille du Bombyce vinule, que nous avons décrite sous le n.° 53, et que nous avons fait figurer dans l'atlas de ce Dictionnaire, pl. 45. fig. 2 a. (C. D.)

QUEUE GAZÉE. (*Ornith.*) L'oiseau ainsi nommé par Levaillant, est le mérion binnion de M. Vieillot, décrit dans ce Dictionnaire, tom. XXX, pag. 115. (Ch. D.)

QUEUE D'HERMINE. (*Conchyl.*) On trouve dans les anciens auteurs de catalogues de coquilles ce nom marchand pour désigner une espèce de cône, le *C. ermineus* de Burn. (De B.)

QUEUE JAUNE. (*Entom.*) Geoffroy a appelé ainsi la crambe de l'orme. Voyez tome XI, pag. 310. (C. D.)

QUEUE JAUNE. (*Ichthyol.*) Voyez Diptérodon et Léiostome. (H. C.)

QUEUE-DE-LIÈVRE. (*Bot.*) Nom vulgaire du lagure ovale. (L. D.)

QUEUE-DE-LION. (*Bot.*) Nom spécifique d'une phlomide qui appartient aujourd'hui au genre *Leonotis*. (L. D.)

QUEUE NOIRE. (*Ichthyol.*) Nom spécifique d'un Crénilabre, décrit dans ce Dictionnaire, tom. XI, pag. 390. (H. C.)

QUEUE - D'OR. (*Ichthyol.*) Nom spécifique d'un Spare. Voyez ce mot. (H. C.)

QUEUE-DE-PAON. (*Conchyl.*) Il paroît qu'on donne quelquefois dans le commerce ce nom à la *voluta oliva*. (De B.)

QUEUE-DE-POELE. (*Ornith.*) Ce nom et ceux de queue de poëlon ou de pelle sont vulgairement donnés à la mésange à longue queue, *parus caudatus*, Linn. (Ch. D.)

QUEUE-DE-POIREAU. (*Bot.*) Nom vulgaire du muscari à toupet. (L. D.)

QUEUE-DE-RAT. (*Bot.*) Nom vulgaire d'une espèce de fétuque. (L. D.)

QUEUE-DE-RAT. (*Ornith.*) Barrère, *Ornithologiæ specimen*, pag. 51, applique ce nom à une espèce de toucan. (Ch. D.)

QUEUE RAYÉE. (*Ichthyol.*) Nom spécifique d'un Holocentre, que nous avons décrit dans ce Dictionnaire, tome XXI, pag. 292. (H. C.)

QUEUE-DE-RENARD. (*Bot.*) On a donné ce nom à une amaranthe, au lilas, à une espèce d'astragale et à un vulpin. (L. D.)

QUEUE-DE-RONDELLE. (*Bot.*) On donne ce nom, dans l'Anjou, au cotylet nombril de Vénus. (L. D.)

QUEUE ROUGE. (*Ornith.*) Ce nom est le synonyme de rouge-queue, *motacilla erithacus*, *titys*, *atrata* et *gibraltariensis*, Gmel. (Ch. D.)

QUEUE ROUGE. (*Ichthyol.*) Nom spécifique d'un Picarel. Voyez ce mot et Smare. (H. C.)

QUEUE ROUSSE. (*Ornith.*) D'Azara décrit sous ce nom, tom. 3, pag. 469, a la suite de ses *Queues aiguës*, et sous le n.° 240, un oiseau du Paraguay long de cinq pouces et demi.

dont les parties supérieures sont d'un brun roussâtre, qui est sur les inférieures d'une couleur rousse, blanchissant à mesure qu'elle approche du ventre, et dont la queue est colorée d'un roux pur, à l'exception des quatre pennes caudales intermédiaires, qui sont d'un brun noirâtre. D'Azara rapporte, avec le signe du doute, cet oiseau à la fauvette à queue rousse de Cayenne, de Buffon, *motacilla ruficauda*, Linn. (Ch. D.)

QUEUE SANGUINE. (*Ornith.*) Cet oiseau du Paraguay, que d'Azara, n.° 239, rapporte au rouge-queue de la Guiane de Buffon, *motacilla guianensis*, Linn., est presque de la même taille que la *queue rousse*. Le dessus de son corps est mordoré, et la queue est d'un rouge sanguin. Les côtés de la tête et les parties inférieures sont d'un brun qui s'éclaircit à mesure qu'il approche de la queue. (Ch. **D.**)

QUEUE DE SOIE. (*Ornith.*) Nom donné au geai de Bohème ou jaseur, *ampelis garrulus*, Linn. (Ch. D.)

QUEUE-EN-SOIE. (*Ornith.*) C'est la veuve à quatre brins, *emberiza regia*, Linn. (Ch. D.)

QUEUE-DE-SOURIS. (*Bot.*) Nom vulgaire de la ratoncule. (L. D.)

QUEUE VERTE. (*Ichthyol.*) Nom d'un poisson que Bloch a appelé *Sparus chlorourus*, et que M. Cuvier regarde comme une vraie *Chéiline*. Voyez Chéiline. (H. C.)

QUEUES AIGUËS. (*Ornith.*) D'Azara a décrit sous ce nom, dans son Ornithologie du Paraguay et de la Plata, des oiseaux ayant de très-grands rapports avec les fauvettes, auxquels il a donné pour caractères particuliers une tête assez petite, rétrécie en devant; un bec effilé, comprimé sur les côtés, plus épais que large; un tarse et des doigts robustes; la queue très-longue, foible, et dont les pennes sont aiguës et fortement étagées. Les espèces sont comprises sous les n.°° 229 à 240, tom. 3, pag. 456 et suivantes de la Traduction de Sonnini. Elles portent les noms de *gorge tricolore* (n.° 229), *pli de l'aile jaune* (n.° 230), *roux et blanc* (n.° 231), *dos tacheté* (n.° 232), *inondé* (n.° 233), *ventre roux* (n.° 234), *collier noir* (n.° 235), *chicli* (n.° 236), *cogogo* (n.° 237), *tacheté* (n.° 238), *queue sanguine* (n.° 239), *queue rousse* (n.° 240): la plupart forment le 3.° paragraphe des fauvettes américaines, tom. XVI de ce Dictionnaire, page 279 et suivantes, et l'on vient de donner ci-dessus une notice des deux dernières. (Ch. D.)

QUEUES D'ANIMAUX. (*Foss.*) Merret (*Pinac. rerum Britann.*, pag. 216) parle d'une queue de chat pétrifiée, mais on peut placer ce rapport dans les erreurs ou dans les fables. (D. F.)

QUEUES D'ÉCREVISSE. (*Foss.*) Breynius et d'autres auteurs anciens avoient donné ce nom à des orthocératites; mais nous croyons que ces derniers n'étoient eux-mêmes que des trilobites. (D. F.)

QUEUES RARES. (*Ornith.*) Les caractères généraux que d'Azara, tom. 3, pag. 446 de la Traduction, donne à ces oiseaux, outre leur queue extraordinaire, sont d'avoir le corps court et ramassé, la tête assez grande, aplatie en dessus et couverte de plumes qui se rejettent un peu en dehors; le bec plus large qu'épais, droit, robuste, foiblement crochu à la pointe; les narines arrondies; de longs poils aux angles de la bouche; la langue large, courte, et ne se terminant pas en pointe; le tarse un peu fort; les ailes fermes et vigoureuses.

Ces caractères ont déjà été exposés dans ce Dictionnaire sous le mot *Gallite*, et l'on y a ajouté quelques détails sur les habitudes; on y a aussi décrit la première espèce sous le nom de *petit coq;* mais le prince Maximilien de Neuwied ayant eu depuis occasion d'examiner cet oiseau avec plus de détails, on en a donné une nouvelle description au tome XXXIII de ce Dictionnaire, pag. 94, sous le mot *gobe-mouches petit-coq.* MM. Temminck et Laugier ont, dans leurs Oiseaux coloriés, rectifié, sur la 155.ᵉ planche, la figure du mâle et de la femelle. Le premier a observé, en réponse à d'Azara, qui témoignait sa surprise d'avoir rencontré plusieurs fois deux et jusqu'à six femelles ensemble, que ces prétendues femelles étaient de jeunes mâles en mue, passant de la livrée du jeune âge (toujours celle de la femelle) à la livrée parfaite.

D'Azara a décrit trois autres oiseaux à la suite de cette espèce, sous les n.ᵒˢ 236 à 238. L'une d'elles est la *queue en aiguille*, dont on vient de parler ci-dessus. (Ch. D.)

QUEUITA. (*Ichthyol.*) Nom du pays d'un pleuronecte commun sur les côtes de Norwége, mais encore peu connu. (H. C.)

QUEULS. (*Bot.*) Dans le Chili on nomme ainsi le *gemor*

tega de la Flore du Pérou, grand arbre toujours vert, qui dans l'organisation de ses fleurs présente tous les caractères d'une laurinée ; mais il en diffère pourtant par son fruit, dont le brou recouvre une noix très-dure, contenant trois loges et trois graines au lieu d'une seule, indiquée dans les laurinées. Les feuilles de cet arbre, froissées, exhalent une odeur de lavande ou de romarin ; leur saveur est astringente et balsamique : le brou du fruit a un goût agréable ; le bois est pesant, agréablement veiné et propre à faire de belles tables. (J.)

QUEUNERON. (*Bot.*) On donne ce nom dans quelques cantons à la camomille puante. (L. D.)

QUEURA. (*Bot.*) Nom arabe de l'ananas sauvage, suivant Acosta, Daléchamps et Clusius. Son nom persan est *pixcox-buith*. Forskal cite le nom de keura pour le baquois, *pandanus*, grand arbre, dont l'assemblage des fruits présente la forme de celui de l'ananas. (J.)

QUEUX. (*Min.*) C'est le nom, sous lequel on a désigné autrefois les pierres à repasser les instrumens tranchans de fer. C'est la traduction ou l'altération du mot *cos*. Nous avons placé cette pierre ou roche homogène parmi les schistes sous la dénomination de Schiste coticule. (B.)

QUI JUBA TUI. (*Ornith.*) Nom brésilien de la perruche jaune de ce pays, suivant Marcgrave, p. 207, *psittacus jendaya*, Lath. (Ch. D.)

QUIACAIGOU. (*Ornith.*) Suivant Salerne, pag. 112, ce nom est donné par les Indiens à un cassique, qui paroît être l'yapou, *cassicus icteronotus*, Vieill. (Ch. D.)

QUIANPIAN. (*Ornith.*) Voyez Quanpian. (Ch. D.)

QUICKHATCH. (*Mamm.*) Nom du glouton du Nord de l'Amérique, selon Edwards et Catesby. (Desm.)

QUICK-STEERT. (*Ichthyol.*) Renard paroît avoir désigné sous ce nom l'Holacanthe Lamarck, que nous avons décrit à la page 280 du tome XXI de ce Dictionnaire. (H. C.)

QUICK-STERTZ. (*Ornith.*) Nom flamand de la lavandière, *motacilla alba* et *cinerea*. (Ch. D.)

QUID-FOGEL. (*Ornith.*) Les Uplandois désignent par ce nom la buse commune, *falco buteo*, Linn. (Ch. D.)

QUIENBIENDENT. (*Bot.*) Nom donné par les Créoles de

Cayenne, suivant Aublet, au fruit de l'ambelanier, qu'ils mangent avec plaisir ; mais qui, par sa viscosité, adhère aux dents ou aux lèvres. (J.)

QUIGOMBO. (*Bot.*) Voyez Q*uillobo*. (J.)

QUIL ou QUILO-PÈLE. (*Mamm.*) Ce nom est employé à Ceilan pour désigner la mangouste des Indes. (D*esm*.)

QUIL, QUIRPELE. (*Bot.*) Suivant Garcias et Clusius ces noms sont donnés dans l'île de Ceilan au bois de couleuvre, *ophioxylon*, recherché, dit-on, par une espèce de civette, qui, après l'avoir mâché et s'être imprégné la peau de son suc, combat avec succès un serpent nommé *cobras de capelo*. Voyez aussi P*ao de cobra*. (J.)

QUILA. (*Bot.*) Les habitans du Chili nomment ainsi le genre *Herreria* de la Flore du Pérou, appartenant à la famille des asparaginées, dans laquelle il présente une exception remarquable, consistant dans un fruit capsulaire. La racine de cette plante est employée dans le Chili aux mêmes usages que la salsepareille ; ce qui lui en a quelquefois fait donner le nom. C'est la même que le *salsa* de Feuillée. (J.)

QUILLAI, *Quillaia*. (*Bot.*) Genre de plantes dicotylédones, à fleurs polygames, de la famille des *rosacées*, de la *polygamie dioécie* de Linnæus, dont le caractère essentiel consiste dans des fleurs polygames ou monoïques ; un calice à cinq divisions, persistant ; six pétales ; un disque intérieur, ouvert en étoile ; dix étamines, cinq placées sur le disque, cinq sur le réceptacle ; cinq ovaires ; autant de styles ; cinq capsules réunies à leur base, à deux valves, à une seule loge, contenant plusieurs semences ailées.

Q*uillai savonneux* : *Quillaia saponaria*, Molin., *Chili*, édit. Gall., 146 ; Lamk., *Ill. gen.*, tab. 774 ; *Smegmadermos*, Ruiz et Pav., *Syst. veg. per.*, 1, p. 588 ; *Smegmaria*, Willd., *Spec.*, 4, pag. 1123. Grand arbre très-rameux, revêtu d'une écorce épaisse, cendrée, savonneuse. Son bois est dur ; son tronc chargé de branches et de rameaux alternes, garnis de feuilles pétiolées, alternes, assez semblables à celles du chêne vert, ovales, oblongues, entières, un peu denticulées à leurs bords, vertes à leurs deux faces, persistantes. Les fleurs sont axillaires, mâles, femelles ou polygames, pédonculées. Leur calice est à cinq divisions profondes, ovales, aiguës ; le fruit composé de cinq capsules, étalées en étoile, elliptiques, ovales-oblongues, coriaces, obtuses, s'ouvrant intérieurement en une seule loge, qui renferme un grand nombre de petites semences ailées à leur partie supérieure. Cet arbre croît au Chili et dans le Pérou : il est précieux dans le pays ; son écorce, pulvérisée et mêlée à une quantité d'eau suffisante, devient mousseuse, comme celle où l'on fait dissoudre du savon ; elle sert à dégraisser les laines et les autres étoffes. On en fait un assez grand commerce. (Poir.)

QUILLES ou LES PETITES QUILLES. (*Bot.*) Paulet donne ces noms et celui de petits pilons au *clavaria cæspitosa*, Jacq. (Lem.)

QUILLOBO. (*Bot.*) Suivant Marcgrave, la plante nommée ainsi au Congo, est le *guingombo* des Portugais du Brésil. C'est la même qui est nommée ailleurs gombaut, dont on mange le fruit jeune, *hibiscus esculentus* des botanistes. Pison le désigne sous le nom de *quigombo*. (J.)

QUILLU-CASPI. (*Bot.*) Nom donné par les naturels du Pérou à une plante herbacée, figurée sous ce nom dans les dessins de Joseph de Jussieu. Elle a des racines fasciculées, comme dans l'asphodèle, à feuilles opposées, marquées de cinq ou sept nervures, à grandes fleurs sessiles, axillaires, monopétales, à quatre étamines et un style terminé par un stigmate oblong ; son fruit est une capsule biloculaire, polysperme, dont la cloison est perpendiculaire sur les valves. Cette description, faite sur le dessin, se rapporte entièrement à l'*escobedia* de la Flore du Pérou, dont la description annonce également une cloison contraire aux valves ; d'où il résulte que ce genre appartient à la famille des rhinanthées, et non à celle des scrophularinées. Selon Joseph de Jussieu, les Espagnols du Pérou nomment cette plante *palillo*, et emploient sa racine, qui est jaune, dans les teintures et même en guise d'assaisonnement pour remplacer le safran. (J.)

QUILO-PELE. (*Mamm.*) Voyez Quil. (Desm.)

QUILTOTON. (*Ornith.*) Le perroquet auquel Fernandez applique ce nom, pag. 38, ch. 117, est, suivant Buffon, l'*amazone à tête blanche*, pag. 104 du tom. XXXIX de ce Dictionnaire ; et suivant M. Vieillot, l'*amazone tarabé*, même vol., pag. 130. (Ch. D.)

QUIMA ou EXQUIMA. (*Mamm.*) Noms donnés par les anciens auteurs à la guenon Diane. (DESM.)

QUIMICHPATLAN. (*Mamm.*) On a rapporté ce nom au polatouche d'Amérique. (DESM.)

QUIMPEZÉE ou CHIMPANSÉE. (*Mamm.*) Espèce de singe du genre Orang. (DESM.)

QUINA. (*Bot.*) M. de Saint-Hilaire, dans son Recueil des plantes usuelles des Brésiliens, cite sous ce nom plusieurs plantes, employées comme fébrifuges. Le *quina da serra* et *quina de renijo*, sont des espèces de *cinchona*, dont il cite trois espèces. Les *quina do mato* sont des espèces d'*Exostema*, genre voisin du précédent, et sont moins fébrifuges. On trouve cette propriété plus reconnue dans le *quina do campo*, espèce de *strychnos* ou vomiquier, plus usitée dans le Brésil que tous les précédens. On y fait encore beaucoup de cas du *quina* ou *larangeira do mato*, espèce du genre *Evodia*, dont la description botanique et les vertus médicales ont un grand rapport avec les caractères et les propriétés du *cusparia*, plus connu sous le nom d'*angustura*. On désigne encore au Brésil sous le nom simple de *quina* un *ticorea*, le *hostia* d'Aublet et un *solanum*. Voyez QUINIER. (J.)

QUINA-QUINA. (*Bot.*) L'arbre qui a porté primitivement ce nom dans le Pérou, est une espèce de myrosperme, *myrospermum peruiferum*, genre de la famille des légumineuses, ayant dix étamines distinctes, et remarquable surtout par une gousse longue de trois pouces environ, aplatie et contenant une seule graine dans une loge unique, pratiquée à son extrémité. Cette graine est entourée d'une substance résineuse, balsamique, d'une odeur agréable, d'où vient le nom latin du genre, dérivé du grec. On attribuoit à la gousse, surtout à la partie contenant la graine, une propriété fébrifuge, confirmée par des guérisons, qui lui avoient acquis quelque célébrité, et on en avoit fait des envois en Europe.

Ce fut peu de temps après que l'on connut un autre fébrifuge plus actif du même pays, qui étoit l'écorce nommée *cascara de Loxa*, *cascarilla*, provenant d'un arbre commun aux environs de Loxa dans la chaine des Cordillères. La guérison de la comtesse de Chinchon, vice-reine du Pérou, opérée par cette écorce, la rendit promptement très-célèbre, et on *ne* tarda pas à l'envoyer aussi en Europe, mais d'abord mêlée, avec le fruit du kina-kina et sous le même nom, qui lui est resté définitivement et dont il seroit impossible de la déposséder. Cette écorce est donc maintenant le kina-kina ou quinquina, regardé comme un médicament très-précieux et recherché dans toute l'Europe.

Ces notions sont extraites d'un mémoire de La Condamine, publié dans le Recueil de l'Académie des sciences, année 1738, et des manuscrits de Joseph de Jussieu, qui a long-temps habité le Pérou. Il a décrit et figuré ce myrosperme, connu aussi sous le nom de *saumerio*, et son herbier en contient des échantillons en fleurs et en fruits bien conservés. (J.)

QUINARIA. (*Bot.*) Ce genre de la Cochinchine, observé par Loureiro, a été reporté par Willdenow au *cookia* dans la famille des aurantéacées. (J.)

QUINBIENDENT. (*Bot.*) Voyez Quienbiendent. (Lem.)

QUINCAJOU. (*Mamm.*) Voyez Kinkajou. (Desm.)

QUINCHAMALA. (*Bot.*) Willdenow écrit ainsi le genre *Quinchamali* du Chili, que nous avions nommé auparavant *Quinchamalium*. Marcgrave, dans son appendice *De Chilensibus*, cite, d'après un autre, la même plante sous le nom de *quinciamali*, qu'il dit très-vulnéraire et employée comme telle par les habitans du Chili. Voyez Quinchamali. (J.)

QUINCHAMALI, *Quinchamalium*. (*Bot.*) Genre de plantes dicotylédones, à fleurs complètes, monopétalées, de la famille des *osyridées*, Juss., ou *santalacées*, Rob. Brown, de la *pentandrie monogynie* de Linnæus, offrant pour caractère essentiel : Un calice persistant, à cinq dents; une corolle tubulée; le limbe à cinq lobes; cinq étamines, les anthères presque sessiles; un ovaire sous la corolle; un style; un stigmate en tête; une semence recouverte par le calice.

En plaçant ce genre dans la famille des *osyridées*, il faut, pour lui en conserver les caractères, considérer avec M. de Jussieu la corolle comme le véritable calice, et le calice comme un second calice inférieur, ou calicule. Les étamines sont attachées sur le calice intérieur, à chacune de ses divisions.

Quinchamali du Chili : *Quinchamalium chilense*, Lamk., *Ill.*

gen., tab. 142 ; Molin., *Chili*, édit. Gall. , 121 ; *Quinchamalium procumbens*, Ruiz et Pav., *Fl. per.*, 1, tab. 107, fig. *b;* *Santolina*, Frézier, tab. 15 ; *Quinchamali linifolio*, Feuill. *Per.*, 2, tab 44. Petit arbrisseau peu élevé, dont la tige se divise en un grand nombre de rameaux fort grêles, glabres, étalés, garnis de feuilles alternes, diffuses, presque sessiles, glabres, étroites, linéaires, entières, obtuses, ou à peine aiguës, rétrécies à leur base. Les fleurs sont terminales, fasciculées, presque en ombelle sessile. Leur calice est très-court, globuleux, à cinq dents aiguës; la corolle jaune, tubulée; le tube oblong, cylindrique; le limbe plane, à cinq lobes ovales. Vis-à-vis chaque lobe est attachée une étamine presque sessile; les anthères sont ovales, alongées; l'ovaire est globuleux, placé sous la corolle. Le calice persiste, tient lieu de péricarpe et renferme une semence noirâtre, lenticulaire. Cette plante croît au Chili et au Pérou : les gens de la campagne emploient sa décoction ou son suc exprimé comme un résolutif après les chutes. (Poir.)

QUINÇON. (*Ornith.*) Ce nom et celui de *quinsoun* se donnent en Provence au pinson commun, *fringilla cœlebs*, Linn.; et l'oiseau qu'on appelle en Savoie *quinçon de montagne*, est le pinson d'Ardennes, *fringilla montifringilla*, Linn. (Ch. D.)

QUINDÉ. (*Ornith.*) C'est ainsi que les oiseaux-mouches sont appelés au Pérou et au Paraguay. (Ch. D.)

QUINÉES [Feuilles]. (*Bot.*) Au nombre de cinq et disposées en verticille; exemple : *myriophyllum spicatum*, etc., ou bien formant un faisceau; exemple : *pinus strobus*, etc. (Mass.)

QUINGOMBO. (*Bot.*) Voyez Quillobo. (J.)

QUINGONGI. (*Bot.*) Nom caraïbe du bois d'Angole ou cajan, *cajanus*, cité par Desportes. (J.)

QUINIER (*Bot.*) : *Quina*, Aubl., Guian., tab. 379; Gærtn., *Carp.*, tab. 222. Arbre, dont les parties de la fructification ne sont pas encore bien connues. Il s'élève à la hauteur d'environ quatre pieds. Son tronc se divise en branches et rameaux chargés de feuilles opposées , minces, fermes, entières, opposées, presque sessiles, ovales, terminées par une longue pointe, munies en dessous de nervures saillantes. Les plus grandes feuilles ont sept pouces de long sur trois de large ; elles sont accompagnées de stipules longues, étroites, aiguës, fort caduques. Les fruits sont ou solitaires ou réunis par bouquets sur un pédoncule commun, garni à sa base de deux petites bractées en forme d'écailles. Le calice est persistant, à quatre petites découpures; il accompagne une baie jaunâtre dans sa maturité, lisse, ovale, striée, terminée par une pointe en forme de mamelon, au centre duquel on remarque une très-petite cavité. Sous l'enveloppe charnue de cette baie, qui est acide et agréable au goût, on trouve deux osselets couverts d'un duvet roussâtre, soyeux, renfermant chacun une amande. Cette plante croît à Cayenne, sur le bord de la crique des Galibis. (Poir.)

QUININE. (*Chim.*) Un des alcalis du quinquina. Voyez Kinine, tome XXIV, page 433. (Ch.)

QUINOA. (*Bot.*) Nom péruvien d'une espèce d'ansérine, *chenopodium quinoa*, mentionnée par Feuillée et très-cultivée dans le Pérou et le Chili, à cause de ses graines assez grosses, remplies d'un périsperme farineux, très-nourrissant, substitué dans ces pays au riz et à d'autres céréales, que les habitans donnent aussi aux oiseaux de leurs basse-cours. Il est difficile de conserver cette plante en fruit dans les herbiers, parce que les insectes la dévorent. Cette graine farineuse, écrasée et bouillie, sert aussi à faire des cataplasmes, appliqués avec succès sur les contusions et autres tumeurs. (J.)

QUINOMORROCA. (*Mamm.*) On a rapporté ce nom comme étant l'un de ceux que porte en Afrique l'orang chimpansée. (Desm.)

QUINQUÉFOLIOLÉE [Feuille]. (*Bot.*) Feuille dont le pétiole est terminé par cinq folioles; exemples : *potentilla reptans, rubus fruticosus, cissus quinquefolius*, etc. (Mass.)

QUINQUEFOLIUM. (*Bot.*) Ce genre de Tournefort, en françois quintefeuille, remarquable par les feuilles digitées de toutes ses espèces, est réuni par Linnæus à son genre *Potentilla*. (J.)

QUINQUÉJUGUÉE [Feuille]. (*Bot.*) Feuille dont le pétiole porte cinq paires de folioles, c'est-à-dire dix folioles opposées; exemple : *cassia fistula*. (Mass.)

QUINQUÉLOBÉ. (*Bot.*) Divisé en cinq lobes; exemples : cotylédons du tilleul, feuilles du sicomore, périsperme de *l'aquilicia*, stigmate du *pyrola uniflora*, etc. (Mass.)

QUINQUÉLOCULAIRE. (*Bot.*) A cinq loges; exemples : baie de l'*arbutus*, capsule de l'*evonymus*, etc. (Mass.)

QUINQUENÈRES. (*Ornith.*) Ce nom et celui de *pique-mouche* sont vulgairement donnés, en Bourgogne, aux mésanges. (Ch. D.)

QUINQUÉNERVÉE [Feuille]. (*Bot.*) Ayant cinq nervures longitudinales partant de la base ; exemple : *gentiana lutea.* (Mass.)

QUINQUÉVALVE [Capsule]. (*Bot.*) A cinq valves; exemple : *evonymus*, etc. (Mass.)

QUINQUINA. (*Bot.*) Voyez Cinchona. (Poir.)

QUINQUINA AROMATIQUE. (*Bot.*) Un des noms donnés autrefois à la cascarille. (Lem.)

QUINSOUN. (*Ornith.*) Ce nom provençal du pinson commun désigne, avec l'addition *de la testo nigro*, le bouvreuil ordinaire, *loxia pyrrhula*, Linn. (Ch. D.)

QUINTEFEUILLE. (*Bot.*) Nom vulgaire d'une espèce de Potentille. Voyez ce mot et Quinquefolium. (L. D.)

QUINTI. (*Bot.*) Nom donné dans le Pérou au *paltoria* de la Flore du Pérou, arbrisseau qui, par tous ses caractères, doit être réuni au houx, *ilex*, dans la famille des rhamnées. (J.)

QUINTI. (*Ornith.*) Selon Garcilasso les Péruviens appellent ainsi les oiseaux-mouches. (Ch. D.)

QUINTICOLOR. (*Ornith.*) M. Vieillot rapporte ce nom à son soui-manga de Sierra-Léona. (Desm.)

QUINTUPLINERVÉE [Feuille]. (*Bot.*) Feuille dont la nervure mitoyenne donne naissance à quatre nervures, un peu au-dessus de sa base; exemple : *melastoma discolor*, etc. (Mass.)

QUINUAR. (*Bot.*) Nom péruvien du *polylepis* de la Flore du Pérou, genre de plantes de la famille des rosacées, voisin des pimprenelles par les caractères de sa fructification, mais distinct par son port. C'est un arbre assez élevé et d'un bois dur, que l'on emploie pour diverses constructions, pour brûler, et dont les cendres sont très-utiles dans les lessives. (J.)

QUINZE-ÉPINES. (*Ichthyol.*) Voyez Spinachie. (H. C.)

QUIOUKOU. (*Ornith.*) Suivant MM. Garnot et Lesson, naturalistes du voyage autour du monde de la corvette la

Coquille, ce nom est donné, par les Nègres de la Nouvelle-Irlande, au *ceyx bleu*. (Ch. **D.**)

QUIOU-QUIOU. (*Ornith.*) Ce nom, qui s'écrit aussi *quion-quion*, désigne, dans le département de la Vienne, le troglo-dyte, *motacilla troglodytes*, Linn. (Ch. **D.**)

QUIQUI. (*Mamm.*) Molina a désigné sous ce nom un petit animal du Chili, qui est de la taille et de la forme de la be-lette, et que Gmelin a compris dans la 13.ᵉ édition du *Sys-tema naturæ*, sous le nom de *mustela quiqui*. Il donne la chasse aux souris avec un grand acharnement ; sa femelle fait plu-sieurs portées par an : ses mœurs sont très-sauvages, et son caractère est fort irascible. Son pelage est brun, et il a le dessus de la tête aplati, le museau fin et marqué d'une tache blanche. Ce que nous venons de rapporter, est tout ce qu'on sait sur cet animal, qui n'a pas été retrouvé depuis l'époque à laquelle Molina le décrivit. (Desm.)

QUIQUIRY. (*Ornith.*) Voyez Pipiri. (Ch. **D.**)

QUIRAPANGA. (*Ornith.*) On trouve, dans le Dictionnaire universel des animaux de Lachesnaye-des-Bois, ce mot et ceux de *quiraperea*, *quiratangeima* et *quiratinga*, écrits par un *q*, tandis qu'ils devroient l'être par un *g*, première lettre de *guira*, qui, comme on l'a déjà dit sous ce mot, signifie *oiseau* chez les Brésiliens. (Ch. **D.**)

QUIRIHUELA. (*Bot.*) Nom espagnol d'une bruyère, *erica arborea*, suivant Clusius. Les Portugais la nomment *queiro*. Le même auteur cite encore un *quiruela* ou *quiriuela*, qui est une espèce de *cistus* ou *helianthemum*. (J.)

QUIRIVELIA. (*Bot.*) Voyez Ichnocarpus. (Poir.)

QUIRIWA. (*Ornith.*) Voyez la description de cet oiseau, sous le nom de *coliou quiriwa*, au tome X de ce Dictionnaire, pag. 6:. (Ch. **D.**)

QUIRIZAO. (*Ornith.*) Ce nom et celui de *Curasso* sont donnés, selon Hans Sloane et Browne, Hist. naturelle de la Jamaïque, au hocco noir, *crax alector*, Linn. Sonnini, dans le Nouveau Dictionnaire d'histoire naturelle, lui applique aussi le nom de *quozao*. (Ch. **D.**)

QUIRPELE. (*Bot.*) Voyez Quil. (J.)

QUIRQUINCHO ou QUIRIQUINCHO. (*Mamm.*) Les grandes espèces de tatous ont été ainsi nommées par les habitans de la Nouvelle-Espagne. Buffon a appliqué particulièrement ce nom à une espèce, en le modifiant et en faisant Cirquinçon. (DESM.)

QUISCALE. (*Ornith.*) Daudin, qui a divisé le genre Étourneau en quatre sections, auxquelles il a conservé le nom latin *sturnus*, a composé la dernière des *étourneaux-mainates* ou *quiscales*, et il leur a donné pour caractères distinctifs : Un bec fort, pointu, alongé, un peu nu à sa base près des narines, et non échancré vers le bout de la mandibule supérieure. Cette section renferme, dans son Traité d'ornithologie, neuf espèces, savoir : 1.º le quiscale vulgaire, *sturnus quiscala*, Daud., qui est le *gracula quiscala* ou *quiscula*, Linn. 2.º Le quiscale de la Jamaïque, *sturnus jamaicensis*, Daud., auquel il indique pour synonymes le *turdus labradorus* et le *corvus mexicanus*, Gmel. ; la pie de la Jamaïque, Briss. et Buff., et la grande pie du Mexique de Brisson ; l'étourneau des lacs salés de Fernandez, et le *merops niger*, *iride sub-argentea*, de Browne, Hist. de la Jamaïque. 3.º Le quiscale du Chili, *sturnus curæus*, Daud., et le *turdus curæus*, Mol., Hist. du Chili, et Gmel. 4.º Le quiscale zanoé, *sturnus zanoe*, Daud., ayant pour synonymes le *corvus zanoe*, Gmel., le *tzanahoei* de Fernandez, *Hist. nat. Nov. Hisp.*, et la petite pie du Mexique, Briss. 5.º Le quiscale barite, *sturnus barita*, Daud., *gracula barita*, Linn., et *monedula tota nigra* de Sloane, *Jam.*, tab. 257, fig. 2. 6.º Le quiscale cristatelle, *sturnus cristatella*, Daud., *gracula cristatella*, Linn., et merle huppé de la Chine, Briss. et Buff. 7.º Le quiscale saulary, *sturnus saularis*, Daud., *gracula saularis*, Linn., pie-grièche noire du Bengale, Briss. 8.º Le quiscale atthis, *sturnus atthis*, Daud., *gracula atthis*, Linn., *corvus ægyptius*, Hasselq., que M. Savigny a reconnu être le martin-pêcheur ordinaire, *alcedo alcyon*. 9.º Le quiscale sturnin, *sturnus sturninus*, Daud., *gracula sturnina*, Pallas, lequel est le même que l'étourneau de la Daourie, décrit par Daudin, tome 2, page 502 de son Ornithologie.

Le genre Quiscale n'a pas été reconnu par M. Cuvier, qui dit, dans le Règne animal, pag. 595, que les quiscales de Daudin doivent retourner en partie aux martins, et en partie aux cassiques, notamment les *barita* et *quiscula*.

M. Temminck, qui pense qu'on peut diviser le genre Troupiale en quatre sections, c'est-à-dire en *cassiques*, *quiscales*, *troupiales* et *emberizoïdes*, place dans ce genre les deux mêmes espèces.

M. Vieillot a fait un genre particulier des quiscales, en lui donnant pour caractères : Un bec glabre et comprimé à la base, droit, entier ; à bords anguleux, fléchis en dedans, et dont la mandibule supérieure se prolonge en pointe dans les plumes du front, et s'incline vers le bout ; des narines dilatées, ovales, couvertes d'une membrane ; une langue cartilagineuse, aplatie, lacérée sur les côtés, bifide à son extrémité, et les extérieurs des quatre doigts réunis le long de la première phalange.

Cet auteur motive, dans le Nouveau Dictionnaire d'histoire naturelle, la formation de son genre sur ce que les oiseaux dont il s'agit n'ont pas les principaux caractères assignés par Gmelin et Latham aux *mainates*, avec lesquels ils les ont classés ; que ce ne sont pas non plus des *pies*, nom sous lequel Brisson et Buffon en ont décrit des espèces ; ni des cassiques, puisque leur bec est autrement conformé, et qu'ils n'ont aucun rapport avec eux dans les mœurs, les habitudes, la construction et la position du nid.

M. Vieillot, écartant du genre l'*atthis*, qui, comme on vient de le voir, est l'alcyon commun, et le quiscale cristatelle, qui est le martin huppé de la Chine, dont il est parlé dans ce Dictionnaire, tom. XXIX, pag. 263, n'admet que les trois espèces suivantes :

Quiscale barite, *Quiscalus baritus*, Vieill., et *Gracula barita*, Linn. et Lath. Cet oiseau, qui habite l'Amérique septentrionale et les grandes Antilles, est long de dix pouces trois lignes. Son bec, de couleur noire, a dix-sept lignes. Tout le plumage du mâle est d'un noir lustré, à reflets violets ou verts, et cette couleur est terne sur la femelle. Le jeune, avant sa première mue, est blanchâtre sur les sourcils, brun sur le dos, grisâtre sur la tête, d'un blanc sale sur les joues et la gorge, roussâtre sur le devant du cou et la poitrine, et brun sur les parties postérieures. La queue de ces oiseaux, dont la superficie est plane lorsqu'elle est étalée, présente une sorte de gouttière dans l'état de repos, et cette particularité, que M. Vieillot n'applique qu'au quiscale barite, est considérée d'une manière plus générale par M. Vigors, qui, dans ses *Esquisses ornithologiques,* dont on trouve l'analyse au Bulletin des sciences naturelles, tom. 8 (Mai 1826), pag. 111 et 112, caractérise ainsi les quiscales : *Rostro crasso, curvato, basi angulato; cauda gradata, cymbiformi.*

Grand Quiscale ; *Quiscalus major,* Vieill. L'auteur hésite sur l'application d'une synonymie à cet oiseau, qui paroît néanmoins être le même que le quiscale zanoé de Daudin, puisque l'un et l'autre citent la *petite pie du Mexique* de Brisson, et le *tzanahoei* de Fernandez, lequel est le zanoé de Buffon, que l'auteur espagnol compare pour la grosseur, la longueur de la queue, le talent d'apprendre à parler, et l'instinct de dérober ce qu'il trouve à sa bienséance, à la pie commune. Le plumage est d'un noir à reflets bleus, plus ou moins sensibles.

Quiscale versicolore : *Quiscalus versicolor,* Vieill. ; *Gracula quiscala,* Linn. et Lath. Cet oiseau, rapporté au *tequixquia-catznatl* de Fernandez, ou étourneau des marais salés, et à la pie de la Jamaïque de Buffon et de Brisson, est long de onze pouces. Le mâle offre, sur un plumage dont le fond est d'un noir velouté, des reflets éclatans de diverses couleurs : et la femelle, un peu plus petite, a le dessus de la tête, le cou et le dos d'un brun fuligineux, la gorge et les parties inférieures d'un brun terreux ; les ailes, la queue, le bas du dos et le croupion noirs, avec quelques reflets verts. Jusqu'à l'époque de la mue le jeune est brun sur le corps et roussâtre en dessous. L'espèce est sujette à des variétés accidentelles, parmi lesquelles on remarque celle dont Latham a fait une espèce sous le nom d'*oriolus ludovicianus,* dont le blanc pur tranche agréablement sur le noir changeant de diverses parties du corps.

Ces oiseaux, qu'on voit depuis les grandes Antilles jusqu'à la baie d'Hudson, se tiennent ordinairement sur la lisière des bois, d'où ils se répandent dans les marais salés et dans les champs cultivés, pour y chercher les vers et les insectes, qui, avec la graine de la zizanie aquatique, forment leur nourriture habituelle. Ils sont d'un naturel très-social et construisent sur les pins et autres arbres des nids composés extérieurement de tiges d'herbes et de racines liées ensemble avec de la terre gâchée, et intérieurement d'une sorte de jonc très-fin et de crins. Les femelles y pondent cinq ou six œufs d'une couleur olive bleuâtre, avec de larges taches et des raies noires ou d'un brun sombre. Ils se retirent en hiver dans les taillis et les vergers voisins des habitations rurales, où ils prennent leur part de la nourriture distribuée aux volailles. (Ch. D.)

QUISE-QUIDI. (*Ornith.*) Dans le Voyage à Surinam du capitaine Stedman, tom. 1, pag. 397, l'auteur dit que l'oiseau, ainsi nommé à cause de son ramage, est à peu près de la grosseur d'une alouette; que son plumage est brun, à l'exception de la poitrine et du ventre, où il est d'un beau jaune, et qu'il fait beaucoup de dégâts sur les plantations. (Ch. D.)

QUISOAR, QUISUAR. (*Bot.*) Dans le Pérou on nomme ainsi quelques *buddleia* de la Flore de ce pays, qui sont des arbres ou arbrisseaux dont les caractères approchent de ceux des personées. (J.)

QUISQUALE, *Quisqualis.* (*Bot.*) Genre de plantes dicotylédones, à fleurs complètes, polypétalées, de la famille des *onagraires*, de la *décandrie pentagynie* de Linnæus, offrant pour caractère essentiel : Un calice très-long, filiforme, à cinq dents; cinq pétales (cinq écailles, Juss.) insérés à l'orifice du calice; dix étamines, même insertion; un ovaire inférieur? un style; un stigmate obtus; un drupe sec, à cinq angles, renfermant une noix arrondie.

Beauvois, dans sa Flore d'Oware et de Benin, dit avoir observé que le calice du *quisqualis* n'étoit pas libre ou supérieur, mais inférieur, adhérant avec l'ovaire, caractère qui transporte ce genre dans la famille des onagraires, et non dans celle des thymélées. Il cite de plus des détails très-curieux sur ce genre, extraits de Rumph. Les fleurs du *quisqualis*, dit ce dernier auteur, sont blanches le matin; après midi elles rougissent; le soir on les voit roses, et dans le reste du jour elles acquièrent une couleur de sang; il a encore observé que cet arbrisseau, après s'être élevé droit, et au-dela de trois pieds, jetoit quelques rameaux irréguliers, garnis de feuilles solitaires et sans ordre. Au bout de six mois il s'élève de la racine un nouveau drageon qui penche sensiblement, ressemble à une corde et se tourne en différens sens vers les arbres voisins, sans cependant jamais les entourer ni les serrer. Ce rameau, devenu assez ferme et assez droit, s'ouvre dans plusieurs endroits sur l'écorce et reste ensuite dans la même situation que la première pousse. Les feuilles inférieures sont plus petites que les supérieures.

QUISQUALE PUBESCENT : *Quisqualis pubescens*, Lamk., *Ill. gen.*, tab. 557, fig. 2 ; Burm, *Flor. Ind.*, tab 35, fig. 2 ; *Quisqualis indica*, Linn., *Spec.* Plante des Indes orientales, dont la tige est ligneuse, cylindrique, ramifiée, un peu pubescente, garnie de feuilles pétiolées, opposées, ovales, entières, médiocrement échancrées en cœur à leur base, un peu acuminées en leurs bords, glabres ; les pétioles sont courts. Les fleurs sont terminales ou axillaires vers l'extrémité des rameaux, munies d'un pédoncule commun, simple, filiforme, plus court que les feuilles, terminé par un fascicule de fleurs sessiles, munies à leur base de bractées ovales, opposées ; le calice est très-long, cylindrique, tubulé, un peu pubescent ; la corolle composée de cinq pétales oblongs, elliptiques, attachés à l'orifice du calice.

QUISQUALE GLABRE : *Quisqualis glabra*, Lamk., *Ill. gen.*, tab. 559, fig. *b-f*: Burm., *Flor. Ind.*, tab. 2, fig. 1 ; Rumph., *Amb.*, 5, tab. 38. Quoique cette plante soit très-rapprochée de la précédente, à laquelle elle ressemble par ses feuilles, elle en diffère par la forme et la disposition de ses fleurs ; elles sont terminales, supportées par un pédoncule ramifié ; les divisions opposées, peu nombreuses ; chacune d'elles est chargée vers le sommet de fleurs alternes, presque sessiles, accompagnées de bractées ovales, imbriquées ; le calice est glabre ; le tube long, filiforme ; la corolle plus petite que dans l'espèce précédente ; le fruit est un drupe alongé, presque cunéiforme, à cinq angles. Cette plante croît dans l'île d'Amboine et aux Indes orientales.

QUISQUALE SANS BRACTÉES : *Quisqualis ebracteata*, Pal. Beauv., Flore d'Oware et de Benin, 1, p. 57, tab. 35. Cette plante, d'après Beauvois, se distingue particulièrement des deux précédentes, en ce qu'elle est privée de bractées ; elle est de plus parfaitement glabre. Ses tiges sont foibles, rameuses, garnies de feuilles pétiolées, ovales, oblongues, acuminées, la plupart alternes, quelques-unes opposées, entières ; les inférieures plus petites et un peu arrondies. Les fleurs sont disposées en un long épi axillaire et terminal ; le tube du calice est grêle, très-long, cylindrique ; le limbe à cinq dents courtes, aiguës ; les cinq pétales sont insérés à l'orifice du calice, opposés à ses divisions, étalés, sessiles, lancéolés, longs d'un pouce. Cette plante croit dans le royaume d'Oware, à l'entrée de la rivière de New-Town. (*Poir.*)

QUISQUILIUM. (*Bot.*) C'est dans Pline le nom du chêne à cochenille, lorsqu'il est chargé de cet insecte. Les Espagnols nomment alors cet arbre *coscoja*, que Clusius présume dérivé du nom latin. (Lem.)

QUITTER. (*Ornith.*) L'oiseau désigné par ce nom dans Frisch, est le *cabaret*. (Ch. **D.**)

QUITY. (*Bot.*) Marcgrave et Pison décrivent sous ce nom un arbre du Brésil, qui a les feuilles pennées, à folioles très-entières, des fleurs petites, disposées en panicule, auxquelles succèdent des fruits de la grosseur d'une cerise, dont la noix, sphérique et âcre, est recouverte d'une pulpe mince et savonneuse, au bas de laquelle on voit deux petites éminences. Ces fruits, mis dans l'eau, la rendent très-savonneuse et propre aux lessives. On peut faire des colliers ou des chapelets avec sa noix, qui est dure et luisante. Cet arbre est certainement une espèce de savonier, *sapindus*, dont les fruits et les noix ont la même forme et sont employés aux mêmes usages. (J.)

QUIVI, *Quivisia*. (*Bot.*) Genre de plantes dicotylédones, à fleurs complètes, polypétalées, de la famille des *méliacées*, de la *décandrie monogynie* de Linnæus, offrant pour caractère essentiel : Un calice campanulé, à quatre ou cinq dents ; quatre ou cinq pétales, attachés à la base du tube du calice ; huit ou dix étamines à l'orifice d'un tube court ; les anthères sessiles ; un ovaire supérieur ; le style simple ; le stigmate globuleux, sillonné ; une capsule coriace, à quatre ou cinq loges, s'ouvrant au sommet en autant de valves, divisées par une cloison ; deux semences dans chaque loge.

Commerson, dans ses manuscrits, donne à ce genre le nom de *Baretia*, et le consacre à la mémoire d'une femme courageuse, nommée Baret, qui, par amour pour Commerson et pour les voyages, avoit voulu l'accompagner et s'étoit déguisée sous un habit d'homme, pour mieux exécuter son projet. Elle resta inconnue à tous les gens de l'équipage pendant une

grande partie du voyage ; mais, étant arrivée à Otaïti, les in-
sulaires ne furent pas un instant trompés sur son sexe ; cette
femme extraordinaire accompagna Commerson dans toutes
ses excursions botaniques : elle mourut dans le cours du
voyage.

Quivi a dix étamines : *Quivisia decandra*, Cavan., Dissert.
bot., 7, p. 367, tab. 211 ; *Baretia*, Comm., *Herb. mss. et icon.*
Arbrisseau dont les tiges se divisent en rameaux glabres, nombreux, alternes, cylindriques et striés, garnis de feuilles alternes, médiocrement pétiolées, ovales, lancéolées, aiguës à
leurs deux extrémités, entières, luisantes en dessus, d'un vert
pâle en dessous. Les fleurs sont axillaires, disposées en petites
grappes courtes. Leur calice est petit, légèrement pubescent,
campanulé, à cinq dents très-courtes, aiguës. La corolle est
blanche, à cinq pétales ovales, trois fois plus longs que le
calice ; elle renferme dix étamines. Le fruit est une capsule
roussâtre, tomenteuse, à quatre loges, renfermant chacun
une semence. Cette plante croit à l'Isle-de-France.

Quivi a feuilles opposées ; *Quivisia oppositifolia*, Cavan., *loc.
cit.*, tab. 224. Arbre ou arbrisseau à rameaux épars, les supérieurs opposés ; l'écorce est ridée, d'un gris foncé ; le bois
jaunâtre, les feuilles sont ovales, entières, glabres, un peu
pétiolées ; les inférieures presque alternes, les supérieures
opposées. Les fleurs sont axillaires ; le pédoncule commun,
long d'environ un demi-pouce, divisé au sommet en trois
autres courts, uniflores, tomenteux. La capsule est globuleuse,
presque ligneuse, de la grosseur d'un pois, couverte d'un
duvet un peu jaunâtre et tomenteux, à demi divisée en quatre
ou cinq valves, avec autant de loges, dans chacune desquelles
sont renfermées deux semences ovales, oblongues, attachées
à un placenta droit, marqué de quatre ou cinq sillons. Cette
plante a été découverte à l'Isle-de-France.

Quivi ovale : *Quivisia ovata*, Cavan., *loc. cit.*, tab. 222 ;
Lamk., *Ill. gen.*, tab. 302, fig. 1 ; *Baretia*, Commers., *Herb.
et icon.* Cette plante est pourvue d'une tige ligneuse, divisée
en rameaux alternes, glabres, recouverts d'une écorce grisâtre, garnis de feuilles pétiolées, glabres, ovales, alternes,
coriaces, entières, obtuses, luisantes en dessus. Les fleurs sont
axillaires, en grappes très-courtes, presque sessiles ou soli-

taires. Leur calice est un peu pubescent, à quatre petites dents. La corolle est composée de quatre pétales blanchâtres en dehors, un peu rouges en dedans, un peu aigus à leur base, trois fois plus longs que le calice ; elle renferme huit anthères situées à l'extrémité d'un tube rougeâtre. La capsule est tomenteuse. Cette plante croît à l'île de Bourbon.

QUIVI HÉTÉROPHYLLE : *Quivisia heterophylla*, Cavan., *loc cit.*, tab. 213 ; Lamk., *Ill. gen.*, tab. 302, fig. 2. Cette espèce est remarquable par la forme variée de ses feuilles. Sa tige est ligneuse, divisée en rameaux glabres, alternes, grisâtres, ridés, garnis de feuilles alternes, pétiolées, les unes ovales ou presque rondes, très-entières ; d'autres lobées, sinuées, assez semblables à celles du chêne ; d'autres, enfin, pinnatifides, à pinnules plus ou moins fines, glabres, obtuses, luisantes en dessus, supportées par des pétioles très-courts. Les fleurs sont petites, axillaires, presque sessiles, souvent deux au plus dans chaque aisselle. Le calice et la corolle sont un peu pubescens ; la capsule presque glabre, fort petite, ovale ou arrondie. Cette plante croît à l'île de Bourbon. (POIR.)

QUIVISIA. (*Bot.*) Voyez QUIVI. (LEM.)

QUIYA. (*Bot.*) Nom brésilien de différentes espèces de piment, *capsicum*, nommées aussi *pimenta* par les Portugais. Pison en indique plusieurs espèces ou variétés. (J.)

QUOAITA, QUOATA ou COAITA. (*Mamm.*) Voyez ATÈLE. (DESM.)

QUOASSE ou COASE. (*Mamm.*) Noms américains d'une espèce de mammifère carnassier du genre des Mouffettes. (DESM.)

QUOGGELO. (*Erpét.*) Le prétendu lézard, dont quelques voyageurs et lexicographes ont parlé sous ce nom, paroît n'être que le pangolin à longue queue. Voyez PANGOLIN. (H. C.)

QUOIAS-MORROU. (*Mamm.*) Selon Dapper et quelques autres voyageurs, ce nom est donné en Afrique à un singe, qui a cinq pieds de haut, qui marche quelquefois droit, en s'appuyant sur un bâton, et qui se sert de celui-ci avec adresse pour se défendre ; il est noir et velu, et ses bras sont longs. M. Virey croit que ce singe est le chimpenzée. (DESM.)

QUOIMEAU. (*Ornith.*) L'oiseau désigné par Salerne comme portant vulgairement ce nom en Sologne, est le blongios ou petit butor, *ardea minuta* et *danubialis*, Gmel. (Ch. D.)

QUOJAS - MORROU et QUOJOIS - MORAS. (*Mamm.*) Voyez Quoias - morrou. (Desm.)

QUOLANOJA. (*Ornith.*) Suivant Jobson (Hist. gén. des voyages, tom. 3, in-4.°, p. 304) ce nom est donné, par les naturels de la côte occidentale d'Afrique, à un aigle qui vit dans les bois, où il se perche au sommet des plus grands arbres, et se nourrit de singes. Une autre espèce, qui fréquente les lieux marécageux et se nourrit de poissons, est appelée, dans les mêmes contrées, *quolanoga-klaw*. Une troisième espèce, le *simbi*, fait sa proie des oiseaux, et une quatrième, le *poy*, habite ordinairement les bords de la mer, et se nourrit de crabes et autres coquillages. (Ch. D.)

QUOUIYA. (*Mamm.*) Une espèce d'hydromys, le coypou, porte ce nom au Paraguay. C'est à tort qu'il a été rapporté à la loutre du Brésil. (Desm.)

QUOUJAVAURAU. (*Mamm.*) Voyez Quoias - morrou. (Desm.)

QUOY. (*Ornith.*) Salerne dit, pag. 129 de son Ornithol., que le jeune coq ou cochet s'appeloit jadis à Orléans *quoy* ou *cocher*. (Ch. D.)

QUOZAO. (*Ornith.*) Voyez Quirizao. (Ch. D.)

QUUMBENGO. (*Mamm.*) Selon Barbot, l'hyène porte ce nom en Guinée. (Desm.)

QUY-LUNE-LONG-SU. (*Ornith.*) Nom chinois du moucherolle à cou jaune, *muscicapa flavicollis*, Lath. (Ch. D.)

QUYO. (*Mamm.*) Voyez Quio. (Desm.)

R

RA-RADJUR. (*Mamm.*) Le chevreuil porte ce nom en danois, et ceux de *Raa*, *Raa-dyr*, *Raa-buk*, en danois et en norwégien. (Desm.)

RAADA. (*Ichthyol.*) Un des noms égyptiens du Malaptérure. Voyez ce mot. (H. C.)

RAAF. (*Ornith.*) Le corbeau, *corvus corax*, Linn., est ainsi nommé en Hollande. (Ch. D.)

RAALE. (*Bot.*) Forskal cite ce nom arabe pour son *melissa perennis*, qui est, selon Vahl, le *melissa ægyptiaca* de Linnæus. Voyez aussi Sagaret et Ghasal. (J.)

RAAS EL FEEL. (*Ornith.*) Le calao d'Abyssinie, *buceros abyssinicus*, Gmel., est ainsi nommé dans ce royaume. (Ch. D.)

RAASCH. (*Ichthyol.*) Voyez Malaptérure. (H. C.)

RAATNE-GANS. (*Ornith.*) Nom de la bernache, *anas erythropus*, Gmel., en Norwége. (Ch. D.)

RAB. (*Ornith.*) On donne, en Allemagne, ce nom et ceux de *raab*, *rapp* et *rave* au corbeau, *corvus corax*, Linn. (Ch. D.)

RABA. (*Bot.*) Plante d'Égypte citée sous ce nom dans le manuscrit de Lippi, qui est la même que le *papularia* de Forskal et le *trianthema monogyna* de Linnæus, à reporter dans la famille des portulacées. C'est le *remé* du Sénégal, nom adopté par Adanson.

Le *raba* des Languedociens est la rave, *brassica rapa*, et, selon quelques-uns, le raifort, *raphanus sativus*, qui est aussi nommé *rabé*. (J.)

RABADIAUX. (*Ornith.*) Ce nom désigne, en Flandre, les pinsons qu'on a privés de la vue, afin de les rendre chanteurs infatigables, lorsqu'on s'en sert comme appelans pour attirer dans les piéges les oiseaux sauvages de la même espéce. (Ch. D.)

RABAILLET. (*Ornith.*) Nom vulgaire de la cresserelle, *falco tinnunculus*, Linn. (Ch. D.)

RABAJI. (*Ichthyol.*) Nom arabe d'un poisson, rapporté par Forskal et Bonnaterre au genre *Chétodon*, et que nous avons décrit, avec de Lacépède, sous la dénomination d'Holocentre rabaji, dans ce Dictionnaire, tom. XXI, pag. 294. (H. C.)

RABALINO. (*Ornith.*) Ce nom et ceux de *rabolane* et *rhoncas* sont donnés, chez les Grisons, au lagopède ordinaire, *tetrao lagopus*, Linn. (Ch. D.)

RABANA. (*Bot.*) Un des noms de la moutarde. (L. D.)

RABANEL. (*Bot.*) Une espèce de sénevé, *sinapis dissecta*, Lagasc., est ainsi nommée à Orcetis en Espagne. (Lem.)

RABANENCO. (*Ichthyol.*) Un des noms languedociens de l'ombre. Voyez Corégone. (H. C.)

RABARBARUM. (*Bot.*) Synonyme de *rhabarbarum*, nom latin de la Rhubarbe. Voyez ce mot. (Lem.)

RABAS ou PUDI. (*Mamm.*) Dans le même Dictionnaire languedocien, on trouve ces mots, comme servant à désigner le putois. (Desm.)

RABAS ou RAVAT. (*Mamm.*) Noms languedociens, qui s'appliquent à un vieux mouton, et aussi à un mouton à laine pendante et frisée, selon l'abbé de Sauvage, auteur du Dictionnaire languedocien. (Desm.)

RABASSO. (*Bot.*) Nom provençal du raifort cultivé, cité par Garidel. (J.)

RABBET et CONY. (*Mamm.*) Nom anglois du lapin et de sa femelle. (Desm.)

RABBIT. (*Mamm.*) Nom anglois, équivalant à celui de Rabbet. (Desm.)

RABD. (*Bot.*) Nom arabe, suivant Forskal, de son *buphtalmum graveolens*. (J.)

RABDOCHLOA (*Bot.*), Pal. Beauv., *Agrost.*, p. 84, tab. 17, fig. 3. Ce genre, établi par Beauvois, appartient à l'*oxydenia* de Nuttal : il diffère à peine du *leptochloa*, et se rapporte à plusieurs espèces de *cynosurus*, telles que le *cynosurus virgatus*, *monostachyos, domingensis*, etc., ainsi qu'à plusieurs *chloris* (voyez Leptochloa). Il se distingue par son port, les fleurs formant une panicule simple ; les rameaux épars ou fastigiés, simples, filiformes ; les épillets presque unilatéraux ; les valves calicinales plus courtes que celles de la corolle, renfermant trois à cinq fleurs ; la valve inférieure de la corolle munie d'une soie à son sommet, qui est crénelé ; la valve supérieure entière. (Poir.)

RABEK. (*Ornith.*) Les oiseaux dont il est fait mention sous ce nom et sous celui de rabekés, dans les Voyages de Roberts et de Dampier, sont des hérons gris de l'espèce commune, *ardea major* et *cinerea*, Linn. (Ch. D.)

RABENKRÆHE. (*Ornith.*) Nom de la corneille commune, *corvus corone*, Linn., suivant Blumenbach, Manuel d'histoire naturelle. (Ch. D.)

RABETTE. (*Bot.*) C'est la navette, variété du chou-navet. (L. D.)

RABIHORCADO. (*Ornith.*) Ce nom, qui signifie queue fourchue, et celui de *rabo-di-junco*, désignent en espagnol la frégate, *pelecanus aquilus*, Linn., que les Portugais appellent *rabo forcado*. (Ch. D.)

RABIJUNCOS. (*Ornith.*) Nom espagnol, cité par Ulloa, comme désignant le phaéton ou paille-en-queue, *phaeton æthereus*, Linn. (Ch. D.)

RABIOLLE ou RABIOULE. (*Bot.*) On donne ces noms au chou-rave et à une variété du chou-navet. (L. D.)

RABIROLLE. (*Ornith.*) Nom provençal de l'hirondelle de fenêtre, *hirundo urbica*, Linn. (Ch. D.)

RABIRRUBIA. (*Ichthyol.*) A la Havane, on donne ce nom au spare queue-d'or. Voyez Spare. (H. C.)

RABIS. (*Bot.*) La carline sans tiges est ainsi nommée dans les Pyrénées. (Lem.)

RABIS. (*Mamm.*) Ce nom patois est appliqué au loup dans quelques provinces. (Desm.)

RABO. (*Bot.*) En Languedoc on donne ce nom à la rave. (L. D.)

RABOFORCADO. (*Ornith.*) La frégate, oiseau de grand vol, voisin des cormorans, est ainsi nommée par les Portugais et les Espagnols. (Desm.)

RABOLANE. (*Ornith.*) Voyez Rabalino. (Ch. D.)

RABOTEUSE. (*Erpét.* et *Ichthyol.*) Nom spécifique d'une Tortue et d'une Pastenague. Voyez ces mots. (H. C.)

RABOTEUX. (*Ichthyol.*) Bloch a donné le nom de *cottus scaber* ou de *chabot raboteux* à un poisson qui est probablement le même que le *platycéphale rusé*. Voyez Platycéphale. (H. C.)

RABOUILLÈRE. (*Mamm.*) Les chasseurs appellent ainsi le terrier où la lapine se retire pour faire ses petits. (Desm.)

RAC. (*Conchyl.*) Adanson (Sénég., p. 150, pl. 10) décrit et figure une très-petite espèce de buccin, fort-voisine de son nisot, dont Gmelin et M. de Lamarck n'ont pas parlé et qui pourroit bien n'être qu'un jeune âge. (DE B.)

RACANETTE. (*Ornith.*) Nom que les chasseurs donnent aux sarcelles. (CH. D.)

RACARIA. (*Bot.*) M. Richard regarde ce genre d'Aublet comme une espèce de *talisia* du même auteur, dans la famille des sapindées. Voyez ci-après RACARIER. (J.)

RACARIER, *Racaria*. (*Bot.*) Ce genre a été établi par Aublet, mais il n'en a connu que les fruits; il paroit se rapprocher beaucoup par son port du *talisia*, établi par le même auteur, mais dont il n'avoit pas vu le fruit. D'après lui, son *racaria sylvatica* (Aubl., Guian., 2, Suppl., p. 24, tab. 382) est un arbrisseau qui s'élève à la hauteur de dix ou douze pieds. Son tronc est droit, d'environ trois ou quatre pouces de diamètre, revêtu d'une écorce mince, lisse, marquée par les impressions des feuilles tombées, et garni, un peu au-dessous de ces impressions, de tubercules d'où sortent des épines dures, longues de trois ou quatre lignes. Le bois est blanc, fort dur; les feuilles sont alternes, pétiolées, ailées, composées d'environ trois paires de folioles glabres, ovales, aiguës, très-entières, rangées par opposition le long d'un pétiole long d'environ dix pouces, triangulaire, très-épais à sa base, terminé par une pointe fort aiguë; chaque foliole est longue de sept à huit pouces, sur trois et demi de large, d'inégale grandeur, les supérieures plus larges.

Les fruits sont disposés en une sorte de grappe au sommet d'un tronc sur lequel Aublet n'a jamais vu de branches. Ces fruits ont la grosseur et la forme d'un gland, revêtus d'une écorce épaisse et jaune, qui recouvre une substance acide et molle, renfermant trois noyaux oblongs, triangulaires, rapprochés par leur face interne, convexe à leur face extérieure. Chacun de ces noyaux renferme une amande verte, qui a la saveur d'un pois vert; quelquefois il n'y a qu'un seul noyau, de forme ovale; d'autres fois il en a deux comprimés, appliqués l'un contre l'autre, convexes à leur face extérieure. Ces fruits sont supportés par un pédoncule ligneux, profondément enfoncé dans leur substance. Cet arbrisseau croît dans les forêts de la Guiane, au bas de la montagne des Serpens ; il porte ses fruits vers le milieu de l'été. (Poir.)

RACCO. (*Bot.*) C'est le nom d'une variété de froment, que l'on cultive dans les environs de Nantes. (Lem.)

RACCOON. (*Mamm.*) Nom anglois du raton. (Desm.)

RACE. (*Ornith.*) Sans remonter aux causes primitives qui produisent les différentes races d'animaux, on croit devoir se borner à observer ici, relativement aux oiseaux, que les races diffèrent des variétés, en ce que celles-ci consistent dans des différences accidentelles qui ne se reproduisent pas et disparoissent avec les individus, tandis que chez les races les modifications observées dans la taille et le plumage des pères et mères se retrouvent dans les descendans, qui ne reprennent plus les couleurs ni les proportions anciennes, et quelquefois même contractent des habitudes différentes, comme on l'a remarqué chez des perdrix devenues blanches, qui ont cessé toute communication avec les perdrix grises dont elles tiraient leur origine, et qui ne s'allioient plus qu'entre elles, quoique les unes et les autres vécussent dans le même canton. (Ch. D.)

RACE-HORSE. (*Ornith.*) Les oiseaux que les matelots des voyages de Wallis et de Cook désignoient par cette expression, qui signifie *cheval de course*, sembloient devoir être exclusivement rapportés aux manchots, à cause de la vitesse avec laquelle ils frappoient les flots de leurs pieds et de leurs ailes. Malgré le double passage de Forster, cité dans l'Histoire des oiseaux de Buffon, tom. 9, in-4.°, p. 414 et 415, ne pourroit-on pas en effet concilier ces termes avec le nom de *canards lourdauts*, que les Anglois leur ont donné dans les îles Falkland, en supposant qu'après les avoir vus nager en pleine mer, ils les aient aperçus marchant péniblement près des rivages. (Ch. D.)

RACHA. (*Ornith.*) Ce nom hébreu de la huppe, *upupa epops*, désigne aussi le canard mâle en allemand, suivant Gesner. (Ch. D.)

RACHAM. (*Ornith.*) Ce nom arabe, qui s'écrit aussi *raham*, étoit donné par les Hébreux, suivant Gesner et Aldrovande, à l'orfraie ou à une espèce de vautour. (Ch. D.)

RACHAMAH. (*Ornith.*) Cet oiseau est le vautour d'Égypte, *vultur percnopterus*, Gmel., figuré dans Bruce, tom. 5, pl. 33, et que l'on nomme aussi *poule de Pharaon* et *rakhameth*. (Cʜ. D.)

RACHE. (*Ornith.*) L'oiseau qu'on appelle ainsi en Silésie, et que les Allemands nomment *racher* ou *racke*, est le rollier commun, *coracias garrula*, Linn. (Cʜ. D.)

RACHIS. (*Bot.*) L'extrémité de la tige des graminées, qui forme l'axe de l'épi, est ainsi nommée.

Quelquefois on a appliqué la même dénomination pour désigner les axes des châtons, et mêmes les tiges de quelques graminées, ou l'axe ou la côte de la fronde des fougères. (Lᴇᴍ.)

RACHLEHANE. (*Ornith.*) Nom suédois du tétras à queue fourchue, *tetrao tetrix*, Linn. Ce nom s'écrit aussi *rakkelhan* et *racklan*. (Cʜ. D.)

RACINE, *Radix*. (*Bot.*) Le nom de racine s'applique surtout à cette partie inférieure du végétal, simple ou divisée, qui s'enfonce dans la terre et se couvre de radicelles, ou, comme disent les cultivateurs, de *chevelu*, petites ramifications de la racine, qui sont autant de bouches aspirantes.

Les radicelles sortent chacune d'une coléorrhyze, dans beaucoup de monocotylédons et de dicotylédons.

A l'exception de quelques trémelles et de quelques conferves, dont la substance est homogène et qui vivent à la surface de la terre ou dans l'eau, tirant leur nourriture d'une manière uniforme par tous les points extérieurs de leur corps, toutes les plantes ont des racines. Il en est même qu'on peut considérer comme n'étant en totalité que racine; de ce nombre est la truffe.

Presque toutes les parties du végétal sont de nature à s'enraciner : la pointe des feuilles de l'*aspidium rhizophyllum*, de l'*asplenium rhizophyllum*, etc.; les nœuds des chaumes des graminées, la superficie entière des tiges du *bignonia radicans*, du lierre, etc.; la base des feuilles du *justicia lutea*, du *ruellia ovata*, de l'oranger, etc.; l'extrémité des branches de tous les végétaux ligneux.

Une branche de saule, courbée en arc, et enfoncée dans la terre par ses deux bouts, s'enracine par l'un et par l'autre et produit des rameaux dans sa partie moyenne. Les branches du figuier des pagodes s'inclinent d'elles-mêmes jusqu'à terre, y jettent des racines et forment de magnifiques arcades. Le *clusia rosea* produit de sa cime des filets déliés qui descendent aussi jusqu'à terre et s'y attachent.

La plupart des plantes d'eau douce, le nénuphar, le ményanthe, la renoncule aquatique, etc., outre les racines qui les retiennent au sol, en ont encore de flottantes qui partent de la base des feuilles.

Le *lemna*, connu sous le nom de lentille d'eau, n'a que des racines flottantes ; ce sont de simples filets, terminés chacun par un petit cornet charnu.

Les racines des plantes grasses, telles que les cierges, les *mesembryanthemum*, les *stapelia* et autres espèces d'un tissu lâche et succulent, sont sèches, fibreuses, et ne servent, ce semble, qu'à fixer ces plantes au sol. La succion des tiges et des feuilles suffit aux besoins des plantes grasses, parce qu'elles transpirent peu ; aussi les voit-on croître avec vigueur dans les climats chauds sur des rochers arides.

Des espèces d'un tissu plus serré, la giroflée jaune, l'*erysimum murale*, le mufle de veau, etc., qui s'accommodent fort bien d'une terre humide et substantielle, se comportent de même que les plantes grasses, quand le hazard les fait croître sur les rochers, sur le sable ou sur les murs : leurs racines les fixent, leurs feuilles les nourrissent.

Les plantes parasites enfoncent leurs racines dans l'écorce des autres plantes. Lorsque le gui prend pied sur une branche, ses racines s'étendent dans la couche annuelle, appelée *liber;* mais comme cette couche s'endurcit et se change en bois, d'autres racines percent au-dessus des premières et s'alongent dans le nouveau liber développé à la superficie de l'ancien. Le phénomène se reproduit jusqu'à ce que la branche ou le gui périsse ; aussi, à ne juger que sur l'apparence, on diroit que les racines des vieux guis ont pénétré de vive force jusqu'au cœur du bois.

L'orobanche, la clandestine, l'hypociste, implantent leurs racines sur celles de certains végétaux ligneux.

Dans l'Amérique méridionale, contrée de merveilleuse végétation, des arbres vivent en parasites sur d'autres arbres. Les longues racines du *clusia rosea*, parasite de cette nature, descendent de la cime des arbres jusqu'à terre, et quelquefois ces racines, venant à s'entregreffer et à se couvrir d'une seule et même écorce, formant un immense fourreau, dans lequel est renfermé le tronc étranger qui soutient dans les airs celui du *clusia*.

Beaucoup de lichens, de champignons, de mousses, se cramponnent à l'écorce des arbres, mais il ne paroît pas qu'ils en détournent la séve à leur profit.

Le *sclerotium crocorum*, qui n'est tout entier qu'une racine, s'attache aux oignons du safran et en dévore la substance. (Voyez RHIZOCTONIA.)

La durée des racines est un caractère qu'on ne doit pas négliger. Les unes sont passagères, les autres sont vivaces. Les premières ne subsistent qu'une année ou deux ans au plus; elles périssent avec le reste de la plante, après une seule floraison. Les autres, quand elles portent des tiges ligneuses, durent autant qu'elles, et quand elles portent des tiges herbacées, elles survivent à ces tiges, en produisent de nouvelles, et n'ont pour ainsi dire pas de fin.

On peut rapporter presque toutes les racines qui terminent la partie inférieure des végétaux aux cinq espèces suivantes : les pivotantes, les fibreuses, les tubéreuses, les bulbifères et les progressives.

1.° Les pivotantes sont formées par le caudex descendant, qui s'enfonce perpendiculairement dans le sol et représente une espèce de pivot. Leur forme générale approche plus ou moins de celle d'un cône renversé. Ces racines sont quelquefois sans ramifications (carotte, rave), et d'autres fois elles ont des branches d'autant plus vigoureuses et plus longues, qu'elles partent de points plus ou moins voisins de la surface de la terre (frêne). Beaucoup d'herbes et le plus grand nombre des arbres bilobés, ont des racines pivotantes. Aucun monocotylédon, que je sache, n'en a de telles.

L'oxigène est nécessaire au développement et à la conservation des racines. Cela est bien visible dans les arbres a racines pivotantes; car, si l'on exhausse le sol autour de leur tronc, il arrive souvent que de nouvelles ramifications naissent immédiatement au-dessous de la superficie du terrain, et que celles qui sont plus avant dans la terre et la partie inférieure du pivot se détruisent.

Quelquefois les ramifications latérales des racines pivo-

tantes tracent au loin et produisent des turions, sortes de
boutons nés sous terre qui cherchent la lumière et donnent
naissance à de nouvelles tiges.

Les ramifications latérales de la racine pivotante du *schu-
bertia disticha* ou cyprès distique, grand arbre des contrées
marécageuses de l'Amérique septentrionale, pousse de distance en distance des cônes d'un bois mou, sans branches ni
feuilles, qui s'élèvent à plus d'un mètre au-dessus de la surface du sol. Des cônes moins élevés naissent autour du tronc
de l'*avicenia*, petit arbre des contrées chaudes de l'Amérique.

Certains mangles ou palétuviers, qui se plaisent sur les
plages maritimes des terres équinoxiales, portent leurs branches et leurs racines, entrelacées comme un grillage, à quelques centaines de pas sur les eaux de la mer.

Plus le terrain est meuble et plus les racines des arbres
s'alongent. Celles qui pénètrent dans des conduits d'eau se
divisent en une multitude infinie de filets menus, et deviennent ce qu'on appelle des *queues-de-renard*.

2.º Les racines fibreuses sont composées d'une multitude
de fibres grêles, tantôt simples, tantôt ramifiées. Quelquefois
le caudex descendant existe confondu avec ces fibres, dont il
ne se distingue par aucun caractère; et quelquefois aussi ce
caudex se détruit peu après la germination. Cette suppression
naturelle du caudex descendant ordinairement dans les monocotylédons, fait que les *dracæna*, les *pandanus*, les palmiers,
des arbres si vigoureux, au lieu d'enfoncer dans la terre un
épais et long pivot, comme nos ormes ou nos chênes, s'y
attachent par un grand nombre de filets plus ou moins déliés.

3.º Les tubercules qui ont fait donner le nom de tubéreuses à certaines racines, sont des renflemens charnus souvent arrondis, masse de tissu cellulaire, que parcourent quelques vaisseaux qui se rendent vers tous les points de la surface, d'où doivent partir les filets radicaux et les turions. Les
poches du tissu cellulaire des tubercules sont remplies d'une
fécule amilacée.

Le caudex descendant se développe dans certaines espèces
en une racine tubéreuse, comme on le peut voir par la germination du cyclamen et de beaucoup d'orchidées.

Le tubercule du cyclamen survit à la chute des feuilles,

grossit d'année en année et donne naissance à de nouveaux turions.

Les *orchis*, les *satyrium*, etc., produisent chaque année, de la partie latérale de leur collet, un nouveau tubercule, qui pousse une tige au printemps suivant, à quelques millimètres de la place que l'ancienne tige occupoit. Celle-ci a disparu pendant l'hiver; son tubercule, qui s'est épuisé pour la nourrir, n'est plus, au retour de la belle saison, qu'une masse celluleuse ridée, desséchée et sans vie. Il est a remarquer que les filets radicaux des orchidées naissent ordinairement de leur collet, et que leurs tubercules ne s'enracinent point; aussi doit-on soupçonner que ces tubercules ne tirent que peu de nourriture de la terre.

Les ramifications des racines se renflent en tubercules dans une multitude d'espèces. Les pommes de terre, les patates, les ignames, les *nodus* de la filipendule, etc., n'ont pas une autre origine.

4.° Nous devons entendre par racines bulbifères, des tubercules minces, élargis en plateau, dont la surface inférieure produit des filets radicaux et dont la surface supérieure porte un oignon ou *bulbe*, sorte de gros turion qui se forme dans une année et se développe une ou plusieurs années après.

La destruction du caudex descendant de la plantule des monocotylédons à tige annuelle et le mode de croissance de leurs feuilles, amènent souvent la formation d'une racine bulbifère.

La différence entre la racine bulbifère et la racine tubéreuse est légère : dans la première, le turion est très-apparent et le tubercule l'est fort peu; dans la seconde, l'inverse a lieu, c'est-à-dire que le tubercule présente un volume considérable et que le turion est à peine visible.

5.° Les racines progressives sont, à proprement parler, des tiges enracinées qui s'alongent et se ramifient entre deux terres, en suivant une direction plus ou moins horizontale. Elles donnent des pousses annuelles et se développent par le moyen de turions qui naissent à leurs extrémités antérieures, tandis que leurs extrémités postérieures se détruisent et semblent avoir été tronquées ou mordues, selon l'expression des botanistes. Quelques racines progressives offrent de distance en distance des impressions qui ressemblent à celles d'un cachet sur une cire molle (sceau de Salomon, *allium nutans*); ce sont des cicatrices que laissent les tiges annuelles en se détachant.

Les cinq espèces de racines que je viens d'examiner se confondent ensemble par des nuances intermédiaires. Ainsi la racine du navet tient en même temps de la pivotante et de la tubéreuse, et la racine de l'*allium nutans* participe de la tubéreuse, de la bulbifère et de la progressive. La racine du topinambour offre, à la fois, un pivot qui s'enfonce dans la terre et des racines progressives chargées de tubercules.

Revenons à des considérations plus générales.

La force et la longueur des racines ne sont pas toujours proportionnées à la grandeur des végétaux. Le groupe des cônifères et celui des palmiers comprennent peut-être les plus élevés de tous les arbres, et cependant leurs racines sont courtes et ne les attachent quelquefois que foiblement à la terre; tandis que la luzerne de nos prairies, dont les tiges herbacées ne s'élèvent pas à plus de cinq à six décimètres, a souvent des racines pivotantes longues de trois à quatre mètres.

Les racines des plantes herbacées diffèrent beaucoup, par leurs propriétés, des parties de ces plantes qui sont exposées à l'air et à la lumière. Cela est visible dans la carotte, la pomme de terre, la scamonée, le jalap, la betterave, etc. Les racines des arbres n'offrent pas, en général des différences aussi prononcées; cependant on en voit des exemples. C'est une chose bien remarquable que la forte odeur d'ail qu'exhalent les racines des *mimosa*, odeur qui ne se retrouve dans aucune autre partie de ces végétaux, si ce n'est quelquefois dans leurs graines.

On a dit plus haut que c'étoit par les ramifications déliées que l'on nomme radicelles, que les sucs nutritifs pénétroient dans la plante; en voici la preuve : un navet dont la pointe seule trempe dans l'eau, pousse des feuilles; mais un navet dont la partie moyenne plonge dans le liquide, tandis que la pointe est à sec, ne fait aucun développement.

Pour ne pas s'affamer mutuellement, les racines de plantes d'une égale vigueur ont besoin d'être d'autant plus éloignées les unes des autres, que la terre qui les nourrit est moins substantielle.

Les herbes périssent au pied des jeunes arbres, parce que le chevelu ramassé autour du collet épuise la terre ; mais les vieux arbres, étendant au loin leurs racines vigoureuses, laissent subsister les herbes voisines et détruisent celles qui sont éloignées.

La croissance des racines vivaces commence en automne. A cette époque les rayons du soleil sont sans force ; les nuits deviennent froides ; les feuilles s'imbibent de l'humidité de l'atmosphère et transpirent peu ; les sucs se cantonnent dans les parties inférieures du végétal et les nourrissent. Mais sitôt que le froid a pénétré la couche superficielle de la terre, la végétation des racines s'arrête et elle ne reprend qu'au retour de la belle saison ; alors l'extrémité de chaque radicelle se gonfle et forme un mamelon blanchâtre, qui s'alonge et se fortifie jusqu'à ce que les vives chaleurs de l'été, attirant toute la séve vers les parties supérieures, en privent les racines et les épuisent. C'est par cette raison qu'il faut récolter en hiver les racines vivaces que l'on recherche pour leurs propriétés médicinales.

Tant que la séve est en mouvement, l'oxigène de l'air se combine avec le carbone de la racine et forme de l'acide carbonique ; les mucilages, les sels, les gaz en dissolution dans l'eau, sont aspirés par le chevelu ; l'acide carbonique contenu dans la racine, soit qu'il y ait été formé par l'action de l'oxigène, soit qu'il provienne directement de la terre, s'élève par les tiges jusques dans les feuilles, où il est décomposé.

On seroit dans l'erreur, si l'on croyoit que le chevelu choisit dans la terre les substances propres au végétal ; il aspire tout ensemble l'eau avec les matières qu'elle tient en dissolution ; mais la succion est d'autant plus considérable que les matières étrangères altèrent moins la liquidité de l'eau. Quand ce liquide, chargé de substances solubles, acquiert une grande viscosité, la racine pompe fort peu et le végétal pâtit. Quand au contraire l'eau est dans un grand état de pureté, la racine pompe beaucoup, mais néanmoins le végétal ne profite guère davantage. Cela fait comprendre pourquoi les terres trop riches ou trop pauvres sont également contraires à une belle végétation.

Il faut un obstacle bien puissant pour empêcher la racine d'un arbre vigoureux de se porter dans un terrain substantiel situé à sa proximité. Un mur, un fossé, sont des moyens insuffisans; elle perce le mur de part en part; elle s'incline et se relève en suivant la double pente du fossé. On ne peut expliquer raisonnablement ce phénomène, qu'en admettant que l'humidité du sol porte les sucs de la bonne terre jusqu'à la racine et détermine par ce moyen son alongement.

Les racines ont des excrétions particulières. La terre qui les environne est souvent noire et onctueuse. M. Brugmans dit qu'il a vu pendant la nuit des gouttelettes sortir de la pointe des fibres radicales de quelques plantes mises en expérience; il assure même que ces excrétions liquides faisoient périr les racines étrangères qu'elles touchoient; et ce savant. s'autorisant de ces observations, essaie d'expliquer par là le mystère des antipathies des plantes. Chose étonnante! On connoît des espèces qui ne peuvent souffrir certaines autres espèces auprès d'elles : l'ivraie nuit aux céréales; le chardon hémorrhoïdal à l'avoine; le pavot, l'euphorbe et la scabieuse des champs au lin; l'*erigerum acre* au froment; le *spergula arvensis* au sarrazin; l'aunée officinale à la carotte.

Par sa position, la racine, plus froide pendant l'été, plus chaude pendant l'hiver que les parties exposées à l'air, les préserve, selon l'occurrence, de l'excès de la chaleur ou du froid. Enfin elle fixe le végétal au sol, et ce n'est pas sa moindre utilité.

En général, les plantes bulbeuses s'accommodent d'un terrain sec, parce que les bulbes ont la propriété d'attirer l'humidité atmosphérique; les plantes à racines fibreuses se plaisent dans une terre meuble, parce qu'elles y étendent librement leur suçoirs délicats; les plantes à racines pivotantes, et surtout les espèces ligneuses, peuvent végéter sur un sol compacte, parce que leurs racines ont assez de vigueur pour en percer les couches.

Les terrains très-glaiseux sont mauvais; les terrains calcaires sont plus mauvais encore; les terrains de sable siliceux sans humus ne conviennent qu'à un petit nombre d'espèces; mais

la silice. le carbonate calcaire, l'argile et l'humus, très-divi-
sés et mélangés dans de telles proportions qu'aucune de ces
substances ne domine, forment le terrain le plus favorable à
la végétation. La raison en est que ce sol bienfaisant ne conserve ni trop ni trop peu d'humidité; qu'il est perméable à
l'air; qu'il est accessible aux moindres racines, et qu'il contient. en quantité suffisante, le carbone, principal aliment
des végétaux.

La théorie des assolemens, c'est-à-dire l'ensemble des lois
d'après lesquelles on doit établir la succession des cultures sur
un même terrain, est encore dans l'enfance; on n'a guère sur
cet objet important que des notions empiriques. On sait qu'une
plante enlève à la terre, par le moyen de ses racines, une
partie des élémens qui entrent dans sa composition; que, si
cette plante est récoltée au lieu de se détruire sur place, la
terre ne retrouvant pas ce qu'elle a perdu, s'appauvrit; que,
si son épuisement est extrême, il faut avoir recours aux engrais pour lui rendre sa fertilité; mais que, s'il reste encore
dans le sol quelques substances nutritives, il convient d'y cul-
tiver des espèces dont les racines se contentent d'une nourriture peu abondante. Dans une terre à blé, par exemple,
les navets viennent très-bien après le froment; tandis que si,
au lieu d'y semer des navets, on y semait encore du froment,
on n'obtiendroit qu'une récolte chétive, à moins qu'on n'eût
fertilisé la terre avec de nouveaux engrais. L'abbé Rozier, sans
songer que la charrue ramène à la superficie la couche inférieure de la terre labourable, disoit qu'après que les racines
traçantes du blé ont effrité le sol, les racines pivotantes du
navet, en pénétrant plus avant, peuvent encore trouver des
élémens propres à l'entretien de la végétation. Les savans
physiciens qui ont réfuté l'abbé Rozier, donnent, ce me semble, une idée plus juste du phénomène : ils tiennent pour
constant que chaque espèce consomme dans la terre une
nourriture différente.

On sait que l'eau, l'acide carbonique et quelquefois l'azote
sont les principaux élémens des végétaux. On sait aussi que
toutes les espèces, à volume égal, n'ont pas besoin de tirer
par leurs racines la même quantité de principes nutritifs, soit
qu'elles consomment moins les unes que les autres, soit que

beaucoup se soutiennent par les substances que leurs feuilles enlèvent à l'atmosphère. D'après ces données on explique, jusqu'à un certain point, comment le navet trouvera une nourriture suffisante dans un sol épuisé, incapable de fournir une abondante récolte de froment. Mais cela n'empêche pas qu'il ne faille reconnoître que la substance du sol entre souvent comme principe alimentaire dans les végétaux et par là contribue à leur parfait développement.

Répandez au printemps du sulfate de chaux pulvérisé à la surface d'un sol maigre où le trèfle ne végète qu'à regret, en peu de jours la prairie change totalement d'aspect; les feuilles reverdissent, les rejetons se multiplient, s'alongent et prennent de la vigueur; tout annonce que la plante reçoit un aliment substantiel qui lui manquoit auparavant. Après la récolte, faites l'analyse de la terre et de la plante, vous ne tarderez pas à vous convaincre que celle-ci a dû toute la richesse de la végétation au sulfate calcaire dont elle s'est nourrie; car vous retrouverez cette substance en grande quantité dans ses cendres, tandis que le sol en sera presque totalement dépouillé. Ajoutons que le sol devient aussi stérile qu'avant l'expérience, et qu'on le fertilise de nouveau en y répandant encore du sulfate calcaire.

Toutes les observations tendent à prouver qu'une espèce quelconque ne prospère que lorsqu'elle trouve dans le sol les substances minérales qui conviennent à son tempérament. La pariétaire, la bourrache, l'ortie se plaisent dans les terrains imprégnés de nitrate de potasse et de chaux; aussi ces plantes sont-elles très-multipliées le long des murs. Les *fucus* ne peuvent exister que dans le sein de la mer; ils y puisent les hydrochlorates de soude et de magnésie, qui sont nécessaires à leur végétation. L'hydrochlorate de soude convient aux plantes des côtes maritimes, et ces espèces se retrouvent ordinairement dans les contrées de l'intérieur où le sel gemme abonde. Linné rapporte qu'il n'obtint de fleurs du *glaux maritima* qu'en l'arrosant avec l'eau salée. Le *salsola soda* ne donne sur les bords de la mer que des sels à base de soude : il ne donne loin des côtes que des sels à base de potasse.

Les racines représentent dans la terre les branches qui couronnent le végétal. La croissance et le développement de ces ramifications supérieures et inférieures ont beaucoup de rapports. Si l'on retranche d'un arbre quelques branches considérables, les racines qui y correspondent souffrent toujours et quelquefois périssent. Si l'on taille les rameaux pour les aligner, les racines ne s'étendent plus et prennent insensiblement la forme que le ciseau donne à la tête de l'arbre. Si l'on coupe la sommité de la tige, les branches latérales prennent plus de vigueur, comme les racines latérales quand on retranche l'extrémité du pivot. Les feuilles et le chevelu se détruisent en même temps. Enfin l'expérience prouve que le sommet d'une tige, recouvert de terre, peut jeter des racines, et que des racines exposées à l'air, peuvent produire des feuilles et des branches. Mirbel, Élém. (Mass.)

RACINE D'ABONDANCE. (*Bot.*) C'est la betterave. (L. D.)

RACINE D'AMÉRIQUE ou MABOUIA. (*Bot.*) On donne en Amérique ces noms et celui de *massue des sauvages* à la racine du Mabouier. Voyez ce mot. (Lem.)

RACINE AMIDONIERE. (*Bot.*) Un des noms de l'arum maculé. (L. D.)

RACINE D'ARMÉNIE. (*Bot.*) C'est une espèce de garance. (L. D.)

RACINE DE BENGALE ou DE CASSUMUNIAR. (*Bot.*) Voyez Cassumuniar. (J.)

RACINE BLANCHE. (*Bot.*) C'est le panais cultivé. (L. D.)

RACINE DU BRÉSIL. (*Bot.*) C'est un des noms de l'ipécacuanha. Il a été également donné au *Boerhavia erecta.* (J.)

RACINE DE BRYONE et RACINE DE BRYONE FEMELLE. (*Conchyl.*) Elles paroissent n'être autre chose que le *strombus bryona* de Gmelin, *pterocera truncata* de M. de Lamarck dans son jeune âge. Klein a imaginé ce nom à cause d'une certaine ressemblance de cette coquille incomplète, posée verticalement, la spire en haut, le canal en bas, avec la racine de la bryone. (De B.)

RACINE DE BRYONE FEMELLE HEPTADACTYLE. (*Conchyl.*) Les anciens conchyliologistes distinguoient sous ce nom une variété du ptérocère tronqué, dont l'aile très-dilatée avoit ses sept digitations courtes. (De B.)

RACINE DE BRYONE MALE. (*Conchyl.*) C'est, suivant Bruguière, le nom marchand du *strombus truncatus,* que je ne connois pas et dont ne parlent ni Gmelin ni M. de Lamarck, du moins sous ce nom ; car il est très-probable que c'est l'espéce de ptérocére que M. de Lamarck a nommée *P. truncata*, qui est en effet le *strombus bryona* de Gmelin. Elle portoit ce nom quand les digitations étoient fort épaisses et fort longues. (De B.)

RACINE DE CAMOMILLE. (*Bot.*) Ce nom désigne les racines de la pyrèthre, *anthemis pyrethrum*. (Lem.)

RACINE A CHAMPIGNON. (*Bot.*) On a donné ce nom au *polyporus tuberaster*, dont la racine rameuse, encroûté de terre, forme des masses compactes, connues en Italie, sous le nom de Pierres a champignon. Voyez tom. XLII, pag. 414. (Lem.)

RACINE DE CHARCIS. (*Bot.*) Selon M. Bosc, c'est un des noms du *contrayerva*, espéce de *dorstenia*. (Lem.)

RACINE DE CHINE. (*Bot.*) C'est la racine de la salse-pareille de Chine. (Lem.)

RACINE DES CHRÉTIENS. (*Bot.*) C'est une espéce d'astra-gale, *astragallus christianus*. (L. D.)

RACINE DE COLOMBO. (*Bot.*) Voyez Columbo. (J.)

RACINE DE DICTAME. (*Bot.*) Voyez Dictame. (L. D.)

RACINE DE DISETTE. (*Bot.*) La betterave a été désignée sous ce nom. (L. D.)

RACINE DOUCE. (*Bot.*) C'est la réglisse. (L. D.)

RACINE DE DRACK. (*Bot.*) C'est la racine du *dorstenia contrayerva*. Voyez Dorstène. (Lem.)

RACINE DE FEMME BATTUE. (*Bot.*) Un des noms vul-gaires du taminier commun. (L. D.)

RACINE DE FLORENCE. (*Bot.*) C'est l'iris de Florence. (L. D.)

RACINE INDIENNE. (*Bot.*) Voyez Racine Saint-Charles. (Lem.)

RACINE JAUNE. (*Bot.*) C'est en Chine le nom d'une ra-cine en usage comme stomachique, fébrifuge et diurétique. On la nomme encore *racine d'or*, à cause peut-être de sa cou-leur. On présume qu'elle appartient à une espéce de piga-mon, *thalictrum*. (Lem.)

RACINE DE JEAN LOPEZ. (*Bot.*) Cette racine, que l'on croit produite par un arbre, tire son nom d'un voyageur portugais , qui l'a trouvée le premier, selon les uns , dans la province de Zanguebar en Afrique; selon d'autres, dans l'Asie. Murray , qui la mentionne dans son *Apparatus medicaminum*, est incertain sur son origine. Il nous apprend que Rédi est le premier qui en a parlé, et qu'on ne l'a bien connue que vers 1771, lorsque Gaubius l'employa et la recommanda à d'autres médecins des Pays-Bas. On l'apporte sous forme de bâtons très-courts, de couleur roussâtre , couverts de quelques aspérités. Nous renvoyons à Murray, pour les détails de son analyse, l'exposition de ses vertus et la manière de l'administrer. Elle est regardée comme un bon antidysentérique. M. Aubry, doyen d'âge de l'ancienne faculté de médecine, qui en possède quelques échantillons , a su, d'après le témoignage de quelques médecins hollandois, qu'elle étoit préférée au simarouba et au columbo, surtout dans les diarrhées qui surviennent chez les phthisiques sur la fin de la maladie qu'elles accélèrent souvent. Cette diarrhée cessoit et même ne reparoissoit pas dans les derniers instans de la vie de ces malades. Un de ces témoignages ajoute qu'elle put guérir une consomption pulmonaire, accompagnée d'une diarrhée que d'autres remèdes n'avoient pu arrêter. Nous avons cru devoir consigner ici ces faits, qui ne sont pas mentionnés par Murray. (J.)

RACINE DE MÉCHOACAN. (*Bot.*) C'est la racine d'une espèce de liseron. Voyez Méchoacan. (L. D.)

RACINE D'OR. (*Bot.*) On croit que c'est la racine d'une espèce de pigamon qui croît à la Chine. Voyez Racine jaune. (L. D.)

RACINE DE PESTE. (*Bot.*) On donnoit autrefois ce nom à la racine de tussilage. (L. D.)

RACINE DES PHILIPPINES ou DE CHARCIS. (*Bot.*) On a donné ce nom à celle du *contrayerva*, espèce de *dorstenia*. (J.)

RACINE DE RHODE. (*Bot.*) C'est la racine de la Rhodiole. Voyez ce mot. (Lem.)

RACINE DE SAFRAN. (*Bot.*) C'est celle du *curcuma*, nommé safran d'Inde, parce qu'on l'emploie dans l'Inde en guise de safran, dont il a la couleur et un peu le goût, soit pour les teintures, soit pour les assaisonnemens. (J.)

RACINE SAINT-CHARLES. (*Bot.*) Cette racine, produite par une plante encore inconnue, croît au Brésil, où elle est en usage comme antivénérienne, antiépileptique, pour hâter les accouchemens, etc. (Lem.)

RACINE DU SAINT-ESPRIT. (*Bot.*) C'est la racine de l'angélique officinale. (L. D.)

RACINE DE SAINTE-HÉLÈNE. (*Bot.*) C'est Monardez qui a parlé le premier de cette racine, originaire de la Floride, suivant C. Bauhin, qui la cite comme provenant d'une espèce de souches. D'autres auteurs disent que c'est la racine de l'acore odorant; mais Murray, qui parle de cette dernière, ne parle pas de ce surnom. (J.)

RACINE SALIVAIRE. (*Bot.*) On donne ce nom à la pyrèthre, qui a un goût piquant et qui, mâchée, excite la sécrétion d'une salive abondante; ce qui la rend utile dans les maux de dents et la paralysie de la langue. (J.)

RACINE DE SERPENT. (*Bot.*) C'est le nom de la racine de l'ophiose de l'Inde. (Lem.)

RACINE DE SERPENT A SONNETTE. (*Bot.*) C'est la racine du polygala sénéka. (L. D.)

RACINE DE SMILAX. (*Bot.*) Synonyme de Racine de Chine. Voyez ce mot. (Lem.)

RACINE DE SOLOR. (*Bot.*) Elle appartient à une espèce de gouet, *arum*. (Lem.)

RACINE DE THYMELEA. (*Bot.*) C'est celle d'une espèce de daphné, la lauréole. (L. D.)

RACINE VIERGE. (*Bot.*) Nom vulgaire de la bryone dioïque et du taminier commun. (L. D.)

RACINIER. (*Bot.*) Paulet donne ce nom à l'*agaricus radicosus*, Bull., Herb., pl. 160. C'est un grand champignon, remarquable par sa racine grosse et pivotante, qui donne naissance à un, deux ou trois stipes blancs, à base renflée, qui s'élèvent à trois ou quatre pouces de hauteur, et dont la partie inférieure est entourée d'un anneau, reste du voile qui recouvre les feuillets dans la jeunesse, et garni d'écailles de couleur brune, comme le dessus et le dessous du chapeau. Celui-ci atteint cinq pouces de diamètre; il est régulier, convexe, et nuancé de blanc sur les bords. Le racinier, d'après Bulliard, a une saveur d'abord douce et agréable, qui se change bientôt en un goût âcre et détestable. (Lem.)

RACKA (*Bot.*), Bruce, Itin., 5, p. 59, tab. 12, édit. Gall.; *Racka torrida*, Gmel., *Syst.*, 1, p. 245. Il n'est guère possible de déterminer avec certitude la véritable place de ce genre, n'ayant sur sa fructification que des détails très-incomplets : il paroît néanmoins devoir se rapprocher des *verbénacées*, et appartenir à la *didynamie angiospermie* de Linnæus. Cet arbre, d'après Bruce, s'élève à la hauteur de sept à huit pieds, et parvient quelquefois jusqu'à celle de vingt-quatre, sur un diamètre de deux pieds; son écorce est blanche, lisse, sans gerçures; les jeunes rameaux sont opposés, axillaires; les feuilles médiocrement pétiolées, opposées, lancéolées, oblongues, très-aiguës, entières à leurs bords, un peu courantes sur les pétioles, d'un vert foncé en dessus, blanchâtres en dessous, sans nervures sensibles; les pédoncules axillaires, opposés, placés aux feuilles supérieures; les fleurs presque verticillées. Leur calice est à quatre divisions ; la corolle d'un jaune orangé, en roue; le tube court; le limbe à quatre lobes ovales, mucronés ; les quatre étamines sont placées entre les divisions du limbe (elles paroissent presque sessiles); l'ovaire est supérieur, verdâtre, ovale, marqué d'une légère rainure, surmonté d'un style. Cet arbre est commun dans l'Arabie heureuse, l'Abyssinie, la Nubie, principalement dans les lieux inondés par les eaux de la mer. Son bois est si dur, d'une saveur si âcre, que les vers ne l'attaquent jamais. On dit que les Arabes en font des canots. Les chameaux refusent d'en manger les feuilles, et les abeilles n'approchent jamais de ses fleurs. Voyez Rak. (Poir.)

RACKAD. (*Ichthyol.*) Voyez Ragède.(H. C.)

RACLE, *Cenchrus.* (*Bot.*) Genre de plantes monocotylédones, à fleurs glumacées, de la famille des *graminées*, de la *polygamie monoécie* de Linnæus, offrant pour caractère essentiel : Un involucre lacinié ou divisé en poils roides, à trois ou quatre fleurs; une balle bivalve, à deux fleurs; une corolle bivalve, mutique; trois étamines; un style bifide; les fleurs très-souvent polygames.

Beaucoup d'espèces, renfermées d'abord dans ce genre, ou ont été renvoyées dans d'autres, ou ont servi de type pour de nouveaux genres, tels que l'Echinaria, Desf.; Tragus, *id.*;

Penicillaria et Trachys, Pers.; Leptochloa et Rabdochloa, Pal. Beauv.; Centhotheca, Desv., etc. (Voyez ces mots.)

Racle épineuse : *Cenchrus tribuloides*, Linn.; Moris., *Hist.*, 3, §. 8, tab. 5, fig. 4; Sloan., *Jam.*, 1, tab. 65, fig. 1; *Cenchrus spinifex*, Cavan., *Icon. rar.*, 5, tab. 461. Cette espèce est très-bien distinguée par les pointes roides, dures, presque ouvertes en étoile et très-piquantes, qui garnissent ses épis en tête. Ses tiges sont articulées, glabres, rameuses, striées; ses feuilles assez rapprochées, glabres, linéaires, plus longues que les tiges, un peu rudes à leurs bords, larges de deux ou trois lignes, garnies, à l'orifice de leur gaîne, d'une touffe de poils sétacés et blanchâtres. Les fleurs sont réunies en un épi terminal, oblong ou en tête, très-serré; les épillets sessiles, globuleux, garnis de fortes épines glabres; les balles calicinales pubescentes, surtout vers leur base, ciliées à leurs bords, mucronées, très-dures. Cette plante croit dans la Virginie et autres contrées de l'Amérique septentrionale.

Racle hérissone : *Cenchrus echinatus*, Linn., *Spec.*; Lamk., *Ill. gen.*, tab. 830, fig. 1; Desf., Fl. atl., 2, p. 387; Pluken., *Almag.*, tab. 92, fig. 3; Schreb., *Gram.*, 9, tab. 23, fig. 1. Cette plante a des tiges glabres, coudées à leurs articulations inférieures, striées, comprimées, presque anguleuses. Les feuilles sont glabres, longues, striées, larges de quatre à cinq lignes, un peu tomenteuses à l'orifice de leur gaîne. L'épi est simple, droit, long de deux ou trois pouces; les fleurs un peu distantes, éparses; les épillets médiocrement pédicellés, munis d'un large involucre coriace, d'une seule pièce, déchiqueté à ses bords, avec chaque déchirure terminée par une pointe roide, subulée, sétacée, jaunâtre ou un peu violette; cet involucre contient depuis deux jusqu'à quatre fleurs glabres, fort petites, aiguës. Les semences sont ovales, presque elliptiques, planes, sans sillon, un peu convexes. Cette plante croit à la Jamaïque; nous l'avons trouvée également dans la Barbarie, M. Desfontaines et moi.

Racle a feuilles rudes : *Cenchrus asperifolius*, Desf., Flor. atl., 2, p. 388; *Alopecurus hordeiformis*, Linn., *Spec.* Cette plante à des tiges droites, hautes de deux ou trois pieds, garnies de feuilles glabres, roulées sur elles-mêmes, roides, subulées, larges d'environ une ligne, rudes et coupantes à leurs bords. Les épis sont longs de cinq à six pouces, blanchâtres, non interrompus; les involucres nombreux, composés de filamens soyeux, blanchâtres, inégaux, velus à leur base, trois et quatre fois plus longs que les fleurs. Celles-ci sont sessiles, solitaires, ou géminées, aiguës, mutiques, l'une mâle, l'autre hermaphrodite, placées sur un rachis velu. Cette plante a été observée, par M. Desfontaines, dans les montagnes de l'Atlas; elle croit également dans les Indes et au cap de Bonne-Espérance.

RACLE ROUSSATRE ; *Cenchrus rufescens*, Desf., *loc. cit.* Cette plante a des tiges couchées, fermes, noueuses, jonciformes, garnies de feuilles roulées, glabres, rudes à leurs bords; leur gaine munie à son orifice d'une membrane découpée à ses bords. L'épi est serré, long de quatre à cinq pouces; les involucres sont formés de plusieurs filamens soyeux, roussâtres, longs, inégaux, velus à leur base. Le calice est composé de deux valves membraneuses, plus courtes que celle de la corolle; elles contiennent une ou deux fleurs. Les valves de la corolle sont violettes. Cette plante croît aux lieux sablonneux, proche Mascar, en Barbarie, où elle a été découverte par M. Desfontaines.

RACLE A PETITES FLEURS : *Cenchrus parviflorus*, Poir., Encycl., n.° 15. Cette espèce a des tiges grêles, filiformes, hautes d'un à deux pieds, garnies de longues feuilles étroites, très-aiguës, rudes au toucher; les gaines sont lisses, un peu lâches, nues à leur orifice, munies d'une petite membrane courte, roussâtre, un peu déchirée au sommet; les fleurs sont disposées en un épi lancéolé, un peu comprimé, verdâtre ou de couleur purpurine, composé d'épillets sessiles, fort petits, enveloppés chacun d'un involucre de poils rudes, très-longs, sétacés, accrochans, point ciliés. Il n'y a ordinairement qu'une seule fleur à chaque épillet, glabre, fort petite, à peine aiguë. Cette plante croît à Porto-Ricco.

RACLE RAMEUSE; *Cenchrus ramosissimus*, Poir., Enc., n.° 11. Espèce très-remarquable par la grandeur et la dureté de ses tiges, qui sont très-lisses, pleines, fort hautes, et qui se ramifient en plusieurs dichotomies. Les feuilles sont glabres, longues, aiguës, un peu rudes, nues et resserrées à l'orifice de leur gaine. Les fleurs forment un épi cylindrique, long de deux ou trois pouces, garni d'épillets épars, sessiles; le rachis glabre, comprimé, flexueux; chaque épillet entouré d'un involucre composé de poils soyeux, très-fins, nombreux, presque argentés, un peu plus longs que les fleurs; les valves du calice sont inégales, minces, concaves, obtuses, contenant de deux à quatre fleurs. Cette plante croit en Égypte.

Racle anomoplexis; *Cenchrus anomoplexis*, Labill., *Sert. austr. caled.*, p. 14, tab. 19. Sa tige est haute de deux ou trois pieds, droite, pleine; les feuilles sont striées, un peu ondulées à leurs bords; les gaines plus longues que les entre-nœuds, munies d'une languette courte, dentée et ciliée; la feuille supérieure est plus longue que l'épi; l'involucre pédicellé, composé de soies nombreuses, inégales, hérissées. entourant un ou trois épillets à deux fleurs, l'une hermaphrodite, l'autre mâle. Cette plante croît dans la Nouvelle-Calédonie.

Racle queue-de-renard; *Cenchrus myosuroides*, Kunth *in* Humb. et Bonpl., *Nov. gen.*, 1, p. 115, tab. 35. Cette espèce a des tiges droites, longues de six pieds: des feuilles glabres, étroites, roides, linéaires, rudes au toucher, roulées à leurs bords; les gaines pileuses à leur orifice, munies d'une languette très-courte et soyeuse. L'épi est droit, cylindrique, long de trois à cinq pouces; le rachis rude, trigone; les épillets sont serrés, sessiles, solitaires, imbriqués; l'involucre est caduc, cartilagineux, à douze ou quinze découpures roides, inégales, subulées, de la longueur de l'épillet; les valves du calice sont glabres, blanchâtres, inégales, la supérieure est beaucoup plus longue, à trois nervures, terminées par trois dents acuminées; une fleur est hermaphrodite, une autre stérile. Cette plante croît aux lieux sablonneux, dans les environs de Cuba.

Racle pileuse; *Cenchrus pilosus*, Kunth, *loc. cit.*, pag. 116. Cette plante est fort élégante. Sa tige est simple, droite, glabre, longue de six pouces; les feuilles sont roides, planes, linéaires, piquantes, pileuses à leurs deux faces et sur leur gaine. L'épi est cylindrique, long d'un pouce; le rachis rude, flexueux et trigone; les épillets sont sessiles, biflores, réunis trois ou quatre dans un involucre plus court, soyeux à sa base, à dix ou douze découpures linéaires, lancéolées, piquantes; les soies roides, nombreuses, noirâtres; les valves de la corolle acuminées; une seule valve accompagne la fleur hermaphrodite. Cette plante croît aux lieux herbeux, à la Nouvelle-Barcelonne, proche Villa del Pao. (Poir.)

RACLETIA. (*Bot.*) Nom substitué par Adanson à celui de *reaumuria*, donné par Hasselquist et Linnæus à un genre de la famille des ficoïdes. (J.)

RACODIUM. (*Bot.*) Genre de la famille des champignons, créé par M. Persoon pour y placer des espèces byssoïdes que Linnæus et d'autres auteurs avoient considérées comme des *byssus*, et particulièrement le *byssus cellaris*, Linn. M. Persoon caractérise ainsi ce genre dans sa Mycologie européenne : Champignons en filamens byssoïdes, d'une ténuité extrême, persistans ou un peu roides, entremêlés en tous sens, et formant une sorte d'expansion molle, légère, comme cotonneuse. Ces filamens n'offrent, à leur surface, rien qu'on puisse regarder comme des séminules ou sporules : ce qui distingue essentiellement ce genre du *Sporotrichum*, tandis que le tissu mou et cotonneux l'éloigne du *Xylostroma*.

Ce genre a depuis été modifié, particulièrement par Link, dont l'opinion est adoptée. Ce naturaliste, après avoir fait un examen attentif de l'espèce qui a servi de type au genre, le *Racod. cellare*, Pers., a trouvé qu'il devoit être caractérisé ainsi : Filamens rameux, à peine cloisonnés, ayant leurs extrémités moniliformes, entrelacées, agglomérées en petites globules, et contenant des sporidies nues, simples et opaques. À l'exception de l'espèce que nous venons de citer, aucune autre des vingt décrites par M. Persoon ne doit faire partie du genre *Racodium*. Mais ce genre comprend le *racodium aterrimum*, Ehrenb., et le *racodium rubiginosum*, Fries, que l'on donne pour le *byssus intertexta*, Decand. Des autres espèces de *Racodium* de M. Persoon, presque toutes sont rapportées au genre *Dematium*, Link, qui présente en effet les caractères du *Racodium* de Persoon ; mais qui n'est pas le *Dematium* de ce dernier botaniste, maintenant détruit, et dont les espèces forment les genres *Cladosporium*, Link ; *Sporotrichum*, Link ; *Chloridium*, Nées et Ehrenb. ; *Helmisporium*, Link ; *Spondylocladium*, Martius ; *Antennaria*, Nées ; *Hyphasma*, Rebent., etc.

De ce qui précède on voit que le *Racodium* de Persoon est reconnu former deux genres : l'un, caractérisé comme il est dit, est le *Dematium* ; et un second, le *Racodium*, qui, par les caractères rapportés ci-dessus, s'éloigne beaucoup du premier.

Dans le genre *Racodium* nous distinguerons:

Le Racodium des celliers: *Racodium cellare*, Pers., Myc. eur., 1, p. 67; Nées, *Fung.*, p. 73, fig. 70; *Byssus*, Dill., *Musc.*, pl. 1, fig. 12; *Byssus*, Adans.; *Byssus cellaris*, Linn. Il forme sur les tonneaux conservés dans les caves et les celliers, des plaques et des flocons qui couvrent un assez grand espace: ces flocons sont légers, semblables à du coton, à filamens làchement entremêlés, d'abord jaunàtres, puis d'un noir olivàtre ou verdàtre, puis tout-à-fait noirs, et présentant de petits grains globuleux noirs, épars, quelquefois très-multipliés; qui, vus au microscope, sont autant de petites pelotes de filamens très-rameux et moniliformes.

Le genre *Dematium*, Link, chez lequel les filamens sont également rameux et entremêlés, sans aucun indice de cloisons, comprend vingt-quatre espèces, selon Link; nous signalerons comme exemples:

Le Dématium noir: *Dematium nigrum*, Link *in* Willd., *Sp. pl.*, 6, p. 131; *Racodium nigrum*, Pers., Schumach. Il forme sur les écorces pourries des arbres, dans le Nord de l'Europe, des expansions molles, làches, noires, composées de filets égaux en diamètre. Link regarde le *Racodium resinæ*, Fries, qui se développe sur la résine du sapin, comme le même que le Dématium noir; mais Fries assure qu'il en est différent. (Voyez Fries, *Syst. orb. veget.*, 1, pag. 305.)

Le Dématium des rochers: *Dematium rupestre*, Link; Nées, *Fung.*, p. 76, fig. 73; *Racodium rupestre*, Pers.; *Byssus rupestris*, Decand., Fl. fr., 2, p. 592, B. Il croît sur les rochers couverts de terre humide; ses filamens sont toujours noirs: ils forment des flocons denses, épais, épars, d'épaisseur différente, et plus roides que dans l'espèce précédente.

C'est encore auprès du *Racodium* que Nées place son genre *Amphitrichum*, adopté par Link et par Fries, et dont voici les caractères: Filamens couchés, rameux, articulés, ayant leurs extrémités réunies en globules soyeux, d'où s'échappent les sporidies. L'*Amphitrichum effusum*, Nées, *Nov. act. acad. Leop. Cur.*, 9, p. 248, pl. 6, fig. 17, forme, sur les planches de pins exposées à l'air, des plaques composées de taches d'une ligne de diamètre au plus, irrégulières, interrompues et très-noires.

Nous avons encore à citer ici un genre fondé aux dépens du *Racodium*; c'est l'*Antennaria* de Nées, de Martius et de Link. Il est presque subéreux, et formé de filamens entrelacés et très-serrés ou denses, rameux, moniliformes, mais dont les sporanges ou rameaux particuliers contiennent des sporules disposées en façon de grains de chapelets. Link en indique deux espèces.

L'*Antennaria ericophila* (Link *in* Schrad., Nouv. Journ. bot., B. 3, H. 1 et 2, p. 16, fig. 27), couvre les tiges et les rameaux de l'*erica procera*, espèce de bruyère qui croît en Portugal, où M. Link a observé ce champignon. Il forme des touffes d'un noir brunâtre, d'un pouce d'épaisseur et plus, et d'une consistance subéreuse, mais facile à couper, quoique ferme et élastique.

Une seconde espèce est l'*Antennaria pinicola*, Nées, *Syst. fung.*, fig. 298; Link *in* Willd., *Syst.*, 6, part. 1.re, p. 119, qui est le *torula fuliginosa*, Pers., et le *monilia piceæ*, Funke. Link cite encore pour tel le *racodium vulgare* de Fries; mais cet auteur (*Syst. orb. veg.*, vol. 1, p. 308) soutient que son *racodium* n'est pas un *antennaria*, et à ce propos annonce une troisième espèce, l'*antennaria cistophila*, qui croît sur les cistes, au bord de la Méditerranée. (LEM.)

RACOMITRIUM, *Frangine* et *Racomitre*. (*Bot.*) Genre de la famille des mousses et de l'ordre des mousses à péristome simple. Il est caractérisé : par son péristome simple, à dents divisées jusqu'à la base en deux, trois ou quatre parties filiformes; par sa coïffe plus courte que l'urne, en forme de mitre ou campanulée-alongée, déchiquetée à sa base; par l'urne régulière, sans anneau, contenant des séminules lisses ou rarement hérissées.

Les mousses, qui composent ce genre, créé par Bridel et adopté par Nées, Hornschuh, Sturme, ont fait long-temps partie du *Trichostomum*, d'Hedwig, et plus anciennement du *Bryum*, Linn., et du *Luida*, Adans. Ce sont de jolies plantes, qui croissent en petits gazons. Leurs tiges droites, rarement couchées, sont rameuses, garnies de feuilles pressées, lancéolées, plissées longitudinalement, munies d'une nervure médiane, le plus souvent terminées par un poil denticulé, grisâtre ou blanchâtre, et ayant la surface inférieure couverte de papilles. Les pédicelles sont très-longs, roides, situés à l'extrémité des rameaux les plus courts et quelquefois axillaires, par suite du développement de nouveaux rejetons, situés à leur pied ; les capsules ont une forme ovale ou oblongue cylindrique ; elles sont droites et munies d'un opercule subulé, également droit. On observe sur des pieds distincts des gemmules ou fleurs mâles, axillaires, rarement terminales, qui contiennent seize à vingt anthères, quelquefois entremêlés de paraphyses filiformes, délicats et régulièrement articulés.

Ces mousses sont vivaces : elles aiment les plaines sablonneuses ou les rochers des montagnes; quelquefois, cependant, on en trouve dans les eaux vives et pures. Elles préfèrent, en général, les climats tempérés de l'hémisphère septentrional, très-peu sont connues dans l'autre hémisphère. Ce genre doit son nom à sa coiffe fimbriée et comme déchiquetée à sa base : c'est ce que signifie *racomitrium*, composé du grec ϱαϰος et μἶτριον.

Bridel décrit seize espèces sous deux divisions. Il n'y comprend plus le *Trichostomum fontinaloides*, Hedw., dont Beauvois avoit fait son genre *Cicclidotus*, d'abord rejeté par les muscologues et maintenant adopté, notamment par Hooker et Taylor, Funk, Bridel lui-même. (Voyez CANCELLAIRE.)

1. *Feuilles droites étant sèches.*

1. Le RACOMITRIUM BLANCHATRE : *Racomitrium canescens*, Brid., Bryol. univ.; *Bryum hypnoides*, Dill., *Musc.*, pl. 47, fig. 27; *Bryum hypnoides*, B, Linn.; *Trichostomum canescens*, Hedw., *Musc.*, 3, pl. 3; Schkuhr, *Deutsch. Moose*, pl. 32; Funk, *Moost.*, pl. 17; Hook et Tayl., *Musc. Brit.*, pl. 19; *Engl. Bot.*, pl. 2534; *Muscus*, Vaill., *Bot.*, pl. 26, fig. 14. Tige rameuse, droite; feuilles droites, mais un peu ouvertes, lancéolées, carénées, terminées en une pointe blanche, dentée; capsules droites, ovales-oblongues; opercule conique, alongé. Cette mousse forme des touffes droites, d'un à deux pouces; elle n'est pas rare, de l'automne au printemps, dans les champs et les bois

sablonneux, secs et pierreux, partout en Europe et aussi dans la partië septentrionale de l'Afrique. On la reconnoit aisément à la couleur blanchâtre des extrémités de ses feuilles, qui la font paroître comme velue.

Le *trichostomum ericoides*, Schrad., Schwægr., Brid., est une espèce voisine de celle-ci; mais, cependant, très-distincte.

Dans cette division se trouvent les *racomitrium heterostichum, lanuginosum, fasciculare* et *microcarpum*, espèces du genre *Trichostomum* d'Hedwig, et qu'on trouve en France, principalement dans les Alpes et les Pyrénées.

2. *Feuilles se tortillant par l'effet de la sécheresse.*

2. Le RACOMITRIUM A PÉDICELLE JAUNE; *Racomitrium flavipes*, Brid., Bryol. univ., 1, page 224. Tige droite, un peu rameuse; rameaux longs de deux pouces et plus, fasciculés, garnis de beaucoup de feuilles oblongues, arrondies, mucronées, enroulées sur les bords par l'effet de la sécheresse; capsule droite, ovale, cylindrique; opercule conique, subulé. Cette mousse a été découverte près de Vienne en Dauphiné et aux environs de Rome. Ses capsules sont entièrement développées au printemps.

3. Le RACOMITRIUM POLYPHYLLE : *Racomitrium polyphyllum*, Brid., *loc. cit.*, p. 225 ; *Trichostomum polyphyllum*, Schwægr., Suppl., 1, pl. 19; Funk, *Moostasch.*, pl. 18 ; Turn., *Musc. Hib.*, pl. 7 ; Hook et Tayl., *Musc. Brit.*, pl. 19; *Dicranum polyphyllum*, Sowerb., *Engl. bot.*, pl. 217; *Bryum cirrhatum*, Dill., *Musc.*, pl. 48, fig. 41 ; *Bryum tortile*, Ramond (inéd.). Tige rameuse; rameaux renflés; feuilles lancéolées, ouvertes, dentées sur le bord, se tortillant étant sèches; capsules ovales, droites; opercule conique, subulé. Cette mousse a un ou deux pouces de hauteur; elle croit dans les bois et sur les rochers humides des montagnes en Angleterre, en Suisse, en Auvergne (sur le mont d'Or), aux Pyrénées, au cap de Bonne-Espérance, selon M. Hooker, et aux États-Unis, suivant M. Forrey.

Bridel considère comme trois variétés de cette espèce, 1.° le *trichostomum cirrhatum*, Smith, qui se trouve en Écosse, en Cornouailles et aux Pyrénées; 2.° le *cecalyphum tortile* de Beauvois, observé par lui aux États-Unis, et 5.° le *racomitrium falciforme*, Bridel, découvert sur le Brevent en Savoie par M. Dejean. (Lem.)

RACOPILUM. (*Bot.*) Genre de la famille des mousses, créé par Palisot-Beauvois, et adopté avec quelques modifications par Bridel, qui le caractérise ainsi : Péristome double : l'extérieur à seize dents lancéolées; l'intérieur prolongé en une membrane découpée en seize dents alternes, avec autant de cils; coiffe glabre, campaniforme, régulière, ayant sa base déchirée, et une fente sur le côté, d'où est tiré le nom générique qui, en grec, signifie chapeau lacéré.

Ce genre diffère de l'*Hypnum* et du *Pterigophyllum*, dont il fait le passage par sa coiffe fendue latéralement et déchirée. Beauvois y rapportoit deux espèces exotiques. L'une d'elles, le *racopilum Auberti*, est le *neckera Auberti* de Bridel (*Suppl.*, 2, p. 28), qu'il a maintenant réuni à son *pterigophyllum albicans*, qui est le *leskia albicans*, Hedw. Bridel assure que, dans cette plante de Beauvois, la coiffe est en forme de mitre, simplement déchiquetée à sa base, et non fendue; 'n'ayant donc point le caractère essentiel assigné au genre *Racopilum* par Beauvois, cette plante ne peut donc pas y être ramenée. La seconde espèce est la seule conservée dans le genre. En voici la description :

Le *Racopilum mnioides*, P. Beauv., *Prod. æth.*, p. 87, et Mém. de la soc. linn. de Par., 1822, pl. 9, fig. 6; *Racopilum tomentosum*, Brid., *Musc.*, *Suppl.*, 4, p. 152; *Hypnum tomentosum*, Hedw., *Musc.*, 4, pl. 19. Cette mousse a le port d'un *hypnum*. Sa tige, rampante, rameuse, est garnie de feuilles distiques ou presque distiques, ovales-lancéolées, munies d'une côte pointue, dentée supérieurement; pédicelles très-longs, axillaires; la capsule oblongue, un peu cylindrique et penchée; la coiffe beaucoup plus courte que l'urne; l'opercule terminé par un bec alongé. Cette mousse a été observée par M. Aubert du Petit-Thouars à l'île Bourbon, sur la terre et les pierres, à l'ombre; par Beauvois, en Afrique, dans le royaume d'Oware; à Haïti, où elle a été observée par Swartz, et d'où M. Poiteau en a rapporté les échantillons qu'il a donnés à Bridel.

Beauvois fait remarquer que, lorsque les capsules sont encore renfermées dans les folioles du périchèze ou périsyphe, elles sont uniquement entourées d'un nombre considérable de paraphyses ou filamens succulens, articulés, à articles presque égaux. En comparant la figure qu'il donne de cette plante avec celle d'Hedwig et sa description avec celle de l'*hypnum tomentosum* des auteurs, il y a lieu de croire que deux espèces sont ici confondues. (Lem.)

RACOPLACA. (*Bot.*) Genre de la famille des lichens, établi par M. Fée, et qu'il caractérise ainsi: Thallus adhérent, membraneux, très-lisse, divisé en lanières fort étroites, anastomosées ; apothéciums tuberculeux, hémisphériques, épars, très-noirs, luisans, homogènes à l'intérieur. Ce genre est placé entre le *Nematora* et le *Phyllocharis* du même auteur. Meyer pense qu'il doit être porté, ainsi que les genres *Rhizomorpha* et *Thamnomyces*, dans la famille des champignons.

Une seule espèce compose ce genre, c'est le *racoplaca subtilissima*, Fée, Essais sur les crypt. exot., pag. 59, 94 et 99, pl. 2, fig. 5. Elle forme, sur les feuilles de plusieurs arbres exotiques, et notamment sur celles des *annona*, du *theobroma sylvestris* et d'autres arbres, des taches gris-olivâtres qui paroissent limitées de noir; mais, examinée à la loupe, l'expansion, ou thallus, est divisée en petites expansions fort multipliées, d'une grande ténuité, aplaties, croisées en tous sens. Les apothéciums sont situés sur le milieu de l'expansion.

Racoplaca est composé de deux mots grecs, ῥακόω, je déchire, et πλὰξ, croûte; et rappelle ainsi un des caractères génériques, celui d'avoir le thallus divisé en lambeaux. (Lem.)

RACOUBEA. (*Bot.*) Ce genre d'Aublet, observé dans la Guiane, n'est qu'une espèce d'*homalium*; un des genres laissés d'abord à la suite des rosacées, mais dont on fait maintenant le type d'une nouvelle famille des homalinées. (J.)

RACOUET. (*Bot.*) Le vulpin des champs porte ce nom dans quelques cantons. (L. D.)

RACQUET. (*Ornith.*) Ce nom est vulgairement donné, dans le département de la Somme, au castagneux ou petit grèbe. *colymbus minor*, Gmel. (Ch. D.)

RACROCHEUSE. (*Conchyl.*) Suivant Bruguière et Favart d'Herbigny, c'est le nom marchand d'une variété du *murex rana*, ranelle grenouille, R. *crumena* de M. de Lamarck, plus communément la Bourse. (De B.)

RACZKA. (*Ornith.*) Nom générique des canards en polonois. (Ch. D.)

RADÆLISSAWÆL. (*Bot.*) Dans l'île de Ceilan on nomme ainsi le *connarus monocarpus* de Linnæus. (J.)

RADALYA. (*Bot.*) Nom du *sophora heptaphylla*, dans l'île de Ceilan, suivant Hermann. (J.)

RADEMACHIA. (*Bot.*) Ce genre de plante de M. Thunberg a été réuni à l'*artocarpus*. (J.)

RAD-GAAS. (*Ornith.*) Nom danois de la bernache, *anas erithropus*, Linn. (Ch. D.)

RADHEA. (*Ornith.*) C'est le *lory radhea*, espèce de perroquet des Moluques. (Ch. D.)

RADIAIRE. (*Bot.*) M. de Lamarck a donné ce nom, dans sa Flore françoise, à l'astrance. (L. D.)

RADIAIRES, *Radiata*. (*Actinoz.*) C'est le nom sous lequel M. de Lamarck, dans la première édition de son Système des animaux sans vertèbres, comprenoit tous les animaux dont la forme est constamment rayonnée ; ce qui correspond exactement aux centraires de Pallas, aux zoophytes de M. Cuvier et aux actinozoaires de M. de Blainville. Dans sa nouvelle édition, M. de Lamarck restreint cette dénomination à la troisième classe de ses animaux apathiques, qu'il définit ainsi : Animaux nus, la plupart vagabonds, à corps en général suborbiculaire, renversé, ayant une disposition rayonnante dans ses parties tant internes qu'externes et dépourvus de tête, d'yeux, de pattes articulées ; bouche inférieure simple ou multiple ; organe de la digestion le plus souvent composé ; des pores ou des tubes extérieurs aspirant l'eau pour la respiration ; des amas de gemmes internes ressemblant à des ovaires. Il la partage ensuite en deux ordres, les R. mollasses, dont le corps est gélatineux, la peau molle et transparente, sans tubes rétractiles, sans anus, sans parties dures à la bouche, sans cavité intérieure propre à contenir des organes, et les R. échinodermes, dont la peau, opaque, coriace ou crustacée, le plus souvent tuberculeuse ou épineuse, est en général percée de trous, disposés par séries, par où sortent des tubes rétractiles, aspirant l'eau. et qui ont une bouche simple, presque toujours inférieure et en général armée de parties dures à son orifice, des vaisseaux pour le transport des fluides propres, et une cavité simple ou divisée, particuliére au corps dans la plupart.

Dans le premier ordre et dans la première section sont les genres Stéphanomie, Ceste, Callianire, Béroë, Noctiluque, Lucernaire, Physsophore, Rhizophyse, Physalie, Vélelle, Porpite, sous le nom de R. ANOMALES, et dans la seconde, les différens genres de méduses, établis par MM. Péron et Lesueur sous le nom de R. MÉDUSAIRES.

Dans le second ordre sont les genres Astérie, Oursin, Actinie, Holothurie de Linnæus, avec toutes les subdivisions génériques, qu'il y établit, dans trois sections, les STELLÉRIDES, les ÉCHINIDES et les FISTULIDES. Voyez ces différens mots et ZOOPHYTES, où nous donnerons le systéme général des ACTINOZOAIRES, n'ayant pu le faire à ce mot. (DE B.)

RADICAL. (*Bot.*) Naissant de la racine. La violette odorante, par exemple, a les feuilles radicales et les fleurs radicales. (MASS.)

RADICALIA. (*Bot.*) Hoffmann donnoit ce nom à la famille des RHIZOSPERMES. Voyez ce mot. (LEM.)

RADICANT. (*Bot.*) Produisant des racines; ainsi l'*asplenium rhizophyllum*, par exemple, a des feuilles radicantes; le lierre, le *bignonia radicans*, ont des tiges radicantes. (MASS.)

RADICELLES. (*Bot.*) Synonyme de *chevelu*, petites ramifications de la racine, qui sont autant de bouches aspirantes. Voyez RACINE. (MASS.)

RADICILLA. (*Bot.*) A Saint-Lucar, dans la Nouvelle-Grenade, on nomme ainsi l'ipécacuanha, *cephaelis ipecacuanha*, suivant M. Kunth. (J.)

RADICULA. (*Bot.*) Dodoëns désignoit sous ce nom le *sisymbrium amphibium* de Linnæus, remarquable par sa silique courte et ovale, qui a déterminé quelques auteurs à le séparer de son genre primitif, ainsi que les *sisymbrium*, offrant le même caractère. C'est le *radicula* de Dillen, Haller et Mœnch; le *roripa* d'Adanson et Scopoli; le *brachiolobus* d'Allioni.

On trouve encore dans Césalpin, sous le nom de *radix* ou *radicula*, le raifort ordinaire, ou sa variété nommée probablement pour cette raison *radis*. (J.)

RADICULE. (*Bot.*) Rudiment de la racine. Partie de l'embryon qui, dans la graine ou la plante naissante, représente la racine (voyez GRAINE). On emploie vaguement le mot de radicules comme synonyme de radicelles. (MASS.)

RADIÉE [CALATHIDE]. (*Bot.*) Ayant des fleurons au centre et des demi-fleurons à la circonférence, disposés comme des rayons; exemples : reine-marguerite, souci, *aster*, etc. (MASS.)

RADIEUX. (*Ichthyol.*) Selon Ruysch, ce nom est celui d'un poisson d'Amboine, bleu, rayé largement de rouge, remarquable *par les rayons qui sortent de ses yeux*, et bon à manger. D'après ces renseignemens, il est difficile de le classer. (H. C.)

RADIOLA. (*Bot.*) Genre de plante établi sous ce nom par Rai et Dillen, différant du lin par ses feuilles opposées et par la soustraction d'une cinquième partie dans la fructification. Vaillant le nommoit *chamælinum*, Michéli *linocarpon*; Adanson avoit adopté le nom de *millegrana*, d'après C. Bauhin. Linnæus l'a réuni au lin sous le nom de *linum radiola*; MM. Smith, Roth, Persoon et De Candolle, l'ont séparé de nouveau sous celui de Rai et de Dillen. (J.)

RADIOLE. (*Bot.*) C'est une espèce de lin, dont quelques botanistes ont fait un genre particulier. (L. D.)

RADIOLI LAPIDEI. (*Foss.*) On a autrefois nommé ainsi les pointes d'oursins fossiles. (D. F.)

RADIOLITE. (*Foss.*) Les radiolites sont des coquilles qu'on ne rencontre qu'à l'état fossile et dans des couches qui paroissent très-anciennes. Elles sont formées de deux valves coniques souvent très-inégales, opposées base à base et striées en dehors, et dont la supérieure est plus ou moins surbaissée. Elles ont des rapports avec les hippurites, qu'on rencontre avec elles. Picot de la Peyrouse leur a donné le nom d'*ostracites*, et Bruguière, d'après la considération qu'elles manquent de charnière et de ligament, les a réunies à son genre *Acarde.*

Voici les caractères que M. de Lamarck leur assigne : *Coquille inéquivalve, striée à l'extérieur; à stries longitudinales, rayonnantes; valve inférieure turbinée, plus grande; la supérieure convexe ou conique, operculiforme; charnière inconnue.*

Ce savant auroit dû ajouter à ces caractères, qu'elle étoit

adhérente par la base de sa valve inférieure, ou quelquefois par un de ses côtés.

L'état de pétrification dans lequel on trouve ces coquilles ne nous a pas permis jusqu'à présent de connoître parfaitement leur organisation intérieure. Quelques-unes des valves inférieures, qui sont vides, présentent d'un côté, contre la paroi intérieure, une sorte de carène longitudinale, et au même endroit, à moitié de la hauteur de la cavité, deux petits enfoncemens striés longitudinalement qui pourroient avoir servi d'appui à des muscles adducteurs (Atlas de ce Dictionnaire, pl. foss., fig. 3 *b*). Une autre, que nous possédons et qui a été brisée, a présenté dans son intérieur trois à quatre cloisons droites et transverses (même pl., fig. 3 *a*).

Ces coquilles varient beaucoup dans leurs formes, comme presque toutes celles qui sont adhérentes, et on aura probablement pris pour des espèces celles qui n'étoient que des variétés individuelles d'une même espèce. Nous allons présenter celles qui ont été signalées par M. de Lamarck, quoique nous soyons éloignés de croire qu'elles constituent des espèces différentes.

RADIOLITE ROTULAIRE : *Radiolites rotularis*, Lamk., Anim. sans vert., tom. 6, 1.re part., p. 233, n.° 1 ; Picot de la Peyrouse, Monogr. des orth., tab. 12, fig. 4 ; Eucyclop., pl. 172, fig. 1. Coquille à valves coniques, opposées, courtes, et à peu près égales : hauteur des deux valves réunies, quatorze lignes.

RADIOLITE TURBINÉE : *Radiolites turbinata*, Lamk., *loc. cit.*, n.° 2 ; Picot de la Peyrouse, *loc. cit.*, tab. 12, fig. 1 ; Encycl., même pl., fig. 3 ; Atlas du Dict., même pl., fig. 3. Coquille à valve inférieure plus alongée que la supérieure et turbinée : hauteur, de deux à trois pouces.

RADIOLITE VENTRUE : *Radiolites ventricosa*, Lamk., *loc. cit.*, n.° 3 ; Encycl., même pl., fig. 6. Coquille à valve inférieure plus longue que la supérieure, turbinée, ventrue à sa partie supérieure, et à valve supérieure abaissée et inclinée sur un côté : hauteur, un pouce et demi. Toutes les coquilles ci-dessus se trouvent dans la vallée de Corbières, près d'Aleth, et dans les Pyrénées.

Je possède une valve inférieure d'une coquille de ce genre qui a été trouvée à Saint-Paul-Trois-Châteaux, en Dauphiné.

Elle est vide et elle porte sur l'un de ses côtés la trace de son adhésion sur un corps plat. (D. F.)

RADIS ou RAIFORT ; *Raphanus*, Linn. (*Bot.*) Genre de plantes dicotylédones polypétales, de la famille des *crucifères*, Juss., et de la *tétradynamie siliqueuse*, Linn., dont les principaux caractéres sont d'avoir : Un calice de quatre folioles droites, oblongues, conniventes, un peu relevées en bosse à leur base ; quatre pétales onguiculées, opposées en croix, ayant leur limbe ovale ou échancré en cœur au sommet ; six étamines à filamens droits, subulés, terminés par des anthéres simples, et dont quatre sont plus grands ; un ovaire oblong, supère, surmonté d'un style simple, très-court, à stigmate en tête ; une silique cylindrique, acuminée par le style, à loges indéhiscentes, souvent séparées par un étranglement et une sorte d'articulation, contenant des graines arrondies.

Les radis sont des plantes herbacées, à racines quelquefois charnues, à tiges cylindriques, droites ; à feuilles inférieures pétiolées, ailées ou en lyre, et à fleurs disposées en grappes terminales. On en connoît huit à neuf espèces, parmi lesquelles une surtout présente quelque intérêt, parce que ses racines sont journellement employées comme alimentaires.

Radis cultivé, Raifort cultivé ; *Raphanus sativus*, Linn., *Sp.*, 935. Sa racine est le plus souvent tubéreuse, turbinée ou fusiforme, annuelle ou bisannuelle, blanche, rouge, violette ou noirâtre extérieurement, toujours blanche intérieurement ; elle produit une tige droite, rameuse, haute de deux à trois pieds, hérissée de poils courts qui la rendent rude au toucher, et garnie de feuilles dont les radicales et les inférieures sont grandes, pétiolées, ailées ou en lyre, divisées en lobes ovales ou arrondis, dentées en leurs bords, rudes au toucher, le lobe terminal étant beaucoup plus grand que les autres ; quant aux feuilles supérieures, elles sont simples et sessiles. Ses fleurs sont blanches ou purpurines, pédonculées, disposées en grappes, les unes terminales, les autres axillaires ; il leur succéde des siliques presque cylindriques, un peu coniques, terminées en pointe, et divisées intérieurement en deux ou trois loges spongieuses, qui ne s'ouvrent pas et contiennent chacune plusieurs graines arrondies. Cette plante est originaire de la Perse et de la Chine, et elle est cultivée en Europe dans les jardins potagers depuis un temps immémorial. Une longue culture lui a fait produire un assez grand nombre de variétés, qu'on distingue principalement d'après la forme et la grosseur des racines, en rondes, en longues et en grosses.

Parmi les premières, auxquelles les jardiniers donnent plus particulièrement le nom de *radis*, on distingue principalement, d'après leur couleur, le *radis blanc*, le *radis rouge*, le *radis violet* et le *radis rose*.

Les secondes, qui sont les radis à racines alongées et que les maraichers de Paris appellent *petites raves*, se distinguent aussi d'après leur couleur ; il y a la *rave blanche*, la *rave saumonée*, dont la chair est de la couleur de celle du saumon ; la *rave rouge* ou *de corail* et la *rave violette*. Dans ces deux divisions les jardiniers distinguent des sous-variétés plus hâtives ou plus tardives.

La troisième division comprend les radis à grosses racines, auxquels les jardiniers donnent particulièrement le nom de *raifort* ou de *radis noir*, et elle comprend aussi plusieurs variétés, savoir : le *radis noir à racine oblongue*, le *radis noir à racine arrondie*, le *petit raifort gris*, et le *gros raifort blanc*.

La chair de toutes ces variétés à une saveur plus ou moins piquante et plus ou moins âcre. Dans les radis et les raves, cette saveur est assez modérée pour flatter seulement le goût et le piquer légèrement, et, lors de la jeunesse de la plante, ces racines ayant la chair en même temps tendre et cassante, cela les rend assez agréables à manger pour qu'elles soient d'un goût presque général. Mais, lorsqu'elles sont trop avancées, leur chair devient filandreuse, spongieuse, dure, creuse ; elles perdent tout leur bon goût et ne valent plus rien. Les raves et les radis se servent sur les meilleures tables comme hors-d'œuvres, et on les mange au commencement du dîner. A Paris il s'en fait une consommation considérable pendant toute l'année, car les jardiniers ont trouvé le moyen, depuis quelques années, de nous procurer cette plante dans tous les temps, en en semant, tous les mois et même plus souvent, en pleine terre dans les saisons favorables, et pendant l'automne et l'hiver sur des couches recouvertes de châssis ou de cloches, ou à l'air libre, selon qu'il fait plus ou moins froid.

Les raves, les radis et les raiforts ont besoin d'une terre profonde, fraîche et rendue bien meuble par de bons labours; mais, pour obtenir des radis bien arrondis, il faut avoir soin de piétiner la terre avant de répandre les graines. Celles-ci peuvent se conserver bonnes pendant cinq à six ans. Lors des chaleurs de la fin du printemps et de l'été, il faut de fréquens arrosemens aux raves et aux radis, cela les rend plus tendres et moins piquans.

Les raiforts ordinaires ne se mangent guère que pendant l'automne et l'hiver, et on ne les cultive que pour les avoir dans ces saisons; ils ont une saveur plus âcre, plus piquante, et leur chair est beaucoup plus dure et plus coriace; aussi la consommation qu'on en fait est-elle infiniment moins considérable que celle des raves et surtout des radis. Si les personnes dont l'estomac est foible ont de la peine à digérer les raves et les radis, les raiforts leur conviennent encore bien moins. Dans quelques cantons on mange les jeunes feuilles de toutes ces plantes crues en salade, ou cuites et diversement assaisonnées.

Le radis noir contient une certaine quantité de fécule, et cette substance est très-légère. M. Planche a trouvé qu'à volume égal elle est à celle de la pomme de terre comme 588 est à 800.

Les raves, les radis et les raiforts sont antiscorbutiques et ils sont certainement une propriété stimulante, plus ou moins prononcée; mais on en fait peu ou point d'usage en médecine. Les derniers, préalablement râpés, peuvent être appliqués extérieurement comme rubéfians. Les graines sont oléagineuses; mais on n'en tire aucun parti sous ce rapport. C'est cependant le cas de dire ici, que depuis quelques années on a introduit, d'abord en Italie, et ensuite en France, une nouvelle variété qui se rapproche des raves par sa racine, celle-ci est pourtant plus grêle que dans aucune des autres variétés. On assure qu'elle a été essayée avec avantage par quelques agronomes sous le rapport de la quantité d'huile qu'on peut extraire de ses graines. Cette variété a été apportée de la Chine, où on en retire une huile qu'on emploie pour l'assaisonnement des alimens.

RADIS RAPHANISTRE, vulgairement RAVENELLE : *Raphanus rapha-*

nistrum, Linn., *Sp.*, 935 ; *Fl. Dan.*, t. 678. Sa racine est annuelle, perpendiculaire, divisée en quelques fibres menues; elle produit une tige droite, haute d'un pied et demi à trois pieds, hérissée de quelques poils, rameuse ; garnie inférieurement de feuilles grandes, ailées ou pinnatifides, terminées par un lobe plus grand que les autres ; celles de la partie supérieure sont simplement lancéolées, grossièrement dentées. Ses fleurs sont blanches ou d'un jaune pâle, avec des veines violettes, et elles paroissent en Mai et Juin. Il leur succède des siliques cylindriques, divisées en deux à cinq articulations monospermes, qui se séparent sans s'ouvrir. Cette plante est commune dans les moissons, et elle y est quelquefois si abondante qu'elle leur devient très-nuisible. Les cultivateurs doivent la faire arracher avec le plus grand soin. Les bestiaux mangent ses feuilles, sans en être friands.

Radis maritime ; *Raphanus maritimus*, Smith, *Engl. Bot.*, t. 1643. Sa racine n'est point vivace ; elle dure seulement deux à trois ans, selon M. De Candolle, et produit une tige haute de trois à quatre pieds, droite, rameuse, hérissée de poils, ainsi que les feuilles, dont les radicales sont ailées, terminées par un lobe arrondi beaucoup plus grand que les autres. Ses fleurs sont jaunes, et il leur succède des siliques cylindriques, divisées le plus souvent en deux articles arroundis et monospermes. Cette plante se trouve dans les lieux maritimes, en Bretagne et en Angleterre. (L. D.)

RADIS. (*Conchyl.*) Dénomination tirée de quelque ressemblance de forme que plusieurs coquilles du genre Pyrule ont avec la racine renflée des radis, et que les marchands d'objets d'histoire naturelle et les anciens conchyliologistes emploient encore quelquefois.

Le R. à tubercules tuilées est une variété du *murex rapa* de Linné ; la Pyrule radis, *P. rapa* de M. de Lamarck.

Le Radis papyracé est le *bulla rapa* de Linné ; la Pyrule papyracée, *P. papyracea* de M. de Lamarck. On lui donne aussi quelquefois le nom de Radis a bec.

Le Radis fluviatile est l'*helix auricularia* de Linn. ; la Limnée auriculaire de M. de Lamarck.

Le R. à feuillages noirs et le R. à pointes noires sont, suivant Bruguière, les noms vulgaires du *murex rapiformis*

de De Born, probablement aussi de quelque espèce de pyrule. (De B.)

RADIS, *Radix*. (*Conch.*) Denys de Montfort, Conch. syst.,
tome 2, p. 266, établit sous ce nom un genre distinct avec
une espèce de limnée, la L. auriculaire de Draparnaud et
de M. de Lamarck, *helix auricularia*, Linn., Gmel.; *bulimus
auricularius* de Bruguière, qui diffère un peu des autres limnées par la brièveté de sa spire, la grandeur proportionnelle
de son dernier tour et l'évasement de son bord droit. C'est
du reste une véritable limnée sous tous les rapports. Denys de
Montfort nomme cette espèce le R. auricule, R. *auricula-
tus*. Voyez Limnée. (De B.)

RADIS DE CHEVAL. (*Bot.*) C'est le cranson de Bretagne.
(L. D.)

RADIUS. (*Conchyl.*) Nom latin du genre Navette de Denys
de Montfort, établi avec une espèce d'ovule. (De B.)

RADIUS ARTICULATUS. (*Foss.*) Dans quelques anciens
ouvrages d'oryctographie, ce nom désigne tantôt des pointes
d'oursins pétrifiées, tantôt l'hippurite bioculé. (Desm.)

RADIX. (*Bot.*) Avec ce nom latin, qui signifie *racine,*
accompagné d'une épithète, les botanistes anciens ont désigné un assez grand nombre de végétaux. Tels sont: le *radix
dulcis* ou la réglisse; le *radix idæa*, d'Anguillara, ou *vaccinium vitis idæa*, et *myrtillus*: ce nom a été donné aussi
au *ruscus hypophyllum*, présumé être l'*idæa rhiza* de Dioscoride; les *radix puloronica*, *sinica*, *toxicaria*, *vesicatoria* de
Rumphius, ou *aristolochia indica*, *sium ninsi*, *erinum asiaticum*,
plumbago rosea, etc. Le *radix mustellæ*, Rumph, ou la racine de serpent et ophiose; le *radix indica* de Monardès, ou
racine Saint-Charles. Il y a encore des plantes inconnues
aux botanistes, désignées également par *radix*: tel que le
radix Quimbaya, qui croît près de Carthagène, province de
Quimbaya, et qu'on emploie comme purgative à la manière
de la rhubarbe; on fait macérer cette racine dans l'eau pendant la nuit, et le résidu s'administre à la dose de trois onces.
(Lem.)

RADIX CAVA. (*Bot.*) Dodonée et Lobel ont désigné sous
ce nom deux espèces de corydale ou fumeterre; on a aussi
donné le même nom à la moschatelline. (L. D.)

RADIX DE SOLOR. (*Bot.*) Loureiro est disposé à croire que la plante ainsi nommée par les Portugais de l'Inde, est la même que son genre *Gonus* de la Cochinchine. Voyez Racine de solor. (J.)

RADJABAN. (*Ichthyol.*) Nom spécifique d'un Holocentre que nous avons décrit dans ce Dictionnaire, tom. XXI, pag. 294. (H. C.)

RADJA-OUTANG. (*Mamm.*) Nom du tigre à Java. (Desm.)

RADJUR. (*Mamm.*) L'un des noms suédois du chevreuil. (Desm.)

RA-DOURMIEIRE. (*Mamm.*) Nom languedocien, désignant le loir et, dit-on, le mulot. (Desm.)

RADULAIRES, *Radularia.* (*Foss.*) Ce nom a été employé par Lluid pour désigner un polypier fossile voisin des astroïtes. (Desm.)

RADULIER. (*Bot.*) Voyez Flindersia. (Poir.)

RADULUM. (*Bot.*) *Hymenium* interrompu çà et là, tuberculeux, à tubercules alongés, souvent flexibles à leur extrémité. C'est le caractère que Fries donne à un nouveau genre, qu'il fonde sur diverses espèces d'*hydnum*, et qui fait le passage de l'*hydnum* au *thelephora*. Il comprend les *hydnum pendulum, radula, aterrimum*, et le *thelephora hydnoidea*. (Lem.)

RÆB-HUHN. (*Ornith.*) Ce nom, qui s'écrit aussi *reb-huhn*, désigne, en Silésie, la perdrix grise, *tetrao cinereus*, Linn. (Ch. D.)

RÆR, EITER-UNGE. (*Mamm.*) Noms danois du renard. (Desm.)

RÆTÆN. (*Bot.*) Forskal cite ce nom arabe de son *atriplex coriacea;* il nomme *rætam* son *phalaris setacea*, qui est, selon Vahl, le *panicum polystachyon* de Linnæus, et il indique le même pour son *genista-spartium*. (J.)

RÆTAM. (*Bot.*) Voyez Rætæn. (Lem.)

RÆTSCH-ENTE. (*Ornith.*) Nom du canard sauvage en Silésie. (Ch. D.)

RAEVENBECK. (*Ichthyol.*) Voyez Coracorhynque. (H.C.)

RAF. (*Ichthyol.*) Voyez Flet. (H. C.)

RAFANAGÉ. (*Bot.*) Nom languedocien du *raphanus raphanistrum*, cité par Gouan. (J.)

RAFANELO. (*Bot.*) Nom languedocien du raifort sauvage. (Lem.)

RAFAR. (*Mamm.*) Selon l'abbé de Sauvages, ce nom est donné en Languedoc au mulet âgé de plus de cinq ans. (Desm.)

RAFEIRO. (*Mamm.*) Le mâtin ou chien de basse-cour est ainsi nommé en Portugal. (Desm.)

RAFEL. (*Conchyl.*) Adanson (Sénég., p. 52, pl. 4, n.° 2) décrit et figure une espèce de son genre Vis, dont Gmelin ni M. de Lamarck ne me semblent pas avoir parlé. Voyez Vis. (De B.)

RAFFAULT et RAFFOULT. (*Bot.*) Noms vulgaires de l'*agaricus necator*, Bull. (voyez *Agaric meurtrier* à l'article Fonce). Ce champignon est particulièrement nommé *morton* en Champagne, où il est redouté à cause de ses qualités très-meurtrières; tandis que dans les contrées du Nord on le mange, dit-on, sans crainte. Dans un ouvrage publié récemment, l'auteur assure avoir mangé plusieurs fois ce champignon sans en avoir éprouvé de mauvais effets. (M. Letellier, Diss. sur les propriétés des champignons.) (Lem.)

RAFFLÉSIA (*Bot.*), Rob. Brown, *Trans. linn.*, 13; Ad. Brongn., Ann. des sc. nat., 1824, 1, p. 39. Genre de plantes dicotylédones, à fleurs dioïques, de la *dioécie monadelphie* de Linnæus, dont le caractère essentiel est d'avoir des fleurs dioïques, pourvues d'un calice d'une seule pièce, coloré (corolle?); le tube ventru; à son orifice une couronne en anneau, entière; le limbe divisé en cinq parties égales; les étamines placées en grand nombre en un seul rang sous le sommet du limbe recourbé; les anthères sessiles, un peu globuleuses, celluleuses, s'ouvrant à leur sommet par un pore. Les fleurs femelles sont inconnues.

On rapporte à ce genre le *rafflesia Arnoldi*, Rob. Brown, *loc. cit.* Cette plante a une tige qui s'élève à peine au-dessus de la racine. Elle est charnue, couverte de très-grandes bractées obtuses, imbriquées. La fleur est grande, terminale. Cette plante est parasite; elle croit sur le *cissus angustifolius*. Dans le *rafflesia Hornsfieldi*, Rob. Brown, *loc. cit.*, espèce à peine connue, la fleur est beaucoup plus petite. Ces deux plantes croissent à Java. (Poir.)

RAFLE, *Rachis*. (*Bot.*) Axe ou support commun d'un épi, d'une grappe, etc. Voyez AXE. (MASS.)

RAFLE. (*Chasse.*) Filet contremaillé avec lequel on prend les petits oiseaux pendant la nuit. Voyez FILET. (CH. **D.**)

RAFNIE. (*Bot.*) Genre de plantes dicotylédones, à fleurs complètes, papilionacées, de la famille des *légumineuses*, de la *diadelphie décandrie* de Linnæus, offrant pour caractère essentiel : Un calice à deux lèvres, la supérieure bifide, l'inférieure étalée et trifide; la division du milieu très-étroite; dix étamines diadelphes; un ovaire supérieur; un style; une gousse comprimée, lancéolée.

Ce genre est très-rapproché des *crotalaria*, dont il n'est en partie qu'un démembrement, distingué par ses fruits et par son port, la plupart des espèces n'ayant que des feuilles simples.

RAFNIE A TROIS FLEURS: *Rafnia triflora*, Vent., Malm., tab. 48; *Borbonia triflora*, Andr., Rep., tab. 51; *Crotalaria triflora*, Linn. Arbrisseau dont la tige est chargée de rameaux glabres, un peu anguleux, redressés, garnis de grandes feuilles nombreuses, ovales, sessiles, alternes, glabres, aiguës, longues de trois pouces. Les fleurs sont axillaires, situées vers le sommet des rameaux, ordinairement au nombre de trois ou quatre, pédonculées, accompagnées de bractées. Leur calice est presque campanulé; la corolle rougeâtre ou purpurine; avec les pétales onguiculés. Cette plante croit au cap de Bonne-Espérance.

RAFNIE ÉMOUSSÉE : *Rafnia retusa*, Vent., Malm., tab. 55; *Templetonia retusa*, Ait., *Hort. Kew.*, 4, p. 269, édit. nouv. Le port de cette espèce la rapproche du *crotalaria triflora*. Ses tiges sont ligneuses, cylindriques, hautes d'environ trois pieds; les feuilles simples, alternes, à peine pétiolées, longues d'environ un pouce et demi, cunéiformes, obtuses, échancrées au sommet, glabres, insérées sur une protubérance triangulaire; les stipules courtes, ovales, roussâtres, très-caduques; les pédoncules solitaires, axillaires, uniflores; les bractées ovales, opposées, concaves, un peu ciliées; le calice est glabre, campanulé, à deux lèvres; la corolle assez grande, d'un pourpre foncé; l'étendard ovale, peu réfléchi, alongé; les ailes sont droites, obtuses; la gousse est pédicellée, alongée, comprimée.

uniloculaire, à deux valves, et contient huit à dix semences brunes, luisantes. Cette plante croît à la Nouvelle-Hollande.

Rafnie a deux bractées : *Rafnia opposita*, Thunb., *Prodr.*, 123 ; *Liparia opposita*, Linn., *Syst. veg.* ; *Spartium capense*, Linn., *Spec.* ; *Cytisus capensis*, Berg., *Pl. cap.*, 217. Ses tiges sont simples, plus souvent rameuses ; les feuilles sessiles, alternes, oblongues, lancéolées, obtuses ; les pédoncules longs, axillaires, situés près du sommet de la tige, accompagnés de deux bractées opposées, peu distantes de la fleur. Celle-ci est jaune, inclinée, solitaire au sommet du pédoncule. Cette plante croît au cap de Bonne-Espérance.

Rafnie cunéiforme : *Rafnia cuneifolia*, Thunb., *Prodr.*, 123 : *Spartium ovatum*, Berg., *Pl. cap.*, 197. Arbrisseau pourvu de rameaux glabres, cylindriques, un peu anguleux et striés. Les feuilles sont alternes, ovales, rétrécies en coin à leur base, acuminées au sommet, glabres, nombreuses, succulentes, longues d'un pouce et plus. Les fleurs sont terminales, d'un pourpre jaunâtre, en grappes, presque en corymbe ; le calice est glabre, à cinq divisions lancéolées, aiguës, dont les deux supérieures plus courtes ; la corolle plus longue que le calice ; l'ovaire lancéolé, un peu pédicellé. Cette plante croît au cap de Bonne-Espérance. On en trouve encore beaucoup d'autres espèces, originaires du cap de Bonne-Espérance, mentionnées par Thunberg. (Poir.)

RAGACHE. (*Ornith.*) Ce nom, qui s'écrit aussi *ragasse*, est vulgairement donné, en Normandie, suivant M. Vieillot, à plusieurs oiseaux, d'après leur cri : tels sont la pie, la pie-grièche, les fauvettes grisette et babillarde. (Ch. D.)

RAGADIOLOÏDES. (*Bot.*) Voyez Rhagadioloïdes. (Lem.)

RAGADIOLUS. (*Bot.*) Voyez Rhagadiole. (Lem.)

RAGAGNI. (*Bot.*) Aldrovande, dans sa Dendrologie, décrit sous ce nom une espèce de champignon du genre *Agaricus*, qui croît, en touffes de plusieurs individus, au pied des arbres. De son temps ces champignons étoient très en usage pour la table : on les nommoit *famiglia* lorsqu'ils étoient encore très-jeunes ; mais adultes, on les désignoit par *ragagni*. Cette plante est la même que le *gelone*, *cardela* ou *carrena* des Toscans, d'après Michéli. Il rentre dans l'*agaricus umbilicatus* de Scopoli. Voyez Peuplière. (Lem.)

RAGANA, RAGNO. (*Ichthyol. Entom.*) Ces noms italiens, qui signifient *araignée*, sont donnés à quelques poissons et notamment à la vive, *trachinus draco.* (Desm.)

RAGAZZA. (*Ornith.*) Nom italien de la pie commune, *corvus pica*, Linn. (Ch. D.)

RAGAZZOIA. (*Ornith.*) Nom que, suivant Olina, la pie-grièche grise, *lanius excubitor*, Linn., porte en Lombardie. (Ch. D.)

RAGÉDE. (*Ichthyol.*) Un des noms arabes du *platycéphale rusé.* Voyez Platycéphale. (H. C.)

RAGHAT. (*Bot.*) Forskal cite ce nom arabe ou égyptien de son *stachys orientalis.* (J.)

RAGHLEH. (*Bot.*) Voyez Forreich. (J.)

RAGIA. (*Bot.*) C'est en Calabre la gomme de l'olivier. (Lem.)

RAGNO LOCUSTA. (*Entom.*) Les mantes ont quelquefois reçu ce nom en Italie. (Desm.)

RAGNO DI PUGLIA. (*Entom.*) Nom donné en Italie à la tarentule. (Desm.)

RAGOT. (*Mamm.*) Le sanglier âgé de deux ans et demi est ainsi nommé par les chasseurs. (Desm.)

RAGOULE. (*Bot.*) L'un des noms vulgaires de l'*agaricus eryngii*, plus connu sous le nom d'*oreille-de-chardon.* Voyez Oreille et Fonge. (Lem.)

RAGOUMINIER. (*Bot.*) Espèce de cerisier à grappe, *cerasus canadensis.* Voyez Cerisier. (J.)

RA-GRIOULE ou RA-TAOUPIÉ. (*Mamm.*) Nom languedocien du lérot. (Desm.)

RAGUAHIL ou MAIHARI. (*Mamm.*) Voyez l'article Chameau. (Desm.)

RAGUAYES. (*Bot.*) Voyez Panke. (J.)

RAGUENET. (*Ornith.*) Nom vulgairement donné, dans le département du Loiret, à la petite linotte rouge ou cabaret. (Ch. D.)

RAGUETTE. (*Bot.*) C'est une espèce d'oseille ou de patience. (L. D.)

RAGUIN. (*Mamm.*) Les agneaux antenois sont quelquefois nommés ainsi. (Desm.)

RAHA. (*Bot.*) Arbre de Madagascar . appelé aussi faux muscadier. (Lem.)

RAHAM. (*Ornith.*) Voyez Racham. (Ch. D.)

RAHARE. (*Ornith.*) Ce nom turc, qui, suivant Gesner, s'écrit *Bahare*, désigne la petite mouette cendrée, *larus cinerarius*, Gmel. (Ch. D.)

RAHBA, SIDR. (*Bot.*) Noms arabes du *viola arborea* de Forskal. (J.)

RAIA. (*Ichthyol.*) Nom latin des raies. Voyez l'article Raie. (Desm.)

RAÏANE, *Rajania*. (*Bot.*) Genre de plantes monocotylédones, à fleurs incomplètes, dioïques, de la famille des *asparaginées*, de la *dioécie hexandrie* de Linnæus, offrant pour caractère essentiel : Des fleurs dioïques; un calice campanulé, à six divisions; point de corolle; six étamines dans les fleurs mâles; un ovaire inférieur; trois styles; une capsule munie d'une large membrane ailée, oblique et latérale; une seule loge, une seule semence, par l'avortement de plusieurs loges et semences.

Raïane hastée : *Rajania hastata*, Linn., *Spec.*; Plum., *Amer.*, tab. 98; *Filic.*, tab. 78. Espèce remarquable par la forme de ses feuilles élargies à leur base, où elles forment deux oreillettes arrondies. Sa racine est tuberculeuse, grosse, charnue, ovale, garnie de fibres tortueuses, blanchâtres, savoureuses; elle produit une tige grêle, très-lisse, sarmenteuse, simple, d'un vert tendre, garnie de feuilles alternes, glabres, minces, pétiolées, longues d'environ trois pouces, élargies et échancrées en cœur à leur base, terminées par une très-longue pointe, marquées en dessous de trois ou cinq nervures. Les fleurs sont petites, verdâtres, disposées en grappes axillaires et pendantes; il leur succède des fruits capsulaires, garnis latéralement d'une aile très-mince, presque argentée dans sa jeunesse. Les semences ont la forme d'une petite lentille. Cette plante croit à l'île de Saint-Domingue.

Raïane lobée; *Rajania lobata*, Poir., Enc., n.° 2. Sa tige est glabre, presque herbacée, blanchâtre, grimpante, garnie de feuilles alternes, pétiolées, étroites, acuminées, lancéolées, divisées à leur base en deux longues oreillettes rapprochées, prolongées latéralement en deux lobes obliques, obtus, au-dessus desquels est une large échancrure : ces feuilles sont longues de trois ou quatre pouces, larges au

plus d'un pouce , à trois nervures blanchâtres. Les grappes
sont droites, plus longues que les feuilles, pendantes, un peu
rameuses, très-glabres; les fleurs distantes, verdâtres, pédicellées ; leur calice à six divisions ovales. Cette plante a été
découverte au Pérou , par Dombey.

Raïane en cœur : *Rajania cordata*, Linn.; Lamk., *Ill. gen.*,
tab. 818; Gærtn., *De fruct.*, tab. 14; Plum., *Gen.*, 33 , *Icon.* ,
155 , fig. 1. Sa racine est fusiforme, tuberculée , munie d'un
grand nombre de fibres simples, étendues à la surface de
la terre. Il s'en élève des tiges grimpantes, cylindriques,
très-souples , garnies de feuilles simples, pétiolées, glabres,
ovales, aiguës, en cœur, à sept nervures, coupées par des veines
réticulées. Les grappes sont simples, axillaires, pendantes ; les
fleurs pédicellées; le calice varie dans ses divisions de cinq à
six ; l'ovaire est comprimé, un peu arrondi. Le fruit est environné latéralement d'une large membrane mince ; la capsule
est petite, uniloculaire, monosperme. Cette plante croît dans
l'Amérique méridionale.

Raïane ovale; *Rajania ovata* , Swartz, *Flor. Ind. occid.*, 1 ,
p. 658. Ses tiges sont grimpantes, filiformes, rameuses, garnies de feuilles glabres, distantes, pétiolées, ovales, aiguës,
à trois nervures; les pétioles de la longueur des feuilles. Les
grappes sont filiformes, axillaires, un peu flexueuses, plus
longues que les feuilles; les fleurs mâles plus nombreuses que
les femelles : les calices fort petits, jaunâtres dans les mâles,
rouges dans les femelles ; il leur succède un fruit capsulaire,
comprimé, muni d'une aile ovale, en faucille. Cette plante
croît sur les montagnes, à Saint-Domingue.

Raïane a feuilles étroites; *Rajania angustifolia* , Swartz,
Flor. Ind. occid., 1 , p. 659. Plante annuelle, dont les tiges sont
glabres, filiformes, grimpantes, garnies de feuilles alternes,
lancéolées-linéaires, glabres, pétiolées, arrondies à leur base,
entières, à trois nervures, longues de cinq à six pouces ; les
pétioles rougeâtres et tortueux. Les fleurs sont très-petites,
polygames, alternes, rougeâtres, presque sessiles, disposées
en grappes axillaires, pendantes, filiformes, de la longueur
des feuilles. Le calice est d'une seule pièce, à six divisions
ouvertes, obtuses; l'ovaire est oblique, à trois faces, surmonté de trois stigmates sessiles : la capsule munie d'une aile

latérale, oblongue, membraneuse. Cette plante croît à la Nouvelle-Espagne.

RAÏANE QUINTE-FEUILLE : *Rajania quinquefolia*, Linn.; Plum., *Amer.*, 53; *Icon.*, 155, fig. 2. Ses tiges sont glabres, cylindriques, sarmenteuses et grimpantes, garnies de feuilles alternes, à cinq folioles distinctes, pédicellées, oblongues, ou ovales-lancéolées, entières, un peu obtuses, à trois nervures parallèles; les pédicelles sont très-courts, insérés immédiatement sur les articulations des rameaux, sans pétiole commun, ce qui doit faire considérer ces folioles comme autant de feuilles séparées. Les grappes sont simples, axillaires, attachées sur les tiges entre les articulations; chaque fleur est pédicellée, munie d'un calice à six petites folioles ovales, obtuses. Les fruits sont garnis d'une membrane latérale en aile, arrondie aux deux extrémités. Cette plante, assez rare, croît dans les îles de l'Amérique.

RAÏANE A CINQ FOLIOLES ; *Rajania quinata*, Thunb., *Fl. jap.*, 148. Cette plante, distinguée par ses fleurs presque en ombelle, a des tiges grimpantes, glabres, cylindriques, rameuses, de couleur cendrée, garnies de feuilles presque fasciculées, réunies plusieurs ensemble au même point d'insertion, pétiolées, composées de cinq folioles pédicellées, ovales, longues d'environ un pouce, glabres à leurs deux faces, entières, échancrées au sommet, avec une pointe particulière; le pétiole commun est long de deux pouces, filiforme : les fleurs sont axillaires, presque en ombelle, supportées par un pédoncule commun, filiforme, de la longueur des pétioles; les pédoncules partiels, capillaires, longs d'une à deux lignes. Cette plante croît au Japon.

RAÏANE A SIX FOLIOLES; *Rajania hexaphylla*, Thunb., *Fl. jap.*, 149. Cette espèce est pourvue d'une tige glabre, cylindrique, sarmenteuse, striée. Les feuilles sont alternes, pétiolées, composées de six folioles glabres, oblongues, aiguës, très-entières, vertes en dessus, plus pâles en dessous, longues de deux pouces, veinées: le pétiole commun est long de trois pouces, renflé tant à la base qu'au sommet; les pédicelles sont filiformes, divergens. Les fleurs sont blanches, axillaires, disposées en grappes. Cette plante se trouve au Japon.

RAÏANE FLEXUEUSE; *Rajania flexuosa*, Poir., Encycl., n.° 4.

Cette plante a des tiges grimpantes, grêles, très-foibles, d'un vert tendre, garnies de feuilles alternes, pétiolées, ovales, lancéolées, échancrées en cœur, arrondies à leur base, entières, acuminées, d'un vert tendre, un peu plus pâles en dessous, glabres, réticulées, réfléchies sur le pétiole. Les fleurs sont disposées en petites grappes glabres, géniculées, à peine aussi longues que les feuilles, axillaires, filiformes; ces fleurs se trouvent souvent deux ou trois au même point d'insertion, supportées par des pédoncules capillaires, plus longs que les fleurs, munis à leur base d'une petite bractée ovale, concave, aiguë : les calices divisés en six petites folioles ovales, aiguës, d'un vert tendre et jaunâtre, glabres, transparentes. Cette plante a été découverte au Pérou par Dombey.

RAIANE MUCRONÉE : *Rajania mucronata*, Willd., *Spec.* Ses tiges sont glabres, cylindriques, rameuses et grimpantes; les rameaux grêles, un peu blanchâtres; les feuilles alternes, pétiolées, glabres, oblongues, étroites, lancéolées, entières, rétrécies à leur base, mucronées au sommet, longues de deux pouces, larges de six à huit lignes, quelques-unes plus larges et plus courtes, échancrées, presque à trois dents au sommet. Les fleurs mâles sont réunies en grappes axillaires, géminées, filiformes, presque une fois plus courtes que les feuilles; les pédoncules inférieurs uniflores, les supérieurs à trois fleurs vertes, fort petites ; les grappes femelles solitaires et plus courtes; les capsules longues de six lignes, munies d'une aile oblique et obtuse. Cette plante a été découverte à Saint-Domingue, par M. Poiteau. (POIR.)

RAICILLA. (*Bot.*) Près de Saint-Lucar, dans la Nouvelle-Grenade, on donne ce nom au véritable ipécacuanha du Brésil, *callicocca ipecacuanha* de M. Brotero, *cephaelis emetica* de M. Persoon. Voyez aussi RADICILLA. (J.)

RAIE, *Raja*. (*Ichthyol.*) Jusqu'à ces derniers temps les ichthyologistes ont donné le nom de RAIE à une grande division des poissons chondroptérygiens sélaciens, qui appartient à l'ordre des trématopnés et à la famille des plagiostomes, et qu'ils avoient considérée comme formant un genre spécial.

Aujourd'hui le genre RAIE, tel qu'Artédi, Linnæus,

Gouan , Lacépède et la plupart des auteurs l'ont conçu d'après eux, n'existe réellement plus, puisqu'il est reconnoissable aux caractères suivans :

Squelette cartilagineux; branchies , sans membranes ni opercules, ouvertes en dessous; catopes distincts; corps rhomboïdal, aplati horizontalement et discoïde; nageoires pectorales extrêmement amples et charnues; bouche large, située en travers sous le museau; mâchoires armées de dents toutes menues et serrées en quinconce; queue mince, à base étroite, longue, garnie en dedans vers sa pointe de deux petites nageoires dorsales; quatre nageoires latérales.

Il devient donc facile de distinguer les RAIES des ROUSSETTES, des SQUATINES, des PÉLERINS, des CARCHARIAS, des HUMANTINS, des LEICHES, des AIGUILLATS, des GRISETS, des CESTRACIONS, des AODONS, des MILANDRES, des ÉMISSOLES, qui ont les trous des branchies latéraux et le corps arrondi; des RHINOBATES et des RHINA, qui ont la base de la queue très-grosse; des MYLIOBATES, des PASTENAGUES et des CÉPHALOPTÈRES, qui n'ont sur la queue qu'une seule nageoire dorsale; des TORPILLES, enfin, dont la queue est courte. (Voyez ces différens noms de genres, PLAGIOSTOMES et TRÉMATOPNÉS.)

Parmi les espèces de raies, qui sont fort nombreuses, et dont plusieurs même sont encore assez mal déterminées par les naturalistes, nous citerons les suivantes :

La RAIE BOUCLÉE : *Raja clavata*, Linnæus; *Dasybatus clavatus*, Klein. Dents obtuses; peau âpre; corps presque carré, très-aplati, hérissé irrégulièrement sur ses deux surfaces par des tubercules osseux, munis chacun d'un aiguillon recourbé; tête fort déprimée, un peu alongée; museau pointu; dents petites, plates, en losange, disposées sur plusieurs rangs et très-serrées les unes contre les autres; queue déliée, plus longue que le corps, un peu aplatie par dessous et terminée par une nageoire; catopes comme formés de deux portions plus larges l'une que l'autre, et qui, au premier abord, semblent représenter, l'une une nageoire ventrale, et l'autre une nageoire anale, quoique, dans la réalité, intimement réunies pour constituer un seul et même organe; yeux assez éloignés du museau, un peu saillans et couverts par en haut d'une peau simple et nue; pupille d'un noir verdâtre; iris d'un blanc métallique ; narines grandes, ouvertes en dessous du museau et un peu en avant de la bouche, qui est assez grande, et dans laquelle est contenue une apparence de langue courte, très-large et très-mince ; cinq ouvertures branchiales à droite et à gauche, transversales, petites et disposées sur une ligne presque droite, assez loin de la bouche ; anus ovale, ouvert longitudinalement entre les catopes, un peu au-dessus de l'origine de la queue.

Ce poisson, qu'on a vu parvenir à la longueur de douze pieds et plus, a le dos brunâtre et semé de taches rondes et blanches, et quelquefois blanc avec des taches noires.

Les aiguillons, grands, forts et recourbés, qui hérissent presque toute sa surface, sont de deux sortes : les uns plus grands, et qu'on a comparés à des clous, varient en nombre, suivant le sexe et la patrie de l'animal, mais sont constamment attachés à des cartilages compactes, durs, d'un blanc pur, lenticulaires et cachés en grande partie sous les tégumens, qui les retiennent et les affermissent. Il en règne un rang tout le long du dos et de la queue jusqu'à l'extrémité de celle-ci ; deux piquans semblables existent encore au-dessus et au-dessous du bout du museau ; deux autres sont placés au-devant des yeux et trois derrière ces organes ; quatre autres, enfin, très-grands, sont implantés sur le dos, de manière à y représenter les quatre coins d'un carré, et une rangée de moins forts garnit longitudinalement chaque côté de la queue.

Les aiguillons de la seconde espèce sont plus petits, de longueurs inégales, et recouvrent le dessus du corps, de la tête et des nageoires pectorales.

Celles-ci, triangulaires, disposées dans un même plan horizontal, plus ou moins épaisses, offrent à elles deux une surface plus grande que celle du corps proprement dit, et sont soutenues par un grand nombre de rayons cartilagineux, composés et articulés, qui s'étendent en divergeant un peu depuis le corps de l'animal. Lorsqu'elles se meuvent, elles frappent le liquide ambiant de haut en bas ou de bas en haut, suivant une direction verticale. Ce sont elles d'ailleurs qui donnent à l'ensemble du corps du poisson une figure plus ou moins rhomboïdale.

Comme celui de tous les poissons chondroptérygiens et

des raies en général, le squelette de la raie bouclée n'admet
jamais assez de phosphate de chaux dans son tissu pour acquérir une consistance osseuse : il demeure toujours cartilagineux. Aussi cet animal peut-il croître pendant toute la
durée de sa vie, ou à peu près.

Ses vertèbres cervicales sont soudées en une seule pièce,
et celles de la queue, qui sont au nombre de plus de quatre-
vingts, constituént également une série de pièces cartilagineuses, toutes unies les unes aux autres, et où l'on ne peut
guère distinguer que les apophyses épineuses.

Les muscles du rachis de ce poisson ont de la ressemblance
avec ceux qui existent dans la queue de certains quadrupèdes.
Disposés sur deux plans, ils sont au nombre de quatre, deux
latéraux supérieurs et deux latéraux inférieurs.

Les premiers viennent de la région moyenne de la colonne
vertébrale, au-dessus de l'abdomen, par une portion charnue,
recouverte de fortes aponévroses. A la hauteur du bassin,
ils fournissent de petits tendons qui glissent dans des gaînes
parallèles et qui se portent successivement vers la ligne
moyenne, où ils se fixent à la partie supérieure de chacune
des vertèbres de la queue.

Dans la partie inférieure de cette dernière les muscles
latéraux supérieurs dont il s'agit, reçoivent des accessoires
de chaque côté, ou plutôt de simples tendons, qui paroissent seulement destinés à s'opposer à une extension trop
violente dans l'un ou dans l'autre sens.

Chacun des tendons de ces muscles tire la vertèbre caudale, sur laquelle il s'insère, dans le sens de son action, et
c'est de leur mouvement commun de rétraction que résulte
la flexion ou la courbure générale de la queue en dessus.

Quant aux muscles latéraux inférieurs, disposés à peu près
de même que les précédens, ils prennent, plus extérieurement qu'eux, naissance sur les lombes ; mais leurs tendons,
beaucoup plus grêles, se contournent un peu et se placent
sous la queue, où ils se fixent à chacune des vertèbres, chacun
d'eux se bifurquant à son extrémité pour laisser passer celui
de la vertèbre suivante, en sorte qu'ils se servent mutuellement de gaines, et qu'ils sont tous, excepté le dernier, per-
forés et perforans.

Ils reçoivent aussi des accessoires tendineux, et produisent les mouvemens opposés à ceux des premiers, c'est-à-dire qu'ils recourbent la queue en dessous.

Quelle que soit la valeur des opinions des anciens zootomistes, comparées à celles des physiologistes modernes par rapport à l'existence ou à la non-existence du thorax dans les poissons, tous sont d'accord sur l'absence des côtes ou des prétendues côtes chez la raie. Il y a défaut absolu de thorax chez elle; le défaut de poumons nécessitoit une telle disposition ; mais les arêtes, qui chez la plupart des poissons osseux, dépourvus pareillement de poumons, avoient été cependant comparées aux barreaux de la cage osseuse de la poitrine des autres animaux vertébrés, ne se rencontrent même ici en aucune sorte.

Le sternum manque également.

La tête est articulée par deux condyles avec la colonne vertébrale; mais cette articulation est peu mobile et maintenue fixement par des trousseaux de fibres ligamenteuses. Un muscle cependant est destiné à relever la tête par l'épine. Situé au-dessus du corps et de la cavité des branchies, il est attaché d'une part au rachis et à la portion antérieure de l'arc cartilagineux qui soutient les grandes nageoires pectorales, et de l'autre à l'extrémité postérieure de la tête.

Deux autres muscles concourent à relever et à abaisser l'extrémité du museau : l'un, supérieur, vient pareillement de la partie antérieure du cartilage en ceinture, et est formé d'un ventre charnu, dont le tendon, grêle et cylindrique, est reçu dans une gaine muqueuse qui se glisse au-dessus des branchies et se porte à la base du museau.

Le second de ces muscles, inférieur, est situé au-dessous du corps et dans la cavité même des branchies, où il s'atta he sur les premiers cartilages du rachis. Il se dirige obliquement en dehors, puis en dedans, de manière à décrire une courbe dont la convexité est extérieure. Il s'insère tout charnu à la base du bec, qu'il fléchit.

L'immense quantité des rayons à articulations multipliées qui supportent les nageoires pectorales, tiennent tous, très-rapprochés les uns des autres, à un cartilage parallèle à la colonne vertébrale, lequel se rattache supérieurement à celle-ci à l'aide d'une autre pièce cartilagineuse, et se joint en dessous à une forte barre transversale, commune aux cartilages des deux nageoires et que l'on a comparée à la fois au sternum et à la clavicule.

Les muscles destinés à mouvoir ces nageoires forment deux couches charnues, très-épaisses, l'une au-dessus, l'autre audessous d'elles, et sont divisés en autant de faisceaux que ces nageoires ont de rayons.

Nous remarquerons encore que les deux catopes sont articulés aux deux extrémités d'un cartilage unique, transversal et presque cylindrique. Deux cartilages distincts, l'un externe, l'autre interne, reçoivent les rayons de ces nageoires, dont les muscles sont disposés, à peu de chose près, comme ceux des nageoires pectorales.

Le crâne de la raie ne forme qu'une très-petite partie de sa tête. Le cerveau n'en remplit pas entièrement la cavité, à la partie antérieure de laquelle on remarque deux trous olfactifs, fort éloignés l'un de l'autre ; tandis que les trous optiques, fort écartés aussi, sont percés sur ses côtés et non loin d'un trou unique de chaque côté pour les trois branches du nerf trifacial. On ne voit point non plus à l'intérieur de ce crâne de fente sphénoïdale, et chacun des petits nerfs de l'œil et de ses dépendances passe par une ouverture isolée et spéciale. Le trou auditif interne est ici fort grand, et l'on sait qu'il n'existe point dans les poissons osseux, qui ont tous la cavité de l'oreille réunie avec celle du crâne.

La face de la raie n'est articulée avec le crâne que par le moyen du cartilage analogue à l'os carré dés oiseaux.

Ses fosses nasales sont de simples cavités, creusées dans les cartilages et ne communiquant pas avec la bouche. Elle manque de fente sphéno-maxillaire, de trous orbitaires internes, de trou incisif, de trou sous-orbitaire.

Sa moelle épinière s'étend d'une extrémité du canal vertébral à l'autre, sous la forme d'un cordon médullaire que parcourt un sinus profond le long de sa face dorsale et dont la face abdominale présente un simple sillon. Le calibre de ce cordon médullaire diminue d'une manière marquée longtemps avant sa terminaison, et se renfle entre les origines des huitième et cinquième paires, par l'écartement des deux cordons secondaires qui le constituent, qui laissent là entre eux un espace vide, et qui, vers leur face dorsale, se relèvent en bord plus ou moins épais, pour former le lobe du quatrième ventricule, fort développé.

Au-delà de la commissure de celui-ci, ces deux cordons se jettent dans le cervelet, organe impair, projeté au-dessus des lobes optiques et repoussé sur le ventricule dont nous venons de parler, bosselé par des circonvolutions entre lesquelles sont pratiquées des anfractuosités notables, d'une consistance molasse, et creusé lui-même d'une cavité qui se bifurque antérieurement et postérieurement pour se prolonger dans ses quatre processus.

Une ou plusieurs des racines du nerf trifacial ont des connexions marquées avec les parois du quatrième ventricule.

Les hémisphères cérébraux sont formés à l'extérieur de matière blanche, et en dedans, pour l'épaisseur d'un cinquième seulement, de substance grise. On trouve, entre eux et les tubercules quadrijumeaux, deux petites éminences séparées par une légère dépression.

Les lobules olfactifs sont remarquablement volumineux, solides et soudés en une seule masse, qui représente à peu près le tiers de celle de tout l'encéphale.

Il y a, du reste, dans l'encéphale de la raie, absence totale du mésolobe ou corps calleux, du mésocéphale ou pont de Varoli, du trigone cérébral et de leurs dépendances.

Comme dans les autres poissons, chez celui-ci les nerfs optiques prennent naissance d'un lobe particulier. Leur volume est considérable, et ils adhèrent intimement aux pédoncules cérébraux, tout en venant pourtant des lobes optiques et des tubercules quadrijumeaux, dont ils sont la continuation. Ils reçoivent quelques filets blanchâtres d'un corps particulier, situé à la base de l'encéphale, et semblent composés de quatre couches superposées, alternativement blanches et grises. L'entrecroisement de ces nerfs est peu distinct et ne peut être aperçu qu'à l'aide d'une dissection soignée.

Les nerfs de la quatrième paire commencent à être apparens entre les lobes optiques et le cervelet, et leurs filets d'origine semblent se réunir sur la ligne médiane.

La naissance des nerfs trifaciaux est aussi distincte que chez aucun mammifère. Leur volume, comme l'a dit avec raison M. Treviranus, surpasse de beaucoup celui qui les caractérise dans les autres animaux vertébrés.

Ceux de la sixième paire sont remarquables, au contraire, par leur petitesse.

Le nerf ophthalmique de Willis se partage en deux rameaux principaux au-delà de l'orbite. L'un d'eux va se perdre au pourtour de l'ouverture des narines; le second, qui paroît la continuation du tronc, se bifurque et va se distribuer aux parties charnues de la lèvre supérieure et de la commissure.

Le nerf maxillaire inférieur se porte très en arrière, et se distribue aux muscles de la mandibule.

Il n'y a ni nerf accessoire de Willis, ni nerf glosso-pharyngien, ni nerf hypoglosse. Les autres nerfs, d'ailleurs, se comportent ici comme dans la généralité des poissons. (Voyez Cartilagineux et Poissons.)

Seulement le nerf de la ligne latérale est très-voisin du dos et rapproché de son semblable, et les nerfs de la nageoire pectorale suivent une marche tout-à-fait particulière.

Un canal cartilagineux, placé derrière la cavité des branchies, reçoit les vingt premières paires de ceux-ci, qui, unies en cet endroit, n'y forment qu'un tronc unique, qui se jette vers la partie antérieure de la nageoire, en traversant la barre cartilagineuse sur laquelle reposent les rayons.

Les quatre ou cinq paires suivantes se réunissent de même en un gros cordon, lequel se partage en sept ou huit filets pour les rayons moyens de la nageoire.

Les paires suivantes, jusqu'à la quarante-quatrième environ, se joignent deux à deux et forment un cordon qui va percer la barre cartilagineuse de la région postérieure de la nageoire.

Les catopes sont animés directement par huit à neuf paires de nerfs, dont les quatre ou cinq premières se réunissent en un seul tronc, qui passe par un trou spécial, dont est percé le cartilage qui soutient les rayons.

Les yeux de la raie bouclée, privés de paupières, d'appareil lacrymal et de conjonctive, sont obliquement tournés en haut. Leur globe, représentant un quart de sphère, coupé par deux grands cercles perpendiculaires l'un à l'autre, est aplati en avant et en haut.

La sclérotique de la raie, cartilagineuse, homogène, demi-transparente, élastique et ferme, est munie postérieurement d'un tubercule, à l'aide duquel l'œil semble comme articulé sur l'extrémité d'une tige cartilagineuse, qui s'articule elle-même dans le fond de l'orbite.

Le fond de la chorioïde offre une espèce de *tapis* brillant de l'éclat de l'argent.

Il n'existe point chez la raie de corps chorioïde.

L'iris, au bord supérieur de la pupille, se prolonge, chez ce poisson, en plusieurs lanières étroites, disposées en rayons et représentant ensemble une palmette, dorée en dehors et noire en dedans, qui, dans l'état ordinaire, est reployée entre le bord supérieur de la pupille et le corps vitré ; mais qui, lorsqu'on presse le haut de l'œil avec le doigt, se développe et vient fermer la prunelle comme une jalousie fer-meroit une fenêtre.

La torpille est, avec les autres raies, le seul poisson qui offre encore cette particularité singulière, qui possède cet appareil extraordinaire, qu'un filet de la troisième paire des nerfs anime en partie.

Dans les trois quarts antérieurs du nerf optique, entre le névrilemme et la pulpe médullaire, il existe une couche d'un enduit noir, analogue à celui de la chorioïde. Ce nerf, d'ailleurs, traverse directement les membranes du globe de l'œil, dans lequel il pénètre par un trou arrondi en formant un tubercule mamelonné, du contour duquel naissent des fibres rayonnantes qui appartiennent à la rétine.

Sous le rapport de l'appareil de l'audition, nous n'avons à signaler dans la raie que peu de chose qui n'ait point été consigné dans nos articles Cartilagineux et Poissons.

Il en est de même des appareils de l'olfaction et de la gustation.

L'épiderme, qui fait partie de ses tégumens, qui recouvre ses nageoires, son corps et les diverses appendices de celui-ci, est mou et paroît comme muqueux.

Le derme est fort et tenace : il adhère intimement aux

muscles et est parcouru par des vaisseaux excréteurs transparens, qui s'ouvrent au-dessus et au-dessous du corps par une multitude de pores d'un assez grand diamètre et qui l'abreuvent d'une humeur gélatineuse des plus abondantes.

En examinant l'appareil de la digestion chez la raie dont il s'agit, on ne tarde point à reconnoître que chaque branche de la mâchoire inférieure n'est formée que d'une seule pièce ; qu'en se rapprochant l'une de l'autre, ces branches s'amincissent, et que, de leur réunion, il résulte un arc des plus ouverts.

Cette mâchoire est abaissée par un grand muscle quadrilatère, impair, alongé, à fibres droites et parallèles, dont l'attache fixe est au cartilage transverse, qui soutient les nageoires pectorales et dont l'autre bout s'insère vers la partie moyenne du cartilage mandibulaire.

Deux autres petits muscles, un de chaque côté, contribuent encore au même mouvement ; fixés en avant vers la commissure des lèvres, ils viennent presque se croiser sous le précédent pour se terminer postérieurement en partie à la peau, en partie au cartilage transverse.

Quant aux muscles releveurs de la mandibule, ils agissent aussi sur la mâchoire supérieure. L'un d'eux, attaché à la partie latérale de la première, passe par-dessus la dernière comme sur une poulie de renvoi et se termine en dehors de la base du crâne. Un autre, large et court, à fibres droites et parallèles toutes charnues, s'attache au bord supérieur de la mâchoire et au bord inférieur de la mandibule. Un troisième de ces muscles a quelque ressemblance avec certains muscles qui sont dans la queue de l'écrevisse. Les fibres en sont entrelacées en trois masses, deux antérieures et une postérieure, et il paroît avoir pour usage de tenir la bouche fortement fermée quand l'animal a saisi quelque proie.

Deux très-longs muscles, qui viennent de l'épine et qui passent entre le palais et le crâne pour s'insérer à la mâchoire supérieure, ramènent la bouche en devant lorsqu'elle a été portée en arrière par le grand muscle impair.

Enfin, la pièce cartilagineuse qui représente l'os carré des oiseaux, et dont l'extrémité supérieure est articulée librement avec le crâne, est mise elle-même en mouvement par deux paires de muscles, dont les uns, très-épais, attachés en arrière sur le cartilage en ceinture, s'insèrent sur le cartilage carré en bas et près de sa jonction avec la mandibule, tandis que les autres, plus petits, nés au-dessus du point où les premiers se terminent, descendent en arrière et en dedans pour se fixer à une aponévrose située derrière la mâchoire inférieure. Les premiers tendent à rapprocher de la perpendiculaire le cartilage, qui procure ainsi aux mâchoires un point fixe sur lequel elles peuvent se mouvoir : ils sont aidés dans cet office par les seconds, qui tirent le cartilage en bas et en dedans.

Les dents de la raie bouclée sont du genre de celles qu'on nomme composées : elles n'adhèrent aux mâchoires que par une membrane intermédiaire ; assez menues, elles sont disposées en quinconce et constamment divisées chacune en deux couches, une supérieure, dense, osseuse, uniquement formée d'une légère lame d'émail ; et une inférieure, irrégulièrement poreuse à l'intérieur, marquée en arrière et en dessous de sillons très-réguliers et très-rapprochés, et percée de petits pertuis par lesquels passent sans doute des vaisseaux et des nerfs.

On n'observe chez ce poisson aucune trace de dents palatines.

L'appareil salivaire paroît également manquer ; cependant il existe, au-dessous de la membrane du palais et sur le grand muscle abaisseur de la mâchoire inférieure, un amas de cryptes glanduleuses, du volume d'une graine de navet, creusées de plusieurs petites cavités, et paroissant jusqu'à un certain point en remplir les usages.

On ne rencontre point non plus, dans la raie, les branches hyoïdes, qui existent dans tous les autres poissons, même dans les squales.

Elle est de même absolument dépourvue d'une véritable langue, seulement un cartilage grêle, suspendu aux deux premiers arcs branchiaux, et qui traverse la base du palais parallèlement à la mâchoire inférieure, soutient la membrane qui tapisse cette base et semble représenter l'organe dont il s'agit au moment où la bouche, venant à s'ouvrir, la mâchoire se porte en arrière.

Il n'y a du reste non plus ni épiglotte, ni voile du palais, et le pharynx ne sauroit être distingué de l'œsophage, ni sous le rapport de son diamètre, ni sous celui de sa structure propre. Il s'attache supérieurement sous la voûte du crâne et aux deux derniers arceaux des branchies, la raie étant privée de ces organes solides et mobiles, que dans les autres poissons on appelle *os pharyngiens*.

L'œsophage est large et court, et l'estomac paroît n'en être que la continuation. Celui-ci, formé de deux portions distinctes, offre d'abord une sorte de sac d'une forme ovale-alongée, qui se coude en arrière pour se transformer en une sorte de boyau rétréci, dans lequel les alimens ne peuvent parvenir que par un fort petit orifice situé entre deux.

La membrane interne de l'œsophage et de l'estomac est blanche, lisse, molle et tapissée de mucosités. Dans le sac stomacal elle forme de larges plis; mais dans la seconde portion du viscère elle n'offre plus que quelques légères rides longitudinales.

Les fibres de la membrane musculeuse, longitudinales pour la plupart, sont plus nombreuses dans les environs du pylore et à l'orifice œsophagien de l'estomac. Au commencement de l'œsophage elles sont enveloppées par une sorte de sphincter plus ou moins large, mais toujours épais.

Comparée à celle du corps mesuré depuis le bord de la mâchoire inférieure jusqu'à l'anus, et prise depuis le pylore, la longueur du canal intestinal de la raie est dans la proportion de 0,200 à 0,300. La portion de ce conduit qui se termine à l'anus, a un diamètre plus petit et des parois plus minces que celle qui la précède et dont l'origine n'est point munie de ces cœcums qu'on observe dans tant d'autres poissons.

Considéré dans son ensemble, le canal intestinal va sans détour du pylore à l'anus. D'abord étroit, il se dilate bientôt d'une manière marquée et diminue de nouveau à quelque distance de sa terminaison. Tout près du pylore, sa membrane interne commence à former un large pli, qui tourne en spirale dans les trois quarts de sa longueur, et qui ralentit la marche de la pâte alimentaire en l'obligeant à suivre la même direction. Au-delà, c'est-à-dire, dans le rectum, la membrane ne forme plus que quelques plis longitudinaux, devient lisse et perd son velouté.

Dans toute la première portion de l'intestin que nous venons de décrire, on trouve, dans l'épaisseur des parois, entre les membranes interne et musculeuse, une couche d'un tissu glanduleux, qui s'amincit beaucoup au-delà de la valvule spirale et n'atteint pas jusqu'à l'anus.

Le foie offre trois lobes bien séparés, et qui s'étendent dans presque toute la longueur de la cavité abdominale.

La vésicule du fiel, rougeâtre, alongée, triangulaire, placée entre le lobe moyen et l'estomac, reçoit la bile par plusieurs canaux hépato-cystiques très-fins, et le canal hépatique lui-même communique par une branche principale avec le conduit cystique. Le volume de ce réservoir paroît en général médiocre, et l'insertion de son conduit excréteur dans l'intestin est très-rapprochée du pylore.

Quant au pancréas, dont sont privés les autres poissons, il est, chez la raie, de figure irrégulière, partagé en lobes, placé à gauche de l'origine du canal intestinal, d'un tissu compacte, d'une teinte blanchâtre, nuancée de rouge à l'extérieur, et muni de plusieurs canaux excréteurs, dont les diverses branches se réunissent près de l'intestin en un seul tronc extrêmement court.

La rate est placée sur le sac stomacal, dans l'angle qu'il forme par sa réunion avec la portion rétrécie du viscère. Elle est presque triangulaire et rougeâtre.

Le péritoine présente une circonstance d'organisation bien remarquable : au lieu de former un sac fermé de toutes parts, comme dans l'homme, les autres mammifères et les reptiles, il est, comme dans les cycloptères, dans la lamproie spécialement, percé de deux ouvertures, qui communiquent au dehors de chaque côté de l'anus, et qui permettent sans doute à l'eau de la mer d'entrer dans sa cavité.

L'orcillette du cœur a plus de capacité que le ventricule, qu'elle recouvre et qu'elle déborde même sur les côtés et en avant.

Le bulbe de l'artère pulmonaire est cylindrique. Sa membrane interne forme quatre rangs de valvules semi-lunaires, et son extérieur est recouvert d'une couche de fibres charnucs, qui se prolongent sur les parois de l'artère elle-même.

Celle-ci, le seul tronc vasculaire que produise le cœur, s'avance sous le cartilage qui réunit les extrémités inférieures des arcs branchiaux et fournit peu après deux grosses branches, une de chaque côté, qui se portent obliquement en dehors et se divisent en trois rameaux, qui se distribuent aux trois dernières branchies. Parvenu au niveau de la première branchie, le tronc lui-même se sépare en deux autres branches, qui se dirigent en divergeant vers cette branchie, se bifurquent avant d'y parvenir, lui donnent un rameau et abandonnent l'autre à la branchie précédente.

Chacune des branchies, d'ailleurs, fournit des radicules artérielles, qui se rassemblent en un rameau qui contourne d'avant en arrière l'extrémité supérieure de son arc cartilagineux, et est reçu là dans un demi-canal, qui se continue sous le cartilage des vertèbres.

Ces cinq artères de chaque côté n'en forment bientôt plus que trois, puis se rassemblent sous le rachis en un seul tronc, qui est proprement l'aorte, laquelle, sous la queue, s'introduit dans un canal complet.

Une particularité digne d'attention dans la distribution des vaisseaux de la raie, est que c'est l'artère principale de la nageoire pectorale qui fournit l'artère spermatique.

Les rameaux de la cœliaque semblent spécialement destinés à la valvule spirale de l'intestin, au foie et à l'estomac.

Les branchies sont au nombre de cinq ; leurs lames ne sont point soudées par paires, comme cela a lieu ordinairement ; mais leurs deux rangées sont séparées par des rayons cartilagineux sur lesquels elles appuient et par un muscle particulier. Les lames, d'ailleurs, en supportent de plus petites, qui leur sont perpendiculaires et qui paroissent uniquement membraneuses et vasculeuses.

Les arceaux cartilagineux de ces organes sont articulés immédiatement avec le crâne et avec les premières vertèbres. Chacun d'eux porte sur sa convexité onze à douze rayons, qui s'élèvent en divergeant entre deux rangées des premières lames. Leur concavité est lisse et unie.

Ils sont mis en mouvement par plusieurs muscles. Deux de ceux-ci, très-forts et venant du grand cartilage trans-

verse, les écartent, parce qu'ils se terminent sous leur cartilage moyen. Chacun d'eux est, en outre, ouvert dans son
arc par l'écartement de ses extrémités qu'opère un muscle
qui, parti de chaque. côté du rayon moyen, se dirige vers
les autres et tend à en rapprocher le bout. Ce même arc est
fermé, enfin, par un autre muscle court, épais, cylindrique,
attaché dans deux fossettes spéciales et situé en travers.

Toutes les branchies sont rapprochées à la fois par un
muscle très-fort qui les enveloppe toutes ensemble, et qui
ne leur laisse de libre que le côté par lequel elles regardent la cavité de la bouche.

En arrière des branchies on observe deux fortes pièces
cartilagineuses, qui semblent remplacer les branches hyoïdes
et n'en différer que par la position.

Rien dans la raie ne semble indiquer les traces d'un appareil vocal, le mode de respiration s'opposant formellement
à son existence. On trouve cependant dans ce poisson un
analogue du diaphragme, en tant que considéré comme
simple cloison.

Les testicules, grands, alongés, larges, aplatis, s'étendent
sous le rachis au-dessus du canal intestinal et de l'estomac.
Semblant formés dans une de leurs parties d'une aggloméra-
tion de tubercules du volume d'un pois, pressés les uns contre
les autres et qui offrent chacun un petit enfoncement au
milieu de leur face externe, ils présentent dans l'autre une
substance glanduleuse homogène, qui en occupe en arrière
la portion la plus mince et s'étend sous toute la face inférieure de la portion tuberculeuse.

L'épididyme est très-gros et alongé : il ne tient au testi-
cule que par un prolongement mince, dans lequel la dernière substance paroît se continuer. Il représente un large
canal, replié à l'infini, qui grossit vers son extrémité postérieure et ne cesse d'être flexueux qu'à l'endroit de sa terminaison dans une vésicule placée sous le gros bout du rein
et qui s'ouvre, simultanément avec son opposée, au milieu
d'une papille cylindrique qui se voit dans le cloaque.

Les ovaires, au nombre de deux, sont composés d'œufs
arrondis, de diverses grandeurs, dont les plus petits sont
blancs et les plus grands de couleur jaune, et qui passent,

à mesure qu'ils ont été convenablement développés et fécondés, dans les oviductes, au nombre de deux aussi, réunis par leur extrémité antérieure, et n'ayant qu'une ouverture commune, située entre les ovaires.

De là ces oviductes se portent en arrière et en dehors, en conservant un petit diamètre. Leur forme est cylindrique et leurs parois offrent à l'intérieur des plis longitudinaux, et dans leur épaisseur une couche fort mince, d'un tissu glanduleux. Au bout d'un certain trajet, ils se dilatent subitement pour envelopper un corps adénoïde épais, qui paroît composé de vaisseaux blancs, allant dans des directions variées de la paroi interne à l'externe, et qui est divisé en deux parties, ayant chacune la figure d'un croissant et ne se touchant que par les deux cornes.

C'est l'humeur sécrétée par cette glande qui produit la coque de l'œuf dans cet animal, œuf dont la forme tient sans doute à celle de la surface glanduleuse qui en est le moule, et au-delà de laquelle chaque oviducte forme un vaste sac qui va se terminer, sur les côtés du cloaque, par un orifice bordé en dedans d'un repli valvulaire.

Le cloaque lui-même forme un ample réservoir, qui semble la continuation des oviductes plutôt que du rectum, et que plusieurs zootomistes ont regardé comme un utérus ; mais évidemment à tort, ainsi que nous aurons immédiatement occasion de le démontrer en décrivant la génération de la raie cendrée, si bien observée par Bloch et par Lacépède. C'est aussi à son propos que nous aurons occasion de faire connoître certains organes qu'on a prétendu propres à l'accouplement dans les raies en général, dont l'anatomie a été faite par Willughby, Artédi, Klein, Monro, Bloch, Lacépède, et surtout par M. Cuvier, avec un soin qui ne nous a point permis de donner moins de détails à l'examen de l'organisation de la raie bouclée, que nous avons nous-même, au reste, étudiée dans beaucoup de ses parties avec une attention scrupuleuse.

Quoi qu'il en soit, cette espèce fréquente toutes les mers de l'Europe ; aussi porte-t-elle une foule de noms différens. Dans plusieurs de nos départemens méridionaux on l'appelle, par exemple, *Raie clouée.* Sur les côtes des Alpes maritimes, où, suivant M. Risso, elle préfère les lieux abondans en zostères et en caulinies, elle est nommée *Clavelade* ou *Clavelado* : en Angleterre, son nom est *Maids* ou *Thornback*; en Allemagne, *Steinroche* ou *Nagelroche*; en Hollande, *Roch*; en Danemarck, *Rokke* ou *Rokkel*; en Suède, *Rocka*; en Norwége, *Somrokke* ou *Somskalte*; en Islande, *Tinda-bukia*; en Italie, *Perosa* ou *Petrosa*; en Espagne, *Pescado*, etc.

Elle étoit connue des anciens Grecs, et Aristote paroît en avoir traité sous les dénominations de βάτος et de βάτις. Elle est surtout répandue dans les mers du Nord, et il paroît bien certain que Barrère a eu tort d'y rapporter le *jabebirète* du Brésil, puisque Marcgrave ne fait aucune mention des piquans dont celui-ci devroit en conséquence être armé.

La raie bouclée, comme toutes les autres raies, est un poisson vorace, qui dévore en grand nombre les chevrettes, les salicoques, les crangons, une multitude d'autres crustacés et les poissons de petite taille. Cette circonstance a été mise à profit par les pêcheurs, pour lesquels sa chair est un objet d'un grand bénéfice, et qui se la procurent à l'aide des haims ou hameçons, des cordes flottantes, des folles, des demi-folles, des seines et autres filets, en attirant dans leur voisinage les raies, qui y trouvent sans peine la pàture qu'on a soin de leur offrir.

Quand on emploie pour la pêche de la raie le procédé du hameçon, il faut, en raison de la difficulté qu'on éprouve à sortir de l'eau ce poisson, à cause de sa forme plate et de son habitude de demeurer au fond de la mer, que le hameçon soit fixé très-solidement à une forte ligne, et, pour la confection de cette ligne les habitans du Groënland, à ce que dit Othon Fabricius, se servent de fanons de baleines ou de lanières de peau de phoque.

Pour faire cette pêche en grand, ainsi que cela se pratique dans la mer Méditerranée et spécialement sur les côtes d'Italie, on garnit un moyen càble de dix à douze mille de ces lignes hameçonnées, on le jette en mer à trente brasses au moins de la côte, et on reconnoit la place qu'il occupe à l'aide de signaux de liége qu'on attache à des cordelettes qui tiennent à divers points de sa longueur.

Par ce moyen on obtient une grande quantité de raies;

mais on opère une énorme destruction de frai de poisson et on dépense beaucoup d'argent pour se procurer les amorces, dont dix ou douze quelquefois suffisent à peine pour armer un seul haim.

Les folles sont des filets qui ne tiennent au fond de l'eau que par le lest de quelques cailloux, et qu'on tend, près de la côte, ou entre les rochers ou sur les sables, quand la mer est retirée, et dans le temps des grandes marées d'été.

Souvent, lorsqu'on veut faire la pêche plus avant dans la mer et dans les grands fonds, on réunit un grand nombre de ces folles, dont chacune peut avoir jusqu'à dix-huit brasses de longueur et huit pieds de chute, et on en compose une *tessure*, c'est-à-dire, un grand filet d'une lieue et souvent plus d'étendue. On jette ce filet sur des fonds de rocaille ou de galets et dans les lieux herbus, principalement au printemps et en automne, quand la marée commence à porter au vent, et on le laisse trois nuits en place.

Aux environs de Marennes et sur les côtes de Bretagne on emploie aussi à la pêche de la raie une espèce de *drague*, filet quadrilatère, alongé, de huit brasses d'ouverture, garni de plomb par en bas, muni de flottes par en haut, et qu'on traîne dans l'eau à une profondeur de dix à trente et quarante brasses.

En général dans tous les pays, quand les pêcheurs ont pris beaucoup de raies à la fois, ils en conservent un certain nombre d'individus vivans, auxquels ils passent une ligne dans la gueule et dans une des ouvertures branchiales. Ils attachent, lâchement et par chaque bout, cette ligne à des pieux éloignés et dans un parc qui ne sèche point.

En général aussi, comme la chair de cette espèce de poisson est dure et coriace, on la conserve pendant quelques jours après l'avoir pris, et avant de la mettre en vente. C'est ainsi qu'on lui communique une certaine délicatesse, et qu'on lui enlève son odeur de vase.

Sur la côte du Finistère, sur celle qui baigne le territoire de Quimper, on étend, pour les faire sécher et à l'abri de la pluie, les petites raies sur le rivage ; ce poisson, ainsi préparé, est envoyé à Nantes, où il s'en fait un grand débit pour les gens de la campagne, surtout à l'époque des vendanges. Dans certains autres ports, sous les ncms de *rayons* et de *ratillons*, on désigne des morceaux de grandes raies desséchées de la même manière, et préparées pour de longs voyages.

En Norwége, où, vers les mois de Juin et de Juillet, les raies bouclées s'approchent des rivages pour y déposer leurs petits au milieu des plantes marines, les habitans ne prennent ces poissons que dans l'intention de tirer l'huile du foie. Ils en dédaignent la chair, qu'ils font sécher, et qu'ils vendent aux étrangers pour l'approvisionnement des navires.

En Islande on les mange à demi corrompues.

A Nantes, sous le nom de *goules rondes*, on vend séparèment les têtes des raies bouclées et autres espèces du même genre, par paquets de vingt, et on les regarde comme un mets délicat, à peu près, sans doute, comme, ainsi qu'on peut le présumer d'après un passage d'Antiphanes, on estimoit leur dos (Βάτουνῶτον) anciennement.

En général, à Paris, la raie est un poisson recherché, parce que, par les secousses qu'elle éprouve pendant le transport de la mer dans cette capitale, sa chair acquiert de la qualité. *Longà enim vecturà tenerescit*, disoit Aldrovandi. Malgré l'opinion formelle de Galien, médecin de l'empereur Marc-Aurèle, adoptée en tous points par Michel Psellus, le plus célèbre des écrivains grecs du onzième siècle, mais aujourd'hui à peu près ignorée ou abandonnée, on en fait donc un cas tout particulier; elle paroît même sur les meilleures tables, et son foie est très-estimé des gourmets. Il n'en étoit point ainsi chez les anciens Grecs, où les gens d'un goût fin et délicat la repoussoient comme un aliment dur et de difficile digestion, indépendamment même de la condamnation prononcée contre elle par les doctes sectateurs d'Esculape. C'est ainsi que, dans les Deipnosophistes d'Athénée, Dorion, parlant de servir de la lime et de la raie, ajoute par dérision, qu'il fera *servir aussi du crocodile rôti tout chaud;* espéce de mépris, dont semble avoir aussi fait profession Rondelet, qui, nous devons le remarquer, habitoit le voisinage de la mer, lieu où les raies ne sont jamais fort bonnes, comme il a été dit précédemment, et comme lui-même en convenoit, en comparant à cet égard, sous le rapport gastronomique, Paris et Rouen, Marseille et Lyon.

La Raie blanche, ou Raie cendrée, ou Raie batis : *Raja batis*, Linnæus; *Raja undulata*, Aldrovandi; *Raja levis*, Schonev.; *Leviraja*, Salviani; *Oxyrhynchus major*, Ray; Βάτις, Λειο-6άτος, Aristote. Dessus du corps âpre, et une seule rangée d'aiguillons sur la queue; figure générale ressemblant à une losange, dont l'angle antérieur seroit formé par la pointe du museau, dont les rayons les plus longs de chaque nageoire pectorale, occuperoient les angles latéraux, et dont, enfin, l'origine de la queue représenteroit l'angle postérieur; corps déprimé; surface des deux nageoires pectorales plus grande que celle du corps proprement dit; museau un peu pointu; tête engagée par derrière dans la cavité du tronc; dents très-aiguës et crochues; narines pouvant être fermées par une espèce de soupape membraneuse et palpébriforme; yeux à demi saillans et protégés supérieurement par une sorte de toit tégumentaire et légèrement mobile à la façon des paupières; évents ouverts derrière les yeux, assez grands, susceptibles de se resserrer et de se dilater; catopes placés à la suite des deux nageoires pectorales, auprès et de chaque côté de l'anus, horizontaux; queue d'une longueur égale à celle du corps et de la tête réunis, presque ronde, très-déliée, très-mobile, et terminée en une pointe aptérygienne; peau forte, tenace, visqueuse.

La raie batis est l'espèce du genre qui atteint les plus grandes dimensions, et souvent elle pèse plus de 200 livres, comme, depuis John Ray, presque tous les observateurs s'en sont assurés, et comme on peut le présumer, quand on réfléchit que la chair d'un seul individu de cette espèce suffit quelquefois pour rassasier cent personnes. Son côté supérieur, d'un gris cendré pâle et uniforme dans l'adulte, est, dans le jeune âge, plus foncé et semé de taches noirâtres, sinueuses, irrégulières, les unes grandes, les autres petites. Son côté inférieur est blanc, et présente plusieurs séries de points noirs.

La raie batis habite presque toutes les mers, mais suivant les différentes époques de l'année elle change d'habitation au milieu de leurs flots. Lorsque le temps de la fécondation des œufs est encore éloigné, durant les longs mois de l'hiver, elle semble se cacher dans les profondeurs de l'Océan. Là, souvent immobile sur un fond de sable ou de vase, appliquant son large corps sur le limon grisâtre, au-dessous des algues et des autres plantes des prairies sous-marines, elle se tient en embuscade, ne quittant sa sombre retraite qu'après avoir attendu inutilement l'arrivée des crustacés et des poissons dont elle se nourrit, et ne la quittant que pour sillonner autour d'elle cette même vase des mers qui lui a fourni un abri protecteur, que pour étendre dans le voisinage et ses recherches et ses embûches, à moins pourtant que, pressée par une faim dévorante ou effrayée par les attaques d'ennemis dangereux, elle ne se lance dans les vastes plaines de la haute mer, pour, rapprochée de leur surface, se livrer, au milieu des régions des tempêtes, à une chasse cruelle, à une poursuite obstinée d'une proie qui lui échappe, ou à une fuite précipitée.

Ainsi, durant toute la mauvaise saison, éloignée des rivages, elle affronte le courroux des vents déchaînés et des vagues qu'ils soulèvent. Agitant avec force et vitesse sa queue si longue, si souple et si menue, la fléchissant, la redressant, la contournant en différens sens, la faisant aller comme un fouet, non-seulement pour se défendre contre ses ennemis, mais encore pour embarrasser sa proie dans de nombreux replis ou pour la blesser au moyen des aiguillons crochus dont elle est armée; remuant avec vigueur et agilité ses larges nageoires; planant, pour ainsi dire, sur l'élément liquide, comme l'oiseau du Maître des Dieux plane dans les régions élevées de l'atmosphère, et, de même que celui-ci tombe du haut des airs, se précipitant dans les gouffres de l'Océan; relevant son vaste corps au-dessus du niveau de l'eau et le laissant bientôt retomber de tout son poids, elle fait alors jaillir au loin et avec bruit l'onde amère couverte d'écume par ses évolutions multipliées, et communique aux flots environnans un tremblement prolongé.

Mais lorsque le printemps et le commencement de l'été ramènent l'époque de donner le jour à ses petits, elle revient sur le littoral chercher l'asile, le fond et la nourriture qui lui conviennent le mieux. Alors, si elle est parvenue à un grand degré de développement, elle évite les parages trop fréquentés, les plages souvent visitées des pêcheurs; elle s'avance vers les bords écartés des îles inhabitées, ou des portions désertes des continens, comme si elle sentoit la difficulté de dérober la grande surface de son corps aux nombreux ennemis qui sont intéressés à lui faire la guerre.

Quoi qu'il en soit, c'est alors aussi que le mâle recherche la femelle ; et, quand il l'a rencontrée, il la saisit, la retourne, se place auprès d'elle de manière à ce que leurs côtés inférieurs se correspondent, se colle, pour ainsi dire, s'accroche à elle par le moyen de deux appendices qui lui sont propres, l'étreint de ses catopes et de ses nageoires pectorales, la retient avec force pendant un temps plus ou moins long, durant lequel un véritable accouplement se trouve réalisé, et les deux ou trois œufs les plus voisins du cloaque de la femelle sont ordinairement fécondés.

La raie batis, ainsi que les autres raies, est vivipare. Mais deux points de l'histoire de sa génération méritent notre attention particulière : la conformation, la structure des appendices qu'offre seul le mâle, d'une part ; la nature spéciale, la singulière configuration et le développement des œufs, de l'autre.

C'est entre la queue et les catopes, et de chaque côté du corps, qu'on voit dans les mâles l'appendice dont nous venons de signaler l'existence, et que Bloch a décrit dans une grande perfection. Il est long et ne renferme aucun rayon dans son intérieur, qui offre seulement onze petits cartilages ou petits os, disposés sur plusieurs rangs, et dont les quatre premiers, comparés par Bloch au fémur, sont implantés sur le grand cartilage transversal des catopes. Il est, en outre, creusé dans son côté extérieur d'un canal ouvert à ses deux extrémités et qui sert de conducteur à un liquide blanc et gluant, sécrété par deux glandes que peuvent comprimer les muscles des nageoires de l'anus. Un muscle est destiné à fléchir cet appendice, qui, courbé par son action, devient apte à remplir l'office d'un crochet. Lorsqu'il est dans son état naturel, la liqueur blanche s'échappe par l'orifice antérieur du canal, tandis que, lorsqu'il est courbé, cet orifice se trouvant fermé par le muscle fléchisseur, elle est obligée de parcourir tout le conduit et de s'échapper par le trou de l'extrémité postérieure.

Linnæus et beaucoup de savans naturalistes ont pensé que

des appendices ainsi conformées, devoient composer les organes de la génération des raies mâles ; mais aujourd'hui on ne les regarde plus que comme des instrumens de préhension destinés à favoriser l'acte de la copulation. Telle est, du moins en partie, l'opinion de Lacépède et de M. Cuvier ; car ceux-ci pensent que bien plus certainement elles servent à la natation, le muscle qui les meut étant en même temps l'abaisseur des catopes.

Quant aux œufs de la raie batis, ainsi que ceux de toutes les autres raies, ils ont une figure des plus singulières et très-différente de celle de presque tous les autres œufs connus. Ils représentent des espèces de coques ou de poches cruméniformes, composées d'une membrane solide et demi-transparente, quadrangulaires, presque carrées, un peu aplaties, et terminées, aux quatre coins, par un appendice assez court, une sorte de corne un peu cylindrique, d'une grande ténuité. Considérées comme des productions marines d'une nature tout-à-fait particulière, ces poches, dont chacun des côtés a environ deux ou trois pouces de longueur, ont été décrites par plusieurs auteurs sous le nom de rats marins, *mures marini.*

Le corps de la raie femelle ne renferme pas un très-grand nombre des œufs que nous venons de décrire , et tous ne s'y développent point à la fois. Les plus voisins de la terminaison des voies utérines sont toujours mieux formés que ceux qui les suivent et sont d'abord fécondés. Après avoir reçu du mâle le principe de la vie, ceux-ci continuent de grossir, et les fœtus, parvenus à un degré convenable de force et de grandeur, déchirent leur enveloppe dans le sein même de leur mère, d'où ils sortent déjà tous formés, et traînant après eux les débris de leur prison, pour aller eux-mêmes à la recherche de leurs alimens.

Pendant ce temps d'autres œufs , ayant acquis de nouvelles dimensions, sont chassés vers la place qu'occupoient ceux qui viennent d'éclore , et nécessitent une nouvelle fécondation , et par conséquent un nouvel accouplement a lieu, ce qui se répète jusqu'au moment où les ovaires sont débarrassés, et, dit-on, tous les mois à peu près durant la belle saison.

Au reste, nous devons faire observer que, dans toutes ces approches successives, le hazard seul ramène le même mâle auprès de la même femelle. Il n'y a ici, comme le disoit Lacépède de la classe entière des poissons, ni apparence de préférence marquée, d'attachement de choix, d'affection, pour ainsi dire, desintéressée, ni constance même d'une saison.

On s'empare des raies cendrées par les mêmes moyens dont on se sert pour se procurer la raie bouclée. On les pêche même en si grande quantité sur certaines côtes, qu'on les y prépare pour les envoyer au loin, comme on le fait de la morue à Terre-Neuve (voyez Morue). C'est ainsi que, dans le Holstein et dans le Schleswig, on les fait sécher à l'air pour en faire un commerce avec plusieurs contrées de l'Europe, et spécialement avec l'Allemagne. A Heiligeland surtout, et principalement au mois de Juin, elles procurent un grand revenu aux pêcheurs, qui les recherchent aussi avec ardeur dans les mers de la Hollande, où elles sont si abondamment répandues, qu'elles ne peuvent toutes être consommées dans le pays, et qu'on en envoie beaucoup en Flandre et dans le Brabant.

En Sardaigne, au contraire, où elle est confondue avec les autres espèces de son genre sous la dénomination de *Zirulia*, la raie cendrée, au rapport de Cetti, n'a presque aucune valeur, à cause de son odeur forte et sauvagine, et il n'y a que les ouvriers et les pauvres qui en mangent.

Quoi qu'il en soit, dans la plus grande partie de la France et dans beaucoup d'autres pays, la chair blanche et délicate de ce poisson passe pour un excellent mets, surtout quand elle a été conservée pendant quelques jours, et transportée à d'assez grandes distances. Son odeur repoussante et sa saveur forte sont alors dissipées. Elle est surtout recherchée après la saison de l'accouplement, car vers l'automne elle devient dure; mais elle reprend en hiver les qualités qu'elle avoit perdues.

Le foie de la raie cendrée est délicat, comme celui de la raie bouclée; il fournit de même une grande quantité d'une huile fine et blanche, dont on fait un usage habituel dans plusieurs contrées septentrionales.

Son estomac, desséché à l'air, est mangé en guise de morue par les pêcheurs du Schleswig et du Holstein.

Enfin, les Grecs modernes, les Turcs et la plupart des Levantins pensent que la fumée qui s'élève de ses œufs jetés sur des charbons ardens, et qu'on conduit vers la bouche et le nez, est un excellent remède contre les fièvres intermittentes.

La RAIE CHARDON; *Raja fullonica*, Linnæus. Dos entièrement garni d'épines; un rang d'aiguillons auprès des yeux; deux rangs d'aiguillons sur la queue; tous ces piquans larges à la base et recourbés en arrière par le sommet; bec long et pointu.

Cette raie, d'un blanc brunâtre en dessus avec des taches noirâtres, et d'un beau blanc rosé en dessous, habite presque toutes les mers d'Europe. Ses œufs sont jaunes.

Elle est plus commune qu'ailleurs dans les anses profondes des golfes du Groënland, et principalement dans celui de Tunnudliorbick.

Sa chair est dure, et, dans les contrées hyperboréennes, on ne la mange qu'à demi corrompue. Les individus de cette espèce, qu'on prend en Juin dans les eaux de Nice, ne pèsent jamais qu'un peu plus de deux livres; mais leur chair passe pour assez bonne.

La RAIE RONCE; *Raja rubus*, Linnæus. Un seul rang d'aiguillons sur le corps; trois rangs sur la queue; des aiguillons crochus sur l'angle et sur le devant des ailes dans le mâle, qui a d'ailleurs ses appendices très-longues et très-compliquées; elles égalent presque les deux tiers de la longueur de la queue. C'est sur le bord postérieur des ailes que se trouvent ces aiguillons chez la femelle.

Parmi les raies, celle-ci est une de celles qui offrent les piquans les plus forts et les plus multipliés. Indépendamment, en effet, de ceux qui arment le dos et la queue, de deux qu'on voit auprès des narines, de six qu'on compte autour des yeux, de dix très-longs qui descendent du côté inférieur de l'animal, tout le reste de la surface de celui-ci est hérissé de petites pointes, et, comme la plante qui lui a donné son nom; cette raie ne sauroit être touchée sans les plus grandes précautions.

Elle a le dessus du corps jaunâtre, tacheté de brun; le dessous blanc; l'iris des yeux noir et leur prunelle bleuâtre.

On la trouve, comme les précédentes, dans presque toutes
les mers de l'Europe, mais surtout vers le Nord. On la pêche
souvent à Hambourg, et sur toute la côte des Alpes maritimes, où son poids s'élève quelquefois à vingt livres. Sa
chair est d'une bonne saveur.

Plusieurs ichthyologistes n'ont pas distingué cette espèce
de la raie chardon ni même de la raie bouclée, tandis que
d'autres, tels que Rondelet, l'ont partagée en plusieurs espèces, qu'ils ont décrites et figurées sous divers noms. Le
raja batis de Pennant (*Brit. Zool.*, n.° 30) doit y être rapporté, de même que le *raja oculata aspera* de Rondelet.

C'est, du reste, avec la raie ronce, la raie chardon et
quelques autres raies desséchées que les jongleurs ambulans
forment ces dragons d'une apparence si singulière, qu'on voit
encore suspendus au plafond de quelques obscures pharma-
cies du Nord, et que quelques naturalistes, comme Belon,
Gesner, Aldrovandi, Ruysch, Jonston, etc., ont pris pour
des êtres existant réellement et d'une nature particulière.

La Raie miralet : *Raja miraletus*, Linn. ; *Raja stellaris*,
Salviani ; *Raja oculata*, Jonston. Dos lisse ; quelques épines
auprès des yeux ; trois rangs d'aiguillons sur la queue, qui
est terminée par une nageoire.

Cette raie, en général d'une assez petite taille et pesant
rarement plus de quatre livres, a le dessus du corps d'un
brun ou d'un gris rougeâtre, parsemé de taches, dont les
nuances paroissent varier suivant l'âge, le sexe et les saisons. Chacune de ses nageoires pectorales offre une grande
tache arrondie, ordinairement couleur de pourpre, renfermée dans un cercle d'une teinte foncée, et qui, comparée
à un miroir ou à un iris avec sa pupille, a fait donner à
l'animal les noms de *miralet*, *mirallet*, *miragliet*, dans nos
provinces méridionales, et l'épithète d'*oculé* par plusieurs
naturalistes.

Elle paroît confinée dans les eaux de la Méditerranée ; sa
chair n'est ni aussi saine, ni aussi agréable que celle de la
raie cendrée, quoique M. Risso dise qu'elle soit estimée à
Nice et à Villefranche, où on la prend en Mars et en Juin.

La Raie Cuvier ; *Raja Cuvierii*, Lacép. Un rang d'aiguillons
sur la partie postérieure du disque, dont le milieu porte

une nageoire dorsale, ovale, située au-dessus des catopes; trois rangées d'aiguillons sur la queue; museau pointu; nageoires pectorales très-grandes et anguleuses; appendices du mâle de peu de longueur; queue très-mobile et déliée, avec une petite nageoire à l'extrémité et une nageoire dorsale bilobée.

Ce poisson, dont on ne connoît point la patrie, a le dos parsemé d'une grande quantité de taches foncées et irrégulières.

M. Cuvier, le premier, a fait connoître à Lacépède, en 1792, cette raie, à laquelle cet illustre savant a généreusement donné le nom de son collègue. Celui-ci, du reste, n'en avoit vu qu'un individu desséché et paroit pencher aujourd'hui à la rapporter à la *raja aspera*.

La RAIE ONDULÉE; *Raja undulata*, Lacép. Museau un peu pointu; une rangée de piquans étendue depuis la tête jusque vers l'extrémité de la queue; deux aiguillons en avant et en arrière de chaque œil; un aiguillon auprès de la tête et de chaque côté de la rangée de piquans qui règne sur le dos, un grand nombre de raies sinueuses grises, et dont plusieurs se réunissent entre elles sur un fond plus pâle.

La RAIE MOSAÏQUE; *Raja mosaica*, Lacép. Museau un peu avancé; un rang d'aiguillons, étendu depuis la nuque jusqu'à l'extrémité de la queue; deux ou trois piquans au-devant de chaque œil; un ou deux piquans derrière chaque évent; une série longitudinale de cinq ou six piquans de chaque côté de l'origine de la queue.

Cette raie a une couleur générale jaunâtre avec des taches blanches, petites, arrondies, des points blancs et plusieurs séries de raies doubles et tortueuses, placées symétriquement.

Elle fréquente les eaux de la Manche. Comme la précédente, elle a été décrite et nommée par Lacépède pour la première fois.

La RAIE ÉGLANTIER; *Raja eglanteria*, Lacép. Une rangée longitudinale de petits aiguillons sur le dos, qui est d'ailleurs parsemé d'aspérités épineuses; plus de trois rangées longitudinales de piquans recourbés sur la queue.

Cette espèce a été observée, décrite et dessinée par le professeur Bosc dans la rade de Charleston, où elle est fort commune, et où elle acquiert une largeur de trois pieds.

Sa couleur est brune en dessus; sa chair est tendre et savoureuse.

La Raie rape; *Raja radula*, Delaroche. Dents obtuses; corps transversalement elliptique, couvert, ainsi que la queue, d'une multitude de petits aiguillons; une rangée d'aiguillons plus forts sur le dos, trois sur la queue, qui est terminée par une double nageoire; museau arrondi; catopes quadrilatères.

Cette jolie espèce, que M. Cuvier regarde comme très-voisine de la raie chardon, est commune à Iviça, dans les eaux qui avoisinent le rivage. Elle reste toujours petite, et l'on ne tire aucun parti de sa chair. Son corps est blanchâtre en dessous; gris brunâtre en dessus.

La Raie astérias; *Raja asterias*, Rondelet. Dents obtuses; corps rhomboïdal, marqué en dessus de taches blanches, du diamètre d'une lentille, arrondies, entourées d'un cercle noir sur un fond brun-clair, et blanc en dessous; museau pointu; un seul rang d'aiguillons sur le dos; plusieurs sur la queue, qui porte à son extrémité deux nageoires, dont la seconde est bilobée; catopes arrondis, bilobés également.

Cette raie, dont la longueur totale est d'environ un pied, se trouve habituellement en vente au marché de Barcelonne. Elle paroît avoir été décrite autrefois par Rondelet, et n'a été mentionnée depuis que par François Delaroche.

La Raie lentillade; *Raja oxyrhynchus*, Linnæus. Une rangée d'aiguillons sur le corps; museau très-prolongé et pointu; yeux elliptiques, surmontés de trois aiguillons; iris argenté; prunelle verdâtre; corps large, mince, d'un gris mêlé de rougeâtre en dessus, avec des taches blanches, des points noirs et de petits aiguillons; queue courte, obtuse, armée de trois rangs d'aiguillons irréguliers, dont celui du milieu est prolongé le long du dos; ventre blanc.

On a vu ce poisson parvenir à l'énorme taille de sept pieds de longueur sur environ cinq pieds de largeur. Dans la mer de Nice, pendant les mois de Février et de Juillet, on en prend des individus qui pèsent jusqu'à cent vingt et cent trente livres.

Quoique, au rapport de Bloch et de M. Risso, sa chair soit d'une saveur médiocre, elle est l'objet d'une pêche considérable dans la mer du Nord, principalement près de Heligeland.

La Raie petit museau; *Raja rostellata*, Risso. Museau rude et non alongé; corps lisse, de couleur chamois, bordé sur les côtés de vert obscur, parsemé de quelques taches rondes et grises au milieu, traversées par quelques nervures; yeux très-grands, élevés, avec l'iris doré et la prunelle noire, et surmontés de deux aiguillons; queue aplatie, ornée d'une bande noire au milieu, aussi longue que le corps, et hérissée de trois rangées d'aiguillons recourbés; bouche étroite; dessous du corps rougeâtre, coloré de grandes bandes noires sur les nageoires pectorales.

Ce poisson parvient à la taille d'un pied à quinze pouces. On le prend en Mai et en Juin sur la plage de Nice, où il a été observé et décrit pour la première fois par M. Risso.

Sa chair est blanche et d'une bonne saveur.

M. Cuvier le croit le même que la *raie bordée* de Lacépède, très-voisine elle-même de la lentillade.

La Raie blanche; *Raja alba*, Lacépède. Museau pointu; tête pentagonale; queue munie de trois nageoires, dont une terminale et deux dorsales; trois rangées d'aiguillons sur la queue de la femelle; une seule rangée de piquans sur la queue du mâle, et un groupe d'aiguillons aux quatre coins de son corps; ventre d'un blanc éclatant; dos blanchâtre.

On doit la connoissance de cette espèce à Noël de la Morinière, qui en a examiné plus de deux cents individus sur les côtes de la Normandie.

La Raie bordée; *Raja marginata*, Lacép. Museau transparent, pointu; queue armée de trois rangs d'aiguillons, noire, et munie de deux nageoires seulement, une dorsale et une terminale; un aiguillon derrière chaque œil; dessous du corps d'un blanc sale, et entouré, excepté du côté de la tête, d'une large bordure noire.

La raie bordée a encore été décrite d'abord par Noël de la Morinière, qui en vu des individus à Dieppe, à Liverpool, à Brigthon.

La Raie raboteuse; *Raja aspera*, Risso, Rondelet, 35.

Museau prolongé et arrondi à l'extrémité ; bouche ample ; yeux grands, à iris grisâtre, et garnis, dans leur pourtour, de grosses pointes aiguës ; évents linéaires, suivis de six osselets crochus ; une rangée de tubercules glabres sur la ligne médiane du dos ; queue très-raboteuse, aussi longue que le corps, garnie vers l'extrémité de trois nageoires rudes, dont une terminale, et armée au milieu et sur les côtés d'une rangée de gros piquans courbés.

Ce poisson ne pèse guère plus de deux livres. Sa chair est dure et coriace. Il a été observé autrefois par Rondelet, et depuis par M. Risso dans la Méditerranée. (H. C.)

RAIE AIEREBA. (*Ichthyol.*) Voyez Pastenague. (H. C.)

RAIE AIGLE ; *Raja aquila*, Linn. (*Ichthyol.*) Voyez Myliobate. (H. C.)

RAIE ALTAVELLE. (*Ichthyol.*) Voyez Pastenague. (H. C.)

RAIE D'ARGENT. (*Ichthyol.*) Il paroît que le poisson désigné par ce nom, le *stoléphore Commersonien* de Lacépède, le *mélet de la Méditerranée* de Duhamel, l'*atherina Brownii* de Gmelin, le *pitingua* de Marcgrave de Liebstædt, et l'*atherina menidia* de l'Encyclopédie méthodique, ne sont qu'une seule et même espèce, qui appartient au genre de l'Anchois. Voyez Engraule. (H. C.)

RAIE ARNACK. (*Ichthyol.*) Voyez Pastenague. (H. C.)

RAIE BANKSIENNE. (*Ichthyol.*) Voyez Céphaloptère. (H. C.)

RAIE BOHKAT ; *Raja Djiddensis*, Gmel. (*Ichthyol.*) Voyez Rhinobate. (H. C.)

RAIE CHAGRINÉE ; *Raja tuberculata*, Lacép. (*Ichthyol.*) Voyez Pastenague. (H. C.)

RAIE CHAUVE-SOURIS ou NARINARI PINIMA. (*Icht.*) Voyez Myliobate. (H. C.)

RAIE CHINOISE. (*Ichthyol.*) Voyez Rhina. (H. C.)

RAIE COUCOU ; *Raja cuculus*. (*Ichthyol.*) Voyez Pastenague. (H. C.)

RAIE DIABLE DE MER. (*Ichthyol.*) Voyez Céphaloptère. (H. C.)

RAIE DE DSJIDDA. (*Ichth.*) Voyez Raie bohkat. (H. C.)

RAIE FABRONIENNE. (*Ichthyol.*) Voyez Céphaloptère. (H. C.)

RAIE A FOULON. (*Ichthyol.*) Un des noms de la *raie chardon*. Voyez RAIE. (H. C.)

RAIE FRANGÉE. *Raja fimbriata.* (*Ichthyol.*) On a donné ce nom à un CÉPHALOPTÈRE. Voyez ce mot. (H. C.)

RAIE GIORNA, *Raja giorna.* (*Ichthyol.*) Voyez CÉPHALOPTÈRE. (H. C.)

RAIE HALAVI. (*Ichthyol.*) Voyez RHINOBATE. (H. C.)

RAIE DE LA JAMAÏQUE, *Raja jamaicensis.* (*Ichthyol.*) Voyez PASTENAGUE. (H. C.)

RAIE LYMNE, *Raja lymna.* (*Ichthyol.*) Voyez PASTENAGUE. (H. C.)

RAIE MANATIA, *Raja manatia.* (*Ichthyol.*) Voyez CÉPHALOPTÈRE. (H. C.)

RAIE MASSENA. (*Ichth.*) Voyez CÉPHALOPTÈRE. (H. C.)

RAIE MOBULAR. (*Ichthyol.*) Voyez CÉPHALOPTÈRE. (H. C.)

RAIE NARINARI. (*Ichthyol.*) Voyez MYLIOBATE. (H. C.)

RAIE OUARNACK. (*Ichthyol.*) Voyez PASTENAGUE. (H. C.)

RAIE OXYRHYNQUE. (*Ichthyol.*) On a ainsi appelé la *raie lentillade*. Voyez RAIE. (H. C.)

RAIE PASTENAGUE. (*Ichth.*) Voyez PASTENAGUE. (H. C.)

RAIE PIQUANTE. (*Ichthyol.*) Un des noms de la *raie bouclée*. Voyez RAIE. (H. C.)

RAIE SEPHEN. (*Ichthyol.*) Voyez PASTENAGUE. (H. C.)

RAIE RHINOBATE. (*Ichthyol.*) Voyez RHINOBATE. (H. C.)

RAIE THOUIN. (*Ichthyol.*) Voyez RHINOBATE. (H. C.)

RAIE TORPILLE. (*Ichthyol.*) Voyez TORPILLE. (H. C.)

RAIE TUBERCULÉE. (*Ichthyol.*) Voyez PASTENAGUE. (H. C.)

RAIE UARNAK. (*Ichthyol.*) Voyez PASTENAGUE. (H. C.)

RAIE. (*Foss.*) On trouve des aiguillons et des palais de raie dans la couche de formation marine de la butte Montmartre, au-dessus du gypse. (D. F.)

RAIENIGI. (*Bot.*) On peut douter que ce nom arabe soit véritablement celui du fenouil, comme le dit Daléchamps, puisqu'il est nommé *sckamar* par Forskal, qui a herborisé dans l'Arabie. (J.)

RAIETON. (*Ichthyol.*) Dans certains cantons, on appelle ainsi le petit de la raie bouclée. Voyez RAIE. (H. C.)

RAIFORT AQUATIQUE. (*Bot.*) Nom vulgaire du sysimbre amphibie. (L. D.)

RAIFORT CULTIVÉ ou DES PARISIENS. (*Bot.*) C'est une espèce de radis. (L. D.)

RAIFORT GRAND ou RAIFORT SAUVAGE. (*Bot.*) Un des noms vulgaires du cranson de Bretagne. (L. D.)

RAIFORT SAUVAGE. (*Bot.*) On nomme ainsi le *raphanus raphanistrum*. Le grand raifort sauvage est le *cochlearia armoraria*; le cran des Bretons. Le raifort des Parisiens est le radis noir, variété du raifort ordinaire, et dont le goût est plus piquant. (J.)

RAIGRASS. (*Bot.*) Nom que les cultivateurs allemands donnent à l'ivraie vivace. (L. D.)

RAII, *Myletes.* (*Ichthyol.*) M. G. Cuvier a créé sous ce nom, dans la famille des dermoptères, et aux dépens des salmones de la plupart des ichthyologistes, un genre de poissons malacoptérygiens abdominaux, reconnoissable aux caractères suivans :

Rayons des nageoires pectorales réunis et tous semblables; opercules lisses; deux nageoires du dos, la seconde sans rayons osseux, molle et adipeuse; ventre caréné et dentelé en scie; corps élevé; dents en prisme triangulaire, court, arrondi aux arêtes, et dont la face supérieure se creuse par la mastication, en sorte que les trois angles y forment trois pointes saillantes; deux rangs de ces dents aux intermaxillaires et un seul à la mâchoire inférieure avec deux dents en arrière; langue et palais lisses.

Il est facile, d'après cela, de distinguer les RAIES des SERRASALMES, qui ont les dents tranchantes; des PIABUQUES, dont le corps est alongé; des TÉTRAGONOPTÈRES, des HYDROCINS, des CURIMATES, des ANOSTOMES, des AULOPES, des CITHARINES, des SALMONES, des OSMÈRES, des SAURES, des CORÉGONES, des ARGENTINES, qui ont le ventre arrondi et non caréné; enfin, de tous les POISSONS, par la singulière conformation des dents. (Voyez ces différens noms et DERMOPTÈRES.)

L'on trouve en Amérique trois espèces nouvelles qui appartiennent à ce genre. Elles acquièrent de grandes dimensions et sont fort bonnes à manger. Elles sont connues de M. Cuvier, mais la description n'en est point encore publiée.

Il faut encore rapporter à ce genre un poisson qu'on a long-temps considéré comme un saumon : c'est

Le RAII DU NIL : *Myletes niloticus, cyprinus dentex*, Linnæus;

Salmo dentex, Hasselquist; *Salmo niloticus*, Forskal; *Characinus dentex* et *Characinus niloticus*, Lacépède. Couleur générale argentée ; des raies brunes et blanchâtres ; nageoire caudale fourchue ; nageoire adipeuse très-courte ; lobe inférieur de la nageoire caudale d'un beau rouge ; première dorsale répondant à l'intervalle des catopes et de l'anale.

Des eaux du Nil, et, suivant quelques-uns, de celles de certains fleuves de la Sibérie. (H. C.)

RAIKIN, REIKIN, REIKE, RUKO. (*Bot.*) Noms japonois du *pyrus baccata* de Linnæus, cités par Kæmpfer. (**J.**)

RAIL. (*Ornith.*) Nom du râle en anglois. (**Ch. D.**)

RAILLE. (*Ornith.*) Nom vulgaire de la rousserolle, *turdus arundinaceus*. Linn. (**Ch. D.**)

RAIN-BiRD. (*Ornith.*) Ce nom, dans Hans Sloane, désigne le *vieillard* ou *oiseau de pluie*, espèce de coucou d'Amérique, *cuculus vetula* ou *pluvialis*, Lath., qu'on appelle aussi *tacco*. (**Ch. D.**)

RAIN - FOWL. (*Ornith.*) Nom anglois du pic-vert, *picus viridis*. Linn. (**Ch. D.**)

RAINE ou RAINETTE, *Hyla*. (*Erpétol.*) Laurenti, le premier, a séparé comme genre, des crapauds et des grenouilles, certain batraciens anoures, auxquels on assigne généralement les noms de *Raines* et de *Rainettes*.

Ce genre, universellement adopté depuis le savant qui l'a créé, outre tous les caractères des autres batraciens anoures, offre certaines notes propres à le faire immédiatement reconnoître.

Nous le caractériserons ainsi :

Corps trapu, large, sans queue; pattes de devant plus courtes que les postérieures ; doigts terminés par des pelotes ou par des disques visqueux.

Ce dernier signe suffit pour faire distinguer au premier coup d'œil les raines de tous les autres ANOURES. (Voyez ce mot dans le Supplément du tome second de ce Dictionnaire, et BATRACIENS, CRAPAUD, GRENOUILLE et PIPA.)

C'est aussi à l'aide des pelotes lenticulaires et visqueuses dont il vient d'être question, qu'on peut expliquer comment ces reptiles peuvent se coller sur des corps lisses, grimper, sauter de branche en branche et se promener sur les feuilles mobiles des arbres agités par le vent; plus agiles que les grenouilles, doués d'une excessive souplesse, ils cheminent avec adresse, avec légèreté sur les rameaux les plus flexibles, où ils sont d'ailleurs retenus et fixés par la conformation même de leurs doigts; plus tranquilles qu'elles, tout à la fois pourtant, ils peuvent attendre des journées entières leur proie dans la même place.

Les rainettes se nourrissent toutes de vers et de petits insectes, et durant la belle saison elles vont sur les feuilles dans les bois à la recherche de leur nourriture. Plus tard elles se retirent au fond des eaux, et, comme les grenouilles, y passent l'hiver dans l'engourdissement. Elles continuent d'y séjourner aussi une partie du printemps pour s'accoupler et pour pondre.

Dans le jour, et principalement à l'heure où les rayons du soleil frappent le sol dans toute leur force, elles se tiennent à l'abri sous des branches exposées à l'ombre, sous un épais feuillage. Dès que le crépuscule arrive, elles se mettent en mouvement et se promènent avec sécurité.

Les pelotes discoïdes qui garnissent en dessous le bout de leurs doigts et que quelques auteurs ont désignées à tort sous le nom d'ongles plats et arrondis, *unguibus lenticulatis*, sont simplement charnues et ont la figure d'une petite lentille. Examinées à la loupe, elles paroissent criblées de porosités, d'où s'exsude fort lentement une humeur onctueuse. Elles sont, d'ailleurs, habituellement un peu concaves et quelquefois même munies d'un pli très-distinct.

Le coassement de ces animaux a beaucoup d'analogie avec celui des grenouilles; il est seulement moins aigre, et parfois plus fort, surtout dans les mâles, qui ont sous la gorge une poche qui se gonfle alors. Il consiste dans les syllabes *carac-carac-carac-carac*, prononcées du gosier. On l'entend dans les mêmes circonstances que celui des grenouilles, et surtout pendant la pluie et au milieu des belles nuits de l'été. Souvent alors, le soir et le matin, on trouve les rainettes rassemblées au sommet des arbres pour pousser en chœur des sons rauques et discordans.

Nous ne possédons en Europe qu'une seule espèce dans le genre que nous décrivons : c'est

La **Rainette verte** ou **commune** : *Hyla viridis*, Laurenti.; *Rana arborea*, Linn. Dos entièrement d'un beau vert gai, avec une ligne jaune, étroite, un peu crénelée ou festonnée, partant des yeux, se prolongeant de chaque côté du corps sur les flancs, formant un angle sinueux sur les lombes et se terminant sur les côtés des pieds postérieurs; sur la lèvre supérieure, une autre ligne jaune bordée de noir comme les précédentes et se prolongeant sur les côtés des pieds antérieurs; dessous du corps et des cuisses entièrement granulé et d'une teinte très-pâle, tirant sur le jaune, le rougeâtre et le blanchâtre. Doigts légèrement rongeâtres en dessus, fendus ou séparés aux pieds de devant, demi-palmés à ceux de derrière; iris doré : taille d'un pouce à dix-huit lignes.

Ce batracien, qu'on nomme souvent dans le langage vulgaire *graisset*, *grenouille d'arbre* ou *rainette saint-Martin*, est assez commun dans les contrées méridionales de l'Europe; mais il est rare autour de Paris. M. le professeur Bosc pense l'avoir rencontré auprès de Charleston, dans l'Amérique septentrionale.

Daudin a indiqué cinq variétés dans cette espèce; savoir:

1.° La *Rainette commune, d'un brun tirant un peu sur le violet en dessus* (hyla subfusca, Roësel).

2.° La *Rainette commune, d'un cendré blanchâtre* (hyla ex cinereo-albescens, Roësel).

3.° La *Rainette commune, d'un bleu verdâtre* (hyla ex cæruleo-viridis, Roësel).

4.° La *Rainette commune, verte, avec des taches noires dessus le corps*, trouvée aux environs de Montpellier par M. Marcel de Serres.

5.° La *Rainette commune, verte en dessus et blanchâtre en dessous*, qui habite la Prusse.

Du reste, la rainette commune semble fuir les pays secs et les forêts montagneuses. On ne la rencontre que dans les bois humides, les haies qui bordent les marais, les parcs, les jardins ornés de pièces d'eau.

Son organisation intérieure, son mode d'accouplement, les phénomènes de sa fécondation et de sa ponte, le développement de ses œufs, l'accroissement de ses têtards, leurs métamorphoses, tout cela n'offre rien qui la distingue des grenouilles, si ce n'est pourtant que l'accouplement a lieu plus tard.

Il paroit que ce n'est que vers la troisième ou la quatrième année de son existence qu'elle est en état de propager son espèce. Jusqu'à cette époque le mâle est à peu près muet.

Il paroit aussi qu'il faut deux mois et plus aux têtards pour subir toutes leurs métamorphoses et parvenir à l'état d'animaux parfaits, état qui les met à même de quitter les eaux.

Notre collaborateur, M. Defrance, qui a nourri des raines chez lui, a observé qu'elles avalent leur peau à chaque mue.

Parmi les espèces étrangères du genre RAINE, nous citerons :

La RAINE FLANC RAYÉ : *Hyla lateralis*, Bosc ; *Calamita carolinensis*, Pennant. Teinte générale d'un vert clair ; une ligne étroite, non festonnée, jaune de chaque côté ; ventre d'un blanc verdâtre, granulé, de même que le dessous des cuisses.

Cette rainette se trouve dans la Caroline, où elle a été observée par Catesby et par M. Bosc. Selon Daudin, Marin de Baize l'auroit aussi vue à Surinam. On la trouve ordinairement attachée au-dessous des feuilles vertes des arbres pour s'y cacher et pour s'y mettre à l'abri des oiseaux et des serpens, qui en sont fort avides.

On la trouve quelquefois réunie par troupes si nombreuses que son coassement se fait entendre à des lieues entières, que les buissons en sont tout couverts et que chaque roseau en porte des douzaines.

Elle saute à une distance prodigieuse et que Catesby évalue à près de deux toises.

Dans son jeune âge, aux États-Unis, on lui donne le nom de *gryllon des Savannes*, parce qu'alors son cri ressemble au bruit que font entendre les gryllons dans nos campagnes.

On la voit rarement pendant le jour, mais elle se promène et se fait entendre au loin durant la nuit. Elle saute de branche en branche, jusqu'au sommet des grands arbres, pour attraper les mouches luisantes et d'autres insectes.

Son coassement est représenté par les syllabes *tchit-tchit-tchit-tchit*, répétées sans cesse.

Linnæus et beaucoup d'erpétologistes ont fait de cette espèce une simple variété de la précédente.

La Rainette fémorale; *Hyla femoralis*, Bosc. Verte, avec sept et quelquefois un plus grand nombre de taches jaunes sur les cuisses; iris des yeux doré; tête un peu obtuse; dessous du corps et des membres d'un vert herbacé; côtés de la tête blanchâtres, avec une ligne brunâtre autour des yeux; dos vert, très-finement pointillé de noir; ventre blanchâtre et granulé.

Cette rainette, un peu plus petite que celle d'Europe, est commune dans les grands bois de l'Amérique septentrionale. M. Bosc l'a trouvée en Caroline, où il l'a dessinée et décrite pour la première fois.

La Rainette squirelle; *Hyla squirella*, Bosc. Tête peu obtuse; lèvres blanches; iris des yeux doré; corps d'un vert obscur irrégulièrement pointillé de brun; quatre rangs longitudinaux de taches irrégulières brunes; ventre blanchâtre.

Moins grande que la rainette commune, celle-ci se cache ordinairement sous les écorces d'arbres dans la Caroline, où elle a été découverte par le professeur Bosc.

La Rainette bigarrée : *Hyla variegata*, Daudin; *Hyla viridifusca*, Laurenti; *Rana surinamensis*, Sib. Mérian. Tête aplatie, aussi large que le corps; bouche ample; yeux gros et saillans. Dessus du corps lisse et brun, avec des taches vertes finement dentelées sur leurs bords; des taches transversales semblables sur les membres. Tout le dessous du corps granulé et d'un blanc grisâtre. Taille de dix-huit lignes: doigts aplatis.

Elle habite Surinam; Mlle Sibylle Mérian l'a figurée pour la première fois dans son bel ouvrage sur les papillons et autres animaux de ce pays.

La Rainette mélangée; *Hyla intermixta*, Daudin. Tête élargie, un peu grosse; yeux très-saillans et tympan fort distinct; dessus du corps d'un gris légèrement bleuâtre, parsemé çà et là de taches et de points roux, même sur les membres; ventre et dessous des cuisses d'un roussâtre pâle et granulé. Taille de dix-huit lignes; doigts cylindriques.

La patrie de ce reptile, que Daudin a observé dans la collection du Muséum d'histoire naturelle de Paris, est inconnue.

La Rainette bicolore : *Hyla bicolor*, Daudin; *Rana bicolor*, Linn. Tête aussi large que le corps, triangulaire, un peu obtuse en devant; plate en dessus et sur les côtés; narines petites;

bouche très- ample, avec une vessie transparente derrière la langue en dessous; iris bleu; paupière inférieure bleue, à taches blanches; un large tubercule, criblé de pores, commençant derrière les oreilles et recouvrant en entier les deux flancs; dessus du corps et des membres d'un beau bleu de ciel, bordé sur les côtés d'une ligne blanche et d'un trait violet foncé; ventre d'un blanc jaunâtre; dessous de la tête d'un violet pâle; des taches plus ou moins larges, légèrement arrondies, irrégulières, blanches, bordées d'un trait violet sur les bras, les doigts, la poitrine, le bas des flancs et la région de l'anus.

Cette raine vient de Surinam. P. Boddaërt, le premier, l'a fait connoître aux naturalistes, d'après deux individus, dont l'un appartenoit à Schlosser, qui croyoit l'avoir reçu de Guinée, et dont l'autre avoit été trouvé dans l'Amérique méridionale.

Elle est fort rare; elle parvient à la taille de quatre pouces.

La Rainette a tapirer : *Hyla tinctoria*, Daudin ; *Calamita tinctoria*, Schneider. Teinte générale d'un brun-rouge uniforme; deux lignes longitudinales d'un blanc jaunâtre se prolongeant sur chaque côté du dos, depuis le front jusqu'auprès de l'anus, où elles se réunissent avec une bande transversale blanche entre elles sur le milieu du dos; ventre parsemé de petites taches rondes, nombreuses, entourées d'une teinte plus pâle, lisse comme le dessus du corps.

On trouve cette rainette dans diverses parties de l'Amérique méridionale, surtout à Surinam et dans l'intérieur de la Guiane : elle vit dans les bois sûr les arbres pendant presque toute l'année, se cache sous leur écorce pendant les nuits fraîches, et ne se retire guère dans les eaux que pour s'accoupler et y pondre.

Lacépède, d'après Buffon, indique cette espèce comme servant en Amérique à *tapirer* les perroquets et à changer le plumage vert des amazones et des cricks en rouge et en jaune. Pour cette opération, dit-on, les aborigènes arrachent les plumes vertes de ces oiseaux encore jeunes, et frottent la peau écorchée avec le sang de la rainette : les plumes qui renaissent sont d'une belle couleur rouge ou jaune.

La Rainette a bandeau : *Hyla frontalis*, Daudin ; *Rana leucophylla*, Linnæus. Teinte générale d'un brun rougeâtre, avec des taches oblongues d'un blanc brillant, dont une est sur le front. Taille de dix-huit lignes à peu près.

De Surinam.

La Rainette bleue de la Nouvelle-Hollande : *Hyla cyanea*, Daudin ; *Rana Austrasiæ*, Schneider. Corps bleu en dessus, marqueté en dessous de petites teintes ou taches rougeâtres sur un fond cendré ; tous les pieds munis de quatre doigts seulement.

Cette espèce, du volume de la grenouille rousse, a été observée par John White dans quelques eaux douces du continent de la Nouvelle-Hollande. On ne la connoît que d'après la figure qu'on en trouve dans la Relation du voyage de cet ami des sciences naturelles à Botany-Bay, et elle ne paroît pas encore établie sur des caractères suffisamment certains, puisque le peintre n'a point indiqué les pelotes lenticulaires qu'elle doit porter sous les doigts, si elle appartient réellement au genre Raine.

La Rainette brune : *Hyla fusca*, Laurenti ; *Calamita fusca*, Schneider. Lisse et d'un brun sombre, uniforme en dessus, d'un cendré bleuàtre en dessous ; abdomen et dessous des cuisses granulés ; aspect général et dimensions de la rainette commune.

La patrie de ce reptile est inconnue. Laurenti paroît en avoir observé un individu dans le cabinet d'Upsal, et Daudin en a trouvé un autre dans les galeries du Muséum d'histoire naturelle de Paris.

La Rainette rouge : *Hyla rubra*, Daudin ; *Ranula americana rubra*, Séba. Tête petite, un peu pointue ; iris des yeux doré ; d'un brun rouge en dessus avec deux lignes longitudinales d'un gris pâle, partant des yeux et se prolongeant sur chaque flanc jusqu'à l'anus ; ventre blanc ; quelques petites taches rondes et blanchâtres sur les cuisses, dont le dessous, ainsi que l'abdomen, est granulé : taille de quatorze à quinze lignes.

De l'Amérique méridionale, et en particulier de Surinam.

La Rainette a quatre raies : *Hyla quadrilineata*, Daudin ; *Calamita quadrilineata*, Schneider. Dos bleu, avec une double ligne jaune partant de chaque œil et se prolongeant sur chaque flanc jusqu'à l'anus, ou d'un beau jaune de soufre, avec deux lignes blanches sur chaque flanc, prolongées au-dessus et au-dessous de chaque œil jusqu'au bout du nez, qui est obtus; ventre et dessous des membres jaunes, variés de taches blanches.

On ne sait quelle est la contrée du globe habitée par cette rainette, dont Schneider a vu un dessin, fait par Boddäert, chez Bloch, à Berlin, et dont il existoit un individu dans la collection de Barby.

La Rainette orangée : *Hyla aurantiaca*, Daudin; *Hyla sceleton*, Laurenti. Dessus du corps orangé, légèrement teint de rougeâtre; ventre et cuisses plus pâles et granulés; tête triangulaire, un peu obtuse : taille de dix-huit lignes à deux pouces.

L'individu de cette rainette qui a été figuré par Séba et qui a été conservé long-temps dans le cabinet du Jardin du Roi à Paris, a été nommé *raine squelette* par Daubenton et Lacépède, à cause de son extrême maigreur, de sa peau ridée et du peu de volume de ses pieds. Daudin en a observé d'autres individus d'un embonpoint ordinaire.

Cette espèce habite le Brésil.

La Rainette beuglante: *Hyla boans*, Daudin; *Hyla lactea*, Laurenti; *Rana boans*, Linnæus; *Calamita fasciata*, Schneider. Taille de deux pouces; yeux à iris doré et assez saillant; tête large; bouche très-ample; lèvres, dessus de l'anus et côtés des membres bordés d'une ligne blanchâtre; teinte générale d'un blanchâtre légèrement cendré, avec de larges bandes transversales rapprochées, d'un brun rougeâtre pâle sur le corps et les membres, et une ligne longitudinale noirâtre partant du nez et se prolongeant sur le milieu du dos jusqu'à l'anus.

De Surinam.

La Rainette oculaire: *Hyla ocularis*, Bosc. Dessus du corps d'un gris argentin, finement pointillé de brun, avec une bande brune assez large, partant des yeux et se prolongeant sur chaque flanc jusqu'aux deux tiers environ du ventre, qui est granulé et d'un blanc argentin : taille de six à dix lignes.

Des grands bois de la Caroline, où elle a été découverte par le professeur Bosc.

La Rainette a verrues; *Hyla verrucosa*, Daudin. Taille de dix-huit lignes; tête obtuse; bouche ample; yeux saillans; dos parsemé de verrues nombreuses, écartées; abdomen et dessous des cuisses granulés; teinte générale d'un rouge de bistre uniforme.

Patrie inconnue.

La RAINETTE FLUTEUSE; *Hyla tibiatrix*, Laurenti. Taille de deux à quatre pouces; tête large, aplatie; bouche très-ample; dessus du corps d'un blanc jaunâtre marqué de points rouges; une vessie vocale de chaque côté à la base de la mâchoire inférieure jusque vers l'épaule; ventre blanchâtre et granulé comme le dessous des cuisses.

La femelle n'a point de vessies vocales.

Suivant Séba, cette rainette existe en Amérique, et le mâle coasse mélodieusement pendant les grandes chaleurs après le coucher du soleil, ce qui annonce d'ordinaire un temps serein; car l'animal se tait et se cache au fond de l'eau pendant les temps froids et pluvieux.

Daudin a encore indiqué un certain nombre d'autres raines, mais leur histoire n'offre rien d'intéressant. (H. C.)

RAINETO. (*Erpét.*) Dans le Midi de la France, on donne ce nom à la *raine verte*. Voyez RAINE. (H. C.)

RAINETTE. (*Erpét.*) Un des noms vulgaires de la *raine verte*. Voyez RAINE. (H. C.)

RAINETTE SAINT-MARTIN. (*Erpét.*) Dans quelques parties de la France, on donne ce nom à la *raine verte*. Voyez RAINE. (H. C.)

RAIPONCE; *Phyteuma*, Linn. (*Bot.*) Genre de plantes dicotylédones monopétales, de la famille des *campanulacées*, Juss., et de la *pentandrie monogynie*, Linn., dont voici les principaux caractères : Calice monophylle, partagé en cinq divisions aiguës; corolle monopétale à tube court, profondément divisée en cinq lobes linéaires, aigus; cinq étamines plus courtes que la corolle; un ovaire inférieur, surmonté d'un style terminé par un stigmate à deux ou trois divisions; une capsule à deux ou trois loges, qui s'ouvrent par un trou latéral.

Les raiponces sont des plantes herbacées, à fleurs le plus souvent terminales, réunies en tête ou en épi, quelquefois latérales et presque solitaires. Les espèces de France, qui sont au nombre de dix, sont toutes dans le premier cas. On connoît aujourd'hui environ trente espèces de raiponces, dont

les deux tiers environ sont indigènes à l'Europe, les autres
sont originaires de l'Orient.

* *Fleurs en tête ou en épi.*

RAIPONCE PAUCIFLORE; *Phyteuma pauciflora*, Linn., *Sp.*, 241.
Sa tige est simple, haute d'environ huit à dix pouces, garnie
de feuilles alternes, linéaires-lancéolées, obtuses, un peu
crénelées, glabres. Les fleurs, qui sont de couleur bleue,
forment, au sommet de la tige, une tête arrondie, et sont entourées de bractées ovales, ciliées, plus courtes que le capitule. Cette plante, qui fleurit en Juillet et Août, croît dans
les endroits pierreux des Alpes, des Pyrénées, en Allemagne et
en Suisse.

RAIPONCE HÉMISPHÉRIQUE; *Phyteuma hemisphærica*, Linn., *Sp.*,
241. La tige de cette raiponce ne s'élève guère qu'à quatre
ou cinq pouces, elle est simple, garnie, surtout vers la base,
de feuilles linéaires, pointues et presque toujours entières.
Les fleurs sont au nombre de vingt à trente, bleues ou blanches,
disposées au sommet de la tige en une tête arrondie, entourée par des bractées ovales-lancéolées, ciliées et presque aussi
longues que les fleurs. On trouve cette plante dans les Alpes,
dans les Pyrénées, dans les Cevennes, dans les montagnes
de l'Auvergne, en Suisse, etc. Elle fleurit, comme la précédente, en Juillet et Août.

RAIPONCE DE SCHEUCHZER; *Phyteuma Scheuchzeri*, All., *Fl.
Ped.*, n.° 428, t. 39, fig. 2. Sa tige est haute d'environ un pied,
droite, glabre, garnie de feuilles dans sa longueur, les inférieures sont pétiolées, oblongues, crénelées; les supérieures
sessiles, linéaires. Les fleurs sont d'un bleu foncé, terminales,
disposées en une tête arrondie, et entourées de bractées linéaires, plus longues que le capitule. Cette raiponce croît
dans les Alpes du Piémont et de la Suisse.

RAIPONCE A FEUILLES DE SCORZONÈRE; *Phyteuma scorzonerifolia*,
Vill., *Dauph.*, p. 519, t. 12. La tige de cette espèce est haute
d'environ un pied, droite, glabre, garnie de feuilles lancéolées-linéaires et un peu dentées en scie; les radicales sont pétiolées et les caulinaires sessiles. Les fleurs forment au sommet de la tige un épi oblong, d'un beau bleu, garni de brac-

44.   26

tées linéaires très-étroites, aiguës et peu apparentes. Cette plante fleurit en Août ; elle croît dans les prairies les plus élevées des Alpes de la Provence, du Dauphiné et de quelques autres parties de l'Europe.

RAIPONCE DE MICHÉLI ; *Phyteuma Michelii*, All., *Fl. Ped.*, n.° 427, t. 7, fig. 3. Cette espèce a beaucoup de rapports avec la précédente, et n'en diffère que par ses feuilles un peu velues, et par la disposition de ses fleurs, qui forment un épi bien moins alongé. Sa tige est droite, haute d'environ un pied ; ses feuilles radicales sont pétiolées, oblongues ; celles de la tige sessiles, linéaires-lancéolées, légèrement dentées. Les fleurs sont bleues, disposées en épi ovale, et munies de bractées lancéolées, courtes. Cette raiponce se trouve dans les Pyrénées, dans les Alpes du Piémont ; elle fleurit en Juillet et en Août.

RAIPONCE ORBICULAIRE : *Phyteuma orbicularis*, Linn., *Sp.*, 242; Jacq., *Fl. Aust.*, t. 437. Sa tige est droite, simple, haute de huit à dix pouces. Ses feuilles inférieures sont pétiolées, lancéolées, un peu cordiformes, les supérieures sessiles, lancéolées-oblongues. Ses fleurs sont bleues, terminales et réunies en une tête arrondie, entourée de bractées ovales-lancéolées, un peu ciliées. Cette plante a plusieurs variétés : la première, dont Villars avoit fait une espèce sous le nom de *phyteuma lanceolata*, se distingue par ses feuilles, qui sont toutes oblongues-lancéolées ; la seconde, nommée par le même auteur *phyteuma elliptica*, a toutes ses feuilles oblongues, elliptiques, obtuses ; enfin, la troisième, *phyteuma comosa*, Vill., non Linn., se reconnoît à ses bractées plus grandes et cordiformes. La raiponce orbiculaire fleurit en Juin, Juillet et Août ; elle croît dans les lieux montagneux de la plus grande partie de la France ; on la trouve aussi en Suisse, en Italie, en Angleterre, etc.

RAIPONCE EN ÉPI, Linn., *Sp.*, 242; *Fl. Dan.*, t. 362. Sa tige est simple, droite, haute d'un pied et demi ou environ. Ses feuilles sont toutes dentées ; les inférieures pétiolées en forme de cœur ; les supérieures sessiles, linéaires-lancéolées. Les fleurs sont ordinairement blanches, quelquefois bleues, disposées au sommet de la tige en un épi oblong, cylindrique, garni de petites bractées linéaires ; le style est pubescent, à trois divisions. Cette espèce fleurit en Juin; elle croît dans les pâturages montagneux, en France, en Suisse, en Italie.

Raiponce de Haller; *Phyteuma Halleri*, All., *Flor. Ped.*, n.° 430. Sa tige est droite, simple et s'élève à un pied et demi. Ses feuilles radicales sont pétiolées, cordiformes; celles de la tige sessiles et lancéolées. Les fleurs forment un épi bleu foncé ou violet, ovale et garni de bractées linéaires; le style est pubescent, à deux divisions. Cette plante, qui a beaucoup de rapports avec la précédente, se reconnoît à ses feuilles supérieures, lancéolées et non linéaires, à son épi ovale et non oblong, à son style, qui n'a que deux divisions. Elle fleurit en Juillet, et croît dans les pâturages ombragés du Piémont, de la Suisse, de l'Allemagne.

** *Fleurs éparses sur la tige.*

Raiponce a feuilles ailées; *Phyteuma pinnata*, Linn., *Syst.*, p. 212. Sa tige est peu rameuse, glabre, striée. Ses feuilles sont alternes, ailées avec impaire, glabres, composées de folioles ovales-lancéolées, dentées. Les fleurs sont grandes, éparses dans la partie supérieure des tiges, mais formant une sorte de corymbe en cîme. Cette espèce croît dans l'ile de Crête.

Raiponce effilée; *Phyteuma virgata*, Willd., *Sp.*, 1, p. 924. Sa tige est haute de trois pieds ou environ, rameuse, garnie de feuilles sessiles, linéaires-lancéolées, inégalement et légèrement dentées. Les fleurs sont d'un bleu violet, réunies en petits paquets axillaires, formant, dans la partie supérieure de la tige, une sorte d'épi très-long; les divisions de la corolle sont linéaires-lancéolées et très-profondes. Cette plante, originaire de l'Arménie, est cultivée au Jardin du Roi; elle fleurit en Juillet. (L. D.)

RAIPONCE ou PETITTE RAIPONCE DE CARÈME. (*Bot.*) On donne ces noms à une espèce de campanule. (L. D.)

RAIRE. (*Mamm.*) Cri du cerf en amour. (Desm.)

RAIS. (*Bot.*) Nom languedocien du *cynomosus paniceus*, cité par Gouan. (J.)

RAIS. (*Ichthyol.*) Voyez Raie. (H. C.)

RAISIN. (*Bot.*) C'est le fruit de la vigne. (L. D.)

RAISIN D'AMÉRIQUE. (*Bot.*) Nom vulgaire du phyto-laque à dix étamines. (L. D.)

RAISIN BARBU. (*Bot.*) C'est la cuscute. (L. D.)

RAISIN DES BOIS ou DE BRUYÈRE. (*Bot.*) C'est l'airelle ou myrtille, *vaccinium myrtillus*, dont le fruit ressemble à un petit grain de raisin. (J.)

RAISIN DE CANADA. (*Bot.*) Dans quelques lieux méri-dionaux on donne ce nom au *phytolacca*. (J.)

RAISIN DE CHÈVRE. (*Bot.*) C'est le nerprun purgatif. (L. D.)

RAISIN DE CORINTHE. (*Bot.*) Sorte de raisin sec qu'on trouve dans le commerce et qui vient du Levant. (L. D.)

RAISIN DE CORNEILLE. (*Bot.*) C'est la camarine noire. (L. D.)

RAISIN DE COUDRE. (*Bot.*) Suivant Richard, on nomme ainsi en Amérique le *coccoloba nivea*. (J.)

RAISIN IMPÉRIAL. (*Bot.*) On a donné ce nom à une es-pèce de varec, *fucus acinaria*. (Lem.)

RAISIN DE LOUP. (*Bot.*) Nom vulgaire de la morelle noire. (L. D.)

RAISIN DE MER. (*Bot.*) Nom donné aux environs de Nar-bonne à l'*ephedra* qui habite les bords de la mer. (J.)

RAISIN DE MER. (*Malacoz.*) Dénomination employée par les habitans des bords de la mer, par les marins et les voya-geurs, pour désigner les œufs de sèches, dont la forme, la couleur et la manière dont ils se groupent, rappellent assez bien une grappe de gros raisin noir. On le donne aussi quel-quefois aux masses d'œufs de buccins et de murex.

Il paroît que Lemery, dans son Traité des drogues, a aussi donné ce nom à une holothurie couverte de tubercules rouges. suivant M. Bosc. (De B.)

RAISIN D'OURS. (*Bot.*) Nom vulgaire de la busserolle, espèce d'arbousier, *arbutus uva ursi*. (J.)

RAISIN DE PERROQUET. (*Bot.*) A Saint-Domingue on donne ce nom au *trichilia spondioides*, nommé aussi brésillet bâtard, dont le fruit est fort recherché par les perroquets. (J.)

RAISIN DE RENARD. (*Bot.*) Nom vulgaire, dans quelques lieux , de la parisette , *paris quadrifolia :* on nomme aussi, dans les États-Unis, raisin de renard , un véritable raisin provenant d'une vigne mentionnée dans le petit Recueil des voyages, qui croît dans les marais et sur les côteaux : son cep est petit, ainsi que sa grappe ; ses grains sont de la grosseur du fruit du prunelier. Dans sa maturité il a un goût âcre , mais il est de bon goût lorsqu'il est cuit. (J.)

RAISIN DE SÈCHES. (*Malacoz.*) M. Desmarest dit dans le Nouveau Dictionnaire d'histoire naturelle , qu'on donne aussi quelquefois ce nom aux masses d'œufs des sèches. (De B.)

RAISIN DU TROPIQUE. (*Bot.*) C'est ainsi que l'on nomme le *fucus natans*, surnageant les mers des tropiques, muni de petites vésicules, qui ont la forme de très-petits grains de raisin. (J.)

RAISINIER. (*Bot.*) Voyez Coccoloba. (Poir.)

RAISINIER BATARD. (*Bot.*) Dans un Herbier des Antilles , nous retrouvons sous ce nom vulgaire le citharin, *citharexylum.* (J.)

RAIZ DE REFFRIAO. (*Bot.*) Nom du contrayerva , *dorstenia*, dans la Nouvelle-Grenade , suivant les auteurs de la Flore équinoxiale. (J.)

RAJA. (*Ichthyol.*) Nom latin de la Raie. Voyez ce mot. (H. C.)

RAJANE. (*Bot.*) Voyez Raiane. (Lem.)

RAJIN - NISI. (*Bot.*) Nom japonois du *melissa cretica*, cité par Thunberg. (J.)

RAJON. (*Ichthyol.*) Voyez Ratillon. (H. C.)

RAK. (*Bot.*) Nom arabe, suivant Forskal, de son *cissus arborea*, qui est peut-être le même que l'*arak* cité dans le manuscrit de Lippi. Ces deux plantes ont les feuilles opposées, ce qui les éloigne du *cissus* et de la famille des vinifères, qui ont les feuilles alternes. Vahl et Roxburg y ont reconnu que la plante de Forskal a les fleurs monopétales, à divisions alternes avec les étamines et un fruit monosperme , et que cette plante est le *salvadora persica* mieux observé. Quelques auteurs l'ont rapporté à la famille des ardisiacées; mais l'insertion alterne des étamines s'y oppose, et ce genre auroit plus d'affinité avec les verbénacées. Le fruit est nommé *racka* par Bruce, et l'*arak* est, selon Adanson,

congénère de son *plotea.* Voyez aux articles Plotea et Redif.
(J.)

RAKAHD. (*Ichthyol.*) Voyez Ragède. (H. C.)

RAKED. (*Ichthyol.*) Voyez Ragède. (H. C.)

RAKKE. (*Mamm.*) Ce nom, ainsi que ceux de *Kater,*
Mynde et *Hund,* sont employés en danois, pour désigner
différens animaux de l'espèce du chien. (Desm.)

RAKKOON. (*Mamm.*) Ce nom ou celui de *raccoon* est
employé par les Anglois pour désigner le raton. (Desm.)

RALE, *Rallus.* (*Ornith.*) Buffon attribue le nom de cet
oiseau au cri désagréable du râle de terre, qui ressemble à
un râlement, et il pense que ce nom s'est ensuite étendu à
l'espèce entière. Les proportions du bec ne sont point les
mêmes dans toutes les espèces : il y en a, comme le grand râle
et le râle à long bec de Cayenne, le râle d'eau, le râle varié,
le râle bruyant, les râles tiklins, chez lesquels le bec est plus
long que la tête, et d'autres chez lesquels il est plus petit ;
ce qui a donné lieu à Gmelin d'en classer quelques-uns dans
le genre *Fulica,* et d'autres dans le genre *Gallinula ;* mais aucun râle n'a le front chauve, et garni d'une plaque, comme
ces derniers, et leurs doigts ne sont pas festonnés, comme
ceux des foulques, ni bordés d'une membrane comme ceux
des gallinules. Ces considérations ont déterminé à réunir les
diverses espèces de râles en un seul genre, caractérisé par :
Un bec plus ou moins long, comprimé latéralement, dont la
mandibule supérieure est droite ou légèrement inclinée à sa
pointe sur l'inférieure ; des narines oblongues ou longitudinales, situées dans un sillon, couvertes par une membrane à
leur origine, et percées de part en part vers le milieu ; une
langue entière, pointue ; un front emplumé ; quatre doigts
entièrement séparés ; le pouce articulé sur le tarse un peu
plus haut que les autres, et dont le bout touche à terre ;
les ongles courts et falculaires ; la première rémige plus courte
que les autres. On peut ajouter à ces caractères un corps
comprimé par les côtés, une tête petite, des ailes concaves,
une queue très-courte, une portion de la jambe au-dessus du
genou dénuée de plumes.

En passant de ces considérations aux habitudes, et sans les
étendre en tout point au râle de terre, on a auss remarqué

que ces oiseaux, qui se tiennent cachés sous l'herbe pendant
le jour, cherchent leur nourriture le soir et le matin dans
les joncs et dans les herbes des marais et des prairies; qu'ils
fuient de loin et marchent avec beaucoup d'agilité; qu'ils ne
se réunissent jamais en familles, ni en troupes; qu'ils lèvent
le cou, comme les poules, lorsqu'ils sont inquiets, et que les
petits quittent le nid aussitôt après leur naissance, et saisissent
eux-mêmes la nourriture qui leur est indiquée par leur mère.

§. 1. EUROPE.

Les espèces les plus communes en Europe sont le râle de
terre, le râle d'eau, la marouette.

RALE DE TERRE OU DE GENÊTS : *Rallus crex*, Linn.; *Gallinula
crex*, Lath. Cet oiseau, qui est l'*ortygometra* de Gesner, le
cenchramus de Pline, et qu'on nomme vulgairement *roi des
cailles*, est figuré dans les planches enluminées de Buffon,
n.° 750, dans celles de Lewin, n.° 191, et de Donovan, n.°
116. Il n'est pas plus gros que la caille, mais il est long de
neuf pouces six lignes. Un large sourcil, de couleur cendrée,
se prolonge sur les côtés de sa tête, dont la partie supérieure
est couverte de plumes noirâtres dans leur milieu, cendrées
sur les bords et terminées par du roux; le derrière du cou,
le dos, le croupion et les couvertures supérieures de la queue
sont variées de noirâtre et de gris roussâtre; les longues plumes
qui couvrent les rémiges sont bordées par une large bande
d'un roux de rouille; la gorge et le ventre sont blancs; la
poitrine est d'un cendré olivâtre, et les flancs sont roux et
rayés transversalement de blanc; les pennes alaires, fauves à
l'extérieur, sont intérieurement d'un gris brun, et les pennes
caudales, noires au centre, sont d'un gris roussâtre sur les
bords; la partie nue des jambes et les pieds sont d'un brun
rougeâtre; le bec, brun en dessus, est blanchâtre en dessous,
et l'iris est de couleur noisette.

La teinte rousse est moins vive chez les femelles, et les jeunes
présentent quelques taches blanches.

Cette espèce, la même que Brisson a décrite en double
emploi sous le nom de poule sultane roussâtre, paroît n'être
que de passage dans les pays méridionaux, et elle se rend vers

le 10 Mai dans nos contrées, d'où elle se répand jusqu'en Norwége, pour en repartir à la fin de Septembre ou au commencement d'Octobre. C'est son cri bref et sec, *crëk, crëk, crëk*, qui apprend son retour; car, lorsqu'on avance du côté où ce cri se fait entendre, on est surpris de ce qu'il s'éloigne sans pourtant discontinuer, ce qui provient de ce que l'oiseau, qui s'envole difficilement, court avec une vîtesse extrême, en passant à travers les herbes les plus touffues. La coïncidence qu'on a cru remarquer entre les époques d'arrivée et de départ du râle de genêt et des cailles, a donné lieu au préjugé qui l'a fait regarder comme conducteur de celles-ci; mais Magné de Marolles dit, dans son Traité de la chasse au fusil, pag. 341, qu'on voit souvent des cailles dans nos contrées assez long-temps avant d'y entendre les râles, et qu'il est d'expérience, dans les pays à râles, que ceux-ci sont très-rares dans des années où il y a beaucoup de cailles, et *vice versà*.

Les râles se tiennent dans les prairies jusqu'après la fauchaison, et ils s'y nourrissent d'insectes, de limaçons, de vermisseaux, qui sont les alimens exclusifs des petits, auxquels les adultes joignent des graines, et surtout celles du genêt, du trèfle, du grémil. Ces oiseaux, moins féconds que les cailles, ne pondent que neuf à dix œufs tachetés de brun-roux sur un fond d'un jaune brunàtre, lesquels ont été figurés par Lewin, pl. 41, n.° 3. Le nid où la femelle les dépose est construit sans art, avec un peu de mousse ou d'herbe sèche, dans une petite fosse au milieu de quelque fourré, où il est difficile de le trouver. Les petits, qui restent constamment près de leur mère, ne quittent les prairies que quand la faux rase leur domicile, et les contraint à se jeter dans les avoines, les orges, les champs semés de sarrazin, les friches couvertes de genéts, ce qui leur a fait donner la dénomination de *râles de genéts*. Il y en a qui retournent dans les prés en regain lorsque les nouvelles pousses sont parvenues à une hauteur suffisante. On en rencontre aussi dans les vignes et sur les bords des jeunes taillis. Ces oiseaux, comme les bécasses, sont habitués à quitter chaque soir l'endroit où ils sont cantonnés, pour aller, pendant la nuit, à la recherche des vermisseaux dans les champs. La chasse diffère de celle de la perdrix et de tout autre gibier. Si l'on

fait partir le râle dans une pièce de genêts, la remise n'est
pas éloignée, mais lorsqu'on arrive à cet endroit, il ne faut
pas s'attendre à l'y trouver, car il en est déjà à une grande
distance, et le chien dont on est accompagné ne réussit à le
faire lever qu'après beaucoup de ruses de la part de l'oiseau,
qui va de côté et autre, revient sur ses pas, monte quelquefois au haut d'un genêt, et grimpe même dans une haie. Lorsque le râle n'a pas encore pris son vol, et qu'on ne l'a pas
vu, on peut reconnoître que le chien poursuit un oiseau de
cette espèce à la vivacité de sa quête, au nombre de faux ar-
rêts, à l'opiniâtreté avec laquelle l'oiseau tient. Souvent celui-ci s'arrête dans sa fuite et se blottit, de sorte que le chien,
emporté par son ardeur, passe par dessus et perd sa trace.
Enfin le râle ne part qu'à la dernière extrémité. Les *chou-
pilles*, qui le suivent le nez en terre, sont meilleurs pour cette
chasse que les chiens d'arrêt, et les vieux sont préférables aux
jeunes.

On a de la peine à se figurer comment un oiseau de cette
nature trouve dans ses ailes des forces suffisantes à l'époque
de son retour dans les contrées méridionales, et il est probable qu'il en périt beaucoup dans le passage de la Méditerranée : aussi l'on prétend avoir remarqué qu'au retour le nombre est moins considérable qu'à l'instant du départ.

Rale d'eau : *Rallus aquaticus*, Linn. et Lath., pl. enlum. de
Buffon, n.º 749 ; de Lewin, n.º 190 ; de Borkhausen, cah. 5 ;
de Graves, n.º 36 ; de Donovan, n.º 104. Cet oiseau, à peu
près de la grosseur d'une caille, a environ neuf pouces de longueur, et son bec a un pouce cinq lignes ; le dessus de la tête et
du cou, le dos et le croupion sont couverts de plumes dont le
centre est noirâtre et dont les bords sont d'un roux olivâtre ;
les joues, la gorge, le devant du cou, la poitrine et le haut
du ventre sont d'un cendré bleuâtre ; les côtés sont noirâtres
et ont des raies transversales blanches ; le bas-ventre et le haut
des jambes sont cendrés et bordés de fauve clair ; les pennes
alaires sont brunes, et les moyennes sont bordées de roux
olivâtre ; la queue est noire et bordée de brun roux ; la partie
nue de la jambe, les pieds et les ongles sont d'un brun verdâtre. La mandibule supérieure, rouge à son origine, est
noire à la pointe ; et l'inférieure est rougeâtre sur toute son

étendue. Dans son premier âge le jeune a les cuisses d'un roux brun, et il n'y a pas de bandes transversales aux flancs.

Le râle d'eau, qui se tient ordinairement caché dans les grandes herbes et les joncs, court le long des eaux stagnantes aussi vite que le râle de terre dans les champs; quelquefois, au lieu de traverser l'eau à la nage, il se soutient sur les larges feuilles des plantes aquatiques, telles que le nénuphar, le trèfle d'eau. Sa nourriture consiste en insectes, limaçons, petites crevettes. Il construit au milieu des herbes, sur le bord des étangs et des ruisseaux, un nid dans lequel la femelle pond six à dix œufs jaunâtres, marqués de taches d'un rouge brun, qui ont été figurés par Lewin, dans ses Oiseaux de la Grande-Bretagne, pl. 41, n.° 2.

Quoique sa chair ait un goût de marécage, on lui fait la chasse comme au râle de terre, et lorsqu'il est poursuivi par les chiens, il se tapit avec la même ténacité que lui. Comme il pratique des routes à travers les grandes herbes, et revient constamment à son gîte par le même chemin, on y tend aussi des lacets; on emploie même le tramail, en battant la queue du marais pour amener ces oiseaux vers l'endroit où l'on a placé le filet.

M. Temminck regarde comme une espèce distincte et bien caractérisée le *rallus virginianus*, de Linné, qui n'est, pour Latham, qu'une simple variété du *rallus aquaticus*, auquel M. Cuvier rapporte comme espèces voisines les *rallus longirostris, variegatus, philippensis, torquatus, striatus*. Le même auteur range en outre dans cette catégorie le *fulica cayennensis*, Gmel., ou grande poule d'eau de Cayenne, Buff., pl. enlum. 352; le *rallus fuscus*, Linn., quoique celui-ci commence à avoir un bec plus court; et le *rallus carolinus*, Linn., qui ne lui paroît différer du nôtre que par sa gorge noire.

RALE MAROUETTE : *Rallus porzana*, Linn.; *Gallinula maculata*, Lath., pl. enlum. de Buff., n.° 751; pl. 193 de Lewin; 38 de Graves; 122 de Donovan. Cet oiseau, connu sous les noms vulgaires de *cocuau*, de *girardine*, de *grisette*, est de la grosseur d'un cailleteau, mais d'une forme plus alongée et il est plus haut sur jambes. Sa longueur est de sept à huit pouces. Le fond de son plumage est d'un brun olivâtre, tacheté de blanc, ce qui l'a fait appeler *râle perlé*. Le bec et les ongles

sont d'un jaune mêlé d'olive, et les pieds d'un brun nuancé
de jaunâtre.

Cet oiseau de passage arrive dans nos contrées au mois de
Février ou au commencement de Mars, et il ne se retire que
dans le fort de l'hiver. Il habite les étangs marécageux, et il
y vit d'insectes, de vers, de plantes aquatiques et de leurs
semences. Il est d'un naturel si solitaire et si sauvage, que les
mâles n'approchent, dit-on, de leurs femelles que pour les
féconder. Le nid, qui est placé dans les grandes herbes et les
roseaux, a la forme d'une gondole, et, attaché par un des
bouts à une tige de roseau, il présente un berceau flottant,
qui peut s'élever et s'abaisser sans risquer d'être emporté. La
ponte est de sept à huit œufs d'un brun clair avec des taches
plus foncées. Les petits sont couverts d'un duvet noir à leur
naissance, et dès qu'ils sont éclos, ils courent, nagent et plon-
gent. Malgré ces mœurs sauvages, aussitôt qu'un de ces oiseaux
se fait entendre, ceux du canton lui répondent.

La marouette est un de nos meilleurs gibiers à plumes, et
sa graisse est si savoureuse que des personnes la préfèrent à
l'ortolan ; mais c'est dans l'automne qu'elle possède ces qualités. Cet oiseau tient si fort devant les chiens, que souvent
le chasseur peut le saisir avec la main. Lorsqu'il rencontre
un buisson dans sa fuite, il a, comme le grand râle d'eau,
l'habitude d'y monter et d'y rester pendant que le chien, en
défaut, continue de le poursuivre. Quelquefois aussi il plonge
et nage, même entre deux eaux, pour se dérober à ces pour-
suites. C'est surtout dans les rizières du Piémont que ce gibier
acquiert un goût exquis.

Les trois espèces qu'on vient de décrire sont tellement distinctes, qu'il ne peut y avoir d'incertitude à leur égard ; mais
il n'en est pas tout-à-fait de même des râles plus petits, dont
il est parlé dans quelques ouvrages sur l'ornithologie, sous les
noms de *rallus Baillonii*, *rallus pusillus*, ou râle de la Daourie,
rallus Peyrousei, ou rallo-marouet.

Le rallo-marouet est l'espèce ou variété dont il a été parlé
le plus anciennement par Picot-Lapeyrouse, tant dans ses
Tables des mammifères et des oiseaux du département de la
Haute-Garonne, que dans l'Encyclopédie méthodique ; mais,
quoique ce naturaliste ait observé dans cet oiseau des diffé-

rences avec la marouette, le nom même qu'il lui a donné suffisait pour manifester ses doutes, et M. Vieillot ne s'est déterminé probablement à substituer l'épithète *Peyrousei* à celle de *pusillus*, qu'après avoir reconnu l'identité spécifique de ces oiseaux, dont il rapproche encore, 1.° deux individus qui lui ont été envoyés par M. Bonelli; 2.° deux autres, décrits par Montagu dans le Supplément de son *Ornithological dictionnary*, sous les noms d'*olivaceous gallinule* et *little gallinule*, et enfin le râle de la Daourie, *rallus pusillus*.

A l'égard du *râle Baillon*, M. Temminck, qui en avoit, de son côté, reconnu l'existence, lui avoit d'abord imposé le nom de *gallinula stellaris*; mais, par considération pour un naturaliste zélé dont le père a enrichi d'observations importantes les Œuvres de Buffon, et qui a lui-même fourni beaucoup de notes à M. Vieillot, il n'a pas hésité à adopter le changement de nomenclature, et il a fait précéder la description des deux espèces dont il vient d'être question, de phrases qui en désignent les principaux caractères, et qui sont ainsi conçues :

Pour le *rallus pusillus* : « Ailes aboutissant à l'extrémité de « la queue; bec et pieds d'un beau vert clair; plumes du milieu « du dos marquées de petits traits blancs, très-peu nombreux. « La femelle différant beaucoup du mâle. »

Pour le *rallus Baillonii* : « Ailes aboutissant à la moitié de « la longueur de la queue; bec d'un vert foncé; pieds cou- « leur de chair; un grand nombre de taches blanches sur le « dos et sur les ailes. La femelle ne différant presque point du « mâle. »

Afin de ne pas s'appesantir sur les détails relatifs à ces espèces, qui ne sont pas tous présentés d'une manière uniforme par les divers auteurs, on se bornera à exposer ici que la taille de chacune est de six à sept pouces; que la première visite souvent les champs, où l'on ne voit jamais la seconde, qui est presque toujours dans les lagunes marécageuses; que cette première construit son nid dans les roseaux, sur les cannes rompues des joncs et des plantes fluviatiles, pond sept à huit œufs jaunâtres, parsemés de taches brunes, et que la seconde fait sur la terre, avec des herbes sèches, un nid où, suivant les uns, elle pond quatre ou cinq œufs roussâtres, couverts de taches irrégulières d'une nuance plus sombre, et, selon d'autres, sept ou huit œufs de la forme des olives et colorés de brun olivâtre.

Latham fait aussi mention, dans son *Index ornithologicus*, d'un râle décrit dans un Voyage au comté de Possega en Esclavonie, comme étant de la taille de la poule d'eau ordinaire, et ayant la tête d'une foible couleur de rouille, la gorge d'un blanc sale, un demi-collier large et brun, couleur qui règne sur les flancs, lesquels sont rayés de cendré rougeâtre, et le reste du plumage rayé de brun et de couleur de rouille; mais cet oiseau est encore très-peu connu, comme l'annonce suffisamment l'épithète *dubius*, que lui a donnée l'auteur anglois.

§. 2. AFRIQUE.

RALE RAYÉ A BEC NOIR ET PIEDS ROUGES; *Rallus capensis*, Linn. et Lath. Cet oiseau du cap de Bonne-Espérance est à peu près de la taille du râle de terre. Il est décrit comme ayant la tête, le cou, le dos, le haut de la poitrine et les deux pennes du milieu de la queue d'une couleur ferrugineuse; le bas de la poitrine, le ventre, les cuisses, les ailes et les pennes caudales, à l'exception des deux intermédiaires, ondulés de noir et de blanc.

On trouve dans la même contrée un RALE A COU BLEU, *Rallus cærulescens*, Gmel., dont la longueur est de sept pouces, et qui a la tête et les parties supérieures du corps d'un brun rougeâtre; la gorge et la poitrine d'un bleu pâle; les parties inférieures rayées transversalement de blanc et de noir; les plumes anales blanches; le bec et les pieds rouges.

RALE ROUX; *Rallus rufus*, Vieill. Le mâle de cette espèce africaine, de six pouces et demi de longueur, a le bec et les pieds d'un brun clair, la tête et le cou d'un roux foncé. Les parties inférieures sont d'un brun noirâtre, avec des stries longitudinales; le dessus du corps présente, sur un fond d'un brun noirâtre, des taches d'un blanc pur, dont les unes sont longitudinales et les autres rondes. Les ailes ne dépassent pas l'origine de la queue, dont les pennes, fort grêles, ont les barbes un peu décomposées. La femelle a la gorge, la poitrine et le ventre blancs, avec des taches d'une couleur sombre; les flancs sont rayés d'une couleur de bistre, et le reste du plumage est moucheté de blanc sale sur un fond d'un brun noirâtre.

RALE NOIR; *Rallus niger*, Gmel. et Lath. Cette espèce, du Sénégal, est longue de huit pouces et demi. Son plumage, noir, est changeant en vert sur les ailes; elle a le bec jaune et les pieds rouges.

RALE BRUN-OLIVATRE; *Rallus fuscescens*, Vieill. Cet oiseau, de la taille du râle d'eau d'Europe, a toutes les parties supérieures du corps d'un brun olivâtre plus foncé sur la tête et la nuque; la gorge blanche; la poitrine de couleur de plomb; les flancs et le ventre d'un gris brun, avec des raies transversales blanches et rousses; le bec et les pieds bruns.

RALE DE BARBARIE; *Rallus barbaricus*, Linn. et Lath. Cette épithète latine est appliquée par M. Vieillot à deux oiseaux dont le second est par lui nommé *kingalik*, et qu'il suppose habiter le Groënland. Le bec du premier est noir et long d'un pouce et demi; sa taille est inférieure à celle d'un pluvier; la poitrine et le ventre sont d'un brun jaunâtre, plus foncé sur le dos; le dessous du corps est blanc, les ailes ont des taches de la même couleur, et le croupion est rayé de blanc et de noir. Le second oiseau est dit plus grand que le canard, et son bec a une protubérance dentelée. Ce n'est sans doute pas un râle.

§. 3. AMÉRIQUE.

RALE BRUYANT; *Rallus crepitans*, Linn. et Lath. Cette espèce, qu'on trouve pendant l'été dans les États-Unis, est une des plus grandes du genre: elle a treize à quatorze pouces de longueur; son bec, d'un brun rougeâtre, en a deux; le plumage du mâle est, dans la première année, d'un brun olivâtre en dessus et jaunâtre en dessous; les joues sont cendrées, la gorge est blanche, et les flancs présentent des raies transversales blanches et grises; les pieds sont bruns. Quand le mâle a atteint sa deuxième année, le devant du cou, la poitrine et le haut du ventre sont d'un rouge brun; les flancs, le bas-ventre et les plumes anales sont noirs et rayés transversalement de blanc: les couvertures supérieures des ailes sont d'un marron clair, et les pennes primaires noirâtres. Le petit est couvert d'un duvet noir à sa naissance; il a une tache blanche sur les oreilles, et une strie de la même couleur s'étend sur les côtés de la poitrine, du ventre, et sur le devant des cuisses; les pieds sont ardoisés, et le bec présente une tache blanche près de sa pointe.

Les œufs, ordinairement au nombre de dix, ont, sur un fond jaunâtre, des taches d'un rouge obscur, et l'on a remarqué une singularité curieuse dans la ponte. La femelle dépose un premier œuf dans une petite cavité, sur quelques herbes sèches. A mesure qu'elle pond, elle augmente les matériaux du nid, qui devient ainsi haut d'un pied, et elle donne à cette couche de longues herbes maritimes la forme d'une voûte, de sorte qu'il ne reste aucun passage visible.

Grand rale de Cayenne: *Rallus maximus*, Vieill.; *Fulica cayennensis*, Gmel.; *Gallinula cayennensis*, Lath., pl. enlum. de Buff., n.° 352; sous le nom de grande poule d'eau de Cayenne. Cet oiseau est long de dix-huit pouces, et son bec en a deux. Son plumage est d'un gris brun sur le sommet de la tête, le cou, le bas-ventre, les cuisses et la queue; d'un blanc verdâtre sur les joues et le haut de la gorge; d'un olivâtre sombre sur le dos; d'un roux ardent et rougeâtre sur la poitrine et les pennes alaires; le bec, dont l'arête est noirâtre, a les côtés rougeâtres jusqu'à la moitié de sa longueur; il est gris sur le reste : les pieds sont rouges. Les jeunes, dont le plumage est tout gris, ne prennent point de rouge ni de roux avant la mue.

Rale a long bec; *Rallus longirostris*, Gmel. et Lath., pl. enlum. de Buff., n.° 849. Ce râle de Cayenne, un peu plus gros que le râle d'eau d'Europe, a le plumage gris, un peu roussâtre sur le devant du corps, et mêlé de noirâtre ou de brun sur le dos et les ailes; le ventre est rayé de bandelettes transversales blanches et noires; son bec, rougeâtre à la base, est noirâtre à la pointe; les pieds sont d'un vert sombre.

Rale olivatre; *Rallus olivaceus*, Vieill. Cette espèce, qui se trouve à Saint-Domingue et dont la longueur est de six pouces et demi, a le fond du plumage d'un brun olivâtre sur le corps. On voit, en outre, sur la tête et le cou des traits noirs, et de grandes taches de la même couleur sur les plumes du manteau et sur les couvertures supérieures des ailes. La gorge est d'un blanc sale et les parties inférieures sont d'un gris fauve, avec des raies transversales noires sur les flancs. Le bec, brun en dessus, est jaunâtre en dessous, et les pieds sont bruns.

RALE KIOLO : *Rallus kiolo*, Vieill. ; *Rallus cayennensis*, Gmel. et Lath., pl. enlum. de Buff., n.ᵒˢ 368 et 753, mâle et femelle, sous les dénominations de *râle de Cayenne* et *râle à ventre roux de Cayenne*. Ce râle, un peu plus petit que la marouette, a le manteau d'un vert olivâtre sur un fond brun, et le sommet de la tête, ainsi que le devant du corps roux. Le nom de kiolo vient du cri de ralliement que ces oiseaux font entendre à la chute du jour lorsqu'ils abandonnent les halliers fourrés et humides, où ils font, entre les petites branches basses des buissons, et avec une seule espèce d'herbe rougeâtre, leur nid, qui est relevé en voûte, comme celui du râle bruyant, de manière que la pluie ne peut y pénétrer.

RALE MUDHEN : *Rallus limicola*, Vieill. ; *Rallus virginianus*, Linn. ; *Rallus pensylvanicus*, Briss. Cet oiseau, dont Latham fait une variété du râle d'eau, et que Buffon rapporte au kiolo, paroît être une espèce distincte. Il est long de sept pouces huit lignes. Le mâle a le dessous du corps jusqu'au bas-ventre d'un brun orangé ; les parties inférieures et les flancs rayés de noir et de blanc; les couvertures des ailes d'un brun rouge. La femelle, qu'Edwards a figurée pl. 279, a le dessus du corps varié de roussâtre et de noirâtre ; le haut de la gorge blanc ; la partie inférieure, le devant du cou, la poitrine et le haut du ventre d'un fauve obscur; le bas-ventre, les côtés et le haut des jambes d'un brun foncé et rayés transversalement de blanc ; les grandes pennes alaires et caudales noirâtres, et sur les couvertures de celles-là une tache de couleur marron. Comme cet oiseau se plaît dans les marais bourbeux, on lui a donné dans le nord des États-Unis, où il passe l'été, le nom de *mudhen*, qui signifie poule du limon; il place son nid dans des fondrières presque impénétrables, et la femelle y pond six à dix œufs d'un blanc sale, avec des taches rougeâtres, plus nombreuses vers le gros bout.

RALE TACHETÉ; *Rallus variegatus*, Linn. et Lath., pl. enlum. de Buff., n.ᵒ 775. Cette espèce, qui est rare à la Guiane, a onze pouces de longueur. La tête et les parties supérieures du corps sont variées de blanc et de noir; la gorge est blanche; les couvertures des ailes sont tachetées irrégulièrement de noir, de blanc et de brun roussâtre; le bec, fort long, est rouge à la base de la mandibule inférieure et jaunâtre dans le reste, ainsi que les pieds et les ongles.

Rale widgeon : *Rallus stolidus*, Vieill. ; *Rallus carolinus*, Gmel.; *Gallinula carolina*, Lath., pl. 144 d'Edwards. Ce râle, qu'on trouve en Amérique depuis la Louisiane jusqu'à la baie d'Hudson, et qui porte les noms de *paupaka*, *patesseu*, *widgeon* et *sorée*, est plus petit que la marouette, et en diffère surtout par une large bande noire, qui s'étend depuis la gorge jusqu'à l'anus, mais qui n'existe que dans la saison des amours; il est long de sept pouces et demi; les parties supérieures du corps sont d'un brun olivâtre, tacheté de noir et de blanc; le ventre est de cette dernière couleur. Les flancs ont des barres noires, blanches, fauves et d'un olive foncé; le bas-ventre est d'un fauve brunâtre. La femelle et les jeunes ont la gorge blanche, la poitrine d'un brun pâle et un peu de noir à la tête.

Ces râles prennent tant de graisse en automne, qu'il suffit, pour s'en saisir, de les fatiguer à la course.

Rale varié a gorge rousse: *Rallus ruficollis*, Vieill.; *Fulica noveboracensis*, Gmel.; *Gallinula noveboracensis*, Lath. Cette petite espèce, qui n'a que quatre pouces trois quarts de longueur, se trouve, comme la précédente, aux États-Unis, où elle habite depuis le Canada jusqu'à la Louisiane. Le dessus de la tête du mâle est noir avec des points blancs; le cou, le dos, les scapulaires, les couvertures supérieures des ailes et le croupion sont variés de roux et de noir, et chaque plume est terminée par un trait blanc transversal; les couvertures de la queue, plus longues que les rectrices, sont noires et rayées de blanc; la gorge et le milieu du ventre sont roussâtres; les flancs ont des raies transversales noires et blanches sur un fond roux; les pieds et les ongles sont rougeâtres. La femelle est rousse sur le front et les joues, noirâtre sous le ventre, d'un blanc roussâtre sur la gorge, rousse avec des taches transversales brunes sur le devant du cou, les côtés et la poitrine; et le jeune, qui paroît avoir seul été décrit par Gmelin et Latham, a la tête et le dessus du cou d'un brun

olivâtre foncé et tacheté de blanc, la poitrine d'un jaune sale,
le dos et les pieds bruns.

Petit Rale de Cayenne; *Rallus minutus*, Linn. et Lath., pl.
enlum. de Buff., n.° 847. De la grosseur de l'alouette, il a à
peine cinq pouces de long; la tête et le dessus du cou sont
brunâtres; les autres parties supérieures sont variées de noir,
de roussâtre et de blanc; la gorge, le devant du cou et la
poitrine sont d'un gris-blanc nuancé de roussâtre, et les flancs
sont rayés de noir sur un fond pareil.

Rale bidi-bidi; *Rallus jamaicensis*, Gmel. et Lath. Ce petit
oiseau, dont le nom provient de son cri, et qui est figuré sur
la pl. 278 d'Edwards, n'est pas plus gros qu'une fauvette. Son
corps est en dessus d'un brun rayé de blanchâtre, et en dessous
d'un cendré bleuâtre; la tête est noire, ainsi que le bec, dont
la mandibule inférieure est teinte de rouge à la base; les pieds
sont bruns.

Les espèces de l'Amérique méridionale, dont il va être
question, ne sont connues que d'après les descriptions données
par d'Azara dans ses Oiseaux du Paraguay, et à plusieurs desquelles M. Vieillot a appliqué des dénominations françoises,
qui seront ici conservées, en suivant le même ordre que
l'auteur original.

Rale ypacaha, *Rallus ypacaha*. Le nom de cet oiseau, qui
est l'ypacaha proprement dit de d'Azara, n.° 367, vient du
cri très-fort qu'il fait entendre à un mille de distance, et
qui est quelquefois interrompu par des sifflemens sonores. Sa
longueur totale est de dix-huit pouces et celle du bec de trois.
La gorge, qui est blanchâtre, prend une teinte plombée sur
la poitrine, dont le bas est rouge; les parties inférieures sont
d'un cendré obscur; le dessus et les côtés de la tête sont de
couleur de plomb; le haut du cou est roussâtre, le bas du
cou, le dos et les couvertures des ailes sont d'un brun verdâtre, couleur qui termine les quinze premières pennes de
l'aile, dont le haut est rouge; le croupion et la queue sont
noirs; l'iris et le bord de la paupière sont rouges, ainsi que
les pieds; le bec est orangé à son extrémité. D'Azara cite des
particularités assez curieuses relativement à un individu élevé
par un médecin du Paraguay. Il se battoit avec les coqs et
les poules, et quand son adversaire l'attendoit de pied

ferme, il s'élançoit entre ses jambes, le renversoit, et, avant que ce dernier eût eu le temps de se relever, il lui donnoit des coups de bec sur le ventre et le croupion. Après s'être blotti près des poules qui alloient pondre, il prenoit avec son bec l'œuf déposé, le perçoit avec précaution, et en buvoit le jaune et le blanc. Il attrappoit les rats et les souris, et les avaloit tout entiers; enfin il entroit dans les appartemens, et s'il y trouvoit quelque bijou, il le cachoit dans les herbes.

RALE CHIRICOTE: *Rallus chiricote,* Vieill.; Azara, n.° 168. Le nom qui a été donné à cet oiseau par les naturels et les Espagnols du Paraguay, est tiré de son cri. Il a quatorze pouces et demi de longueur totale, et son bec en a deux. Le dessus de la tête et le cou sont d'une couleur plombée; la gorge est d'un gris-perlé clair, et la poitrine est rouge; le haut du dos et les couvertures supérieures des ailes sont d'un vert noirâtre; le bas du dos, le croupion, la queue et les cuisses sont noirs; les pennes alaires sont rouges; la partie nue des jambes est de couleur de sang, et le bec est d'un vert tendre avec du jaune à sa base, qui est ridée.

D'Azara décrit, sous le n.° 569, un individu de la même taille que le chiricote, et qui n'en différoit que par la teinte plombée du dessous du corps, le brun roussâtre du haut du cou et le vert du bec plus tendre: circonstances qui ne doivent vraisemblablement être attribuées qu'à une variété d'âge ou de sexe.

RALE NOIRATRE; *Rallus nigricans,* Vieill. Cette espèce, qui se trouve au Paraguay et sur les bords de la Plata, est décrite, sous le n.° 371, comme ayant onze pouces de longueur totale, et un bec de vingt-deux lignes. Le dessus de la tête et du cou, le dos et le croupion sont d'un brun verdâtre; la gorge est blanchâtre. Le devant du cou, la poitrine, les flancs, le front et les côtés de la tête et du cou sont d'un plombé noirâtre; le ventre, les jambes et la queue sont noirs et les ailes noirâtres; l'iris et les pieds sont rouges; le bec est d'un vert tendre.

RALE A BEC RIDÉ: *Rallus rytirhynchos,* Vieill.; Azara, 372. Cette espèce, dont le bec est presque de la même étendue que celui du râle à long bec, a onze pouces trois quarts de longueur totale. Le dessus et les côtés de la tête sont d'un brun plus ou moins foncé; le dos et le croupion sont bruns, ainsi que les couvertures des ailes, dont les pennes et celles de la queue sont noirâtres. Le devant du cou, la poitrine et les flancs sont d'un brun bleuâtre, et une bandelette blanchâtre descend depuis le cou jusqu'au bas-ventre. L'iris est rouge, et les pieds, noirs par derrière, sont d'un rouge de corail sur le devant et les côtés.

Rale a face noire: *Rallus melanops*, Vieill.; Azara, n.°373. Cette espèce diffère des autres en ce que les trois doigts antérieurs sont bordés sur les côtés, comme les gallinules, dont toutefois elles n'ont pas le front chauve, et en ce que le bec est plus large qu'épais. Ce bec est long de treize lignes, et l'oiseau a neuf pouces de longueur totale. Le devant de la tête est d'un noir velouté; le cou et la gorge sont plombés; le dos et le croupion sont d'un brun roussâtre; les couvertures supérieures des ailes offrent un mélange de roux et de brun; les pennes alaires et caudales sont d'un brun noirâtre; la poitrine et le ventre d'un blanc roussâtre; l'iris est d'un rouge très-vif; le bec d'un vert tendre, et les pieds sont d'un brun verdâtre.

Rale plombé a gorge blanche: *Rallus albicollis*, Vieill.; Azara, n.° 374. La longueur totale de cet oiseau est de huit pouces, et celle du bec de douze lignes. La gorge est blanche; le devant du cou, les côtés de la tête, la poitrine et le ventre sont d'une teinte plombée et blanchâtre; les plumes des parties supérieures et les couvertures des ailes et de la queue sont presque noires et largement bordées de brun roussâtre; le bord des ailes est presque tout blanc, et leurs pennes sont en dessus de couleur d'acier bruni; l'iris est rouge, le bec vert et les pieds sont d'un brun rougeâtre.

Rale blanc et roux: *Rallus leucopyrrhus*, Vieill.; Azara, 375. L'auteur espagnol a eu en sa possession plusieurs individus de cette espèce, et il a observé qu'ils ne tenoient pas la *queue relevée comme les deux précédens*, et ne la remuoient pas verticalement. Cette circonstance, dont d'Azara ne parle ici que d'une manière indirecte, et dont M. Vieillot n'a pas fait mention, sembloit néanmoins susceptible d'une remarque particulière, pour l'appréciation des caractères qui rappro-

chent surtout des gallinules le rale à face noire, n.° 373. Quoi
qu'il en soit, l'oiseau dont il s'agit ici n'a que six pouces et
demi de longueur, et son bec a huit lignes. La tête et le cou
sont de la couleur du tabac d'Espagne. Le dos, le croupion
et les couvertures supérieures des ailes sont châtains, et les
pennes alaires et caudales un peu roussâtres; les parties inférieures sont blanches, avec des raies noires sur les flancs;
le bec, noirâtre en dessus, est d'un vert mêlé de jaune en
dessous; l'iris et les pieds sont rouges.

Rale brunoir: *Rallus melanophaïus*, Vieill.; Azara, n.° 376.
Sonnini regarde cet oiseau comme une variété de la grande
poule d'eau de Cayenne, *fulica ruficollis*, Linn.; mais M.
Vieillot paroît fondé à faire observer qu'il y a trop de différence entre la taille de ce râle, qui n'a pas tout-à-fait sept
pouces, et celle de la poule d'eau, qui en a dix-huit, pour
rendre ce rapprochement admissible. La gorge du râle brunoir est blanchâtre; une bande de la couleur du tabac d'Espagne passe au-dessous de l'œil, couvre l'oreille, et se prolonge sur les côtés du cou et de la poitrine; les plumes anales
sont de la même couleur; la poitrine, les flancs et les jambes
sont rayés transversalement de blanc et de noir; les pennes ont
en dessous une teinte argentine; le dessus du corps est d'un
brun noirâtre; le bec, vert à sa base, est aussi noirâtre dans
le reste.

Rale a sourcils blancs: *Rallus superciliaris*, Vieill.; Azara,
n.° 377. Cet oiseau est rapporté par Sonnini au petit râle de
Cayenne, *rallus minutus;* mais M. Vieillot le considère comme
une espèce particulière. Il n'a que six pouces de longueur
totale, et son bec n'excède pas six lignes et demie. La tête
présente trois bandelettes, dont l'une est blanche et s'étend
au-dessus de l'œil en forme de sourcil; la seconde, de couleur
noire, est au-dessous, et la troisième entoure la paupière inférieure. Les côtés et le devant du cou sont d'un roux clair;
la poitrine et le ventre sont blancs; les flancs et les plumes
anales sont rayés transversalement de blanc et de noirâtre; la
tête et le haut du cou sont d'un brun foncé; le reste du cou,
le dos, les scapulaires et les plumes uropygiales sont noirs,
avec de longues taches blanches au centre et du roux à l'extrémité, et il y a une tache d'un roux vif entre les scapulaires

et le dos. Les pennes des ailes et leurs couvertures les plus extérieures sont brunes, et les autres couvertures rousses, avec quelques petites taches blanches sur le milieu ; la queue est piquetée de blanc sur un fond noirâtre ; le bec est noir et le tarse jaune.

Rale jaspé : *Rallus maculatus*, Vieill. ; Azara , n.° 378. Cette espèce a un peu plus de six pouces de longueur, et le bec a sept lignes. La moitié de la tête et le devant du cou sont d'un roux vif, qui blanchit sur l'estomac ; l'autre moitié de la tête , le dessus du cou, du corps et des ailes sont variés de noirâtre et de blanc sur un fond brun mêlé de roux ; les grandes couvertures des ailes sont noirâtres, et les petites couvertures inférieures d'un blanc roussâtre ; la queue est brune et le tarse rouge, ainsi que l'iris ; le bec, noir en dessus, est d'un vert jaunâtre en dessous.

§. 4. Isles asiatiques et Océanie.

Rale tiklin ; *Rallus philippensis* , Linn. et Lath. Comme le nom de *tiklin* est donné, dans les îles Philippines, à ce râle et à d'autres oiseaux de la même famille , Buffon l'a adopté sans l'accoler pour ces oiseaux à celui de râle ; mais le tiklin proprement dit est celui qu'il a fait figurer dans ses planches enluminées, n.° 774 , et qui, long de dix pouces et quelques lignes, est un peu plus fort que le râle d'eau d'Europe. Ses couleurs sont tranchées et forment une opposition agréable. Le cou est gris en devant, et par derrière il est d'un roux marron , ainsi que la tête ; l'œil est surmonté d'une ligne blanche en forme de sourcil; le manteau est d'un brun roussâtre, et l'on voit de petites gouttes blanches sur les épaules et au bord des ailes, dont les pennes offrent un mélange de noir, de marron et de blanc. Ses parties inférieures sont maillées de petites lignes transversales noires et blanches.

Latham indique comme variétés de ce tiklin, 1.° celui d'Otaïti, dont le trait sourcilier et le dos sont cendrés ; 2.° celui de *Tongata-Boo*, dont le sourcil est gris et le dessous du corps blanc; 3.° le *chaha*, décrit par Latham, d'après un dessin fait aux Indes, comme ayant le corps brun en dessus, avec des traits blancs sur le dos et les ailes ; le bas-ventre rayé de noirâtre, sur un fond d'un cendré pâle; le bec rouge, avec la pointe blanche, et les pieds verdâtres.

L'indication de ces variétés est suivie, dans Buffon, de celle de trois tiklins présentés comme espèces réelles, savoir:

1.º Le Tiklin brun, *Rallus fuscus*, Linn. et Lath., pl. enl.; n.º 773, qui n'est pas plus gros que la marouette, et dont le plumage est d'un brun sombre, uniforme, et seulement lavé sur la gorge et la poitrine d'une teinte de pourpre vineux, coupé sur la queue par un peu de noir et de blanc sur les couvertures inférieures.

2.º Le Tiklin rayé, *Rallus striatus*, Linn., de la même taille que le précédent; qui a le dessus de la tête et du cou d'un brun marron; l'estomac, la poitrine et le cou d'un gris olivâtre; la gorge d'un blanc roussâtre, et le fond du plumage d'un brun fauve traversé de lignes blanches. Latham regarde cet oiseau comme une simple variété du tiklin des Philippines.

3.º Enfin, le Tiklin a collier, *Rallus torquatus*, Linn., lequel est un peu plus gros que le râle de genêt, et a le manteau d'un brun olivâtre; les joues et la gorge de couleur de suie; un trait blanc qui passe sous l'œil et s'étend en arrière; le devant du cou, la poitrine et le ventre rayés de blanc sur un fond noirâtre; et un demi-collier large d'un doigt et d'un beau marron au-dessus de la poitrine.

Rale rougeatre: *Rallus zeylanicus*, Gmel. et Lath.; Brown, *Illustrat.*, pl. 38. Cet oiseau de Ceilan, qui est un peu plus grand que le râle d'eau d'Europe, a le bec et les pieds rouges; la tête et les pennes alaires noirâtres, et le reste du plumage d'un rougeâtre plus foncé en dessus qu'en dessous; la queue est un peu longue.

Rale rufalbin, *Rallus rufescens*, Vieill. Cette petite espèce, qui a été apportée de l'île de Java au Muséum d'histoire naturelle de Paris, a les parties supérieures d'un brun roussâtre, la gorge, la poitrine et le ventre blancs dans leur milieu, et des raies transversales noires et blanches sur les côtés; le bec, brun en dessus, est jaunâtre en dessous, et les pieds sont verdâtres.

Rale rougeatre a bec et pieds cendrés, *Rallus sandwicensis*. Cette espèce des îles Sandwich, dont la taille est plus petite et la queue plus courte, est d'une couleur ferrugineuse pâle et plus foncée sur le dessus du corps. Gmelin en indique une variété, de l'île de Tanna, dont le bec et les pieds sont jaunâtres.

RALE BRUN RAYÉ DE NOIR; *Rallus obscurus*, Gmel. et Lath. Cet oiseau des iles Sandwich est long de six pouces. Son plumage, d'un brun fauve, est traversé de lignes noires en dessus; les parties inférieures sont d'un brun ferrugineux; les pieds sont d'un rouge brun, et le bec, noir au centre, est jaunâtre sur les bords.

RALE CENDRÉ A QUEUE NOIRE; *Rallus taitensis*, Gmel. et Lath. Le dessous du corps de cet oiseau est cendré et le dessus d'un rouge brun; la gorge et les côtés des pennes alaires sont blancs; la queue est noire, ainsi que le bec et les ongles; les pieds sont jaunes.

RALE NOIR A PAUPIÈRES ET IRIS ROUGES; *Rallus tabuensis*, Gmel. et Lath. Cet oiseau, trouvé aux îles des Amis et de la Société, est long de six pouces et a la queue très-courte, le bec est noirâtre et les pieds sont d'un brun rougeâtre. On en connoît une variété qui a les plumes anales rayées de noir et de blanc, et dont les différences ne tiennent peut-être qu'à l'âge ou au sexe.

RALE NOIR POINTILLÉ DE BLANC; *Rallus pacificus*, Gmel. et Lath. Le fond noir du dos et du croupion de cet oiseau des îles de la mer Pacifique est parsemé de points blancs; la tête est brune, la poitrine d'un cendré bleuâtre et les parties inférieures sont blanchâtres: de petites bandes blanches traversent les ailes, qui sont noires, ainsi que la queue; le bec et l'iris sont rouges.

RALE DE LA NOUVELLE-ZÉLANDE; *Rallus australis*, Lath. et Gmel. Cet oiseau, long de quinze à seize pouces, a la tête, le cou, le dos, la poitrine et le ventre bruns et frangés de gris roussâtre; l'aile bâtarde armée d'une épine d'un pouce et demi de longueur; les pennes alaires brunes et traversées sur les bords de raies ferrugineuses; la queue, longue de près de quatre pouces, frangée de gris roux; le bec et les pieds d'un brun rougeâtre.

Un autre individu, trouvé dans la Nouvelle-Zélande et à la Nouvelle-Hollande, où il n'est pas commun, avoit le dessus du corps d'un marron foncé et le dessous cendré, les pennes des ailes et les dernières couvertures de la queue rayées de rouge-brun et de noir.

Un troisième individu, long d'environ treize pouces, et qui habite l'île Howe, avoit le bec un peu courbé et les narines cachées dans une rainure profonde. Le plumage des parties supérieures du corps étoit pareil à celui du premier; les côtés de la tête et les sourcils étoient d'un cendré pâle, et tout le dessous du corps étoit de la même couleur, mais plus foncée. Les jambes étoient couvertes de plumes jusqu'au talon.

Le premier de ces oiseaux est très-nombreux à la baie Dusky, où on lui donne le nom de poule d'eau. Il gratte la terre comme les poules et court avec beaucoup de vitesse. Il se plaît sur les bords de la mer, mais il ne va pas à l'eau, et crie lorsqu'il pleut. D'un naturel doux et timide, il se tient à la lisière des bois, et cherche un abri sous les racines des arbres, sous les broussailles et dans des trous. Il se nourrit habituellement de vers; sa chair est bonne à manger, surtout lorsqu'on enlève la peau, et la graisse est de couleur orangée.

On a pu remarquer, dans la description de ce dernier groupe, des particularités peu d'accord avec les caractères généraux des râles, tels que les jambes emplumées, l'épine de l'aile bâtarde, l'habitation près des bords de la mer; et en général les espèces indiquées sont trop nombreuses et établies sur l'observation d'un trop petit nombre d'individus, pour ne pas avoir besoin de nouvelles vérifications lorsque les circonstances s'en présenteront. (Cʜ. D.)

RALLO-MAROUET. (*Ornith.*) Voyez la description de cette espèce de râle dans la section des râles d'Europe. (Cʜ. D.)

RALLUS. (*Ornith.*) Nom du genre *Râle* en latin moderne et de nomenclature. (Cʜ. D.)

RAM. (*Mamm.*) Nom anglois et hollandois du belier. (Dᴇsᴍ.)

RAMACCIAM. (*Bot.*) Selon Burmann, une variété de schénante, *andropogon schœnanthus*, est ainsi nommée sur la côte malabare. C'est la même que le *seree* de l'île de Java. (J.)

RAMAGE. (*Ornith.*) Chant naturel des oiseaux. (Cʜ. D.)

RAMAHÆNDYA. (*Bot.*) Un des noms de l'*utricularia cœrulea* dans l'île de Ceilan, suivant Linnæus. (J.)

RAMAK. (*Ichthyol.*) Nom spécifique d'un Sᴘᴀʀᴇ. Voyez ce mot. (H. C.)

RAMALINA. (*Bot.*) Genre de la famille des lichens, établi par Acharius, pour y placer les *lichen farinaceus*, Linn.. *fraxineus*, Linn., et plusieurs autres espèces analogues, qu'il avoit considérées d'abord comme des *physcia*, puis comme des *parmelia*. Le *ramalina* rentre dans le genre Physcia (voyez ce mot) de M. De Candolle. Meyer le réunit à son *parmelia*, qui n'est pas exactement celui d'Acharius, puisque Meyer l'augmente 1.° des genres *Borrera*, *Evernia*, *Cornicularia*, *Cetraria*, *Roccella*, *Alectoria* et *Usnea*, Ach.; 2.° des *Hagenia*, Eschw.; *Echinoplaca*, Fée, et de diverses espèces des genres *Dufourea*, *Collema*, *Urceolaria*, *Sagedia*, *Gyalectea*, *Variolaria*, *Lecidea*, *Thelotrema*, *Isidium*, d'Acharius, et *Biatora* de Fries.

Link et Fries, ainsi que plusieurs autres botanistes de mérite, admettent le *Ramalina*. Acharius le caractérise ainsi: Expansions ou thallus cartilagineux; réceptacle universel, un peu solide, d'une consistance d'étoupe à l'intérieur, rameux, lacinié, assez semblable à de petits arbrisseaux, le plus souvent garnis de sporidies ou tubercules farineux. Conceptacles ou réceptacles particuliers, scutelliformes, un peu épais, plans, marginés, portés sur des pédicelles très-courts, entièrement recouverts par la substance corticale du thallus, et de même couleur. Les trois principales espèces de ce genre, les *ramalina farinacea*, *fraxinea* et *fastigiata*, sont décrites à l'article Physcia, n.°⁵ 3 et 4. Ce genre ne contient qu'une quinzaine d'espèces, dont plusieurs sont exotiques. (Lem.)

RAMARIA. (*Bot.*) Holmskiold avoit fait, sous ce nom, un genre distinct des espèces de *clavaria* charnues et rameuses. Ce genre n'a pas été adopté; mais les cryptogamistes en ont fait une division dans le genre *Clavaria*. On le limite, comme Fries, aux seules espèces rameuses dont les rameaux grêles partent d'un tronc plus mince, droit, garni de fibrilles à sa base. (Voyez Clavaire.)

On doit faire remarquer que Holmskiold rapporte au *Ramaria* l'*agaricus lepideus*, Pers., l'*isaria truncata*, Pers., et le *thelephora palmata*, Pers. (Lem.)

RAMART. (*Ichthyol.*) L'un des noms triviaux de la chimère arctique. (Desm.)

RAMASSÉES [Étamines]. (*Bot.*) Les étamines en petit nombre et qui se touchent simplement par les côtés, sont dites rapprochées; exemple : bourrache. Celles qui sont serrées en grand nombre les unes contre les autres, sont dites ramassées; exemples : *annona*, *magnolia*, *liriodendrum*, etc. (Mass.)

RAMATUEL, *Ramatuella*. (*Bot.*) Genre imparfaitement connu, que M. Kunth rapporte à la famille des *combrétacées*, Rob. Brown, et que, d'après son fruit, il caractérise par un fruit à cinq angles, coriace, presque ligneux, à une seule loge monosperme, indéhiscente; les angles ailés à leur partie supérieure, rétrécis et en bec à leur sommet; une semence pendante ? ovale, presque conique; l'embryon dépourvu de périsperme; les cotylédons foliacés; la radicule supérieure.

R̄amatuel argenté; *Ramatuela argentea*, Kunth *in* Humb. et Bonpl., *Nov. gen.*, 7, p. 254, tab. 656. Arbrisseau dont les rameaux sont glabres, cylindriques, presque ternés, d'un brun cendré, feuillés au sommet; les bourgeons terminaux courts, ovales, imbriqués et soyeux. Les feuilles sont pétiolées, rapprochées en verticilles au nombre de trois ou quatre au sommet des rameaux, ovales, oblongues, arrondies au sommet, quelquefois échancrées, glabres et luisantes en dessus, un peu pubescentes et soyeuses en dessous; point de stipules. Les fleurs ne sont point connues. Les pédoncules sont courts, épais, chargés au sommet d'environ dix fruits réunis en tête, sessiles, séparés par de petites bractées linéaires, pubescentes en dehors; ces fruits sont soyeux, tomenteux, bruns ou argentés, longs de six lignes, la plupart stériles et pleins en dedans. Cette plante croît sur les bords du fleuve Atabapi, dans l'Amérique méridionale. (Poir.)

RAMBERGE. (*Bot.*) La mercuriale annuelle porte ce nom dans quelques cantons. (L. D.)

RAMBOOTAN. (*Bot.*) Voyez Ramboutan. (J.)

RAMBOUR. (*Bot.*) C'est une variété de pomme. (L. D.)

RAMBOUTAN. (*Bot.*) A Madagascar on nomme ainsi le *nephelium lappaceum* de Linnæus fils, maintenant réuni à l'*euphoria* dans la famille des sapindées. C'est probablement aussi le *rambootan*, observé à Sumatra par Marsden, qui dit son fruit rouge, couvert de petites pointes souples, très-acide, mais agréable. (J.)

RAMBOUTAN-AKE DE JAVA. (*Bot.*) C'est une espéce

de litchi, *euphoria*, qui, selon Loureiro, est son *dimocarpus crinita* et le *rampostan* de Bontius. (LEM.)

RAMBUTU. (*Bot.*) Nom donné dans l'île de Ternate au rocouyer, *bixa*, suivant Rumph. (J.)

RAME. (*Bot.*) Nom du *lycopodium ornithopodioides* à Java, selon Burmann. (J.)

RAMÉAL. (*Bot.*) Naissant sur les rameaux. (MASS.)

RAMEAU D'OR. (*Bot.*) Nom d'une variété de la giroflée de muraille cultivée dans les jardins. (L. D.)

RAMEAUX. (*Bot.*) Les branches sont les ramifications primaires de la tige; les rameaux, les ramifications secondaires, et les ramilles, les ramifications tertiaires. Les expressions de branches et de rameaux ne sont rigoureuses que lorsqu'il s'agit des arbres. Dans les arbrisseaux, les arbustes et les herbes, on se sert indifféremment de l'un et de l'autre mot pour désigner les premières divisions des tiges. Voyez BRANCHES. (MASS.)

RAMECH. (*Bot.*) Daléchamps cite ce nom arabe pour la truffe, *tuber*. (J.)

RAMÉENNES. (*Bot.*) Provenant de rameaux métamorphosés; exemples : feuilles du *ruscus aculeatus*, épines du *prunus spinosa*. (MASS.)

RAMEREAU. (*Ornith.*) Jeune ramier. (CH. D.)

RAMERON. (*Ornith.*) Cette espèce de colombe du cap de Bonne-Espérance, où, suivant Levaillant, elle est connue sous le nom de *olyf-duif*, c'est-à-dire pigeon de l'olivier, est le *columba arquatrix* de M. Temminck, auquel l'aigle blanchard fait une guerre cruelle. (CH. D.)

RAMES. (*Ornith.*) Voyez RÉMIGES. (CH. D.)

RAMET. (*Bot.*) Nom arabe du ciste, selon Daléchamps. (J.)

RAMEUM. (*Bot.*) Rumph désigne sous ce nom l'*urtica nivea* de Linnæus, et Burmann l'attribue à l'*urtica œstuans*. (J.)

RAMEUR. (*Ichthyol.*) Le zée, *zeus gallus*, a reçu ce nom vulgaire. (DESM.)

RAMEURS. (*Fauconnerie.*) Les oiseaux de proie ont été divisés par Huber, dans ses observations sur leur vol, en *rameurs* et *voiliers*. Les premiers sont les oiseaux de haute volerie, tels que le gerfaut, le sacre, le faucon, le hobereau, l'émerillon, la cresserelle. Les seconds, ou les oiseaux de basse volerie, sont l'autour, l'épervier. Les ailes des rameurs présentent une forme découpée, propre à frapper l'air avec force pour en vaincre la résistance. Ces oiseaux sont destinés à poursuivre, atteindre, saisir ou abattre, à quelque hauteur que ce soit, les oiseaux qui traversent les airs; tandis que les voiliers ne font leur proie que des oiseaux qui volent près de terre et en droite ligne, ou qui se réfugient dans le fourré. Les uns et les autres se précipitent sur certains quadrupèdes bien en vue sur un sol uni.

Les serres des rameurs ont assez de force pour retenir les plus grands oiseaux, mais non pour tuer la proie par compression. C'est dans le bec que réside le moyen de tuer promptement une proie trop forte pour être long-temps contenue vivante. La dentelure du bec assujettit les vertèbres et sa force les brise. Une sorte d'instinct leur fait attaquer à l'instant la place fatale, qui, chez les volatiles, est au creux de l'occiput, et chez les mammifères entre l'épaule et les côtes. Les voiliers, après avoir saisi leur proie, la compriment jusqu'à la mort. Le bec n'est pas leur organe meurtrier : il déchire les peaux et les chairs, et ne casse les os qu'après les avoir découverts. Dans le fourré le plus épais, ces oiseaux saisissent leur proie avec une adresse étonnante. (Ch. **D.**)

RAMEUX. (*Bot.*) Divisé et subdivisé; exemples : racines et tiges de la plupart des arbres et arbrisseaux; hampe de l'*alisma plantago*; épines des *gleditsia*; poils du *lavandula spica*; spadix du dattier; grappe du sicomore; androphore du ricin; raphe de l'*amygdalus*. (Mass.)

RAMFIER ou RANGIER. (*Mamm.*) Anciens mots françois, qui servoient autrefois pour désigner le renne, espèce du genre Cerf. (Desm.)

RAMIA. (*Ornith.*) C'est le nom du ramier dans divers cantons du département des Deux-Sèvres. (Ch. D.)

RAMICH. (*Bot.*) Prosper Alpin, qui décrit, dans ses Plantes d'Égypte, le palmier Dachel, *elais*, des botanistes, dit que ses rameaux, auxquels pendent les fruits, sont nommés *samarrich*; le fruit sorti de sa spathe est nommé *talla*; le fruit plus avancé *ramich*, et le fruit parfaitement mûr *bellar*. Ce même fruit, desséché, est le *tanar*; lorsqu'il est passé et tourné à la putréfaction, il prend le nom de *rotuob*, et les feuilles de l'arbre sont nommées *zaaf*. (J.)

RAMIER. (*Ornith.*) Ce pigeon sauvage d'Europe est le *columba palumbus*, Linn. On trouvera à la fin de l'article Pigeon la liste des espèces d'oiseaux de ce genre qui ont aussi reçu cette dénomination de *Ramiers*, accompagnée d'épithètes diverses. (Ch. D.)

RAMIFICATION. (*Bot.*) Ensemble des branches et des rameaux. Elle porte le nom de cime, lorsque le tronc de l'arbre est nu et simple. Elle est en corymbe dans le pin pignon; pyramidale dans le sapin; fastigiée dans le peuplier d'Italie; pendante dans le saule pleureur, etc. Le port ou l'*habitus* des végétaux, c'est-à-dire l'aspect qu'ils offrent à la première vue, dépend beaucoup de leur ramification. (Mass.)

RAMIPARES. (*Polyp.*) Bonnet a proposé ce nom pour un certain nombre de zoophytes, à cause de la faculté qu'ils ont de se propager par scissures, par boutures ou rameaux. (De B.)

RAMIRET. (*Ornith.*) Ce pigeon ramier de Cayenne est le *columba speciosa*, Gmel. (Ch. D.)

RAMISOL et RAMISOLI des Portugais. (*Bot.*) C'est la plante décrite au mot Basal. (Lem.)

RAMMLER ou HASE. (*Mamm.*) Ces noms allemands désignent le lièvre mâle, qu'en françois nous nommons bouquin. (Desm.)

RAMOLACCIO. (*Bot.*) Voyez Raviers. (Lem.)

RAMON. (*Bot.*) Nom vulgaire dans les Antilles, suivant Plumier, de son bucéphalon, que Linnæus a reporté au *trophis aspera*, genre de la famille des urticées. (J.)

RAMONDIA. (*Bot.*) Ce genre de la famille des fougères, établi par M. Mirbel sur des espèces d'*ophioglossum*, Linn., est le même que celui nommé *Hydroglossum* par Willdenow.

Le nom de *Ramondia* étant plus anciennement celui d'un autre genre de plantes, adopté par les botanistes, nous avons cru devoir suivre Willdenow, et nous avons conservé son Hydroglossum. Voyez ce mot. (Lem.)

RAMONDIE; *Ramondia*, Richard. (*Bot.*) Genre de plantes dicotylédones monopétales, de la famille des *solanées*, Juss., et de la *pentandrie monogynie*, Linn., dont les principaux caractères sont d'avoir : Un calice à cinq divisions profondes, oblongues; une corolle monopétale, en roue, à cinq lobes presque réguliers; cinq étamines à filamens glabres, portant des anthères qui s'ouvrent par deux fentes longitudinales, réunies à leur sommet; un ovaire supère; une capsule oblongue, à deux valves roulées en dedans par leurs bords et chargées, sur toute leur surface, de graines oblongues, hérissées de papilles. On ne connoît qu'une seule espèce de ce genre.

RAMONDIE DES PYRÉNÉES : *Ramondia pyrenaica*, Dec., Fl. fr.: 3, p. 606 ; *Verbascum myconi*, Linn., *Sp.*, 255 ; *Myconia borraginea*, Lapeyr., *Fl. pyr.*, 115 ; *Chaixia myconi*, Lapeyr., Suppl.. 57, 59. Sa racine est une souche presque ligneuse, d'où partent de nombreuses fibres brunâtres; elle produit de son collet une rosette de feuilles ovales, crénelées, pétiolées, velues en dessus, toutes couvertes en dessous de poils lanugineux, roussâtres. Du milieu de ces feuilles s'élèvent une ou plusieurs hampes nues, pubescentes, hautes de trois à quatre pouces, et terminées par une à quatre et même cinq fleurs d'un pourpre violet, assez grandes. Cette plante croît dans les Pyrénées et dans les Alpes du Piémont. (L. D.)

RAMONTCHI, *Flacurtia*. (*Bot.*) Genre de plantes dicotylédones, à fleurs incomplètes, de la famille des *tiliacées*, de la *dioécie polyandrie* de Linnæus, offrant pour caractère essentiel : Des fleurs dioïques, quelquefois polygames ou hermaphrodites. Le calice est à quatre ou cinq divisions régulières; point de corolle; des étamines libres, nombreuses, hypogynes, nulles dans les fleurs femelles; huit à quinze glandes hypogynes, placées autour des étamines; un ovaire supérieur; point de style; un stigmate partagé en rayons divergens. Le fruit est une baie charnue, globuleuse, renfermant plusieurs osselets monospermes.

RAMONTCHI DE MADAGASCAR : *Flacurtia ramontchi*, Juss., *Gen.*; l'Hérit., *Stirp.*, tab. 30 ; Lamk., *Ill. gen.*, tab. 826 ; Commers., *Mss.* et *Icon.* Arbrisseau de huit à dix pieds, en forme de buisson; la tige se divise en rameaux alternes, diffus, tuberculés, de couleur cendrée; les tubercules se prolongent souvent en épines aiguës, subulées, solitaires ou géminées, plus longues que les pétioles. Les feuilles sont alternes, ovales, un peu aiguës, crénelées à leur contour, d'un beau vert, longues d'un pouce et demi; les pétioles très-courts, rougeâtres, pubescens. Les fleurs sont disposées en petites grappes terminales, peu garnies; il n'y a que deux ou trois fleurs mâles; les femelles en ont six , portées sur des pédicelles courts et jaunâtres. Les fruits ressemblent à une petite prune verte en naissant, puis d'un beau rouge, enfin , d'un violet obscur à l'époque de la maturité.

Cette plante croît à l'île de Madagascar; les habitans en mangent les fruits : il est doux au goût, mais il laisse , après l'avoir mangé, une légère âcreté dans la bouche. Ses amandes sont un peu amères et ont quelque chose de la saveur des noyaux de prune. L'écorce, le bois, la feuille, la forme du fruit de cet arbrisseau ont une telle ressemblance avec notre prunier, que les marins lui en donnent le nom, et qu'ils ont appelé l'île où ils croissent, l'*île aux prunes;* elle en est toute couverte : elle est située sur la côte de Madagascar, à dix lieues au sud de Foulpointe.

RAMONTCHI FLEXUEUX; *Flacurtia flexuosa*, Kunth *in* Humb. et Bonpl., *Nov. gen.*, 7, pag. 239. Arbrisseau d'environ six pieds, chargé de rameaux épineux , blanchâtres, un peu velus dans leur jeunesse et flexueux; les épines sont solitaires, presque en stipules, pubescentes et subulées; les feuilles alternes, un peu pétiolées, ovales, oblongues, obtuses, arrondies à leur base, glabres, membraneuses, luisantes en dessus, longues au moins d'un pouce et demi, à grosses dentelures. Les fleurs mâles sont petites, pédonculées, blanchâtres, réunies quatre à huit par paquets axillaires, accompagnées de bractées imbriquées, ovales, concaves, ciliées, de couleur brune ; le calice à quatre divisions ovales, oblongues, aiguës et ciliées. Cette plante croît au Mexique, sur la pente des montagnes.

RAMONTCHI A FEUILLES DE PRUNIER; *Flacurtia prunifolia*, Kunth, *loc. cit.*, tab. 654. Arbre de dix-huit à vingt pieds, très-rameux, hérissé d'épines, garni de feuilles alternes, pétiolées, elliptiques , obtuses, quelquefois échancrées, aiguës à leur base, glabres, coriaces, vertes en dessus, à crénelures munies en dessous d'une petite glande, longues de trois pouces et plus, larges de deux; les pétioles très-courts, un peu pubescens, articulés à leur base. Les fleurs sont disposées en petites grappes axillaires, solitaires, géminées ou ternées, courtes, sessiles, les unes mâles, les autres polygames, une hermaphrodite; ces fleurs sont petites, blanchâtres, pédicel- lées, accompagnées de bractées ovales, concaves, aiguës, hé- rissées, de couleur brune. Le fruit est une baie sphérique, rougeâtre. Cette plante croît à la Nouvelle-Grenade. (Poir.)

RAMPAN. (*Bot.*) Nom languedocien du laurier royal, *laurus nobilis*, cité par Gouan. (J.)

RAMPANT. (*Bot.*) La racine est rampante lorsque, courant entre deux terres, elle jette çà et là des ramifications radi- cales et des tiges; exemple : *antirrhinum repens*, etc. La tige est rampante, lorsqu'elle est étendue sur le sol et s'y enracine; exemples : *potentilla reptans*, *trifolium repens*, etc. (Mass.)

RAMPECOU. (*Ornith.*) Un des noms vulgairement donnés au grimpereau d'Europe, *certhia familiaris*, Linn. (Ch. D.)

RAMPEUR ou REMPEUR. (*Ichthyol.*) Les voyageurs ont donné ce nom à un poisson du cap de Bonne-Espérance, assez semblable à la *Raie*, qu'ils ont appelée *Roch*. Long d'en- viron un pied, il a neuf pouces de largeur; sa peau est unie et d'un brun obscur, tacheté de blanc. Quoiqu'il soit com- mun, les colons, suivant Kolbe, ne le mangent point.

Il est difficile de classer cet animal avec certitude. (H. C.)

RAMPHASTOS. (*Ornith.*) Cette dénomination, donnée par Jonston aux premiers toucans apportés en Europe, a été adoptée par les autres ornithologistes. (Ch. D.)

RAMPHE, *Ramphus*. (*Entom.*) Nom donné par M. Clairville dans son Entomologie helvétique, à un petit genre d'insectes coléoptères tétramérés, de la famille des rhinocères ou rostri- cornes; caractérisé par la forme des antennes en masse, à se- cond article plus long, insérées au-dessus et entre les yeux, et non sur le bec.

On n'a encore rapporté que peu d'espèces à ce genre, dont nous avons fait graver celle décrite par M. Clairville, sur la planche 29, n.° 9, de l'atlas de ce Dictionnaire : c'est le ram- phe flavicorne, *ramphus flavicornis*. Il est noir, très-petit, de forme ovée; les antennes seules sont jaunes. On le trouve sur le prunier sauvage et sur le saule. Ses yeux se touchent sur le vertex; le bec est couché sous le ventre; les pattes posté- rieures servent au saut.

Le nom de ramphe est tiré du grec ραμφος qui signifie *bec*. Schœnherr écrit ce mot par *rh*. (C. D.)

RAMPHIUS. (*Ornith.*) Ce nom est cité par Gesner et Aldrovande comme désignant le pélican. (Cʜ. **D.**)

RAMPHOCARPUS. (*Bot.*) Necker distingue sous ce nom les espèces de *geranium* à feuilles composées, de celles qui ont les feuilles simples. (J.)

RAMPHOCÈLE, *Ramphocelus.* (*Ornith.*) M. Desmarest a, dans son Histoire des tangaras, donné ce nom, comme générique, à deux espèces de l'ancien genre *Tanagra ;* savoir, les tangaras bec d'argent et scarlatte, *tanagra jacapa* et *tanagra brasilia*, Gmel. M. Vieillot a, dans la première édition de son Ornithologie élémentaire, appliqué le nom de *ramphopis* au *jacapa ;* mais il a depuis adopté celui de *ramphocelus*, dont les principaux caractères consistent dans un bec robuste, incliné et échancré à la pointe de sa partie supérieure, et dont l'inférieure a les côtés dilatés transversalement et prolongés jusqu'au dessous des yeux. Voyez Jᴀᴄᴀᴘᴀ. (Cʜ. **D.**)

RAMPHOCÈNE. (*Ornith.*) M. Vieillot ayant trouvé, au Muséum d'histoire naturelle de Paris, un oiseau de l'ordre des sylvains, famille des myiothères, non encore décrit, et étiqueté *ramphocœnus*, en a formé, sous ce nom, un genre auquel il a donné pour caractères : Un bec très-long, déprimé depuis son origine jusqu'au milieu, ensuite étroit et très-grêle, dont la mandibule supérieure, à dos arrondi, est crochue et un peu échancrée à sa pointe, et l'inférieure très-aiguë ; le capistrum aplati ; les narines larges, oblongues, couvertes d'une membrane ; les doigts extérieurs réunis jusqu'à la première phalange ; la première rémige la plus courte, et les cinquième et sixième les plus longues.

La seule espèce de ce genre, le Rᴀᴍᴘʜᴏᴄᴇ̀ɴᴇ ᴀ ǫᴜᴇᴜᴇ ɴᴏɪʀᴇ, *Ramphocœnus melanurus*, Vieill., a la tête, le bord externe des pennes alaires et tout le dessus du corps roux ; les parties inférieures couvertes de plumes d'un blanc roussâtre à leur centre et rousses sur les bords, la première penne caudale avec son bord extérieur blanc et le reste de la queue noir. Le bec, blanchâtre en dessous, est brun en dessus, ainsi que les pieds.

Ce petit oiseau du Brésil cherche, dans les buissons, les insectes qui constituent sa principale nourriture. (Cʜ. **D.**)

RAMPHOCOPE. (*Ornith.*) M. Duméril, dans sa Zoologie

analytique, désigne par ce nom, synonyme de cultrirostre, des oiseaux à bec long, droit, conique, fort et tranchant, et il classe dans cette famille le bec-ouvert, le héron, la cigogne, la grue, le jabiru, le tantale. (Cʜ. D.)

RAMPHOLITE. (*Ornith.*) Nom tiré du grec, et donné comme synonyme de ténuirostre dans la Zoologie analytique de M. Duméril, pour désigner les oiseaux à bec mou, grêle, obtus, cylindrique ou arrondi, comme ceux de l'avocette, du courlis, de la bécasse, du vanneau, du pluvier. (Cʜ. D.)

RAMPHOPLATE. (*Ornith.*) Ce nom, qui exprime en grec la même chose que latirostre, désigne, dans la Zoologie analytique de M. Duméril, les oiseaux qui, comme, le phénicoptère, la spatule et le savacou, ont le bec mousse, obtus, déprimé et très-large. (Cʜ. D.)

RAMPHOSTÈNE. (*Ornith.*) Ce nom, synonyme de pressirostre, et qui est tiré de deux mots grecs signifiant bec étroit, est employé par M. Duméril, dans sa Zoologie analytique, pour désigner le jacana, le râle, l'huîtrier, la poule d'eau ou gallinule, et la foulque, dont le bec est pointu, étroit, comprimé, surtout vers la pointe, et plus haut que large. (Cʜ. D.)

RAMPHUS. (*Entom.*) Voyez Rᴀᴍᴘʜᴇ. (Dᴇsᴍ.)

RAMPICHET. (*Ornith.*) Ce nom et ceux de *rampiet*, *rampighin*, désignent en Piémont le grimpereau d'Europe, *certhia familiaris*, Linn. (Cʜ. D.)

RAMPICHINO. (*Ornith.*) Nom italien et vulgaire du grimpereau commun, *certhia familiaris*, Linn. (Cʜ. D.)

RAMPON. (*Bot.*) Nom synonyme de la raiponce, cité par M. De Candolle dans la Flore françoise. (J.)

RAMPOSTAN. (*Bot.*) Voyez Rᴀᴍʙᴏᴜᴛᴀɴ - ᴀᴋᴇ. (Lᴇᴍ.)

RAMPOUCHOU. (*Bot.*) Nom provençal de la raiponce, *campanula rapunculus*, suivant Garidel. (J.)

RAMPRARIA. (*Bot.*) Adanson cite ce nom ancien, attribué à Dioscoride, comme synonyme de l'*echinops*. (J.)

RAMSAIA. (*Bot.*) Andanson avoit ainsi nommé un genre qui a conservé le nom de *bavera*, que lui a imposé ensuite Andrews. (Lᴇᴍ.)

RAMSPEKIA. (*Bot.*) Scopoli a voulu substituer ce nom à celui de *posoqueria*, un des genres d'Aublet, dans la famille des rubiacées. Il a été aussi nommé *cyrotanthus* par Schreber, et *solena* par Willdenow. (J.)

RAMULARIA. (*Bot.*) Roussel (Fl. du Calv.) fait, sous ce nom, un genre distinct des *ulva lactuca* , *reticulata* et *ramosa*, Huds. Ce genre n'a pas été adopté. (LEM.)

RAMURES. (*Mamm.*) On donne ce nom au *bois* des cerfs qu'on appelle aussi leur *tète*. (DESM.)

RAN. (*Bot.*) Nom japonois d'un angrec, *epidendrum ensatum* de Thunberg, qui l'a décrit et figuré t. 1. (J.)

RANA. (*Bot.*) On trouve, dans l'*Hort. Malab.* de Rhéede, plusieurs noms brames de plantes commençant par ces deux syllabes et suivis d'autres, qui servent à distinguer ces végétaux très-différens entre eux. Le *rana balou* est le *crateva religiosa* de Vahl ; le *rana dadirmari* paroît être un *justicia* ; le *rana derpu* est le *cyprus ligularis* ; le *rana diecq* est le *vitis indica* ; le *rana gondu* est le *barleria buxifolia* ; le *rana nimba* est le *limonia monophylla* de Linnæus, maintenant *atalantia*, genre distinct. Un autre *rana nimba* a de l'affinité avec l'*alangium*, genre de myrtées. Le *rana mandara* est le *capparis baducca* ; le *rana quari* est le *canna indica* ; le *rana sanvali* est un dolichos ; le *rana tolassi* est l'*ocimum gratissimum* , suivant Burmann ; le *rana vali* est un royoc, *morinda* ; le *rana valu* est le *dolichos rotundifolius* de Vahl ; le *rana veke* est le *calamus rotang* ; le *rana radou* est le *ficus religiosa* de Willdenow , *ficus venosa* d'Aiton. (J.)

RANA. (*Erpét.*) Nom latin de la GRENOUILLE. Voyez ce mot. (H. C.)

RANA-KERI. (*Bot.*) Nom brame du balisier sur la côte malabare. (LEM.)

RANA PISCATRIX. (*Ichthyol.*) Quelques anciens auteurs ont désigné sous ce nom la baudroie. (DESM.)

RANA-VALLI. (*Bot.*) Nom brame d'une espèce de *dolichos*. C'est une légumineuse, voisine du *dolichos rotundifolius*, Vahl. (LEM.)

RANAN. (*Ornith.*) Nom arabe du rossignol, *motacilla luscinia*. Linn. (CH. D.)

RANATRE, *Ranatra.* (*Entom.*) Genre d'insectes hémiptères, de la famille des hydrocorées ou rémitarses, c'est-à-dire à élytres croisés, à demi opaques ; à bec court, paroissant naître du front; à antennes en soie, à peine de la longueur de la tête, et surtout à pattes moyennes et postérieures, propres à ramer ou à faire l'office de rames.

Le genre Ranatre est en particulier caractérisé par l'alongement extrême du corps, qui est presque linéaire ; par les pattes antérieures courbées en crochet et servant de pinces, et par les filets alongés qui terminent leur abdomen et qui servent de tuyaux pour la respiration et pour la ponte.

Nous avons fait représenter sur la planche 37 de l'atlas de ce Dictionnaire, et sous le n.° 1 *bis*, une espèce de ce genre ; on pourra la comparer, à l'aide de l'analyse, avec les espèces des quatre autres genres de la même famille : les *Sigares*, les *Naucores*, les *Notonectes*, n'ayant pas l'abdomen terminé par des filets, et les *Nèpes*, ayant leur bec arqué en dessous, tandis que dans les *Ranatres* il est avancé et porté en avant.

Les espèces, peu nombreuses de ce genre, avoient été placées par Linnæus et par Geoffroy dans le genre *Nepa*. Fabricius les en a séparé avec raison, mais nous ignorons d'où il a emprunté le nom de *ranatra*, dont l'étymologie nous est inconnue.

On trouve ces insectes au fond des eaux lentes dans leur cours et vaseuses : ils y marchent lourdement et ils nagent rarement ; cependant, quand ils ont subi leurs métamorphoses, on les voit sortir de l'eau vers le soir. Alors on est étonné de distinguer des couleurs assez vives, d'un rouge glauque sur leur abdomen ; car les élytres sont ternes et le plus souvent salis et couverts de la vase qui s'y est fixée. Leurs pattes antérieures sont très-distantes des moyennes, terminées par un tarse aigu qui fait le crochet et qui sert de pince pour saisir les hydrachnes, les larves de tipules, d'éphémères et des autres insectes aquatiques qui servent de nourriture aux ranatres. La jambe est un peu courbée en dehors, et sur la convexité intérieure on remarque une petite épine correspondante au point où le crochet s'avance.

Il paroît que les femelles déposent, comme celles des nèpes, leurs œufs dans les tiges des massettes, des carex et autres graminées ou joncs aquatiques, mais dans la portion de la tige tendre qui est submergée. Ces œufs sont terminés par deux filamens analogues à ceux qui remplacent l'aigrette dans les graines des plantes synanthérées, en particulier dans celles du genre *Bidens.* Geoffroy les a fait figurer tom. 1, pl. 10, n.º 1, *b, c, d,* avec la larve qui en provient.

L'espèce la mieux connue est celle dont nous avons fait représenter la nymphe dans l'atlas de ce Dictionnaire, pl. 37, n.º 1 *bis ;* c'est

La Ranatre linéaire : *Ranatra linearis ;* le *Scorpion aquatique à corps alongé,* de Geoff., tom. 1, pl. X, 1.

Car. Long de près de deux pouces, la queue comprise, sur une ligne au plus de large.

Les deux autres espèces observées et indiquées par Fabricius ont été rapportées de Tranquebar. (C. D.)

RANCANCA. (*Ornith.*) L'incertitude dans laquelle on étoit à l'époque de la publication du tome 1.ᵉʳ de ce Dictionnaire, et qui a motivé le renvoi par lequel est terminée la page 367 de ce volume, n'est pas encore levée, quoique l'oiseau dont il s'agit existe à la Guiane, et qu'on ait dû avoir, depuis ce temps, plusieurs moyens de la faire disparoître. Elle a même, en quelque sorte, augmenté, par la diversité des places que lui ont assignées les ornithologistes, et les doutes qu'ils ont émis sur l'identité des individus décrits. Quoi qu'il en soit, Buffon, qui en a d'abord parlé, sous forme d'appendice, au tome 1.ᵉʳ, in-4.º, de son Histoire des oiseaux, p. 142, l'a fait figurer dans ses planches enluminées, n.º 417, sous la dénomination assez vague d'aigle d'Amérique. Gmelin en a fait son *falco aquilinus,* et Latham son *falco formosus.* Mauduyt a, le premier, proposé d'exclure de l'ordre des oiseaux de proie le rancanca, dont on lui avoit assuré que les baies, les fruits et même les graines formoient la nourriture. D'un autre côté, suivant le naturaliste Maugé, qui a vu cet oiseau dans l'île de la Trinité, les habitans empêchoient qu'on ne le tuât, parce qu'il dévoroit les charognes et les immondices près des habitations. Lacépède a nommé autour américain, *astur americanus,* l'individu placé dans les galeries du Muséum de Paris ; et comme sa gorge n'est recouverte que de quelques poils, il l'a aussi appelé autour à gorge nue, *falco nudicollis.* M. Cuvier l'a désigné, dans le tome 1.ᵉʳ, p. 317, de son Règne animal, sous le nom de petit aigle à gorge nue. M. Temminck, qui l'avoit d'abord nommé vautour à caleçon blanc, dans son Ca-

talogue, l'a placé depuis, dans l'Analyse de son Système d'ornithologie, qui est en tête de la seconde édition de son *Ma-*
nuel, parmi les *caracaras*, où il forme une des deux sections
des aigles de l'Amérique méridionale; et M. Vieillot, qui a
créé pour le même oiseau le genre *Ibycter*, dans l'ordre des
accipitres et la famille des vautourins, expose lui-même les
motifs qui l'empêchent de regarder cette place comme convenable. S'il y a rangé le rancanca, c'est parce qu'il lui a
trouvé quelque analogie avec les vautours dans les parties de
la tête et de la gorge dénuées de plumes, dans son jabot nu
et proéminent, et dans la conformation de son bec et de ses
ongles; mais ce n'est, suivant lui, ni un aigle, ni un cara-
cara, ni un faucon, ni un vautour, ni un vautourin, puisqu'il n'a pas le vol élevé, la vue perçante de ces oiseaux, ni
leurs mœurs ou leurs goûts; mais, d'une autre part, il ne
croit pas qu'une foible ressemblance dans la forme du bec et
des ongles, doive le faire considérer comme un gallinacé,
dont il diffère essentiellement par la position de son doigt
postérieur, et par l'habitude de se tenir constamment sur les
arbres, d'y prendre sa nourriture, et de ne point marcher
à terre.

A ces observations, déjà faites par Sonnini dans le tome 66
de son édition de Buffon, cet auteur ajoute que les rancancas, doux et paisibles, n'ont aucune inclination à la vo-
racité, ni à la rapine, et qu'il n'a trouvé, dans le grand nombre
de corps par lui ouverts, que des fruits, des semences, des
araignées, des fourmis, des sauterelles et autres insectes; qu'ils
habitent les forêts solitaires de la Guiane, où ils font entendre
une voix bruyante, dont la force redouble lorsqu'ils aper-
çoivent quelqu'un, et qu'ils volent en troupes. Ils accompagnent souvent les toucans, d'où vient que les Nègres, qui appellent ceux-ci gros-becs, les nomment *capitaines des gros-*
becs.

Les caractères génériques des rancancas sont d'avoir un bec
convexe en dessus, comprimé latéralement et garni à sa base
d'une cire glabre, dont la mandibule supérieure, à bords
droits, est crochue vers le bout, et dont l'inférieure, moins
longue et peu pointue, est échancrée à l'extrémité; des narines ovales et situées obliquement; les joues, la gorge et le

jabot dénués de plumes; les tarses courts et forts; les doigts extérieurs réunis par une membrane à leur origine; les ongles presque droits et pointus; les ailes longues.

Le rancanca mâle est à peu près de la grosseur d'une poule et a dix-sept à dix-huit pouces de longueur; la peau des orbites est jaune; les paupières sont ciliées; les côtés de la tête ne sont garnis que d'un duvet; la gorge et le devant du cou sont d'un rouge pourpré et parsemés de quelques poils; le bec, qui ressemble à celui des gallinacés, est entièrement jaune chez des individus et noir en dessus chez d'autres; le champ du plumage est de cette dernière couleur, avec des reflets foibles, à l'exception des plumes du ventre, qui sont blanches; les tarses et les doigts sont rouges, quoiqu'on leur ait donné une couleur jaune sur la planche de Buffon, où d'ailleurs l'attitude de l'oiseau n'est pas naturelle. La femelle, longue de vingt-deux à vingt-trois pouces, est d'un noir bleuâtre; le devant du cou est d'un pourpre obscur, et le ventre blanc.

Ces oiseaux nichent sur les arbres, et la femelle pond trois à cinq œufs ronds et blancs.

Selon Sonnini, le rancanca seroit de la même espèce que le chacamel, dont le nom mexicain *chachalacamell*, qui a été abrégé par Buffon, signifie oiseau criard, c'est-à-dire le *penelope vociferans*. Gmel. (CH. D.)

RANCHA. (*Mamm.*) Dans quelques cantons de la Laponie, le renne porte ce nom. (DESM.)

RANCIDITÉ. (*Chim.*) C'est le phénomène que présentent la plupart des corps gras lorsqu'ils prennent, par leur exposition à l'air à la température ordinaire, une odeur forte et une saveur âcre qu'ils n'avoient point auparavant.

Si l'on étend de la graisse de porc sur les parois d'un flacon rempli d'oxigène, et qu'on abandonne les matières à elles-mêmes pendant plusieurs années, voici ce qu'on remarquera :

L'oxigène sera absorbé. Il ne se produira pas ou que très-peu de gaz acide carbonique; la graisse semblera avoir perdu de sa fusibilité.

En soumettant la graisse à l'action de l'eau chaude, celle-ci se chargera de l'odeur et de la saveur de la graisse rance.

1. *Lavage de la graisse rance.*

Il est acide et odorant.

Soumis à la distillation, il donne un produit volatil et un résidu jaune.

a) *Produit volatil.*

Ce produit a l'odeur de la graisse rance. Il est très-acide. Lorsqu'on le soumet à la distillation, après l'avoir neutralisé par l'eau de baryte, on obtient un produit volatil, odorant, non acide, et un résidu salin, qui est formé d'un ou de deux acides volatiles, analogues aux acides phocénique, butirique, etc. Cet acide ou ces acides séparés de la baryte, se présentent à l'état d'un hydrate oléagineux. Leur odeur concourt certainement avec celle du principe aromatique non acide, à produire l'*odeur de rance.*

b) *Résidu jaune.*

Il contient de l'acide oléique et un extrait acide, jaune, amer, soluble dans l'eau et dans l'alcool.

Je présume que cet extrait contient de l'acide oléique, un principe colorant jaune et une matière incolore, soluble dans l'eau et dans l'alcool.

2. *Graisse rance lavée.*

Si on la traite par son poids d'alcool bouillant, on en sépare un résidu, qui m'a paru formé d'oléine et de stéarines non altérées. Quant à l'alcool, il dissout,

1.° Un *extrait acide jaune*, semblable au résidu de la distillation du lavage de la graisse rance.

2.° Une *matière grasse non acide;*

3.° Des *acides oléique, margarique*, et, probablement, *stéarique.*

On fait l'analyse de la graisse rance lavée par la magnésie, suivant la formule qui se trouve page 248 de mes *Recherches sur les corps gras d'origine animale.* (CH.)

RAND. (*Bot*) L'absynthe pontique, *artemisia pontica*, est ainsi nommé chez les Arabes, suivant Forskal. (J.)

RANDA-JAOU. (*Bot.*) Nom du millet dans l'île de Sumatra, suivant Marsden. (J.)

RANDALIA. (*Bot.*) Petiver nommoit ainsi *Periocaulon* de Linnæus. (J.)

RANDBRISLINGAR. (*Ornith.*) Ce nom et celui de *rand-brystingr* se donnent, en Islande et en Danemarck, à l'es-péce de tringa décrite par Brunnich sous la dénomination de *tringa ferruginea*. (Ch. D.)

RANDIA. (*Bot.*) Voyez GRATGAL. (Poir.)

RANDJES. (*Bot.*) Nom arabe de l'œillet d'Inde, *tagetes*, suivant Forskal, qui cite aussi celui de *nauphar*, donné en même temps au nénuphar. L'œillet d'Inde est aussi nommé *gatysch*, suivant M. Delile. (J.)

RANDOULETON. (*Ornith.*) On donne, dans la Provence, ce nom aux sternes ou hirondelles de mer. (Ch. D.)

RANELLE, *Ranella*. (*Conchyl.*) Genre de coquilles établi par M. de Lamarck dans la nouvelle édition de son Système des animaux sans vertèbres, tome 7, page 149, pour un cer-tain nombre d'espéces que Linné et tous les conchyliologistes rangeoient parmi les rochers ou murex, et cela avec quel-que espéce de raison; car il est plus que probable que l'ani-mal de ces coquilles ne présente aucune différence avec celui des murex, et même le seul caractère un peu tranché que l'on puisse tirer de la coquille, consiste en ce que les bour-relets successifs du bord droit se disposent de chaque côté de manière à former un long bourrelet longitudinal, qui, en élargissant la coquille à droite et à gauche, lui donne un aspect un peu déprimé. La formation de cette disposition, quoique assez difficile à concevoir, ne peut cependant être attribuée à ce que, comme le dit M. de Lamarck, l'animal à chaque nouvelle piéce qu'il ajoute à sa coquille, lorsque son accroissement l'y oblige, sort et se met à découvert d'un demi-tour tout entier, et reste ainsi stationnaire jusqu'à ce que le demi-tour soit formé. Il me semble plus dans l'ana-logie avec l'accroissement de la coquille des autres mollus-ques spirivalves, d'admettre qu'à chaque intermittence d'ac-tivité de nutrition ou peut-être mieux de génération, l'animal, qui avoit accru sa coquille, comme les autres es-péces, pendant un long intervalle, s'arrête et produit un bourrelet plus épais par le développement également in-termittent des appendices tentaculaires des lobes de son manteau. Quoi qu'il en soit, on peut dire que les ranelles sont pour ainsi dire intermédiaires aux tritons, qui sont aussi canaliculés et avec des bourrelets (mais ceux-ci ne formant pas deux cordons longitudinaux), et aux rochers, dont les bourrelets sont plus nombreux. L'ouverture est du reste également assez petite, ovale ; le bord interne est presque aussi excavé que l'externe, quelquefois recouvert par une callosité labiale, et, enfin, à la réunion des deux bords en arrière, il y a souvent un sinus bien distinct. La plupart des quatorze espèces que M. de Lamarck caractérise dans ce genre viennent des mers des pays chauds. Deux seulement sont de nos mers et sont fort petites.

La Ranelle géante : *R. gigantea*, de Lamk., Enc. méth., pl. 413, fig. 1; *Mur. reticularis?* Linn., Gmel., p. 3535, n.°37. Grande coquille de près de quatre pouces de long, fusiforme, un peu turriculée, ventrue, sillonnée et tuberculée en travers, à stries d'accroissement peu marquées, et, par conséquent réellement non treillissée ; bourrelets dentés ; canal un peu ascendant; le bord droit denté en dedans. Couleur blanche, nuancée de brun.

Des mers d'Amérique, d'après M. de Lamarck. Gmelin dit qu'elle se trouve aussi dans la Méditerranée.

La figure citée de Bonnani et l'une de Gualtieri, me paroissent bien évidemment indiquer une coquille différente de celle de l'Encyclopédie. Il est difficile de croire que le dessinateur ait pu représenter une réticulation si parfaite, si le modèle ne l'eût pas présentée.

Je ferai aussi la remarque qu'une des figures que M. de Lamarck cite de Gualtieri, offre cette particularité que les bourrelets sont épars comme dans les tritons.

La R. bouche blanche , *R. leucostoma*, de Lamk. , *loc. cit.*, n.° 2. Coquille ovale-conique , très-finement striée en travers, avec une seule série décurrente de petits tubercules sur chaque tour de spire ; canal un peu court et recourbé ; bord droit denté, très-lisse à l'intérieur ; un pli assez fort au sommet de la columelle. Couleur d'un roux-châtain, avec les bourrelets variés de noir et de blanc : l'intérieur blanc.

Des mers de la Nouvelle-Hollande.

La Ranelle turriculée : *R. caudiseta*, Chemn., *Conch.*, 10, tab. 162, fig. 1544 et 1545 ; *Murex conditus*, Linn., Gmel., page 3565, n.° 174. Coquille turriculée, avec des séries transverses ou décurrentes de tubercules granuleux, serrés, dont une plus forte au milieu des tours de spire marginés en avant de la suture ; ouverture ovale - arrondie ; canal court ; bord droit, sillonné en dedans ; columelle rugueuse. Couleur blanche, nuée de jaune.

Patrie inconnue.

La R. Argus : *R. Argus* ; *Murex Argus*, Linn., Gmel., p. 3547, n.° 78 ; *R. polyzonalis*, Enc. méthod., pl. 414, fig. 3, *a*, *b*, vulgairement l'Argus fascié. Coquille épaisse, ovale, trésventrue, très-finement striée en travers, avec des séries longitudinales de nodosités onduleuses ; bord droit, épais, crénelé intérieurement. Couleur jaunâtre, fasciée de fauve, avec les nodosités rouges, subocellées ; l'intérieur blanc.

De l'océan Indien et de celui des Moluques.

La R. grenouille : *R. crumena*, de Lamk., n.° 5 ; *Murex rana*, Linn., Gmel.. page 3531, n.° 23 ; Enc. méth., pl. 412, fig. 3, vulgairement la Bourse. Coquille ovale, aiguë, ventrue, striée en travers ; chaque strie formée de tubercules pointus, dont une série décurrente de plus gros, simple sur la spire et triple sur le dernier tour. Couleur d'un blanc roussâtre ; les plus gros tubercules tachés de brun ; l'ouverture orange, sillonnée de blanc.

Des mers de l'Inde.

La R. granuleuse : *R. granulata*, de Lamk., n.° 8 ; Enc. méth., pl. 412, fig. 4, *a*, *b*. Coquille ovale, aiguë, striée en travers ; chaque strie formée de petits tubercules serrés, nombreux, à peu près égaux, si ce n'est dans une variété où il y a un tubercule comprimé, un peu élevé sur le dos et sous le ventre du dernier tour ; bord droit, épais et denté à l'intérieur ; columelle sillonnée. Couleur d'un jaune pâle, zonée de fauve.

Océan Indien ?

La R. granifère ; *R. granifera*, de Lamk., n.° 9, Enc. méth., pl. 414, fig. 4. Coquille oblongue. ovale - conique, scabriuscule, couverte de tubercules granuleux, aigus, disposés par séries décurrentes ; bord droit denté à l'intérieur ; columelle sillonnée. Couleur jaunâtre ou roussâtre , fasciée de blanc.

Océan Indien.

La Ranelle semi-grenue ; *R. semigranosa* , de Lamk., n.° 10. Coquille ovale-conique, très-finement striée en travers, partout granuleuse, avec deux séries de granulations plus fortes sur le milieu aux tours supérieurs; le dernier nu en dessus ; bord droit noduleux en dedans ; columelle sillonnée. Couleur d'un roux brun.

Patrie inconnue.

Ces trois dernières espèces pourroient bien n'être que de simples variétés d'âge ou de localités de la R. grenouille. J'en possède en effet une autre, venant de Manille, qui a tout-à-fait la forme de la R. granuleuse, avec un rang simple décurrent d'épines ou de tubercules aigus, assez marqué, simple sur la spire et double sur le dernier tour, où ils sont aussi plus gros, un peu comme dans la R. grenouille. Cette variété est très-bien représentée dans Gualtieri, t. 49, fig. L.

La R. bituberculaire , *R. bitubercularis* , de Lamk., n.° 11, Enc. méth. , pl. 412 , fig. 6. Coquille ovale, aiguë, sillonnée et striée en travers, avec deux tubercules distincts, comprimés sur et sous chaque tour de spire ; canal ascendant. Couleur blanchâtre. Les tubercules fauve-foncés.

Patrie inconnue.

La R. grenouillette : *R. gyrinus ; Murex gyrinus* , Linn. ; Gmel., page 3531, n.° 24; *R. ranina*, Enc. méth., pl. 412 , fig. 2, *a, b.* Petite coquille ovale , aiguë, traversée par des stries granuleuses, à ouverture ronde, à canal court; le bord externe denté. Couleur blanche, avec des zones décurrentes d'un brun châtain.

De la Méditerranée, selon Linné.

La R. gladiée ; *R. anceps*, de Lamk., n.° 13. Petite coquille sublancéolée, lisse, luisante et comme à deux tranchans par la forme lamelleuse des deux bourrelets ; dix autres lames longitudinales en dessus et en dessous ; canal court et déprimé. Couleur blanche.

Patrie inconnue.

La R. pygmée ; *R. pygmœa* , de Lamk., n.° 14. Petite coquille ovale, aiguë, ventrue , treillissée par des stries décur-

rentes et de petites côtes longitudinales, nombreuses, serrées; canal court; bord droit, denticulé.

Des côtes de la Manche au Hàvre.

La RANELLE GIBBEUSE : *R. bufonia; Murex bufonius*, Linn..
Gmel., p. 3534, n.° 32; Enc. méth., pl. 412, fig. 1, *a, b*, vulgairement le CRAPAUD A GOUTTIÈRES. Coquille épaisse, ovale,
gibbeuse, chargée de grosses tubérosités noduleuses; ouverture obronde, rétrécie et prolongée en avant par un grand tube
ou canal droit, à bord extérieur très-épais, denté intérieurement, répété quatre fois dans le reste de la spire. Couleur
d'un blanc grisàtre; marquée de très-petites taches brunes.

De l'océan Indien.

La R. ÉPINEUSE : *R. spinosa*, de Lamk., n.° 6, Enc. méth.,
pl. 412, fig. 5, *a, b*, vulgairement le CRAPAUD A PATTES. Coquille ovale, déprimée, à stries transverses très-peu marquées, hérissée de tubercules pointus, rares, sur un ou sur
deux rangs, se convertissant sur les bourrelets latéraux,
peu élargis en épines longues et droites; canal un peu ascendant; bord droit denté en dedans; columelle sillonnée.
Couleur d'un gris fauve.

Des mers de l'Inde.

Je dois faire remarquer que ce genre ou cette division
des rochers, ou mieux peut-être des tritons, n'auroit pas
d'espèce sur la côte occidentale d'Afrique, à moins que de
regarder comme lui appartenant le jubik d'Adanson, p. 121,
pl. 8, et, en effet, cet auteur regarde comme synonyme de
sa coquille, la figure de Lister, que M. de Lamarck cite
pour sa R. granifère et celle de Pétiver, que le même auteur cite pour sa R. grenouille. Gmelin regarde en effet le
jubik d'Adanson, mais avec doute, comme synonyme de son
murex gyrinus, R. grenouillette de M. de Lamarck. Adanson
dit que la coquille de son jubik a deux pouces et demi de
long, qu'elle est obtuse et arrondie à l'extrémité supérieure,
que les tours supérieurs de la spire sont traversés par un seul
rang de petites bossettes égales, tandis que l'inférieur ou le
plus grand en a quelquefois trois rangs, qu'il peut être
lisse, que le bord droit est irrégulièrement ondé, ridé, mais
sans crénelures, et que la couleur générale est fauve, quelquefois entourée de deux bandes brunes ou violettes, ce qui

pourroit encore convenir à la R. grenouillette; mais il faut ajouter qu'il dit positivement que les bourrelets n'ont pas de place fixe, que quelquefois ils sont rangés bout à bout sur les deux côtés de la coquille, et quelquefois dispersés sans ordre ; ce qui feroit penser que ce n'est pas une véritable ranelle.

M. Say, dans sa Description des coquilles marines des États-Unis du Nord de l'Amérique, nous en fait connoître une nouvelle espèce, qu'il nomme la R. A QUEUE, *R. caudata*. Coquille treillissée par onze côtes robustes, traversée par des lignes filiformes, décurrentes, plus marquées sur la varice de l'ouverture; tours de spire aplatis à leur partie supérieure et promptement déclives jusqu'à la suture ; canal rétréci, plus long que la spire, droit et un peu recourbé au sommet. Couleur d'un brun pâle rougeâtre.

Cette espèce, qui paroît commune sur la côte des États-Unis, appartient-elle bien certainement à ce genre? c'est ce que je ne voudrois pas assurer. (DE. B.)

RANELLE. (*Foss.*) Quoiqu'il paroisse que les coquilles fossiles de ce genre se rencontrent dans des couches plus nouvelles que la craie, on n'en a point encore trouvé dans les couches des environs de Paris. Voici celles que l'on connoît.

RANELLE GÉANTE; *Ranella gigantea*, Lamk. On trouve dans le Plaisantin des coquilles qui paroissent être identiques avec cette espèce qu'on ne rencontre à l'état vivant que dans les mers de l'Amérique.

RANELLE MARGINÉE : *Ranella marginata*, Brong., Mém. sur les terr. du Vicent., pl. 6, fig. 7; de Bast., Mém. géol. sur les envir. de Bord., pag. 61 ; RANELLE LISSE, *Ranella lævigata*, Lamk., Anim. sans vert., tom. 7, pag. 154, n.° 15; Knorr, *Foss.*, pl. 46, fig. 8 et 9; Parkinson, *Org. rem.*, t. 3, pl. 5, fig. 17 et 19; *Buccinum marginatum*, Brocc., *Conch. foss. sub-app.*, pag. 332, pl. 4, fig. 17 (*testa junior*); *Buccinum marginatum*, Linn., Gmel., pag. 3486. Coquille bossue, portant des stries rares et transverses, munies de varices de chaque côté, à ouverture dentée des deux côtés : longueur, dix-sept à dix-huit lignes. On trouve cette espèce dans le Piémont, le Plaisantin, au Val d'Andone, à Bologne, dans le terrain meuble de Banyul-des-Apres, aux environs de Pise, de Volterra, de

Parlacio, de San-Casciano ai Bagni, à Sogliano près Césène (Brocc.); à Léognan et à Mérignac près de Bordeaux (de Bast.).

Il paroît que dans sa jeunesse cette coquille porte des stries granulées et une rangée de tubercules à la partie supérieure de chaque tour; sa base et sa spire ne sont point tronquées et la partie supérieure de l'ouverture n'est point canaliculée. L'on pourroit croire que dans cet état elle constitueroit une espèce particulière, s'il n'étoit prouvé par une suite d'échantillons qu'il y a identité d'espèce des deux coquilles, si différentes dans les différens âges.

Ranelle leucostome : *Ranella leucostoma*, de Bast., *loc. cit.*, pl. 4, fig. 6 ; Ranelle bouche-blanche, Lamk., *loc. cit.* M. de Basterot a vu une telle identité entre les coquilles de cette espèce qu'il a rencontrées aux environs de Bordeaux, et qu'il annonce qu'on trouve aussi dans le Plaisantin, et celle qui a été décrite par M. de Lamarck, que c'est d'après un individu à l'état frais venant des mers de la Nouvelle-Hollande, qu'il a fait figurer celle qui se trouve dans son ouvrage. Nous possédons une de ces coquilles trouvées aux environs de Bordeaux, qui diffère cependant de celle qui est figurée, en ce que la columelle est couverte de rugosités et que la partie supérieure de l'ouverture est canaliculée. (D. F.)

RANF. (*Bot.*) Nom arabe du *poinciana elata* de Forskal. (J.)

RANGIER ou RANGLIER. (*Mamm.*) Anciens noms françois du renne. (Desm.)

RANGIFER. (*Mamm.*) Nom du renne en latin moderne. (Desm.)

RANICEPS, *Raniceps*. (*Ichthyol.*) M. Cuvier a donné ce nom à un genre de sa famille des gades, parmi les poissons malacoptérygiens subbrachiens, et qui rentre dans celle des auchénoptères de M. Duméril, parmi les holobranches jugulaires.

Ce genre est reconnoissable aux caractères suivans :

Catopes attachés sous la gorge et aiguisés en pointe; tête très-déprimée, alépidote; mâchoires et devant du vomer armés de dents pointues, inégales, petites, sur plusieurs rangs et faisant la carde; ouies latérales, grandes, à sept rayons; première nageoire dorsale si petite qu'elle est comme perdue dans l'épaisseur de la peau; corps alongé; yeux latéraux.

A l'aide de ces notes et du tableau que nous avons fait imprimer à l'article Auchénoptères , dans le Supplément du tome V de ce Dictionnaire, p. 125, on distinguera sans peine les Raniceps des Chrysostromes et des Kurtes, qui ont le corps ovale, comprimé; des Callionymes, qui ont les trous des branchies ouverts sur la nuque; des Uranoscopes, des Batrachoïdes et des Trichionotes, qui ont les yeux très-verticaux; des Brosmes, qui n'ont qu'une seule nageoire dorsale; des Phycis, des Blennies, des Oligopodes, des Murénoïdes, qui n'ont, à la place de chaque catope, qu'un seul ou deux rayons au plus; des Lépidolèpres, qui ont les catopes autant thoraciques que jugulaires; des Morues et des Merlans, qui ont trois nageoires dorsales; des Merluches, des Lottes et des Mustèles, dont la tête n'est point déprimée; des Macroures, enfin, dont les catopes sont thoraciques. (Voyez ces divers mots.)

Parmi les espèces qui composent ce genre, nous citerons:

Le Raniceps blennioïde : *Raniceps blennioides, Batrachoides blennioides*, Lacép. ; *Blennius raninus*, Linn.; *Gadus raninus*, Muller; *Phycis ranina*, Schn. Ouverture de la bouche très-grande; un ou plusieurs barbillons au-dessous de la mâchoire inférieure; les deux premiers rayons de chaque catope terminés par un long filament.

Ce poisson habite les lacs de la Suède, où il semble redouté des autres poissons, qui s'écartent le plus qu'ils peuvent des endroits fréquentés par lui.

Sa chair n'est point bonne à manger.

C'est encore à ce genre qu'on doit rapporter le *gadus trifurcatus* de Pennant, et le *phycis fusca* de Schneider. (H. C.)

RANINE, *Ranina*. (*Crust.*) Genre de crustacés décapodes brachyures, dont nous avons exposé les caractères dans l'article Malacostracés, tome XXVIII, page 254. (Desm.)

RANINE. (*Foss.*) On voit dans quelques collections des morceaux de pierre calcaire jaunâtre dans laquelle se trouvent de petits grains verts. Quelques-uns de ces morceaux présentent un espace concave et d'autres sont bombés. Ils sont couverts de stries nombreuses, crénelées et disposées dans le même sens. On regardoit généralement ces morceaux comme portant l'empreinte de palais de poissons; mais il s'en trouve un dans ma collection qui présente la carapace presque entière d'un crustacé que M. Desmarest avoit d'abord rapporté au genre Remipède; mais, depuis, ce savant a cru devoir le rapporter à celui des ranines.

RANINE D'ALDROVANDE : *Ranina Aldrovandi*, Desm., Hist. nat. des crustacés foss., pag. 121, pl. 10, fig. 5, 6 et 7, et pl. 11, fig. 1 ; *Remipes sulcatus, ejusd.*, Nouv. Dict. d'hist. nat., édit. 2, 1817, tom. 8, pag. 512 ; *Ranina Aldrovandi*, Ranzani, *Mem. di storia naturale, deca prima*, pag. 73, t. 5, *Bolonia, 1820.* La carapace de cette espèce, que je possède, a deux pouces deux lignes de longueur sur une largeur pareille ; mais il paroît que celle qui a été décrite par M. Ranzani étoit un peu plus grande. Le test de cette espèce étoit très-mince, ainsi qu'on le remarque dans une empreinte en creux que je possède et dans lequel il en est resté. On dit que ces fossiles se trouvent aux environs de Bologne et de Vérone. (D. F.)

RANKA-PARAY. (*Bot.*) Nome brame, cité par Rhéede, d'un figuier, non rapporté aux espèces connues. (J.)

RANKEN. (*Entom.*) Nom allemand du hanneton. (DESM.)

RANMAMISSA. (*Bot.*) A Ceilan ce nom est donné aux deux mozambé, *cleome viscosa* et *cleome monophylla.* (J.)

RANMOTHA. (*Bot.*) Nom du *xyris indica* dans l'île de Ceilan, suivant Hermann. (J.)

RANONCULE. (*Bot.*) En Languedoc c'est le nom de la renoncule bulbeuse. (L. D.)

RANSSULLE. (*Ornith.*) Nom hollandois, suivant Gesner, de l'effraie, *strix flammea*, Linn. (CH. D.)

RANT - VAN - KONDEA. (*Ornith.*) Nom du couroucou kondea de Ceilan. (DESM.)

RANTSJOGE, RINTSJO, SJIKO. (*Bot.*) Noms japonois, cités par Kæmpfer, du *daphne odora* de Thunberg. (J.)

RANTZ-EULE. (*Ornith.*) Nom allemand de l'effraie ou fresaie, *strix flammea*, Linn. (CH. D.)

RANUNCULOÏDES. (*Bot.*) Genre établi par Vaillant sur les renoncules à fleurs axillaires, que M. De Candolle établit comme une division du genre *Ranunculus;* il l'a caractérisée par ses péricarpes striés et rugueux transversalement ; par ses pétales blancs à onglets jaunes, munis d'une facette nectarifere. (LEM.)

RANUNCULUS. (*Bot.*) Nom latin du genre Renoncule. Ce nom désignoit chez les Latins plusieurs plantes du même genre. (Lem.)

RANUNCULUS. (*Erpét.*) Ce nom a été donné à la rainette commune, *hyla viridis*, Lacép., par Gesner. (Desm.)

RANWANKIKIRINDA. (*Bot.*) On nomme ainsi le *verbesina calendulacea* à Ceilan, suivant Hermann. (J.)

RAPA. (*Bot.*) C'est sous ce nom que Théophraste, Pline et beaucoup d'auteurs anciens désignent la rave de montagne et du Midi de la France, qui est le *turneps* des environs de Paris : c'est le *rapum* de Dioscoride et de plusieurs autres, le *rapa* de Tournefort et Adanson, le *brassica rapa* de Linnæus, dont la culture est très-répandue dans nos pays montagneux. (J.)

RAPAC. (*Bot.*) Nom d'un palmier à Madagascar, et qui est très-employé par les naturels de cette île, selon M. Bosc. (Lem.)

RAPACE. (*Bot.*) Nom péruvien du *solanum nitidum* de la Flore du Pérou. (J.)

RAPACES. (*Ornith.*) Dénomination générale des oiseaux de proie ou accipitres, qui se divisent en nudicolles, plumicolles et nocturnes. (Ch. D.)

RAPAKIVI. (*Min.*) C'est, suivant Kirwan [1], le nom que l'on donne en Finlande à une roche composée de felspath et de mica; c'est ou une variété soit de gneiss, soit de granite, ou une roche particulière. (B.)

RAPANE, *Rapanea.* (*Bot.*) D'après les observations de M. de Jussieu, ce genre pourroit être réuni au *myrsine* (voyez Mirsine), de la famille des *ardisiacées*, de la *pentandrie monogynie* de Linnæus, offrant pour caractère essentiel : Des fleurs hermaphrodites ; un calice persistant, à cinq divisions, quelquefois six ; une corolle en roue ; le tube très-court ; le limbe à cinq ou six lobes ; cinq étamines, quelquefois six ; l'ovaire supérieur ; un style ; un stigmate. Le fruit est une baie sphérique ; une seule semence ; plusieurs autres avortées.

Rapane de la Guiane : *Rapanea guianensis*, Aubl., Guian., tab. 46 ; Lamk., *Ill. gen.*, tab. 122 ; *Samara floribunda*, Willd.,

---

1 Kirw., Min., t. 1, p. 345 ; Leonh., *Charakter. der Felsart.*, pag. 51, comme variété de granite, et pag. 88, comme syéniure de ayénite.

Spec. Arbrisseau élevé de cinq à six pieds sur une tige de quatre à cinq pouces de diamètre, revêtue d'une écorce cendrée. Le bois est blanc, peu compacte. Le sommet de la tige est divisé en branches; de leur aisselle sortent un grand nombre de petits rameaux garnis de feuilles alternes, pétiolées, molles, lisses, vertes, épaisses, ovales, entières, un peu oblongues, rétrécies à leur base, élargies au sommet; les unes échancrées, d'autres terminées en pointe, longues de trois ou quatre pouces, larges d'un pouce et demi; le pétiole est court. Les fleurs sont réunies en petits paquets presque sessiles le long des branches et des rameaux. Les divisions du calice sont lisses, ovales, aiguës; la corolle est à peine de la longueur du calice, de couleur blanche; les lobes du limbe sont arrondis et profonds; les étamines attachées sur le tube, à la base de chaque lobe; les filamens très-courts; les anthères oblongues; l'ovaire est sphérique; le style très-court. Le fruit est une baie de couleur violette, à une seule loge, renfermant quelquefois cinq à six semences, qui très-souvent avortent, une seule exceptée. Cette plante croît à Cayenne, dans les bosquets des Savannes elle fleurit et fructifie vers la fin de l'automne. (Poir.)

RAPANE, *Rapanus.* (*Conchyl.*) M. Schumacher, Nouveau système de conchyliologie, établit sous ce nom un genre distinct avec les espèces de pyrules qui sont ampullacées, fort minces, à canal court, comme les *P. rapa* et *papyracea.* Voyez Pyrule. (De B.)

RAPANEA. (*Bot.*) Voyez Rapane. (Poir.)

RAPAPA. (*Ornith.*) L'oiseau que les naturels de la Guiane françoise appellent ainsi, est le savacou, *cancroma cochlearia,* Linn. (Ch. D.)

RAPARINO. (*Ornith.*) Ce nom, qui, suivant Buffon, désigne, en diverses contrées de l'Italie, tantôt le bruant zizi, tantôt la sittelle et le chardonneret, s'applique, ainsi que ceux de *raperino, raperaginolo* et *raverino,* au bruant-verdier, selon M. Desmarest. (Ch. D.)

RAPAT, CAJU-RAPAT. (*Bot.*) Arbrisseau d'Amboine, décrit incomplétement par Rumph, vol. 5, pag. 34, tab. 19, dont les rameaux, flexibles, s'entortillent autour des arbres voisins. Leurs feuilles sont alternes et pennées. Ses fleurs petites, blanches, disposées en corymbe, comme celles du giroflier, composées de cinq pétales, *et brevibus tubis*. Ces derniers mots expriment peut-être des styles. L'auteur ajoute que ces fleurs ont une odeur très-agréable, qui approche celle de l'oranger. Il n'a point vu le fruit. Ces indications ne peuvent suffire pour indiquer ses rapports. (J.)

RAPATE, *Rapatea*. (*Bot.*) Genre de plantes monocotylédones, de la famille des *joncées*, de l'*hexandrie monogynie* de Linnæus, offrant pour caractère essentiel : Une spathe à deux valves ; une corolle à six divisions très-profondes ; les trois extérieures glumacées, les intérieures réunies à leur base en un tube court, ovales, alongées, roulées en spirale sur elles-mêmes ; six étamines insérées sur le tube de la corolle ; les anthères presque sessiles, appendiculées au sommet ; un ovaire supérieur ; un style ; trois stigmates roulées les uns sur les autres ; une capsule à trois loges, à trois valves.

Rapate des marais : *Rapatea paludosa*, Aubl., Guian., tab. 118; Lamk., *Ill. gen.*, tab. 226; *Mnasium*, Willd., *Spec*. Plante marécageuse, dont la racine est dure, fibreuse ; il sort de son collet des feuilles sessiles, fermes, droites, longues, étroites, sèches, aiguës, semblables à celles des graminées, élargies et vaginales à leur base, longues de deux pieds, larges d'environ un pouce. Du centre des feuilles s'élèvent des hampes simples, droites, fermes, comprimées, à deux angles. La spathe se divise en deux grandes valves lancéolées, ensiformes ; elle enveloppe un grand nombre de fleurs réunies en une tête terminale, portées chacune sur un pédoncule long de quatre à cinq lignes, muni à sa partie supérieure d'écailles imbriquées, concaves, aiguës. Les trois divisions extérieures de la corolle sont aiguës, semblables aux balles des graminées. Les filamens des étamines sont très-courts ; les anthères presque aussi longues que la corolle, terminées par un appendice foliacé, jaunâtre et concave ; l'ovaire a trois faces. La capsule est à trois valves, à trois loges monospermes. Cette plante croit à Cayenne, dans les bois marécageux, sur le bord des rivières. (Poir.)

RAPE [Petite]. (*Bot.*) Champignon de la famille des bulbeux et de la division des bulbeux mouchetés de Paulet, Trait. 2, page 359, pl. 163. C'est un petit agaric, dont le chapeau, couleur de noisette en dessus, est hérissé de pointes brunes, inégales, semblables à celles d'une râpe. Les feuillets sont blancs et voilés dans leur jeunesse; le stipe est blanc. Ce champignon se trouve en automne dans la forêt de Saint-Germain. Il se corrompt aisément et répand une odeur virulente. (LEM.)

RAPE. (*Ichthyol.*) Dans certains cantons du royaume de Naples, on donne ce nom au meunier, *leuciscus dobula*. Voyez ABLE, au Supplément du tome 1.er de ce Dictionnaire.

On donne aussi ce nom à une raie, décrite par François Delaroche. Voyez RAIE. (H. C.)

RAPE. (*Conchyl.*) C'est le nom que les marchands donnoient autrefois à une espèce d'huître, *ostrea rapa*, suivant Bruguière et qui est très-probablement une espèce de lime, ou à une espèce de peigne, le P. ratissoire. (DE B.)

RAPERINO. (*Ornith.*) Voyez RAPARINO. (DESM.)

RAPETTE; *Asperugo*, Linn. (*Bot.*) Genre de plantes dicotylédones monopétales, de la famille des *borraginées*, Juss., et de la *pentandrie monogynie*, Linn., dont les principaux caractères sont les suivans : Calice monophylle, à cinq divisions inégales, entremêlées de dents; corolle monopétale, en entonnoir, à tube court, dont l'entrée est fermée par cinq écailles convexes, conniventes, et ayant son limbe à cinq lobes obtus; un ovaire supère, à quatre lobes, surmonté d'un seul style; quatre graines cachées dans le calice qui prend beaucoup d'accroissement après la floraison, devient inégal, comprimé et refermé. On ne connoît qu'une espèce de ce genre. Le nom latin qu'il porte paroît dériver d'*asper*, rude, parce que la plante est rude au toucher.

RAPETTE COUCHÉE : *Asperugo procumbens*, Linn., *Sp.*, 198; *Fl. Dan.*, tab. 552. Sa racine est annuelle; elle produit une tige herbacée, rameuse, un peu couchée, quelquefois tout-à-fait droite quand elle est simple, longue de six pouces à un pied, hérissée de poils courts, crochus et roides, dirigés de haut en bas. Ses feuilles sont oblongues, rétrécies à leur base, surtout les inférieures. Ses fleurs sont bleues, quelquefois blanches, très-petites, presque sessiles, solitaires dans les aisselles des feuilles; elles paroissent en Avril, Mai et Juin. Cette plante croît dans les lieux cultivés et sur le bord des champs, en France et dans une grande partie de l'Europe. (L. D.)

RAPHAI. (*Bot.*) Voyez Ochi. (**J.**)

RAPHANIS. (*Bot.*) Ce nom, donné anciennement par Dodoëns au cran des Bretons, *armoracia* de Pline, *raphanus rusticanus* de Lobel, *cochlearia armoracia* de Linnæus, a été rappelé par Mœnch pour séparer du *cochlearia* cette espéce, à cause de deux glandes existantes sous les petits filets d'étamines. (J.)

RAPHANIS. (*Bot.*) Synonyme de *raphanus* chez les anciens, et désignant le radis et ses variétés. (Lem.)

RAPHANISTRE, *Raphanister.* (*Conchyl.*) Denys de Montfort (Conchyl. syst., t. 1, page 339) a établi sous ce nom et à sa maniére un genre de coquilles cloisonnées, rapproché des bélemnites par un assemblage de cloisons évasées, campanulées, percées par un siphon central, qui forment, dit-il, une coquille droite, à sommet obtus, à ouverture ronde, évasée, horizontale, sans que cependant il y ait de têt ou de recouvrement extérieur; ce qui ne laisse pas que d'être assez difficile à concevoir. L'espéce, type de ce genre, qu'il nomme le R. campanulé, R. *campanulatum*, se trouve fossile dans les environs de Montbard en Bourgogne. (De B.)

RAPHANISTRE. (*Foss.*) Denys de Montfort, qui a signalé ce genre, lui a assigné les caractères suivans : *Coquille libre, univalve, cloisonnée, droite, à sommet obtus; bouche ronde, évasée, horizontale et ouverte; cloisons évasées en cloche ou campanulées; siphon central; point de têt ou de recouvrement général et extérieur.*

Il paroît que cet auteur n'a connu que l'espéce qui a servi de type a ce genre et à laquelle il a donné le nom de raphanistre campanulé, *raphanister campanulatum*, Conch. syst., coq. univ. clois., pag. 339, fig. 85. Nous ne connoissons aucun fossile qui puisse se rapporter à ce genre, qui différeroit de tous ceux connus, en ce qu'il auroit des cloisons sans têt extérieur. Nous pensons que le raphanistre a dû appartenir au genre Orthocératite, et à une espéce dont le têt a été détruit.

Denys de Montfort annonce qu'il a rencontré cette coquille plusieurs fois en grand nombre dans les environs de Montbard avec des ammonites, des bélemnites et des nautilites, et que quelques-unes avoient plus de six pouces de longueur. (D. F.)

RAPHANISTRUM. (*Bot.*) Ce genre de plantes crucifères,

adopté par Tournefort, est distingué par sa silique uniloculaire du *raphanus*, qui en a une biloculaire. Linnæus les a réunis sous ce dernier nom et la plupart des botanistes ont adopté cette réunion. Gærtner et Mœnch ont voulu rétablir le *raphanistrum*. Necker l'avoit aussi séparé sous le nom de *dondisia*. (J.)

RAPHANITIS. (*Bot.*) Espèce d'iris, mentionné par Pline, remarquable par l'odeur de radis qu'elle exhaloit, lorsqu'on la froissoit, c'étoit peut - être l'*iris fœtida*, Linn. (Lem.)

RAPHANUS. (*Bot.*) Nom latin des Radis (voyez ce mot). Ce nom désignoit chez les anciens les mêmes plantes de même que *raphanos*, *raphanida* et *rhaphnos*. (Lem.)

RAPHE. (*Bot.*) Prolongement des vaisseaux du funicule dans l'intérieur des tuniques de la graine. Son extrémité, souvent renflée, porte le nom de chalaze. La raphe est rectiligne dans les labiées, sinueuse dans le *cookia*, simple dans la plupart des aurantiacées, rameuse dans l'*amygdalus*, etc. (Mass.)

RAPHE. (*Ichthyol.*) C'est un poisson du genre Cyprin, le *cyprinus aspius* de Linné. (Desm.)

RAPHIDIE, *Raphidia*. (*Entom.*) Nom donné par Linnæus à un genre d'insectes névroptéres, de la famille des stégoptéres ou tectipennes, c'est-à-dire à ailes en toit sur le corps dans l'état de repos, et à bouche munie de mâchoires très-distinctes.

Le caractère du genre Raphidie peut être ainsi exprimé : Tête alongée, ovale, arrondie en arriére, portée sur un corselet étroit, cylindrique; tarses à quatre articles. Il est facile, d'après ces particularités, de distinguer ce genre de tous ceux de la même famille, comme le reconnoîtra le lecteur, en ayant sous les yeux les planches 26 et 27 de l'atlas de ce Dictionnaire, sur lesquelles sont représentées des espéces de chacun des dix genres que nous allons indiquer : le n.° 8 de la pl. 27 représentant la raphidie.

D'abord le nombre des articles aux tarses les séparent des six genres suivans, qui y ont cinq articles : tels sont les Fourmilions, les Ascalaphes, les Panorpes, les Némoptéres, les Hémérobes et les Semblides; ensuite des Perles et des Termites, qui ont trois articles aux tarses, et enfin des Psoques, qui n'en ont que deux, tandis que les Raphidies en ont quatre. (Voyez Stégoptéres.)

Le nom de raphidie est emprunté du grec, le mot ραφὶς-ίδος signifiant une *aiguille*. On n'a encore rapporté qu'une seule espéce à ce genre; c'est celle dont nous allons faire connoître l'histoire.

Raphidie serpent, *Raphidia ophiopsis*. C'est l'espéce que nous avons fait figurer, et qui étoit un mâle. Geoffroy l'a aussi représentée, t. 2, pl. 12, n.° 3, vue de face et de côté : c'étoit aussi un mâle. La femelle porte une sorte de pondoir qui dirige ses œufs sous les fentes des écorces, où sa larve se développe.

Car. Tête noire, lisse, grande, alongée, aplatie, portée sur un corselet un peu arqué; corps noirâtre, bordé de jaune; pattes pâles ou jaunâtres; ailes diaphanes à réseau noir.

La larve ressemble un peu à celle des hémérobes; elle est très-vive et carnassière, et se trouve dans les crevasses des écorces, surtout sur l'orme. D'après Linnæus, sa nymphe est agile et porte des rudimens d'ailes, et d'ailleurs elle ressemble tout-à-fait à l'insecte parfait.

La femelle a été décrite par Fabricius comme une espéce distincte, à cause d'une tach: qu'elle porte sur le bord externe de l'aile. (C. D.)

RAPHILITE. (*Min.*) M. Fischer a donné ce nom, dérivé du grec, à la pierre nommée par l'école de Werner *Nadelstein*, qui est tantôt une mésotype et tantôt le titane ruthile aciculaire, traversant les cristaux de quarz hyalin. (B.)

RAPHIORAMPHES. (*Ornith.*) M. Duméril, dans sa Zoologie analytique, emploie ce mot, tiré du grec et synonyme de subulirostres, pour désigner plusieurs familles de petits oiseaux dont le bec est en alène. (Ch. D.)

RAPHIS ou RAPHIA. (*Bot.*) Voyez Sagouier. (Poir.)

RAPHIS. (*Bot.*) Genre de la *monoécie triandrie* et de la famille des *graminées*, établi par Lourciro, et qu'il caractérise ainsi : Involucre triflore, à deux fleurs mâles et une femelle; balle calycinale à deux valves colorées, subulées, mutiques, presque égales; une balle florale à deux valves lancéolées, membraneuses, ciliées, mutiques; trois étamines dans les fleurs mâles; dans les fleurs femelles, les balles bivalves, dont une aristée; un ovaire surmonté de deux styles plumeux. Graine oblongue, comprimée.

Ce genre ne renferme qu'une herbe annuelle, à racine

rampante, dont le chaume est haut d'un pied; les feuilles, presque toutes radicales, sont lancéolées, courtes, sessiles, amplexicaules; les fleurs disposées en épi terminal. Cette plante, que M. R. Brown présume être l'*andropogon aciculare*, croit en Chine et en Cochinchine. (Lem.)

RAPHIUS ou RUFIUS. (*Mamm.*) Nom que portoit le lynx dans les Gaules, selon le rapport de Pline. (Desm.)

RAPHUS. (*Ornith.*) Ce nom, tiré du grec, *raphos*, qui, dans Mœhring et Brisson, est le synonyme du *didus* de Linné et de Latham, désigne génériquement le dronte; il a aussi été appliqué à l'outarde. (Ch. D.)

RAPIDOLITHE. (*Min.*) Abilgaard a nommé ainsi une variété de wernerite, que nous décrirons sous le nom de Wernerite scapolithe. Voyez ce mot. (B.)

RAPILLI ou RAPILLO. (*Min.*) C'est un nom italien, mais qui est souvent employé sans traduction. Il a été appliqué par M. de Buch à des amas de petits fragmens de laves poreuses et brunâtres, mêlés souvent d'amphigène, de pyroxène et de ponce. C'est une sorte de sable résultant de la désagrégation de la roche nommée *peperin;* il est ordinairement ou superficiel, ou simplement recouvert soit de pouzzolane, soit de terre végétale.

Ce terrain meuble est commun dans tous les pays volcaniques; mais il porte plus particulièrement ce nom dans les environs du Vésuve et de Rome. (B.)

RAPINIE, *Rapinia.* (*Bot.*) Genre de plantes dicotylédones, à fleurs complètes, monopetalées, régulières, de la famille des *solanées*, de la *pentandrie monogynie* de Linnæus, offrant pour caractère essentiel : Un calice à huit divisions sur deux rangs; une corolle en soucoupe, à cinq lobes; cinq étamines insérées sur le tube de la corolle; un ovaire supérieur; point de style; un stigmate simple; une baie à deux loges polyspermes.

Rapinie herbacée; *Rapinia herbacea,* Lour., *Fl. Cochin.*, 1, p. 157. Ses tiges sont droites, simples, herbacées, striées, un peu charnues, hautes de deux pieds, garnies de petites feuilles alternes, ovales-lancéolées, entières; les fleurs blanches, sessiles, disposées en un épi ovale, conique, presque terminal. Les divisions du calice concaves, presque rondes, sur deux rangs; l'extérieur plus court; la corolle pourvue d'un tube

court, épais ; le limbe à cinq lobes ovales , plus longs que le calice ; les filamens courts, capillaires ; les anthères à deux lobes
arrondis ; une baie arrondie , comprimée ; les semences oblongues, très-petites. Cette plante croît à la Cochinchine. (Poir.)

RAPIONIUM. (*Bot.*) Voyez LIMONIUM. (J.)

RAPISTRE ; *Rapistrum*, C. Bauh. (*Bot.*) Genre de plantes
dicotylédones polypétales , de la famille des *crucifères* , Juss.,
et de la *tétradynamie siliculeuse*, Linn. , dont les principaux caractères sont les suivans : Calice de quatre folioles lâches;
corolle de quatre pétales onguiculés , entiers, opposés en
croix ; six étamines dont quatre sont plus grandes ; un ovaire
supère , surmonté d'un style simple ; une silicule composée de
deux articulations monospermes, dont l'inférieure est souvent
stérile , et la supérieure presque globuleuse , rugueuse , sur-
montée par le style persistant. Les rapistres sont des plantes
herbacées, annuelles ou vivaces , à feuilles inférieures pinnatifides ou en lyre , à fleurs jaunâtres disposées en grappes alongées. M. De Candolle rapporte à ce genre cinq espèces que
Linné et d'autres auteurs avoient comprises dans le genre
Myagrum; nous ne citerons que la suivante.

RAPISTRE RIDÉ: *Rapistrum rugosum*, All., *Fl. Ped.*, n.° 940,
tab. 78 ; Decand., *Regn. veget.*, 2, page 432 ; *Myagrum rugosum*, Linn., *Spec.*, 893. Sa racine est annuelle, pivotante ;
elle produit une tige droite, plus ou moins rameuse, hérissée
de quelques poils, garnie, à sa base et dans sa partie inférieure, de feuilles pinnatifides ou en lyre. Ses fleurs sont d'un
jaune clair, assez petites, brièvement pédonculées, disposées
en grappes qui s'alongent beaucoup après la floraison et deviennent très-grêles. Ses silicules sont redressées contre l'axe
qui les porte, composées de deux articles, dont l'inférieur ne
paroît souvent que comme le prolongement du pédoncule
renflé , tandis que le supérieur est plus arrondi, très-ridé et
ordinairement plus hérissé. Cette plante croit dans le Midi de
la France , en Italie , etc. (L. D.)

RAPISTRUM. (*Bot.*) Ce nom, donné anciennement à quelques crucifères, tels que le *sinapis arvensis*, le *raphanus
raphanistrum*, l'*hesperis verna*, qui ont le fruit siliqueux, avoit
été adopté par Tournefort pour un de ses genres à fruit
siliculeux ; mais Linnæus l'avoit réuni à son *Myagrum*. Plus

récemment M. De Candolle l'a rétabli pour le seul *myagrum perenne*. (J.)

RAPOCK. (*Ornith.*) Thunberg parle , dans son Voyage au Japon , tome 1.ᵉʳ , in-4.°, pag. 105 , d'un fort petit oiseau , ainsi nommé, qu'il a trouvé dans les environs du cap de Bonne-Espérance , et qui se construit , avec l'aigrette des semences de l'ériocéphale , un nid dont la forme est singulière, et qui a l'épaisseur d'un bas de laine. (Ch. **D.**)

RAPONCE. (*Bot.*) Voyez Rapuntium. (Lem.)

RAPONCULE. (*Bot.*) Quelques botanistes donnent ce nom aux plantes du genre Raiponce , *Phyteuma.* (L. **D.**)

RAPONTICOÏDES. (*Bot.*) Genre de synanthérées, établi par Vaillant, qui n'a pas été adopté. Il contenoit des espèces de *carduus*, d'*onopordon*, de *centaurea* et de *stœhelina.* (Lem.)

RAPONTICUM et RHAPONTICUM. (*Bot.*) Noms latins de la rhubarbe. (Lem.)

RAPONTIN. (*Bot.*) C'est la racine de la patience des Alpes. (L. **D.**)

RAPONTIQUE DE MONTAGNE. (*Bot.*) C'est la patience des Alpes. (L. **D.**)

RAPONTIQUE VRAIE. (*Bot.*) Espèce du genre Rhubarbe. Voyez ce mot. (Lem.)

RAPONTIQUE VULGAIRE. (*Bot.*) Ce nom a été donné à plusieurs espèces de centaurées , savoir : à la jacée, et à une espèce qui l'a conservée , et dont quelques botanistes font un genre , c'est le *Centaurea rhapontica.* (Lem.)

RAPONTIS. (*Bot.*) Suivant Clusius c'est sous ce nom qu'est connue la grande centaurée dans la partie du Portugal qui avoisine le Tage. (J.)

RAPOSA ou RAPOZA. (*Mamm.*) Noms portugais du renard , que les Espagnols appellent *raposo.* (Desm.)

RAPP-HOENA. (*Ornith.*) Nom suédois de la perdrix grise, *tetrao cinereus*, Linn. (Ch. D.)

RAPPE. (*Ichthyol.*) Voyez Rape. (H. C.)

RAPPHŒNS-HUND ou FOGEL-HUND. (*Mamm.*) Ces noms suédois désignent les chiens , qui sont employés à la chasse des perdrix , c'est-à-dire le braque et le chien couchant. (Desm.)

RAPPROCHÉES [Étamines]. (*Bot.*) Se touchant par les côtés;

exemples : bourrache, *solanum*, *dodecatheon*, etc. (Mass.)

RAPTATORES. (*Ornith.*) Le troisième ordre des oiseaux de la Méthode d'Illiger, *Prodromus*, pag. 197, est consacré aux ravisseurs diurnes et nocturnes, qui sont les *accipitres* de Linné. (Ch. D.)

RAPTOR. (*Entom.*) On trouve ce nom dans le Catalogue du comte Dejean, cité comme donné par M. Mégerlé à un genre de coléoptères créophages, que Ziegler a nommé *Pogonus*. (C. D.)

RAPUM. (*Bot.*) Pour ce nom simple voyez Rapa ; pour le *rapum terræ*, voyez Cyclaminus. Le *rapum genistæ* est l'orobanche major; le *rapum brasilianum*, cité par C. Bauhin, est une espèce d'igname; le *rapum sylvestre* de Dodoëns est le *phyteuma spicata* ; celui de Gesner est la raiponce, *campanula rapunculus*. (J.)

RAPUNCULUS. (*Bot.*) Ce nom, qui ne désigne maintenant que la raiponce, espèce de campanule, avoit été employé par Tournefort pour un autre genre de la même famille, auquel Linnæus a substitué celui de *phyteuma*, lequel a été adopté. D'autres auteurs ont donné le même nom à quelques espèces de *lobelia*. (J.)

RAPUNTIUM. (*Bot.*) Ce genre de Tournefort est maintenant connu sous le nom de *lobelia*, donné par Linnæus. (J.)

RAPUTIER, *Raputia*. (*Bot.*) Genre de plantes dicotylédones, à fleurs complètes, monopétalées, de la *diandrie monogynie* de Linnæus, offrant pour caractère essentiel : Un calice court, à cinq dents; une corolle tubulée ; le tube courbé; le limbe à deux lèvres; la supérieure à trois lobes inégaux ; l'inférieure bifide ; cinq étamines; deux plus grandes fertiles, munies de deux écailles à leur base; un ovaire supérieur, entouré d'un disque charnu ; un style; un stigmate à trois lobes; cinq capsules bivalves, réunies, uniloculaires, monospermes.

Raputier aromatique : *Raputia aromatica*, Aubl., Guian., 2, tab. 272; Lamk., *Ill. gen.*, tab. 10; *Sciuris aromatica*, Willd., *Spec.*; *Pholidandra*, Neck. Arbrisseau dont la tige s'élève à environ deux pieds de haut, sur deux ou trois pouces de diamètre, couverte d'une écorce lisse, blanchâtre, aromatique, son bois est blanc; sa cime est composée de branches droites et rameuses, garnie de feuilles opposées, pétiolées; à trois folioles lisses, vertes, fermes, ovales, terminées par une longue pointe, criblées de petits points transparens; le pétiole presque ligneux. Les fleurs sont disposées en épis axillaires, rangées alternativement sur un pédoncule recourbé. Leur calice est glabre, à cinq petites dents aiguës; la corolle verdâtre, de cinq étamines, trois n'ont que des filamens sans anthères, munis à leur base de poils blanchâtres; deux autres fertiles, plus longues. Les capsules sont minces, vertes, coriaces: chacune d'elles s'ouvre en deux valves, et contient, dans une seule loge, une amande verdâtre, aromatique. Cet arbrisseau croît à la Guiane, dans les forêts d'Orapu; il fleurit et fructifie vers le milieu de l'été. (POIR.)

RAQUET. (*Ornith.*) Ce nom est vulgairement donné, dans le département de la Somme, au grand plongeon, *colymbus glacialis, arcticus* et *immer*, Linn. (CH. D.)

RAQUETTE. (*Bot.*) Nom de plusieurs espèces de cactes, désignées sous le nom latin *opuntia*, distinguées par leurs tiges aplaties, chargées de paquets d'épines et dont les divisions sont rétrécies à leur base et comme articulées. C'est sur quelques-unes de ces espèces que vit et se nourrit la cochenille. Voyez CACTIER. (J.)

RAQUETTE. (*Avicept.*) Voyez RÉPENELLE. (CH. D.)

RAQUETTE BLANCHE. (*Bot.*) Paulet donne ce nom à un champignon qu'il figure pl. 26, fig. 1 et 2, de son Traité des champignons. Il est décrit à l'article ORCELLA. (LEM.)

RAQUETTE DE MER. (*Corallin.*) On donne ce nom à une espèce de coralline dont les articulations sont élargies en forme de raquette, et entre autres à la *C. opuntia*, Linn., espèce du genre Flabellaire de M. de Lamarck et du genre Halinide de M. Lamouroux. (DE. B.)

RARA. (*Bot.*) Dans un Herbier de Madagascar, donné par le célèbre Poivre à Bernard de Jussieu, c'est sous ce nom que sont désignés quelques espèces sauvages de muscadier, *myristica*, dont le fruit n'a pas le goût si aromatique de l'espèce du commerce. M. de Lamarck, dans les nouveaux Actes de l'Académie des sciences, en décrit deux, le *rara-horac*, qui est son *myristica madagascariensis*, et le *rara-malao-manguit*, qui est son *myristica acuminata*; une troisième est nommée *rara - multon - ronga.* Rochon dit que les feuillets du malao-languit ont une odeur suave et aromatique, et que les Malgaches attribuent à son fruit les mêmes vertus que nous trouvons dans la vraie muscade. (J.)

RARA. (*Ornith.*) Ce terme, qui est devenu l'épithète du *phytotome,* est le nom sous lequel on connoît ce passereau au Chili. Voyez la Traduction de Molina, par Gruvel, p. 254. (Ch. D.)

RARAA-EIJUS ou RARAA-EJUB. (*Bot.*) Noms arabes, suivant Forskal, de l'*inula dysenterica,* herbe de Saint-Roch des Parisiens. Suivant une tradition reçue en Égypte et rapportée par Forskal, Job, couvert d'ulcères, se guérit en se frottant le corps avec cette herbe, d'où lui vient son nom. L'*inula arabica* est nommée *raraaajoub* par M. Delile. (J.)

RARABÉ. (*Bot.*) Rochon cite sous ce nom une espèce de muscadier du Madagascar, plus grand que le *rara - malao-languit.* Sa noix donne par expression une huile très-aromatique, dont les Malgaches se frottent le corps et les cheveux. (J.)

RARAL. (*Bot.*) Nom donné dans le Chili à l'*embothrium obliquum* de la Flore du Pérou, qui est le *lomatia obliqua* de M. R. Brown, dans la famille des protéacées. (J.)

RARAM. (*Bot.*) C'est sous ce nom d'une graminée du Sénégal qu'Adanson fait un genre du *cenchrus echinatus* de Linnæus, qu'il assimile de plus à l'*amongeaba* du Brésil, décrit et figuré par Pison. (J.)

RARE BIRD. (*Ornith.*) L'oiseau que Borlase désigne par cette dénomination dans son Histoire naturelle de Cornouailles, est l'engoulevent d'Europe, *caprimulgus europæus,* Linn. (Ch. D.)

RARG. (*Ornith.*) Nom du héron commun, *ardea major* et *cinerea,* Linn., en frison. (Ch. D.)

RAROG. (*Ornith.*) Nom polonois du faucon étoilé, *falco stellaris,* Gmel., que les Illyriens écrivent *raroh.* (Ch. D.)

RARORBIL. (*Ornith.*) Le P. Kenneth Macaulay cite, dans son Histoire de Saint-Kilda, un oiseau dont le nom est ainsi écrit, pag. 180 de la traduction françoise. Voyez Razor-bille. (Ch. D.)

RARYCHEUS. (*Ornith.*) Albert le Grand désigne par ce nom le grimpereau commun, *certhia familiaris,* Linn. (Ch. D.)

RASCALADE. (*Bot.*) Gouan cite ce nom languedocien d'une espèce de blé, *triticum hybernum.* (J.)

RASCASSE. (*Ichthyol.*) Voyez Scorfène. (H. C.)

RASCLA. (*Bot.*) C'est en Auvergne le nom des lichens crustacés que l'on recueille sur les rochers et notamment de la parelle. (Lem.)

RASCLE. (*Ornith.*) L'oiseau que, dans les environs de Montpellier, on appelle ainsi, est, suivant Brisson, qui cite Gesner et Aldrovande, la perdrix grise, *tetrao cinereus*, Linn.; mais l'auteur des articles d'ornithologie, dans le Nouveau Dictionnaire d'histoire naturelle, rapporte ce nom au râle de genêts, *rallus crex*, Linn., lequel, d'après le même ouvrage, est appelé *rascon* par les Espagnols. (Ch. D.)

RASCLE. (*Mamm.*) Ce nom est donné en Languedoc au lièvre mâle. (Desm.)

RASE. (*Bot.*) On donne ce nom à l'huile essentielle qu'on retire par la distillation de la résine des pins. (L. D.)

RASEN. (*Bot.*) Voyez Jasin. (J.)

RASINET. (*Bot.*) C'est la petite joubarbe. (L. D.)

RASLE. (*Ornith.*) Ce nom, avec l'épithète *rouge*, désigne, dans Belon, le râle de genêts, *rallus crex*, Linn. (Ch. D.)

RASOIR BLEU. (*Ichthyol.*) Nom spécifique d'un Rason. (H. C.)

RASOIR DE LA MÉDITERRANÉE. (*Ichthyol.*) Nom spécifique d'un Rason. Voyez ce mot. (H. C.)

RASON, *Novacula.* (*Ichthyol.*) M. Cuvier, aux dépens des coryphènes des autres ichthyologistes, a créé sous ce nom un genre de poissons acanthoptérygiens, qui appartient à la famille des léiopomes, et que l'on reconnoît aux caractères suivans :

Catopes au-dessous des nageoires pectorales; corps épais, comprimé; mâchoires garnies de dents coniques, en rang simple; nageoire dorsale unique; queue simple; front tranchant et vertical; écailles grandes; palais tapissé de dents hémisphériques; museau comprimé.

On peut ainsi distinguer facilement les Rasons des Spares, des Diptérodons et des Mulets, qui ont un double rang de dents maxillaires; des Chéilines, qui ont la queue garnie d'appendices; des Labres et des Girelles, qui ont un front ordinaire;

des Chromis et des Plésiops, qui ont les dents des mâchoires en velours; des Ophicéphales et des Chéilions, qui ont le museau déprimé; des Hologymnoses, dont les écailles sont peu distinctes; des Chéilodiptères, qui ont deux nageoires dorsales; des Filous et des Gomphoses, dont le museau est prolongé. (Voyez ces différens noms de genres et Léiopomes et Labroïdes.)

Les Rasons ont tous la ligne latérale interrompue, et un canal intestinal continu et à deux replis, sans cœcums ni cul-de-sac stomacal; ils ont une vessie aérienne assez étendue. Tant à l'intérieur qu'à l'extérieur ils diffèrent beaucoup des coryphènes, avec lesquels on les avoit confondus jusqu'à présent. Ils se rapprochent beaucoup plus des labres, dont ils ne se distinguent que par le profil de la tête.

Parmi eux nous citerons:

Le Rason de la Méditerranée : *Novacula vulgaris*, N.; *Coryphœna novacula*, Linn. Nageoire caudale rectiligne; partie supérieure du corps terminée par une arête aiguë; des raies bleues et croisées sur la tête et les nageoires; des nuances d'un rouge éclatant avec des reflets dorés sur la plus grande partie du corps.

Ce poisson habite la mer Méditerranée, et Pline en a parlé sous le nom de *novacula*, par la traduction duquel on le désigne aujourd'hui dans plusieurs idiômes. Sa chair, tendre et délicate, est recherchée, surtout à Malte, à Rhodes, à Majorque, à Minorque.

Le Rason perroquet : *Novacula psittacus*, N.; *Coryphœna psittacus*, Linn. Nageoire caudale rectiligne; nageoire dorsale commençant à l'occiput et très-basse, ainsi que l'anale; teintes vives des oiseaux les plus distingués par la variété de leurs couleurs et la magnificence de leur parure, des perroquets spécialement; tête à reflets métalliques; iris couleur de feu et bordé d'azur; des raies longitudinales sur les nageoires; vers le dos, au milieu du tronc, une tache en losange et rouge, jaune, verte, bleue et pourpre tout à la fois.

Le docteur Garden a observé ce beau poisson dans les eaux de la Caroline.

Le Rason bleu : *Novacula cœrulea*, N.; *Coryphœna cœrulea*, Linn. Nageoire caudale en croissant; teinte générale d'un beau bleu.

Des mers chaudes qui baignent les rivages orientaux de l'A-
mérique. Vu par Catesby près de Bahama, et par le P. Plumier
dans l'archipel des Antilles.

Le RASON A CINQ TACHES : *Novacula pentadactyla*, N.; *Hemip-
teronotus quinquemaculatus*, Lacép.; *Coryphœna pentadactyla*,
Linn. Nageoire dorsale plus courte; tête grande; yeux rapprochés l'un de l'autre; nageoire caudale fourchue; dos brun;
côtés blancs, de même que le ventre; une raie bleue sur la
tête; iris jaune; cinq taches de chaque côté du corps : la première noire, bordée de jaune, et ronde; la seconde noire, bordée de jaune, et ovale; les trois autres bleues, et plus petites;
nageoires dorsale et caudale d'une belle teinte d'azur, avec un
liseré orangé sur la première; deux taches blanches à la base
des catopes, lesquels, comme les nageoires pectorale et anale,
sont orangés et bordés de violet.

Ce poisson nage en grandes troupes dans les fleuves de la
Chine et des Moluques. Il parvient à la taille d'environ deux
pieds. Sa chair est saine et agréable au goût. On le pêche en
si grande quantité qu'on est obligé de le faire souvent sécher
ou de le saler, pour le transporter au loin, ce qui fait un
objet de commerce assez lucratif pour le pays.

Le RASON RAYÉ : *Novacula lineata*, N.; *Coryphœna lineata*,
Linn. Nageoire caudale arrrondie; deux dents très-longues et
écartées l'une de l'autre au-devant de chaque mâchoire; tête
rayée transversalement.

Ce poisson habite les eaux de la Caroline, où il a été observé par le docteur Garden. (H. C.)

RASORES. (*Ornith.*) Les oiseaux gratteurs qu'Illiger désigne
par ce terme, dans son *Prodromus*, forment le quatrième ordre
de son Système, qui correspond aux *Gallinæ* de Linné. (CH. D.)

RASOUMOFFSKYN. (*Min.*) C'est M. John qui a proposé
cette espèce. Ce minéral est d'un blanc de neige, quelquefois
d'un vert de pomme; il est dense, son aspect est mat, sa texture est terreuse, quelquefois à gros grains; il est mou, friable
et happant.

Il se trouve à Kosemitz, en Silésie, avec la pimélite et la
chrysoprase.

Par M. John une première analyse lui a attribué pour principes constituans :

Silice 5o
Alumine. 16,88
Potasse. 10,37
Eau 20
Nickel oxidé 0,75
Magnésie)
Fer oxidé } 2
Chaux)

M. Dobereiner fait remarquer que ce minéral n'est point, comme M. John le pense, un silicate d'alumine, de chaux et de nickel; mais qu'il consiste en une combinaison

de magnésie. 52
d'acide carbonique. 28
de silice ou acide silicique. . . 20
____
100.

Ce seroit un mélange de giobertite et de magnésite. (B.)

RASPAILLON. (*Ichthyol.*) Nom vulgaire d'une espèce de Spare, le spare sparalion. (Desm.)

RASPECON. (*Ichthyol.*) Voyez Uranoscope. (H. C.)

RASQUASSE. (*Ichthyol.*) A Marseille on donne ce nom à la *scorpène rascasse.* Voyez Rascasse et Scorpène. (H. C.)

RASQUE. (*Bot.*) Nom languedocien de la cuscute, *cuscuta europæa*, selon Gouan. (J.)

RASSADO ou LETROU. (*Erpét.*) Noms du grand lézard vert en Languedoc. (Desm.)

RASSANGUE. (*Ornith.*) Les naturels de Madagascar donnent ce nom à une oie qui porte sur la tête une crête rouge, et qui paroît être la même que l'oie bronzée, *anas melanotos*, Gmel. (Ch. D.)

RASSE CORONDÉ. (*Bot.*) Voyez Cannelle. (J.)

RASSELMAUS. (*Mamm.*) Nom allemand du loir. (Desm.)

RASSIA. (*Bot.*) Sous ce nom Necker a voulu séparer du genre *Gentiana* les espèces qu'il disoit à corolle divisée en quatre lobes, munies de quatre étamines et de quatre appendices intérieures. On ne sait auxquelles on doit attribuer cette réunion de caractères. (J.)

RASTELLUM. (*Foss.*) On a quelquefois donné ce nom aux huîtres fossiles dont les bords sont plissés. (D. F.)

RASTRELLO. (*Ichthyol.*) L'uranoscope a reçu ce nom italien. (Desm.)

RASULE. (*Bot.*) Nom françois que Bridel applique aux mousses du genre *Gymnostomum*. Ce botaniste vient de donner dans sa Bryologie universelle une nouvelle monographie de ce genre, dont il porte les espèces à cinquante, partagées en deux grandes divisions. La première, qui représente réellement le genre *Gymnostomum*, comprend celles qui ont la coiffe cuculliforme, entière à la base; la seconde, qui peut faire le nouveau genre *Physcomitrium*, offre une coiffe ventrue, alongée, subulée, fendue sur le côté et déchiquetée à sa base. Elle contient huit espèces, dont une est le *Gymnostomum pyriforme* (décrit à l'article Gymnostomum, p. 145), et qui faisoit partie du *Pottia* d'Ehrhard.

Dans ce même ouvrage Bridel fait connoître le Rottleria (voy. ce mot), fondé sur le *Gymnostomum Rottleri*, Schw. (Lem.)

RASUTIUS. (*Ornith.*) Klein désigne par ce nom le toucan à ventre rouge, *ramphastos picatus*, Linn. (Ch. D.)

RAT, *Mus*. (*Mamm.*) Genre de mammifères de l'ordre des rongeurs et de la division de cet ordre qui comprend ceux de ces animaux dont les clavicules sont complètes.

Le nom de *mus* ou de rat a été primitivement appliqué par les naturalistes à tous les rongeurs de petite taille; mais aujourd'hui il n'est employé dans le sens rigoureusement méthodique que pour désigner un genre dont le rat commun, le surmulot, la souris et le mulot, peuvent être cités comme des exemples d'espèces, et qui est surtout caractérisé: par le nombre des molaires, qui est de trois à chaque côté des deux mâchoires[1]; par la forme de la queue, qui est très-longue, ronde, écailleuse, et presque entièrement dépourvue de poils; et par celle des pieds, qui sont simples, les antérieurs tétradactyles, avec un rudiment de pouce, et les postérieurs pentadactyles.

Les formes des dents donnent aussi de très-bons moyens pour distinguer ce genre. Les incisives supérieures, au nombre de deux seulement, naissent des côtés de l'extrémité des os

---

[1] Pallas n'en indique néanmoins que deux dans le rat vagabond, *mus vagus*.

maxillaires, et leur face antérieure est lisse et plate : les deux inférieures ressemblent à celles d'en haut, mais sont plus aiguës. Des trois molaires supérieures de chaque côté la première, qui est la plus grande, offre six tubercules mousses, dont deux en avant sur une même ligne transversale , puis trois sur une seconde ligne , et enfin le sixième seul et en arrière ; la seconde et la troisième sont formées chacune de quatre tubercules , un en avant, deux au milieu, disposés obliquement de dehors en dedans et d'avant en arrière , et le quatrième en arrière du côté externe. A la mâchoire d'en bas la première molaire a cinq tubercules, un petit antérieurement , deux au milieu et deux postérieurement ; la seconde en a quatre disposés par paires, et la dernière n'en a que trois, un en avant et une paire ensuite. Ce que ces dents offrent de remarquable c'est que les supérieures sont penchées d'arrière en avant, tandis que les inférieures le sont dans le sens opposé.

M. F. Cuvier, à qui nous empruntons les caractères du système dentaire du genre Rat, l'a trouvé absolument semblable dans la tête osseuse d'un rongeur non encore connu, dont il se propose de faire le type d'un genre nouveau, qui formera, avec le premier, une petite famille, qu'il désigne sous le nom de muséides.

La forme de la tête des rats est assez obtuse, et ne se termine pas par un museau fin et conique, tel que celui qui a valu aux loirs et lérots le nom de *myoxus*; leurs yeux, médiocrement ouverts, ne sont pas saillans et globuleux comme ceux de ces derniers rongeurs; leurs oreilles très-grandes, de forme arrondie ou ovalaire, sont minces et couvertes d'un poil si court, qu'elles semblent presques nues au premier aspect; leur bouche n'est point pourvue d'abajoues comme celle des hamsters; leurs pieds, médiocrement longs et terminés par des doigts minces, armés d'ongles aigus et grêles, n'offrent point les disproportions de grandeur qu'on remarque dans ceux des gerboises, des gerbilles, des mériones et des hélamys. Le pouce des mains est, ainsi que cela existe dans le plus grand nombre de rongeurs, très-court, tuberculeux, ou même n'est représenté que par une saillie garnie d'un ongle obtus. On ne voit entre les doigts des pieds de derrière ni les membranes qui existent dans les hydromys et les potamys, ni les rangées de cils roides qui sont un des attributs des ondatras.

La queue, dont la longueur est souvent égale à celle du corps et de la tête ensemble, ou la dépasse, est ronde à sa base, et insensiblement conique jusqu'à sa pointe ; l'épiderme de la peau qui la recouvre se soulève de façon à former des anneaux ou des verticilles d'écailles d'entre lesquelles sortent des poils roides, trop rares pour cacher le tronçon de cette queue, si différente de la queue comprimée latéralement des ondatras, ou de celle si élargie et aplatie horizontalement des castors. L'absence totale de queue dans l'aspalax et la brièveté de celle des lemmings, des hamsters et des marmottes, distingue, au premier coup d'œil, ces animaux des rats ; et si celle des loirs, des gerboises et des campagnols se rapproche de la queue des rats, elle en diffère néanmoins en ce qu'elle est entièrement velue.

Les mamelles sont en nombre variable de quatre à douze. Le pelage est généralement assez dur ; ou plutôt, au milieu des poils fins qui recouvrent les parties supérieures de ces animaux il y en a de beaucoup plus longs, plats et plus durs que les autres, et qui se changent même en piquans dans certaines espèces étrangères.

La taille des rats est assez petite ou médiocre, et la plus grosse espèce connue de ce genre n'a guère plus d'un pied de longueur totale, pour le corps et la tête mesurés ensemble. Ces animaux sont omnivores, ainsi que le démontre la forme de leurs molaires, dont la couronne se termine par des tubercules mousses ; néanmoins ils font le plus souvent usage de nourriture végétale, consistant surtout en grains et en racines. Quelques-uns sont aussi avides de matières animales en décomposition, et ceux-là surtout se multiplient et abondent dans les lieux où ces matières sont accumulées, comme dans les voiries, les abattoirs, les boucheries, etc. Lorsque la disette se fait sentir, les rats s'attaquent mutuellement, et les plus foibles deviennent la proie des plus forts, qui ensuite se battent entre eux ; mais ces combats sont loin d'anéantir les espèces de ces animaux, dont les femelles font plusieurs portées et chacune très-nombreuse dans l'année. Les jeunes croissent rapidement et sont bientôt en état de produire eux-mêmes.

Les mâles, très-ardens en amour, ont des temps de rut marqués, pendant lesquels leurs testicules, qui ordinairement sont intérieurs et comme atrophiés, deviennent très-volumineux et forment une saillie fort considérable au-dessous de la queue. A cette époque de la chaleur des rats ils se livrent encore des combats furieux, pendant la durée desquels ils font entendre des sifflemens aigus.

L'instinct de ces animaux n'offre rien de remarquable. Peu d'entre eux font des provisions pour la froide saison, comme beaucoup d'autres rongeurs, et quelques-uns se creusent tout au plus des terriers fort simples, peu étendus et sans profondeur.

Plusieurs se sont attachés à l'homme et transportés partout où il s'est établi. La souris, qui ne quitte pas ses habitations, paroit être de toutes les espèces qu'on pourroit appeler domestiques, celle qui existoit primordialemant en Europe, et que les anciens désignoient particulièrement sous le nom de *mus*. Quant au rat noir, ils ne le connoissoient pas, et son introduction en Europe ne paroit pas fort ancienne, bien qu'elle le soit néanmoins davantage que celle du surmulot, qu'on fixe environ à la moitié du dernier siècle.

Le plus grand nombre des rats a le corps couvert de poils dont aucune ne prennent assez d'épaisseur et de consistance pour mériter le nom de piquans. C'est de ces espèces dont nous allons d'abord exposer les caractères, en commençant par celles qui habitent l'Europe.

Le Surmulot : *Mus decumanus*, Pallas, Linn., Buff., tom. 8, pl. 27; *Mus norwegicus* et *Mus sylvestris*, Briss. C'est le plus grand de nos rats, puisque la longueur ordinaire de son corps et de sa tête, mesurés ensemble, est de neuf pouces, et celle de sa queue de sept pouces et demi. Son pelage est généralement d'un gris-brun roussâtre, qui résulte d'un mélange de poils dont les uns, ou les plus courts, sont ardoisés à la base et roussâtres à la pointe, et les autres, ou les plus longs, abondans surtout sur la ligne moyenne du dos, sont d'un brun égal dans toute leur longueur. Les flancs sont d'une couleur moins foncée, et les parties inférieures sont blanches, si ce n'est le dessous de la tête, la gorge et la poitrine, qui sont d'un cendré clair. Les mamelles sont au nombre de douze, et l'on compte deux cents anneaux écailleux à la queue. *Le pouc*, décrit par Buffon, paroit devoir être rapporté à cette espèce, dont on connoît des individus tout blancs, et d'autres marqués de taches irrégulières et plus ou moins grandes de cette couleur.

Ce rat, aujourd'hui très-multiplié en Europe, y a été introduit par le commerce maritime, et d'abord transporté de l'Inde et de la Perse en Angleterre, dans l'année 1730. Ce n'est qu'en 1750 que son existence a été signalée en France, et de là il s'est porté dans toutes les directions, et a détruit et remplacé presque partout le rat noir, qui existoit déjà dans les lieux où il a pénétré. En 1766 il n'étoit pas encore parvenu en Russie et en Sibérie ; mais Pallas, à qui nous devons ce fait, a vu arriver le surmulot, venant de l'Occident, sur les bords du Wolga, près de son embouchure dans la mer Caspienne. Depuis cette époque les rats de cette espèce ont été transportés en Amérique, où ils ont prodigieusement pullulé, ainsi que dans tous les points du globe où les Européens ont fondé des colonies. Quelquefois ils se sont tellement multipliés sur les navires, qu'on s'est vu dans la nécessité de les abandonner pendant un temps assez long, pour que, manquant enfin de nourriture, ces animaux s'exterminassent eux-mêmes presque complétement.

Aux environs de Paris les surmulots sont très-abondans dans les voiries, et notamment dans celle de Montfaucon, où vers le soir on les voit recouvrir en entier les cadavres de chevaux abattus dans la journée. Ils ne sont pas moins communs dans les boyauderies, les latrines publiques, les égouts du voisinage des marchés, et ils se tiennent aussi dans les granges ; en un mot, dans tous les lieux où des substances animales en décomposition sont rassemblées en quantité et dans ceux où les grains sont abondans. Ils se creusent des terriers à peine assez profonds pour contenir leur corps, où ils se cachent dans l'intérieur des charognes, ou même dans la cavité des têtes de chevaux depuis long-temps desséchées. Quelques-uns vivent à la campagne, et ceux ci attaquent les jeunes animaux, tels que les levrauts, les laperaux, les jeunes perdrix et les pigeonneaux, qu'ils trouvent au gite ou dans leurs nids. L'odeur des lapins les fait fuir, dit-on, et l'on a indiqué, comme un moyen sûr de les éloigner , l'introduction de ces animaux dans les lieux qu'ils habitent ; néanmoins on a remarqué que les surmulots s'établissent quelquefois dans d'anciens terriers de lapins.

Ces rongeurs ont pour ennemis naturels les chiens, les putois et les chats. Dans leurs combats avec ces derniers ils ont quelquefois l'avantage.

Les femelles des surmulots font de douze à vingt petits par portée, et les portées se renouvellent trois fois l'an.

Les surmulots ont souvent le foie attaqué par un cysticerque (*cysticercus fasciolaris*), qui est contenu dans un petit kyste membraneux.

Le RAT PROPREMENT DIT OU RAT NOIR : *Mus rattus*, Linn.; *Mus domesticus major*, Rai; le RAT, Buffon, tom. 7, pl. 56. Il est plus petit que le surmulot, puisque son corps et sa tête, mesurés ensemble, n'ont guère que sept pouces. Il s'en distingue d'abord parce que sa queue, ayant sept pouces et demi, est proportionnellement plus longue; sa tête est plus alongée ; son pelage, plus fin, est d'un cendré noirâtre, seulement plus clair sous les parties inférieures que sur les supérieures, et ne présente quelques poils blanchâtres que sur le dessus des pieds. Les mamelles sont au nombre de douze, *et* l'on compte environ cent cinquante anneaux écailleux à la queue. Une variété est d'un noir presque pur ; une autre a des teintes de fauve : enfin quelques individus sont atteints de la maladie albine.

Ainsi que nous l'avons dit, ce rat n'a pas été connu des anciens ; mais, quoique Linné et Pallas le croient originaire d'Amérique, on ignore l'époque réelle de son introduction en Europe. Tout ce qu'on sait, c'est qu'il existoit dans les lieux que le surmulot occupe maintenant, après avoir presque entièrement détruit son espèce. Le rat noir est même maintenant un animal assez rare, ce qu'on doit attribuer non-seulement à la cause que nous venons d'indiquer, mais encore à ce que sa femelle est bien moins productive que celle du surmulot. Elle ne fait qu'une portée par an et cette portée ne se compose ordinairement que de cinq à six petits. C'est surtout dans les granges où le rat existe encore : il y fait sa nourriture du grain, de la farine, du fruit et des légumes de toute espèce qu'il y trouve. Son goût pour les matières animales n'est pas moins véhément que celui du surmulot, et il fait aussi la chasse aux jeunes animaux. Il a les mêmes ennemis et de plus le surmulot lui-même, contre lequel il se défend avec beaucoup de courage, quoique d'ordinaire sans succès. Dans les maisons rurales où il se propage, c'est un véritable fléau par les dommages qu'il cause en rongeant le linge, les étoffes, les harnois de cuir, le lard, en un mot, tout ce qui tombe sous sa dent. Le goût particulier qu'il a pour le lard, fait qu'on emploie ordinairement cette matière pour amorcer les piéges nombreux qu'on lui tend.

Le rat est très-sujet à la pierre, ainsi que l'a fait connoître anciennement M. Morand, médecin de la faculté de Paris.

M. Harlan, dans la *Faune américaine*, admet le rat parmi les espèces qui habitent les États-Unis.

La Souris : *Mus musculus*, Linn., Μυς d'Aristote ; Buff., tom. 7, pl. 39. La souris est le troisième et le plus petit des rats qui vivent attachés à nos habitations : c'est le seul qui fut connu des anciens. Le rapport de longueur de sa queue avec celle du corps et de la tête, mesurés ensemble, est un peu plus considérable que dans le surmulot et moindre que dans le rat ordinaire ou rat noir : son corps a trois pouces six lignes de long et sa queue seulement trois pouces trois lignes, ce qui est à peu près en égalité. Toutes les parties supérieures de son pelage et ses flancs sont d'un cendré noirâtre, glacé de jaunâtre, chaque poil de ces parties étant d'un cendré foncé à son origine et dans une grande étendue, puis jaunâtre, avec la pointe noire ; le dessous de la tête, le bas du cou et les autres parties inférieures sont d'un cendré très-clair et aussi lavé de jaunâtre, surtout près de l'anus. Une variété est d'un noir foncé ; une autre jaunâtre, et une troisième est d'un gris très-clair. Les souris blanches avec les yeux roses, ou celles qui sont dans l'état d'albinisme, ne sont pas rares. Il y a aussi quelques individus pies, c'est-à-dire nuancés irrégulièrement de blanc.

Cette petite espèce est très-multipliée. Bien qu'elle se trouve quelquefois à l'état sauvage, il est vrai de dire que c'est la plus domestique de toutes les espèces du genre, et qu'elle vit en quelque sorte plus intimément avec l'homme que les deux premières et même avec une sorte de familiarité. C'est

particuliérement dans les anciennes maisons que les souris établissent leur domicile. Elles creusent dans les planchers et
dans les vieilles murailles, dont le plàtre se désagrége facilement, des galeries plus ou moins longues et plus ou moins
compliquées, où elles font leur résidence habituelle. Elles se
nourrissent de toutes les substances animales ou végétales
qu'elles peuvent atteindre, et causent souvent beaucoup de
dommage en perçant et détruisant le linge, les livres, etc.
Les corps gras surtout leur conviennent beaucoup, et elles ne
manquent jamais de grignoter le suif, le savon et le lard qu'elles
rencontrent.

Les souris multiplient beaucoup; les femelles font chaque
année plusieurs portées, composées chacune de six à huit petits, et souvent elles sont déjà pleines que les petits de la dernière portée ne les ont pas encore quittées.

Celles qui vivent dans les bois se nourrissent principalement
de glands et de faînes. En général elles ne sont pas très-multipliées et surtout beaucoup moins que le mulot.

Le froid n'engourdit point les souris comme les loirs et les
lérots, et ces animaux supportent très-bien les hivers les
plus rigoureux. Leur espèce existe en Islande et en Sibérie,
mais elle se multiplie surtout dans les climats tempérés et
chauds. L'Égypte est le pays du monde où ce rongeur incommode pullule le plus.

Le MULOT : *Mus sylvaticus*, Gmel.; *Mus domesticus medicus*,
Linn., *Syst. nat.*, ed. 2.ᵉ; le MULOT, Buff., tom. 7, pl. 41. Il
est intermédiaire pour la taille entre le rat et la souris, et
ses couleurs ont de l'analogie avec celles du surmulot. Le
rongeur de nos campagnes qui, sous ces divers rapports, se
rapproche le plus du mulot, est le campagnol. Mais il sera
toujours facile de les distinguer, si l'on fait attention que
le campagnol a la queue beaucoup plus courte que le mulot
et toute velue, et si l'on considère surtout ses molaires, dont
la couronne offre des lignes émailleuses transversales, au lieu
de tubercules mousses.

Le corps du mulot a quatre pouces deux lignes de longueur,
en y comprenant la tête, et la queue a trois pouces six lignes.
Sa tête est plus forte que celle de la souris, et ses yeux sont
plus gros et plus saillans; ses oreilles sont aussi plus larges,

Toutes les parties supérieures du pelage sont d'une couleur fauve, légèrement teinte de noirâtre ; chaque poil étant cendré dans la plus grande partie de sa longueur, puis fauve, puis cendré et enfin terminé de noir ; tout le dessous de la tête et du corps est blanchâtre ; la queue est brune supérieurement et blanche inférieurement. Il y a aussi des mulots d'un gris pur, d'autres bruns, et enfin de tout blancs, c'est-à-dire atteints de la maladie albine.

Le mulot ne fréquente point les habitations de l'homme ; sa résidence ordinaire e t dans les forêts, où il fait souvent des dégâts très-considérables, soit en retirant de la terre, pour le manger, le gland ou la faîne que l'on a semé, soit en rongeant les écorces du jeune plant, et opérant ainsi sa ruine totale. Il fait également beaucoup de tort aux moissons, conjointement avec le campagnol, en coupant les tiges du blé pour en dévorer quelques grains et gaspiller le reste. Il fait des provisions, qu'il dépose dans des trous creusés à un pied sous terre et protégés par des broussailles ou des buissons épais, et il les compose de glands, de noisettes, de châtaignes. qui ne tardent pas à s'échauffer, à fermenter et à pourrir. Les portées des femelles sont chacune de neuf à dix petits et se renouvellent plusieurs fois ; aussi ces animaux sont-ils très-répandus, et dans certaines années, où les premières portées ont pu naitre de très-bonne heure, à cause de la douceur de la température de l'hiver, les mulots, ainsi que les campagnols, pullulent-ils à un point prodigieux.

On a dans ces occasions tenté tous les procédés qu'on croyoit les plus certains pour se préserver de ce fléau. On a d'abord employé, mais ensuite rejeté, à cause des inconvéniens qu'ils présentoient, les appâts empoisonnés, et le moyen auquel on paroît avoir reconnu le plus d'efficacité, consiste dans le creusement de petites fosses carrées de neuf à douze pouces de profondeur et ouvertes avec la bêche, de façon à en conserver les parois perpendiculaires, en plaçant ces fosses à vingt-cinq ou trente pieds de distance les unes des autres. Les mulots et campagnols y entrent et ne peuvent en sortir assez rapidement, lorsqu'on en fait la visite, pour qu'on ne puisse les saisir et les assommer.

Le mulot se trouve non-seulement en Europe, mais aussi aux États-Unis, selon M. Harlan.

Le Rat champêtre : *Mus campestris;* Mulot nain, Fr. Cuv., Mamm. lithogr.; Petit mulot ou Mulot des champs, Buff., tome 7, page 525. Ce petit rongeur, très-voisin de celui que nous venons de décrire sous le nom de mulot, et que Daubenton désigne sous celui de *mulot des bois*, en diffère surtout par la taille et les proportions. Dans celui-ci la queue dépasse le corps de quatre lignes, et dans l'autre elle est de cinq lignes plus courte. Les poils du rat champêtre ont tous leur base d'un beau gris d'ardoise et leur extrémité fauve; cette dernière teinte est presque seule apparente sur le dos, et elle pâlit sur les côtés. Le dessous du cou, la poitrine, le ventre et les quatre pattes sont blancs; la queue, couverte d'écailles, est légèrement revêtue de poils gris; les moustaches sont noires. Un individu dont le corps et la tête ensemble ont deux pouces cinq lignes de longueur, a la queue seulement longue de deux pouces.

Ce rat habite les champs non loin des villages et se creuse des terriers. On ne sait s'il rassemble des provisions d'hiver, comme le mulot proprement dit.

Le Rat des moissons ; *Mus messorius,* Shaw, *Gen. zool.*, tome 2, 1.re part., page 62, et fig. du frontispice. Ce rat, par ses caractères, a tellement de rapports avec le précédent, que nous les aurions réunis, si nous n'avions pas sur les mœurs de celui-ci des détails particuliers qui n'ont point été attribués à l'autre.

Le rat des moissons, long de deux pouces trois lignes, a la queue longue seulement de deux pouces ; les poils du dessus de son dos sont d'un gris foncé dans la plus grande partie de leur longueur, et terminés de fauve ; la queue est de la couleur du dos; le ventre et les pieds sont blancs, et cette teinte, sur les flancs, est nettement séparée de la couleur gris-jaunâtre du dessus du corps; les oreilles sont assez courtes, arrondies et velues, et les poils des moustaches sont d'un gris foncé.

Ce petit animal, qui se tient de préférence dans les endroits rocailleux, vit de blé et fait de grands dégâts. En été il se construit artistement un petit nid, de forme sphérique,

composé de paille et suspendu, soit à des tiges de blé au-
dessus du gazon, ou même au centre d'une touffe d'herbe.
C'est dans cette petite bauge qu'il fait ses petits, au nombre
de sept ou huit par portée. En hiver il creuse la terre et se
fait une petite demeure, aussi de forme ronde, et qu'il tapisse de mousse ou d'autres corps mollets.

Ces habitudes nous font soupçonner qu'on doit rapporter
à cette espèce le *mus pendulinus* d'Hermann, dont les mœurs
sont semblables.

Le Rat nain; *Mus soricinus*, Hermann, Obs. zool., tom. 2,
1.re part., pl. 153. Ce rat, dont on doit la découverte à feu
Hermann, n'a, comme le précédent, que deux pouces trois
lignes de longueur pour le corps et la tête réunie; mais sa
queue est aussi de cette dimension, c'est-à-dire, qu'elle est
comparativement plus longue que celle du rat des moissons.
Il est particulièrement caractérisé par la forme de son museau, qui est très-prolongé; son pelage est d'un gris jaunâtre en dessus et blanchâtre en dessous; ses oreilles sont
orbiculaires, velues.

Il a été trouvé aux environs de Strasbourg.

Parmi les espèces de rats de l'ancien continent quelques-
unes sont remarquables par leur forte taille; ce sont les suivantes.

Le Rat géant : *Mus giganteus*, Hardwicke, Linn., Trans.,
VII; *M. malabaricus*, Penn. Il a le corps et la tête réunis, longs
d'un pied, mesure angloise; et la queue est égale. Son corps
est épais et voûté; ses dents incisives sont très-larges; ses oreilles
nues, assez amples, sont arrondies, avec le bord inférieur replié. Sa queue, peu couverte de poils, est tout-à-fait nue à son
extrémité sur la longueur d'un pouce, et les anneaux que la
peau y forme sont très-nombreux. Son pelage, formé de poils
serrés, est d'un brun obscur sur le dos, gris sous le ventre,
et les quatre extrémités sont noires. Le doigt externe des pieds
de derrière est plus large que les autres et fort remonté. Le
poids des plus gros individus s'élève à trois livres.

La patrie de ce rat est la côte de Malabar, celle de Coromandel, le Mysore, le Bengale entre Calcutta et Hardwar.
Il avoisine les habitations de l'homme, pénètre dans les jardins, où il fait de grands ravages, ainsi que dans les granges

et les basses-cours, où il détruit les grains et les volailles. Sa chair est mangée par les pauvres Indiens et ses morsures passent pour être dangereuses.

Le RAT DE JAVA ; *Mus javanus*, Herm., *Obs. zool.*, 63. Ce rat, d'un brun roux en dessus, a les extrémités des pattes et le ventre blancs. Il est à peu près de la taille du surmulot, mais sa queue est plus courte, dans le rapport de cinq et demi à sept, que celle de cet animal, et elle est plus grosse d'un tiers environ à sa base. La distance du cantus interne, de l'œil au bout du museau, est un peu plus considérable (comme treize lignes à onze) ; les oreilles sont plus longues (dans le rapport de dix lignes à neuf), et plus larges (comme sept à six) ; la base de la queue est très-poilue, et le reste de sa longueur présente de grandes écailles.

Ce rat habite l'île de Java. Ses habitudes naturelles ne sont point connues.

Le RAT CARACO ; *Mus caraco*, Pall., Gmel. Il est indiqué par Pallas comme propre à la Sibérie et surtout à la Mongolie, et il paroît originaire des régions orientales de l'Asie et des provinces méridionales de la Chine. Plus petit d'un tiers que le surmulot, auquel il ressemble d'ailleurs beaucoup, sa queue est proportionnellement plus courte que celle de cet animal. La longueur totale, depuis le bout du museau jusqu'à l'anus, est de six pouces neuf lignes, sur quoi la tête prend un pouce sept lignes deux tiers, et sa queue a quatre pouces six lignes ; elle porte cent cinquante rangées d'écailles, tandis que celle du surmulot en a deux cents. Les quatre doigts des pieds de devant et les trois du milieu des pieds de derrière sont très-légèrement palmés. Le pelage est en dessus mélangé de roussâtre et de gris, plus foncé sur le dos que sur les côtés ; le ventre est d'un cendré blanchâtre ; les pattes sont d'un blanc sale.

Ce rat vit dans les habitations des Mongoles, qui lui donnent, outre le nom de caraco, celui de *jike-cholgonach*, c'est-à-dire grand rat. Il nage bien et fait, à l'état sauvage, sa demeure auprès des lieux aquatiques.

Le RAT DE L'INDE ; *Mus indicus*, Geoffr., est environ de la taille du surmulot, et sa queue est à peu près dans les mêmes rapports de longueur que celle de ce rongeur, c'est-à-dire qu'elle est un peu moins longue que le corps. Ses oreilles sont grandes, brunes, de forme arrondie et presque nues; sa queue est noirâtre; son pelage est d'un gris fauve sur le dos, les flancs et les pattes, ces dernières parties étant seulement plus claires; les parties inférieures sont grisâtres, et tous les poils qui s'y trouvent ont du gris pur à leur base.

Il a été trouvé à Pondichéry.

Le RAT D'ALEXANDRIE, *Mus alexandrinus*, a été rapporté d'É-gypte par M. Geoffroy Saint-Hilaire. Il a six pouces de lon-gueur, et sa queue en mesure huit; sa tête est plus courte et ses oreilles sont plus grandes à proportion que celles du surmulot. Son pelage est d'un gris brun, légèrement teint de roussâtre en dessus, et d'un gris cendré un peu jaunâtre en dessous, avec les pattes de la couleur du dos. Ses oreilles sont très-longues, brunes et nues, ainsi que la queue, qui paroît marquée de cent trente à cent quarante anneaux en-viron. Ce rat, ayant quelques poils de la région du dos, aplatis et marqués d'une rainure longitudinale sur une de leurs faces, se rapproche des rats épineux et pourroit être placé avec eux.

Les deux espèces suivantes, moins grandes que celles qui viennent de nous occuper, ne sont connues que par les des-criptions qu'en a faites Pallas dans son Traité des *Glires*.

Le RAT AGRAIRE, ou RAT SITNIC; *Mus agrarius*, Pall., *Glir.*, tab. 24 *A*, qui se trouve non-seulement en Russie et dans la Sibérie tempérée, mais encore en Allemagne, n'est guère plus grand que le mulot des champs ou que le rat des mois-sons. Son corps a deux pouces dix lignes de longueur et sa queue seulement un pouce neuf lignes. Son pelage, composé de poils d'un gris jaunâtre, entremêlés d'autres de couleur brune, est généralement d'un gris ferrugineux en dessus, avec une ligne dorsale noire et étroite, s'étendant depuis l'occi-put jusqu'à la base de la queue; son ventre et ses pattes sont de couleur blanche; ses oreilles sont ovales et un peu plus petites à proportion que celles de la souris; sa queue est cou-verte de poils en plus grand nombre que celle de ce dernier animal.

On le trouve dans les campagnes et surtout dans les champs cultivés, où il cause de grands dommages. Il répand une odeur très-forte.

Le Rat subtil ou Sikistan , *Mus subtilis*. Cette espéce , que Pallas avoit d'abord divisée en deux autres , *Mus betulinus* , *Glir.*, pl. 22 , fig. 1 , et *Mus vagus*, *Glir.*, pl. 22 , fig. 2 , n'a pris le nom de *Mus subtilis* que lorsque la réunion de ces espéces lui a paru nécessaire. Sa taille est de deux pouces sept lignes , et sa queue a deux pouces onze lignes et demie de longueur totale. Son pelage est doux , lisse , tantôt d'un gris blanchâtre mêlé de quelques teintes obscures , tantôt d'un gris fauve ; mais toujours la ligne dorsale est marquée dans sa longueur d'une raie noire. Son ventre est d'un blanc légèrement cendré. Sa queue est marquée de noir en dessus , ou bien elle est brune en dessus et plus claire en dessous.

La variété de ce rat que Pallas nommoit d'abord *Mus vagus*, ou celle à pelage gris , est très-commune dans le désert de Tatarie et se trouve au-delà du cinquantième degré de latitude boréale : en Sibérie elle est plus petite. La variété qui étoit d'abord appelée *Mus betulinus*, habite les forêts de bouleaux situées entre l'Oby et le Jénissei en Sibérie : c'est la fauve.

Ce rongeur a cela de commun avec ceux du genre des loirs , qu'il hiverne , qu'il monte aux arbres avec facilité à l'aide de ses doigts , qu'il écarte beaucoup en marchant , et qu'il est dépourvu de vésicule du fiel. Il a un cœcum semblable à celui des autres rats. Sa nourriture consiste principalement en graines.

Le Rat strié (*Mus striatus*, Linn. , Gmel. ; *Mus orientalis*, Séba , *Thes.*, tom. 2 , pl. 22 , fig. 2) est un animal de la taille de la souris , dont la queue est d'une longueur égale à celle du corps. Tout le dessus de son corps est d'un gris tirant plus ou moins sur le roux ou le fauve , et l'on y voit douze bandes longitudinales , formées de petites taches blanches , bien nettement séparées les unes des autres. Le ventre est blanchâtre ; les oreilles , de forme arrondie et un peu alongée , sont presque nues. Séba dit que ce rongeur est originaire des Indes.

Le Rat de Barbarie (*Mus barbarus*, Linn.. Gmel.) est voisin du précédent par la distribution des couleurs de son pelage , mais il est un peu plus petit. Il est brun en dessus et marqué de dix lignes longitudinales blanchâtres ; son ventre est blanchâtre ; ses oreilles sont courtes et nues ; sa queue est à peu près aussi longue que le corps. Cette espéce, dont l'existence mérite d'être confirmée, auroit seulement, suivant Linné, trois doigts aux pieds de devant et cinq à ceux de derrière. Elle vit dans l'Afrique septentrionale.

Le Rat fauve de Sibérie (*Mus minutus*, Pall., *Glir.*, pl. 24 *B*), peut-être le même que le *Mus parvulus* d'Hermann, n'a que deux pouces deux lignes et demie de longueur, et sa queue a un pouce neuf lignes. Ainsi il mérite d'être placé avec les espèces naines dont nous avons donné plus haut les descriptions. Son pelage est ferrugineux en dessus et blanchâtre en dessous. Son corps et ses extrémités sont proportionnellement plus grêles, sa tête relativement plus grosse, et son museau plus aigu que ces mêmes parties dans la souris. Ses oreilles sont petites, plattes et légèrement arrondies. La femelle est d'une couleur plus pâle que le mâle.

Ce rat, commun en Russie et en Sibérie, principalement auprès du Volga, vit dans les champs, comme le rat sitnik et se rassemble en nombre dans l'automne, dans les greniers et sous les gerbes de blé.

Les rats épineux, c'est-à-dire ceux dont les poils du dos sont mêlés de quelques poils beaucoup plus forts et plus durs, se réduisent à deux espèces, qui habitent l'une comme l'autre l'ancien continent.

La plus anciennement connue est le Rat perchal de Buffon, Suppl. 7, pl. 79; *Mus perchal*, Gmel. et Shaw. Il est de la taille des plus grands rats, et ressemble par ses formes générales au surmulot et au rat de Java. Son corps, mesuré depuis le bout du nez jusqu'à l'origine de la queue, a un pied trois pouces de longueur, et la queue n'a que neuf pouces. Son pelage est d'un brun moins foncé que celui du surmulot sur la partie supérieure de la tête, du cou, des épaules, du dos, de la croupe et des flancs, et le poil de ces parties est entremêlé de poils très-roides et grisâtres; le dessous du corps est d'une couleur grise, plus claire sous le cou et sous le ventre qu'ailleurs; les moustaches sont longues de deux pouces et de couleur noire. Ce rat se trouve à Pondichéry et dans les environs; il habite les maisons comme chez nous le surmulot. Les habitans trouvent sa chair bonne à manger.

Le Rat du Caire; *Mus cahirinus*, Geoffr., Ouvr. sur l'Égypte, pl. 5, fig. 1. Celui-ci n'a que quatre pouces de longueur totale et sa queue en a autant. Sa tête est assez courte ; son museau effilé ; ses oreilles sont fort grandes, arrondies et de couleur brune. Son dos est couvert de piquans roides, d'un gris cendré assez foncé, avec les côtés d'un gris plus roux et d'un aspect plus doux ; sa gorge et son ventre sont d'un gris blanchâtre, qui se fond avec la couleur des flancs ; les poils rares que l'on voit sur la queue sont gris ; les pieds sont d'un blanc sale et les moustaches brunes.

Une véritable espèce de rat américain est celle que M. Plée a envoyée au Muséum, il y a quelques années, et qui porte le nom de

RAT PILORIS, *Mus pilorides*. Cette espèce est de bien peu plus petite que le surmulot, et a des formes très-semblables à celles de cet animal ; mais son pelage est partout d'un beau noir lustré, à l'exception toutefois du menton, de la gorge et de la base de la queue, qui sont d'un blanc pur. Le nom de piloris que les habitans de la Martinique lui ont donné, paroît avoir été appliqué autrefois à un autre rongeur des Antilles. Du moins celui dont parle Rochefort étoit différent de celui dont nous venons d'indiquer les principaux traits. Selon ce voyageur, le piloris dont il parle étoit un animal de la Martinique qui se creusoit des terriers et répandoit une odeur de musc très-forte. Sa taille étoit un peu moins forte que celle du lapin ; sa queue courte et cylindrique ; son pelage noir ou tanné en dessus et blanc en dessous. Pennant et Erxleben avoient placé cet animal dans le genre des *Cavia*.

Une seconde espèce a été trouvée au Brésil par M. A. Saint-Hilaire ; c'est

Le RAT DU BRÉSIL (*Mus brasiliensis*, Desm.), plus petit que le rat commun, auquel il ressemble par ses formes. Sa tête est cependant plus courte et ses oreilles sont moins longues. Son pelage, qui paroît ras et doux, est d'un brun fauve sur le dos, presque fauve sur les flancs, et gris sous le ventre ; sa queue est un peu plus longue que le corps, et ses moustaches sont noires.

M. Rafinesque a annoncé (*Montly Magaz.*, 1818) la découverte faite par lui de deux espèces nouvelles de vrais rats, aux États-Unis ; ce sont :

Le Rat noiratre (*Mus nigricans*, Harlan, *Faun. amer.*, 151), qui pourroit fort bien ne pas différer spécifiquement du rat noir ordinaire (*mus rattus*). Il a six pouces de longueur, et sa queue, qui est noire, en a davantage. Son pelage est noirâtre en dessus et gris en dessous. On le trouve dans les états de l'Ouest.

Le Rat aux pieds blancs (*Mus leucopus*, Harlan, *Faun. amer.*, 151), qui est long de cinq pouces, et dont la couleur est le fauve brunâtre en dessus et le blanc en dessous. Sa tête est fauve; ses oreilles sont larges : sa queue, aussi longue que le corps, est d'un brun pâle en dessus et grise en dessous; les quatre pattes sont blanches. Il se nourrit de graines et de noisettes dans les bois des états de l'Ouest.

Il nous reste à parler des rongeurs de l'Amérique méridionale, décrits par d'Azara, qui n'appartiennent vraisemblablement pas tous au genre des Rats, mais que nous sommes forcés d'y laisser, à cause du manque de renseignemens nécessaires, pris dans le nombre et la forme des dents.

Le Rat angouya : *Mus angouya*, Desm.; d'Azara, tom. 2, p. 86. La longueur de son corps et de sa tête ensemble est de cinq pouces et demi, et celle de la queue de six pouces; sa tête est assez grosse, son museau un peu aigu, son front bombé; ses oreilles sont médiocres, arrondies, ses yeux un peu saillans; ses incisives de couleur orangée. Son pelage est d'un brun fauve en dessus, blanchâtre en dessous, mais plus clair sous la tête et plus foncé sur la poitrine ; les soies de ses moustaches sont nombreuses, les supérieures de couleur noire et les autres blanches. Il habite, dans le Paraguay, les régions montueuses habitées par la peuplade d'Atira.

Le Rat roux (*Mus rufus*, Desm.; *Rat roux*, d'Azara, tom. 2, pag. 94), long de cinq pouces six lignes; sa queue n'a que trois pouces neuf lignes. Il a le museau obtus, les yeux grands, les moustaches peu fournies; le pelage généralement d'un fauve roussâtre, avec le dessus de la tête et la partie antérieure du dos plus obscurs; le ventre jaunâtre; les écailles de la queue brunes, et les poils qui sont placés dans leurs interstices, courts, roides et noirs. Il a été trouvé dans le voisinage des eaux, au Paraguay. M. d'Azara avertit que l'individu décrit ci-dessus avoit été conservé dans la liqueur, et qu'il se pourroit que les couleurs de son pelage eussent été altérées.

Le Rat a grosse tête: *Mus cephalotes*, Desm.; d'Azara, tom. 2, p. 82. Son corps a quatre pouces et sa queue est de la même longueur. Il est remarquable par sa tête très-grosse et plus courte comparativement que celle du rat commun; ses yeux assez petits; ses oreilles médiocres; sa queue grêle; son pelage brun en dessus, plus clair sur les côtés, blanchâtre tirant un peu sur le fauve en dessous. Les jeunes ont la tête encore plus grosse, à proportion, que celle des adultes: leurs parties supérieures sont d'une nuance plombée, et les inférieures blanchâtres, sans mélange de fauve. Ce rat se trouve dans les champs cultivés, près de Saint-Ignace Gouazou, à trente-quatre lieues et demie à l'est de l'Assomption, au Paraguay. Nous soupçonnons, à cause du volume de sa tête et de ses habitudes, qu'il pourroit appartenir au genre des Campagnols.

Le Rat oreillard (*Mus auritus*, Desm.; d'Azara, tom. 2, p. 91): long de quatre pouces et demi, sa queue n'a que trois pouces; sa tête est grande et plus large que le corps; ses oreilles sont arrondies, très-longues, nues en dedans; son pelage est généralement d'un gris de souris un peu obscur en dessus et blanchâtre en dessous: le poil en est doux au toucher; les pieds sont blancs; la queue n'a que quelques petits poils courts et blancs. Il habite les plaines ou pampas situées au sud de Buénos-Ayres.

Le Rat aux tarses noirs (*Mus nigripes*, Desm.; d'Azara, t. 2, p. 98): long de trois pouces six lignes, avec une queue de deux pouces cinq lignes, ce rongeur a encore la tête grosse pour sa taille, et moins plate que celle du rat ordinaire; son front est même un peu bombé; ses yeux sont petits; ses oreilles sont arrondies, courtes et assez écartées l'une de l'autre. Son pelage est d'un brun fauve en dessus et blanchâtre en dessous, avec les extrémités des pattes d'une couleur noire très-foncée. Il vit dans les jardins ou les champs cultivés des habitans de la peuplade d'Atira, au Paraguay. Nous soupçonnons aussi qu'il peut, comme les deux précédens, devoir être placé dans le genre des Campagnols.

Le Rat laucha: *Mus laucha*, Desm.; d'Azara, t. 2, p. 102. Ce petit animal n'a que deux pouces trois lignes de longueur, et sa queue a un pouce neuf lignes; sa tête est étroite et son museau un peu aigu: ses yeux sont très-petits et peu saillans; ses oreilles demi-circulaires, assez grandes, avec très-peu de poils. Son pelage, d'une couleur plombée en dessus, est blanchâtre en dessous. Il habite les environs de Buénos-Ayres, et on l'a aussi rencontré sous le quinzième degré de latitude, sud. (Desm.)

RAT. (*Ichthyol.*) Nom spécifique d'un Uranoscope. (H. C.)

RAT D'AFRIQUE. (*Mamm.*) Nom erroné, donné par Séba au didelphe cayopollin. (Desm.)

RAT AGOUTI et AKOUCHI. (*Mamm.*) Voyez Chloromys. (Desm.)

RAT AILÉ ou PTÉROMYS. (*Mamm.*) Voyez Polatouche. (Desm.)

RAT ALLIAIRE; *Mus alliarius*, Pall. (*Mamm.*) Voyez *Campagnol des ails*, à l'article Campagnol, t. VI, p. 318. (Desm.)

RAT DES ALPES. (*Mamm.*) Traduction du nom *mus alpinus*, donné par quelques auteurs à la marmotte d'Europe. (Desm.)

RAT D'AMÉRIQUE. (*Mamm.*) Le cobaye cochon d'Inde a quelquefois reçu ce nom. (Desm.)

RAT ANOMAL; *Mus anomalus* de Thompson. (*Mamm.*) Rongeur ayant le port des rats ou des échymis, et que nous avons placé provisoirement dans le genre Hamster. Voyez ce mot. (Desm.)

RAT AQUATIQUE, *Mus aquaticus*. (*Mamm.*) C'est le rat d'eau, espèce de campagnol. (Desm.)

RAT ARAIGNÉE. (*Mamm.*) Traduction du mot *mus araneus*. Voyez Musaraigne. (Desm.)

RAT D'ASTRACAN. (*Mamm.*) Espèce de rongeur peu connue, et qu'on regarde comme appartenant au genre des Campagnols. (Desm.)

RAT BARABA ou BARABENSKOI. (*Mamm.*) C'est le hamster orozo. (Desm.)

RAT-BERNARD. (*Ornith.*) C'est en Berri le grimpereau commun, *certhia familiaris*, Linn. (Ch. D.)

RAT BIPÈDE, *Mus bipes*. (*Mamm.*) Les gerboises ont été ainsi désignées à cause de la brièveté extrême de leurs membres antérieurs et du très-grand alongement des postérieurs. (Desm.)

RAT BLANC. (*Mamm.*) On a quelquefois nommé ainsi une variété du lérot, espèce de loir. (Desm.)

RAT BLANC DE CEILAN. (*Mamm.*) On trouve cette dénomination employée par Brisson, pour désigner le piloris, animal fort peu connu dont nous avons dit quelques mots ci-devant, pag. 485. (Desm.)

RAT BLANC [Petit] DE SUÈDE. (*Mamm.*) C'est une variété albine de la souris. (Desm.)

RAT BLANC DE VIRGINIE (*Mamm.*) de Klein et de Brisson. Il est rapporté à l'espèce de campagnol rat d'eau par Erxleben. (Desm.)

RAT DE BLÉ. (*Mamm.*) C'est le hamster d'Europe. (Desm.)

RAT DES BOIS. (*Mamm.*) C'est le mulot et quelquefois le surmulot. Ce nom a aussi été donné aux agoutis et aux sarigues. (Desm.)

RAT A BOURSE. (*Mamm.*) Traduction du mot *phascolomys*, employé par M. Geoffroy pour désigner un mammifère marsupial de la Nouvelle - Hollande. Voyez Phascolome. (Desm.)

RAT A BOURSES ; *Mus bursarius*, Shaw. (*Mamm.*) Rongeur singulier de l'Amérique du nord, décrit dans l'article Hamster de ce Dictionnaire, tom. XX, pag. 257, et dont les naturalistes américains font maintenant le type du nouveau genre qu'ils nomment *Pseudostoma*. (Desm.)

RAT DU BRÉSIL. (*Mamm.*) Linné désignoit d'abord le cobaye cochon d'Inde, sous le nom de *mus brasiliensis*. Rai appeloit *grand rat du Brésil* le paca. (Desm.)

RAT-BUFOU. (*Mamm.*) Vieux mot françois par lequel on désignoit le loir. (Desm.)

RAT DES BUISSONS. (*Mamm.*) Voyez ci-avant, pag. 480, l'histoire du rat sitnik, qui a reçu ce nom. (Desm.)

RAT-CAMPAGNOL. (*Mamm.*) Nous profitons de ce renvoi pour donner ici quelques indications d'espèces qui n'étoient pas connues lorsque l'article qui concerne le genre Campagnol a été imprimé dans ce Dictionnaire.

1. Campagnol a bandes blanches; *Lemmus albovittatus*, Rafinesque. Il a quatre pouces de longueur et sa queue seulement huit lignes; son pelage est fauve en dessus, avec cinq raies longitudinales blanches, dont celle du milieu s'étend

jusqu'au bout du museau. Il vit de blé dans les États-Unis de l'Ouest.

2. CAMPAGNOL DE PENSYLVANIE ; *Arvicola pensylvanica*. Ord. et Harlan. Il a quatre pouces de longueur et sa queue n'a que neuf lignes ; son pelage est d'un fauve brunâtre en dessus et d'un blanc grisâtre en dessous. Il vit aux États-Unis, sur les bords des rivières et dans les digues, qu'il détériore en les perçant de ses trous ; sa nourriture consiste en bulbes de liliacées et notamment d'ail.

3. CAMPAGNOL TALPOÏDE, *Lemmus talpoides*. M. Rafinesque désigne ainsi une espèce de l'Amérique septentrionale, dont les dimensions du corps et de la queue sont exactement les mêmes que dans les deux précédens ; mais dont la couleur est le gris foncé pour les parties supérieures et le blanchâtre pour les inférieures : elle se terre comme la taupe et vit de racines.

4. CAMPAGNOL AUX JOUES FAUVES ; *Lemmus xanthognathus*, Leach, *Miscell.* Il est long de cinq pouces, à pelage fauve, varié de noir en dessus, gris cendré clair en dessous ; avec les joues fauves, la queue noire en dessus, blanche en dessous, et les pattes brunâtres. Il habite les bords de la baie d'Hudson.

5. CAMPAGNOL DE NEW-YORK ; *Lemmus noveboracensis*, Rafinesque. Il a quatre pouces six lignes de longueur et sa queue n'a que les trois onzièmes d'un pouce ; son pelage est brun, avec une teinte rousse en dessus, et d'un gris brunâtre sous le ventre ; sa queue est écailleuse et terminée par un petit pinceau de poils.

6. CAMPAGNOL DES MARAIS ; *Arvicola palustris*, Harlan, *Faun. amer.* Sa longueur est de six pouces anglois, et sa queue, qui a deux pouces trois dixièmes, est couverte de poils assez rares. Son pelage est d'un gris-brun foncé en dessus, pâle et plombé en dessous ; son museau est d'un brun rougeâtre. Il habite le bord des marais, et vit de riz sauvage, *zizannia aquatica*.

7. CAMPAGNOL DES JARDINS ; *Arvicola hortensis*, Harlan, *Faun. amer.* Il n'a que cinq pouces cinq dixièmes anglois, et sa queue n'a que deux pouces sept dixièmes. Son corps est d'un brun ferrugineux en dessus et d'une couleur de plomb mêlée de jaune en dessous ; son poil est dur, plus ou moins hérissé ; sa tête est arrondie ; ses oreilles sont larges et ovales, et son

museau est conique. Ce rongeur, qui vit dans les jardins et
les plantations abandonnées de la Floride, est le type du genre
Sigmodon de M. Ord.

8. CAMPAGNOL DE LA FLORIDE, *Arvicola floridana*. Ce rongeur,
dont la taille est de sept pouces six lignes, et dont la queue
a quatre pouces et demi, est sans doute mal placé dans le
genre Campagnol, où M. Harlan l'a rangé. M. Ord, qui l'a découvert, en forme le type du nouveau genre qu'il nomme
Neottoma. C'est un joli animal, dont le corps est svelte, la tête
moyenne, et les oreilles très-grandes. Son pelage est très-doux
au toucher, d'un gris de plomb entremêlé de noir sur la ligne
dorsale, et de jaunàtre sur les flancs; les bords de l'abdomen
et de la poitrine sont couleur de buffle; les parties inférieures
d'un beau blanc couleur de crème; l'extrémité des pieds est
aussi blanche et pourvue de poils assez longs à la base des ongles; la queue est brune en dessus et blanche en dessous; les
écailles fines et nombreuses qui la garnissent sont entièrement recouvertes par les poils qui sont très-fins et très-ras.

RAT DU CAP DE BONNE-ESPÉRANCE. (*Mamm.*) Le cri-
cet, espèce du genre Oryctère, a reçu le nom de *mus capensis*.
(DESM.)

RAT DES CHAMPS. (*Mamm.*) Ce nom est particulièrement
donné au campagnol vulgaire, mais on l'applique aussi au mulot champêtre, et Slabber s'en est servi pour désigner la marmotte. (DESM.)

RAT CHARACO. (*Mamm.*) Voyez *Rat caraco*, à l'article
RAT. (DESM.)

RAT CHEROSO. (*Mamm.*) Voyez ci-après RAT DE SENTEUR.
(DESM.)

RAT-CHIEN, *Cynomys*. (*Mamm.*) M. Rafinesque a ainsi
désigné un genre nouveau de rongeurs, qui renferme deux
espèces de l'Amérique septentrionale. Les CYNOMYS ont des
abajoues; les dents conformées comme celles des écureuils;
cinq doigts à tous les pieds, avec les deux internes de ceux
de devant munis d'ongles aigus, et la queue couverte de poils
distiques. Le CYNOMYS SOCIALIS a la tête grosse, le corps large
antérieurement; les jambes courtes; le pelage d'un rouge de
brique en dessus et gris en dessous: sa taille est assez considérable, puisqu'il a dix-sept pouces et demi (anglois) de lon-

gueur, et que sa queue n'en a que quatre et demi. C'est l'écureuil jappant de Lewis et Clarke, qui l'ont trouvé dans les plaines du Missouri, où il se creuse, en société, de vastes demeures souterraines. Sa voix ressemble à celle d'un jeune chien. Cet animal est l'*arctomys missouriensis* de M. Warden, et l'*arctomys ludoviciana* de M. Ord. Le Cynomys griseus, long seulement de onze pouces un quart (anglois) ou dix pouces quatre lignes (pied de roi), est entièrement gris. Sa fourrure est très-fine, et ses ongles sont longs; sa queue a trois pouces et demi : on ne sait s'il a des abajoues. Il se trouve dans les plaines du Missouri.

Ce genre *Cynomys* a besoin d'être examiné, et vraisemblablement il sera supprimé; car les espèces qu'il renferme nous paroissent se rapporter au genre Spermophile de M. F. Cuvier, fondé sur de bons caractères. (DESM.)

RAT A COLLIER. (*Mamm.*) Voyez *Campagnol à collier*, à l'article CAMPAGNOL. (DESM.)

RAT COMPAGNON. (*Mamm.*) Voyez *Campagnol social*, à l'article CAMPAGNOL. (DESM.)

RAT A COURTE QUEUE; *Mus micruros*, Erxleb. (*Mamm.*) Ce petit rongeur, maintenant inconnu des naturalistes, a été rangé par quelques-uns dans le genre des rats; mais à cause seulement de la brièveté de sa queue, il semble qu'il serait mieux placé avec les campagnols. Il a trois pouces trois lignes de longueur, et sa queue n'a seulement que six lignes; son pelage est cendré en dessus et d'un gris blanc en dessous; sa tête est courte; son museau obtus; ses oreilles sont grandes, oblongues et velues; ses pieds antérieurs ont quatre doigts et les postérieurs cinq. Il se trouve en Perse, dans la province du Mazanderan. (DESM.)

RAT A COURTE QUEUE. (*Mamm.*) Voyez RATTE-COUETTE. (DESM.)

RAT COYPU ou QUOUYA. (*Mamm.*) Le nom de *coypu* ou de *coypou* a été rapporté par Molina comme appartenant à une grosse espèce de rat, à pieds postérieurs palmés, qui habite le Chili. D'Azara a depuis décrit le même animal, qui se trouve aussi près de Buénos-Ayres, sous le nom de *quouya*, et Commerson, qui en avoit eu aussi connoissance, l'avoit nommé *myopotame*. M. Geoffroy, en établissant le genre Hydromys, y avoit placé cet animal en lui adjoignant deux mammifères de la Nouvelle-Hollande ; mais M. F. Cuvier, ayant observé des différences dans le système dentaire de ces trois quadrupèdes, a réservé le nom d'hydromys pour les deux derniers, et a admis le premier comme type d'un genre particulier, auquel il a donné le nom de Potamys.

Cet article Potamys n'ayant pas été traité à son ordre alphabétique, nous croyons devoir remplir cette lacune en donnant ici brièvement les caractères de ce genre et de l'espèce unique qu'il comprend.

Potamys, F. Cuv.; *Myopotamus*, Comm. Quatre molaires à chaque côté de la mâchoire, allant en grossissant depuis la première jusqu'à la dernière, et approchant beaucoup, pour la forme, de celles des castors, c'est-à-dire qu'elles présentent une échancrure sur une face (l'interne pour les supérieures, l'externe pour les inférieures) et trois à la face opposée ; les incisives sont arrondies. Tête large ; museau obtus ; oreilles petites et rondes ; pieds à cinq doigts ; le pouce de ceux de devant étant fort court et les autres doigts libres : les cinq doigts de ceux de derrière engagés dans une membrane natatoire ; queue longue, conique, forte et ronde à la base, écailleuse et parsemée de gros poils ; pelage formé, comme celui du castor, d'un feutre épais, traversé par des grandes soies luisantes qui le recouvrent.

Le Potamys coypou, *Myop. bonariensis*, Comm., ou *Quouyia* de d'Azara, a un pied neuf pouces six lignes de longueur, et sa queue un pied deux pouces trois lignes. Son pelage est d'un brun marron sur le dos, roux sur les flancs et brun clair sous le ventre ; le feutre est d'un brun cendré, et seulement plus clair sous le ventre qu'ailleurs. Une variété est toute rousse, une seconde est brune avec la ligne dorsale rousse, et une troisième est tachetée de blanc. Cet animal, qui a de la ressemblance avec le castor par sa forme générale, habite le Paraguay et le Chili. Il vit au voisinage des eaux ; creuse des terriers sur le bord des berges, et nage avec la plus grande facilité au moyen des membranes dont ses pieds postérieurs sont pourvus. La femelle met bas cinq ou six petits, selon Molina, et quatre à sept suivant d'Azara : elle en a beaucoup de soin. Cet animal, d'un caractère fort doux, est absolument herbivore; il est surtout très-commun dans la province de Buénos-Ayres et dans le Tucuman. Son feutre, qui est connu dans le commerce sous le nom de *raconda*, est très-employé dans la fabrication des chapeaux. Durant la dernière guerre les Espagnols nous le fournissoient en abondance, et il avoit totalement, à une certaine époque, remplacé le feutre de castor, dans la chapellerie. (Desm.)

RAT CRICET. (*Mamm.*) Ce nom a été donné au hamster, et on l'a appliqué au bathyergus du Cap. Voyez Oryctère. (Desm.)

RAT DOMESTIQUE. (*Mamm.*) Ce nom est appliqué tantôt au surmulot, tantôt au rat noir ou rat proprement dit. Le *rat domestique moyen* de certains auteurs est le mulot, quoique cet animal soit toujours sauvage; le *petit rat domestique*, est la souris. (Desm.)

RAT D'OR ou RAT DORT. (*Mamm.*) Noms vulgaires du Muscardin, espèce du genre Loir, en Bourgogne. (Desm.)

RAT DORÉ ou RAT ROUX. (*Mamm.*) Voyez *Campagnol doré*, à l'article Campagnol. (Desm.)

RAT DORT. (*Mamm.*) Voyez Rat d'or. (Desm.)

RAT DRYADE. (*Mamm.*) Voyez à l'article Loir. (Desm.)

RAT D'EAU. (*Mamm.*) Voyez *Campagnol rat d'eau*, à l'article Campagnol. Le nom de *rat-d'eau* a aussi été appliqué par Muller à la taupe de Virginie, et par Clusius et Aldrovande au desman. (Desm.)

RAT D'EAU BLANC DU CANADA. (*Mamm.*) On trouve dans le *Dict. encycl.*, *partie des quadrupèdes*, qu'il existe au Canada une variété du rat d'eau, qui est brune seulement sur le dos et dont tout le reste du corps est blanc, avec des teintes plus ou moins fauves. Cela se pourroit, puisqu'on a reconnu que l'espèce du Campagnol rat d'eau existe dans les États-Unis. (Desm.)

RAT ÉCONOME. (*Mamm.*) Voyez *Campagnol économe*, à l'article Campagnol. (Desm.)

RAT D'ÉGYPTE ou RAT D'INDE. (*Mamm.*) Ces noms ont été donnés à la mangouste d'Égypte et à une autre espèce du même genre qui vit dans l'Inde. (Desm.)

RAT ÉMIGRANT. (*Mamm.*) Voyez *Campagnol lemming*, à l'article Campagnol. (Desm.)

RAT ÉPINEUX ou ÉCHIMYS. (*Mamm.*) *Echymis*, Geoff., Cuv.: *Loncheres*, Illig. Nous croyons devoir traiter ici brièvement d'un genre de mammifères dont l'article n'a été placé au rang que lui assignoit l'ordre alphabétique.

Genre Échimys. Forme générale des rats: incisives supérieures à face antérieure plane, les inférieures aiguës; quatre molaires simples à chaque côté des deux mâchoires: les inférieures présentant sur leur couronne quatre lames transversales, réunies deux à deux par un bout; les inférieures ayant trois lames seulement, toutes implantées par des racines et ne présentant pas de tubercules à la couronne. Tête longue, chanfrein plat, oreilles moyennes ou courtes; des abajoues dans une seule espèce; quatre doigts et un rudiment de pouce aux pieds de devant, cinq à ceux de derrière; queue longue, écailleuse, presque nue; poils des parties supérieures aplatis et en forme de piquans peu solides. Animaux de l'Amérique méridionale.

1. Échimys huppé, *E. cristatus*; le *Lérot à queue dorée*, Buff., Suppl., tom. 7, pl. 72. Longueur du corps, neuf pouces six lignes; de la queue, douze pouces. Pelage marron en dessus; tête d'un brun foncé, avec une ligne étroite blanche dans son milieu; queue noirâtre, avec sa dernière moitié blanche ou jaunâtre. **De Surinam.**

2. Échimys dactylin; *E. dactylinus*, Geoff. Longueur, dix pouces, et de la queue, quatorze pouces et demi. Pelage mêlé de gris et de jaunâtre en dessus, roussâtre sur les flancs; les deux doigts du milieu des pattes de devant beaucoup plus longs que les autres; poils du dos secs et roides, non précisément épineux.

3. Échimys épineux ou Rat épineux de d'Azara, tom. 2, p. 73. Longueur du corps, sept pouces, et de la queue, trois pouces. Celui-ci est remarquable par la brièveté de sa queue et par les piquans très-forts qui sont entremêlés aux poils bruns rougeâtres de son dos. Son ventre est d'un blanc sale. On le trouve à Cayenne, et non loin de la rivière de la Plata, au Paraguay. Il s'éloigne des lieux cultivés, vit de racines, et, dit-on, de celles de manioc: il creuse des terriers.

4. Échimys a aiguillons; *E. hispidus*, Geoff. Corps long de sept pouces; queue égale. Pelage d'un brun roux, plus clair

en dessous qu'en dessus ; tête rousse ; piquans du dos bruns à la base et roux au bout.

5. Échimys didelphoïde : *E. didelphoides*, Geoff. Corps long de cinq pouces ; queue dépassant un peu cette dimension. Pelage brun sur le dos, plus clair sur les flancs, jaunâtre en dessous : queue velue dans un septième de son étendue, près de sa base ; nue, écailleuse et verticillée dans le reste.

6. Échimys de Cayenne : *E. cayennensis*, Geoff. ; Rat de la Guiane, *ejusd*. Longueur du corps, six pouces ; queue au moins égale. Pelage d'un roux qui passe au brun sur le milieu du dos, et blanc en dessous ; pieds de derrière à tarses très-longs, et ayant les trois doigts du milieu presque égaux entre eux ; piquans assez nombreux.

7. Échimys soyeux ; *E. setosus*, Geoff. Longueur du corps, cinq pouces et demi ; de la queue, six pouces et demi. Pelage plus doux et moins mélangé de piquans que dans le précédent, roux en dessus, blanchâtre en dessous ; bout des pieds blanc : pieds de derrière comme dans l'échimys de Cayenne. (Desm.)

RAT FÉGOULE. (*Mamm.*) Vicq d'Azyr donne ce nom au campagnol économe. (Desm.)

RAT FLÈCHE, *Mus sagitta*. (*Mamm.*) Ce nom est appliqué à la gerboise alagtaga. (Desm.)

RAT DES FLEUVES ou MYOPOTAME. (*Mamm.*) Voyez ci-avant Rat coypu. (Desm.)

RAT DE LA FLORIDE. (*Mamm.*) Mammifère décrit d'abord sous ce nom par M. Ord, et qui est ensuite devenu le type du genre Neottoma de ce zoologiste. M. Harlan en fait un campagnol. Voyez ci-avant l'article Rat-campagnol. (Desm.)

RAT FRUGIVORE ; *Musculus frugivorus*, Rafin. (*Mamm.*) Mammifère indiqué plutôt que décrit par M. Rafinesque (*Précis de somiologie*), et qui pourroit appartenir au genre Loir, puisqu'il niche sur les arbres, qu'il vit de fruits et que sa chair est bonne à manger. Sa longueur totale est de seize pouces, sans doute en y comprenant la queue. Son pelage est d'un roux brunâtre et parsemé de longs poils bruns en dessus et blancs en dessous ; les oreilles sont nues et arrondies ; sa queue, de la longueur du corps, est brune, annelée, ciliée et cylindrique. (Desm.)

RAT-GANS. (*Ornith.*) Ce nom s'applique, en flamand, au cravant, *anas bernicla*, Linn.; et, suivant Buffon, il désigne, en hollandois, la bernache, *anas erythropus*, Linn. (Ch. D.)

RAT [Grand] ou **GRANDE SOURIS D'AMÉRIQUE.** (*Mamm.*) Le phalanger, animal des Moluques, a reçu ce nom erroné dans le Catalogue de Séba. (Desm.)

RAT DE GRAVIER. (*Mamm.*) Ce nom a été donné par Miller à un petit rongeur de l'ile de Laland : c'est le *mus glareolus* de Schreber, qui paroît devoir être rapporté à l'espèce du campagnol économe. (Desm.)

RAT GRÉGARI. (*Mamm.*) Voyez *Campagnol en troupes*, à l'article Campagnol. (Desm.)

RAT GUANQUE ou **GUANGUE.** (*Mamm.*) Ce rongeur du Chili, dont Molina ne donne qu'une description très-imparfaite, ne sauroit être rapporté avec précision à aucun des genres qu'on a admis jusqu'à ce jour. Ses habitudes seules pourroient faire soupçonner qu'il a des rapports avec les hamsters. Il ressemble au mulot, et ses pieds paroissent conformés comme ceux de cet animal ; ses oreilles sont plus arrondies ; sa queue, de médiocre longueur, est presque poilue ; son pelage, blanc en dessous, est d'un gris bleu en dessus, ce qui lui a valu le nom de *mus cyaneus*, que lui a donné Gmelin. Dans le Chili qu'il habite, le guangue se creuse un terrier en forme de galerie, ayant communication avec une quinzaine de cellules, alternativement placées à droite et à gauche, et dans lesquelles il dépose des racines anguleuses, qu'il dispose avec art de manière à perdre le moins de place possible. Il s'enferme dans son terrier pendant l'hiver ou la saison des pluies et consomme ses provisions en commençant par les plus profondément et les plus anciennement enfouies. Chaque terrier contient une famille composée du père, de la mère et d'environ six petits. Il y a deux portées par an, une au printemps et l'autre en automne, et les petits ne restent avec leurs parens que six mois seulement. Au printemps ils se débarrassent des provisions qui leur restent et recommencent à en faire de nouvelles. Les Chiliens recherchent ces terriers pour prendre les racines qu'ils aiment, ainsi que le font les Kamtchadales à l'égard des provisions du campagnol aux aulx. (Desm.)

RAT DE LA GUIANE. (*Mamm.*) Nom donné par Bancroft à un didelphe, qui paroit être le didelphe à queue courte. M. Geoffroy avoit également appelé rat de la Guiane, un rongeur épineux qui appartient au genre Échimys. Voyez l'article RAT ÉPINEUX. (DESM.)

RAT HAGRI. (*Mamm.*) Voyez *Hamster hagri*, à l'article HAMSTER. (DESM.)

RAT HAMSTER. (*Mamm.*) C'est le hamster vulgaire, *cricetus vulgaris*. Parmi les nouvelles espèces du genre dont ce rongeur forme le type, il faut placer le HAMSTER A BANDES, *Cricetus fasciatus*, de M. Rafinesque, qui habite les états de l'Ouest de l'Amérique septentrionale. Sa longueur est de huit pouces anglois, et celle de sa queue de trois pouces deux lignes. Il est fauve, varié de noir, avec le ventre blanc, les pattes et la queue annelés de noir ; les abajoues sont apparentes, en forme de sac à l'extérieur, et les oreilles sont ovales-oblongues. (DESM.)

RAT DES INDES. (*Mamm.*) Dans l'ouvrage de Jonston, le didelphe cayopollin est indiqué sous ce nom. (DESM.)

RAT JIRD. (*Mamm.*) Ce nom de jird est celui que porte en Égypte une espèce de gerbille, le *mus longipes* de Pallas. (DESM.)

RAT KANGUROO. (*Mamm.*) Voyez POTOROO. (DESM.)

RAT DE LABRADOR. (*Mamm.*) Voyez *Campagnol de la baie d'Hudson*, à l'article CAMPAGNOL. (DESM.)

RAT LAINEUX; *Mus laniger*, Gmel. (*Mamm.*) On s'accorde à regarder le *mus laniger* de Molina comme étant le chinchilla dont les fourrures si douces sont toutes soyeuses et n'ont rien de laineux. Voyez l'article HAMSTER. (DESM.)

RAT LEROT. (*Mamm.*) Voyez l'article LOIR. (DESM.)

RAT-LIÈVRE: *Cavia leporina*, Erxleb.; *Mus leporinus*, Linn. (*Mamm.*) Cet animal, dont l'existence comme espèce distincte est très-problématique, pourroit bien n'être qu'un *agouti* mal décrit et indiqué à tort comme se trouvant à Java et à Sumatra. Ses caractères lui donnent réellement une grande ressemblance avec l'agouti ordinaire.

Le mot de *rat-lièvre* est aussi la traduction que l'on peut faire du nom systématique de *lagomys*, employé pour désigner les animaux voisins des lièvres, mais sans queue et à oreilles courtes, que l'on a aussi appelé pikas. (DESM.)

RAT-LIRON. (*Mamm.*) Vieux mot françois employé pour désigner le loir. (Desm.)

RAT-LOIR. (*Mamm.*) Voyez Loir. (Desm.)

RAT AUX LONGS PIEDS; *Mus longipes*, Pallas. (*Mamm.*) C'est une espèce de notre genre Gerbille. M. Rafinesque a fait connoître, il y a peu d'années, trois nouvelles espèces de ce genre, savoir:

1.° La Gerbille aux yeux noirs, *Gerbillus megalops*, qui a le corps long de deux pouces, et les jambes postérieures de trois; le pelage gris, avec les yeux très-grands; les oreilles très-grandes; le museau est noir, et la queue, plus longue que le corps, est terminée de blanchâtre. Du Kentucky.

2.° La Gerbille a queue de lion, *G. leonurus*, dont le corps ainsi que les jambes de derrière ont également trois pouces de longueur; avec le pelage fauve, les oreilles très-longues, la queue noire et terminée par une touffe de poils fauves.

3.° La Gerbille d'Hudson, *G. Hudsonius*, dont le corps est brun, avec une ligne jaune de chaque côté; caractères qui la rapprochent du *G. soricinus* du même auteur. (Desm.)

RAT DE MADAGASCAR, de Buffon. (*Mamm.*) Espèce du genre Maki. (Desm.)

RAT A MAIN. (*Mamm.*) Traduction du nom systématique grec *Cheiromys*, donné à l'Aye-aye. Voyez ce mot. (Desm.)

RAT MAIPOURI. (*Mamm.*) Ce nom, indiqué par M. de La-borde, paroît devoir être appliqué au *cabiai*. (Desm.)

RAT MANICOU de Bomare. (*Mamm.*) C'est le didelphe marmose. (Desm.)

RAT DE MARAIS. (*Mamm.*) Variété de l'espèce de campagnol rat d'eau. (Desm.)

RAT MARIN, *Mus marinus*. (*Ichthyol.*) On a quelquefois désigné sous ce nom les œufs des Raies. Voyez ce mot. (H. C.)

RAT MARITIME. (*Mamm.*) C'est l'oryctère des dunes. (Desm.)

RAT MAULIN. (*Mamm.*) Voyez Maulin. (Desm.)

RAT DE MER. (*Erpét.*) Ce nom a été donné à la tortue luth et à l'uranoscope scabre. (Desm.)

RAT MIGRATEUR. (*Mamm.*) Voyez *Campagnol-lemming*, à l'article Campagnol, et *Hamster hagri*, à l'article Hamster. (Desm.)

RAT MONAX. (*Mamm.*) Voyez Marmotte. (Desm.)

RAT DE MONTAGNE. (*Mamm.*) Les anciens auteurs donnoient ce nom à la marmotte. On l'a aussi attribué, sans qu'on en devine le motif, à la gerboise d'Égypte ou gerbo. (Desm.)

RAT MUSCARDIN. (*Mamm.*) Voyez l'article Loir. (Desm.)

RAT MUSQUÉ. (*Mamm.*) Le nom de *rat musqué du Canada* a été donné au campagnol ondatra; celui de *rat musqué de Sibérie*, au desman, et celui de *rat musqué des Antilles*, au piloris des anciens voyageurs; animal maintenant inconnu et qui n'est pas le même que le rat piloris que nous avons décrit. (Desm.)

RAT DU NORD. (*Mamm.*) C'est la marmotte ou plutôt le spermophile souslic. (Desm.)

RAT DE NORWÉGE. (*Mamm.*) Le rat-surmulot et le campagnol-lemming ont reçu ce nom. (Desm.)

RAT DE L'OBE ou DE L'OBY. (*Mamm.*) C'est le hamster orozo. (Desm.)

RAT OPOSSUM. (*Mamm.*) Les sarigues ou didelphes de petite taille, et notamment le quatre-œil et la marmose ont reçu ce nom des Anglois. (Desm.)

RAT ORIENTAL. (*Mamm.*) Voyez l'espèce du rat strié dans l'article Rat. (Desm.)

RAT OROZO ou BARABENSKOI. (*Mamm.*) Voyez *Hamster orozo*, à l'article Hamster. (Desm.)

RAT PACA. (*Mamm.*) *Mus paca* des premières éditions du *Systema naturæ.* C'est le paca. (Desm.)

RAT DES PALÉTUVIERS. (*Mamm.*) C'est le didelphe ou le sarigue crabier. (Desm.)

RAT PALMISTE. (*Mamm.*) Voyez *Écureuil palmiste*, à l'article Écureuil. (Desm.)

RAT PENNADE. (*Mamm.*) Nom des chauve-souris dans les parties méridionales de la France. (Desm.)

RAT DE PHARAON. (*Mamm.*) Ancienne désignation françoise de la mangouste d'Égypte. (Desm.)

RAT PHÉ. (*Mamm.*) Voyez *Hamster phé*, à l'article Hamster. (Desm.)

RAT PILORIS. (*Mamm.*) Voyez ci-avant l'article Rat, pag. 483. (Desm.)

RAT DE PONT, *Mus ponticus.* (*Mamm.*) Dans Gesner et dans les autres auteurs de son temps ce nom désigne la variété grise de l'écureuil d'Europe, et aussi le polatouche de Sibérie. (Desm.)

RAT PORTE-MUSC. (*Mamm.*) Nom donné au desman par Brisson. (Desm.)

RAT POUC. (*Mamm.*) Voyez la description du surmulot dans l'article Rat. (Desm.)

RAT-POURCEAU. (*Mamm.*) *Mus porcellus* des premières éditions du *Systema naturæ*; c'est le cobaye-cochon d'Inde, ou *cavia cobaya* des éditions subséquentes. (Desm.)

RAT DES PRAIRIES ou MYNOMES. (*Mamm.*) Genre de rongeurs nouvellement établi par M. Rafinesque, et dont les caractères n'ont pas encore été vérifiés. Il paroîtroit différer très-peu de celui des campagnols dont il a les dents; de plus il est distingué par le nombre des doigts, qui est de quatre à chaque pied avec un doigt interne fort court, et par la forme de la queue, qui est velue, déprimée ou aplatie, sans être écailleuse comme celle de l'ondatra.

Le Mynome des champs, *Mynomes pratensis*, est d'ailleurs le même animal dont nous avons donné ci-avant, page 488, à l'article Rat-campagnol, une indication sous le nom de campagnol de Pensylvanie que lui a donné M. Harlan. Il est figuré dans l'ouvrage de Wilson, *Ornith. americ.*, tome 6, tab. 5o, fig. 3 : d'après la seule vue de cette figure, on prendroit ce petit rongeur pour le campagnol vulgaire. (Desm.)

RAT PUANT. (*Mamm.*) Les habitans du Canada désignent ainsi le campagnol ondatra. (Desm.)

RAT A QUEUE COURTE. (*Mamm.*) Voyez Rat a courte queue. (Desm.)

RAT A QUEUE BICOLORE; *Musculus dichrurus*, Rafin. (*Mamm.*) Rat de Sicile, dont le genre ne peut pas être exactement déterminé, et auquel M. Rafinesque assigne les caractères suivans : Longueur huit pouces; pelage fauve, mélangé de brunâtre en dessus et sur les côtés; tête marquée d'une bande brunâtre; ventre blanchâtre; queue de la longueur du corps, annelée, ciliée, brune en dessus, blanche en dessous et un peu tétragone. Cette espèce vit dans les champs et tombe en léthargie pendant l'hiver. (Desm.)

RAT A QUEUE POILUE. (*Mamm.*) Voyez *Campagnol à queue velue*, à l'article Campagnol. (Desm.)

RAT ROUX ou DORÉ. (*Mamm.*) Voyez *Campagnol doré,* à l'article Campagnol. Une espèce de rat du Paraguay, décrite ci-avant pag. 484, a aussi reçu ce nom de M. d'Azara. (Desm.)

RAT SABLÉ. (*Mamm.*) Voyez *Hamster sablé*, à l'article Hamster. (Desm.)

RAT-SAUTERELLE. (*Mamm.*) L'un des noms vulgaires du mulot. (Desm.)

RAT SAUTEUR D'ÉGYPTE. (*Mamm.*) C'est la gerboise d'É-gypte ou gerbo. Le *rat sauteur du Canada* est une gerbille. (Desm.)

RAT SAUVAGE. (*Mamm.*) Ce nom a été donné au sarigue proprement dit ou didelphe quatre-œil, par le voyageur Du-mont. (Desm.)

RAT SAXIN; *Mus saxatilis*, Pallas. (*Mamm.*) Nom d'une espèce de campagnol de la Sibérie et de la Mongolie, un peu plus grande que le campagnol vulgaire; d'un brun mêlé de gris en dessus; d'un gris foncé sur les côtés, et d'un cendré blanchâtre en dessous; sa queue est presque égale à la moitié de sa longueur totale, et ses oreilles sont grandes et ovales. (Desm.)

RAT-SCHERMAUS. (*Mamm.*) Voyez *Campagnol-schermaus*, à l'article Campagnol. (Desm.)

RAT DE SENTEUR. (*Mamm.*) Le *cheroso* ou rat de sen-teur est, selon Bomare, un rat transporté de l'Inde à l'Isle-de-France et remarquable par la très-forte odeur de musc qu'il répand. Il est petit et a à peu près la figure du furet: sa morsure est regardée comme venimeuse. Voilà à peu près tout ce qu'il y a de positif dans la notice qu'on en a donné; néanmoins on ne sait pas maintenant à l'Isle-de-France ce que c'est que le *cheroso* ou rat de senteur. (Desm.)

RAT SOCIAL. (*Mamm.*) Voyez *Campagnol social*, à l'article Campagnol. (Desm.)

RAT SONGAR. (*Mamm.*) Voyez *Hamster songar*, à l'ar-ticle Hamster. (Desm.)

RAT DE STRASBOURG. (*Mamm.*) Voyez *Campagnol-scher-maus*, à l'article Campagnol. (Desm.)

RAT DE SURINAM. (*Mamm.*) On a abusivement donné ce nom aux phalangers, qui habitent les îles de l'archipel In-dien. (Desm.)

RAT SUKERKAN : *Mus talpinus*, Pall., **Gmel.** ; *Spalax minor*, **Erxleb.** (*Mamm.*) Ce rat nous a paru devoir prendre place dans le genre des Campagnols : néanmoins il s'éloigne des animaux de ce genre pour se rapprocher des Rats-taupes par les caractères suivans : Sa tête est grosse et raccourcie ; son museau est épais et très-court ; ses oreilles consistent dans un seul petit rebord qui entoure le méat auditif ; ses yeux sont très-petits ; ses membres sont courts et robustes ; ses mains ont cinq doigts garnis d'ongles forts, et sa queue est très-courte. Sa taille est d'environ trois pouces neuf lignes ; son pelage est d'un gris brun en dessus et blanchâtre en dessous. Le sukerkan ou *sucher-tskan* vit sous terre et ne sort que la nuit ; il n'hiverne pas ; l'accouplement a lieu au mois de Mars et il n'est pas très-productif. Les racines de *lathyrus esculenta* et du *phlomis tuberosa* sont la nourriture habituelle de ce rongeur, dont il existe une variété noire, avec les quatre pieds blanchâtres. (D**ESM.**)

RA-TAOUPIÉ et **RA-GRIOULE.** (*Mamm.*) Noms languedociens du lérot, espèce de rongeur du genre Loir. (D**ESM.**)

RAT DE TARTARIE. (*Mamm.*) C'est le P**OLATOUCHE DE LA** S**IBÉRIE** ou une espèce voisine. (D**ESM.**)

RAT-TAUPE, *Aspalax.* (*Mamm.*) Les Grecs donnoient le nom d'*aspalax* à un petit animal fouisseur que les commentateurs ont considéré comme devant être la taupe ordinaire. Guldenstædt, le premier, décrivit cet animal et fit voir qu'il étoit très-différent de la taupe et devoit être rapporté à un genre particulier, qu'il nomma *Spalax ;* genre qu'Erxleben adopta ensuite, ainsi que M. de Lacépède, qui changea ce nom en celui de *talpoïde.* Cette dernière dénomination n'a pas prévalu, et d'après l'exemple qu'en donna Olivier, on l'a changée en celle d'*aspalax*, qui subsiste.

Quant à la taupe des auteurs latins, M. Savi vient de reconnoître qu'elle appartient bien au genre Taupe ; mais qu'elle constitue une espèce différente de l'espèce ordinaire.

Les formes du spalax sont parfaitement appropriées au genre de vie de cet animal, c'est-à-dire que son corps, assez robuste, est alongé, cylindrique ; que ses pattes sont courtes et propres à fouir, quoique moins robustes que celles de la taupe et conservent la division des doigts, comme dans les rongeurs ordinaires, si ce n'est qu'il y en a cinq aux pattes de devant comme à celles de derrière, également terminés par des ongles forts et obtus. La tête, très-large à cause de la grande saillie des arcades zygomatiques, est plate en dessus et terminée par un museau cartilagineux très-obtus. Le cou, très-musculeux, n'est pas plus étroit que cette tête ; les yeux ne sont nullement apparens, parce que la peau ne se replie pas et ne s'amincit pas pour former les paupières et la conjonctive, et le rudiment du globe de l'œil, réduit à la grosseur d'une graine de pavot, est recouvert par une bande tendineuse. Il n'y a pas de trace d'oreille externe et seulement on trouve le méat auditif en écartant le poil. La queue manque totalement. Il n'y a que deux mamelles inguinales.

Cet animal, au lieu d'être insectivore comme la taupe, est au contraire uniquement disposé à vivre de végétaux et surtout de racines. Voici la description de son système dentaire, donnée par M. F. Cuvier, et telle qu'elle est aussi dans le zokor, espèce de campagnol qui, par plusieurs autres caractères extérieurs, tend à ressembler beaucoup à l'*aspalax*, bien qu'il ait des yeux, très-petits à la vérité, dont il peut se servir, et que son corps soit terminé par une queue très-courte : « A la mâ-« choire supérieure les incisives sont unies et plates, et elles « naissent de la partie antérieure des maxillaires. Les mâche-« lières, au nombre de trois de chaque côté, vont en dimi-« nuant de la première à la dernière, et elles présentent « toutes deux échancrures externes et une interne qui répond « au milieu des deux premières ; lorsque l'usure est très-avan-« cée, on ne voit plus au milieu de la dent que deux ou trois « lignes entourées d'émail, qui sont les restes des échancrures. « A la mâchoire inférieure les incisives sont unies et plates an-« térieurement, et elles tirent leur origine de l'extrémité d'une « gaîne qui s'élève en une longue apophyse fort au-delà du con-« dyle. Les trois mâchelières sont de la même grosseur et de « la même forme : elles présentent une profonde échancrure « à leur côté interne et une à leur côté externe, et celle-ci « est postérieure à l'autre. »

Le RAT-TAUPE ZEMNI (*Aspalax typhlus*, Oliv. , Desm. ; *Mus typhlus* , Pall. ; *Spalax microphthalmus*, Guldenst. ; *Spalax major*,

Erxleb.) présente d'abord tous les caractères que nous venons d'énumérer. Sa longueur totale est de sept pouces et demi, sur quoi sa tête prend seule un pouce neuf lignes. Son pelage est très-doux et composé de poils très-fins et courts, dont la base est d'un cendré noirâtre et l'extrémité roussâtre, d'où résulte, pour la couleur générale du corps, une teinte grise lavée de roussâtre. Les narines sont arrondies, étroites ; les côtés de la tête offrent une ligne anguleuse saillante, se portant du museau aux arcades zygomatiques, qui sont très-saillantes ; les incisives sont d'un jaune orangé ; la langue charnue, épaisse, plate et lisse ; les yeux rudimentaires, à peine de la grosseur d'un grain de pavot, sont composés des mêmes enveloppes et des mêmes humeurs que ceux des autres mammifères, et l'on trouve une glande lacrymale.

Une variété du zemni offre les mêmes couleurs de pelage, mais variées irrégulièrement par des taches blanches.

L'Asie mineure, la Syrie, la Mésopotamie, la Perse et la Russie méridionale entre le Volga et le Tanaïs, forment l'espace occupé par ce rongeur, dont la manière de vivre a beaucoup d'analogie avec celle des taupes. Il forme de petites sociétés dans ses galeries, qui sont peu profondes et communiquent avec des cavités plus basses, où il est à l'abri des eaux pluviales. Les racines du gazon ordinaire et du cerfeuil bulbeux fournissent sa nourriture ordinaire dans les plaines unies et fertiles, qu'il préfère aux autres lieux. Il marche presque aussi vite en arrière qu'en avant dans les boyaux souterrains, qu'il se creuse en rejetant de distance en distance la terre et formant ainsi des taupinières. Ses démarches sont brusques ; lorsqu'il entend du bruit, il s'arrête pour écouter, et lorsqu'on le saisit, il cherche à mordre, et le fait cruellement, quand il peut y parvenir.

Ces détails sur les mœurs du zemni sont dus à feu M. Olivier, qui, dans un Mémoire lu à l'Institut, a prouvé ce que Guldenstædt avoit avancé, c'est-à-dire que c'étoit l'animal désigné par les Grecs par la dénomination d'*aspalax* ou de *spalax.*

Quoique, suivant nous, le ZOKOR appartienne au genre des Campagnols et des Lemmings, comme il n'a pas été décrit dans l'article qui a ces rongeurs pour objet, nous croyons nécessaire d'en parler ici, à cause des rapports qu'il a avec le zemni dans ses formes générales et dans ses habitudes naturelles.

Le Zokor (*Mus aspalax*, Pall., Gmel., Bodd.) a huit pouces huit lignes de longueur totale, et sa queue, avec ses poils, n'a que onze lignes. Ses yeux sont extrêmement petits, mais néanmoins visibles et bordés de paupières épaisses et ridées. Les formes de son corps sont assez analogues à celles du zemni. Ses oreilles consistent dans un seul petit ruban cartilagineux très-court, qui entoure le méat auditif. Les membres sont courts et robustes et ceux de devant ont cinq doigts, dont les deux intermédiaires sont pourvus d'ongles longs, comprimés, arqués et tranchans. La couleur de son pelage, composé de poils touffus et un peu rudes, est d'un gris cendré en dessus et d'un cendré blanchâtre en dessous.

Il habite la Daourie transalpine et le promontoire des monts Altaï. Il vit sous terre dans des galeries très-longues et superficielles. Les racines dont il se nourrit habituellement sont celles du *lilium pomponium*, de l'*erythronium* et des *iris*.

Le rongeur qui a le plus de rapport avec celui-ci est notre lemming sukerkan, ou *Aspalax minor*, Erxleb., ou *Mus talpinus*, Pall. Voyez-en la description à l'article RAT SUKERKAN, ci-avant. (DESM.)

RAT-TAUPE CRICET. (*Mamm.*) Voyez l'article ORYCTÈRE, en ce qui concerne le bathyergus cricet. (DESM.)

RAT-TAUPE DES DUNES. (*Mamm.*) C'est l'oryctère blessmoll. (DESM.)

RAT-TAUPE SUKERKAN. (*Mamm.*) Voyez ci-avant l'article RAT SUKERKAN. (DESM.)

RAT DE TERRE, *Geomys*. (*Mamm.*) Genre de rongeurs formé par M. Rafinesque, caractérisé ainsi : Cinq doigts onguiculés à tous les pieds; ongles de ceux de devant très-robustes; des abajoues extérieures; queue ronde, nue et écailleuse. Le géomys des pins, *G. pinetis*, est d'un gris de souris, avec la queue longue, mais néanmoins plus courte que le corps. Sa taille est celle du rat. Il a été nommé *hamster de Géorgie* par le docteur Mitchill. Le G. cendré, *G. cinereus*, est d'un gris tirant sur la couleur de l'écorce de frène. Sa queue est très-courte et presque nue. C'est le *mus bursarius* de Shaw, décrit dans ce Dictionnaire à l'article HAMSTER.

Le nom de *rat de terre* a aussi été donné au campagnol par Daubenton. (Desm.)

RAT TERRESTRE. (*Mamm.*) C'est le campagnol vulgaire. (Desm.)

RAT DE LA TORRIDE; *Mus torridanus*, Pall. (*Mamm.*) Il paroît que l'animal qui a reçu ce nom, ne diffère pas du *mus longipes*, qui est une espèce de gerboise. (Desm.)

RAT TSCHERKESSIEN, *Glis tscherkessicus*, Erxl., ou Marmotte de Circassie de Pennant. (*Mamm.*) C'est un animal de la taille du hamster, dont la queue est assez longue et poilue; dont les poils châtains sont principalement alongés sur le dos, et dont les jambes de derrière sont beaucoup plus longues que celles de devant. Il se creuse des terriers sur les rives du fleuve Terek. La disproportion de ses membres lui donne la facilité de monter, mais le gêne beaucoup lorsqu'il s'agit de descendre. Ne serait-ce pas une gerbille? (Desm.)

RAT VERDATRE. (*Mamm.*) Traduction du mot Chloromys, employé par M. F. Cuvier pour désigner génériquement les agoutis. (Desm.)

RAT VEULE et RAT-LION. (*Mamm.*) Anciennes dénominations françoises du loir. (Desm.)

RAT DE VIRGINIE. (*Mamm.*) Voyez Rat blanc de Virginie. (Desm.)

RAT VOLANT. (*Mamm.*) Nom donné par quelques auteurs aux polatouches, et ce nom a aussi été attribué par Daubenton à une chauve-souris, type du genre Myoptère de M. Geoffroy. Le rat volant de Ternate, de Séba, est une autre chauve-souris, du genre Mégaderme. (Desm.)

RAT VOYAGEUR. (*Mamm.*) Le lemming de Norwége, espèce du genre Campagnol, ainsi que le hamster hagri, ont reçu ce nom à cause de leurs migrations. (Desm.)

RAT ZIBETH ou RAT ZIBETHIN. (*Mamm.*) C'est le campagnol ondatra. (Desm.)

RATA-RATA. (*Bot.*) Nom péruvien de la dentelaire, *plumbago europæa*, citée dans la Flore du Pérou. (J.)

RATABALA, RATAMBALA. (*Bot.*) L'*ixora coccinea* et l'*ixora alba*, de la famille des rubiacées, sont ainsi nommés à Ceilan, suivant Hermann. (J.)

RATANHIA. (*Bot.*) Nom péruvien du *krameria triandra* de

la Flore du Pérou : plante à laquelle on a attribué de grandes vertus et qui est maintenant introduite en Europe. (J.)

RATAS. (*Bot.*) Les habitans des iles de Mendoza, dans le grand océan Pacifique, nomment ainsi l'*inocarpus* des botanistes, au rapport de Forster, qui lui donne aussi le nom de noyer d'Otaïti. Il en est fait mention dans le Voyage de Marchand. (J.)

RATE. (*Anat.*) Voyez Sécrétions. (F.)

RATE. (*Chim.*) Nous n'avons point encore de travail chimique sur le tissu de la rate. (Ch.)

RATE ou RATATE. (*Ornith.*) Suivant l'abbé de Sauvages, on appelle ainsi en Languedoc le grimpereau commun, *certhia familiaris*, Linn. (Ch. D.)

RATÉ. (*Ornith.*) C'est, en Piémont, le nom de la soubuse, *falco pygargus*, Linn. (Ch. D.)

RATEAU. (*Bot.*) Nom vulgaire d'une luzerne. (L. D.)

RATEAU. (*Conchyl.*) Les marchands donnent encore communément ce nom à une espèce d'huître plissée, le *mytilus hyotis*, Linn., *ostrea hyotis* de M. de Lamarck. (De B.)

RATEGAL. (*Bot.*) Linnæus cite ce nom américain, d'après Zanoni, et le rapporte à son *matthiola scabra*, que l'on réunit au *guettardia* dans les rubiacées. Il ne faut pas le confondre avec le *randia*, nommé vulgairement *gralgal* dans les Antilles, ni avec le *matthiola* de M. De Candolle, genre de crucifères. Voyez Matthiole. (J.)

RATEL. (*Mamm.*) Quadrupède carnassier que M. George Cuvier a placé dans le genre Glouton. Il est désigné dans le *Systema naturæ* par les noms de *viverra capensis* et de *viverra mellivora*. Ce dernier lui a été donné, parce qu'il est très-friand de miel, et qu'il déchire avec ses ongles, qui sont très-forts, les ruches des abeilles terrestres pour se le procurer. Sa taille est celle du blaireau, c'est-à-dire, que son corps a trois pieds environ de longueur, et sa queue un pied ; il est très-bas sur jambes et son corps est gros. Sa tête est de grosseur moyenne ; ses oreilles sont fort courtes et sa langue est garnie de papilles cornées, comme celle des chats. Son pelage est composé de poils rudes et assez longs, cendrés sur le front, le dessus de la tête, la nuque, les épaules, le dos et la queue ; noirs sur le museau, le tour des yeux, la mâchoire inférieure, les oreilles, le dessous du cou, la poitrine, le ventre, les cuisses et les jambes. De chaque côté du corps est une ligne longitudinale d'un gris presque blanchâtre, large d'un pouce, commençant derrière l'oreille et se terminant à la base de la queue.

La mauvaise odeur que répand cet animal, lui a fait donner le nom de *blaireau puant*. Quoique cette même désignation ait été appliquée au Zorille (espèce de marte); il nous paroît bien certain que ces animaux sont différens. (Desm.)

RATELAIRE. (*Bot.*) Dans l'Anjou on appelle ainsi l'aristoloche clématite. (L. D.)

RATELMAUS. (*Mamm.*) Selon Kolbe, ce nom est donné au Surikate par les Hollandois du cap de Bonne-Espérance. (Desm.)

RATENA-GUADY. (*Bot.*) Nom brame de l'*abrus precatorius*, cité par Rhéede. (J.)

RATEPENATE. (*Ich.*) Nom vulgaire de la Pastenague. (H. C.)

RATEREAU. (*Ornith.*) Ce nom vulgaire et celui de *ratillon* sont donnés, dans le département du Loiret, au troglodyte, *motacilla troglodytes*, Linn. (Ch. D.)

RATHAKŒKUNA. (*Bot.*) Nom du *jatropha moluccana* de Linnæus dans l'île de Ceilan. (J.)

RATHAMIRIS. (*Bot.*) Nom du piment, *capsicum annuum* dans l'île de Ceilan, suivant Hermann. (J.)

RATHATALA. (*Bot.*) Le basilic, *ocymum*, est ainsi nommé à Ceilan, suivant Hermann. (J.)

RATHATORA. (*Bot.*) On nomme ainsi à Ceilan le pois d'Angole, *cytisus cajan* de Linnæus, maintenant genre distinct, sous le nom de *Cajanus*. (J.)

RATHIOBA, RATHOHOMBA. (*Bot.*) L'*aspalathus indica* de Linnæus est ainsi nommé à Ceilan, suivant Hermann. (J.)

RATHMUL. (*Bot.*) Un des noms donnés dans l'île de Ceilan à l'*oldenlandia umbellata*, suivant Linnæus. Le même désigne le *viola suffruticosa* de Linnæus, réuni maintenant au genre *Ionidium*. (J.)

RATHNETHMUL. (*Bot.*) Une espéce de dentelaire, *plumbago rosea*, porte ce nom à Ceilan, suivant Hermann. (J.)

RATHOHOMBA. (*Bot.*) Voyez Rathihoba. (J.)

RATIER. (*Ornith.*) Nom vulgairement donné, en Provence, à la cresserelle, *falco tinnunculus*, Linn. (Ch. D.)

RATIGNOLO ou MIRGO. (*Mamm.*) Noms patois de la souris dans les parties du Languedoc qui se rapprochent des Pyrénées orientales. (DESM.)

RATILLON. (*Ornith.*) Voyez RATEREAU. (CH. **D.**)

RATILLON. (*Ichthyol.*) Un des noms de la *raie bouclée* sur les côtes de la Méditerranée. Voyez RAIE. (**H. C.**)

RATIM, NATIG. (*Bot.*) Noms arabes donnés, suivant Daléchamps, à la résine extraite du térébinthe. (**J.**)

RATINHO DE CAMPO. (*Mamm.*) Nom portugais du campagnol ou rat des champs. (DESM.)

RATISSOIRE. (*Conchyl.*) Nom marchand d'une espèce de peigne ou d'une espèce de lime. (DE B.)

RATIVORE. (*Erpét.*) Nom spécifique d'un boa. (DESM.)

RATJE. (*Ornith.*) Ce nom est donné à l'espèce de pétrel plus connue sous celui d'oiseau de tempête, *procellaria pelagica*, Linn. (CH. **D.**)

RATO. (*Mamm.*) Désignation provençale de la souris. Le mulot est nommé *rato courto*. (DESM.)

RATO - PENADO ou RATO - PENO. (*Mamm.*) Noms languedociens des chauve - souris. (DESM.)

RATOFKITE. (*Min.*) M. Fischer a donné ce nom à une chaux phosphatée terreuse qu'il a trouvée sur les bords de la Ratofka, près de Véréa, ville du gouvernement de Moscou.

M. John et M. Leonhard ont rapporté ce minéral au fluor ou chaux fluatée, en le considérant comme une variété terreuse et mélangée de cette espèce. M. John dit qu'il est composé

de chaux fluatée	49	
de chaux phosphatée	20	
de chaux muriatée	2	
de fer phosphaté.	3,75	
d'eau	10	
et d'autres matières étrangères	6,25.	(**B.**)

RATON, MATA-RATON. (*Bot.*) Noms donnés dans les Antilles, suivant Jacquin, à son *robinia violacea*. (**J.**)

RATON; *Procyon*, Storr, Cuv. (*Mamm.*) Genre de mammifères carnassiers, plantigrades, démembré de celui des ours de Linné.

Les animaux qui le forment sont de moyenne taille et n'ont

extérieurement que des rapports assez éloignés avec les ours, bien qu'ils en aient de nombreux relativement à leur structure interne. Leur tête est large à la région des tempes et terminée en un museau assez effilé, quoique beaucoup moins que celui des coatis ; leurs oreilles sont médiocrement prolongées, droites et terminées en pointe obtuse ; leurs yeux sont assez ouverts et à pupille ronde ; leurs pattes, médiocrement fortes (à peu près dans les proportions de celles des chiens), sont terminées par cinq doigts, dont les ongles, assez forts, sont un peu aigus, et les talons de celles de derrière n'appuient que momentanément sur le sol ; leur queue est longue, poilue, cylindrique et non prenante ; les mamelles sont au nombre de six et placées sous le ventre.

Le système dentaire des ratons a surtout de l'analogie avec celui des coatis, et est intermédiaire à ceux des civettes et des ours, c'est-à-dire que les vraies molaires y prennent déjà beaucoup d'épaisseur, tout en conservant des tubercules très-saillans à leur couronne. Les incisives sont au nombre de six, en haut et en bas : des supérieures les quatre intermédiaires sont assez petites et égales, et les deux latérales, plus grosses, sont en forme de canines ; les inférieures sont toutes assez petites, égales entre elles et bien rangées sur une seule ligne : les canines sont plus minces et plus tranchantes que celles des chiens : des six mâchelières supérieures les trois premières sont de fausses molaires, qui grandissent successivement depuis l'antérieure jusqu'a la troisième ; la quatrième ressemble à une carnassière de chat lorsqu'on la voit de profil, c'est-à-dire qu'elle montre trois lobes bien distincts, mais elle a une épaisseur très-considérable et en dedans sa couronne est pourvue de deux tubercules mousses, placés l'un devant l'autre ; la cinquième dent est aussi épaisse que celle qui la précède, bilobée sur le profil et à cinq lobes sur la couronne, dont les trois intérieurs sont mousses ; enfin, la sixième dent, plus petite et moins épaisse que les quatrième et cinquième, est aussi garnie de cinq tubercules sur sa couronne. Les dents mâchelières de la mâchoire inférieure sont plus étroites que celles d'en haut : il y a d'abord quatre fausses molaires, dont la troisième est bilobée fortement sur son profil ; la cinquième ou carnassière est alongée et a cinq tubercules mousses, comme la dent correspondante dans les paradoxures ; enfin , la sixième, un peu plus petite, est aussi à cinq tubercules, disposés seulement un peu différemment que dans la précédente. Les dents des deux mâchoires se correspondent de manière à ce que les tubercules des unes s'engrènent dans les intervalles des tubercules des autres.

Les ratons, qui habitent l'Amérique, vivent principalement de substances végétales et surtout de fruits et de racines ; mais ils y joignent dans le besoin les matières végétales. Plus petits que les ours , ils sont aussi plus agiles et montent aux arbres avec quelque promptitude. Leur fourrure douce et épaisse est à peu près de la nature de celle du renard.

Le RATON proprement dit : *Ursus lotor*, Linn.; *Procyon lotor*, Cuv.; le RATON, Buffon, tome 8, pl. 43, a quelque ressemblance, au premier coup d'œil, avec un renard ; mais son corps est bien plus raccourci, plus épais et plus ramassé, et les jambes de derrière, presque entièrement plantigrades, ont une autre disposition que celles de cet animal. Son corps ayant un pied dix pouces de longueur, sa tête peut avoir cinq à neuf lignes, et sa queue huit à neuf pouces. La couleur générale de son pelage est le gris noirâtre, plus pâle sous le ventre et sur les jambes que partout ailleurs, et cette couleur résulte des différentes teintes de noir et de blanchâtre , qui sont disposées en anneaux successifs sur les poils ; les oreilles sont blanchâtres, ainsi que le museau ; une tache noire entoure l'œil et descend obliquement jusque sur la mâchoire inférieure ; les poils des joues et des sourcils sont blanchâtres ; le chanfrein est noir ; les moustaches sont longues ; les poils des jambes sont presque ras ; le poil laineux ou intérieur du corps est d'un gris foncé et très-épais ; la queue est marquée de cinq ou six anneaux bruns, alternant avec autant d'anneaux blanchâtres ; le nez, terminé par un mufle, au bout duquel s'ouvrent les narines, dépasse sensiblement la mâchoire inférieure ; la langue est douce ; les lèvres sont extensibles ; les oreilles sont elliptiques ; la peau de la plante des pieds est nue et très-fine ; la verge du mâle, presque entièrement osseuse, est pourvue d'un gland arrondi, divisé par un sillon et recourbé un peu en en-bas.

La femelle ne diffère du mâle que par une taille plus

petite : une variété a la gorge brune ; une autre a des nuances de roux ou de fauve bien prononcées, et, enfin, une dernière est toute blanche.

Le raton, que les Anglois nomment *raccoon*, habite l'Amérique septentrionale et aussi la partie méridionale, si, comme le croit M. d'Azara, l'*agouarapopé* du Paraguay appartient à la même espèce.

Les mœurs naturelles de cet animal sont peu connues, mais on dit qu'outre la nourriture végétale, qui fait la principale partie de ses alimens, il y joint, dans l'occasion, des œufs, ou même de jeunes oiseaux qu'il déniche. En captivité, il s'apprivoise de lui-même et mange du pain, de la chair, des racines, des graines, en un mot, tout ce qu'on lui présente et qui est susceptible de nourrir un animal.

Une habitude singulière, qui est particulière au raton, et qui lui a fait donner le nom de laveur (*ursus lotor*), c'est qu'il ne mange rien qu'il ne l'ait préalablement fait tremper dans l'eau.

M. d'Azara, dans le voyage qu'il a fait à Paris, a cru reconnoître dans le raton de nos collections l'*agouarapopé* du Paraguay. Néanmoins, selon la description qu'il en donne, on pourroit mettre en doute cette identité, puisqu'il ne parle pas de la tache noire qui est sur l'œil, qu'il annonce que l'oreille est plutôt aiguë que ronde, et que la queue a son dernier tiers noir. Ce doute nous paroît d'autant mieux fondé, que dans l'état actuel de la zoologie on sait combien il est facile de confondre des espèces distinctes, qui ont des traits généraux communs. D'ailleurs, nous ne doutons pas que l'*agouarapopé* ne soit du genre des Ratons. Son nom, qui signifie *à main étendue*, indique la propriété qu'il a d'écarter les doigts des mains et de les rapprocher à volonté pour saisir et presser les alimens qui lui conviennent.

Le RATON CRABIER : *Procyon cancrivorus*, Geoffr.; RATON CRABIER, Buff., Suppl., tome 6, pl. 52. Cette seconde espèce de l'Amérique méridionale, à laquelle nous avons eu tort de rapporter (dans la 2.ᵉ édit. du Nouv. Dict. d'hist. nat.) l'*agouaragouazou* de d'Azara [1] est de bien peu plus grande que

---

[1] M. Cuvier regarde avec raison cet animal comme appartenant à l'espèce du loup rouge du Mexique.

la précédente, et a le corps plus alongé et la queue proportionnellement plus courte. Sa longueur est de deux pieds; sa tête a six pouces, et sa queue sept. La couleur générale de son pelage, plus laineux que celui du raton, est d'un fauve mêlé de noir et de gris, le noir dominant sur la tête, le cou et le dos, le fauve étant presque pur sur les côtés du cou et du corps; le bout du nez et les naseaux son noirs; une bande d'un brun noirâtre entoure les yeux et se rend jusqu'aux oreilles; les sourcils sont blanchâtres et une tache blanche est au milieu du front; toutes les parties inférieures sont d'un blanc jaunâtre; les pattes sont d'un brun noirâtre et la queue est d'un gris mêlé de fauve, avec six anneaux noirs.

Il habite principalement la Guiane. On dit que ses habitudes naturelles ressemblent à celles du raton laveur, et de plus qu'il mange des crustacés, d'où lui est venu le nom qu'il porte. (Desm.)

RATON. (*Mamm.*) Nom espagnol des rats. Dans la même langue les musaraignes sont désignées par celui de *raton-pequeeo*. (Desm.)

RATONCITO. (*Ornith.*) L'oiseau connu sous ce nom au Paraguay, et dont M. Vieillot parle au tome second de son Ornithologie de l'Amérique septentrionale, est une espèce de troglodyte qui paroît avoir de grands rapports avec le *tout-voix* de d'Azara, n.° ı5ı, lequel est, suivant Sonnini, le *sylvia ludoviciana*, Linn. (Ch. D.)

RATONCULE; *Myosurus*, Linn. (*Bot.*) Genre de plantes dicotylédones polypétales, de la famille des *renonculacées*, Juss., et de la *pentandrie polygynie*, Linn., qui offre pour caractères: Un calice de cinq folioles colorées, caduques, prolongées au-delà de leur point d'insertion; une corolle de cinq pétales très-petits, plus courts que le calice, à onglets tubulés et filiformes; des étamines ordinairement au nombre de cinq et variant de quatre à douze; des ovaires supères, nombreux, terminés par un stigmate simple; des capsules monospermes, indéhiscentes, très-nombreuses, attachées sur un réceptacle alongé et formant un épi cylindrique. Ce genre diffère des renoncules par le prolongement de la base du calice; il ne renferme jusqu'à présent que deux plantes, dont la suivante est la plus répandue.

RATONCULE PETITE, vulgairement QUEUE-DE-SOURIS : *Myosurus minimus*, Linn., *Sp.*, 407 ; *Fl. Dan.*, t. 406. Sa racine est annuelle, divisée en fibres menues ; elle produit immédiatement des feuilles nombreuses, presque disposées en gazon, linéaires, glabres, un peu charnues, longues de deux pouces ou environ. Du milieu de ces feuilles naissent plusieurs hampes droites, simples, cylindriques, un peu renflées à leur partie supérieure, à peine plus longues que les feuilles, terminées chacune par une petite fleur d'un jaune verdâtre. Après la floraison le réceptacle s'alonge beaucoup, devient presque aussi grand que la hampe elle-même, et il forme par la disposition des graines nombreuses et serrées qu'il porte, une sorte de queue cylindrique. Cette espèce croît dans les moissons et les terrains cultivés en France, en Europe et dans le Nord de l'Amérique.

Myosurus est formé de deux mots grecs, μῦς, souris, et ουρα, queue, et ce nom a été donné à cette petite plante, à cause de la ressemblance qu'offre son réceptacle extrêmement alongé après la floraison, avec la queue d'une souris.

On a dit cette plante astringente, et on l'a employée comme telle dans les maux de gorge ; mais elle est aujourd'hui absolument inusitée et ne mérite en aucune façon d'être tirée de l'oubli. M. Willemet dit qu'on l'a quelquefois vendue pour le rossoli (*drosera*), avec lequel elle n'a cependant aucune espèce de ressemblance. (L. D.)

RATONERA. (*Bot.*) Nom donné dans le Chili, suivant MM. Ruiz et Pavon, à leur genre *Torresia*, de la famille des graminées. Cette plante habite les champs inondés de ce pays, au milieu desquels vivent des rats sauvages ; d'où lui vient son nom vulgaire. (J.)

RATS. (*Bot.*) Nom languedocien d'une graminée, *cynosurus paniceus* de Linnæus, mentionné par Gouan. (J.)

RATS FOSSILES. (*Foss.*) Les petits rongeurs de la famille des rats, dont on a trouvé des débris fossiles, appartenoient la plupart au genre des campagnols. (DESM.)

RATSCHA. (*Ornith.*) Le canard mâle est nommé en allemand *racha* ou *ratscha*, à cause de sa voix enrouée. (CH. D.)

RATSHER. (*Ornith.*) L'oiseau auquel Martens donne ce nom, qui signifie sénateur, et qu'on écrit aussi *ratzkek* ou *rathsherr*, est rapporté à la mouette blanche, *larus eburneus*, Gmel., et il lui a été appliqué d'après sa démarche grave sur les glaces. (Ch. D.)

RATTA. (*Bot.*) Dans l'île d'Otaïti on nomme ainsi, au rapport de Forster, le fruit de l'arbre *hi*, qui est son *inocarpus edulis*. On mange dans plusieurs îles de la mer du Sud l'amande qu'il contient, après l'avoir dépouillée de ses enveloppes. Les navigateurs européens la mangeoient comme des châtaignes, mais ils lui trouvoient un goût moins agréable, une substance plus ferme et moins farineuse, qui ne convenoit pas aux estomacs foibles. (J.)

RATTE-COUETTE. (*Mamm.*) En Bourgogne le campagnol ordinaire est ainsi appelé. (Desm.)

RATTE A LA COURTE QUEUE. (*Mamm.*) L'une des dénominations vulgaires qui ont été appliquées au campagnol. (Desm.)

RATTE A LA GRANDE QUEUE. (*Mamm.*) On appelle ainsi dans quelques provinces le rat des champs ou mulot, *mus sylvaticus*, Linn. (Desm.)

RATTE ROUSSE. (*Mamm.*) Les individus de l'espèce de la souris, qui vivent dans les champs de blé comme les mulots et les campagnols, sont quelquefois désignés par ce nom. (Desm.)

RATTELMAUS. (*Mamm.*) Nom du suricate au cap de Bonne-Espérance, selon Kolbe. (Desm.)

RATULE, *Rattulus*. (*Infus.*) M. de Lamarck, dans son Système des animaux sans vertébres, t. 2, p. 23, a établi sous ce nom une petite division parmi les trichodes de Muller, et qu'il caractérise ainsi : Corps très-petit, oblong, tronqué ou obtus antérieurement, pourvu en avant d'une bouche distincte et en arrière d'une queue très-simple. Il n'y place que deux espèces, qui toutes deux ont été découvertes par Muller dans les eaux des marécages, et qui probablement, comme la plupart des animaux infusoires de cet auteur, paroissent n'être que des degrés de développement d'animaux bien plus élevés.

Le R. cariné : *R. carinatus*; *Trichoda rattus*, Muller, *Inf.*, t. 29, fig. 5—7; Enc. méth., pl. 15, fig. 15—17. Corps oblong, cariné, pourvu en avant de cils et en arrière d'une queue sétiforme, très-longue.

Le Ratule clou ; *Rattulus clavus*, *T. clavus*, Mull., *Inf.*, t. 29, fig. 16 — 18 ; Encycl. méthod., pl. 15, fig. 23. Corps arrondi en avant et avec des soies, et acuminé en arrière. (De B.)

RATUS. (*Mamm.*) Nom du rat en latin moderne. (Desm.)

RATZHEK. (*Ornith.*) Voyez ci-dessus Ratsher, pag. 513. (Desm.)

RAU-BACH. (*Bot.*) Voyez Porella. (Lem.)

RAUBALET. (*Ichthyol.*) Ce nom est donné au meunier, *leuciscus dobula*, par les Allemands, suivant quelques lexicographes. Voyez Able, dans le Supplément du tome Ier de ce Dictionnaire. (H. C.)

RAUD. (*Ichthyol.*) Mot des Lapons qui correspond au *roding* des Suédois. Voyez Roding. (H. C.)

RAUDBRYSTING. (*Ornith.*) Ce nom, qui, en islandois, signifie *poitrine rouge*, est, suivant Olafsen et Povelsen, dans la Traduction françoise de leur voyage en cette contrée, t. 5, pag. 271, celui d'un bécasseau, *tringa*, un peu plus grand que la grive draine. (Ch. D.)

RAUDE. (*Mamm.*) Ce nom, ainsi que ceux de *rupsok*, *zhiaepok*, *vielgok*, sont, dit-on, donnés par les Lapons au renard de leur pays. (Desm.)

RAUHKALK ou RAUCHKALK. (*Min.*) Ce nom allemand, ayant été quelquefois employé sans traduction dans des ouvrages françois, demande à être expliqué. Il désigne tantôt un calcaire ou roche calcaire homogène rude, et tantôt un calcaire gris de fumée.

Dans la première acception, le *rauhkalk* paroît être une dolomie ; c'est le synonyme que lui applique M. Leonhard.[1] Dans la seconde, c'est un calcaire gris de fumée, un peu bitumineux, particulier au Thuringerwald.

Il faut tâcher d'éviter, dans les ouvrages françois, des dénominations allemandes dont l'application précise est déjà si difficile dans les ouvrages allemands eux-mêmes. (B.)

RAUIA. (*Bot.*) Genre peu connu, établi par Nées et Martius, tab. 23 et 24, qui paroît appartenir à la famille des *rutacées*, à la *pentandrie monogynie* de Linnæus, constitué par

___

1 Leonh., *Charakter. der Felsart.*, pag. 281 et 423.

un calice court, à cinq dents; une corolle presque en lèvre, composée de cinq pétales réunis à leur base par des poils; cinq étamines: les filamens barbus, trois privés d'anthère. Le fruit est une coque à deux, cinq, quelquefois une seule semence par avortement.

Ce genre renferme deux espèces : 1.° le *rauia resinosa*, Nées et Mart., tab. 23. Les feuilles sont simples, oblongues, rétrécies à leurs deux extrémités; les fleurs ramassées en têtes disposées en cime. 2.° Dans le *rauia racemosa*, tab. 24, les feuilles sont simples, oblongues, lancéolées: les fleurs disposées en épis. Ces deux plantes croissent au Brésil. (Poir.)

RAUND. (*Bot.*) Nom donné par les naturels du Sénégal, suivant Adanson, à un *bauhinia* de son herbier, que nous avons nommé *bauhinia senegalensis*. (J.)

RAUSSINIA. (*Bot.*) Nom sous lequel Necker désigne le *pachira* d'Aublet ou *carolinea* de Linnæus fils et de Willdenow. (J.)

RAUVOLFE, *Rauvolfia*. (*Bot.*) Genre de plantes dicotylédones, à fleurs complètes, monopétalées, de la famille des *apocinées*, de la *pentandrie monogynie* de Linnæus, offrant pour caractère essentiel : Un calice persistant, fort petit, à cinq dents; une corolle infundibuliforme; le tube globuleux à sa base; le limbe plan; à cinq lobes; cinq étamines; un ovaire supérieur; le style court; un stigmate en tête. Le fruit est un drupe globuleux, à deux lobes, contenant une noix à deux loges, à deux semences, quelquefois deux noix à une seule loge.

RAUVOLFE BLANCHATRE : *Rauvolfia canescens*, Linn.; Lamk., *Ill. gen.*, tab. 172, fig. 2; Plum., *Icon.*, 236, fig. 2; Pluk., *Phyt.*, 266, fig. 2. Arbrisseau variable dans sa grandeur, ayant depuis un pied jusqu'à sept et huit de haut; les jeunes rameaux sont un peu velus, garnis de feuilles quaternées, ovales, entières; les pétioles très-courts, un peu velus. Les fleurs sont petites, rougeâtres, sans odeur, disposées en petites grappes axillaires; leur calice est partagé en cinq découpures lancéolées; les lobes de la corolle sont un peu obliques, tronquées et un peu échancrées au sommet: l'orifice garni de poils en désordre. Le fruit est un drupe presque à deux lobes, un peu mucroné au sommet, d'abord de couleur rouge, puis

noir à sa maturité. Cette plante croît dans l'Amérique, aux
lieux secs, parmi les broussailles.

RAUVOLFE TOMENTEUSE : *Rauvolfia tomentosa*, Linn. , *Spec.* ,
Jacq., Obs., 2, tab. 35. Cet arbrisseau a une tige droite. haute
de trois ou quatre pieds. Ses feuilles sont simples, épaisses, lancéolées, entières, aiguës, tomenteuses à leurs deux faces,
mais plus abondamment à leur face inférieure, au nombre de
quatre à chaque verticille, desquelles deux plus longues que les
autres. Les fleurs sont petites, inodores, disposées en grappes
axillaires, terminales. Leur calice est à cinq divisions courtes,
ovales; la corolle blanche, à cinq lobes ovales; le stigmate
globuleux; le fruit de la grosseur d'un pois, d'abord rouge,
puis noir à l'époque de la maturité. Cet arbrisseau croît dans
l'Amérique, aux environs de Carthagène, sur les rochers,
même dans les vieux murs, parmi les pierres, où il est très-
abondant.

RAUVOLFE LUISANTE : *Rauvolfia nitida*, Linn.; Lamk. , *Ill.
gen.*, tab. 172, fig. 1. Arbrisseau d'environ douze pieds de
haut, luisant dans toutes ses parties, renfermant une liqueur
blanche, laiteuse, glutineuse. Les feuilles sont pétiolées, verticillées, lancéolées, très-entières, aiguës, rétrécies à leur base,
quatre à chaque verticille, desquelles deux plus longues que
les autres, longues de cinq pouces. Les fleurs sont blanches,
petites, sans odeur, disposées, sur un pédoncule commun, en
deux ou trois grappes longues d'un demi-pouce. Leur calice
est à cinq petites dents aiguës; la corolle à cinq découpures
planes, très-ouvertes; l'orifice fermé par un double rang de
poils connivens. Les fruits, d'abord jaunâtres, prennent une
couleur d'un pourpre foncé; ils sont laiteux, deux et trois
fois plus gros qu'un pois. Cette plante croît à l'île de Saint-
Domingue, sur les montagnes boisées.

RAUVOLFE GLABRE; *Rauvolfia glabra*, Cavan. , *Ic. rar.* . 3,
tab. 297. Cette espèce a une tige haute de trois pieds, divisée
en rameaux glabres, souples et plians, garnis de feuilles pétiolées, éparses, lancéolées, étroites, entières. Les fleurs sont
réunies en petites grappes courtes, opposées aux feuilles. Le
calice est court, à cinq dents fort petites; la corolle blanche;
le tube globuleux; les lobes du limbe sont ovales, aigus, entiers; les filamens très-courts; les anthères presque sagittées;

l'ovaire est globuleux. Le fruit est un drupe rétréci à sa base, à une seule loge. contenant une noix ovale, oblongue. Cette plante croît à la Nouvelle-Espagne.

RAUVOLFE FLEXUEUSE; *Rauvolfia flexuosa*, Ruiz et Pav., *Flor. Per.*, 2, 152, fig. *A*. Arbrisseau de dix à douze pieds, armé d'épines axillaires, droites, aiguës, qui, en vieillissant, souvent supportent quelques feuilles. Les rameaux sont étalés, tétragones; les feuilles opposées, médiocrement pétiolées, ovales, oblongues, entières, obtuses. quelquefois échancrées, glabres, luisantes en dessus, pubescentes en dessous. Les fleurs sont petites, odorantes, disposées en grappes courtes; le pédoncule flexueux; chaque fleur presque sessile, munie à son insertion d'une petite bractée aiguë. La corolle est d'un blanc jaunâtre, velue sur le limbe et à son orifice; les drupes sont d'un pourpre noir, de la grosseur d'un pois, renfermant deux noix ovales, à deux loges. Cette plante croît au Pérou, parmi les buissons.

RAUVOLFE A FEUILLES TERNÉES : *Rauvolfia ternifolia*, Kunth *in* Humb. et Bonpl., *Nov. gen.*, 3, p. 232. Arbrisseau dont les rameaux sont dichotomes, glabres, cylindriques, d'un brun blanchâtre; les feuilles médiocrement pétiolées, disposées trois par trois en verticille, oblongues, acuminées, aiguës à leur base, glabres, entières, longues de deux pouces, larges de six ou huit lignes; les pétioles très-courts, accompagnés de plusieurs glandes subulées; les pédoncules axillaires, chargés de quelques fleurs presque en corymbe; le calice est glabre, à divisions égales, ovales-lancéolées. Le fruit est un drupe charnu, à deux lobes, de la grosseur d'un pois, à deux loges monospermes; la semence oblongue, aiguë, comprimée. Cette plante croît sur les rives du fleuve de la Magdeleine.

RAUVOLFE PSYCOTHRE; *Rauvolfia psychotrioides*, Kunth, *loc. cit.* Cet arbrisseau s'élève à la hauteur de dix à quinze pieds; ses rameaux sont glabres, cylindriques; les feuilles verticillées quatre par quatre, pétiolées, oblongues, elliptiques, acuminées, glabres, entières, longues de quatre pouces, larges de deux. Les fleurs sont disposées en petits corymbes axillaires; les pédoncules très-longs, presque dichotomes, ramifiés, munis de petites bractées lancéolées, linéaires; les fleurs petites, pédicellées; le calice est glabre, à divisions ovales, acuminées; la corolle blanche; le tube cylindrique, ventru à sa base, pubescent en dehors; le limbe à cinq lobes oblongs, obtus, inégaux à leurs côtés; l'orifice pubescent; les étamines sont saillantes. Le fruit est un drupe presque globuleux, un peu comprimé, rougeâtre, à deux loges monospermes. Cette plante croît aux lieux ombragés, proche Cumana, dans l'Amérique méridionale.

Rauvolfe a grandes feuilles; *Rauvolfia macrophylla, Flor. Per., loc. cit.*, tab. 152, fig. 2. Cet arbrisseau est, comme le précédent, chargé d'épines opposées, presque horizontales, qui deviennent quelquefois, en vieillissant, des rameaux chargés de feuilles et de fleurs. Sa tige est droite, haute de huit à dix pieds; les rameaux sont nombreux, tétragones; les feuilles opposées, médiocrement pétiolées, ovales, obtuses, quelquefois un peu échancrées, luisantes en dessus, pubescentes en dessous, coriaces. Les fleurs sont axillaires, disposées en grappes simples; le calice est pubescent; la corolle jaunâtre, une fois plus longue que le calice, velue à son orifice; les étamines varient de quatre à cinq; les drupes sont noirs, à deux loges, accompagnés du calice agrandi. Cette plante croît au Pérou, sur les côteaux arides et sablonneux. (Poir.)

RAVAIREU. (*Ornith.*) Nom de l'hirondelle de fenêtre, *hirundo urbica*, Linn., en Piémont. (Ch. D.)

RAVALE. (*Mamm.*) L'un des noms du sarigue parmi les habitans des contrées baignées par l'Orénoque. (Desm.)

RAVALIO ou VEROU. (*Ichthyol.*) Ces noms, qui sont donnés en Languedoc aux petits poissons de différentes espèces, équivalent à ceux de fretin, alvin ou blanchaille. (Desm.)

RAVAPOU. (*Bot.*) Cet arbre du Malabar, cité par Rhéede, avoit été nommé par Linnæus *nyctanthes hirsuta*; mais son fruit adhérent au calice l'éloigne des jasminées et le reporte aux rubiacées dans le genre *Guettarda*. C'est aussi le *Cadambu* de Sonnerat. (J.)

RAVARINO. (*Ornith.*) Voyez Raparino. (Ch. D.)

RAVAT. (*Mamm.*) Voyez Rabas. (Desm.)

RAVE. (*Bot.*) La vraie rave des provinces méridionales,

celle des anciens et que désigne Tournefort, est le *brassica rapa* de Linnæus, que l'on ne connoit que sous le nom de *turneps* aux environs de Paris, où elle est peu cultivée, et où l'on substitue souvent le nom de rave au radis, variété du raifort. Voyez tom. IX, pag. 85 et 89. (J.)

RAVE. (*Conchyl.*) Nom vulgaire de la coquille qui fait le type du genre Turbinelle, le *voluta pyrum*, Linn. (DESM.)

RAVE DE GENÊT. (*Bot.*) C'est l'orobanche majeure. (L. D.)

RAVE DE JUIF. (*Bot.*) Dans quelques cantons on donne ce nom à une variété de radis ou de raifort. (L. D.)

RAVE DE POISSONS. (*Ichthyol.*) Appat très-employé pour la pêche des sardines et des maquereaux, et qui est principalement composé d'œufs de certains poissons. (DESM.)

RAVE DE SAINT-ANTOINE. (*Bot.*) Nom vulgaire de la renoncule bulbeuse. (L. D.)

RAVE SAUVAGE. (*Bot.*) Nom vulgaire du radis raphanistre, de la campanule raiponce et de la raiponce en épi. (L. D.)

RAVE DE TERRE. (*Bot.*) Un des noms vulgaires du cyclame d'Europe. (L. D.)

RAVELLA. (*Ichthyol.*) Le spare hurto est ainsi nommé à Nice. (DESM.)

RAVEN. (*Ornith.*) Nom anglois du corbeau, *corvus corax*, Linn. (CH. D.)

RAVENALE, *Ravenala*. (*Bot.*) Genre de plantes monocotylédones, à fleurs incomplètes, de la famille des *musacées*, de l'*hexandrie monogynie* de Linnæus, offrant pour caractère essentiel : Une spathe commune, à plusieurs fleurs; un involucre partiel à deux folioles; une corolle très-longue, à quatre divisions, l'inférieure plus large, ventrue; six étamines très-longues; un ovaire inférieur; un style; trois stigmates, chacun à deux dents conniventes; une capsule trigone, divisée en trois loges, s'ouvrant en trois valves au sommet; les semences nombreuses, enveloppées chacune d'une pellicule d'un bleu céleste.

RAVENALE DE MADAGASCAR : *Ravenala Madagascariensis*, Sonn., *Itin.*, 2, tab. 124-126; Lamck., *Ill. gen.*, tab. 222; *Urania speciosa*, Willd., *Spec.*; Jacq., *Hort. Schœnbr.*, 1, tab. 93;

Voafoutsi, Flac., Madag., p. 123, n.° 23. Cet arbre s'élève très-haut sur un tronc droit, très-simple, semblable à celui des palmiers, d'un tissu filamenteux, terminé par un grand nombre de feuilles disposées en éventail, assez semblables à celles du bananier, mais plus longues et plus épaisses, presque elliptiques, obtuses, un peu échancrées en cœur à leur base, soutenues par des pétioles longs de deux pieds. Les régimes, chargés de fleurs et de fruits, naissent dans l'aisselle des feuilles et sont disposés en éventail. La spathe commune est dure, charnue, fort épaisse, renfermant dix à douze fleurs, chacune d'elle munie d'une spathe partielle, partagée en deux longues pièces aiguës, persistantes. La corolle est blanche, divisée jusqu'à sa base en quatre segmens ou quatre pétales étroits, canaliculés; l'inférieur, plus épais que les autres, renferme les organes de la fécondation; les filamens des étamines sont fermes, coriaces, un peu épaissis à leur base, longs d'environ sept pouces; les quatre derniers sont occupés par l'anthère, qui fait corps avec le filament. L'ovaire est inférieur, surmonté d'un style de la longueur des étamines, ferme, anguleux, strié; un stigmate épais, à trois dents bifides, conniventes. Le fruit est une capsule épaisse, alongée, triangulaire, divisée intérieurement en trois loges, s'ouvrant en trois valves au sommet. Les semences sont ovales, noirâtres, enveloppées d'un arille d'un très-beau bleu. Cet arbre croît à Madagascar, aux lieux marécageux.

Les Madégasses se servent de ses feuilles pour couvrir leurs maisons. On l'a transporté à l'Isle-de-France, où il a très-bien réussi. Flacourt en fait mention dans son *Histoire de Madagascar*, sous le nom de *voafoutsi*. Il dit que les Madégasses font de l'huile avec la pellicule bleue qui enveloppe les semences, et qu'ils réduisent celle-ci en une farine, qu'ils mangent avec du lait. (Poir.)

RAVENELLE. (*Bot.*) Quelques auteurs ont donné ce nom au *raphanus raphanistrum*, et il paroît que c'est cette plante qui est décrite par Césalpin sous celui de *ravanellus*. Cependant Adanson, qui indique la plante de Césalpin comme un *raphanus*, assimile la ravenelle à la giroflée, *cheiranthus*. (J.)

RAVENELLE. (*Bot.*) On donne vulgairement ce nom

à la giroflée de muraille et au radis raphanistre. (L. D.)

RAVENON. (*Bot.*) Daléchamps cite ce nom lyonnois et ceux de saunes blanches ou moutarde sauvage, pour le *lampsana* de Matthiole, *sinapis arvensis*, qui est connu aux environs de Paris sous le nom de sanve, très-commun dans les champs de blé, et que l'on arrache pour la nourriture des bestiaux. Cette plante est très-différente du *lampzena* de Dodoëns, plante chicoracée. Voyez LAMPSANA. (J.)

RAVENSARA , *Agatophyllum*. (*Bot.*) Genre de plantes dicotylédones , à fleurs dioïques, de la famille des *laurinées*, de la *dioécie dodécandrie* de Linnæus, dont le caractère essentiel consiste dans un calice fort petit, tronqué au sommet; six pétales insérés sur le calice, velus en dedans; douze étamines attachées au calice , les six alternes à la base des pétales; le rudiment d'un ovaire stérile. Dans les fleurs femelles des étamines stériles ou nulles; un ovaire supérieur; un style court; le stigmate pubescent. Le fruit est une noix drupacée, renfermant une amande à six lobes à sa base.

Sonnerat a décrit ce genre comme possédant des fleurs hermaphrodites. M. de Lamarck a observé, et je l'ai également vérifié dans son herbier, que ces fleurs étoient dioïques, très-remarquables en ce que les fleurs mâles forment de petites panicules , tandis que les femelles sont solitaires.

RAVENSARA AROMATIQUE : *Agatophyllum aromaticum*, Lamk., *Ill. gen.*, tab. 825 ; *Ravensara aromatica*, Sonn., *Itin.*, 2, tab. 127 ; *Evodia ravensara*, Gærtn. , *De fruct.*, tab. 103 ; Lamk., *Ill.*, tab. 404 ; *Voa ravendsara*, Flac., Madag., p. 125 , n.° 24. Gros arbre touffu , dont la cime est pyramidale, comme celle du giroflier. Son tronc est revêtu d'une écorce roussâtre et odorante; son bois est dur, pesant, sans odeur, blanc et traversé par quelques fibres roussâtres; les feuilles sont simples, alternes, pétiolées, ovales, entières, un peu aiguës ou obtuses, rétrécies à leur base, glabres, fermes, coriaces, vertes en dessus, blanchâtres et presque glauques en dessous; les pétioles courts. Les fleurs sont fort petites; les mâles disposées en petites panicules axillaires ; les fleurs femelles solitaires, axillaires; leur calice est entier, très-petit; les pétales sont courts, ovales ; les filamens courts ; les anthères arrondies dans les fleurs femelles; l'ovaire est fort petit; le style court. Le fruit est une noix drupacée, de la grosseur d'une cerise ; la coque dure, coriace , aromatique ; une substance pulpeuse , également aromatique, renferme une amande blanche , d'une saveur âcre, piquante, caustique. Cette plante croît à l'île de Madagascar.

Le ravensara, d'après M. Céré , est un arbre à épicerie de Madagascar, dont les feuilles et les fruits sont rangés. parmi les quatre épices fines que nous connoissons. Il rapporte à l'âge de cinq ou six ans, et fleurit au commencement de Janvier et de Février. Le fruit est dix mois à se former et à mûrir. Les Madégasses le cueillent à six ou sept mois, parce qu'ils le trouvent alors plus propre pour l'assaisonnement. L'amande du ravensara , fraichement cueillie , a une excellente et fine odeur aromatique ; mais elle est d'une saveur amère , fort âcre, très-piquante, très-désagréable, brûlant à la gorge. Les Indiens se servent des feuilles comme d'épices, pour assaisonner leurs mets. Le moyen de les conserver avec leur aromate est très-simple. On en fait des chapelets et on les laisse à l'air pendant un mois, pour leur faire perdre leur suc aqueux. Au bout de ce temps on les jette dans l'eau bouillante ; on les fait ensuite sécher au soleil ou à la cheminée : elles ne se trouvent plus alors imprégnées que de leur huile, qui les conserve pendant plusieurs années. Les procédés sont les mêmes pour la conservation des fruits. (Poir.)

RAVET ou KAKKERLAC. (*Entom.*) Nom donné, en Amérique, à la grande blatte, insecte orthoptère de la famille des omalopodes. (C. D.)

RAVIER. (*Bot.*) Voyez Faudre. (J.)

RAVIERS. (*Bot.*) Paulet donne ce nom à un groupe de champignons déjà établi par Michéli. Les espèces sont des agarics remarquables par l'odeur de radis ou de raifort qu'elles répandent, d'où dérivent leurs noms italiens de *ramolaccio* et de *loppajola*. Michéli en décrit quatre espèces : une plus petite, sans collet, à chapeau blanc en dessus, gris en dessous ; une seconde, aussi sans collet, plus grande, d'une belle couleur rousse, à feuillets gris et stipe peluché ; la troisième est colletée, fugace, jaune-olivâtre, et le vrai *fungo ramolaccio ;* enfin, la quatrième espèce diffère de la précédente par sa couleur d'un jaune indécis, passant au fauve. (Lem.)

RAVISSANE. (*Bot.*) Nom languedocien de la viorne mancienne. (L. D.)

RAVO DE ALACRAN. (*Bot.*) Nom vulgaire de l'*heliotropium procumbens* de M. Kunth dans les environs de Cumana en Amérique. (J.)

RAVOUA-TONTELLE. (*Bot.*) Nom galibi, cité par Aublet, de son genre *Tontelea*, rapporté à la famille des hippocraticées. (J.)

RAXOS. (*Bot.*) Sérapion, auteur arabe, nommoit ainsi l'artichaut, suivant Rauwolf. (J.)

RAY-GANS. (*Ornith.*) Nom de la bernache, *anas erythropus*, Linn., en danois. (Ch. D.)

RAYCH et RAYTE. (*Ichthyol.*) Dans l'*Hortus sanitatis* de J. Cuba, imprimé in-folio à Strasbourg en 1536, on trouve ces mots comme synonymes de *raie batis*. Voyez à l'article Raie. (H. C.)

RAYE. (*Ichthyol.*) Voyez Raie. (H. C.)

RAYÉ. (*Ichthyol.*) Nom spécifique d'un Spare. Voyez ce mot. (H. C.)

RAYÉ DES INDES. (*Mamm.*) Ce nom spécifique composé a été donné à une petite espèce de mammifère carnassier, découverte par Sonnerat, et qu'on a placée dans le genre des Civettes. (Desm.)

RAYÉ-D'OR. (*Ichthyol.*) Nom spécifique d'un autre Spare. Voyez ce mot. (H. C.)

RAYGRASS. (*Bot.*) Nom que les Anglois donnent à l'ivraie vivace et à l'avoine élevée, et que les agronomes françois ont adopté pour la première de ces plantes. Voyez Ivraie vivace. (L. D.)

RAYMET. (*Bot.*) C'est une variété d'olivier. (L. D.)

RAYON ou RAION. (*Ichthyol.*) Noms donnés aux jeunes raies encore de très-petites dimensions. (Desm.)

RAYON DE MIEL. (*Conchyl.*) J'ai trouvé dans quelques catalogues de coquilles ce nom pour désigner la vénus corbeille, *venus corbis*, Linn. Voyez Vénus. (De B.)

RAYON VERT. (*Erpét.*) Nom d'une espèce de crapaud, selon Daubenton et de Lacépède. (Desm.)

RAYONNANT. (*Bot.*) Le stigmate est rayonnant, lorsqu'il forme des rayons sur une surface élargie en bouclier ; exemple : *papaver.* La capsule est rayonnante, lorsqu'elle a plusieurs lobes disposés en rayons ; exemple : *illicium floridanum*, etc. (Mass.)

RAYONNANTE. (*Min.*) De Saussure a rendu par ce mot adjectif le nom de *Strahlstein* que Werner et les minéralogistes de l'école de Freyberg donnent au minéral qu'Haüy a nommé actinote, et qui n'est qu'une variété principale bacillaire, ou même aciculaire de l'amphibole.

La Rayonnante asbestiforme est l'actinote aciculaire ; la Rayonnante commune est l'actinote hexaèdre.

Mais on a aussi appliqué ce nom à d'autres minérais bien différens des précédens.

Ainsi la Rayonnante vitreuse indique ordinairement l'Épidote, et la rayonnante en gouttière de De Saussure est une variété assez remarquable de titane sphène, qu'Haüy a nommée Sphène canaliculé. Voyez ces mots. (B.)

RAYONS. (*Bot.*) On nomme rayons, dans la calathide radiée, les demi-fleurons de la circonférence ; dans l'ombelle, les pédoncules qui composent cette ombelle ; sur la coupe transversale du tronc des dicotylédons, les prolongemens médullaires qui se dessinent comme les lignes horaires d'un cadran. (Mass.)

RAYONS, *Radii.* (*Ichthyol.*) On appelle ainsi les parties solides, cartilagineuses ou osseuses, qui soutiennent les nageoires dans les poissons. Voyez Nageoires et Poissons. (H. C.)

RAYONS DE SOLEIL. (*Conchyl.*) Il paroît que l'on donnoit autrefois ce nom marchand à la telline vergetée, *T. virgata*, à cause de sa coloration, radiée de rouge sur un fond blanc, et à un *murex hippocastanum*, Linn., que M. de Lamarck range parmi ses pourpres, probablement à cause de la forme de ses tubercules. (De B.)

RAYURE. (*Entom.*) Geoffroy a décrit sous ce nom la rayure jaune picotée, la phalène aux atomes, et une autre espèce, sous le nom de rayure blanche picotée, pag. 133 et 134 du tom. 2. (C. D.)

RAZINETS. (*Bot.*) Les Provençaux nomment ainsi une espèce de trique, *sedum reflexum*, suivant Garidel. (J.)

RAZOR-BILL. (*Ornith.*) Nom anglois du pingouin, *alca torda*, Linn. (Cʜ. D.)

RAZOR-FISH. (*Ichthyol.*) Nom anglois des poissons du genre Coryphène. Il correspond à *poisson-rasoir*. (Dᴇsᴍ.)

RAZOUMOESKYA. (*Bot.*) C'est sous ce nom que Necker et M. Hoffmann faisoient un genre de quelques guis, *viscum aphyllum*, *opuntioides*, etc., qui n'ont que trois pétales, trois étamines et un fruit alongé. Ce genre n'a pas été adopté. (J.)

RAZOUR. (*Ichthyol.*) A Nice ce nom est celui qu'on applique aux coryphènes. (Dᴇsᴍ.)

RAZUMOVIA. (*Bot.*) M. Sprengel a voulu substituer ce nom à celui de *calomeria*, donné par Ventenat à un de ses genres dans la famille des composées. (J.)

RAZZA. (*Ichthyol.*) L'un des noms des raies. A Nice la raie ronce s'appelle *razzo*. (Dᴇsᴍ.)

FIN DU QUARANTE-QUATRIÈME VOLUME.

STRASBOURG de l'imprimerie de F. G. Lᴇᴠʀᴀᴜʟᴛ, impr. du Roi.